2년이란 연구년 동안 곁에서 항상 함께 한 아내 은진 씨에게 감사하고, 매일 얼굴을 맞닿아 볼 수 있었던 행복한 시간 동안 훌쩍 자란 아들 윤식이와 민식이에게도 사랑을 전한다.

2022년 1월 미국 메릴랜드 주 우드스톡에서

저자

수차 및 펌프수차

제1권 기본이론

수차 및 펌프수차
제1권 기본이론

초판 발행 2022년 7월 29일

지은이 최영도
펴낸이 류원식
펴낸곳 교문사

편집팀장 김경수 | **책임진행** 권혜지 | **디자인** 신나리 | **본문편집** 홍익m&b

주소 (10881) 경기도 파주시 문발로 116
대표전화 031-955-6111 | **팩스** 031-955-0955
홈페이지 www.gyomoon.com | **이메일** genie@gyomoon.com
등록번호 1968. 10. 28. 제406-2006-000035호

ISBN 978-89-363-2378-3(93550)
정가 29,500원

저자와의 협의하에 인지는 생략합니다.
잘못된 책은 바꿔 드립니다.

수차 및
펌프수차

제1권 기본이론

최영도 지음

교문사

머리말

최근 국내에서는 기후변화에 대비하여 신재생에너지의 연구개발에 대한 사업들이 활발하게 진행되고 있다. 특히 수력발전설비에 대해서는 대용량 재생에너지 저장시스템으로서 신규 양수발전소의 개발을 진행 중이다. 또한 기존의 외국산 수력발전설비에 대한 현대화사업의 일환으로 수력발전기의 국산화에 대한 연구개발 역시 활발하게 진행 중이다. 그러나 실무자를 비롯한 학생들이 교육과 훈련에 필요한 교재나 참고 자료들을 접하기에는 매우 제한적이고, 연구개발 인력의 확보와 육성에 어려움이 있기 때문에 필자는 수차와 펌프수차에 대해서 연구하고 교육하면서 이 분야를 연구하고자 하는 학생과 실무자들이 쉽게 접근하여 효과적으로 내용을 이해할 수 있는 교과서와 참고서의 필요성에 대해서 항상 고민하고 있었다.

아직 국내에서는 수차와 관련된 서적의 출판 사례가 매우 드물고, 수력발전소의 건설과 운영에 관련된 전문가 또는 실무자들을 제외하고는 관련 서적을 쉽게 찾아보기 힘든 실정이다. 실무자들도 본인의 업무 숙달을 위한 전문지식을 취득하기 위해서는 외국의 오래된 원서를 찾아서 참고해야 하는 어려움이 있었다.

외국 원서들이 많이 출간되어왔지만, 그 내용과 수준이 초심자들이 접하기에는 어려움이 많고 국내 도서 중에서는 체계적이고 깊이 있는 내용으로 작성된 전문서적을 찾아보기 힘들다. 그래서 책의 내용을 구상하면서 어떤 형식으로 작성할 것인가에 대해서 고민을 하였다.

수력 및 양수발전 분야의 수차와 펌프수차에 관련된 교재와 참고서에 대한 필요성을 고려하여, 본서에서는 수차와 펌프수차에 대한 조심자를 위한 입문서와 선문가 및 실무사를 위한 체계적인 참고서가 될 수 있도록 수차와 펌프수차에 대한 기본이론을 폭넓게 수용하여 제1권으로, 응용 및 설계에 대해서 심도 있는 전공지식과 실용성을 포함한 제2권으로 분리하여 편집하였으며, 독자의 수준과 필요에 따라서 책을 선정할 수 있도록 하였다.

내용은 가능한 원리를 중심으로 먼저 설명하였고 필요할 경우, 전문적인 연구 결과 데이터를 포함하였다. 각 그림, 도표 및 사진에는 출처를 표기하여 참고문헌에서 관련된 내용을 좀 더 깊이 있게 찾아볼 수 있도록 하였다.

본서는 입문서 및 교재로 사용하는 성격상 다수의 저서 및 참고문헌을 참고하고 인용하였으며, 이에 집필에 참고한 많은 자료의 저자들에게 심심한 사의를 표하는 바이다.

마지막으로 부족한 원고 내용에도 불구하고, 교재 출간을 위해 많은 도움을 주신 교문사 류원식 대표님, 이훈섭 과장님 그리고 권혜지 님께 감사의 말씀을 드린다.

저자

차례

2장

수차 및 펌프수차의 종류와 특징

3장

수력 에너지변환

4장

수차 및 펌프수차의 성능

6장

수차 및 펌프수차의 캐비테이션

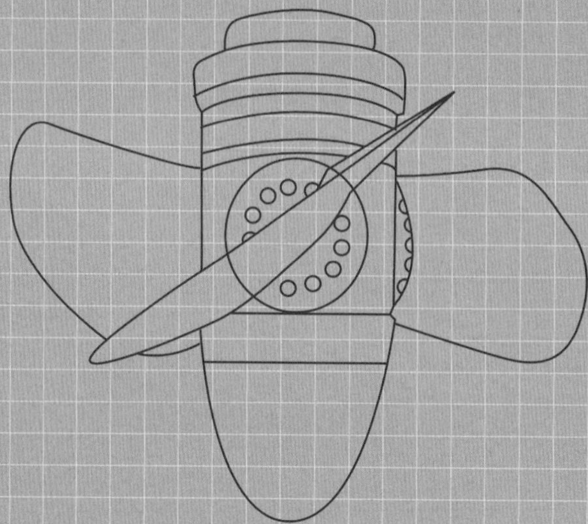

1

수력발전 및 양수발전의 개요

1장

수력발전 및 양수발전의 개요

1.1 수력발전 및 양수발전의 정의

1.1.1 수력발전

물은 중력의 영향을 받아 높은 곳에서 낮은 곳을 향해서 흐른다. 그 흐름을 수로로 끌어들여 수차발전기를 회전시켜 전기에너지를 발생시키는 것이 수력발전(水力發電, hydropower generation)이다.

그림 1.1은 일반적인 수력발전소 전기 및 기계 설비를 보이고 있으며, 주요 설비로서는 수문(flood gate), 수압철관(penstocks), 입구밸브(butterfly foot valve), 수차(turbine), 발전기

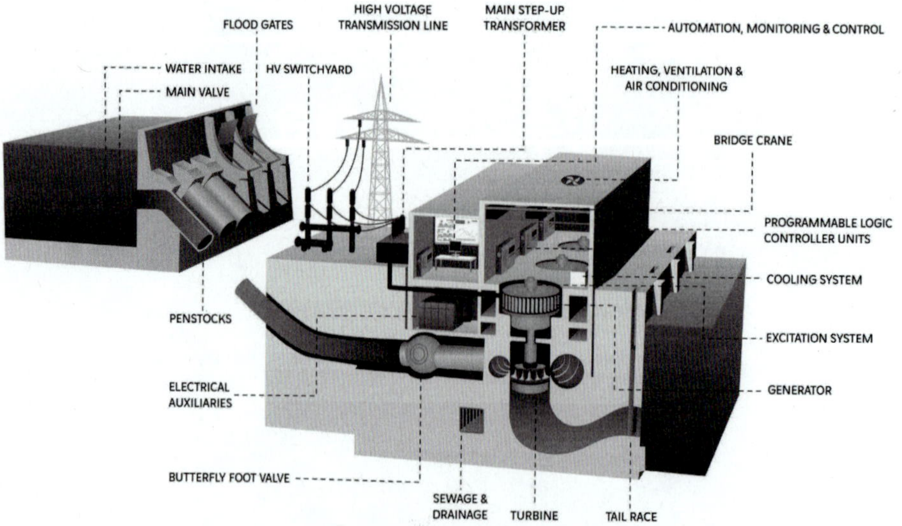

그림 1.1 수력발전소 전기-기계 설비 예

자료: SwitchBazaar.com

(generator), 자동화, 모니터링 및 제어설비(automation, monitoring & control), 전력변압기(main step-up transformer), 고전압 개폐장치(high voltage switichgear/yard), 송전선로(high voltage transmission line) 등으로 구성되어 있다. 그림 1.2는 낙차에 따른 일반적인 수력발전소의 구조를 나타내며, 그림 1.3은 일반적인 수력발전소 내부 구조 단면도를 나타낸다. 그림 1.4와 1.5는 수력발전소 내부 설비 배치도 예를 보이고 있다.

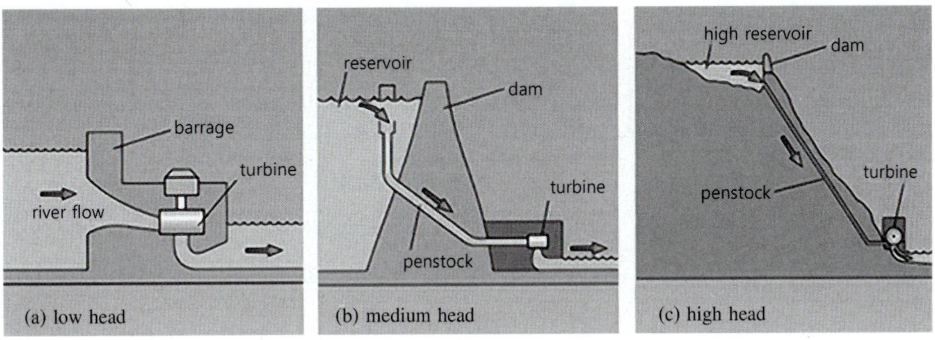

그림 **1.2** 낙차에 따른 수력발전소의 구조
자료: OpenLearn

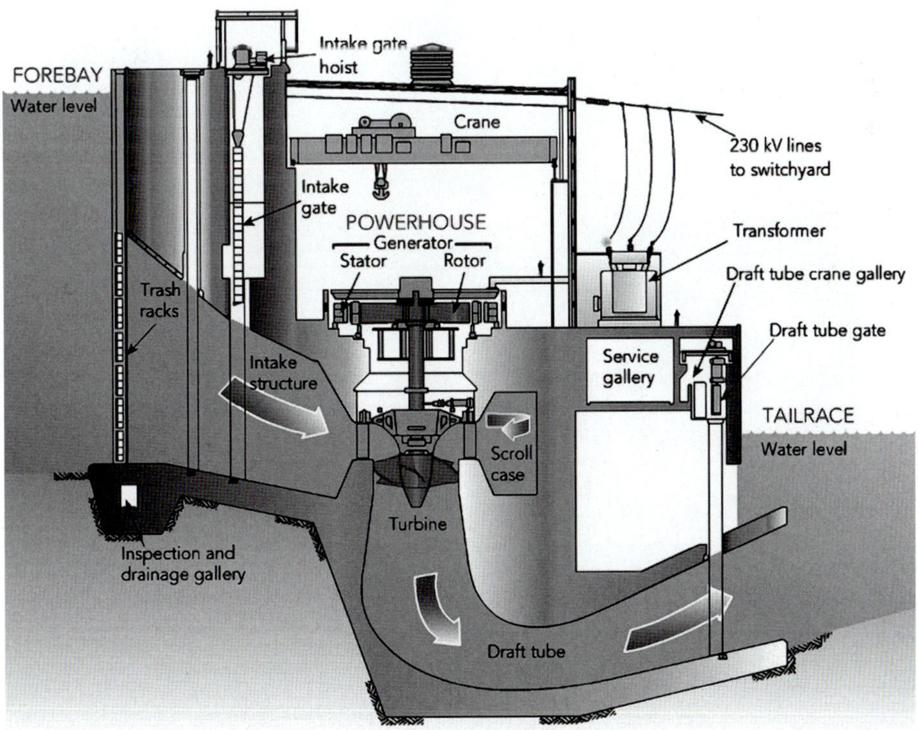

그림 **1.3** 일반적인 수력발전소 내부 구조 단면도
자료: Manitoba Hydro

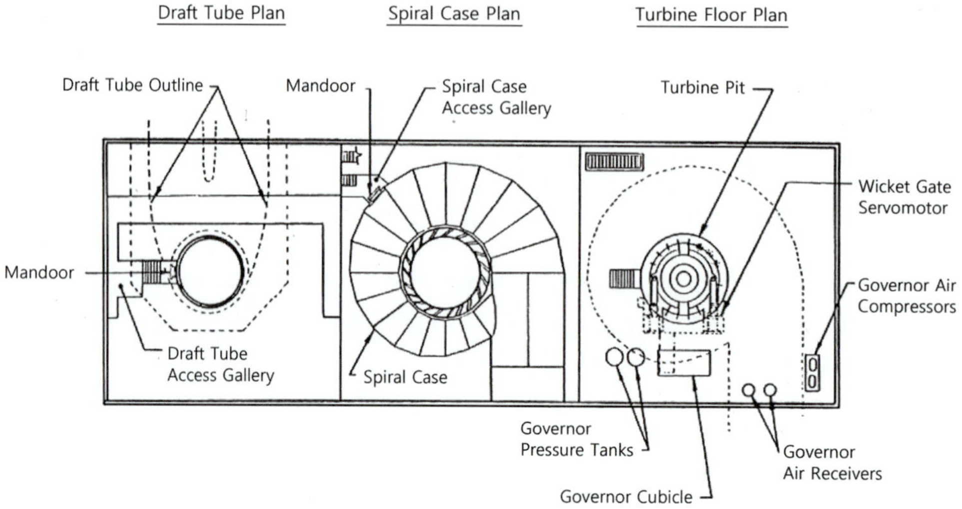

그림 1.4 일반적인 수력발전소 내부 수차 설비 배치도
자료: Elliott, 1989

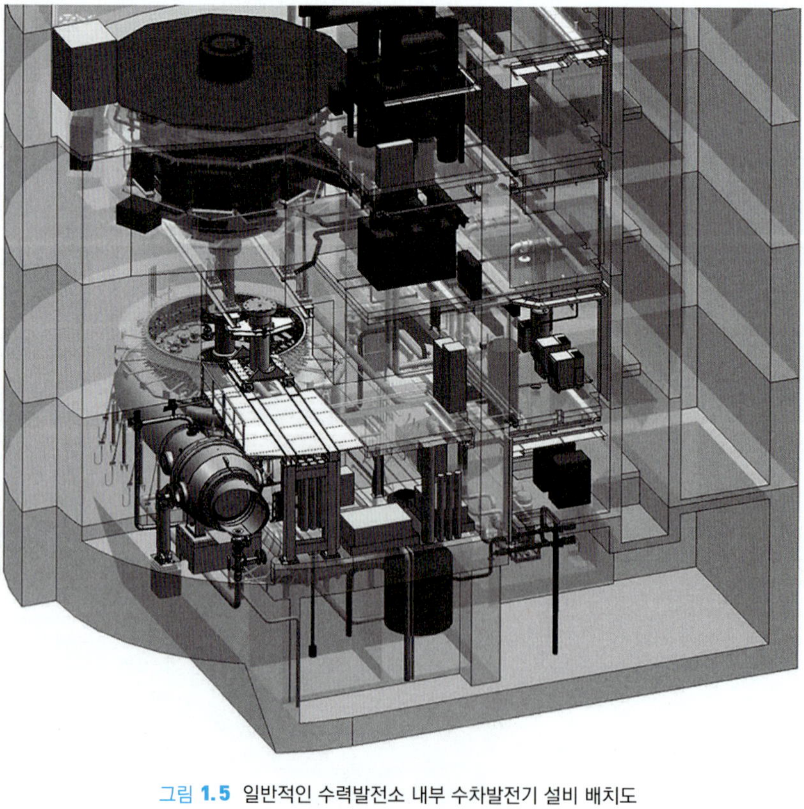

그림 1.5 일반적인 수력발전소 내부 수차발전기 설비 배치도
자료: VOITH

1.1.2 양수발전

양수발전(揚水發電, pumped-storage power generation)은 전력 수요가 적은 심야의 저렴한 전력을 이용하여 하부댐의 물을 상부댐에 저장하였다가 전력 수요가 증가할 때 상부댐의 물을 하부댐으로 낙하시켜 전력을 생산하는 방식이다.

그림 1.6은 일반적인 양수발전소 구조 및 구성요소를 보이고 있으며, 상부저수지와 하부저수지 사이에 긴 수압관(도수관)이 있고 그 가운데에 양수발전소가 위치하는 구조이다. 그림 1.7은 양수발전소 프란시스형 펌프수차 및 발전전동기 설비 배치도이며, 그림 1.8은 대용량 입축 프란시스형 가역식 펌프수차와 발전전동기 설비 구성 예를 나타내고 있다.

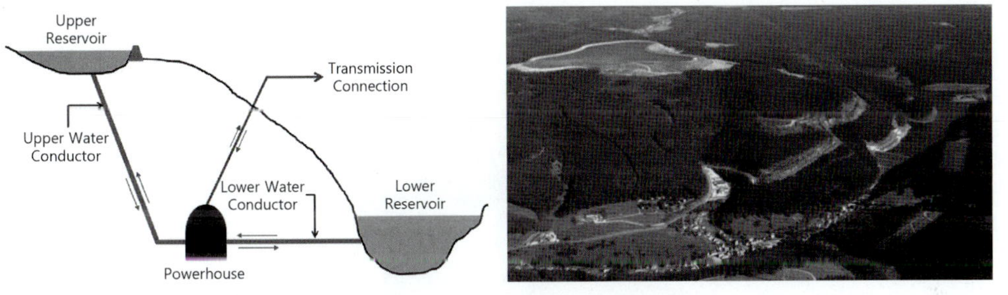

(a) 양수발전소 구조 개략도 및 상·하부댐 전경(자료: Koritarov, 2014)

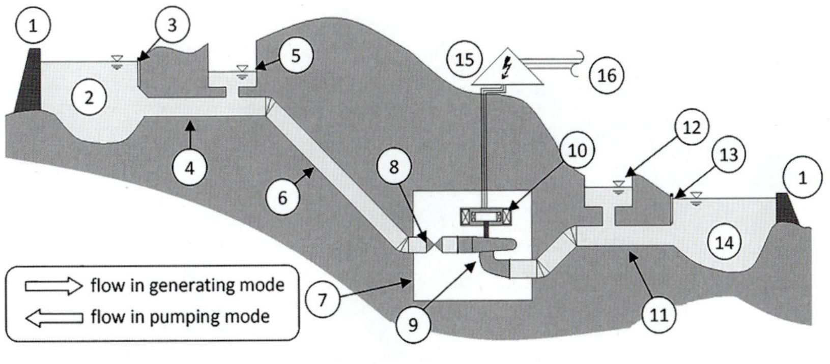

① Dam, ② Upper Reservoir, ③ Intake (generating mode), ④ Head-race, ⑤ Head-race surge chamber, ⑥ Penstock, ⑦ Powerhouse, ⑧ Main inlet valve, ⑨ Pump-turbine, ⑩ Generator, ⑪ Tail-race, ⑫ Tail-race surge chamber, ⑬ Intake (pumping mode), ⑭ Lower reservoir, ⑮ Substation, ⑯ Electrical grid

(b) 양수발전소 구성요소(자료: Pullinger, 2011)

그림 1.6 일반적인 양수발전소 구조 및 구성요소

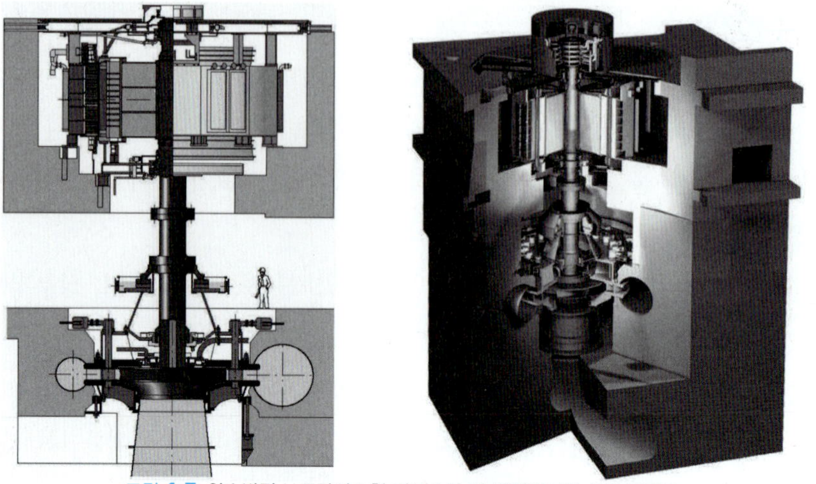

그림 1.7 양수발전소 프란시스형 펌프수차 및 발전전동기 설비 배치도

자료: VOITH

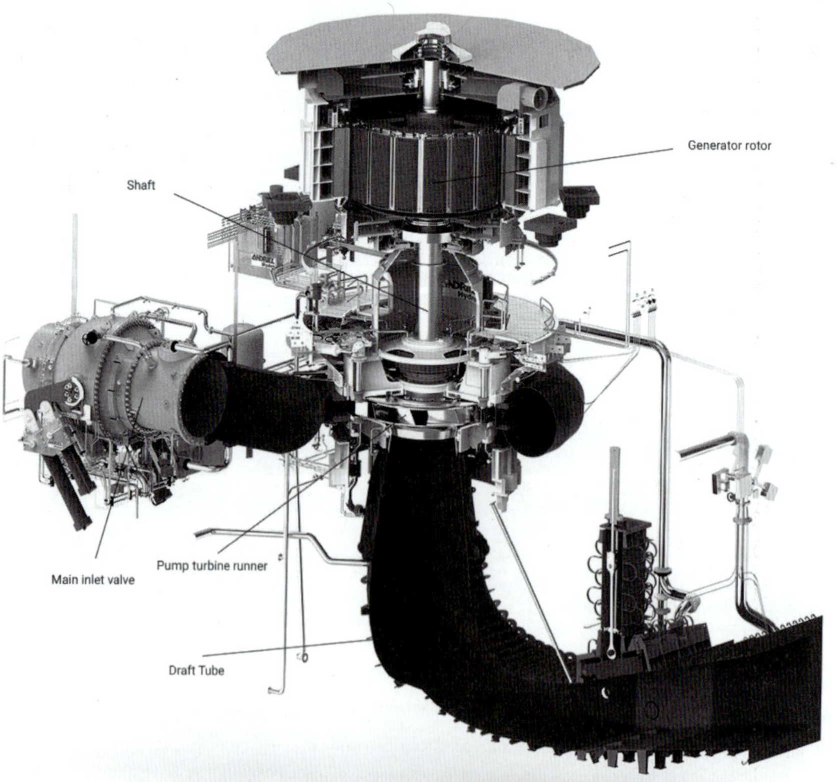

그림 1.8 대용량 입축 프란시스형 가역식 펌프수차와 발전전동기 설비 구성 예 (Vianden, Luxembourg)

자료: ANDRITZ Hydro

그림 1.9는 양수 및 발전 공정도를 보이고 있다. 양수발전소는 심야 전력 수요가 적을 때, 값싼 전력을 이용하여 하부댐의 물을 상부댐에 양수하여 저장하고 하루의 전력 사용 상황으로 보아 여러 가지 부하가 겹쳐져서 종합 수요가 커지는 시기에 발전함으로써 전력 계통상의 전력 수요량 일부를 담당하여 전체적인 발전효율을 향상함은 물론 경제적인 전력 계통의 운용효율을 높인다.

특히 양수발전은 기동시간이 짧고 부하 응답속도가 우수하여 최대 부하를 담당하고, 양수되어 저장된 상부저수지의 물로 첨두부하 시 신속하게 발전함으로써 고원가의 전력을 대체할 수 있기 때문에 전력 계통의 경제적인 운용이 가능하다.

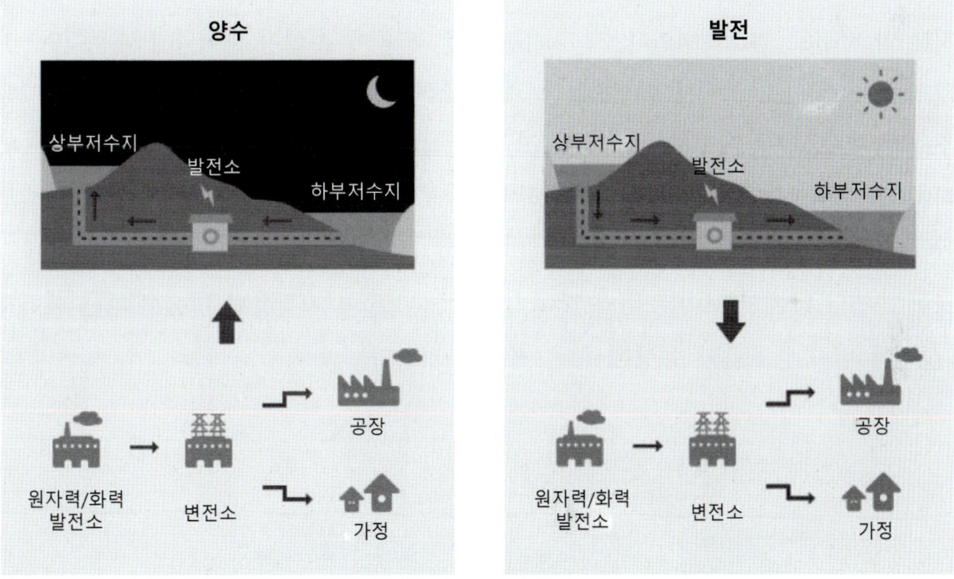

그림 1.9 양수 및 발전 공정도

자료: 한국수력원자력주식회사

그림 1.10은 1일간의 전체 전력 수요 및 공급 변동과 1일 중 발전원별 발전 시간을 보여주고 있다. 양수발전을 제외한 타 발전원에서는 발전 시간의 차이는 있지만, 하루 중 거의 일정한 전력을 생산하고 있다. 그러나 양수발전은 0시에서 6시 사이에 양수를 위하여 타 발전원에서 생산된 전력을 사용하고, 전력 사용량이 급증하는 낮 시간대에는 수요 전력량에 적극 대응하여 발전하게 된다.

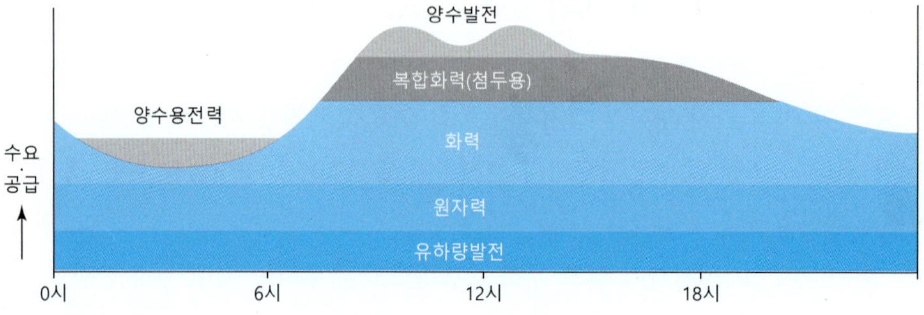

그림 1.10 1일간의 전체 전력 수요와 공급 변동 예
자료: 한국수력원자력주식회사

양수발전소에서는 100%의 전력을 매입하여도 이것을 상부저수지의 수력으로 바꾸는데까지는 약 85%로 감소해버린다. 그 이유는 변환 도중에 손실이 일어나기 때문이다. 마찬가지로 약 85%의 수력에서 발생되는 전력은 또한 그것의 약 85% 즉, 최초의 약 72%로 감소해버린다. 이 약 72%를 양수발전소의 효율이라고 할 수 있지만, 앞에서 설명한 바와 같이 첨두부하 및 비상시의 긴급 공급전원으로서 경제성과 신뢰성을 가지고 있기 때문에 그 이용 가치와 편익이 높다고 할 수 있다.

또한 그림 1.11에서 보이는 바와 같이 양수발전은 전력 저장용량 면에서 다른 에너지저장 설비에 비하여 효율과 용량에서 큰 장점을 가진다.

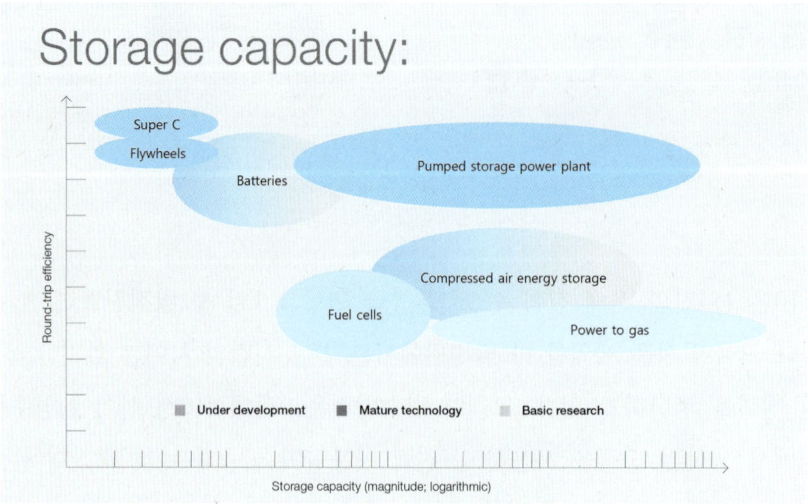

그림 1.11 전력 저장용량 비교
자료: ANDRITZ Hydro, 2018

1.2 수력 및 양수 발전설비

수차를 원동기로서 가지는 발전소를 일반적으로 수력발전소(hydraulic power plant)라고 하고, 펌프수차를 원동기로서 가지는 것을 특히 양수발전소(pumped storage power plant)라고 한다. 주기(수차에서는 발전기와 수차, 펌프수차에서는 발전전동기와 펌프수차) 이외의 설비는 양 발전소에서 공통적인 것이 많기 때문에 이하에서는 수력발전소로 총칭한다.

수력발전소는 주기 이외에 각종 저수지 및 도수 설비에 의해서 구성되고, 이들의 이용 방법에 따라서 수력발전소는 분류되지만, 낙차를 얻는 방법과 그 운용 방법에 의해서 크게 구별된다.

1.2.1 발전설비 용량에 의한 수력발전 분류

수력발전은 발전설비 용량의 규모에 의해 일반적으로 표 1.1과 같이 분류한다.

표 **1.1** 발전설비 용량의 규모에 의한 수력발전 분류

규모	설비용량 기준
대수력 (large hydropower)	100,000 kW 이상
중수력 (medium hydropower)	10,000 kW~100,000 kW
소수력 (small hydropower)	1,000 kW~10,000 kW
미니수력 (mini hydropower)	100 kW~1,000 kW
마이크로수력 (micro hydropower)	5 kW~100 kW
피코수력 (pico hydropower)	5 kW 이하

1.2.2 낙차를 얻는 방법에 의한 분류

그림 1.12~1.14에 낙차를 얻는 방법에 따른 발전소의 구성을 보인다. 이 그림들을 통해 주기 이외의 각종 설비의 개요 및 구성을 이하에서 설명한다.

(1) 수로식(conduit type)

하천의 물을 막아서 취수구에서 비교적 긴 수로를 거쳐 발전소로 인도하고, 그 사이의 하천 바닥의 높낮이 차이에 의해 낙차를 얻는 방식이며, 유입식 발전소에 많다. 구조물은 취수댐 → 취수구 → 침사지 → 도수로(무압수로) → 상수조 → 수압관 → 발전소(수차) → 방수로 → 방수구의 순으로 구성된다.

① **댐(dam)** 발전소댐은 사용 목적에 따라서 취수댐과 저수댐으로 대별된다. 전자는 하천으로부터 취수를 위한 목적으로 설치한 낮은 댐을 말하고, 후자는 하천을 막아서 저수하기 위해서 설치한 댐을 말한다. 댐은 그 구조의 차이에 따라서 중력댐, 아치댐, 중공중력댐 그리고 필댐 등으로 구분된다. 또한 비교적 소규모이면서 제어하는 수위 폭이 좁은 경우에는 내구성이 있는 고무코팅 섬유 등으로 만들어진 원통형의 자루에 공기나 물을 넣어 부풀려서 물을 막는 고무댐이 최근 자주 채용되고 있다.

② **수문(gate)** 댐 월류부에 설치하는 둑마루수문(crest gate), 취수량 조정을 위한 제어수문, 토사를 배출하기 위한 배사수문, 방수용수문 등이 있다. 수문의 형식은 크게 나누어 롤러 형식, 힌지 형식, 슬라이드 형식의 3종류가 있다.

③ **취수구(intake)** 취수구는 취수댐과 저수지에 설치되어 떠내려가는 나무 등의 유입을 방지하는 스크린 및 제진기와 취수량을 조정하는 제수수문 등이 설치된다.

④ **도수로(headrace)** 발전용의 물을 취수구로부터 상수조(또는 서지탱크)에 인도하는 수로를 말한다. 일반적으로 터널, 암거(땅속수로), 개거(개방수로) 등이 있다. 수로가 자유수면을 가지는 것은 무압수로(non-pressure flume), 자유수면이 없는 것은 압력수로(pressure flume)라고 한다.

⑤ **침사지(setling basin)** 수로 내에 토사의 유입을 방지하기 위해 설치하는 연못이며, 연못 안의 유속은 0.2～0.3 m/s 정도로 하고 토사가 침전하기에 충분한 연못의 용량으로 한다.

⑥ **상수조(forebay)** 도수로의 종단에 부하의 변화에 대해서 수위를 가능한 한 일정하게 유지하기 위해서 적당한 용량의 상수조를 설치한다. 수조(head tank)라고 하는 경우도 있다. 상수조에는 수차가 급하게 정지하는 경우에 최대사용수량을 흘려보낼 수 있도록 여수로를 설치한다.

⑦ **서지탱크(surge tank)** 압력수로의 경우 수차로 유입하는 수량이 급변하면 수격작용이 크기 때문에 이것을 작게 하기 위해서 설치하는 특별한 구조의 상수조를 서지탱크라고 한다.

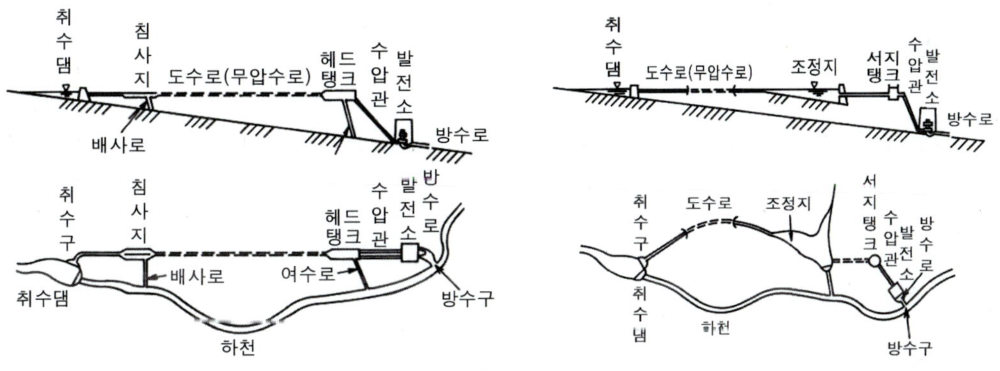

(a) 유입식 (b) 조정지를 가진 유입식

그림 **1.12** 수로식 수력발전소의 예

자료: ターボ機械協会編, 2007

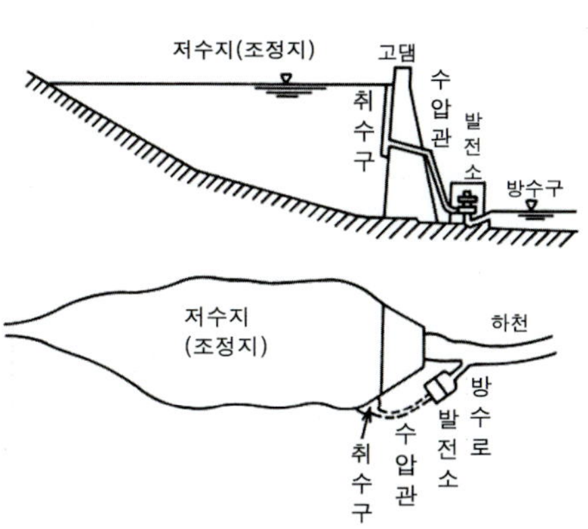

그림 **1.13** 댐식 수력발전소의 예

자료: ターボ機械協会編, 2007

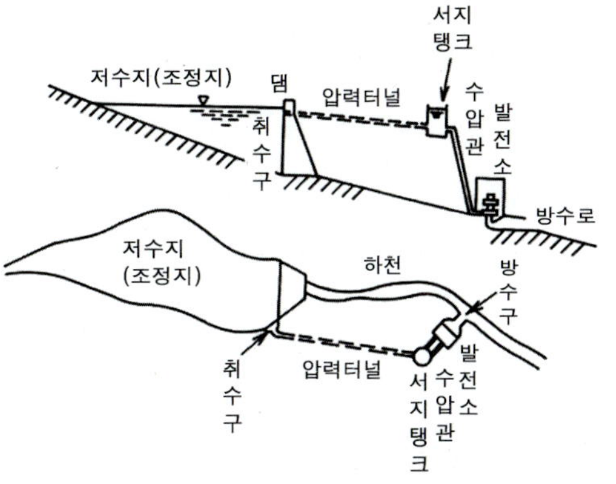

그림 **1.14** 댐수로식 수력발전소의 예

자료: ターボ機械協会編, 2007

(2) 댐식(dam type)

하천을 막고 높은 댐을 만들어서 이 댐에 저수하여 낙차를 얻는 방식이다. 이 방식에서는 특정 기간에 걸쳐서 발전 조정이 가능하고, 최근 대용량 발전소는 거의 이 방식이다. 댐식 발전소는 앞에서 설명한 각종 설비 이외에 저수지, 조정지, 역조정지가 설치된다.

① **저수지(reservoir)** 하천의 갈수기와 필요한 시기에 필요한 사용 수량을 보급할 목적으로 풍수기에 저수하는 호수와 연못을 저수지라고 한다.

② **조정지(regulating pondage)** 수력발전소를 1일 또는 단기간 내의 부하 변화에 맞추어서 운전할 목적으로 하천유량을 조정하기 위해서 설치한 연못을 조정지라고 한다.

③ **역조정지(reregulating reservoir)** 상류의 조정지 발전소의 출력 조정에 의해 방류량이 변화할 경우, 이 유량을 평활화하도록 발전소 하류에 설치한 연못을 역조정지라고 한다.

(3) 댐수로식(dam and conduit type)

댐과 수로의 양쪽에 의해 낙차를 얻도록 한 방식을 말한다.

1.2.3 운용 방법에 의한 분류

(1) 유입식(run-of-river type)

하천유량을 조정하지 않고 자연유량 그대로 발전하는 방식이다. 특별한 경우 이외에는 출력 조정을 하지 않으며, 풍수기에는 잉여 수가 발생하고 갈수기에는 출력이 감소한다. 댐을 필요로 하지 않으며, 건설이 비교적 용이하기 때문에 개발 초기의 형식에 이 방식이 많다.

(2) 조정지식(pondage type)

댐 상류 또는 수로 중간 등에 조정지를 설치하여 부하 변화에 따라 1일 또는 1주간 정도의 출력 조정을 하는 방식이다.

(3) 저수지식(reservoir type)

하천의 물을 저수지에 모아두고, 연간의 계절적인 부하 변동과 하천 수량의 변화에 따라 출력 조정을 하면서 발전하는 방식이다.

(4) 양수식(pumped storage type)

심야 등의 경부하 시의 화력·원자력의 잉여 전력을 이용해서 하부저수지로부터 상부저수지에 양수하여 주간의 첨두부하 시에 그 물을 이용해서 가치가 높은 전력을 얻는 방식이며, 펌프수차의 양수발전소에 이용된다. 상부저수지의 유역이 작고 자연적인 유수량이 거의 없는 것을 순양수식이라고 하고, 상부저수지의 자연유수의 물도 함께 이용하는 것을 혼합양수식이라고 한다. 그림 1.15와 1.16은 일반적인 지하 양수발전소 단면도와 해수 양수발전소의 예를 각각 보이고 있다.

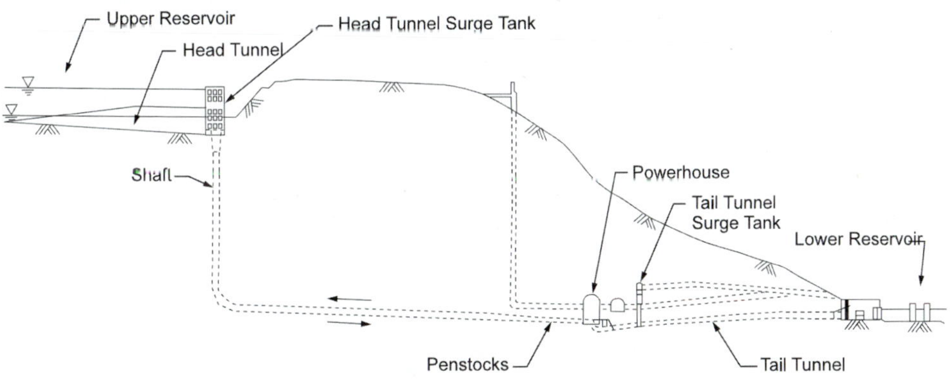

(a) 일반적인 지하 양수발전소 단면도(자료: Koritarov, 2014)

(b) 양양 지하 양수발전소 내부 단면도(자료: 한국수력원자력주식회사)

그림 1.15 지하 양수발전소 단면도 예

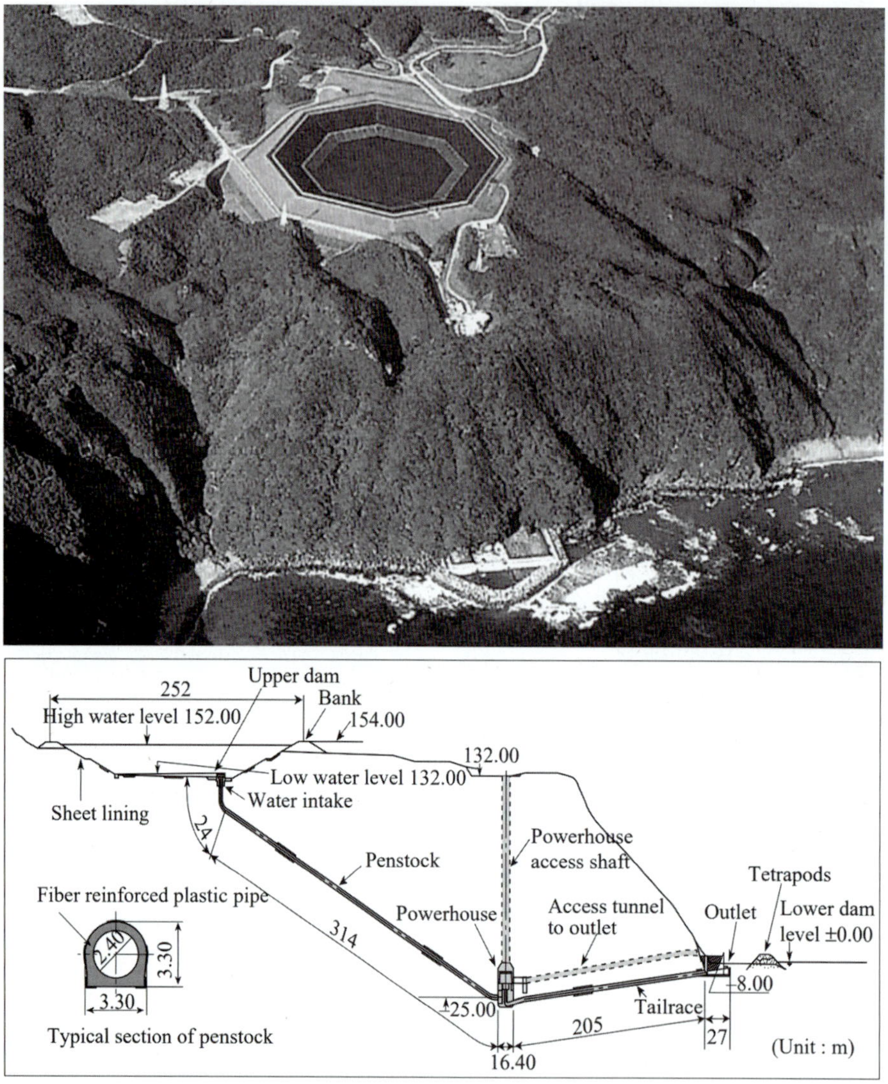

그림 1.16 일본 오키나와 해수 양수발전소
자료: Fujihara, 1998

(5) 조력식(tidal type)

해변 연안에서 발생하는 5～10 m의 간만조차를 이용하는 것이며, 일반적으로는 만 입구에 보를 설치하여 외해와 격벽을 두고 만 내 및 외해를 각각 저수지로 한다. 그림 1.17은 국내 시화조력발전소의 발전방식을 보이고 있으며, 현재 전 세계에서 발전용량이 가장 큰 조력발전소이다.

그림 **1.17** 시화조력발전소 발전방식

자료: 시화호조력발전소 & 주간기쁜소식

1.2.4 수력발전소의 구조형식

(1) 설치 방식

수차와 발전기의 배치 방법을 크게 두 가지로 나누면 입축과 횡축이 있다. 입축은 수차와 발전기의 주축이 수직으로 일직선상에 접속된 것이며, 횡축은 수차와 발전기가 동일 바닥면에 설치되어 그 주축이 옆으로 일직선상에 접속된 것이다. 횡축은 기초의 굴삭 깊이가 얕고 건축물의 높이도 낮아진다는 장점이 있지만, 바닥 면적이 커지게 되기 때문에 일반적으로는 소용량기에 채용되고 있다. 입축의 설치 방식에는 그림 1.18에 보이는 단상배렬식과 2상식이 있다.

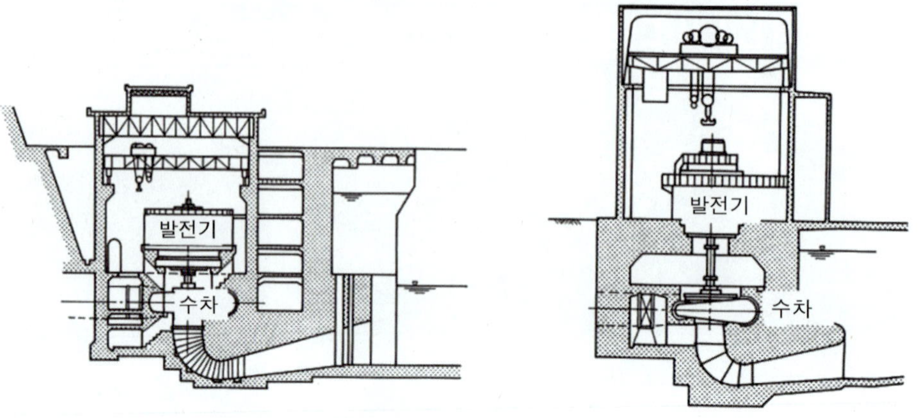

(a) 단상배럴식 (b) 2상식

그림 **1.18** 입축 설치 방식의 예

자료: ターボ機械協会編, 2007

① **단상배럴식** 발전기의 전중량을 수차의 스테이링 위에 설치한 배럴로 지지하는 방식이며, 대용량기에 채용된다. 설치 공사 기간이 길어지는 단점이 있지만, 건물 높이가 비교적 낮아도 된다.

② **2상식** 수차와 발전기를 지지하는 바닥을 별도로 설치하는 방식이며, 바닥 강도의 관계로부터 중소용량기에 적용된다. 수차와 발전기를 따로 분해하고 조립할 수 있는 이점이 있다.

(2) 지상식과 지하식

종래의 발전소 건물은 그림 1.18과 같이 지상에 있는 것(지상식)이 많았지만, 최근의 대용량발전소, 특히 양수발전소에서는 자연·환경 보호의 관점 및 성능상 깊은 흡출높이를 필요로 하는 등의 이유로 그림 1.19의 예와 같이 지하에 발전소를 설치(지하식)하며, 수차로부터 흘러나온 물을 방수로 터널을 통해서 방류하는 지하발전소로서 건설된 것이 많다. 또한 댐의 내측에 수차와 발전기를 설치하는 경우도 있다.

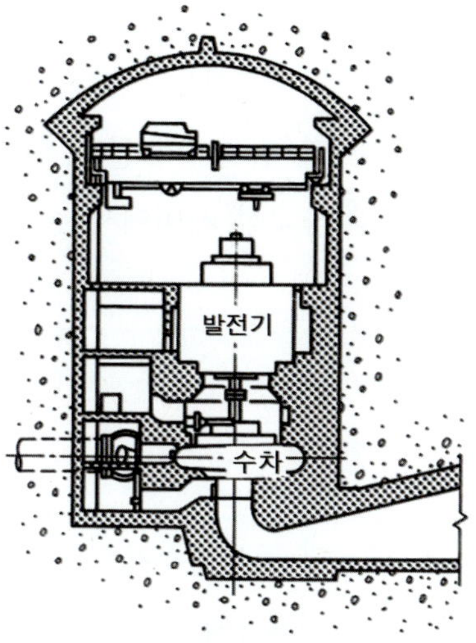

그림 **1.19** 지하발전소의 예
자료: ターボ機械協会編, 2007

1.3 용어의 정의

수차 및 펌프수차의 기술용어 중에서 수력성능에 관계된 것은 다음과 같다.

1.3.1 헤드(수두), 비에너지

비에너지는 물의 단위 질량 [kg]당의 에너지 [J]를 말하고, J/kg 또는 m^2/s^2의 단위를 가진다. 헤드(수두) h는 물의 단위 중량 [N]당의 에너지이며, 길이의 단위를 가지고, 비에너지를 그 점에서의 자유낙하 가속도 g [m^2/s^2]로 나눈 것이다. 다음의 식 (1.1)에 비에너지와 헤드의 관계를 보인다.

$$E = g \times h \tag{1.1}$$

베르누이의 정리에서 알 수 있듯이 비압축성 흐름의 경우에 유체는 에너지를 위치에너지, 압력에너지, 운동에너지의 형태로 가지고 있다. 수차 및 펌프수차의 성능에 관한 사항의 정의에서 이들은 각각 위치헤드(위치수두), 압력헤드(압력수두), 속도헤드(속도수두)로 나타낸다. 위치헤드는 기준면에 대한 그 점의 높이, 압력헤드는 압력을 물의 밀도와 그 점에서의 자유낙하 가속도의 곱으로 나눈 것, 속도헤드는 유속의 2승을 그 점에서의 자유낙하 가속도의 2배로 나눈 것을 나타낸다. 그 점에서의 물의 위치헤드, 압력헤드 및 속도헤드의 합을 전헤드라고 한다. 또한 임의의 2점 사이에서 손실되는 전헤드를 손실헤드라고 한다.

1.3.2 낙차와 양정

상부저수지(upper reservoir)(또는 취수구) 및 하부저수지(lower reservoir)(또는 방수구)의 수면 표고차 z_g를 총낙차(gross head)라 하고, 전헤드의 차를 "발전소의" 유효낙차 H_g라고 한다. "발전소의" 유효낙차 H_g는 주기뿐만 아니라 도수 설비를 포함해서 이용할 수 있는 물의 전에너지를 의미하며, 도수 설비에서 발생하는 손실헤드 때문에 "발전소의" 유효낙차 H_g를 모두 수차에 이용하는 것은 불가능하다. 도수 설비에서 발생하는 손실헤드는 취수구 수면과 수차의 고압 측 지정점(수차의 성능보장에서 지정된 고압 측의 점) 사이의 손실헤드 및 저압 측 지정점(수차의 성능보장에서 지정된 저압 측의 점)과 방수구 수면까지의 손실헤드를 나타낸다. 수차의 성능을 논하는 경우에는 "발전소의" 유효낙차 H_g로부터 도수설비에서 발생하는 손실헤드를 제외하고 수차에 실제적으로 작용하는 낙차를 정의하는 것이 필요하

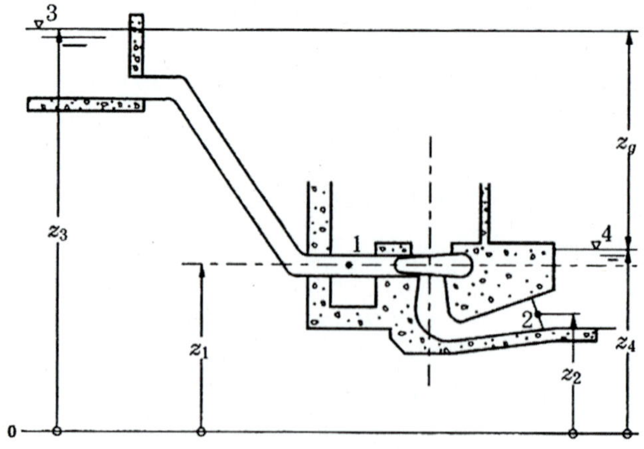

그림 1.20 총낙차 및 수차(펌프수차)의 지정 위치의 정의

자료: ターボ機械協会編, 2007

다. 이것을 수차운전에서는 유효낙차(net head or effective head), 펌프수차운전에서는 전양정(net pump head or total pump head)라고 한다. 단순히 유효낙차라고 하는 경우에는 수차의 유효낙차를 말한다.

총낙차, "발전소의" 유효낙차 및 수차의 유효낙차(또는 펌프의 전양정)의 관계에 대해서 그림 1.20에 의해 설명한다.

"발전소의" 유효낙차 H_g는 다음의 식 (1.2)로 나타낼 수 있다.

$$H_g = \frac{p_{abs3} - p_{abs4}}{\bar{\rho}_{3-4} \cdot \bar{g}_{3-4}} + \frac{v_3^2 - v_4^2}{2 \cdot \bar{g}_{3-4}} + (z_3 - z_4) \tag{1.2}$$

총낙차 z_g와 "발전소의" 유효낙차 H_g의 관계는 식 (1.2)에서

- $p_{abs4} - p_{abs3} = \rho_a \cdot \bar{g}_{3-4} \cdot (z_3 - z_4)$

- $v_3 = v_4 = 0$

- $\bar{\rho}_{3-4} = \dfrac{\rho_3 + \rho_4}{2} = \bar{\rho}$ (대기압에서의 물의 밀도)

의 관계가 성립한다고 간주하면, 다음의 식 (1.3)으로 나타낼 수 있다.

$$H_g = (z_3 - z_4) \cdot \left(1 - \frac{\rho_a}{\bar{\rho}}\right) = z_g \cdot \left(1 - \frac{\rho_a}{\bar{\rho}}\right) \tag{1.3}$$

또한 "발전소의" 유효낙차와 수차의 유효낙차 또는 펌프의 전양정의 관계는 다음의 식 (1.4)로 나타낼 수 있다.

$$H_g = H \pm (H_{l3-1} + H_{l2-4}) \tag{1.4}$$

단, +는 수차운전 시, −은 펌프운전 시이다.

여기서,

H : 수차의 유효낙차 또는 펌프의 전양정 [m]

H_g : 발전소의 유효낙차 [m]

z_g : $z_3 - z_4$, 총낙차 [m]

z : 표고 [m]

H_l : 손실헤드 [m]

p_{abs} : 절대압력 [Pa]

ρ : 물의 밀도 [kg/m^3]

ρ_a : 공기의 밀도※ [kg/m^3]

g : 자유낙하 가속도 [m/s^2]

v : 평균속도 [m/s]

첨자 1 : 수차(펌프수차)의 고압 측 지정점

2 : 수차(펌프수차)의 저압 측 지정점

3 : 취수구 수면

4 : 방수구 수면

3-4 : 취수구 수면과 방수구 수면 사이

3-1 : 취수구 수면과 수차(펌프수차)의 고압 측 지정점 사이

2-4 : 수차(펌프수차)의 저압 측 지정점과 방수구 수면 사이

주※: 수차(펌프수차)의 지정 위치 표고에서의 값

수차의 유효낙차 H는 기종에 따라서 정의가 달라지기 때문에 그림 1.21과 1.22를 이용

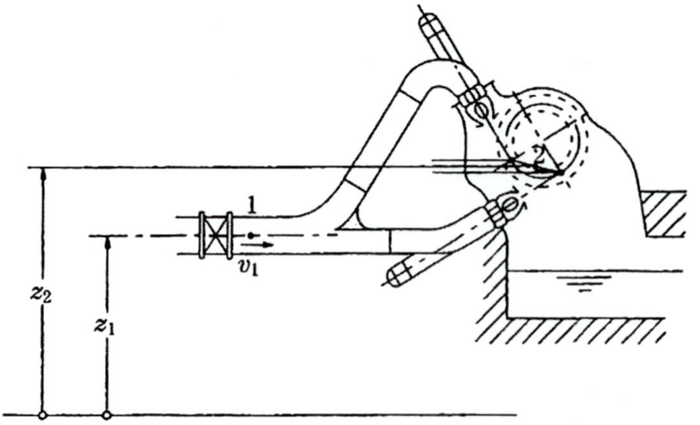

그림 **1.21** 충동수차의 고압 측 및 저압 측 지정점

자료: ターボ機械協会編, 2007

해서 구체적으로 설명한다. 수차의 유효낙차 및 펌프의 전양정은 수차 및 펌프의 고압 측 지정점에서의 전헤드로부터 저압 측 지정점에서의 전헤드의 차(빼기)에 의해서 구한다.

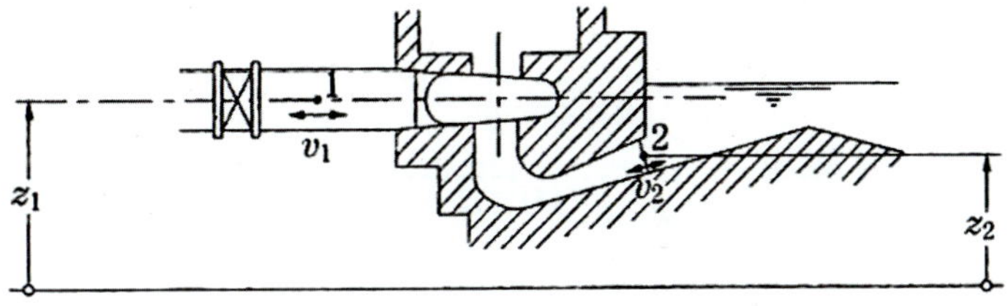

그림 **1.22** 반동수차 및 펌프수차의 고압 측과 저압 측의 지정점
자료: ターボ機械協会編, 2007

(1) 충동수차의 유효낙차

충동수차의 유효낙차는 다음의 간략식으로 나타낼 수 있다(그림 1.21 참조).

$$H = \frac{p_{abs1} - p_{abs2}}{\bar{\rho}\bar{g}} + \frac{v_1^2}{2\bar{g}} + (z_1 - z_2) \tag{1.5}$$

$$\text{단, } \bar{\rho} = \frac{\rho_1 + \rho_2}{2}, \quad \bar{g} = \frac{g_1 + g_2}{2}$$

(2) 반동수차의 유효낙차 및 펌프의 전양정

반동수차의 유효낙차 및 펌프의 전양정은 다음의 간략식으로 나타낼 수 있다(그림 1.22 참조).

$$H = \frac{p_{abs1} - p_{abs2}}{\bar{\rho}\bar{g}} + \frac{v_1^2 - v_2^2}{2\bar{g}} + (z_1 - z_2) \tag{1.6}$$

수차와 펌프수차의 입구(또는 고압 측 지정점) 및 출구(또는 저압 측 지정점)의 정의는 기종 및 국가에 따라서 미묘하게 다르기 때문에 해당 규격을 참조하면 좋다. 주기의 성능을 논할 경우 낙차 또는 양정이라고 하면 일반적으로 유효낙차 또는 전양정을 의미한다.

(3) 총낙차와 유효낙차의 계산

그림 1.23~1.26은 충동수차와 반동수차의 총낙차, 정낙차, 유효낙차의 구분을 나타내며, 표 1.2는 총낙차와 유효낙차의 계산식을 나타낸다.

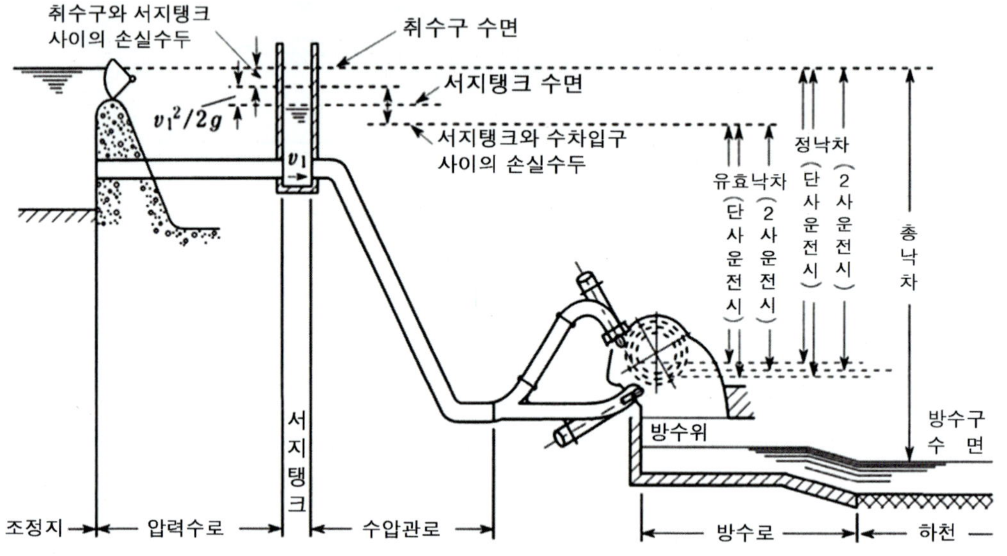

그림 1.23 충동수차의 총낙차, 정낙차, 유효낙차의 관계(횡축형)

자료: 千葉, 2000f

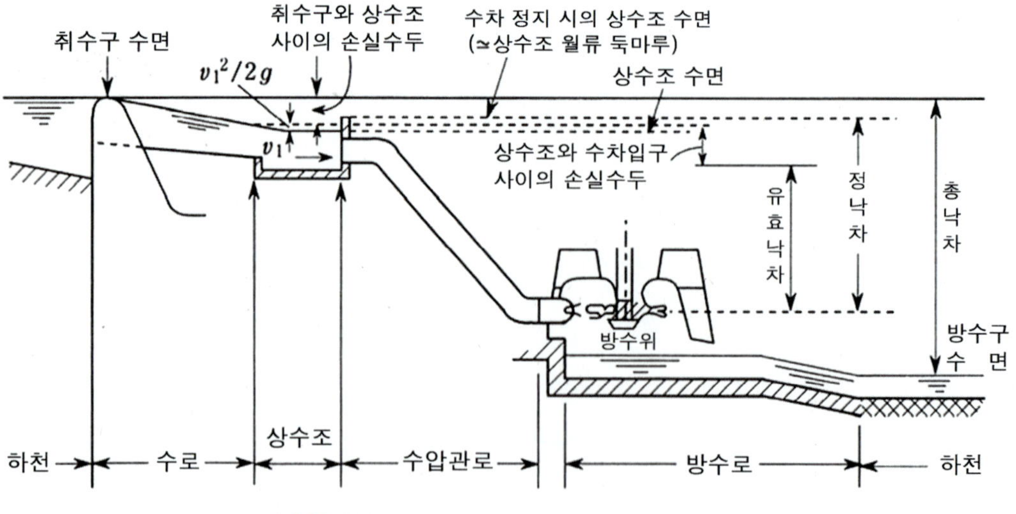

그림 1.24 충동수차의 총낙차, 정낙차, 유효낙차의 관계(입축형)

자료: 千葉, 2000f

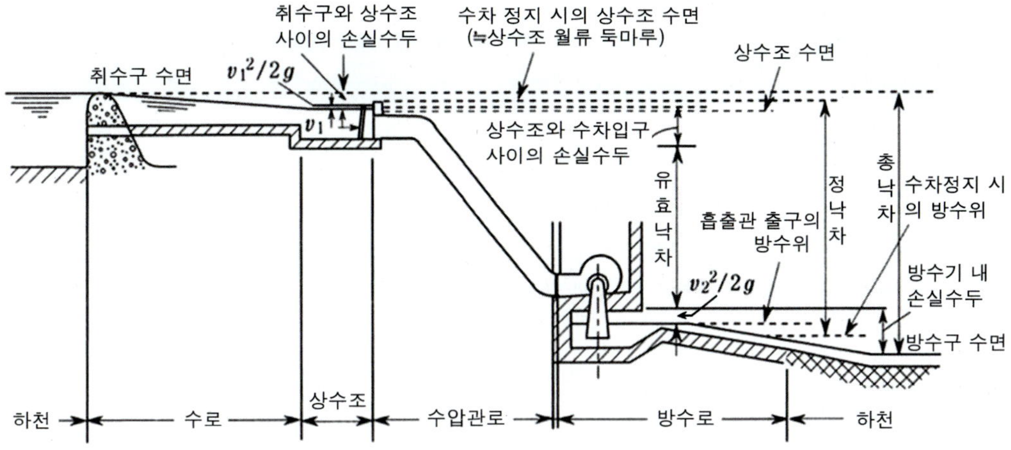

그림 **1.25** 반동수차의 총낙차, 정낙차, 유효낙차의 관계(무압수로, 횡축형)

자료: 千葉, 2000f

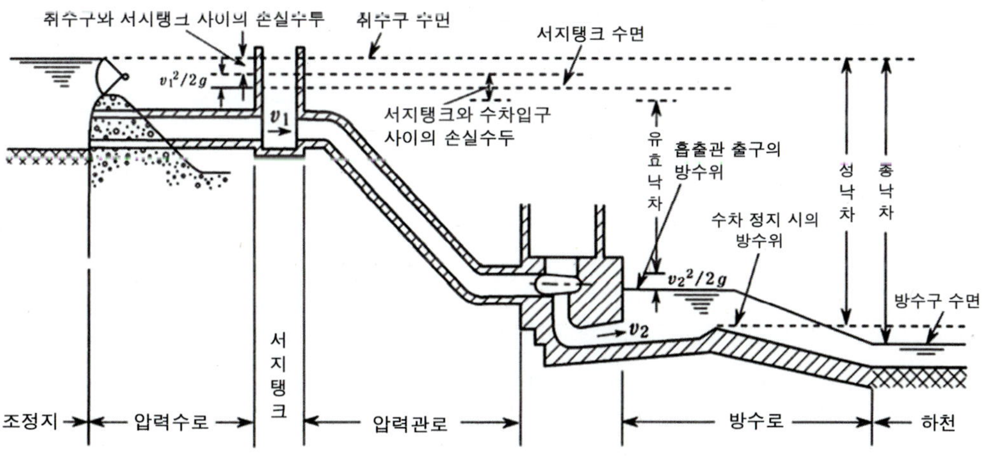

그림 **1.26** 반동수차의 총낙차, 정탁차, 유효낙차의 관계(압력수로, 입축형)

자료: 千葉, 2000f

표 1.2 총낙차와 유효낙차의 계산식과 정의

수차 형식		총낙차	유효낙차
충동수차	횡축	[취수구 수면 표고] – [방수구 수면 표고]	[총낙차] – [취수구와 상수조(서지탱크) 사이의 손실수두] – [상수조(서지탱크)와 수차입구 사이의 손실수두] – [방수구 수면 표고와 제트 중심선이 러너의 피치서클에 접하는 점 (또는 제트의 중심선이 러너의 피치서클에 접하는 점의 평균 높이)의 고저차]
	입축		[총낙차] – [취수구와 상수조(서지탱크) 사이의 손실수두] – [상수조(서지탱크)와 수차입구 사이의 손실수두] – [방수구 수면 표고와 러너 중심의 고저차]
반동수차	횡축 및 입축		[총낙차] – [취수구와 상수조(서지탱크) 사이의 손실수두] – [상수조(서지탱크)와 수차입구 사이의 손실수두] – [흡출관 출구의 방수위와 방수구 수면 표고의 고저차] – [흡출관 출구의 속도수두]

[낙차의 정의]
- 총낙차(gross head): 취수구 수면의 방수구 수면에 대한 위치의 수두를 말한다.
- 정낙차(static head): 발전소 전체의 수차가 정지한 때의 상부수조(또는 서지탱크) 수면의 방수위 또는 제트의 중심선이 러너의 피치사이클에 접하는 점에 대한 위치의 수두를 말한다.
- 유효낙차(effective head): 유수가 취수구로부터 수로, 철관로, 방수로에 도달하는 사이에 수로의 구배 마찰 및 기타의 원인으로 손실이 발생한다. 이것을 손실낙차라고 하고 총낙차로부터 손실낙차를 뺀 것, 즉 사용상태에서 수차의 운전에 이용할 수 있는 전수두를 유효낙차라고 한다.

자료: 千葉, 2000f

1.3.3 유량

수차운전 시 또는 펌프운전 시에 단위 시간에 수차를 통과하는 물의 체적을 유량(discharge 또는 flow rate)이라고 하지만, 수차운전 시에는 수차유량(turbine discharge) 그리고 펌프운전 시에는 양수량(pump discharge)이 관용적으로 사용되고 있다.

1.3.4 입력, 출력 및 부하

수차 또는 펌프수차가 수차운전 시에 주축으로부터 전달되는 유효한 기계적 동력을 수차출력(turbine output) 또는 간단히 출력(output)이라고 하고, 펌프운전 시에 주축에 전달되는 동력을 펌프입력(pump input) 또는 간단히 입력(input)이라고 한다.

출력에는 정격회전속도에서 수차가 안전하게 연속운전이 가능한 한계를 나타내는 최대출력(maximum output)이 있으며, 이것과 동일한 의미를 나타내는 것으로서 기준출력(normal output)은 기준 유효낙차에서의 출력을 나타낸다. 그리고 유량조정 기구(펠턴수차의 노즐과 반동형 수차의 가이드베인)가 100%일 때에 발생할 수 있는 출력을 나타내는 100% 개도출력(output at 100% gate opening) 등의 용어가 있다.

여기서, 정규, 기준, 그리고 정격상태에 해당하는 용어의 구분이 필요한데, 정규상태란 수차가 최고효율을 발휘하는 운전상태를 의미한다. 기준상태와 정격상태는 동일한 의미로 수차가 최대출력을 발휘하는 운전상태를 의미한다.

한편, 입력에 관해서는 펌프체절운전(양수량 0의 상태)에 필요한 입력을 나타내는 체절펌프입력(zero-discharge pump input), 펌프 기동 시에 수면을 눌러 내려서 공중에서 러너를 정격회전속도로 운전하는데 필요한 입력을 나타내는 공회전입력(input in air) 그리고 사용조건의 운전범위에서 펌프가 필요로 하는 최대입력을 나타내는 최대펌프입력(maximum pump input) 등의 용어가 있다.

부하(load)는 수차운전에서만 사용되는 용어이며, 수차의 출력을 흡수하는 것을 의미하고 출력과 동의어로 사용되는 경우도 있다. 정격회전속도에서 출력 0의 운전상태를 무부하(no load)운전, 최대출력의 운전상태를 전부하(full load)운전, 전부하에 미달하는 출력의 운전상태를 부분부하(part load)운전, 전부하를 넘어서 운전하는 상태를 과부하(over load)운전이라고 한다.

1.3.5 효율

수차운전 시의 효율을 수차효율(turbine efficiency)라고 하고, 펌프운전 시의 효율을 펌프효율(pump efficiency)라고 한다. 각각의 정의를 이하에 보인다.

밀도 ρ [kg/m^3]에서 유량 Q [m^3/s]의 물이 보유하는 전헤드를 H [m]로 하면 단위 시간당 물의 에너지

$$P_h = \rho g Q H \times 10^{-3} \tag{1.7}$$

을 동력(일률)이라고 한다. 식 (1.7)의 동력을 수차에서는 수차입력(turbine input)이라고 한다. 수차효율 η_t는 주축으로부터 전달되는 기계적 동력, 즉 수차출력 P [kW]를 이용하여

$$\eta_t = P/P_h = P/(\rho g QH \times 10^{-3}) \tag{1.8}$$

으로 정의한다.

펌프에서는 식 (1.7)의 물이 가지는 동력을 펌프출력이라고 하고, H [m]는 전양정이 사용된다. 펌프효율 η_p는 주축에 전달되는 동력, 즉 펌프입력 P [kW]를 이용하여

$$\eta_P = P_h/P = (\rho g QH \times 10^{-3})/P \tag{1.9}$$

로 정의된다. 또한 식 (1.7)~(1.9)의 ρ와 g에는 앞에서 기술한 ρ_1과 g_1를 각각 이용하면 된다.

이상에서 기술한 수차효율 및 펌프효율은 각각 다음에 설명하는 각종 효율로 이루어져 있다.

(1) 수차효율(turbine efficiency)

유량 Q의 일부 ΔQ는 러너 날개에 작용하지 않고 러너 상하의 고정벽과의 틈새를 통해서 누설해버린다. 이 ΔQ를 누설유량이라 하고, $\eta_Q = (Q-\Delta Q)/Q$를 유량효율(discharge efficiency)이라고 한다. 유효낙차 H의 일부 ΔH는 물이 수차를 통과하는 사이에 일어나는 손실 때문에 잃어버린다. 이 ΔH를 수력손실이라고 하고 $\eta_E = (H-\Delta H)/H$를 비에너지 효율(specific energy efficiency)이라고 한다. 수차축에서 발생하는 수차출력을 P라고 하면 러너 날개가 발생하는 이론출력 $P_R = \rho g(Q-\Delta Q)(H-\Delta H)\times 10^{-3}$과의 사이에는 러너 상하면에서 발생하는 원판마찰손실동력 P_{LD} 및 기계손실동력 P_{Lm}이 그 사이에 존재하며, $\eta_R = (P_R - P_{LD})/P_R$과 $\eta_m = P/(P+P_{Lm})$을 각각 동력효율(power efficiency)과 기계효율(mechanical efficiency)이라고 한다. 따라서 수차효율 η_t는 다음과 같다.

$$\begin{aligned}\eta_t &= P/(\rho g QH \times 10^{-3}) \\ &= \eta_m \eta_R P_R/(\rho g QH \times 10^{-3}) \\ &= \eta_m \eta_R (Q-\Delta Q)(H-\Delta H)/QH \\ &= \eta_m \eta_R \eta_Q \eta_E\end{aligned} \tag{1.10}$$

한편, 수차효율 η_t는 다음과 같이 나타내기도 한다.

$$\begin{aligned}\eta_t &= P/(\rho g QH \times 10^{-3}) \\ &= \eta_m P_{th}/(\rho g QH \times 10^{-3}) \\ &= \eta_m (Q-\Delta Q)(H-\Delta H)/QH \\ &= \eta_m \eta_v \eta_h\end{aligned} \quad (1.11)$$

여기서, 유량 Q와 러너 상하의 고정벽과의 틈새를 통해서 누설하는 누설유량 ΔQ로부터 체적효율(volumetric efficiency)을 $\eta_v = (Q-\Delta Q)/Q$로 정의한다. 유효낙차 H의 일부 ΔH는 물이 수차를 통과하는 사이에 일어나는 손실 때문에 잃어버린다. 이 ΔH를 수력손실이라 하고, 수력효율(hydraulic efficiency)을 $\eta_h = (H-\Delta H)/H$로 정의한다. 수차축에서 발생하는 수차출력를 P라고 하면 러너 날개가 발생하는 이론출력 $P_{th} = \rho g(Q-\Delta Q)(H-\Delta H) \times 10^{-3}$과의 사이에는 러너 상하면에서 발생하는 원판마찰손실과 베어링부의 손실에 의해서 발생하는 기계손실동력 ΔP가 그 사이에 존재하며, 기계효율(mechanical efficiency)을 $\eta_m = P/P_{th} = P/(P+\Delta P)$로 정의한다.

(2) 펌프효율(pump efficiency)

수차효율에서 기술한 것과 같은 손실이 펌프운전에서도 발생한다. 단, 에너지의 주고받음 및 흐름이 역으로 되기 때문에 유량효율은 $\eta_Q = Q/(Q+\Delta Q)$, 비에너지효율은 $\eta_E = H/(H+\Delta H)$로 된다. 펌프축에 전달되는 펌프입력을 P로 하면 이론동력 $P_R = P - P_{LD} - P_{Lm} = \rho g \times (Q+\Delta Q)(H+\Delta H) \times 10^{-3}$ 및 $\eta_R = P_R/(P_R + P_{LD})$, $\eta_m = (P - P_{Lm})/P$의 관계를 이용하여 펌프가 물에 주는 수동력은 $P_h = \rho g QH \times 10^{-3}$이기 때문에 펌프효율 η_P는 다음과 같이 된다.

$$\begin{aligned}\eta_P &= (\rho g QH \times 10^{-3})/P \\ &= \eta_m \eta_R (\rho g QH \times 10^{-3}) P_R \\ &= \eta_m \eta_R QH/[(Q+\Delta Q)(H+\Delta H)] \\ &= \eta_m \eta_R \eta_Q \eta_E\end{aligned} \quad (1.12)$$

한편, 펌프효율 η_P는 다음과 같이 나타내기도 한다.

$$\begin{aligned}\eta_P &= (\rho g QH \times 10^{-3})/P \\ &= \eta_m(\rho g QH \times 10^{-3})/(P - \Delta P) \\ &= \eta_m QH/[(Q+\Delta Q)(H+\Delta H)] \\ &= \eta_m \eta_v \eta_h\end{aligned} \tag{1.11}$$

여기서, 체적효율(volumetric efficiency)을 $\eta_v = Q/(Q+\Delta Q)$, 수력효율(hydraulic efficiency)을 $\eta_h = H/(H+\Delta H)$로 정의한다. 펌프축에 전달되는 펌프입력을 P라고 하면 $P-\Delta P = \rho g \times (Q+\Delta Q)(H+\Delta H) \times 10^{-3}$이 되고, 기계효율(mechanical efficiency)은 $\eta_m = (P-\Delta P)/P$로 정의한다. 펌프가 물에 주는 수동력 P_0는 $\rho g QH \times 10^{-3}$이다.

1.3.6 특성

수차와 펌프수차의 특성은 수차운전 시의 수차 특성(turbine characteristics)과 펌프운전 시의 펌프 특성(pump characteristics)으로 크게 나눌 수 있다. 실물수차와 펌프수차는 교류동기발전기 또는 발전전동기에 직결되어 있기 때문에 회전속도는 거의 일정하고, 이것을 정격회전속도(rated speed)라고 하며, 그 조건에서 특성이 나타난다.

실물수차의 수차 특성은 보통 그림 1.27과 같이 나타낸다. 수력발전소에서 이용하는 낙차는 계절과 날씨에 따라서 상부저수지 및 하부저수지 수위가 변동하기 때문에 계획 단계에서 수차에 이용할 낙차의 상한 및 하한이 정해지고, 그것에 적합한 성능이 개발된다.

낙차의 상한 및 하한은 각각 최고낙차(maximum head) $H_{\max}$ 및 최저낙차(minimum head) $H_{\min}$라고 한다. 또한 이 사이에 출력 또는 유량을 정하는 기준으로 하기 위한 기준낙차(normal head) H_{nor}가 정해진다. 수차에서는 H_{nor}에서 연속운전이 허용되는 최대의 출력 상태를 기준(또는 정격)상태(그림 1.27(a)의 A점)라고 한다. 이때의 출력, 유량 그리고 가이드베인의 개도를 기준출력 P_{nor}, 기준유량 Q_{nor} 그리고 기준개도 a_{nor}라고 한다.

수차에 따라서는 $H_{\max}$에서 a_{nor}이하의 개도에서 P_{nor} 이상의 출력의 B'점을 한도로 하여 운전하는 것 또는 $H_{\min}$에서 a_{nor} 이상의 개도의 C'점까지 운전하는 것이 있다. 이러한 예 A, B', C'는 유량이 일정한 점이고, 운전의 상한을 A, B', C'로 하는 운전방법을 유량일정운전이라고 하며, A와 C의 범위는 개도일정운전이라고 한다. 실제의 운전범위 내에서 최대의 출력, 유량 그리고 개도를 각각 최대출력 $P_{\max}$, 최대유량 $Q_{\max}$ 그리고 최대개도 $a_{\max}$라고 한다. 이러한 예에서는 $a_{nor} = a_{\max}$이지만, C'점까지 운전하는 경우에는 C'점의 개도가 $a_{\max}$로 된다.

펌프수차의 경우 수차 특성은 수차의 경우와 같은 표시로 되지만, 펌프 특성은 그림 1.27(b)와 같이 나타낸다. 최고, 최저, 최대, 기준 등의 의미는 수차의 경우와 거의 같다. 단, H는 양정, P는 펌프입력, Q는 양수량을 의미한다. 펌프 특성에는 개도 표시가 없지만, 이것은 각 유량마다 최적의 개도가 정해져 있고, on-cam(포락선)운전 특성으로서 표시된다. 펌프 특성의 특징으로서 동일 양정에서 개도를 변화시키더라도 펌프입력과 양수량의 변화는 적고, 효율 저하 및 진동 증가 등 악영향이 나타나기 때문에 on-cam운전만 하게 된다.

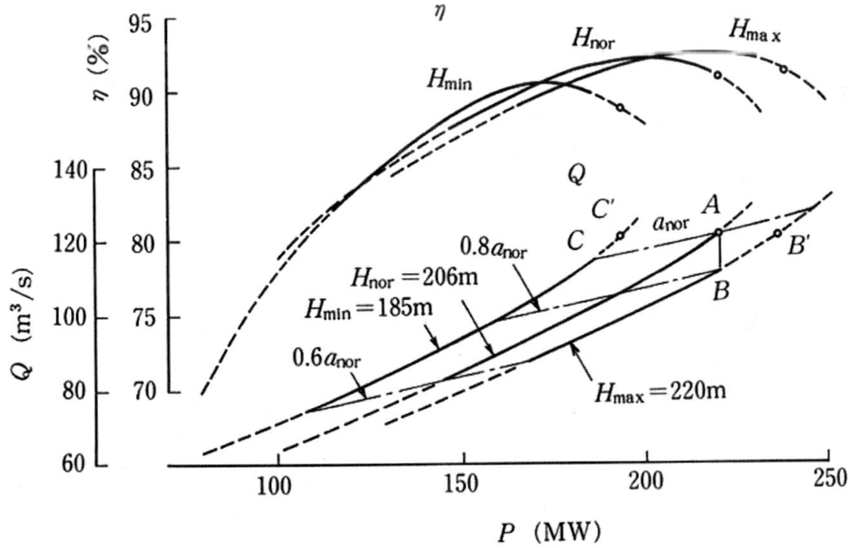

(a) 수차 특성

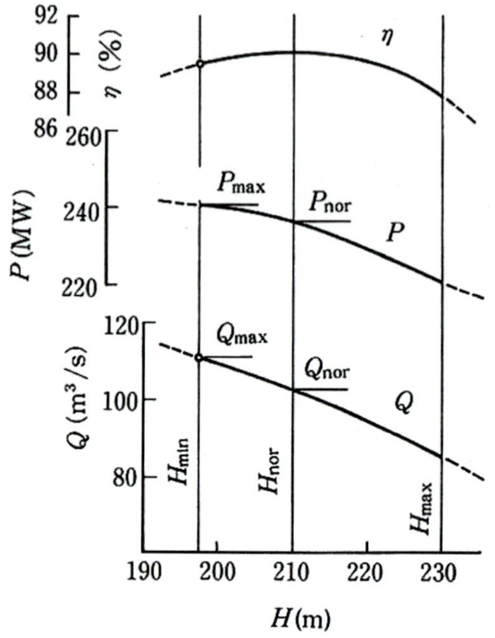

(b) 펌프 특성

그림 **1.27** 수차 및 펌프수차의 특성 예

자료: ターボ機械協会編, 2007

1.4 국내·외 수력발전 및 양수발전 현황

그림 1.28은 전 세계 수력 개발량 및 잠재량을 보이고 있으며, 2014년에 약 37 GW의 수력발전 신규설비가 추가로 건설되어 전 세계 수력발전 설비용량의 3.6%가 상승하여 1,055 GW에 도달하였으며, 연간 발전량은 약 3,900 TWh로 추정된다. 국가별 수력발전소 시설용량/발전량을 살펴보면 중국(260 GW/905 TWh), 브라질(85.7 GW/415 TWh), 미국(79.0 GW/269 TWh), 캐나다(76.1 GW/388 TWh), 러시아(46.7 GW/175 TWh), 인도(43.7 GW/143 TWh) 순이며, 상위 6개국이 전 세계의 약 60%를 차지하고 있다. 세계 수력 발전량은 수리학적 상황에 따라 매해 변동이 생기는데 2014년 약 3,900 TWh로 전년 대비 3% 이상 증가했으며, 세계 양수 발전용량은 2014년 말 기준 약 142 GW에 달하는 것으로 집계됐다.

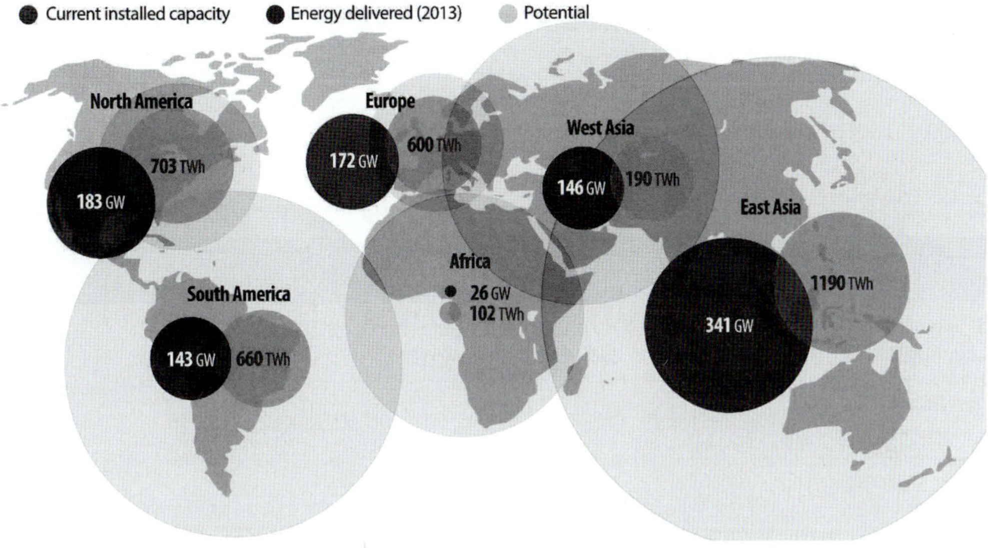

그림 **1.28** 전 세계 수력 개발량 및 잠재량
자료: IHA, 2014

1.4.1 국내 현황

수력은 수력(중·대수력), 소수력, 양수로 구분하고, 2014년 국내 발전사업통계에 따르면 양수를 포함한 수력 설비용량은 6,454 MW로 총 전력 설비용량의 7.4%를 점유하고, 발전량은 8,483 GWh로 1.65%를 점유하고 있다. 국내 수력발전소는 표 1.3과 같이 총 16개소로 전력거래량은 3,561 GWh로 0.7%를 점유하고 있으며, 설비용량은 1,596 MW로 총 설비용량의 1.8%를 점유하고 있다. 현재 전력시장에서 수력이 차지하는 점유율은 상대적으로 크지 않으나, 전력수요를 조절할 수 있는 중앙급전부하(설비용량 20 MW 이상)로써 계통안정에 기여하고 있다. 수력발전은 전력수요를 조절할 수 있는 중앙급전부하와 전력수요를 조절하지 못하는 비중앙급전부하로 구분하며, 중앙급전 수력발전소는 피크 부하를 담당하게 된다.

국내 소수력발전소는 표 1.4와 같이 234개소에 설비용량 187.9 MW이며, 2013년도의 연간 발전량은 662 GWh의 전력을 생산하였다. 한국수자원공사 78개소, 한국수력원자력 13개소, 한국전력공사 및 발전회사 22개소가 운영 중에 있으며, 기타로는 민간 발전사업자, 한국농어촌공사, 지자체 하수종말처리장 및 정수장 등에서 운영되고 있다.

국내 양수발전 설비용량은 표 1.5와 같으며, 총 16기에서 4,700 MW의 설비용량을 보유하고 있다.

그림 1.29는 국내 및 해외 주요 수력발전소 전경을 보이고 있다.

표 1.3 국내 수력발전소 현황

구분	발전소명(용량: MW)	설비용량(MW)
K-water (9개소)	소양강(200), 충주(412), 대청(90), 안동(90), 합천(100), 주암(22.5), 임하(50), 남강(14), 용담(22.1)	1,000.6
KHNP (7개소)	화천(108), 춘천(62.28), 의암(48), 청평(140.1), 팔당(120), 섬진강(34.8), 강릉(82)	595.18

자료: 한국전력공사, 2014

표 1.4 국내 소수력발전소 현황

구분	설비용량(kW)	점유율(%)
234개소	187,888	100%
K-water(78개소)	71,000	37.8%
발전회사(22개소)	37,000	20%
KHNP(13개소)	11,250	6%
기타(121개소)	68,638	36.2%

자료: 한국전력공사, 2014

표 1.5 국내 양수발전 설비용량

구분		청평양수	삼랑진양수	무주양수	산천양수	양양양수	청송양수	예천양수
설비용량(MW)		400(2기)	600(2기)	600(2기)	700(2기)	1,000(4기)	600(2기)	800(2기)
댐(상부)	높이	62	88	60.7	86.9	72	89.8	73
	길이	290	269	287	360	347	400	620
총저수량(백만 톤)		2.7	6.5/10.1	3.7/6.7	6.4/7.4	4.9/9.2	7.1/10.2	6.9/8.9
시설년도		1980	1985	1995	2001	2006	2006	2011

*총 16기 4,700 MW
자료: 한국수력원자력주식회사

그림 **1.29** 국내 및 해외 주요 수력발전소 전경

1.4.2 해외 현황

해외 수력발전 설비시장은 개발역사가 오래되어 기존에 설치된 발전설비의 성능개선과 신규 수력개발의 두 가지 형태로 진행되고 있다. 그림 1.30은 전 세계 수력 및 양수 설비 용

Region	Total installed capacity including pumped storage (MW)	Pumped storage (MW)	Generation (TWh)
Africa	33,624	3,376	106
East Asia and Pacific	457,473	64,684	1,497
Europe	223,008	50,467	595
North and Central America	200,922	22,618	702
South America	164,071	1,004	709
South and Central Asia	166,402	7,541	493
TOTAL	**1,245,500**	**149,690**	**4,102**

자료: International Hydropower Association | 2017 Hydropower Status Report

그림 **1.30** 전 세계 수력 및 양수 설비용량

량을 보이고 있으며, 화석연료가 여전히 발전원을 지배하고 있다. 하지만 60개국 이상이 자국 전력수요의 절반 이상을 수력발전을 통해 충당하고 있으며, 화석연료 가격 상승과 지구온난화에 따른 CO_2 억제 정책으로 수력발전 설비의 투자가 급격히 증가하고 있는 추세이다.

표 1.6과 같이 해외 수력발전 설비용량 및 수력 발전량 현황으로 볼 때, 중국, 브라질, 미국, 캐나다, 일본, 러시아, 인도, 노르웨이 등에서 수력에너지의 이용이 활발하게 개발되어 이용하고 있다. 특히 중국은 급격한 경제개발로 인해 가장 많은 수력에너지를 이용하는 국가로 전 세계 설치용량의 24%를 차지한다.

수력발전 설비용량 면에서 가장 큰 상위 5개국은 중국, 브라질, 캐나다, 미국, 러시아이며 중국은 수력발전 능력이 213,400 MW로 세계 1위이다. 캐나다는 한때 세계에서 수력발전량이 가장 많은 국가였으나, 최근 몇 년 동안 중국, 브라질, 미국에 추월당하여 현재 4위를 차지하고 있다. 노르웨이의 경우 북유럽 전체 발전설비 용량 31,438 MW 대비 수력발전 설비용량은 29,973 MW로서 95.3%를 점유하고 있으며, 국가 대부분의 전력공급을 수력발전으로 이용하고 있다.

동남아시아의 경우, 인도, 태국, 베트남 등 신흥 공업국 중심의 전력수요가 공급을 초과하고 있으며, 전력 부족분은 주변국가(미얀마, 라오스 등)로부터 전력구매를 통해 공급하고 있어 파키스탄 등 상대적으로 수력자원이 풍부한 국가들은 수력개발을 적극적으로 추진 중에 있다. 전 세계의 개발이 완료된 수력발전은 2011년 기준 약 874 GW(연간 발전량: 3,229 TWh)이며, 추가 개발 잠재력은 아시아가 가장 크다.

선진국에서는 소수력 개발의 사회·경제적 중요성을 인식하고 소수력 관련 기초 통계자료의 확보와 기술개발 및 보급에 힘을 기울여 소수력발전을 에너지원으로써 뿐만 아니라 주요 에너지산업으로 자리를 잡아가고 있다.

세계적으로 소수력 개발을 위한 자원의 타당성 평가 기법, 발전소의 최적 설계기법, 수차 발전시스템의 간소화 및 표준화, 자동제어시스템의 개발 및 최적 운용기법 개발 등 국가 차원에서 기술 개발을 통해 보급을 확대하고 있다. 표 1.7은 해외 소수력발전 보급현황을 보여주고 있으며, 설비용량 기준 중국, 미국, 캐나다, 일본 순으로 소수력발전소가 전 세계적으로 매우 광범위하게 설치되어 있다.

표 1.6 주요국 수력발전 설비용량 및 발전량 현황

구분	수력발전 설비용량(MW)	수력발전량 (TWh)	총설비용량 (MW)	총발전량 (TWh)	수력발전 비율(%)	수력발전량 비율(%)
미국	78,200	257.0	1,040,000	4,120.0	7.52	6.24
캐나다	75,077	348.1	130,543	588.0	57.51	59.20
핀란드	3,100	12.8	16,372	83.1	18.93	15.40
노르웨이	29,973	117.9	31,438	124.4	95.34	94.77
스웨덴	16,200	65.3	35,701	129.4	45.38	50.46
아이슬란드	1,883	12.3	2,579	17.1	73.01	71.93
영국	1,649	5.7	90,208	346.0	1.83	1.65
프랑스	21,300	68.0	123,500	550.3	17.25	12.36
독일	4,350	19.1	172,400	612.0	2.52	3.12
이탈리아	17,800	45.5	111,000	288.9	16.04	15.75
스페인	18,559	22.9	94,966	275.1	19.54	8.32
러시아	46,873	166.5	218,145	1,019.0	21.49	16.34
포르투갈	4,988	16.2	17,920	54.0	27.83	30.00
그리스	3,018	6.0	15,397	52.0	19.60	11.54
루마니아	6,423	19.5	20,630	60.4	31.13	32.28
불가리아	1,434	5.1	11,500	44.8	12.47	11.38
중국	213,400	662.2	962,190	3,759.0	22.18	17.62
일본	48,419	91.7	285,729	1,107.8	16.95	8.28
인도	33,606	114.0	173,626	811.1	19.36	14.05
베트남	5,500	24.0	16,048	97.3	34.27	24.67
필리핀	3,291	6.4	13,459	59.2	24.45	10.81
싱가포르	0	0	9,970	35.9	0.00	0.00
호주	7,860	12.2	49,110	204.0	16.00	5.98
브라질	82,458	403.3	117,134	532.9	70.40	75.68
칠레	5,991	23.9	17,530	62.4	34.18	38.30
아르헨티나	10,045	39.9	33,810	128.9	29.71	30.95

자료: 한국에너지공단, 2016
출처: World Small Hydropower Development Report 2013, UNIDO & ICSHP(2013)

표 1.7 해외 소수력발전 보급현황

국명	설비용량(MW)	국명	설비용량(MW)	국명	설비용량(MW)
중국	36,889	오스트리아	1,109	한국	159
미국	6,785	브라질	1,023	터키	175
캐나다	4,449	베트남	622	파키스탄	107
일본	3,503	포르투갈	450	인도네시아	99
인도	3,198	루마니아	387	말레이시아	87
이탈리아	2,735	핀란드	302	아르헨티나	66
프랑스	2,110	체코	297	벨기에	61
스페인	1,926	페루	254	아일랜드	42
노르웨이	1,778	영	230	룩셈부르크	34
독일	1,732	그리스	195	콩고	26
스웨덴	1,194	스리랑카	194	볼리비아	21

자료: 한국에너지공단, 2016
출처: World Small Hydropower Development Report 2013, UNIDO & ICSHP(2013)

Worldwide distribution of pumped storage capacity (GW) at the end of 2016:

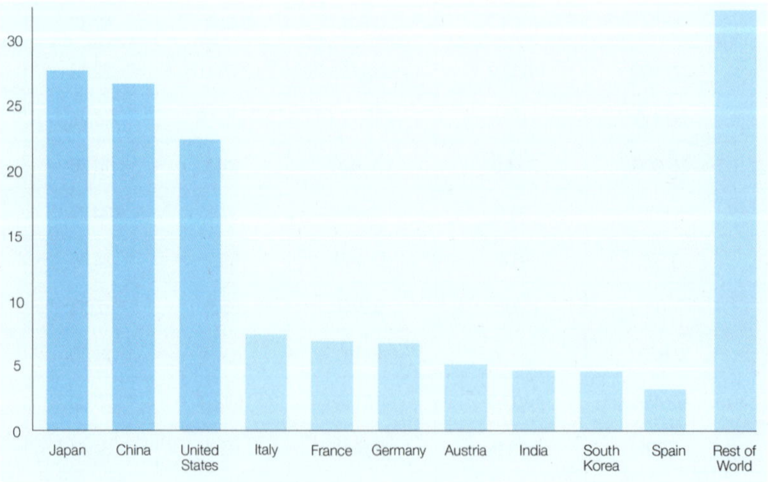

Pumped storage hydropower capacity (GW) in operation
Source: IHA, International Hydropower Association, 2017 Key Trends in Hydropower

그림 1.31 전 세계 양수발전 설비용량 분포

오늘날 전 세계적으로 150 GW 이상의 양수발전 용량이 설치되어 있다. 그림 1.31은 전 세계 양수발전 설비용량 분포를 보이고 있다. 2016년에는 전 세계적으로 약 6.4 GW (2015년 설치량의 거의 2배)가 추가되었다. 현재 전 세계적으로 20 GW의 양수발전 용량이 추가로 건설되고 있다.

1.4.3 하이브리드 양수발전 기술개발

이상에서 언급한 수력 및 양수발전 연구개발 외에도 하이브리드 양수발전소의 개념을 적용한 기술에 대해서 언급할 필요가 있다. 하이브리드 양수발전소에서 수력발전은 하나 이상의 다른 유형의 발전으로 통합되며, 하이브리드 양수발전소는 단일 부지를 점유하거나 마이크로그리드를 구성할 수 있다.

하이브리드 양수발전소는 그리드에 연결되거나 주요 동력원을 나타내는 원격 지역의 그리드에서 멀리 떨어져 있을 수 있으며, 수력발전을 태양광 또는 풍력과 결합하여 발전의 안정성과 신뢰성을 높일 수 있다. 하이브리드화를 통해 PV 패널 또는 풍력터빈은 태양이나 바람이 있을 때 에너지를 생성하여 그 일부를 해수 양수발전소의 하부 해수를 상부저수지로 양수하는 한편, 태양이나 바람이 없는 간헐적인 시간 동안 양수발전소의 발전

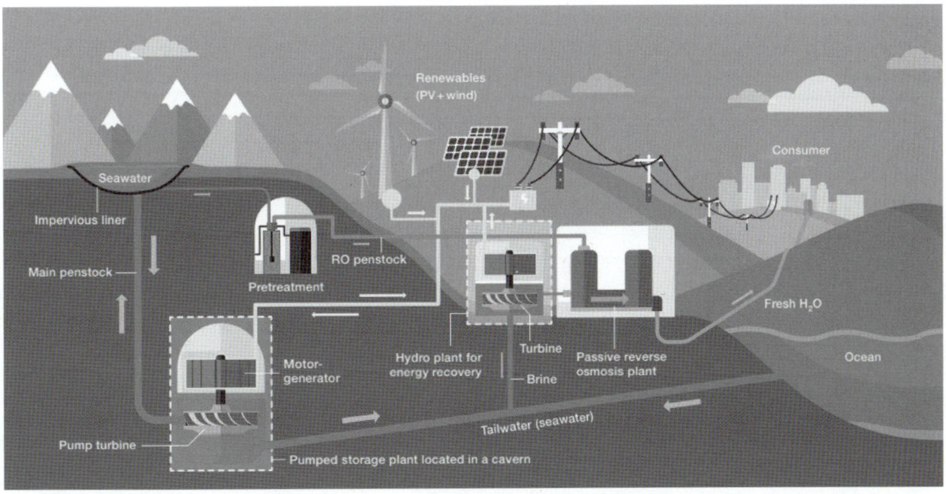

그림 1.32 해수 양수발전과 풍력 및/또는 태양광 발전을 담수화 기능과 결합한 하이브리드 발전소 개념도 예

자료: Cora, 2019

기능을 수행하여 전기를 생산하거나, 상부저수지의 해수를 하부로 흘려보내면서 담수화 장치를 작동하고, 수력발전을 할 수 있다. 즉, 과잉에너지를 저장하고 피크 수요를 처리할 뿐만 하니라 해수 담수화가 가능해진다.

그림 1.32의 예는 하이브리드화를 위해 가능한 많은 구성 중 일부만 설명하였으며, 다른 옵션은 각종 신재생에너지원과 결합하여 추가 개발될 수 있다.

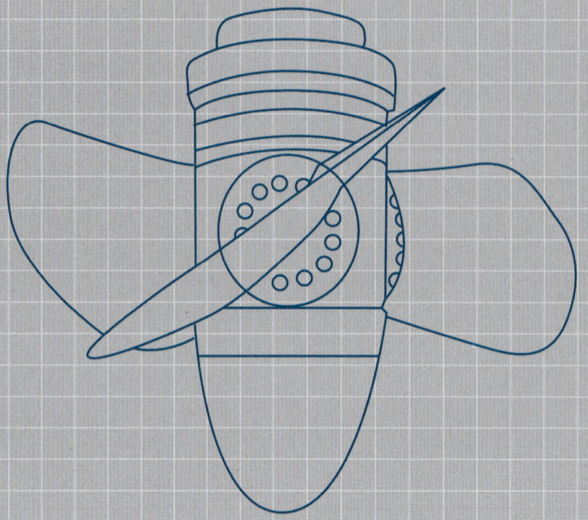

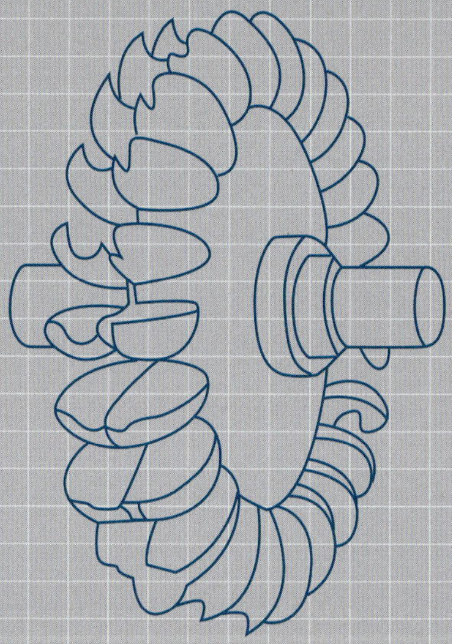

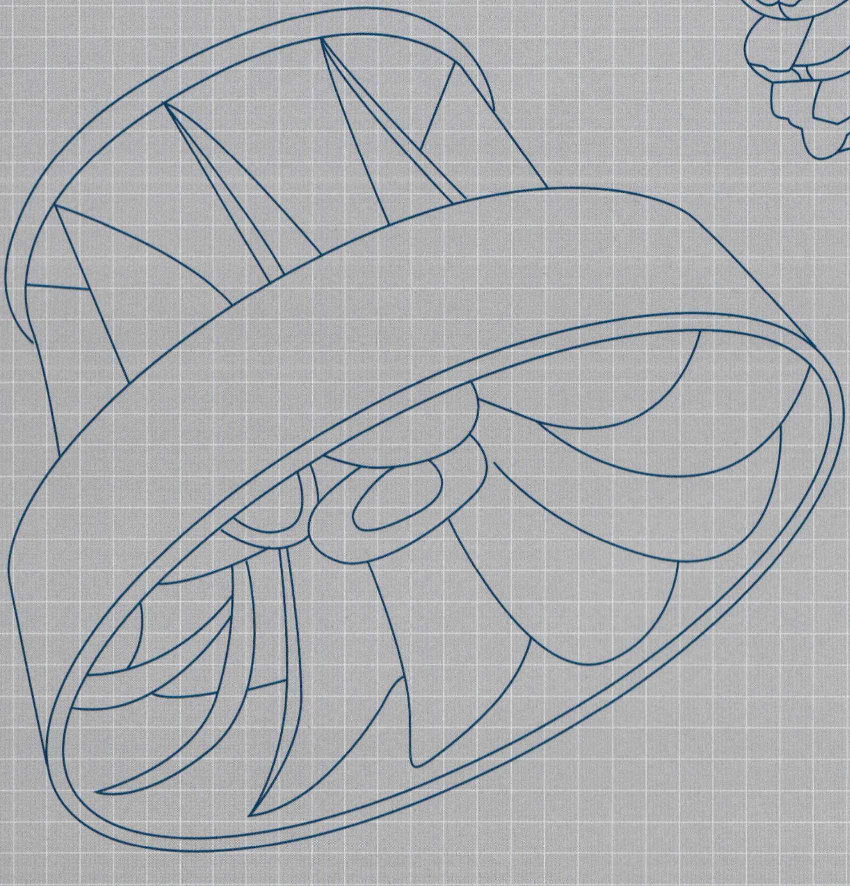

2

수차 및 펌프수차의 종류와 특징

2장

수차 및 펌프수차의 종류와 특징

2.1 수차 및 펌프수차의 발달 역사

2.1.1 중력수차

물은 인간이 이용한 가장 초기의 재생에너지 자원으로 간주된다. 고대 그리스는 수차의 형태를 성공적으로 발전시킨 최초의 기록된 사회였다. 관개 목적으로 흐르는 수원에서 물을 모으는 데 사용된 물레방아는 기원전 5세기경에 그리스에서 사용되었다. 수차의 역사에서 그렇게 멀지 않은 기원전 2세기경 중력수차 장치가 발명되었고, 원래 곡물 분쇄에 사용되었다. 이 중력수차 방앗간은 일반적으로 수직축이었으며, 고대 그리스 및 로마 제국 전체에서 지어지고 사용되었다. 서기 약 500년경에는 이 발명품이 전 세계로 퍼져 나갔으며, 유럽에서는 수평축 중력수차가 발명되어 수직축과 유사한 목적으로 사용되었다.

그림 2.1은 중력수차의 종류를 나타낸다. 원래 그리스 물레방아는 이후에 물이 바퀴 밑으로 지나가면서 그림 2.1(a)의 하괘(undershot) 중력수차로 알려지게 되었다. 하괘 중력수차는 건설비용이 가장 적게 들고, 강물의 변화가 거의 없거나 전혀 발생하지 않는다. 일반적으로 크고 빠른 흐름을 가진 강에 설치되며, 표고의 변화를 최소화한다. 하괘 중력수차는 강에 직접 설치하거나 유량제어 게이트가 있는 용수로 시스템의 일부로 설치할 수 있으며, 움직이는 유체로부터 바퀴의 패들에 전달되는 운동량에 의해서만 작동하기 때문에 현대의 수차로서 비유할 경우 충동(impulse) 또는 운동(kinetic) 수차로 간주될 수 있다. 따라서 움직이는 물의 부피와 속도에 따라 휠의 사용 가능한 출력이 결정된다.

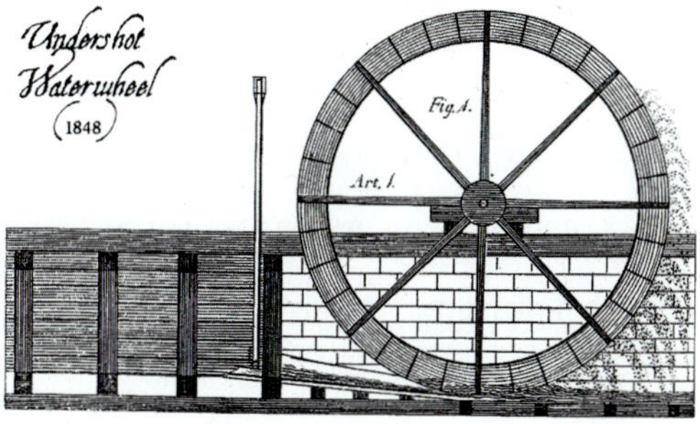

(a) 하괘수차(undershot water wheel)

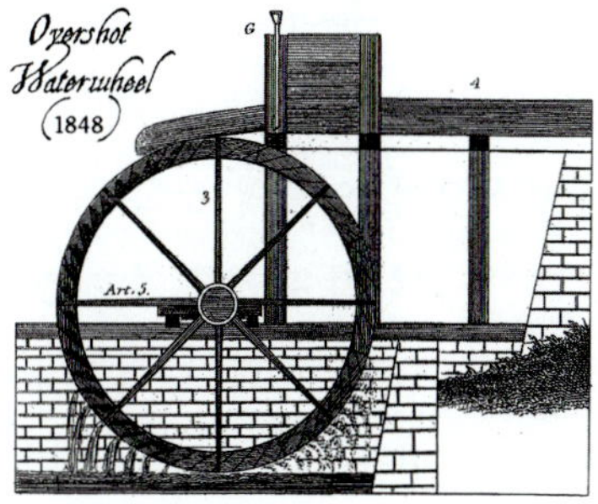

(b) 상괘수차(overshot water wheel)

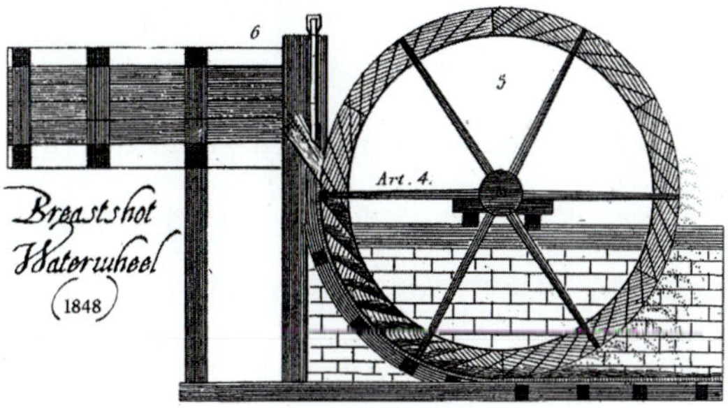

(c) 흉괘수차(breastshot water wheel)

그림 **2.1** 중력수차의 종류

자료: Evans, 1860

그림 2.1(b)의 상괘(overshot) 중력수차의 설계는 중세시대인 12세기 중반에 독일에서 처음 등장했다. 상괘 중력수차에서 버킷을 채우는 물의 중량은 휠의 회전을 유발하므로 떨어지는 물의 포텐셜에너지 변화에 따른 동력을 생성한다. 상괘 중력수차의 주요 장점 중 하나는 전체 유체 흐름을 활용할 수 있어 운영효율이 높다는 점이다.

그러나 상괘 중력수차는 하괘 중력수차 설계와 비교했을 때, 강물을 용수로나 수압관을 통하여 바퀴의 상단에 도달하도록 물길을 바꾸어야 하기 때문에 제작비용이 상당히 높다. 표고 변화와 제한된 물 흐름을 활용할 수 있는 산골짜기의 시냇물에서는 상괘 중력수차가 선호된다.

1700년대까지 기계적인 중력수차는 제분 작업에 광범위하게 사용되었다. 제재소, 방직공장, 제지공장 그리고 제분소가 지역경제에 중요한 역할을 했으며, 그런 곳에서는 많은 양의 흐르는 물을 사용할 수 있었다. 또한 중력수차는 광산에서 물, 광석, 인력, 그리고 다른 공급품들을 들어 올리는데 성공적으로 사용되었다.

산업용 동력의 필요성이 계속 증가함에 따라 중력수차의 효율이 중요한 문제가 되었다. 이에 대응하여, 영국의 토목 공학자인 John Smeaton은 1700년대 중반에 중력수차에 대한 최초의 과학적 평가를 수행했다. 그는 중력수차의 효율을 결정하는 방법을 개발했고, 상괘 중력수차가 하괘 중력수차에 비하여 상당한 이점을 가지고 있다고 결론지었다. Smeaton은 평균적으로 하괘 중력수차가 휠을 통과하는 물 속 에너지의 22%를 사용하는 반면 상괘 중력수차는 63%를 사용하는 것으로 나타났다. Smeaton의 작업은 중력수차 설계의 변화를 이끌어냈고 그 결과, 성능이 크게 향상되었다.

그림 2.1(c)의 흉괘(breastshot) 중력수차 설계는 하괘 및 상괘 중력수차 설계의 장점을 모두 포함시켜서 유체 운동량(유량)뿐만 아니라 포텐셜에너지 변화(낙차)로부터도 에너지를 추출하였다. 또한 흉괘 중력수차는 상괘 중력수차보다 훨씬 많은 유량을 활용할 수 있다. 유속이 증가하면 더 큰 출력을 얻을 수 있지만, 흉괘 중력수차의 효율은 평균 50%에 불과하였다. 흉괘 중력수차는 1780년부터 1870년경에 이르기까지 약 100년간 영국에서 활발하게 사용되었다. 1800년대 초반에는 미국에서 큰 인기를 얻었으며, 산업혁명의 주역이었다.

16세기로 접어들면서 철이 이용되고, 19세기 초에 증기기관차가 발명된 이래 공업이 대규모로 시작되면서 중력수차를 철제로 하여 큰 출력으로 제작하고자 하는 경향이 있었다.

1824년에 프랑스 공학자 Jean-Victor Poncelet은 처음으로 하괘 중력수차에 곡면 버킷을 채용하였으며, 그 곡면 형상은 물이 버킷을 유입 각도로부터 약 180°에 가깝게 빠져나가도록 하여 유체 흐름으로부터 최대의 유체 운동량을 추출할 수 있었다. 또한 Poncelet은 휠의 회전속도를 조정하여 물이 버킷에 들어올 때에 비하여 매우 낮은 속도로 빠져나가도록 하였다. 두 가지가 개선된 그의 이러한 설계는 하괘 중력수차의 효율을 60% 이상으로 증가시켰다.

2.1.2 충동수차

1629년 이탈리아인 Giovanni Branca는 소형 물레방아와 같은 증기터빈을 발명했는데, 이터빈은 그림 2.2에 보이는 바와 같이 노즐에서 나오는 증기 제트가 휠의 버킷에 부딪히면서 그 구동력으로 회전력을 얻었다. 이것은 가장 간단한 형태의 충동형 터빈이며, 충동수차의 등장에 기여했다.

그림 **2.2** 충동형 터빈 초기 모델 형상
자료: ClipArt ETC

1856년 Louis Dominique Girard는 그림 2.3과 같은 Girard 수차를 발명했으며, 이 수차의 특징은 축류 충동수차로서 러너 입구에서 물이 가진 에너지는 가이드베인을 통과하면서 운동에너지로 변환되고 고속 흐름이 러너베인을 통과할 때, 충동력을 흡수한다는 점이다. 충동수차와 반동수차의 중간에 위치하는 성질을 가지고 있으며, 발명 당시 일반적이었던 Jonval 수차보다 성능이 크게 개선되었지만, 19세기 후반에 Pelton 수차로 대체되었다.

1866년에 Samuel Knight는 그 당시의 반동수차의 성능에 필적할 수 있는 접선형 수차를 발명했다. Knight는 금 채굴에 사용되는 고압 제트 시스템에서 영감을 받아서 파이프나 수압관에 의해 댐으로부터 휠로 전달되는 물을 이용했다. 그 물은 하나 이상의 노즐을 통해 가속되었고 휠의 회전하는 버킷에 충격을 주었다. 따라서 접선형 수차는 물의 운동량을 이용한 충동력을 이용하므로 충동수차로 간주할 수 있다. 접선형 수차가 활용할 수 있는 큰 유체역학적 낙차는 기존의 전통적인 중력수차와 마찬가지로 바퀴의 직경에 의해 제한되지 않는다. 또한 수압관에서 나오는 큰 유체역학적 낙차는 노즐을 통해 물을 가속

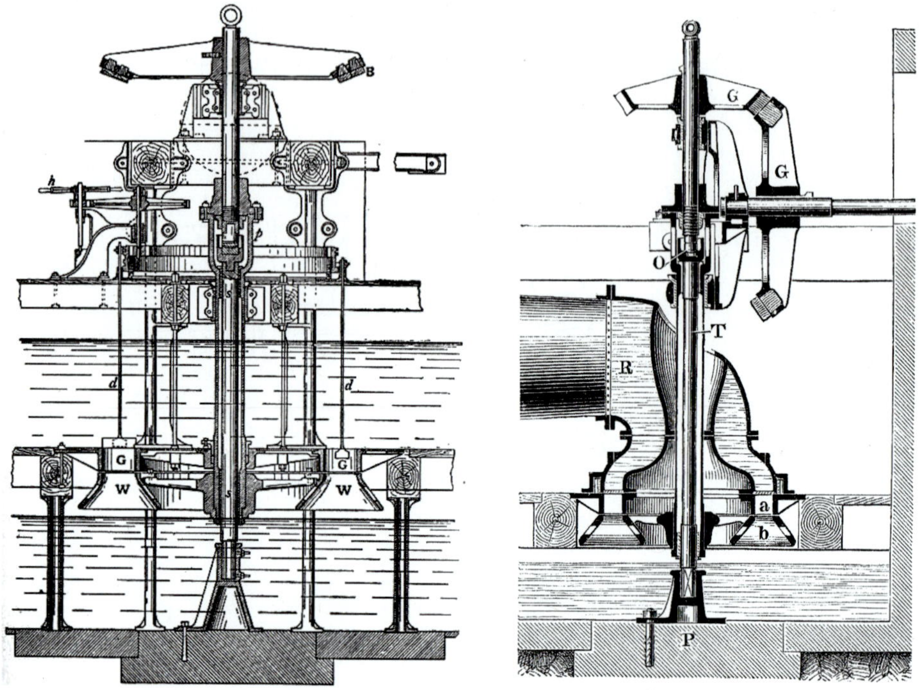

(a) 수차 전체 단면도(자료: Wikisource & Wikimedia Commons)

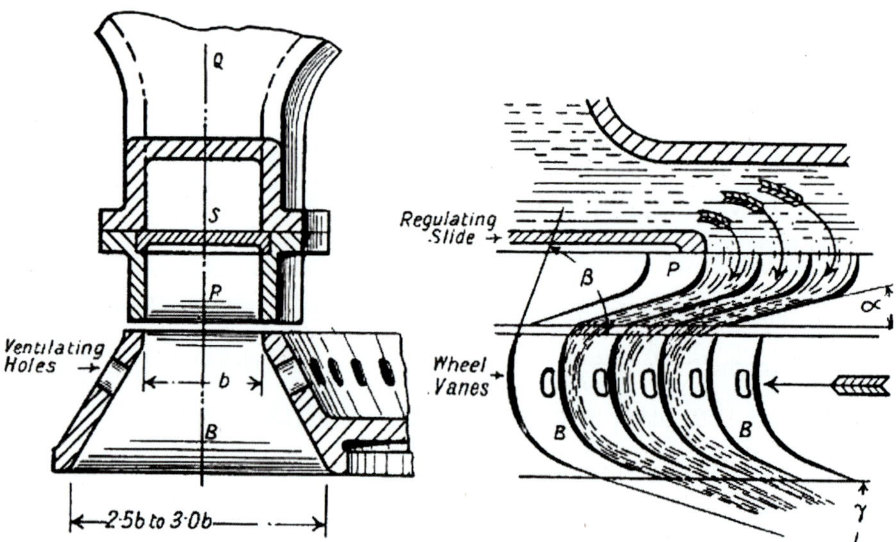

(b) 러너 단면도(자료: Benzon, 2016 & Gibson, 1908)

그림 **2.3** Girard 수차 구조 단면도

하는 데 필요한 압력을 제공한다.

1880년에 Lester A. Pelton은 Knight 수차를 개량하고 반원통 형상을 가진 이중버킷 설계를 제안하여 그림 2.4의 펠턴수차 초기 모델을 특허 등록하였는데, 물이 버킷의 양 측면으로 배출되도록 하였으며, Knight 수차 이후에 개발된 최신형 접선형 수차였다. 이로 인해 Knight 수차의 비효율성이 일부 감소했으며, 휠 중앙에 고이던 물이 배출되었다.

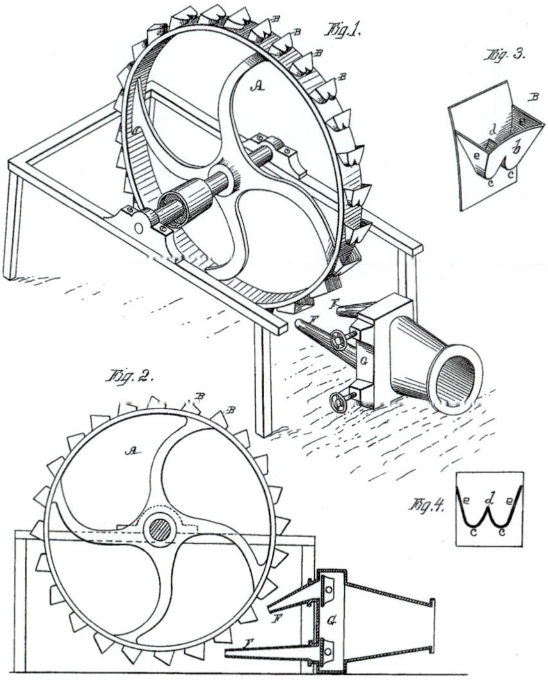

그림 **2.4** 접선형 수차의 일종인 펠턴수차 초기 모델 형상

자료: Pelton, 1880

William Doble은 그 뒤에 Pelton company를 인수했고, 1895년 그는 버킷의 반경 방향 끝단 팁에 절단을 포함한 타원형 버킷을 제안했다. 타원형 버킷은 제트로부터의 운동량 전달을 향상시켰고, 끝단의 절단은 제트가 버킷으로 더 원활하게 진입할 수 있도록 하였다. 그림 2.5는 타원형 이중 버킷을 적용한 현대식 펠턴수차의 운전 중인 모습을 나타낸다. William Doble의 설계 개념은 현대 접선형 수차의 버킷 설계 표준으로 남아있다. 하

지만 Pelton이 접선형 수차에 대한 특허를 낸 최초의 사람이었고, 그 인기를 널리 알리기 위해 많은 노력을 했기 때문에 그의 수차 설계법이 수차 이름으로 남게 되었다.

그림 **2.5** 이중 타원형 버킷 설계를 적용한 현대식 펠턴수차
자료: Çengel, 2018 & ANDRIZ Hydro

현대식 펠턴수차에서는 휠의 각 버킷을 보다 효과적으로 활용하고 휠에 전달되는 힘의 균형을 맞추기 위해 여러 노즐이 휠 주위에 배치된다. 토크와 유속범위는 노즐 개도를 조정하거나 일부 노즐을 완전히 닫아서 조절할 수 있다. 펠턴수차는 일반적으로 유속이 제한적이지만 낙차가 매우 큰 위치에 설치되며, 최대 90%의 최고효율을 달성할 수 있다.

2.1.3 반동수차

(1) 초기 반동수차

"터빈(Turbine)"이라는 단어는 1828년 프랑스의 엔지니어 Claude Burdin이 자신의 연구결과 발표 출판물에서 처음으로 도입하였으며, "소용돌이" 또는 "선회"를 의미하는 라틴어 "터보(turbo)"에서 가져왔다. 중력수차와 반동수차의 주요 차이점은 회전 로터에 에너지를 전달하는 물의 선회성분이다. 이 추가적인 운동 구성요소는 반동수차가 동일한 힘을 가진 중력수차보다 크기가 작을 수 있도록 한다. 반동수차는 입구 게이트 개도 또는 수차의 회전속도를 변경하여 작동하는 물의 양을 조정할 수 있다. 또한 반동수차는 효율적인 운전을 위해 매우 큰 낙차가 필요한 펠턴수차를 제외하고, 중력수차보다 더 큰 낙차를 활용할 수 있다.

지금까지 알려진 최초의 반동수차는 2세기 튀니지(Tunisia) 공화국의 Chemtou와 Testour에 설치되었다. 이 반동수차들은 그리스식 중력수차를 로마식으로 개조한 것으로, 각이 진 날을 가진 수평 러너로 구성되었고 원형 수조의 하단에 설치되었다. 그림 2.6에 로마식 수차 제분소 유적의 초기 반동수차 구조를 보이고 있으며, 완전히 잠긴 러너를 통과하는 물에 예선회를 더하기 위해서 용수로에서 들어온 물을 비스듬히 수조로 들어가게 하였다. 그러나 로마식 수차가 같은 크기에서 물 사용량이 중력수차보다 더 효율적이었음에도 불구하고 설치되는 것은 거의 없었다.

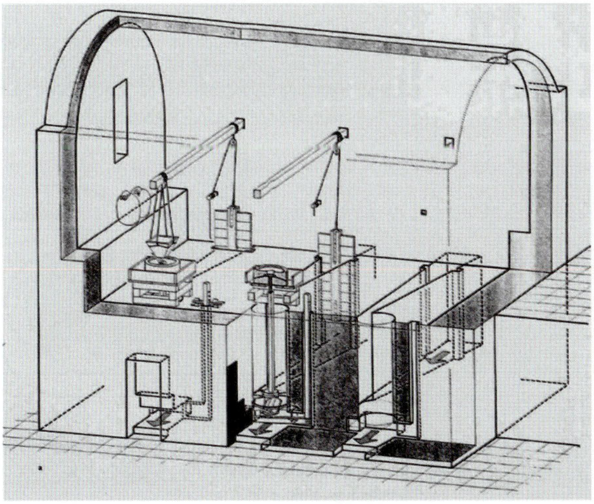

그림 2.6 로마식 수차 제분소 유적의 초기 반동수차 구조, Chemtou, Tunisia
자료: Lewis, 2014a & Wilson, 1995

산업혁명 기간 동안 증가하는 전력 수요는 중력수차의 주요 단점이었던 휠 크기를 강조하기 시작했다. 이용할 수 있는 유량과 낙차는 각각 버킷 폭과 휠 직경에 의해 제한되었다. 산업에서 전력 수요가 증가함에 따라서 현대식 수차의 개발이 우선순위가 되었으며, 중력수차에서 현대식 수차로의 이동은 약 100년이 걸렸다. 다양한 종류의 수차는 전 세계

수로에서 볼 수 있는 다양한 낙차와 유량에 맞게 개발되었다.

1744년 Dr. Barker는 그림 2.7과 같이 유입관을 통해 들어온 물이 좌우에 소용돌이 모양으로 돌출한 곡관으로 분출하고 그 반동력에 의해서 회전하는 수차를 고안했으며, 발명자의 이름을 따서 Barker Mill이라고 부른다. 이러한 Barker Mill은 반동수차에 대한 원리, 즉 반동력을 이해하는데 도움을 준다.

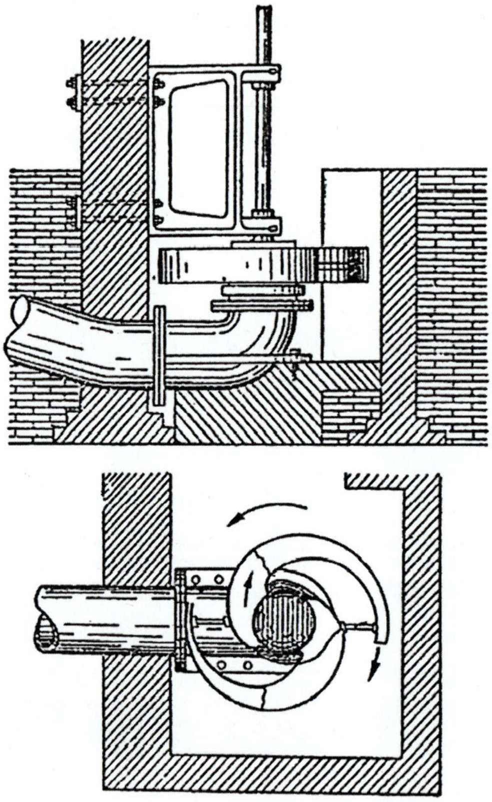

그림 **2.7** Barker Mill 구조 및 작동원리
자료: 深栖, 1961

1824년 프랑스 공학자이자 Burdin의 전 학생인 Benoît Fourneyron은 반경 방향 외향류 수차를 제안하였고, 1826년에는 80% 이상의 효율을 달성한 외향류 수차를 개발하였다. 그림 2.8의 Fourneyron 수차에서 가이드 챔버 C는 수직 수압을 받고 구동축을 둘러싸는 중공 기둥에 의해 위에서 매달려 있다. 유량은 가이드 C와 버킷 V 사이의 실린더

게이트 G에 의해 조절되었다. 각 가이드의 끝 반대편에 있는 게이트 링 G의 슬릿은 가이드가 베인까지 거의 바깥쪽으로 확장될 수 있도록 했다. 다음 10년 동안 Fourneyron은 수차 설계를 개선하고 50마력(37.3 kW) 이상의 전력을 공급할 수 있는 수차를 생산했다.

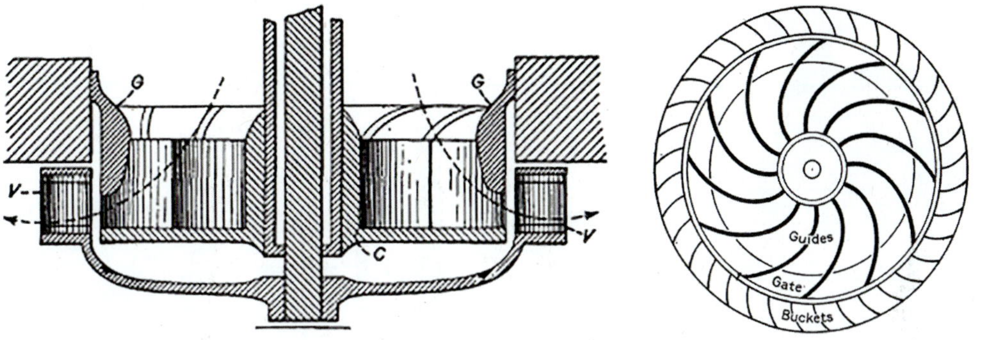

(a) 횡단면도 (b) 평면도

그림 2.8 일반적인 Fourneyron 수평 외향류 수차 구조

자료: Horton, 1906

1844년 미국 매사추세츠 출신의 공학자 Uriah A. Boyden은 Fourneyron 수차의 성능을 크게 향상시킨 외향류(outward-flow) 수차를 개발하여 약 80%의 최고효율을 달성하였다. 그림 2.9는 Boyden이 발명한 수평 외향류 수차 구조를 보이고 있으며, Fourneyron 수차 설계에서 나타난 갑작스러운 면적 변화로 인한 유입 흐름에서의 손실을 줄이기 위해 Boyden의 수차에서는 원뿔형 유입 유로를 추가했다. 또한 방출된 물에서 손실된 포텐셜 에너지를 인식하고, 러너의 출구 측에 수중 디퓨저와 방사상의 출구 유로를 추가했다. 디퓨저와 출구 유로는 배출수의 운동에너지의 일부를 압력에너지로 변환하여 수차를 가로질러 유효낙차를 증가시켰다.

당시에는 널리 사용되었지만, 외향류 수차는 몇 가지 기계적인 단점을 가지고 있었다. 물이 수차를 통해 바깥쪽으로 흐르게 되면 감속되고, 속도의 감소는 흐름에서 이용 가능한 운동에너지를 감소시킬 뿐만 아니라, 방사상의 흐름도 박리되어 불안정해지는 경향이 있기 때문에 두 가지 효과 모두 효율의 손실을 초래하였다. 또한 이러한 기계는 제조에 비용이 많이 들고 유지와 관리가 어려웠으며, 속도 조절을 자세히 할 수 없었다. 이러한 단점에도 불구하고, Fourneyron과 Boyden 형식의 외향류 수차는 더 효율적인 수차 설계가 가능해진 후에도 70년 이상 높은 인기를 유지했다. 나중에 사용된 중요한 예시 중 하나는 1895년 나이아가라 폭포의 초기 수력발전소에 설치되어 사용되었다.

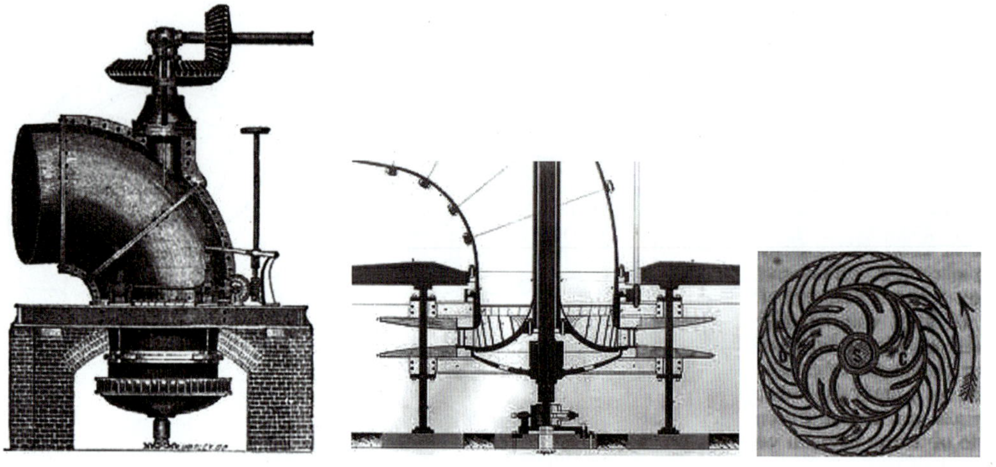

(a) 측면도 (b) 단면도 (c) 정면도

그림 **2.9** 일반적인 Boyden 수평 외향류 수차 구조

자료: Lewis, 2014a

1826년은 Fourneyron이 외향류 수차를 개발한 해이며, 바로 같은 해에 Poncelet도 또한 자신이 1824년에 설계했던 곡면 버킷을 설치한 중력수차 형식의 휠을 수평 위치로 놓는 것을 제안했다. 그림 2.10에 그 수차 구조를 보이고 있다. Poncelet은 곡면 날개를 가

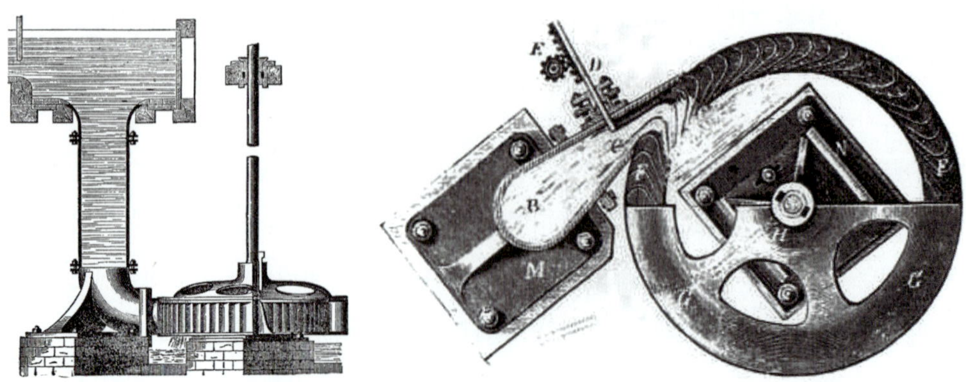

(a) 측면도(자료: ClipArt ETC) (b) 정면도(자료: Lewis, 2014a)

그림 **2.10** Poncelet 내향접선 수차 구조

진 수차 휠을 수평축으로 설치할 경우, 곡면 날개가 유체 운동량의 전달을 향상시키기는 했지만 버킷에서 흘러나온 물이 다시 다음 버킷에 역류하는 것을 발견했다. 수차 휠을 수평 위치(수직축)에 놓음으로써, 반경 방향 내향류 수차에 대한 아이디어를 제안하여 물이 바퀴의 내부를 통과할 수 있게 되었다.

1838년에 미국의 공학자 Samuel B. Howd는 내향류(inward-flow) 수차에 대한 미국 특허를 받았으며, 그림 2.11은 그 수차 구조를 보이고 있다. Howd의 특허는 내향류의 개념뿐만 아니라 고정된 가이드베인을 사용하여 수차 러너의 전체 원주 방향 위치에서 물을 러너로 유입시키고, 러너 중앙부에서 물이 배출되도록 곡면 러너베인의 적용을 포함했다.

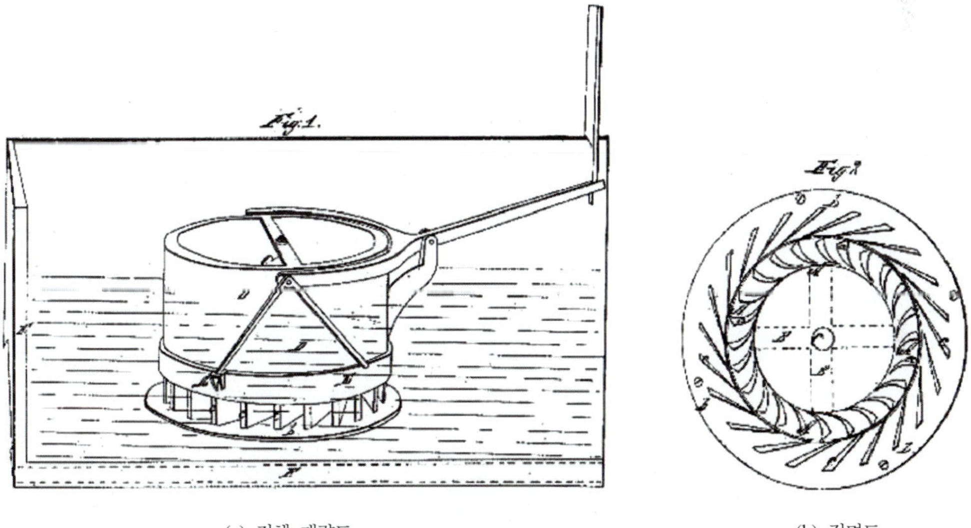

(a) 전체 개략도　　(b) 정면도

그림 **2.11** Howd 내향류 수차 구조

자료: Howd, 1838

그러나 Howd는 수차 설계자나 제조자가 아니라 미국의 휠 및 수차 설계자에게 지적 재산권을 대여하여 사용 허가를 판매하는 사업가였다. 그 결과, 내향류 수차의 설계가 Boyden 수차의 성능에 대등하게 개선되기까지는 10년이 더 걸렸다. Howd 내향류 수차의 개선 과정은 1844년에 시작되었는데, 그 때는 Boyden이 설계한 최초의 외향류 수차가 미국 매사추세츠 주 Lowell에 위치한 Appleton Company의 면화공장에 설치되었을 때이다. 그 후 3년간, Locks and Canals Company의 수석 공학자인 James B. Francis가

Boyden 수차에 대한 일련의 체계적인 성능시험을 수행하였으며, 이러한 성능시험은 수차 성능평가를 위한 표준화된 방법의 개발로 이어진다.

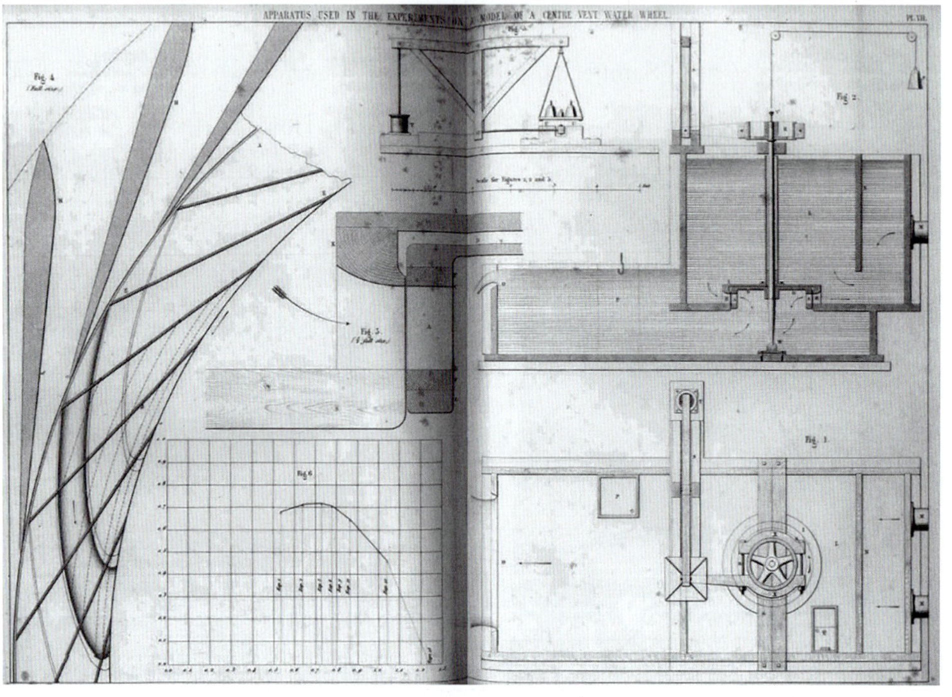

(a) 수차 축소모형 실험장치 전체 설계도(자료: Francis, 1868)

(b) 러너 외형(자료: Safford, 1922)

그림 **2.12** Francis의 초기 내향류 모형 수차 구조

Francis는 또한 Boyden이 처음 시도한 기술인 주어진 낙차에서 다른 상대속도에 대한 물 입자의 경로를 분석하는 과학적 수차 설계 방법을 개발했다. 이 설계 방법을 적용하여 내향류의 장점을 인식한 프란시스는 1847년에 축소모형 크기의 내향류 수차를 설계하고 제작했으며, 그림 2.12에 초기 프란시스수차 축소모형 구조를 보인다. 초기 프란시스수차 모형은 Howd와 Poncelet의 내향류 휠 설계를 채택한 것으로, 71%의 최고효율을 달성했다. 가이드베인은 가속도를 추가하기 위해 점진적인 수직 영역 변화를 추가함으로써 그 형상이 Howd의 특허 스케치와 거의 동일했다. 그러나 수차 날개는 단순한 직선형 날개였으며, 반경류 러너 형상이다.

1849년 Francis가 설계한 최초의 실물 크기의 수차가 Boot 면화공장에 설치되었으며, 그림 2.13에 실물수차 구조를 보인다. Francis는 수압관으로부터의 물을 수차 러너의 중심에서 벗어난 한쪽에 도입하여 예선회를 추가했다. 그리고 수차 날개와 고정 가이드베인에 곡률을 더하였으며, 러너 허브면의 입구와 출구 사이 유로에 비스듬한 굴곡을 주어 물이 러너 내부를 사류에 가까운 형상으로 흘러가도록 설계하는 등 이전 설계로부터 몇 가지를 개선했다. 원래의 프란시스수차 설계에서 가장 인상적인 점은 성능 예측의 정확성이었다. Francis는 설계를 통해 최고효율 79.31%를 계산했으며 설치된 수차의 테스트 결과 79.37%의 효율성을 보였다. 따라서 효율 면에서 프란시스 내향류 수차는 Boyden의 외향류 수차보다 나을 것이 없었다. 그러나 이후 수십 년 동안 프란시스수차의 입구, 출구 및 블레이드 설계가 성능과 인기 모두에서 Boyden 수차를 능가할 때까지 크게 개선되었다.

프란시스수차의 원래 디자인을 자세히 살펴보면 James B. Francis의 독특한 기여가 거의 없다는 것을 알 수 있을 것이다. Lowell Locks and Canals Company는 사실 Francis

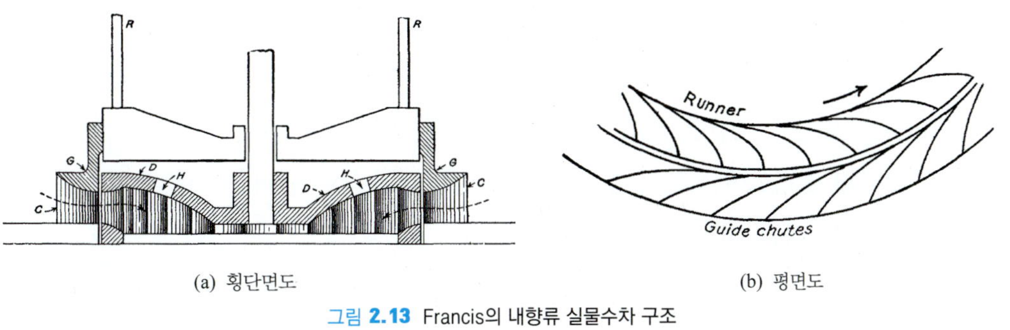

(a) 횡단면도 (b) 평면도

그림 **2.13** Francis의 내향류 실물수차 구조

자료: Horton, 1906

가 그의 모형 설계에 착수하기 전에 Howd로부터 특허권을 구입했다. 그러나 Francis는 설계에 대한 과학적 이해와 추론을 제공했다. 또한 Francis는 새로운 건축자재와 Lowell Locks and Canals Company의 숙련된 인부들을 활용하여 수차 제작의 새로운 표준을 도입했다.

Francis는 수력기계 성능시험의 과학적 방법의 창시자로 여겨지고 있으며, 그의 실험은 이후의 모든 수차 성능시험의 규범이 되어 왔다. Francis와 Boyden은 상대속도 각도 분석에 기초한 과학적 수차 설계 방법을 최초로 적용하기도 했다. 1855년 Francis는 그의 저서 《Lowell Hydraulic Experiment》를 출판했는데, 이것은 수력공학에 대한 미국의 가장 뛰어난 공헌 중 하나로 여겨진다.

그의 수력공학 발전에 대한 많은 공헌을 기념하여 현대식 사류(mixed-flow) 반동수차에 그의 이름이 붙여졌지만, Boot 면화공장에 설치된 원래의 수차와는 형상에서 차이가 있다. 1849년부터 현재까지 프란시스수차의 성능이 크게 개선되어 95% 이상의 효율을 달성할 수 있게 되었다. 현대의 프란시스수차는 오늘날 가장 널리 사용되는 수차 설계이며, 특히 중낙차와 대유량의 조건에 적합하다.

(2) 나선형 케이싱과 가이드베인

1847년 Francis의 내향류 모형수차 설계에서, 수압관의 물은 그림 2.12(a)와 같이 직사각형 고정 챔버를 통해 수차로 유입되었다. 고정 챔버의 수압관 출구 맞은편에 설치한 칸막이가 예선회를 약화시켜서 물이 가이드베인에 균일한 반경류로 흐르게 했다. 그런 다음 고정된 가이드베인을 사용하여 수차 러너로 유입되는 물의 필요한 선회 각도를 공급했다.

의심할 여지없이, 그림 2.13의 Francis 실물수차 설계에서는 부분적으로 둥근 분배기 수조를 포함하고 수차 입구, 즉 수압관의 출구가 수차 러너 중심에서 한쪽으로 치우쳐서 설치됐기 때문에 분배기 수조에 선회를 추가하는 이점을 인식했다. 스크롤 케이싱 또는 벌류트라고도 불리는 나선형 케이싱의 목적은 수차 러너 입구의 원주 방향 각 위치에서 수압관으로부터 흘러들어온 물을 분배할 뿐만 아니라 수차로 들어가는 물에 선회를 더하는 방식으로 분배하는 것이다.

Francis가 처음으로 내향류 수차를 만들었을 무렵 베인(가이드베인 및 스테이베인)이 없고 중앙 하부에 출구가 있는 소형 목재 수차가 많은 제재소에서 소용량(전력) 용도로 사용되고 있었다. 그림 2.14와 같이 베인이 없는 수차의 선회는 베인을 대체하여 스크롤 케이싱에 의해 공급되었다. 수차를 통과하는 유량은 수압관의 게이트 또는 버터플라이밸브에 의해 제어되었다. 당시의 설계는 아직 조잡한 수준이었지만, 최대 개도에서 스크롤 케이싱을 부착한 수차는 약 70%의 효율로 작동하였다. 그러나 부분 개도에서는 매우 낮은 성능을 보였다.

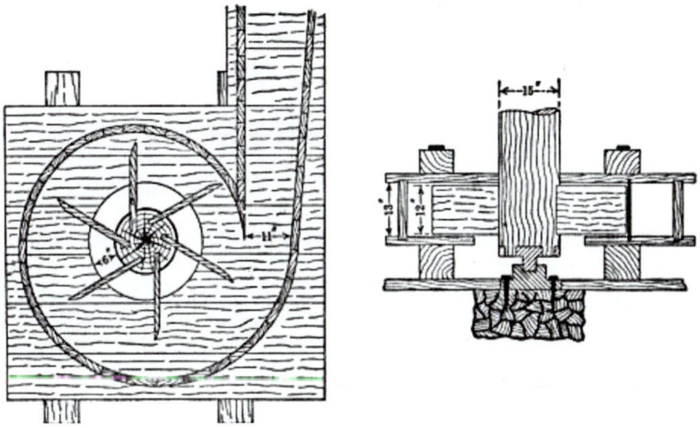

(a) 상부 정면도 (b) 측면 단면도

그림 **2.14** 베인이 없고 중앙 하부에 출구가 있는 소형 목재 수차

자료: Safford, 1922

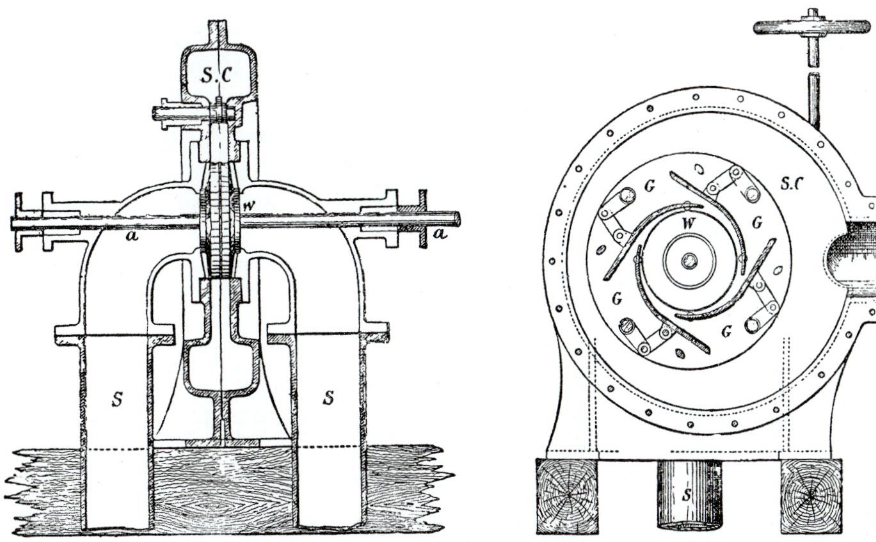

(a) 나선형 케이싱을 장착한 수차 단면도 (b) 수차 내부 가이드베인 배치도

그림 **2.15** Thomson 수차의 구조

자료: ClipArt ETC

1951년 James Thomson은 그림 2.15와 같은 내향류(보텍스) Thomson 수차를 개발했으며, 나선형 케이싱과 유량조절이 가능한 가이드베인을 장착한 구조로 현대 프란시스수차의 나선형 케이싱과 가이드베인의 구조 및 역할에 대한 개념을 정립하는데 기여했다.

1850년대 초, Boyden과 연구자들은 가이드베인이 없는 단순한 내향류 수차인 스크롤 수차를 설계하기 시작했다. 이 베인이 없는 수차에서 스크롤 케이싱은 물을 분배할 뿐만 아니라 필요한 선회도 추가했다. 또한 케이싱은 일반적으로 나무라기보다는 주철로 되어 있었다. 주철은 러너의 지지 베어링이 케이싱에 통합되어 수차 러너의 힘을 더 잘 지탱하기 위해 사용되었다. 수차의 크기가 계속 증가함에 따라 주철 나선형 케이싱의 제작비용은 비경제적이었다. 따라서 1860년에 최초의 철판 스크롤 케이싱이 등장했는데, 1840년대에 사용된 목재 스크롤 케이싱과 디자인이 매우 유사했다. 그러나 주철 케이싱은 소형 수차에 계속 사용되었다. 그림 2.16에 주철 및 철판 스크롤 케이싱 수차의 예를 보이고 있다.

(a) 주철 Boyden 스크롤 수차(1854년)　　(b) 철판 Warren 스크롤 수차(1860년)

그림 **2.16** 초기 철제 스크롤 케이싱

자료: Safford, 1922

1850년과 1860년 사이에 Francis, Boyden 그리고 다른 연구자들에 의해 몇몇 스크롤 케이싱 설계가 연구되었다. 특히 The American Water Wheel Company(그림 2.16에 표시된 Warren 스크롤 수차를 제작)는 각 원 사이의 원호 길이를 기준으로 면적이 줄어드는 동심원을 이용한 그래픽 스크롤 케이싱 설계법을 개발했다. 스크롤 케이싱 단면적의 면적비를 적절히 설계함으로써 케이싱 출구 원주 방향 전 위치에서 물이 균일한 속도로 배출되었다. 1870년대에 접어들면서 더 이상 이 그래픽 방식은 대형수차의 스크롤 케이싱 설계에 사용되지 않았지만, 이와 동일한 기본적인 그래픽 방법이 그림 2.17에 보이는 현대의 나선형 케이싱 설계에 사용된다. 스크롤의 형상은 수력성능보다는 구조적인 고려사항에 의

그림 **2.17** 나선형 케이싱 설치 전경: Grand Coulee Dam, 1947
자료: Lewis, 2014a

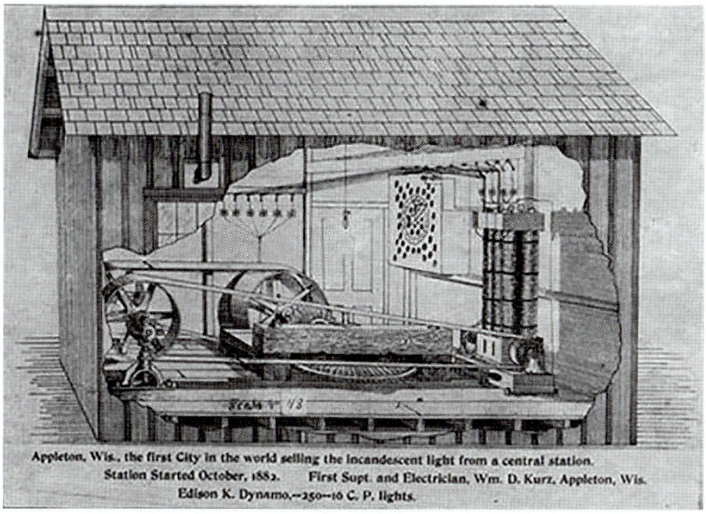

그림 **2.18** 미국 위스콘신 주 Appleton에 건설된 세계 최초의 수력발전에 의한 중앙 전력공급식 발전소 개략도
자료: National Register of Historic Places

해 결정되었다.

한편, 1882년에 미국 위스콘신 주 Appleton에 세계 최초의 수력발전에 의한 중앙 전력 공급식 발전소인 Vulcan Street Power Plant가 건설되었다. 그림 2.18에 보이는 바와 같이 규모는 헛간과 거의 같은 크기였지만, 이 발전소는 에디슨 "K" 타입의 다이나모를 갖추고 있었으며 수차에 의해 약 12.5 kW의 전기를 생산하여 북미지역 민간 및 상업고객에게 시스템을 서비스하는 최초의 수력발전소였다.

1860년에서 1890년 사이의 기간은 수차 연구개발에서 시행착오의 기간이었다. 이 기간 동안 수차 설계는 조잡하고 비과학적이었다. 수학적 분석과 무관하게 러너베인 형상과 유로의 상상 가능한 조합이 시도되었다. 표준 성능 이하의 수차는 시장에 넘쳐났으며, 종종 최고효율은 50% 미만이었다. 이 시기에 제작된 수차의 대부분은 나선형 케이싱이 없었다. 수차 러너 조립은 단순히 어떤 유형의 고정 수조의 바닥에 놓였고, 일반적인 예시 중 하나는 그림 2.19에 보이는 바와 같은 1900년대 초에 널리 사용되었던 구형 케이싱이다. 이러한 수차 설계는 가이드베인에만 의존하여 수차에 필요한 선회를 생성했다.

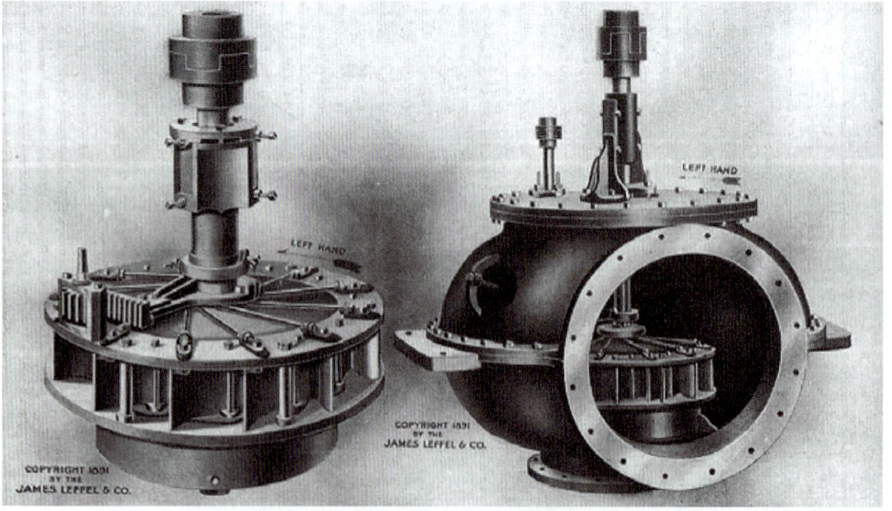

그림 **2.19** 표준형 Leffel 수차 및 구형 케이싱

자료: James Leffel & Co., 1902

현대식 수차 분배기(distributor) 설계의 최종적인 진보는 스크롤 케이싱과 가이드베인을 결합하는 것이었다. 두 가지 방법 모두 러너에 필요한 예선회를 공급하기 위해 독립적으

로 사용되었지만, 1894년 독일의 Voith Hydro에 의해 처음 결합되었다. 1894년 Voith 설계의 또 다른 독특한 측면은 위켓게이트라고 불리는 각도 조정이 가능한 가이드베인의 도입이었다. 수차를 통과하는 흐름은 수압관 게이트가 아닌 위켓게이트에 의해 조정되었다. 위켓게이트를 조정하면 유속이 변경될 뿐만 아니라 러너로 유입되는 물의 선회 각도가 변경된다. 이러한 방법으로 러너의 토크도 조정할 수 있다. 1904년에 접어들면서 조절식 가이드베인이 갖춰진 나선형 케이싱은 일반적으로 고낙차 수차에 사용되었다.

나선형 케이싱은 고낙차 수차에 대해 잘 적용되었지만, 저낙차 수차에 대한 적용은 증가된 수차 크기에 의해 제한되었다. 많은 유량이 필요한 저낙차 수차에서는 적합한 나선형 케이싱을 제작하는데 어려움이 있었는데, 이것은 금속판재로 된 가이드베인이 나선형 케이싱 내부의 운동량 변화에 의해 발생하는 큰 힘을 견디지 못했기 때문이다. 크기 제한을 극복하기 위해 나선형 케이싱 설계가 위켓게이트 입구에 구조적 지지대를 포함하도록 수정되었다. 이러한 구조적 지지대는 스테이베인으로 알려지게 되었다. 그림 2.20(a)와 같이 우측(외측)에 위치한 베인 익렬은 고정익이며 나선형 케이싱의 출구 측에 통합되어 있다. 이 베인의 상하 양쪽 끝단은 스테이링이라고 불리는 원판 링에 장착된다.

나선형 케이싱은 스테이링에 부착되며, 이러한 방식으로 스테이링은 나선형 케이싱에서 유체역학적 부하를 지지한다. 1900년대 초반에 스테이베인은 종종 원형 볼트나 단순한 평

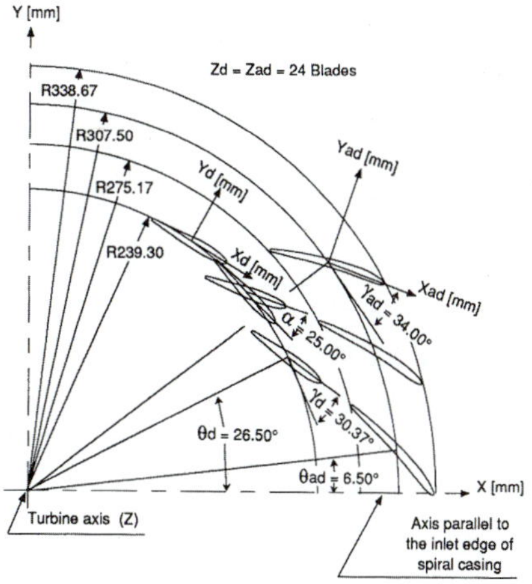

(a) GAMM 프란시스수차 가이드베인 및 스테이베인 배치

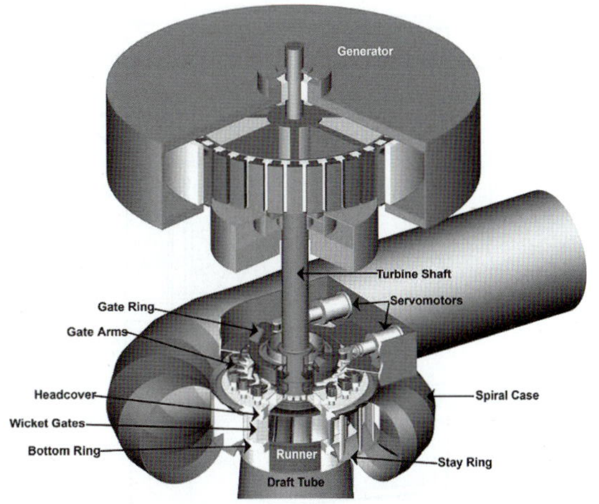

(b) 현대 프란시스수차 구성요소

그림 **2.20** 프란시스수차 구조

자료: Sottas, 1993 & Lewis, 2014a

판으로 구성되었다. 그 후의 수차성능에 대한 연구에 따르면 이러한 부가 설치물로 인한 유체 손실이 상당히 컸다. 따라서 이러한 유체 손실을 줄이기 위하여 스테이베인 형상은 얇은 두께(low profile)의 수중익으로 대체되었다.

스테이베인은 필수적인 구조적 구성요소이지만, 유체역학적으로는 불필요하며 수차를 통한 유체 손실만 증가시킨다. 현대식 수차 설계에서 스테이베인과 위켓게이트(가이드베인)는 최고효율점(BEP)에서 작동할 때 나선형 케이싱에서 배출되는 물의 유동각과 정렬되도록 배치된다.

(3) 흡출관

1840년 Zebulon과 Austin Parker는 개선된 수평축 수차에 대한 미국의 특허를 받았다. 그림 2.21에 보인 바와 같이 물은 휠에서 배출되어 긴 직사각형 상자 안에 들어갔고, 그들은 그것을 흡출관(draft tube)이라고 불렀다. 흡출관은 수직으로 배치되었으며, 휠 배출구가 상단에 있고 하단이 수면에 잠겨 있었다. 작동 시 수압관, 휠, 흡출관이 물로 완전히 채워졌다.

Parker 흡출관의 목적은 총 가용 낙차를 희생하지 않고 수차 휠을 방수로의 수위보다

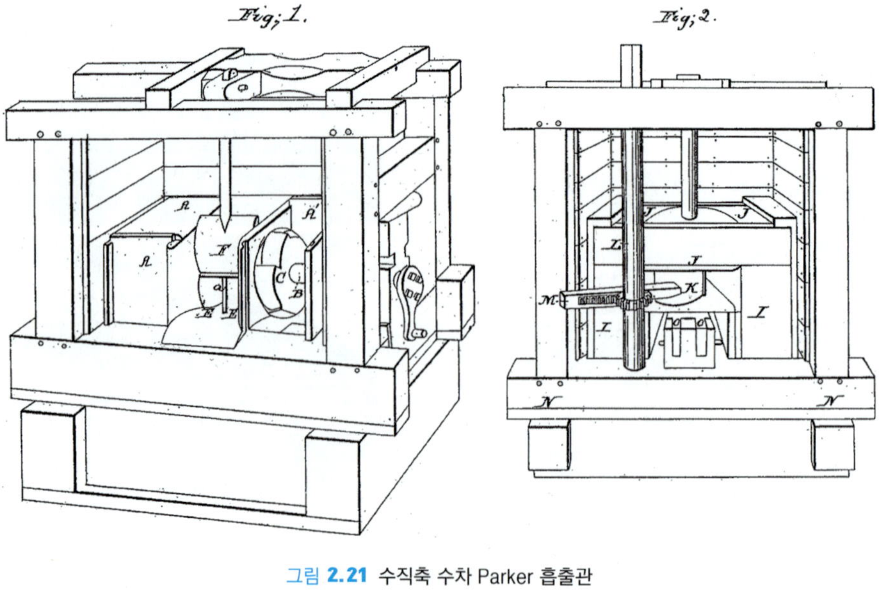

그림 2.21 수직축 수차 Parker 흡출관

자료: Parker, 1840

높게 배치하는 것이었다. Parker의 발명 이전의 수차 휠은 그림 2.8, 2.9 그리고 2.10과 같이 물 위에 매달려 공기로 방출되거나, 그림 2.11 및 2.12와 같이 방수로 수위로 제작되었다. 수차를 수위 위로 매달게 되면 수차에 대한 낙차가 감소한다. 그러나 수면 바로 위에 설치하는 것은 건설비용을 증가시켰고 수차의 유지보수를 어렵게 만들었다.

많은 수차 설비에서 방수로의 깊이는 흡출관 출구의 직경에 비해 상대적으로 낮다. 만약 흡출관 물이 얕은 방수로에서 수직으로 방출된다면, 강바닥은 상당한 침식에 노출될 뿐만 아니라 강바닥에 상당히 근접하게 되면 흡출관 출구의 막힘으로 작용할 것이다. 물은 흡출관에서 자유롭게 빠져나가지 못하므로 수차를 통한 낙차 손실이 증가한다. 따라서 직선 흡출관에서의 첫 번째 개선사항은 러너의 수직 배출에서 강의 수평 흐름으로 원활한 전환을 제공하는 것이었다. 이것은 그림 2.22에 보이는 하이드로콘(hydrocone)이라고 불리는 역원뿔관을 러너 아래에 놓음으로써 달성되었다.

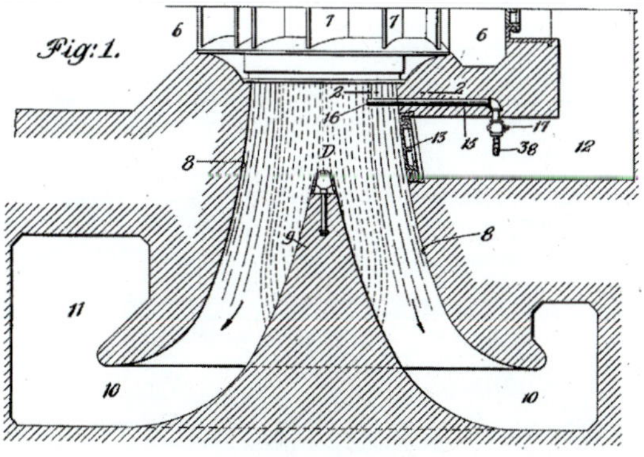

그림 2.22 Moody의 하이드로콘 흡출관 특허 개략도
자료: Moody, 1932

1860년까지 대부분의 대형수차에 하이드로콘을 포함하는 것이 일반적인 관례였다. 비록 하이드로콘이 배출 흐름의 일부 확산을 달성했지만, 이것이 설계의 주된 목표는 아니었다. 그러나 하이드로콘에 대한 특허는 1932년 말 미국에서 등록되었고, 이후에 설계된 것들은 흡출관 내부 확산 유동뿐만 아니라 흡출관 서지 및 비설계점 운전 중에 경험되는 강한 진동과 같은 다른 문제들을 다루는 데 초점을 맞추었다. 1900년대 중반에 접어들면서 하이드로콘의 적용은 현대식 흡출관의 광범위한 사용으로 인해 제한되었다.

1844년 Boyden은 배출수의 운동에너지 낙차를 추가 압력에너지 낙차로 전환할 가능성을 처음으로 인식했다. Boyden은 이러한 압력 회수를 달성하기 위해 그림 2.9에서와 같이 외향류 수차에 단순한 방사형 디퓨저를 추가했고, 효율은 3% 증가했다. 프란시스수차의 경우, 내부의 흐름 방향 때문에 Boyden이 적용한 방사형 디퓨저보다는 원뿔형 디퓨저를 사용할 수 있었다. 그러나 시행착오 기간(1860~1890)의 영향으로 확산형 흡출관은 나타나지 않았고, 1873년이 되어서야 T. H. Ridson Company가 36인치 수차 휠을 시험했을 때 그림 2.23의 확산형 디퓨저 설치 시 90.5%, 직선형 흡출관 설치 시 88.8%의 효율을 달성했다.

1883년부터 T. H. Ridson Company는 수평 방향으로 배출하는 확산형 흡출관을 마케

그림 **2.23** 흡출관 디퓨저를 설치한 Ridson 수차 개략도
자료: Safford, 1922

팅하기 시작했다. 곡면 흡출관에 대한 영감은 얕은 방수로를 가진 모형 성능시험에서 나왔다. 흡출관을 이용한 수평 방향 배출 확산형 흡출관은 하이드로콘 사용을 통해 달성된 흐름 방향의 변화와 디퓨저에 의해 얻어진 성능향상을 결합시켰다. T. H. Ridson Company의 실험은 직선 디퓨저를 곡면 확산형 흡출관과 비교했으며, 곡면 흡출관 설치 시 전체 수차성능에 거의 변화를 보이지 않았다. 그림 2.24와 같이 수평 방향 배출이 있는 확산형 흡출관은 거의 모든 현대식 수차 설계에 사용된다.

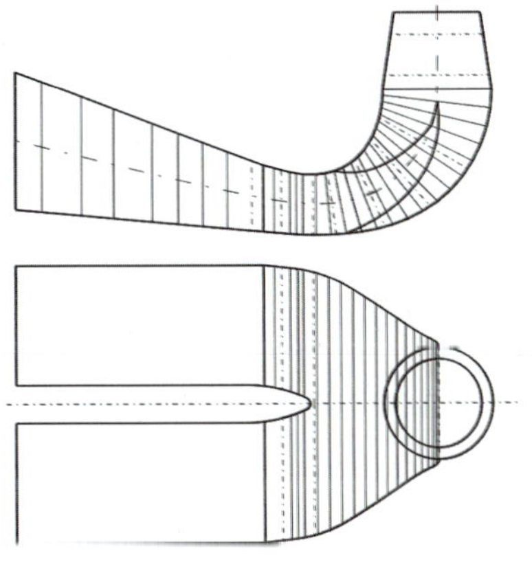

그림 **2.24** **수평 방향 배출식 현대 확산형 흡출관**

자료: Avellan, 2000 & Toshiba Hydro Power (Hangzhou) Co., Ltd.

(4) 프란시스형 러너

현대 프란시스형 러너 설계에 도달하는 과정은 1848년에서 대략 1920년까지 걸렸다. 그림 2.25는 프란시스수차 러너베인 형상의 주요 설계 변경 추이를 보여준다. 표시된 연도는 이러한 진전의 대부분이 시행착오 기간(1860~1890)과 그 전후로 이루어졌음을 나타낸다. 이러한 변화들은 종종 거의 분석하지 않고 실행되었지만, 최종적인 결과는 성공적인 수차 설계였다.

1848년 Francis가 설계한 러너베인은 러너의 직경에 비해 짧았고 내부 반경 방향으로 물이 배출되었다. 이렇게 유로 높이가 얕은 날개로는 아주 적은 에너지를 물에서 뽑아낼 수 있었고 유량은 제한적이었다. 출력의 증대에 대한 필요성이 커짐에 따라, 직경을 증가시키지 않고 더 큰 유량을 받아들일 수 있는 러너가 필요하게 되었다. 크기를 변경하지

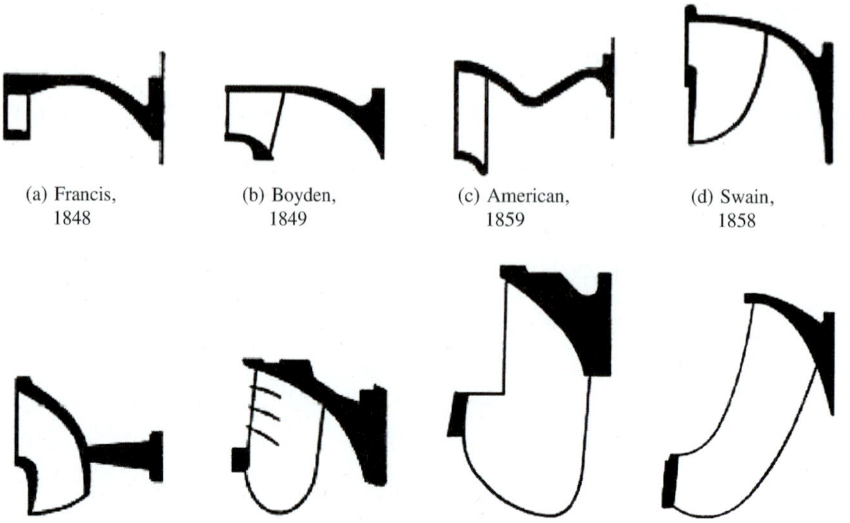

(a) Francis, 1848 (b) Boyden, 1849 (c) American, 1859 (d) Swain, 1858
(e) Ridison, 1873 (f) Hercules, 1876 (g) Samson, 1902 (h) Modern Francis, 1920

그림 **2.25** 프란시스수차 러너베인 형상의 주요 설계 변경 추이

자료: Safford, 1922

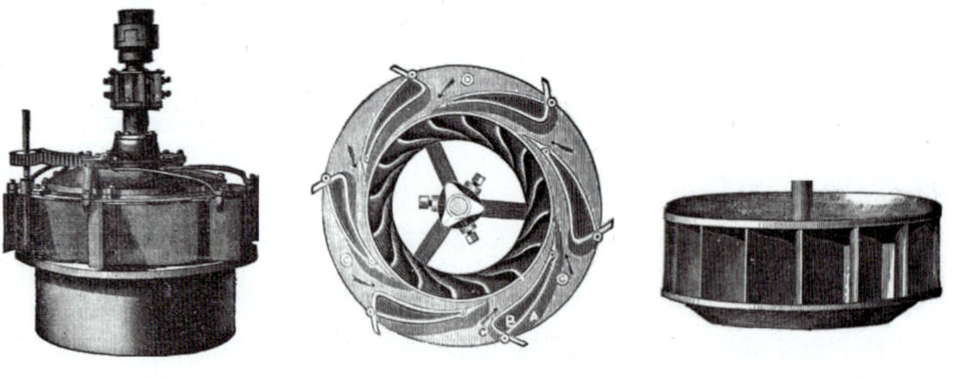

(a) 수차 외형도 (b) 위켓게이트 상부 평면도 (c) 러너 외형도

그림 **2.26** 1859년 American 수차 구조

자료: Emersion, 1892

않고 수차를 통해 더 많은 물을 통과시킬 수 있는 유일한 방법은 러너베인 형상을 러너 입구에서 흡출관으로 반경 방향 흐름을 배출 시, 축 방향 흐름으로 원활하게 전환시키는 것이었다. 원활한 전환은 수차를 통한 유체 손실을 감소시킬 뿐만 아니라 흐름을 확산시켜 러너 출구에서 국소압력을 감소시켰으며, 두 가지 효과 모두 결과적으로 유량과 수차

출력을 증가시켰다.

1849년 Boyden은 러너베인 깊이를 증가시키고 밴드를 아래쪽으로 구부려서 유동 방향을 약간 축 방향으로 바꾸고 후연 가장자리를 비스듬하게 기울여서 축 방향으로 유동 방향을 유지하였다. 시행착오 기간이 시작될 무렵인 1859년 당시 American 러너라고 불리던 러너베인의 유로 높이는 그림 2.26에 보이는 바와 같이 Francis나 Boyden이 더 큰 유량을 허용하도록 설계한 것보다 더 높았지만, 후연의 형상은 전연과 평행하게 수직으로 절단하여 제작공정을 단순화시켰다. 1870년까지 American 러너는 소규모 제재소와 제분소에서 널리 사용되었다.

American 수차는 또한 표준 치수로 대량 생산되었다는 것을 의미하는 최초의 재고관리 수차였다. 시행착오 기간 동안 제조업체는 유량과 낙차의 일반적인 조합에 맞게 확장할 수 있는 수차 설계를 통하여 수차를 생산했다. 이 방법은 제분소와 공장에 전력을 공급하는 데 적합했으며, 현재 중소형 펌프에도 이와 유사한 생산 및 재고관리 방법이 사용되고 있다. 재고관리 수차를 생산하는 관행은 1900년대 초반까지 계속되었다. 그림 2.27은 1902년 James Leffel & Co.의 수차 카탈로그에서 발췌한 것이다. 재고관리 수차의 사용

New Table arranged for LEFFEL STANDARD Water Wheels. Copyright, 1900, by James Leffel & Co., Springfield, O. 19

SIZE	HEAD	8	10	12	14	16	18	20	22	24	26	28	30	32	34	36	38	40	42	44	46	48	50	52
No. 10 STANDARD	Power			.....	3	3 7/10	4 6/10	5 2/10	6	6 8/10	7 7/10	8 6/10	9 9/10	10½	11½	12 6/10	13 6/10	14 7/10	16 2/10	17	18 2/10	19 3/10	20 9/10	21⅞
	Water			.....	142	153	163	172	180	188	196	203	211	217	224	231	237	243	249	256	261	266	272	278
	Speed			.....	502	535	567	598	628	655	682	707	732	757	780	802	824	846	866	887	906	927	945	964
No. 11½ STANDARD	Power		.....	3 2/10	4	4 9/10	5 8/10	6 8/10	7 8/10	8 9/10	10 1/10	11 2/10	12½	13¾	15	16 4/10	17 7/10	19 1/10	20 6/10	22 1/10	23 6/10	25¼	26 9/10	28½
	Water		.....	174	189	201	213	224	235	246	256	265	275	284	292	301	308	316	324	332	340	348	356	363
	Speed		.....	403	436	463	493	520	545	569	593	615	636	658	678	697	716	735	756	770	790	807	824	842
No. 13¼ STANDARD	Power	.....	3 2/10	4 2/10	5 3/10	6½	7¾	9	10 4/10	11 9/10	13 4/10	15	16 6/10	18 3/10	20	21 8/10	23 7/10	25 6/10	27½	29½	31 6/10	33 7/10	35 8/10	37 9/10
	Water	.....	211	232	250	267	284	299	313	327	341	354	366	378	390	401	412	423	433	444	454	464	474	482
	Speed	.....	319	349	378	404	428	451	473	495	514	533	553	571	589	605	622	638	654	669	685	698	713	727
No. 15¼ STANDARD	Power	3	4 2/10	5½	6 9/10	8 4/10	10	11 8/10	13½	15½	17 4/10	19½	21 6/10	23 8/10	26 1/10	28 4/10	31 8/10	33 3/10	35¾	38 3/10	41	43 7/10	46 4/10	49 3/10
	Water	246	275	301	325	348	369	389	407	426	443	460	476	492	507	521	536	550	563	576	589	602	614	626
	Speed	248	284	303	328	351	372	393	411	430	447	464	480	496	511	526	540	555	568	582	595	607	621	632
No. 17½ STANDARD	Power	3 6/10	5 4/10	7⅛	9	11	13 1/10	15 4/10	17 7/10	20 2/10	22 8/10	25½	28 2/10	31 1/10	34 9/10	37 1/10	40 2/10	43½	46 3/10	50	53 4/10	56 9/10	60½	64 3/10
	Water	321	359	393	425	455	482	508	533	557	579	602	622	643	663	682	700	719	736	752	768	784	800	816
	Speed	217	242	265	286	306	324	341	358	374	390	404	418	433	445	459	471	483	495	506	518	530	540	551
SIZE	**HEAD**	**54**	**56**	**58**	**60**	**62**	**64**	**66**	**68**	**70**	**72**	**74**	**76**	**80**	**84**	**88**	**92**	**96**	**100**	**104**	**108**	**112**	**116**	**120**
No. 11½ STANDARD	Power	30 3/10	32	33 8/10	35½	37 1/10	38 9/10	40 7/10	42 6/10	44 4/10	46⅜	48 3/10	50 3/10	54 2/10	58 4/10	62½	67	71 4/10	75 9/10	80½	85 1/10	89¾	94 7/10	99 8/10
	Water	371	378	385	391	396	402	408	414	420	426	432	438	448	460	470	482	492	502	512	521	530	540	550
	Speed	857	871	885	898	912	925	939	953	966	984	999	1011	1040	1067	1090	1114	1141	1164	1187	1207	1230	1253	1273
No. 13¼ STANDARD	Power	40 1/10	42 3/10	44⅝	47	49 4/10	51 8/10	54 2/10	56¾	59⅜	62	64 6/10	66⅞	72 3/10	77¾	83 2/10	89 3/10	94 9/10	101	107	113	120	126	133
	Water	491	500	509	518	527	535	543	552	561	570	577	582	598	612	626	642	654	668	681	694	708	721	732
	Speed	741	755	768	782	794	807	820	832	844	856	868	881	902	924	947	968	989	1009	1028	1048	1067	1086	1106
No. 15¼ STANDARD	Power	52 1/10	55	58	61 1/10	64 3/10	67 3/10	70 4/10	73 6/10	76¾	80 3/10	83 7/10	87 1/10	94 1/10	101	108	116	124	131	139	148	156	164	173
	Water	638	650	662	674	686	696	706	716	725	738	748	758	778	796	814	832	850	868	886	904	920	936	952
	Speed	644	656	667	679	691	702	713	724	734	746	753	764	784	802	822	841	859	879	894	912	927	945	960
No. 17½ STANDARD	Power	67 9/10	71 8/10	75 8/10	79 8/10	84	88¼	92 6/10	96⅞	101	105	110	114	123	132	141	151	161	172	182	192	RIGHT HAND WATER WHEEL LEFT HAND		
	Water	832	848	864	880	896	912	928	942	956	969	982	992	1016	1040	1063	1088	1112	1140	1158	1176			
	Speed	561	571	582	592	601	611	621	630	639	648	657	666	683	699	717	734	749	764	780	795			
No. 20 STANDARD	Power	92 4/10	97½	103	108	114	119	125	131	137	143	148	154	166	179	192	205	218	232	247	263			
	Water	1132	1152	1172	1192	1212	1233	1253	1273	1292	1310	1327	1344	1376	1408	1440	1472	1504	1536	1568	1600			
	Speed	492	501	509	518	527	534	542	551	559	567	575	583	598	613	628	641	655	669	681	695			
No. 23 STANDARD	Power	120	127	134	142	149	156	163	171	178	185	193	202	218	234	250	267	285	303	322	341			
	Water	1475	1501	1532	1561	1587	1613	1637	1660	1681	1702	1726	1754	1801	1844	1880	1922	1964	2004	2044	2084			
	Speed	429	436	442	449	457	463	469	476	483	492	500	506	520	533	545	557	570	582	594	606			

POWER—Horse Power. WATER—Cubic Feet per Minute. ONE CUBIC FOOT—62 37/100 lbs. SPEED—Revolutions per Minute at Work.

그림 **2.27** James Leffel & Co. 수차 카탈로그

자료: James Leffel & Co., 1902

은 기계식 수차에서 수력발전용 수차발전기로 이동하면서 끝이 났다.

1862년 James Leffel & Co.가 혁신적인 설계법을 적용하여 생산한 수차가 시장에 등장했다. 그림 2.28의 Leffel 수차는 이중 배출 러너를 사용하였고, 상부 러너베인 및 유로가 American 수차 러너와 유사한 형상이었으며, 하부 러너베인 형상은 축 방향으로 물이 배출되게 하였다.

수차에는 러너 입구에 위켓게이트(가이드베인)가 포함되었지만 나선형 케이싱이나 디퓨저는 포함되지 않았다. 그러나 짧은 직선형 흡출관을 사용하여 수차 러너를 방수로 위로 올려놓았다. 원래의 Leffel 수차는 약 74%의 효율을 달성했다. American 수차가 더 효율적이었지만, Leffel 수차는 더 작은 직경의 러너로 증가된 유량을 처리할 수 있었다. 따라서 더 많은 기계적 동력을 생산할 수 있었다. 또한 Leffel 이중 수차는 재고관리 설계로 생산되어 American 수차보다 훨씬 더 널리 사용되었다.

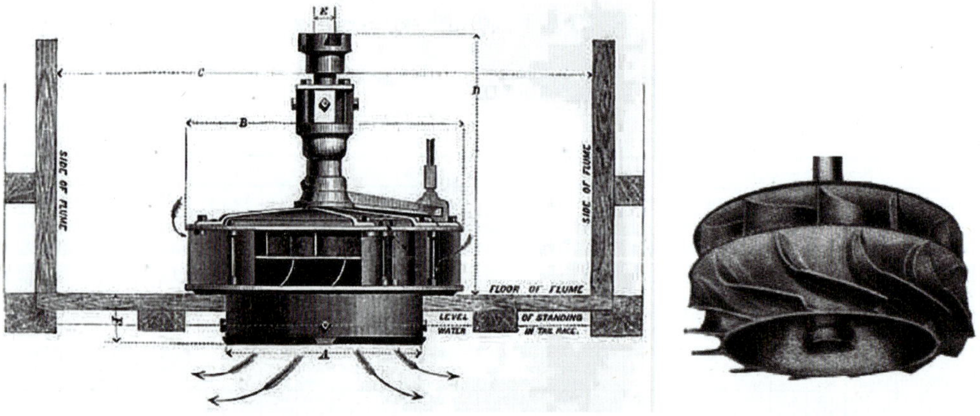

(a) 전체 수차 설치도 (b) 러너

그림 **2.28** Leffel 수차 구조

자료: Safford, 1922

Leffel 수차 이후, 많은 제조사들이 이중 러너 수차를 생산하기 시작했지만, Leffel Company만이 오랫동안 사업을 지속했다. Leffel Company는 1920년대 후반에도 계속해서 이중 휠 터빈을 생산했다. 일반적인 믿음은 이중 러너 설계가 더 효율적이라는 것이었다. 그러나 설계자들은 그들의 추론을 완전히 정당화할 수는 없었으며, 성능시험을 수행한 결과 대부분의 이론이 부정확하다는 것을 발견했다. 그러나 Leffel 1920 모델은 93%의 최고효율을 달성했다.

1858년, American 수차가 출시되기 1년 전, Asa M. Swain은 그림 2.29(a)와 같이 중앙 출구 영역까지 확장된 러너베인을 가진 6인치 모형 러너로 실험을 수행했다. 러너베인은 또한 입구 가장자리로부터 멀리 구부러져 얕은 버킷을 형성했다. 1870년 Swain은 버킷을 더욱 깊게 하여 유량과 출력 모두를 증가시켰다. 1874년 Francis는 그림 2.29(b)의 72인치 Swain 수차를 시험했고, 84%의 효율을 보였다. 당시 이 수차는 흡출관이 없었지만, 1909년에 흡출관을 설치한 동일한 터빈을 시험하여 86.1%의 효율을 나타내었다.

원래 Swain 수차는 American 수차와 Leffel 수차의 인기에 가려져 있었지만, 1870년 이후 모든 반경류 및 사류 수차 설계가 Swain 수차 러너 설계를 따랐다. 특히 러너의 중심부까지 날개가 멀리 뻗어 있고, 날개가 곡선을 그리며 유체 운동량을 흡수하는 버킷 모양을 만들었으며, 반경 방향과 축 방향의 양방향 모두 흐름이 배출되었다. Swain의 혁신적인 러너베인 설계는 현대 프란시스형 러너의 선구자가 되었다.

1873년 T. H. Ridison Company는 완전한 축 방향 배출을 하는 러너를 생산하기 위해 러너베인 위쪽 가장자리를 확장함으로써 Swain 수차의 설계를 수정했다. Ridison 수차는 그림 2.30에서와 같이 고정 가이드베인으로 설계되었으며, 나선형 케이싱이 없었다.

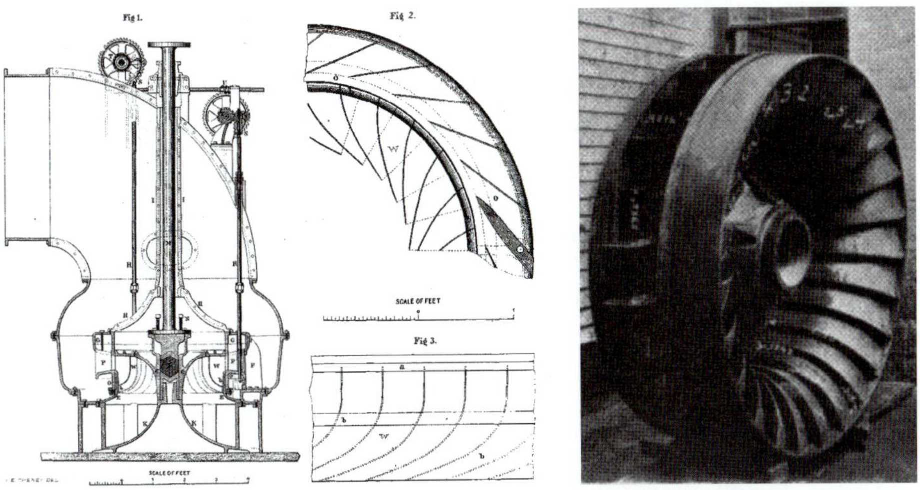

(a) 수차 내부 단면도 (b) 러너

그림 **2.29** Swain 수차 구조

자료: Mills, 1870 & Safford, 1922

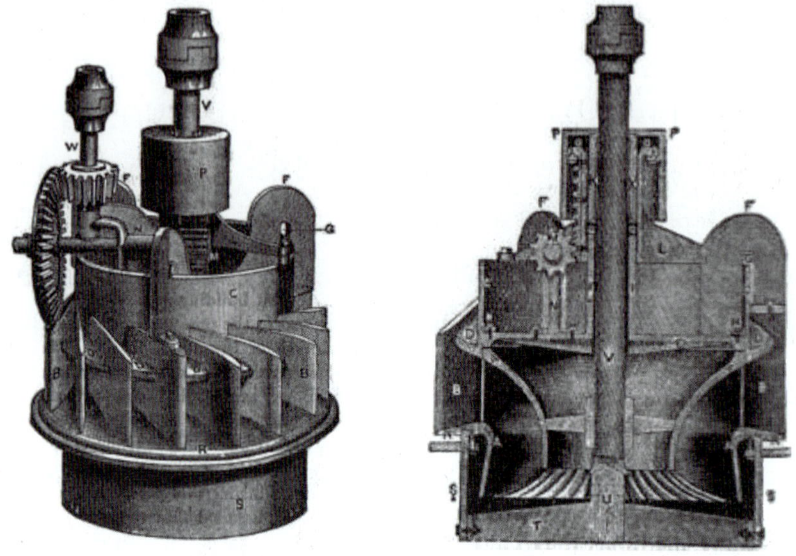

(a) 수차 전체 외형도 (b) 수차 내부 단면도

그림 **2.30** Ridison 수차 구조(1873년)

자료: Safford, 1922

Ridison Company는 Boyden 이후 그림 2.23의 확산형 흡출관을 최초로 포함시켰다. Ridison 수차는 절반의 부하에서 73%의 효율을 달성하여 그 시기까지 얻은 최고의 효율을 달성하게 되면서 저속 및 저유량 조건에서 당대 최고의 수차로 알려졌다. 또한 디퓨저를 설치하여 최고효율점에서 90.5%의 효율을 달성했다.

그 다음 주요 설계 개선은 1876년 John B. McCormic이 Hercules 수차를 개발한 것이었다. McCormic은 그림 2.31에 보이는 바와 같이 러너베인의 버킷을 1870년에 Swain이 설계한 것보다 훨씬 더 깊게 만들고, 그 버킷을 밴드 아래까지 확장하여 물의 배출을 약간 바깥쪽으로 하여 러너에서의 흐름을 더욱 확산시켰다. 러너베인에는 흐름 방향에 평행한 휜(fin)도 장착되었다. 이론적으로는 그 휜이 부분부하에서 효율을 개선하는 데 도움이 된다는 것이었다. Hercules 수차는 성능시험 결과, 매우 높은 유량에서 89.2%, 절반의 출력에서 73%의 효율을 보였다.

1877년 Hercules 수차가 출시된 지 1년 후, Stilwell과 Bierce는 그림 2.32의 Victor 수차라고 불리는 수차를 생산하기 시작했다. Victor 수차의 러너베인 버킷 형상은 Hercules 수차의 러너베인 버킷 형상에 비해 밴드를 훨씬 더 지나 출구 측으로 뻗어 있었다. 또한

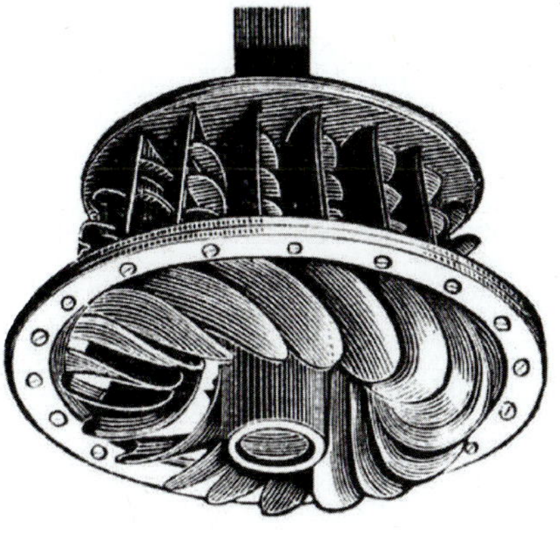

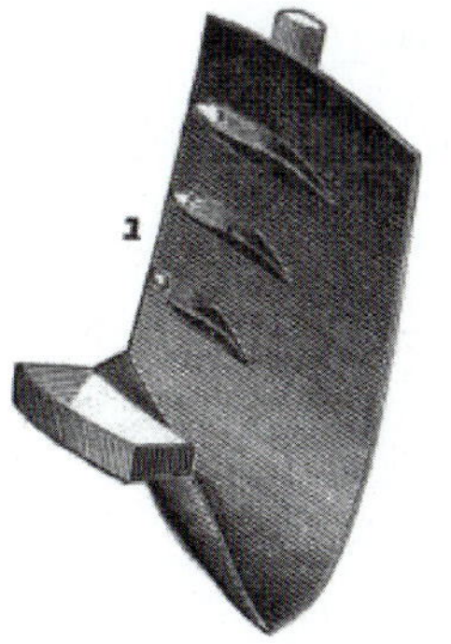

(a) 러너 외형도 (b) 휜을 부착한 러너베인

그림 **2.31** Hercules 수차 러너 구조(1876년)

자료: Emerson, 1892

러너 입구 측 러너베인 전연 크라운쪽 가장자리를 뒤로 휘게하여 더 깊은 버킷을 만들고 유동 방향을 점진적으로 축 방향으로 변하게 하였다. 흡출관쪽으로 러너베인이 깊게 들어감으로 인해 흡출관은 길이가 짧지만 바깥쪽으로 약간 각이 져서 확대되는 디퓨저 형상이 되었다.

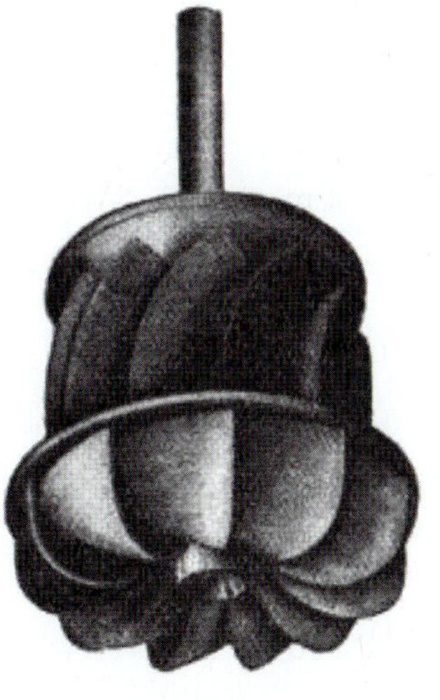

(a) 수차 외형도 (b) 러너 외형도

그림 **2.32** Victor 수차 구조(1876년)

자료: Emerson, 1892

이 시기에 Angell, Barber, Blackstone, Bodine, Case, Curtis, Cook, Geyelin, Humming Bird, Hunt, Luther Scroll, Tyler, Upham 그리고 Whitney와 같은 수많은 다른 수차들이 설계되고 생산되었으며, 이러한 수차의 대부분은 설계 및 제조된 지역에서만 사용되었다. 대부분의 수차 설계법은 향후 새롭게 개발되는 수차에 거의 영향을 미치지 못하고 빠르게 사라졌다. 그러나 이 수차들 중에서 그림 2.33의 Curtis 수차는 현대의 프란시스수차 러너 설계에서 가장 관심을 받고 있으며, 이는 러너에 대한 사류식 입구 형상을 적용한 몇 안 되는 초기 수차 설계 중 하나였다.

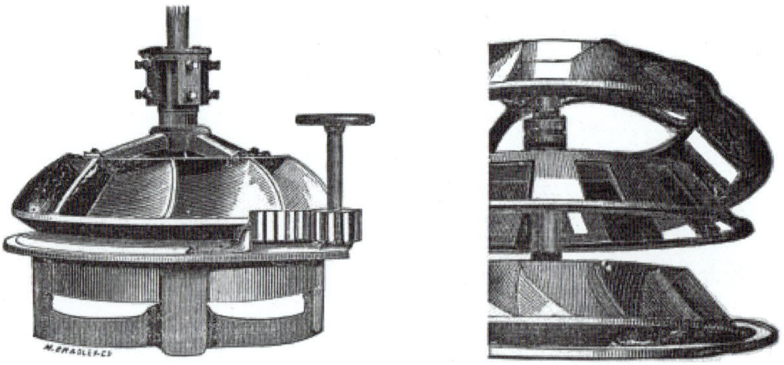

(a) 수차 러너 외형도 (b) 가이드베인링/제어게이트/러너 외형도

그림 **2.33** Curtis 수차 구조(1876년)

자료: Emerson, 1892

한편, James B. Emerson은 매사추세츠 주 Holyoke에 있는 그의 실험실에서 거의 모든 수차를 시험했다. Emerson은 1878년과 1892년 사이에 각 수차의 스케치와 함께 성능 결과를 담아서 4권의 책으로 출판했다.

1880년과 1900년 사이에 수차 설계자와 제조자는 소수의 재고관리 중심 설계 및 제조업체에 합병되기 시작했다. 이러한 합병의 원인은 과학적 수력 해석법이 설계 과정에 재도입되고, 수차가 단순한 제조가 아닌 각 도입 단계별로 설계되었기 때문이다. 즉, 고객이 승인시험 및 성능보증의 제공을 수차 제조업체에 요구하기 시작하면서 승인시험을 위한 축소모형 설계와 설치 지점의 현지 실물수차 설계로 나누어 설계와 제조가 진행되었다. Hercules와 Victor 수차 설계법은 McCormick 수차를 생산하기 위해 개선되었다. 더욱 성능개량을 진행한 후, 1902년에 McCormick 수차는 그림 2.34의 Samson 수차로 이름이 바뀌었으며 James Leffel & Co.를 포함한 여러 수차 제조업체에 의해 널리 생산되었다. 개선된 Leffel 이중 배출 러너 수차도 시장에 남아 있었다. 1900년대 초 본격적으로 전기가 보급될 때까지 거의 모든 기계식 수력발전소의 요구사항들은 이러한 재고관리 수차 모델 중 하나에 의해 충족될 수 있었다.

(a) 수차 외형도

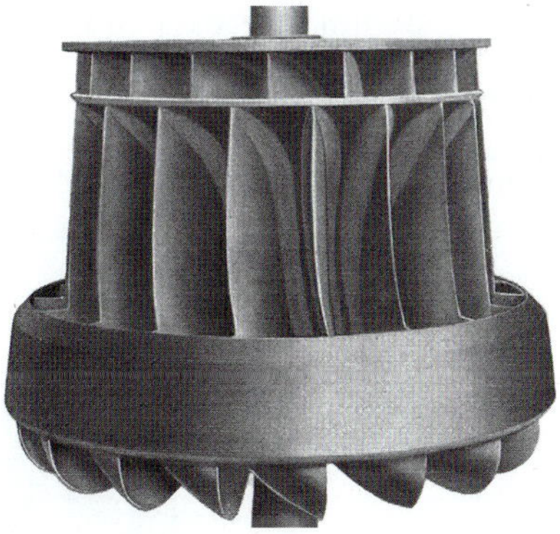

(b) 러너 외형도

그림 **2.34** Samson 수차 구조(1902년)

자료: James Feffel & Co., 1902

1920년에 이르러 Samson 수차 러너 설계 형상은 그림 2.35에 보이는 현대 고속 사류수차 러너의 기본 설계법으로 발전하였다. 러너베인은 밴드보다 약간 더 길어졌을 뿐이고, 러너베인 전연은 위켓게이트에서 떨어져서 비스듬하게 사류 입구를 형성한다. 또한 러너 입구에서 출구까지의 러너베인 형상도 전연에서 러너 입구를 감싸거나 휘어서 러너 내부로 들어가고, 러너베인 상부 가장자리가 각 원주 방향 위치에서 크라운에 접합되도록 했다. 특히 그림 2.32의 Victor 수차와 비교했을 때, 러너베인의 감아서 휘어들어가는 형상은 러너베인 곡률의 양을 크게 줄였다. 이러한 러너베인 곡면 형상은 여러 위켓게이트에 의해 발생된 후류의 영향을 차단하여 러너에서 주파수 잠김(lock-in) 현상과 큰 진폭 진동의 위험을 줄였다.

Samson 수차를 개선한 동기는 효율을 높이기 위한 것이 아니라, 최대 효율 90% 이상을 정상적으로 달성했기 때문에 효율의 손실 없이 수차의 회전속도를 높이기 위한 것이었다. 발전기는 효율적으로 전기를 생산하기 위해 더 큰 속도 대 토크 비율을 요구하기 때문에, 전기화를 위해서는 증가된 회전속도가 필수적이었다.

기계식 수력발전에서 전기식 수력발전으로 전환하면서 작은 에너지 손실도 수차의 수명 동안 수백만 달러의 수익 손실을 가져올 수 있기 때문에, 재고관리 수차의 사용은 빠르게 종료되었다. 그 결과, 지난 100년 동안 거의 모든 대형수차 설비가 특정한 유량, 낙차 그리고 가용 공간에 최적화된 독특한 디자인으로 건설되었다. 그러나 일부 제조업체는 소규모 수력발전소를 위한 표준화된 설계를 계속 제공하고 있다. 또한 1920년에 들어서면서 미국과 유럽의 수차 산업계에서는 사류수차 설계를 프란시스수차로 부르기로 결정했다. 이것은 James B. Francis에 의한 수력 해석과 시험에 대한 많은 공헌을 기리기 위한 것이었다.

그림 **2.35** 현대식 사류 프란시스수차 러너 외형도(1920년)
자료: Safford, 1922

그 후 40년 동안 프란시스형 러너 설계의 변화는 거의 없었다. 그러나 1961년, Theodore Bovet은 그림 2.36(a)에 보이는 바와 같이 러너 유로의 형상과 크기 그리고 러너베인의 전연과 후연의 위치를 설계하기 위한 간단한 해석법을 소개했다. Bovet 설계법은 러너 유로를 설계하기 위해 사용 가능한 유량, 낙차 및 원하는 회전속도의 함수로서 특징적인 러너 치수 사이의 관계를 찾기 위한 간단한 해석법이다. Bovet 설계법 또는 그 설계법에 적용된 도함수는 오늘날 러너 유로의 형상과 크기에 대한 초기 설계를 얻기 위한 탁월한 방법 중의 하나이다.

Bovet은 또한 그림 2.36(b)와 같은 유동격자법(flow mesh approach)에 기초한 러너베인 형상의 일반적인 설계법을 제시하였다. 이 해석법은 1878년 William Froude와 1893년 David Taylor가 개발한 프로펠러 설계에 일반적으로 사용되는 블레이드 요소 이론과 매우 유사하다. 러너를 통과하는 유로는 다수의 유관(stream tube)으로 구분되며, 오일러 터보기계방정식(Euler Turbomachinery equation)에서 규정한 토크 최적화를 위해 러너베인 전연 및 후연 각도를 구하고 러너를 통과하는 유동 분포를 균일하게 유지한다. 해석 결과 발생하는 러너베인 각도는 러너베인 프로파일로 결합되어 러너베인의 복잡한 3D 형상을 구현할 수 있다.

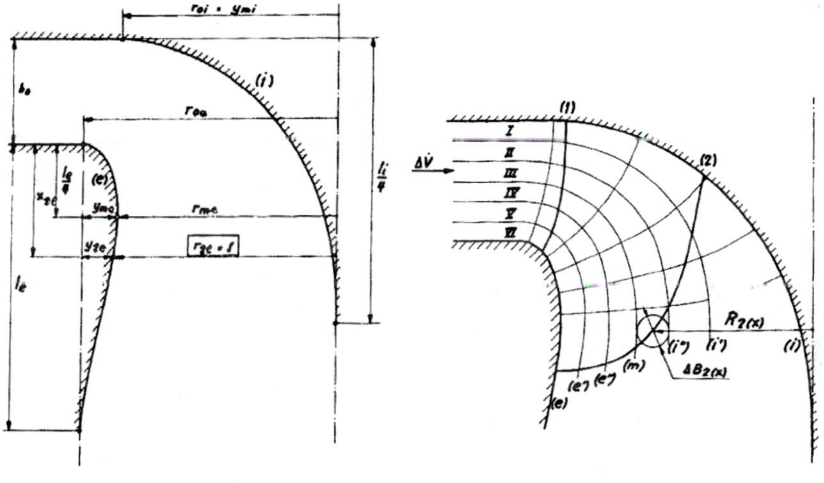

(a) 특성 러너 유로 치수　　　　(b) 곡면 러너 유로 유동격자

그림 **2.36** Bovet 프란시스수차 러너 설계법

자료: Bovet, 1964

최근 수차 러너 설계에서는 상세 블레이드 프로파일을 설계하기 위해 보다 정교한 해석법이 사용되고 있으며, 그림 2.37에 보이는 CFD(computational fluid dynamic) 해석과 결합된 형상 최적화에 의존하기도 한다.

그림 2.37 CFD 해석에 의한 GAMM 프란시스수차 러너 상대정압분포
자료: Lewis, 2014a

(5) 축류형 및 사류형 러너

최초의 축류수차는 그림 2.6에 나타낸 2세기 로마 수차이다. 앞에서 언급했듯이, 로마 수차는 널리 사용되지 않았고 중력수차의 사용이 널리 퍼지면서 근본적으로 잊혀졌다.

축류수차는 1843년 프랑스 공학자 Feu Jonval에 의해 재발명되었다. 그림 2.38의 Jonval 수차에서 물은 고정된 곡면 가이드베인의 단일 열과 회전하는 수차 블레이드의 단일 열을 통해 축 방향으로 하강했다. 따라서 기본적인 기능에서 그것은 현대식 단단 축류 가스터빈과 유사했다. Jonval 수차는 수차 러너베인에 대해서 물을 반경 방향으로 배출하는 수차의 역사적인 관념에서 벗어난 최초의 수차 설계였기 때문에, 1826년 Fourneyron이 개발한 수차(그림 2.8 참조)로부터 진보적인 발전이었다.

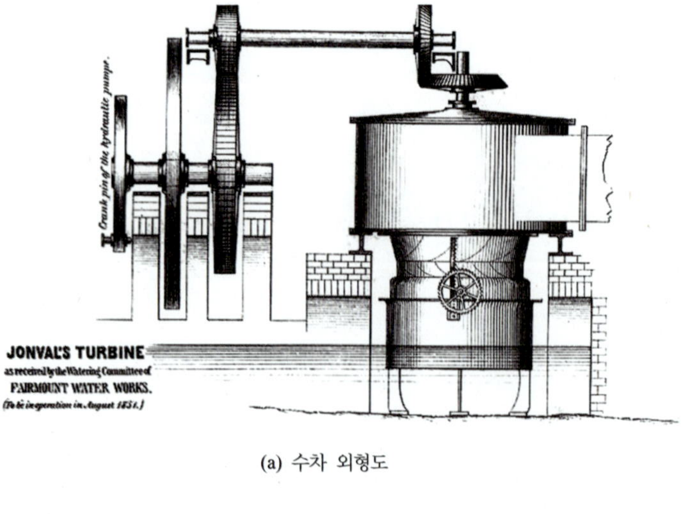

(a) 수차 외형도

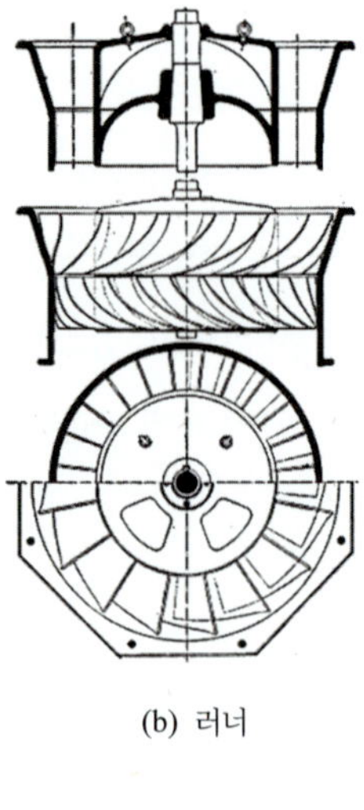

(b) 러너

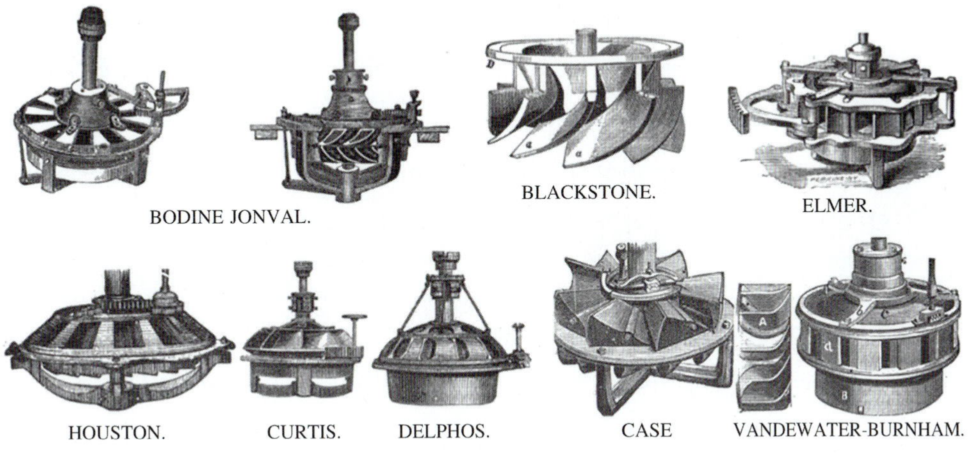

(c) Jonval형 변이 수차

그림 **2.38** Jonval 수차 구조와 변이 수차

자료: Lewis, 2014a & Emerson, 1892

1860년, J. W. Truax는 미국 버몬트 주 Richford에서 Green Mountain 수차를 개발하였다. Green Mountain 수차는 그림 2.39에 보이는 바와 같이 짧은 용수로의 바닥에 설치된 4매의 날개(러너베인)를 가진 프로펠러형 러너를 사용했다. 프로펠러형 러너베인의 바깥쪽 팁 가장자리에 밴드를 설치하였는데, 그 밴드는 기울어진 평면 톱니 날을 가지고

그림 **2.39** Green Mountain 수차와 러너

자료: Safford, 1922

있었다. 이것은 누설 흐름에서 추가 작업을 추출하기 위한 노력으로 포함되었다. Green Mountain 수차는 약 60%의 효율을 달성할 수 있었지만, 그 당시 가장 우수한 American 수차 및 Leffel 내향류 수차보다 회전속도가 상당히 더 높고, 낙차는 더 낮았다. Green Mountain 수차 설계의 가장 인상적인 측면은 Truax가 그의 설계에 프로펠러형 러너베인 각도와 러너 회전속도 사이의 관계에 대한 폭넓은 이해를 상세하게 기술했다는 것이다.

1880년에 Holyoke Water Power Company는 축류수차에 대한 많은 실험을 수행했고, 결국 Chase Special Wheel이라고 불리는 러너를 개발했다. 그림 2.40의 Chase 러너는 8매의 러너베인이 허브와 밴드 양쪽 모두에 부착되었으며, 러너베인이 Green Mountain 수차 러너베인보다 수직으로 기울어져 있었다. 러너베인 각도의 영향으로 Chase 러너는 Green Mountain 러너보다 약 절반의 회전속도로 운전했지만, 효율은 78.8%에 도달할 수 있었다. Holyoke 실험의 경우, 수차 러너는 용수로에 직접 설치되었으며 디퓨저와 초기 흡출관을 시험하는 데 사용되었다.

그림 **2.40** Chase 러너
자료: Safford, 1922

그림 2.41은 1900년대 초에 개발된 반동수차이며, 1916년에 Forrest Nagler가 축류 러너에서 외부 밴드를 제거하고 당시의 해양 프로펠러를 본떠서 날개(러너베인)을 재설계하여 현대식 프란시스수차의 실험장치에 새로운 러너를 설치하였다. 그림에서 Nagler 수차의

노즈콘(nose cone)은 디퓨저 부분으로 확장되었고, 새로운 러너는 노즈콘 끝에 부착되었다. 이것은 새로운 고정익 러너를 가이드베인 훨씬 아래에 위치시켰고, 곡면 유로는 물을 기본적으로 축 방향의 러너에 제공하였다. 외관과 설계 방법의 유사성 때문에 이 형식의 수차는 프로펠러수차로 알려지게 되었다. 나선형 케이싱, 가이드베인(위켓게이트), 흡출관을 축류 프로펠러 러너와 결합함으로써 Nagler는 효율적인 저낙차와 고속 운전이 가능한 고정익 러너 축류수차를 생산할 수 있었다.

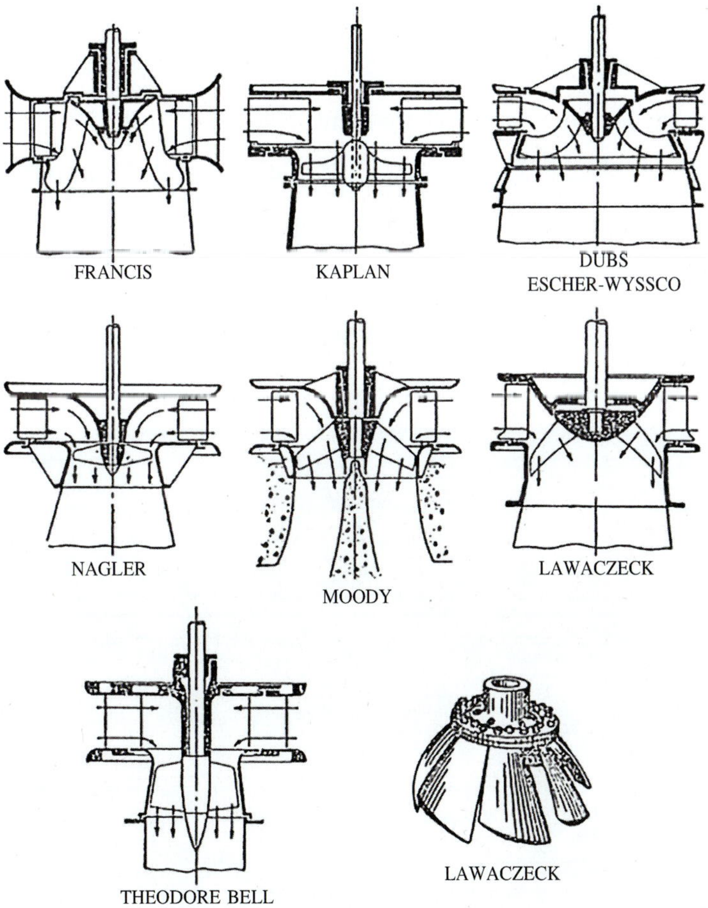

그림 **2.41** 1900년대 초 개발된 반동수차 단면 형상

자료: 深栖, 1961

축류수차의 최종적인 주요 개발은 1912년 오스트리아의 토목공학 교수인 Viktor Kaplan이 가동익을 장착한 수차 러너에 대한 그의 첫 번째 특허를 출원하면서 시작되었다. 조절 가능한 수차 러너베인에 대한 아이디어는 1878년 베를린 왕립산업아카데미의 교수 Carl Fink에 의해 처음 출판되었다. 또한 1912년 이전에 두 개의 특허를 출원하면서 그 개념들을 상세하게 기술하였다. 한편, Kaplan은 수차가 작동하는 동안 러너베인 조정이 가능하도록 기어장치를 성공적으로 개발한 최초의 발명가였다. 그는 200개 이상의 실험 모형을 제작했으며, 마침내 성공적인 설계에 도달했다. 1919년에 체코슬로바키아의 Podebrady에 최초의 실물 가동익 카플란수차가 설치되었다.

1922년, Voith Hydro는 800 kW에서 작동하는 가동익 카플란수차를 처음으로 생산했다. 1928년에 Voith Hydro는 독일 Ryburg-Schworstadt에 설치된 당대 가장 강력한 가동익 카플란수차를 개발했으며, 35 MW 출력의 수차 러너 지름은 약 7 m였다. 그림 2.42는 현대식 대형 가동익 카플란수차 러너의 예를 보이고 있다.

축류 프로펠러수차의 주요 장점은 낮은 낙차와 높은 회전속도에서 90% 이상의 효율로 작동할 수 있다는 것이다. 카플란수차는 가동익을 추가하여 더 넓은 범위의 낙차 및 유량

그림 **2.42** 현대식 가동익 카플란수차 러너

자료: VOITH

에서 효율적으로 작동할 수 있다. 이를 통해 가동익 카플란수차는 강수량, 계절적 홍수 또는 관개 요구조건의 변화로 인해 연중 유량이 크게 변동하는 유입식 수력발전소에 이상적이다. 또한 카플란수차는 날개의 수가 적고 유로가 크며 러너를 통한 유동 각도의 변화가 덜하기 때문에 안전한 어류 통로로서 본질적으로 더 적합하다.

1957년에는 Paul Deriaz에 의해 사류 Deriaz수차가 발명되어 특허 등록되었고, 그림 2.43과 같은 단면 구조를 가진다. 특히 러너베인은 가동익으로 구성되어 낙차와 유량에 따른 넓은 범위의 운전이 가능하고, 사류수차뿐만 아니라 사류펌프로도 사용 가능하다.

한편, 그림 2.44는 1825년부터 2000년까지의 각 수차 종류별 설치 내역을 단위 출력 및 낙차에 대해서 조사한 결과이며, 근대에서 현대로 넘어오면서 수차의 출력은 상당히

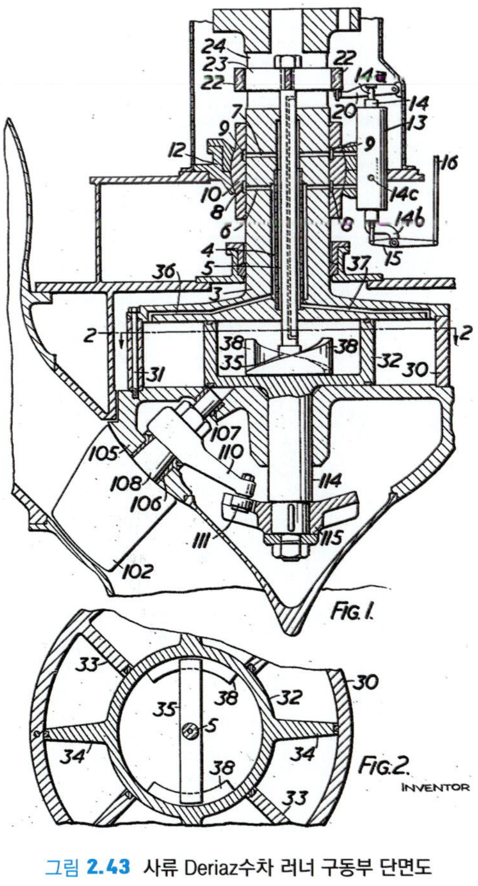

그림 **2.43** 사류 Deriaz수차 러너 구동부 단면도

자료: Deriaz, 1957

크게 증가했다. 낙차는 설치 지점별로 고루 분포하고 있으며, 최근에는 고낙차에 펠턴수차, 중낙차에 프란시스수차, 저낙차에 카플란수차가 설치되고 있음을 알 수 있다.

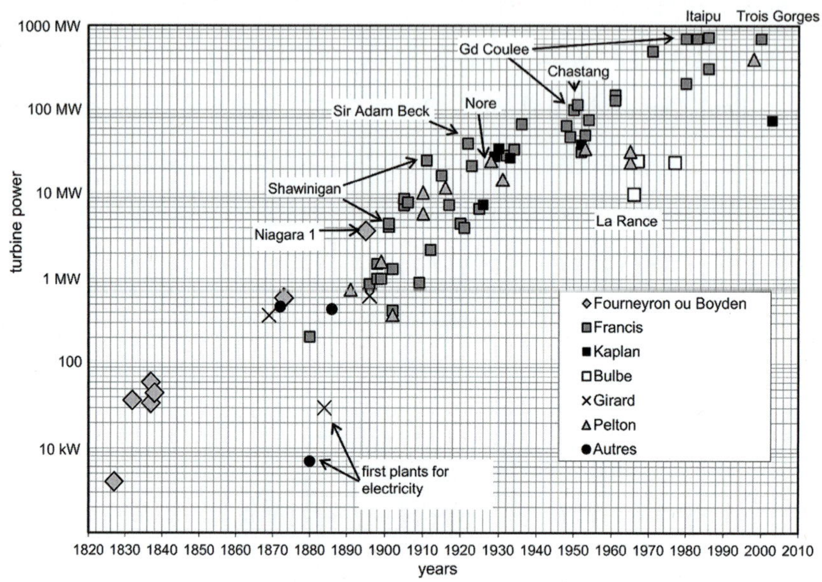

(a) 단위 출력의 증가

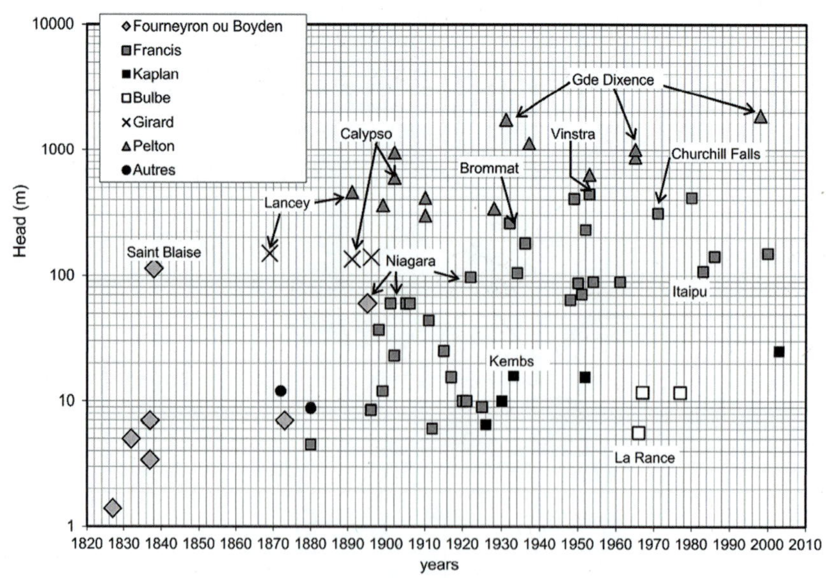

(b) 낙차의 증가

그림 2.44 1825년부터 2000년까지의 각 수차 종류별 설치 내역

자료: Viollet, 2017

2.1.4 펌프수차

펌프수차는 펌프와 수차의 기능을 모두 사용할 수 있는 수력기계로서 양수발전소(Pumped Storage Hydropower Plant)에 설치되어 운영된다. 양수발전소는 고도가 서로 다른 두 개의 저수지로 구성된다. 물이 펌프수차를 통해 상부저수지에서 하부저수지(또는 하천, 바다)로 이동함에 따라 전력을 생성(발전)하고, 물을 양수할 때에는 하부저수지(또는 하천, 바다)에서 상부저수지로 양수할 때 펌프수차가 전력망으로부터 다른 전원의 전력을 사용하게 된다.

양수발전소 기능은 그림 2.45와 같이 개방형 루프(외부 수역에 지속적으로 연결이 있는 경우) 또는 폐쇄형 루프(저수지가 외부 수역에 연결되지 않은 경우)로 구분할 수 있다.

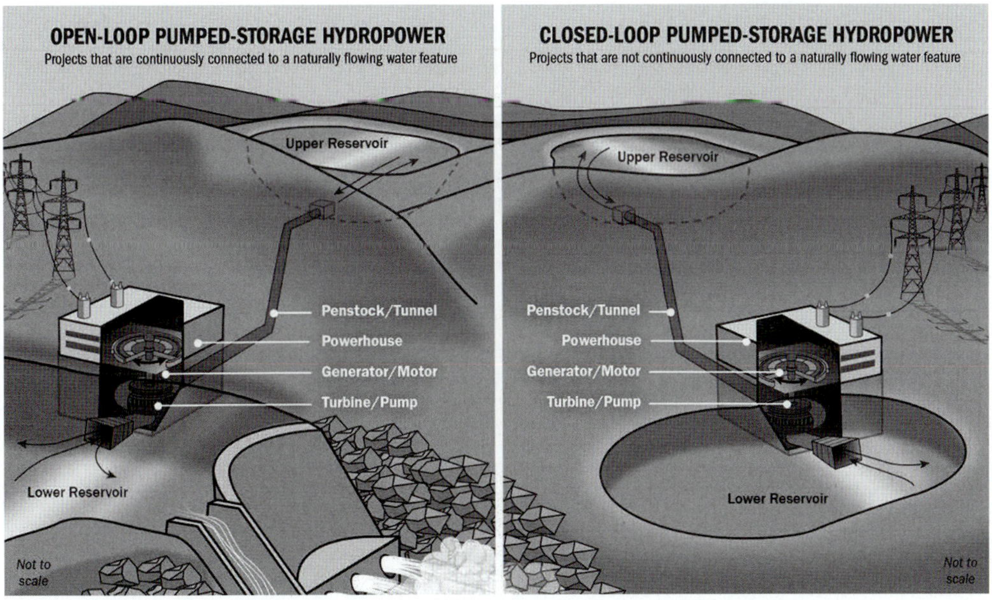

그림 2.45 양수발전소의 일반적인 개방형 및 밀폐형 상·하부저수지 구성

자료: U.S. Department of Energy

양수발전소는 오랫동안 전력 시스템의 중요한 구성요소로 사용되어 왔으며, 세계에서 가장 먼저 건설된 양수발전소는 1882년 스위스 Zürich에 설치된 Netala 발전소이다. 이 발전소는 거의 10년 동안 펌프와 수차를 작은 저수지와 함께 이용하였으며, 153 m의 양정과 515 kW의 출력을 가진 계절에 따라 사용하는(seasonal) 양수발전소였다.

1900년대 초, 몇몇 작은 양수발전소들이 독일을 비롯한 유럽에 건설되었다. 1908년 독일 Heidenheim의 Voith사 연구개발동 건물에 독일 최초의 양수발전소가 건설되었다. 1908년 이탈리아는 Ubyangni 산에 양수발전소를 건설했으며, 1912년 이탈리아는 Veroni 양수발전소를 건설하여 두 자연호수 사이에서 높이 156 m의 낙차를 이용하였고, 설치용량은 7600 kW였다.

그림 2.46은 1909년 스위스의 Schaffhausen 근교에 건설된 양수발전소이며 현재 SH Power가 운영하고 있다. 건설 당시 1,500 kW의 용량을 가지며 별도의 펌프와 수차를 사용하여 비교적 규모가 컸으나, 경제성은 높지 않았다.

그림 2.46 스위스 Schaffhausen 근교에 건설된 양수발전소

자료: Jung, 2017

1929년 미국 코네티컷 주의 Rocky 강에 그림 2.47(a)의 Rocky River Plant를 건설하였는데, 이것은 미국 최초의 양수발전소였으며, 낙차 70 m에 프란시스수차와 원심펌프로 설비를 구성하여 24 MW의 발전모드 용량으로 수력발전소와 화력발전소 전력망 시스템 효율성 개선에 상당한 기여를 했다.

이러한 초기 장치들은 별도의 펌프모터와 수차발전기가 사용되었는데, 한 축에 모터와 펌프를 장착했고 발전기와 수차는 별도의 축에 장착했기 때문에 상대적으로 기초적이었다. 이 경우에 일반적으로 펌프는 원심식, 수차는 프란시스식이 각각 사용되었다. 이후 20세기 중반까지 발전하면서 모터와 발전기가 일체화되어 발전전동기로서 상단에 위치하고 수차가 중앙에, 펌프가 하단에 있는 단일 수직축으로 구성되었다. 위켓게이트는 결국 유압제어 방식으로 개발되어 발전모드에서 출력을 조절하는 데 사용되었다.

그림 2.47(b)는 1933년에 독일 Baldeney에 설치되었던 최초의 가역식 카플란형 펌프수차(낙차 8.7 m)이다. 1937년에는 브라질 Pedreira에는 세계 최초의 대용량 가역식 펌프수차

(a) 미국 Rocky River Plant(자료: U.S. Department of Energy)

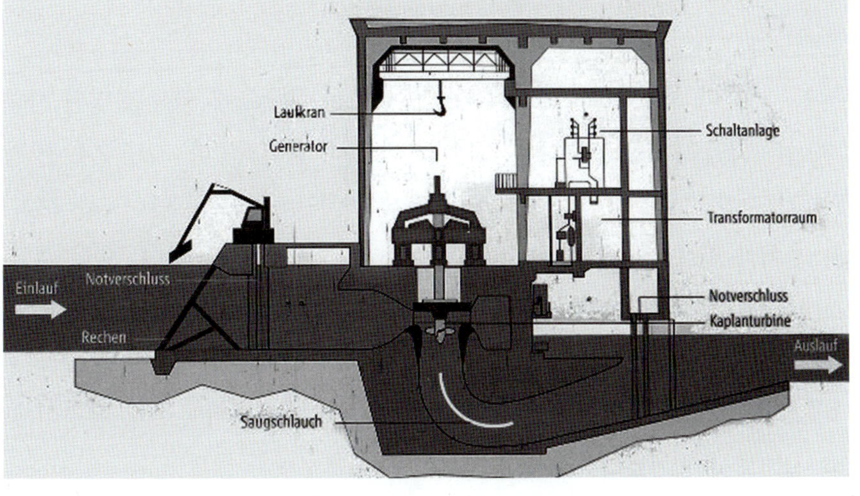

(b) 독일 Baldeney 수력발전소(자료: Wikipedia)

그림 2.47 미국과 독일의 초기 양수발전소

가 Voith사에 의해 개발되어 설치되었고, 펌프수차의 사양은 출력 5.3 MW, 낙차 30 m, 회전속도 212 min^{-1}이었다.

1950년대에 50개 이상의 양수발전소가 전 세계에서 가동되었다. 미국에서는 1950년대 중반부터 본격적으로 양수발전소가 건설되기 시작하여 1954년에 그림 2.48에 보이는 콜로라도 주 Flatiron의 양수발전소가 성공적으로 운전을 시작하였다. 이 시설에는 한 대의 가역식 펌프수차(최대양정 90 m, 용량 9 MW)와 별도로 2대의 프란시스수차를 사용하여 총 발전용량이 94.5 MW이다.

그림 2.48 미국 콜로라도 주 Flatiron Hydroelectric Plant
자료: Power Technology

1954년에는 캐나다 Sir Adam Beck-Niagara에 Paul Deriaz에 의해 발명된 사류 Deriaz 펌프수차가 설치되었으며, 1957년에는 발명내용이 특허 등록되었다. 그림 2.49는 발명된 사류 Deriaz 펌프수차의 축소모형과 특허 등록된 러너베인 구동부의 단면도를 보이고 있다.

프란시스수차가 펌프로도 작동할 수 있다는 것은 일찍부터 인식하고 있었지만, 1956년 미국 노스캐롤라이나 주 Hiwassee 댐에 그림 2.50의 가역식 프란시스형 펌프수차 2호기를 설치하면서부터 비로소 한 대의 수력기계로 펌프와 수차의 2가지 용도를 모두 사용하게 되었다. 이 수력기계는 최초의 현대 가역식 프란시스형 펌프수차였으며, 용량이 59.5 MW로 이전에 설치되었던 것보다 더 컸다.

(a) 축소모형

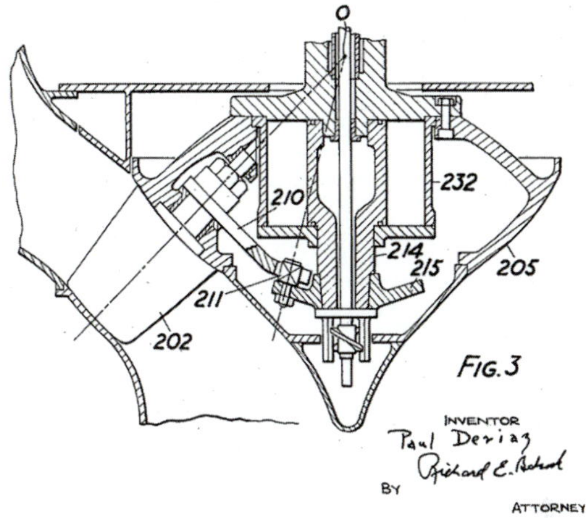

(b) 러너베인 구동부 단면도

그림 **2.49** 사류 Deriaz 펌프수차

자료: Deriaz, 1955 & Deriaz, 1957

조기 양수발전소의 적용은 펌프 시동요건에 의해 제한되었지만, 이후 30년 동안 기술과 재료의 개발로 전반적인 효율이 향상되고 펌프 시동 문제가 감소했으며 점점 더 큰 설비를 건설할 수 있게 되었다.

(a) 펌프수차 외형 개략도

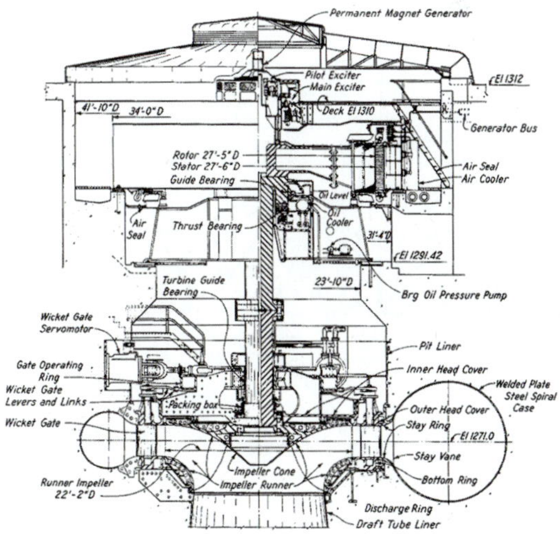

(b) 펌프수차 내부 단면도

그림 **2.50** 미국 Hiwassee 댐 가역식 프란시스형 펌프수차 2호기

자료: ASME, 1981

1962년에는 W. G. Whippen 등에 의해 그림 2.51의 사류 Diagonal펌프수차가 발명되어 특허 등록되었으며, 가동익을 채용하여 넓은 범위의 낙차와 유량에 대해서 상대적으로 높은 효율로 운전이 가능하게 되었다.

1960년대부터 양수발전소는 활발한 개발시기에 접어들었고 미국, 서유럽, 일본은 대규모 양수발전소 개발의 선구자가 되었다. 1990년대 이후, 선진국들은 신규 양수발전소의 개발은 늦추고 노후화된 설비를 최신 설비로 대체하는 양수발전소 현대화사업을 시작했다. 중국을 주요 대표로 한 개발도상국들은 신규 양수발전소에 대한 대규모 건설을 시작했다.

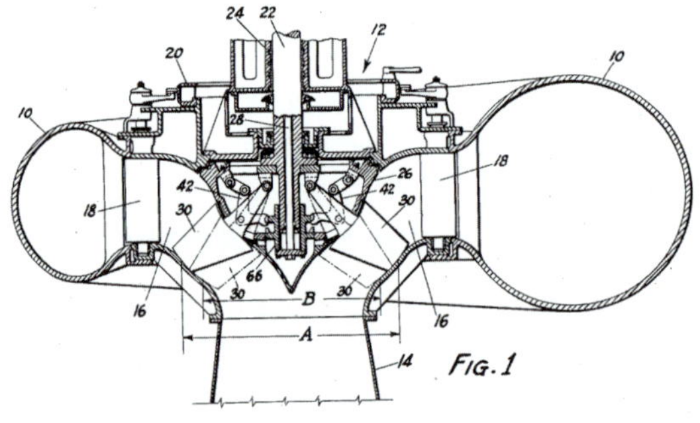

(a) 펌프수차 전체 구조 단면도

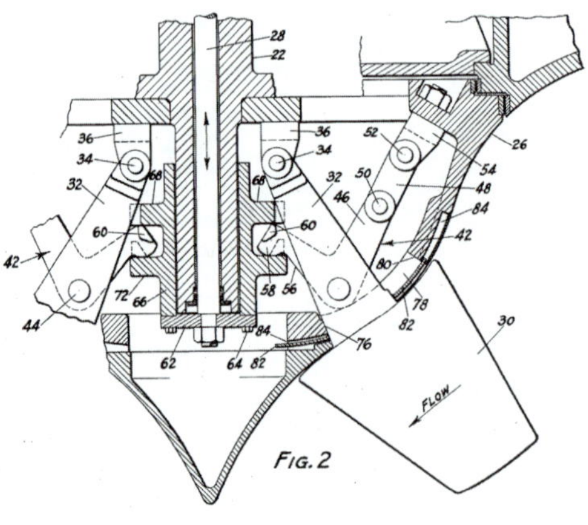

(b) 수차모드 러너베인 구동부 단면도

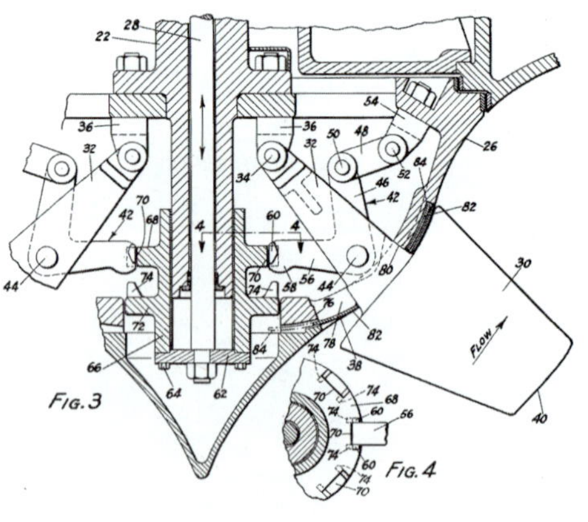

(c) 펌프모드 러너베인 구동부 단면도

그림 **2.51** 사류 Diagonal펌프수차 구조 단면도

자료: Whippen, 1962

표 2.1은 수차 및 펌프수차의 개발 역사를 수차 종류별 연대순으로 분류한 것이다.

표 2.1 수차 및 펌프수차 개발 연대표

시기	중력수차	시기	반동수차 (펌프수차)	시기	충동수차	주요내용
기원전 그리스, 로마시대	물레방아, 하괘수차					중력수차의 개발 및 사용
		200년대	최초의 반동수차가 튀니지 Chemtou와 Testour에 설치			최초의 반동수차 사용
500년대	하괘수차 전세계 보급					
1100년대 중반	상괘수차 독일에서 처음 등장					
				1629년	Giovanni Branca, 충동식 스팀터빈 발명	
1700년대	수력, 제분, 제재, 광산 등 전 산업분야에 적용					
1700년대 중반	John Smeaton, 하괘 및 상괘 중력수차에 대한 과학적 평가 수행. 흉괘수차가 개발됨					
1780년 ~ 1870년	약 100년간 영국에서 활발하게 사용 1800년대 초반 미국에서 큰 인기, 산업혁명의 주역					
1820년대 초반	더 소형, 고효율의 수차로 대체 시작					
1824년	Jean-Victor Poncelet, 하괘 중력수차에 곡면 버킷 채용	1824년	Claude Burdin과 Benoît Fourneyron, 반경 방향 외향류 수차 제안			반경 방향 외향류 수차 제안
1826년	Jean-Victor Poncelet, 곡면 버킷 채용 중력수차를 수평 위치(수직축)로 설치. 반경 방향 내향류 수차 아이디어 제안	1826년	Benoît Fourneyron, 반경 방향 외향류 수차 개발			반경 방향 내향류 수차 제안
		1828년	Claude Burdin, Turbine 단어 최초 도입			
		1838년	Samuel B. Howd, 내향류 수차 특허 등록, 고정 가이드베인 및 곡면 러너베인 적용			
		1840년	Z. Parker, A. Parker, R. McKilby, Park 흡출관 특허 등록. 수직축 중력수차의 총 가용 낙차 확보를 위해 수면 바로 위에 수직 흡출관 설치			반동수차 흡출관 발명

시기	중력수차	시기	반동수차 (펌프수차)	시기	충동수차	주요내용
		1843년	Feu Jonval, 축류형 Jonval 수차 발명			최초의 축류 반동수차 개발
		1844년	Uriah A. Boyden, Fourneyron 수차를 개량한 외향류 수차 개발. 원뿔형 입구 유로, 방사형 수중 출구 디퓨저 유로 도입. 미국 Appleton Company 면화공장에 설치			반동수차 방사형 출구 디퓨저로 압력 회수
		1844년	James B. Francis, Boyden 외향류 수차에 대한 일련의 체계적인 성능시험 수행. 표준화된 성능평가 방법 및 상대속도 각도 분석에 기초한 과학적인 수차 설계법 개발			
		1847년	James B. Francis, 본인이 개발한 수차 설계법 적용하여 축소모형 크기의 내향류 수차 설계 및 제작			반경 방향 내향류 반동수차 개발
		1848년 ~ 1920년	프란시스수차 러너베인 형상에 대한 주요 설계 변경 및 개선			다양한 프란시스형 러너베인 형상 개발
		1849년	James B. Francis, 본인이 설계한 최초의 실물 크기 수차를 Boot 면화공장에 설치			
		1851년	James Thomson, 나선형 케이싱과 유량 조절용 가이드베인을 장착했으며, 그 구조는 현대 프란시스수차의 등장에 기여함			
		1850년대 초반	Uriah A. Boyden, 가이드베인 없이 나선형 케이싱만 적용한 주철 스크롤 수차 개발			
		1855년	James B. Francis, 그의 저서 《Lowell Hydraulic Experiment》 출판			과학적 성능시험법의 창시 및 규범이 됨
				1856년	Louis Dominique Girard, Girard 수차를 발명. 축류 충동수차이며 충동수차와 반동수차의 중간 성질을 가짐	
		1860년	The American Water Wheel Company, 최초의 철판 스크롤 케이싱을 적용한 Warren 스크롤 수차 제작			그래픽 방법이 현대 반동수차 나선형 케이싱 설계에 사용됨

시기	중력수차	시기	반동수차 (펌프수차)	시기	충동수차	주요내용
		1860년	대형 수차 하이드로콘 설치, 흡출관 출구 막힘 및 강바닥 침식 방지 목적			
		1860년	J. W. Truax, 축류식 Green Mountain 수차 개발			러너 밴드를 부착한 프로펠러형 반동수차 러너 사용
		1860년 ~ 1890년	시행착오의 기간, 조잡하고 비과학적인 수차설계, 나선형 케이싱 미적용, 가이드베인만으로 예선회 생성함			
				1866년	Samuel Knight, 접선형 수차 발명	
		1873년	T. H. Ridson Comapny, 확산형 디퓨저식 흡출관 설치			수평 방향 배출식 확산형 흡출관을 현대식 반동수차 설계에 도입함
		1880년	Holyoke Water Power Comapny, Green Mountain 러너의 개량형 축류 러너 개발	1880년	Lester A. Pelton, 이중 버킷 설계 제안 및 특허 등록	
		1882년	미국 위스콘신 주 애플턴에 세계 최초의 수력발전에 의한 중앙 전력공급식 수력발전소 건설			세계 최초의 중앙 전력공급식 수력발전소 건설
		1882년	스위스 Zurich에 건설된 세계 최초의 Netala 양수발전소			세계 최초의 양수발전소
		1883년	T. H. ridson Company, 수평 방향 확산형 흡출관 개발			
		1894년	Voith Hydro, 스크롤 케이싱과 각도 조절 가능한 가이드베인을 결합한 수차 설계 도입			
		1895년	나이아가라폭포 수력발전소에 외향류 수차 설치	1895년	William Doble, 버킷 팁을 절단한 타원형 버킷 제안	Doble 수차가 접선형 펠턴 충동수차의 버킷 설계 표준이 됨
		1904년	나선형 케이싱과 조절식 가이드베인이 고낙차 수차에 사용			
		1908년	독일 Heidenheim의 Voith사에 독일 최초의 양수발전소 건설			
		1908년	이탈리아 Ubyangni 산에 양수발전소 건설			
		1909년	스위스 Shaffhausen 근교에 양수발전소 건설. 별도의 펌프와 수차를 사용			

시기	중력수차	시기	반동수차 (펌프수차)	시기	충동수차	주요내용
		1912년	Viktor Kaplan, 가동익 러너를 장착한 축류 수차 특허 출원			
		1912년	이탈리아 Veroni 양수발전소 건설. 두개의 자연호수를 저수지로 사용			
		1916년	Forrest Nagler, 해양 프로펠러와 유사한 축류 고정익 러너 프로펠러 수차 개발			축류 고정익 러너 프로펠러 반동수차 개발
		1919년	체코슬로바키아 Podebrady에 최초의 실물 가동익 카플란수차 설치			최초의 실물 가동익 카플란 반동수차 설치
		1929년	미국 코테티컷 주 로키강에 미국 최초의 가역식 프란시스형 펌프수차를 적용한 양수발전소 건설			미국 최초의 양수발전소 건설
		1931년	독일 Baldeneyesee에 세계 최초의 가역식 펌프수차가 설치			세계 최초의 가역식 펌프수차 설치
		1932년	L. F. Moody, 하이드로콘 흡출관 특허 등록. 흡출관 서지 및 비설계점 진동 등 억제			
		1937년	브라질 Pedreira에 세계 최초의 대용량 가역식 펌프수차 설치			
		1954년	미국 콜로라도 주 Flatiron에 9 MW 용량의 가역식 펌프수차가 장착된 양수발전소 건설			미국에서 본격적인 양수발전소 건설 시작
		1954년	캐나다 Sir Adam Beck-Niagara에 Paul Deriaz에 의해 발명된 사류 Deriaz 펌프수차가 설치			
		1956년	미국 노스캐롤라이나 주 Hiwassee 댐에 가역식 프란시스형 펌프수차 2호기를 설치			최초의 현대 가역식 프란시스형 펌프수차
		1957년	Paul Deriaz, 사류형 Deriaz 프로펠러수차 특허 등록			
		1961년	Theodore Bovet, Bovet 프란시스수차 러너 설계법을 제안			현대 프란시스형 러너 형상 초기 설계에 대부분 사용
		1962년	W. G. Whippen, 사류 Diagonal 펌프수차 발명 및 특허 등록			

2.2 수차 및 펌프수차의 분류

2.2.1 구분방식에 의한 분류

수차와 펌프수차는 다음과 같은 방식에 의해 구분할 수 있다.

(1) 물과 회전차(러너 또는 임펠러)의 상호작용 특성에 의한 분류

1) 충동수차

충동수차에서는 수차의 로터를 통과하는 동안 물의 압력이 변하지 않는다. 이러한 수차에서 압력변화는 수차의 노즐에서만 발생하며 로터에서는 발생하지 않는다. 분출(제트) 충돌은 대기압에서 일어난다. 충동수차의 예로는 펠턴수차가 있다.

2) 반동수차

반동수차에서 물의 압력은 수차의 로터를 통과하는 동안 변한다. 유속의 변화와 그 압력의 감소는 수차 날개에 대한 반응을 일으킨다. 유로가 압력을 받고 있으며 로터는 밀폐된 케이싱에 둘러싸여 있어야 한다. 프란시스수차와 프로펠러수차가 반동수차에 속한다.

(2) 수차 내부 유동 방향에 의한 분류

1) 반경류 수차

러너 입구에서 출구까지의 흐름은 반경 방향을 따라 흐른다. 내부 방향 반경류가 가장 일반적인 특징이다. 초기 프란시스수차(그림 2.12 참조)는 러너 허브면이 내향 유입 흐름 방향과 평행한 반경류 형식이었으나 현재는 사용되지 않는다.

2) 접선류 수차

흐름 방향이 러너에 접하는 방향이다. 제트의 경로가 회전 휠의 경로에 접하는 펠턴수차가 이러한 형식의 예이다.

3) 사류 수차

물은 러너 입구에서 반경 방향으로 러너에 들어가고 러너 출구에서 축 방향으로 빠져나간다. 현대의 프란시스수차는 이러한 형식의 대표적인 예이다. 한편, 프란시스수차는 러너베인이 크라운과 밴드로 둘러싸여 있는 밀폐형이지만, Diagonal수차와 Deriaz수차는 케이싱에서 러너 출구까지의 흐름이 경사진 유로를 통과하며, 크라운에 해당하는 허브에만 러너베인이 장착되고, 밴드가 없는 개방형 러너이다. 따라서 일반적으로 밀폐형 사류 수차는 프란시스수차로 부르고, 사류 수차라고 하면 개방형 사류 프로펠러수차를 가리키는 경우가 대부분이다.

4) 축류 수차

흐름이 러너의 축 방향으로 들어가고 나간다. 이러한 수차의 러너베인(로터 블레이드)은 기본적으로 프로펠러의 형상으로 되어 있으며, 흐름은 주축의 축 방향과 평행한 방향으로

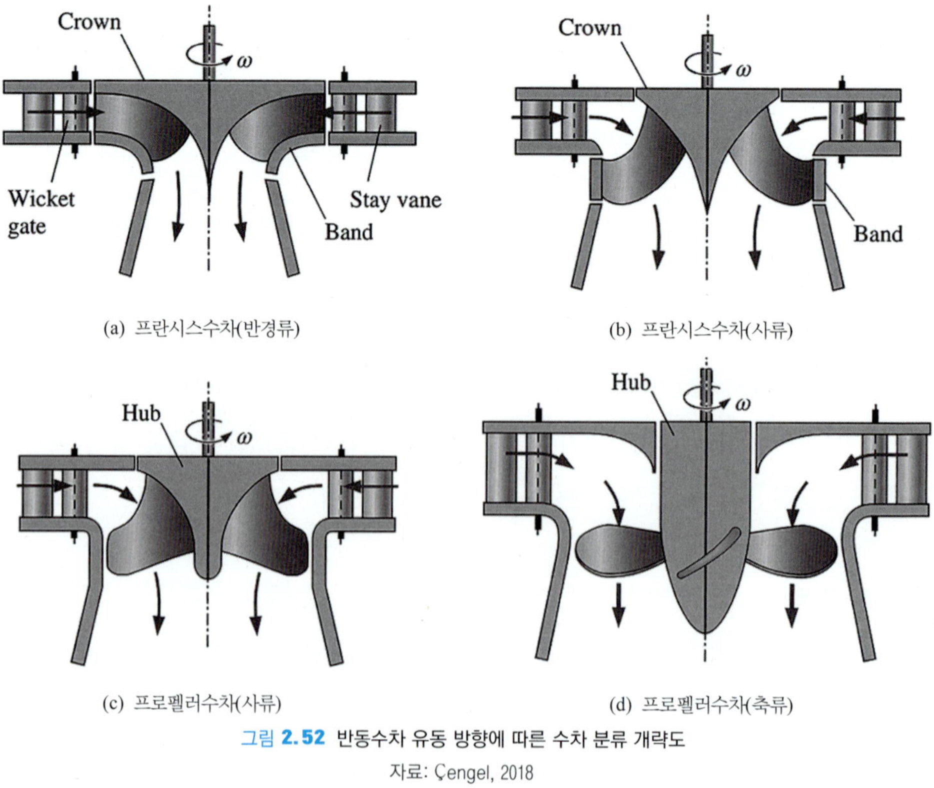

그림 2.52 반동수차 유동 방향에 따른 수차 분류 개략도

자료: Çengel, 2018

들어가고 나간다. 프로펠러수차는 러너베인이 고정익(날개 각도가 고정)인 경우이고, 카플란 수차는 가동익(날개 각도 조정이 가능)인 경우의 축류 수차이다.

그림 2.52는 반동수차의 수차 내부 유동 방향에 따른 분류 예를 보이고 있다.

(3) 낙차와 유량에 의한 분류

1) 고낙차 수차

총 낙차가 400 m 이상인 경우 고낙차로 간주된다. 펠턴수차는 일반적으로 고낙차 저유량인 수차 형식의 대표적인 예이다.

2) 중낙차 수차

약 60 m 이상 400 m 미만의 낙차는 중낙차로 간주된다. 프란시스수차는 일반적으로 이 범위에서 사용된다.

3) 저낙차 수차

3 m ~ 60 m 범위의 낙차는 저낙차로 분류된다. 프로펠러수차가 일반적으로 저낙차 대유량인 수차 형식에 속한다.

낙차와 유량에 기초한 분류는 엄격한 분류가 아니며, 회전수와 출력에 따라 수차의 형식이 바뀔 수도 있다.

(4) 비속도에 의한 분류

비속도는 낙차, 유량(또는 출력), 회전수에 의해 정해지며, $n_{sP} = N\sqrt{P}/H^{5/4}$ [min^{-1}, kW, m] 또는 $n_{sQ} = N\sqrt{Q}/H^{3/4}$ [min^{-1}, m^3/s, m]와 같은 정의로 나타낸다. 수차 또는 펌프수차의 크기가 달라도 기하학적인 형상이 동일하고 비속도가 동일할 경우 동일한 성능을 나타낸다.

저비속도의 수차 또는 펌프수차는 회전수가 동일할 경우 상대적으로 고낙차 및 저유량 조건에서 우수한 성능을 나타내고, 고비속도의 수차 또는 펌프수차는 그와 반대로 상대적으로 저낙차 및 대유량의 조건에서 우수한 성능을 나타낸다.

비속도를 기준으로 수차 형식을 구분하면 일반적으로 다음과 같으며, 설치지점의 운전 조건과 설계조건에 따라서 다소 차이가 있을 수 있다.

- 펠턴수차 $n_{sP} = 10 \sim 30$ [min^{-1}, kW, m] (노즐당 비속도)
- 프란시스수차 $n_{sP} = 50 \sim 350$ [min^{-1}, kW, m]
- 프로펠러수차 $n_{sP} = 250 \sim 1200$ [min^{-1}, kW, m]

(5) 발명가의 이름에 의한 분류

- 프란시스수차: 발명가 James Bichens Francis
- 카플란수차: 발명가 Viktor Kaplan
- 펠턴수차: 발명가 Lester Allen Pelton
- 데리아수차: 발명가 Paul Deriaz

(6) 주축의 위치에 의한 분류

1) 수평축 수차

수차가 설치된 지면에 대해서 수차의 주축이 지면과 평행한 경우이며, 비교적 중소형 수차에서 많이 채용하고 있다. 따라서 발전기는 수차의 주축과 직결된 경우 수차의 옆에 설치되며, 기어 또는 벨트 등으로 출력이 전달될 경우 수차에서 떨어진 위치에 발전기가 놓이게 된다.

2) 수직축 수차

수차가 설치된 지면에 대해서 수차의 주축이 지면과 수직인 경우이며, 비교적 대형수차에서 채용한다. 발전기는 대부분 수차의 상부에 설치된다.

(7) 에너지가 전달되는 방향에 의한 분류

펌프와 수차로 대표되는 수력기계는 기계와 유체 사이에 에너지를 변환하여 전달하는 기계이기 때문에 에너지의 전달 방향에 의해 3가지로 분류할 수 있다. 즉, 그림 2.53에 보이는 바와 같이 기계(임펠러)에 의해 유체에 에너지를 주는 것(펌프)과 유체의 에너지를 사용하여 기계(러너)를 회전시키는 것(수차), 그리고 이 두 가지를 가역적으로 사용하는 것(펌프수차)이다.

이러한 수력기계들은 에너지의 전달 방향이 반대이기 때문에 손실을 고려하지 않으면 가역적인 관계에 있다. 예를 들면 펌프를 역회전시키면 수차가 되고 수차를 역회전시키면 펌프가 된다. 이 관계를 이용한 것이 펌프수차이고, 하나의 회전차를 사용하여 펌프(임펠러)와 수차(러너) 양쪽의 기능을 하는 것을 가역식 펌프수차라고 한다.

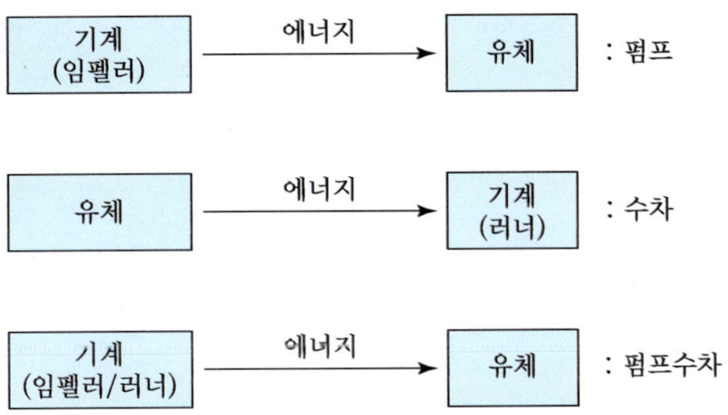

그림 **2.53** 에너지 전달 방향에 따른 수력기계의 분류

2.2.2 충동수차와 반동수차

수력기계 중에서 수차는 물이 가지고 있는 위치에너지를 기계적에너지로 변환하는 기계이다. 물이 가진 위치에너지가 속도 또는 압력에너지로 변환되어 동력이 발생된다.

수차는 물과 러너의 상호작용 특성에 따라서 그림 2.54와 같이 충동수차와 반동수차로 분류할 수 있다. 한편, 가역식 펌프수차는 한 대의 수력기계를 사용하여 펌프를 거꾸로 돌려서 수차작용도 할 수 있도록 한 것이다. 설계 시 펌프모드 설계를 먼저 수행한 후, 수차모드의 성능을 보완하여 설계하며, 반동형 펌프수차가 주로 사용되고 있기 때문에 반동수차와 함께 분류한다.

충동수차와 반동수차에서 충동작용과 반동작용은 다음과 같은 의미로 사용되고 있다.

충동(衝動, impulse)작용이란 러너베인의 표면에 정압(正壓, positive pressure)을 발생시키고, 뒷면에는 압력변화가 일어나지 않도록 하는 분출수(제트)와 러너(버킷)의 상호작용을 말한다. 펠턴수차는 특수한 형태의 충동터빈에 속한다.

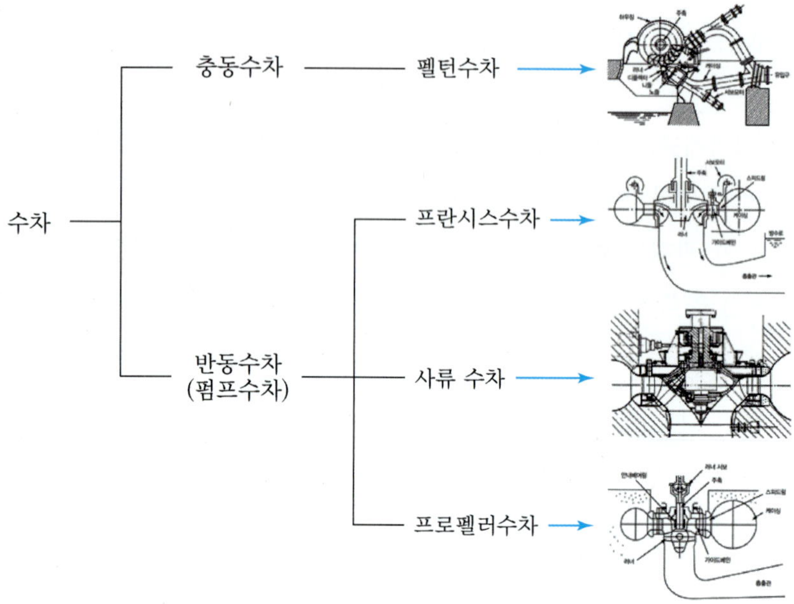

그림 2.54 물과 러너의 상호작용 특성에 따른 수차의 분류

표 2.2 충동수차와 반동수차의 주요 차이점

번호	특징	충동수차	반동수차
1	유체 에너지 변환	물이 가진 압력에너지는 노즐에 의해 운동에너지로 변환되며, 러너(휠)의 회전을 위해 운동에너지만 사용된다.	물이 가진 에너지는 러너로 들어가기 전에 일부가 운동에너지로 변환되며, 러너의 회전을 위해 압력에너지와 운동에너지가 사용된다.
2	압력과 속도의 변화	물이 러너와 상호작용하는 동안 물의 압력은 변하지 않으며 대기압으로 남는다.	물은 대기압보다 높은 압력으로 러너로 들어가지만, 러너를 통과하는 동안 물은 속도와 압력 모두 변화한다.
3	물의 러너 유입	물은 노즐 수에 따라서 러너의 외주 일부 또는 전체 위치에서 유입된다.	물은 러너 외주 전체 위치에서 유입된다.
4	물의 충만도	러너는 개방된 대기 중에서 회전하며, 노즐로부터 분출된 물이 공기와 접촉하며 날아가서 러너 버킷에 부딪힌다.	물이 러너의 모든 유로를 완전히 채우며, 러너 입구에서 출구까지 통과하는 동안에 물이 러너베인 압력면과 부압면 표면에서 상호작용한다.
5	수차의 설치	흡출관이 없으며, 항상 방수로 상부에 설치된다.	흡출관이 러너 출구에 설치되며, 방수로 수면 상부 또는 하부에 설치된다.
6	물의 상대 속도	러너 버킷에서 일정하게 유지되거나 마찰손실에 의해 약간 감소한다.	러너 내부에서 연속된 압력 강하로 상대속도가 증가한다.
7	유량 조절	노즐 내부에 장착된 니들밸브로 조절한다.	러너 상류에 설치된 가이드베인으로 조절한다.
8	낙차 및 유량	고낙차, 저유량의 수차에 적합하다.	중낙차·중유량 또는 저낙차·대유량에 주로 사용된다.

반동(反動, reaction)작용이란 러너베인의 표면에 정압(positive pressure), 이면에 부압(負壓, negative pressure)을 발생시키는 물과 러너의 상호작용을 말한다. 그 때문에 물은 러너베인 유로 내부를 충만해서 흘러야 한다. 반동수차는 프란시스수차(Francis turbine), 사류 수차(Diagonal flow turbine), 프로펠러수차(propeller turbine)가 포함된다.

표 2.2는 충동수차와 반동수차의 주요 차이점을 설명하고 있다.

(1) 충동수차

충동수차는 유체가 러너에 충격을 주기 전에 러너 앞에 설치된 노즐에 의해서 유체의 압력에너지를 운동에너지로 변환시킨다. 즉, 유입관에서 고압의 압력에너지가 노즐을 통과하면서 속도에너지로 변환되어 수류를 가속시켜 그 충동력으로 러너를 회전시키는 수차이다. 이때 에너지는 고속의 제트로 거의 대기압에 가까운 상태로 되어 있으며 이것이 러너에 충격을 주어 동력을 얻게 된다.

그림 2.55는 노즐에서 분출된 물이 수차 러너(휠)의 버킷에 충돌하면서 발생하는 충동력으로 수차 휠이 회전하는 충동수차의 작동원리를 나타내고 있다. 또한 그림 2.56은 운전 중인 펠턴수차의 러너와 노즐에서 분출되는 제트가 버킷에 충돌하는 모습을 개략적으로 나타내고 있다.

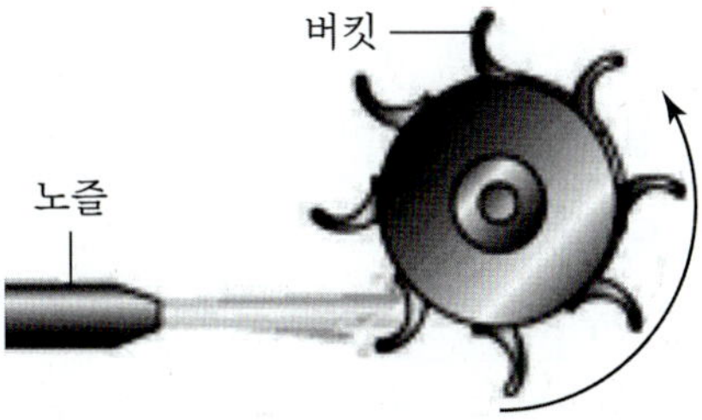

그림 2.55 충동수차의 작동원리
자료: The Electrical Portal

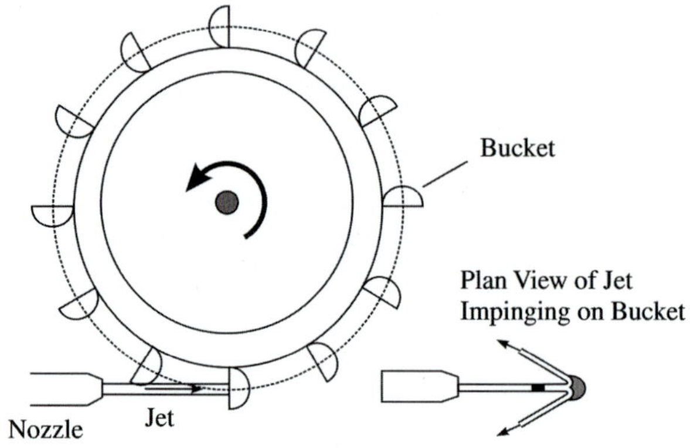

그림 **2.56** 제트가 러너 버킷에 충돌하는 펠턴수차 개략도

자료: Subramanya, 2013

(2) 반동수차

반동수차는 유체의 위치에너지를 압력에너지와 속도에너지로 변환시키고 수차의 가이드 베인에서 가속시킨 수류를 러너에 작용시키면 러너 내에서 압력 및 속도에너지가 러너 블레이드에 흡수되어 압력 강하 시에 생기는 반동력에 의해 수차 날개가 회전하는 수차이다. 압력 및 속도에너지를 이용하며 에너지의 변환은 대기압보다 높은 압력하의 밀폐된 공간에서 이루어진다.

충동수차의 원리는 상대적으로 이해하기 매우 쉬운 반면, 반동수차의 작동원리는 직관적이지 않다. 회전하는 물체의 움직임을 유발하는 흐르는 물의 반작용 원리는 그림 2.57의 간단한 장치에 의해 설명될 수 있으며, 이 장치의 발명가인 Robert Barker(1740)의 이름을 따서 Barker's Mill이라고 한다.

그림 2.57에서와 같이 물의 유입을 위한 용수로와 같은 장치가 회전 원통형 탱크 상부에 설치되어 있고, 탱크 하단에 있는 두 개의 암(arm)은 암 끝에 장착된 노즐을 통해 탱크에서 대기 중으로 물을 배출한다. 암 내부 유로의 압력변화 및 흐름의 운동량 변화는 시스템의 반동력을 유발하며, 이로 인해 시스템의 축에 대한 토크가 발생한다. 암이 있는 탱크는 축을 중심으로 배출수의 방향과 반대 방향으로 회전한다. 일반적인 잔디 스프링클러의 회전 작용은 이 예와 유사하다.

Barker's Mill이나 일반 잔디 스프링클러에서는 분출수(제트)가 러너에 충돌하지 않으며, 오히려 분출수는 러너를 빠져나간다. 이와 같이 러너를 빠져나가면서 발생하는 분출수의 반동력은 러너를 회전시키기 위한 토크를 일으키는 힘을 생성하게 된다. 러너의 회전 방향은 러너의 노즐에서 나오는 물의 분사 방향과 반대 방향이다.

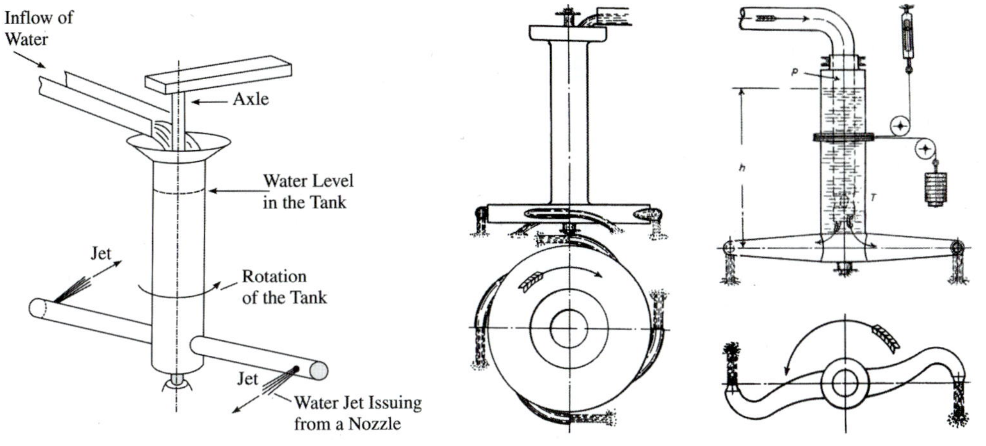

그림 **2.57** Darker's Mill 반동수차 작동원리

자료: Subramanya, 2013 & Gibson, 1908

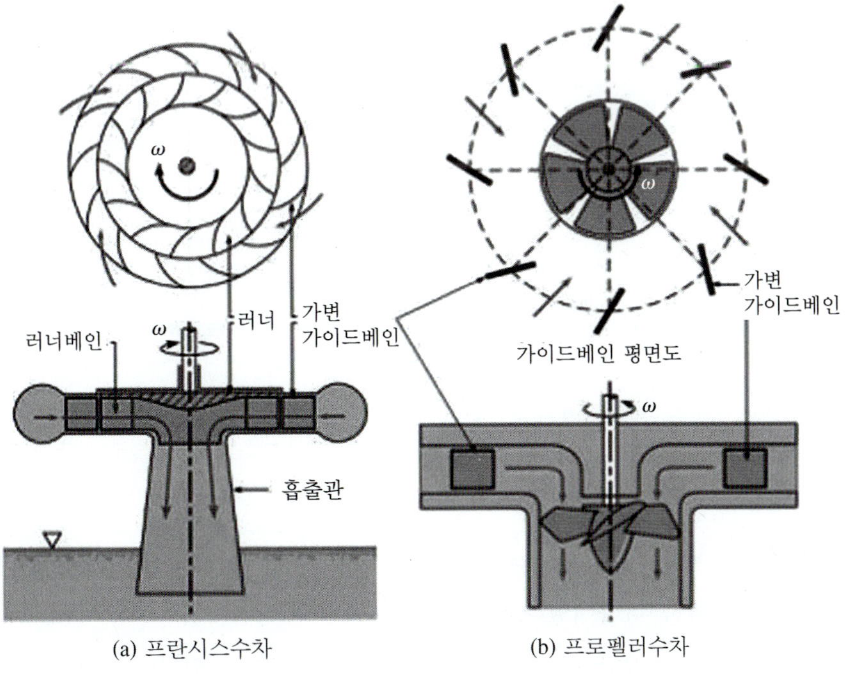

그림 **2.58** 일반적인 반동수차 운전상태 개략도

자료: The Electrical Portal

한편, 그림 2.58은 프란시스수차와 프로펠러수차로 대표되는 반동수차의 운전상태 개략도를 보이고 있다. 수차 케이싱으로부터 가이드베인을 통과하여 러너 내부로 흘러들어온 물은 러너베인과 작용하여 러너의 반동력, 즉 토크를 발생시켜서 러너가 회전하게 된다.

2.2.3 낙차와 비속도에 따른 러너 형상과 속도삼각형

충동수차 및 반동수차는 2.1절에서 살펴본 바와 같이 현재까지 연구개발된 최종적인 형상으로서 펠턴수차, 프란시스수차, 프로펠러수차가 각 비속도 운전범위에서 가장 효율과 성능이 우수한 것으로 확인되고 있다. 특히 반동수차의 경우 러너 형상은 그림 2.59에 보이는 바와 같이 낙차와 비속도에 따라서 그 형상이 점점 변화함을 알 수 있다.

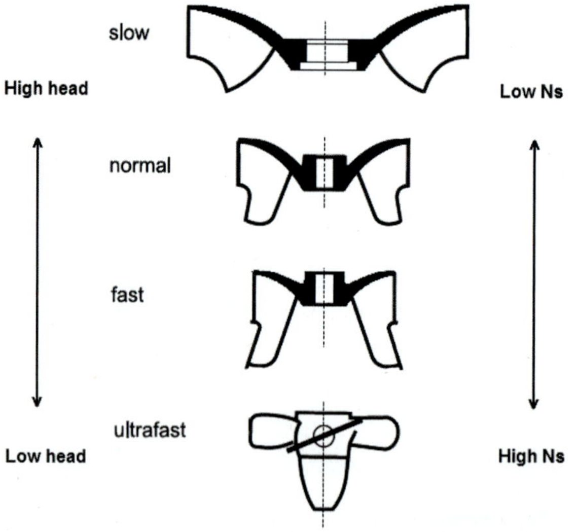

그림 **2.59** 낙차와 비속도에 따른 반동수차 러너 형상 변화
자료: Zhang, 2019

그림 2.60은 이러한 낙차와 비속도와 관련된 러너의 형상 변화에 대해서 러너 입구와 출구에서의 속도삼각형을 나타내었다.

비속도가 상대적으로 가장 낮은 충동수차 러너의 경우, 러너 입구에서 러너 원주속도 u_1과 상대 유속 w_1이 이루는 각도가 $\beta_1 > 90^\circ$ 를 이루고 있으며, 러너 출구에서 원주속도 u_2와 절대 유속 v_2가 이루는 유출 각도는 설계점에서 선회류가 없는 $\alpha_2 = 90^\circ$ 로 설정된다.

그러나 반동수차의 경우 비속도가 커지면서 러너베인 입구 각도 β_1이 점점 감소하고, 고비속도 프란시스수차 및 프로펠러수차의 경우 $\beta_1 < 90^\circ$ 로 변화함을 알 수 있다. 이와 같이 낙차와 비속도의 변화에 의해 러너베인 입구 각도는 충동력과 반동력의 균형을 위하여 변화하게 된다.

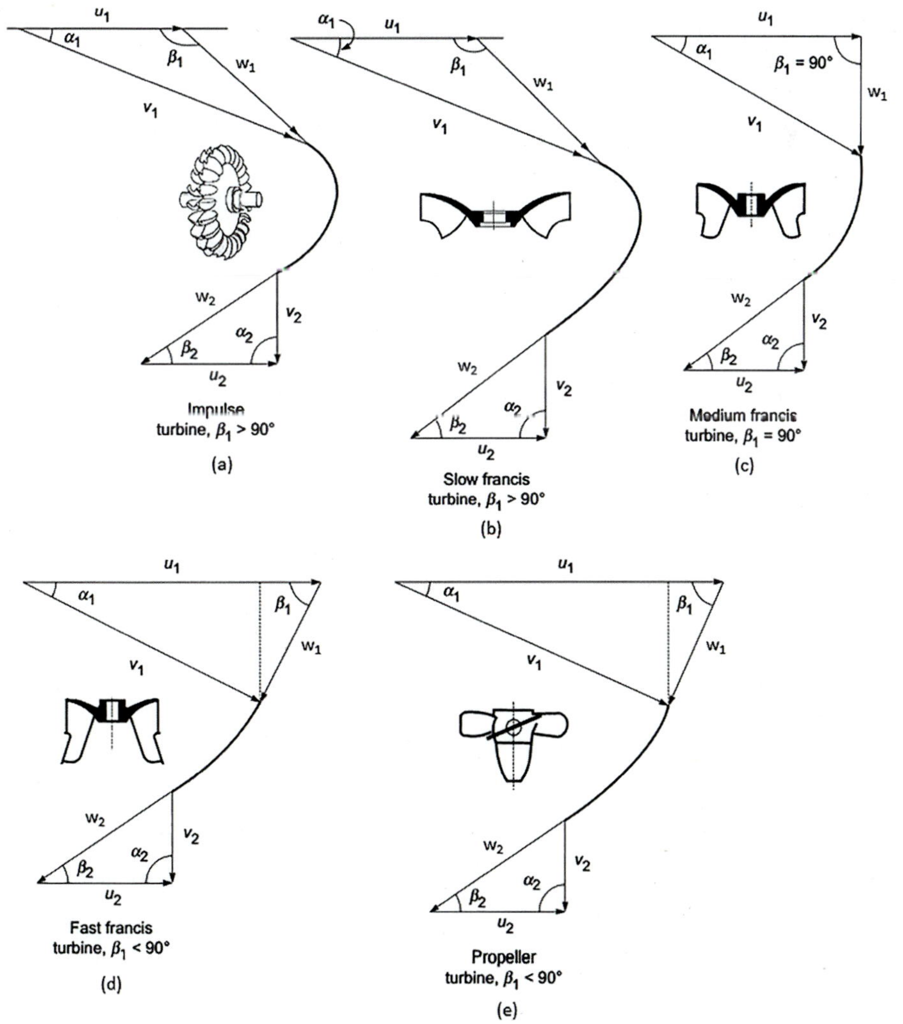

그림 **2.60** 러너 형상에 따른 속도삼각형

자료: Subramanya, 2013

2.3 상사법칙과 비속도

2.3.1 유체기계의 상사법칙과 비속도

(1) 버킹엄의 Π 정리와 차원 해석

유체기계가 서로 상사가 되기 위해서는 기하학적 상사조건, 운동학적 상사조건 그리고 역학적 상사조건이 동시에 성립할 필요가 있다. 기하학적 상사조건은 임펠러와 익(날개) 형상 등의 물체 형상이 기하학적으로 상사인 것을 의미하며, 운동학적 상사조건은 기하학적 상사가 이루어진 상태에서 각 점에서의 속도비와 유선의 형상 등이 상사일 필요가 있다. 한편, 역학적 상사조건은 유동장의 각 점에 작용하는 힘의 비가 상사로 되는 것을 의미한다. 하지만 작용하는 모든 힘에 대해서 이 역학적 상사조건을 만족시키는 것은 어렵고, 일반적으로는 주목하는 힘에 대해서만 이 조건을 만족시키고 있음을 확인한다. 예를 들면 점성 흐름에서는 레이놀즈수를 일치시킴에 따라서 관성력과 점성력에 대해서 역학적 상사조건을 만족시킨다.

역학적 상사조건을 고려할 때 중요한 역할을 담당하는 무차원 파라미터는 버킹엄의 Π 정리(Buckingham's Π-Theorem: "어떤 물리적인 현상에 관계하는 매개변수들의 총수가 n개이고 이 중 기본차원의 수가 m개라 하면 무차원수 Π는 $(n-m)$개이다.")를 이용한 차원 해석에 의해서 도출할 수 있다.

어떤 물리현상을 지배하는 n개의 매개변수(물리량) x_1, x_2, x_3, $\cdots$, x_n의 관계가 다음의 식 (2.1)처럼 하나의 종속변수에 대한 함수로 표현할 수 있다고 가정하자.

$$x_1 = F(x_2,\ x_3,\ x_4,\ \cdots\cdots,\ x_n) \tag{2.1}$$

$$F(x_1,\ x_2,\ x_3,\ \cdots\cdots,\ x_n) = 0$$

이들의 물리량을 나타내기 위해서 필요한 기본 차원의 수가 m개일 때 식 (2.1)은 $(n-m)$개의 무차원수 Π_1, Π_2, Π_3, $\cdots$, Π_{n-m}를 이용해서 다음의 식 (2.2)와 같이 나타낼 수 있다.

$$\Pi_1 = (\Pi_2,\ \Pi_3,\ \Pi_4,\ \cdots\cdots,\ \Pi_{n-m}) \tag{2.2}$$
$$\Phi(\Pi_1,\ \Pi_2,\ \Pi_3,\ \cdots\cdots,\ \Pi_{n-m}) = 0$$

여기서, Π_1은 종속변수를 포함한 무차원수이고, 나머지 무차원수 Π들은 독립변수만을 포함한 무차원수이다.

함수 $F(x)$는 유차원의 표현이기 때문에 단위계와 크기가 다르면 그 값도 다르다. 그러나 함수 $\Phi(\Pi)$는 무차원의 표현이며, 단위계와 크기가 다른 경우에도 변화하지 않고, 상사법칙을 적용할 수 있다. F와 Φ의 함수형은 이론, 실험 및 수치 계산 등을 이용해서 결정하게 되지만, 그 인수인 Π는 무차원 해석에 의해서도 얻을 수 있다.

실제 유체기계에 대해서 생각해보면 성능과 특성에 직접 관여한다고 생각할 수 있는 물리량은 매우 많고, 유동장을 포함한 전체 역학적 상사조건을 만족시키는 것은 사실상 불가능하다. 그래서 주요한 물리량에만 주목해서 버킹엄의 Π정리에 의해 유체기계의 성능에 깊이 관여하는 무차원 파라미터를 구하기로 한다.

유체기계의 성능에 관여하는 주요한 물리량으로서 8가지가 있고 다음과 같은 상사조건을 만족시킬 필요가 있다.

- 기하학적 형상이 상사: 대표 치수(일반적으로는 임펠러와 동익의 직경) D [m]
- 운동학적 유동조건이 상사: 회전속도 N [s^{-1}], 유량 Q [m^3/s], 비에너지 $E\ (= gH)$ [J/kg], 축동력 P [W]
- 역학적 유동장이 상사: 유체밀도 ρ [kg/m^3], 유체의 점성계수 μ [Pa·s], 음속 a [m/s]

상사 파라미터를 고르는 방법은 앞에서 설명한 버킹엄의 Π 정리를 이용해서 무차원수를 구하는 것이며, 다음의 절차에 따라서 구할 수 있다.

주요 물리량 8가지 사이에 다음의 식 (2.3)과 같은 관계가 있다고 가정한다.

$$F(D,\ N,\ Q,\ E,\ P,\ \rho,\ \mu,\ a) = 0 \tag{2.3}$$

기본 차원은 길이 [L], 질량 [M], 시간 [T]의 3개이기 때문에 D, N, ρ를 기본 물리량으로서 차원 해석을 행하면 식 (2.4)에 보이는 관계식과 5개의 무차원수가 얻어진다.

$$\Phi(\Pi_1,\ \Pi_2,\ \Pi_3,\ \Pi_4,\ \Pi_5) = 0 \tag{2.4}$$

$$\Pi_1 = QD^{\alpha_1}N^{\beta_1}\rho^{\gamma_1}\ (\alpha_1 = -3,\ \beta_1 = -1,\ \gamma_1 = 0) \Rightarrow \Pi_1 = \frac{Q}{D^3 N} \tag{2.5}$$

$$\Pi_2 = ED^{\alpha_2}N^{\beta_2}\rho^{\gamma_2}\ (\alpha_2 = -2,\ \beta_2 = -2,\ \gamma_2 = 0) \Rightarrow \Pi_2 = \frac{E}{D^2 N^2} \tag{2.6}$$

$$\Pi_3 = ED^{\alpha_3}N^{\beta_3}\rho^{\gamma_3}\ (\alpha_3 = -3,\ \beta_3 = -3,\ \gamma_3 = -1) \Rightarrow \Pi_3 = \frac{P}{\rho D^5 N^3} \tag{2.7}$$

$$\Pi_4 = ED^{\alpha_4}N^{\beta_4}\rho^{\gamma_4}\ (\alpha_4 = -2,\ \beta_4 = -1,\ \gamma_4 = -1) \Rightarrow \Pi_4 = \frac{\mu}{\rho D^2 N} \tag{2.8}$$

$$\Pi_5 = ED^{\alpha_5}N^{\beta_5}\rho^{\gamma_5}\ (\alpha_5 = -1,\ \beta_5 = -1,\ \gamma_5 = 0) \Rightarrow \Pi_5 = \frac{a}{DN} \tag{2.9}$$

여기서, 대표 치수 D [m]와 회전속도 N [s^{-1}]를 이용해서

$$DN = U \tag{2.10}$$

로 대표 속도 U [m/s]를 정의하면

$$\Pi_1 = \frac{Q}{D^3 N} \approx \frac{Q}{D^2 U} \approx \frac{Q}{AU} \quad (A \approx D^2\ [\mathrm{m}^2]\text{: 대표 면적}) \tag{2.11}$$

$$\Pi_2 = \frac{E}{D^2 N^2} \approx \frac{E}{U^2} \approx \frac{gH}{U^2} \approx \frac{p}{\rho U^2} \quad (p\ [\mathrm{Pa}]\text{: 압력}) \tag{2.12}$$

$$\Pi_3 = \frac{P}{\rho D^5 N^3} \approx \frac{P}{\rho D^2 U^3} \approx \frac{P}{\rho D^2 U \cdot U^2} \approx \frac{P}{\rho A U \cdot U^2} \tag{2.13}$$

로부터 Π_1, Π_2, Π_3가 각각 체적유량, 비에너지, 축동력의 무차원 표현인 것을 알 수 있다. 이들은 후술하는 것과 같이 유량계수(flow coefficient), 양정계수(head coefficient), 축동력계수(shaft power coefficient)라고 하는 중요한 파라미터이다. 한편, Π_4, Π_5는 각각

$$\Pi_4 = \frac{\mu}{\rho D^2 N} \approx \frac{\mu}{\rho D U} \tag{2.14}$$

$$\Pi_5 = \frac{a}{DN} \approx \frac{a}{U} \tag{2.15}$$

로 되고, (기계)레이놀즈수 Re_m과 (기계)마하수 M_m의 역수로 나타내고, 유체기계의 성능에도 점성과 압축성이 강하게 영향을 미치는 것을 시사한다. 그러나 실제로는 어느 정도 이상의 레이놀즈수 Re_m으로 되면 Re_m은 거의 성능에 영향을 미치지 않는 것으로 알려져 있다. 또한 유체의 압축성을 무시할 수 있는 액체기계와 저압의 기체기계의 경우에는 마하수 M_m의 영향은 무시할 수 있기 때문에 펌프와 송풍기의 성능을 평가하기 위해서는 유량계수, 양정계수, 축동력계수만을 고려하면 된다. 따라서 유체기계의 특성곡선은 이들의 상호관계를 나타내면 된다.

(2) 유체기계의 상사법칙

2개의 유체기계가 기하학적 상사조건, 운동학적 상사조건 그리고 역학적 상사조건을 만족시킬 경우 서로 상사관계에 있다고 하고 성능에 관한 상사법칙이 성립한다. 예를 들면 기하학적으로 상사이고, 유량계수, 양정계수, 축동력계수가 같고, 상사인 운전상태에 있는 2대의 펌프 A, B를 생각하면

$$\Pi_1 = \frac{Q}{D^3 N} \Rightarrow \frac{Q_B}{Q_A} = \left(\frac{D_B}{D_A}\right)^3 \frac{N_B}{N_A} \tag{2.16}$$

$$\Pi_2 = \frac{E}{D^2 N^2} = \frac{gH}{D^2 N^2} \Rightarrow \frac{H_B}{H_A} = \left(\frac{D_B}{D_A}\right)^2 \left(\frac{N_B}{N_A}\right)^2 \tag{2.17}$$

$$\Pi_3 = \frac{P}{\rho D^5 N^3} \Rightarrow \frac{P_B}{P_A} = \left(\frac{D_B}{D_A}\right)^5 \left(\frac{N_B}{N_A}\right)^3 \tag{2.18}$$

로 되고, 유량 Q, 전양정 H, 축동력 P에 관해서 상식이 상사인 운전조건을 부여한다.

동일한 펌프가 다른 회전속도로 운전되고 있을 경우에도 식 (2.16)~식 (2.18)에서 $D_A = D_B$로 두게 되면 다음의 관계식을 얻는다.

$$Q \propto N, \quad H \propto N^2, \quad P \propto N^3 \tag{2.19}$$

결국, 펌프의 유량 Q, 전양정 H, 축동력 P는 상사인 운전조건에서는 각각 회전속도 N의 1승, 2승, 3승에 비례한다.

(3) 유체기계의 비속도

버킹엄의 Π 정리를 이용해서 차원 해석에 의해 얻어진 5개의 무차원수 $\Pi_1 \sim \Pi_5$은 모두 유체기계의 성능과 밀접하게 관련이 있는 중요한 파라미터이다. 한편, 유체기계를 설계하는 경우를 생각해보면, 먼저 체적유량과 양정 등의 설계사양이 주어지고 그 사양을 만족시킬 수 있도록 회전속도와 축동력 등의 운전조건을 결정해간다. 더욱이 이들의 조건에서 가장 효율이 높아질 수 있도록 기하 형상과 치수를 결정할 필요가 있다. 이를 위해서는 유체기계의 치수 및 형상을 성능과 연결시키는 파라미터가 있으면 편리하며, 다음의 절차에 따라서 구할 수 있다.

유체기계의 성능에 관여하는 물리량으로서 대표 치수 D [m], 회전속도 N [s^{-1}], 체적유량 Q [m^3/s], 비에너지 $E\,(=gH)$ [J/kg], 축동력 P [W], 유체밀도 ρ [kg/m^3]의 6종류를 선택하고, 이들 사이에

$$F(D,\ N,\ Q,\ E,\ P,\ \rho) = 0 \tag{2.20}$$

의 관계가 있다고 가정한다. 이 때 버킹엄의 Π 정리와 ρ, $E\,(=gH)$, Q의 3개를 기본 물리량으로 하는 무차원 해석을 이용해서 무차원 파라미터를 결정하면 다음과 같다.

$$\Pi_1 = DQ^{\alpha_1}E^{\beta_1}\rho^{\gamma_1} \ \left(\alpha_1 = -\frac{1}{2},\ \beta_1 = \frac{1}{4},\ \gamma_1 = 0\right) \tag{2.21}$$
$$\Rightarrow \Pi_1 = \frac{DE^{1/4}}{Q^{1/2}} = \frac{D(gH)^{1/4}}{Q^{1/2}}$$

$$\Pi_2 = NQ^{\alpha_2}E^{\beta_2}\rho^{\gamma_2} \ \left(\alpha_2 = \frac{1}{2},\ \beta_2 = -\frac{3}{4},\ \gamma_2 = 0\right) \tag{2.22}$$
$$\Rightarrow \Pi_2 = \frac{NQ^{1/2}}{E^{3/4}} = \frac{NQ^{1/2}}{(gH)^{3/4}}$$

$$\Pi_3 = PQ^{\alpha_3}E^{\beta_3}\rho^{\gamma_3} \ (\alpha_3 = -1,\ \beta_3 = -1,\ \gamma_3 = -1) \quad (2.23)$$
$$\Rightarrow \Pi_3 = \frac{P}{\rho EQ} = \frac{P}{\rho gHQ}$$

로부터

$$\Phi(d_s,\ n_s,\ \frac{1}{\eta}) = 0 \ \Rightarrow \ \eta = \Psi(d_s,\ n_s) \quad (2.24)$$

단,

$$d_s = \frac{DE^{1/4}}{Q^{1/2}} = \frac{D(gH)^{1/4}}{Q^{1/2}},\ n_s^* = \frac{NQ^{1/2}}{E^{3/4}} = \frac{NQ^{1/2}}{(gH)^{3/4}},\ \frac{1}{\eta} = \frac{P}{\rho EQ} = \frac{P}{\rho gHQ} \quad (2.25)$$

로 되고, 무차원 파라미터 3종류가 구해진다.

여기서, d_s는 비직경(specific diameter), n_s^*는 비속도(specific speed)라 하고, 펌프와 송풍기 등의 유체기계를 설계할 때 기계의 형식과 형상의 선정에 유용한 무차원수이다. 예를 들면 펌프의 경우 식 (2.21), 식 (2.22)로부터 분명한 것처럼 비직경, 비속도는 각각 "단위 체적의 물을 단위 높이까지 양수하기 위해서 필요한 임펠러 직경과 회전속도"를 의미하고 있는 것을 알 수 있다. 이 중에서도 특히 비속도는 유체기계의 임펠러 형상과 효율, 성능 등과 밀접한 관련이 있고, 종래로부터 많은 기초적 데이터가 축적되어 설계에는 꼭 필요한 파라미터로 되어 있다. 한편, η는 피동기의 경우 유체효율(hydraulic efficiency)을 나타내고, 이미 설명한 비직경과 비속도의 함수로 됨을 알 수 있다(식 (2.24) 참조).

비속도는 본래 회전수 N에 [s^{-1}], 체적유량 Q에 [m^3/s], 비에너지 $E(=gH)$에 [J/kg]의 단위계를 사용하는 경우에 무차원으로 된다. 그러나 실제로는 비속도를 사용할 경우에 사용상의 편리함 때문에 중력가속도 g를 생략하고, N, Q, H의 단위로서 각각 [min^{-1}], [m^3/min], [m]를 이용한 유차원의 표현이 많이 사용된다. 이 때문에 단위계에 의한 혼란을 피하기 위해서 사용한 N, Q, H의 단위를 병기하는 것이 관용적으로 이루어진다.

수차 등의 원동기에서는 체적유량 Q [m^3/s]의 대신에 수차출력 P [W]를 사용한

$$n_s = \frac{NP^{1/2}}{E^{5/4}} \quad [min^{-1},\ kW,\ m] \quad (2.26)$$

을 이용하는 것이 일반적이다. 수차출력 P [W]는 수차효율을 η로 하면

$$P = \eta \cdot \rho g H Q \tag{2.27}$$

로 나타내기 때문에 식 (2.26)에 대입해서

$$n_s = \frac{NP^{1/2}}{H^{5/4}} = N\frac{(\eta\rho g H Q)^{1/2}}{H^{5/4}} = (\eta\rho g)^{1/2}\frac{NQ^{1/2}}{H^{3/4}} = (\eta\rho g)^{1/2} n_s^* \tag{2.28}$$

로 되고, 수차 비속도 n_s의 물리적 의미는 유체기계(펌프) 비속도 n_s^*와 동일하다.

비속도는 버킹엄의 Π 정리를 이용한 차원 해석에 의해서 얻어진 상사 파라미터이기 때문에 비속도가 같은 유체기계의 임펠러 형상은 원칙적으로 기하학적으로 상사이다. 이와 같이 비속도의 값은 임펠러의 형식과 형상을 표현하는 척도로서 사용할 수 있다. 이 관계를 그림 2.61에 보인다. 그림에서 펌프와 송풍기의 임펠러 형식과 최적으로 되는 임펠러 단면 형상까지도 비속도에 의해서 거의 정해져 있는 것을 알 수 있다. 더욱이 임펠러와 벌류우트실의 설계 시에 형상을 결정하기 위한 기초로 되는 설계상수와 대략적인 효율까지도 경험적인 데이터의 집적에 의해서 비속도가 파라미터로서 요구되고 있다. 일반적으로 비속도가 작아지면 유로 폭이 감소해서 임펠러 주판 및 측판(쉬라우드)과의 점성마찰의 영향이 상대적으로 크게 되고, 효율은 점차 저하하는 경향이 있다. 또한 비속도가 커지게 되면 유로 폭이 증대해서 임펠러 내부에서의 2차 흐름 등의 영향으로 효율이 다시 저하하

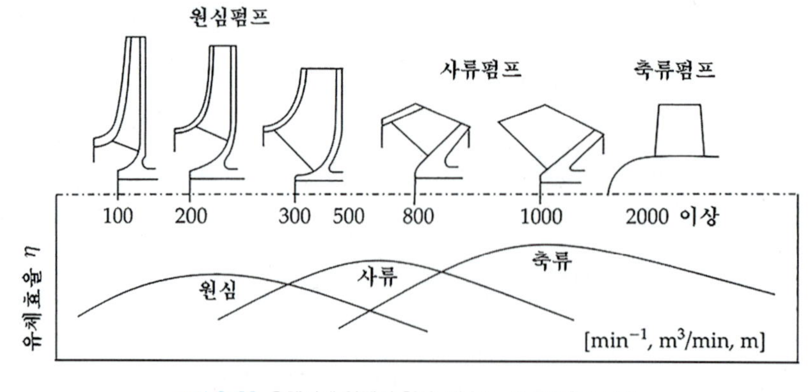

그림 2.61 유체기계 임펠러 형상, 비속도, 유체효율의 관계
자료: 山本, 2018)

는 경향을 보인다. 또한 임펠러 내부에서 급격한 흐름의 방향 전환을 동반하는 원심식 유체기계는 축류식 유체기계에 비해서 일반적으로 저효율이 되는 것으로 알려져 있다. 이와 같이 유체기계의 설계 시에 비속도의 효용은 매우 크다.

한편, 단위계에 따라서 다양한 값으로 되는 유차원 비속도에 대해 현재 ISO 규격 등에서는 비속도를 대신할 형식수(type number) K를 다음과 같이 정의하고 있다.

$$K = 2\pi N \frac{Q^{1/2}}{E^{3/4}} \tag{2.29}$$

여기서, N은 회전속도 [s^{-1}], Q는 체적유량 [m^3/s], E는 비에너지 [J/kg]이다.

식 (2.29)의 K는 무차원수이며, 단위계와 상관없이 동일한 값을 가진다. 이 형식수와 비속도의 대응관계를 그림 2.62에 보인다.

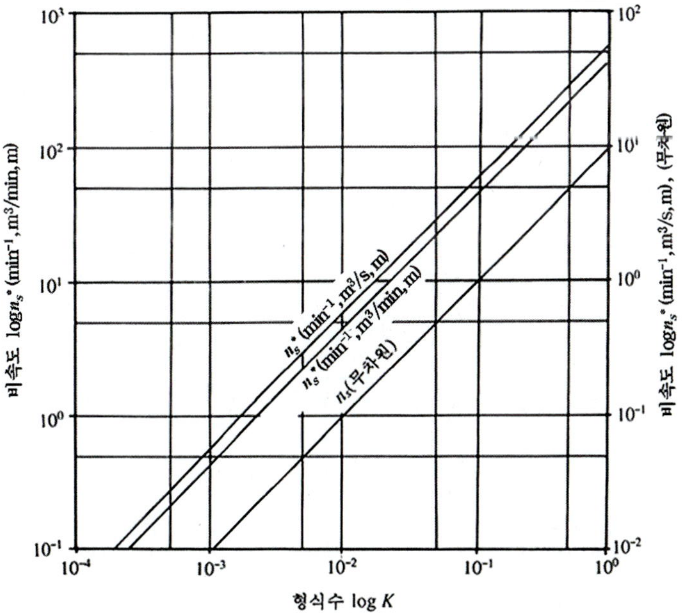

그림 **2.62** 형식수와 비속도의 대응관계

자료: ターボ機械 入門編, 2005

2.3.2 수차 및 펌프수차의 상사법칙과 비속도

(1) 수차 및 펌프수차의 상사법칙

상사인 수로에 물을 흘려보낼 경우, 수로의 치수와 낙차가 어느 정도 이상의 크기이면 흐름의 형태(즉, 각 위치에서의 유속 분포)는 거의 정해져 있고, 수로의 치수와 낙차의 대소(크기)에는 크게 상관이 없다. 이것을 수로의 상사법칙이라고 한다. 예를 들면 그림 2.63(a)와 같은 수로에 낙차 H [m] 또는 H' [m]에서 물을 흘려보낼 경우 수로 내의 임의의 점 P_v 에서의 유속 v [m/s] 혹은 v' [m/s]은

$$\frac{v}{\sqrt{2H}} = \frac{v'}{\sqrt{2gH'}} = c_{th} \tag{2.30}$$

로 된다. 단, c_{th} 는 수로 전체의 형태와 그 점의 위치에 따라서 정해지는 상수로 된다.

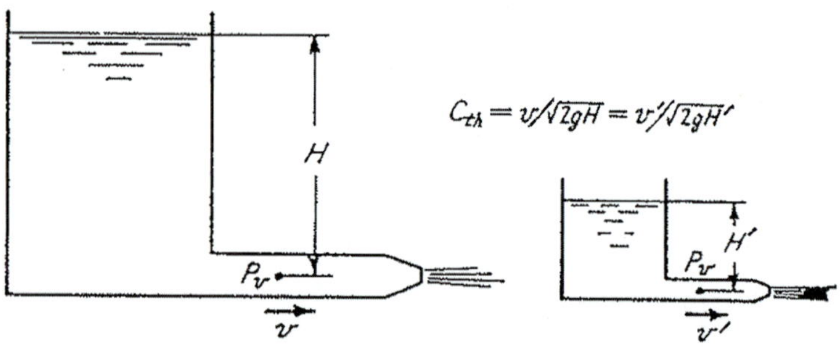

(a) 정지수로

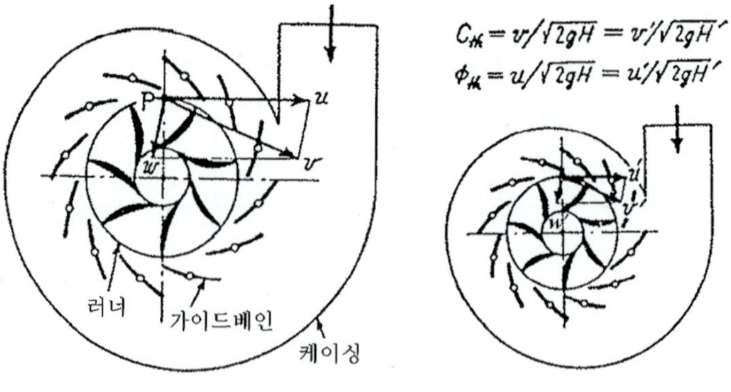

(b) 운동수로

그림 **2.63** 수로의 상사법칙

자료: 石井, 1962

물론 점의 위치가 변하면 c_{th}도 변한다.

수차는 수로의 한 종류로 간주되지만, 그림 2.63(b)와 같이 수로의 가운데에 러너라고 하는 회전부가 있기 때문에 그 회전속도를 변화시키면 전체 수로의 형태가 변한 것과 동등하게 되어 버린다. 이것을 회전속도가 변해도 내부의 흐름의 형태가 변하지 않도록 할 수 있다면 단순한 수로와 동등하게 취급할 수 있게 된다. 거기에는 회전하는 러너 상의 임의의 점 P_u(그림의 P 점이라도 좋다)에서의 주속 u [m/s] 또는 u' [m/s]가 H 또는 H'에 따라서

$$\frac{u}{\sqrt{2H}} = \frac{u'}{\sqrt{2gH'}} = \phi_{th} \tag{2.31}$$

로 되도록 운전하면 된다. 단, ϕ_{th} 는 수차 전체의 형태와 그 점의 위치가 정해져 있을 때에는 수차 내의 흐름의 형태를 나타내는 상수로 된다. 수차의 크기와 낙차가 달라져도 그것에 따라서 u 를 바꾸고 ϕ_{th} 가 바뀌지 않게 운전한다면 수차의 운전상태는 바뀌지 않고, 그 때 수차가 발휘하는 성능도 바뀌지 않는다. 또한 식 (2.30)도 성립한다.

점 P_v 및 P_u는 임의의 위치에 선택해도 되는 것이므로 지금 이것을 특정한 대표점으로 선택한다면 그 때의 c_{th} 및 ϕ_{th}를 가지고 수차의 운전상태를 대표할 수 있다. 상사인 수차 끼리를 상사운전하면 c_{th} 및 ϕ_{th}는 동일하게 된다. 예를 들면 그림 2.63(b)와 같이 P_v 및 P_u를 함께 러너 입구 직경 상의 동일점 P 및 ϕ_{th}로 취한다면, 그 점에서의 주속 u와 유속 v 의 관계는 상사운전을 하는 한 일정하게 된다. 즉, 그림에 보이는 속도선도는 상사로 된다. 단, w는 물의 러너에 대한 상대 유속이고, u와 v가 러너 밖의 사람이 본 러너와 물의 운동을 나타내는 것에 대해서 w는 러너 상의 사람이 본 물의 운동을 나타내는 것이다.

여기에서는 점 P_v 및 P_u를 그림 2.64와 같이 설정해본다. 즉, P_v를 그 수차의 대표 원형 유로 위치로 두고, v를 그 위치에서의 축 방향 평균속도로 한다. 또한 P_u를 이 유로 위치의 직경 D_{th} [m]와 동일한 원을 러너 상에 가상한 때의 그 원주상의 점으로 한다. 이와 같이 약속하면 수차의 유량 Q [m^3/s] 및 회전속도 N [min^{-1}]은 다음과 같이 나타낼 수 있다.

$$Q = \frac{\pi}{4} D_{th}^2 \times c_{th} \sqrt{2gH} = 3.48 c_{th} D_{th}^2 \sqrt{H} \tag{2.32}$$

$$N = \frac{60}{\pi} \frac{1}{D_{th}} \times \phi_{th} \sqrt{2gH} = 84.6 \phi_{th} \frac{1}{D_{th}} \sqrt{H} \tag{2.33}$$

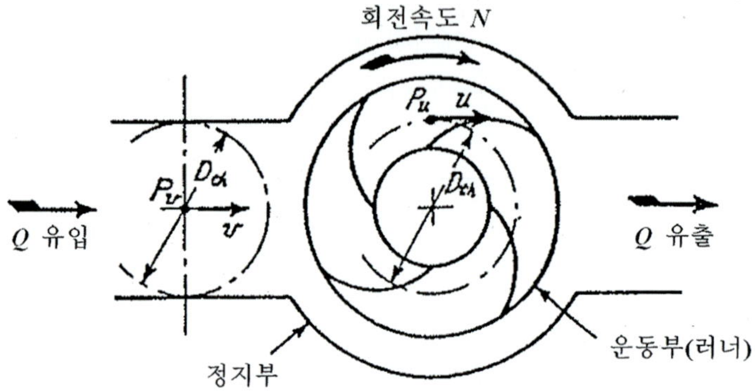

그림 2.64 수차의 정지부와 운동부

자료: 石井, 1962

식 (2.32)와 식 (2.33)으로부터 알 수 있는 것은

- 상사인 수차를 상사로 운전하기 위해서는 D_{th}가 작을수록 또한 H가 클수록 N을 크게 취해야 한다.
- 그 때의 Q는 D_{th}가 클수록 또한 H가 클수록 크게 된다.

라는 것이다.

예를 들면 H=100 m, Q=35 m^3/s, N=300 min^{-1}, D_{th}=2.0 m의 실물수차를 D_{th}'=0.4 m의 상사모형에서, H'=25 m에서 상사운전하기 위해서는

$$\begin{aligned} N' &= (D_{th}/D_{th}') \times \sqrt{H'/H} \times N \\ &= (2.0/0.4) \times \sqrt{25/100} \times 300 \\ &= 750\ \text{min}^{-1} \end{aligned}$$

인 회전속도로 운전하면 된다. 또한 그 때의 유량은

$$
\begin{aligned}
Q' &= (D_{th}^{'} / D_{th})^2 \times \sqrt{H'/H} \times Q \\
&= (0.4/2.0)^2 \times \sqrt{25/100} \times 35 \\
&= 0.70\ \mathrm{m^3/s}
\end{aligned}
$$

로 된다.

(2) 수차 및 펌프수차의 비속도

식 (2.32) 및 식 (2.33)으로부터 D_{th}를 소거해서 Q, N 및 H을 좌변으로 모으면 다음과 같이 된다.

$$\frac{N\sqrt{Q}}{H^{\frac{3}{4}}} = 158\sqrt{c_{th}}\,\phi_{th}$$

여기서,

$$n_s = \frac{N\sqrt{Q}}{H^{\frac{3}{4}}} \quad [\mathrm{m\text{-}m^3/s}] \tag{2.34}$$

로 두면

$$n_s = 158\sqrt{c_{th}}\,\phi_{th} \quad [\mathrm{m\text{-}m^3/s}] \tag{2.35}$$

로도 된다. 식 (2.34)는 펌프수차의 비속도라고 하고, 식 (2.35)의 계수 158 중에는 g $(=9.8\ \mathrm{m/s^2})$가 포함되어 있다.

그런데 c_{th} 및 ϕ_{th} 은 수차의 형태와 운전상태를 나타내는 상수이기 때문에 n_s도 또한 수차의 형태와 운전상태를 나타내는 상수가 된다. 즉, 특정 형태의 수차의 어떤 운전상태를 표현하기 위해서는 c_{th} 또는 ϕ_{th}로 구성되는 상수를 이용해도 좋지만, n_s를 이용해도 좋다는 것이다. 수차에는 유량 조절용 장치가 있으며, 그림 2.63(b)의 가이드베인이 그 예이다. 수구 개도를 변화시키면 수로의 형태가 변하기 때문에 동일 n_s의 운전상태에서도 개도에 의해서 c_{th} 및 ϕ_{th}는 변한다.

일반적으로 말하면 1대의 수차에서도 운전상태가 바뀌면 H, N 그리고 Q가 바뀌고, 따라서 n_s도 변하게 되지만, 그 가운데에서도 기준상태(최대출력상태) 또는 정규상태(최고효율상태)에 대한 n_s를 그 수차의 비속도라고 한다. 이와 같이 운전상태를 지정하게 되면 n_s는 수차 1대에 대한 유일한 값으로 되기 때문에 그 수차의 대명사로 된다. 형태를 바꾸는 것에 의해서 여러 가지 n_s의 수차를 만들 수 있다.

펌프수차에서는 설계 시 펌프운전을 기준으로 기본설계를 수행하기 때문에 식 (2.34)에서와 같이 비속도의 정의에 유량 Q를 기준으로 설정되어 있다. 하지만 실제 수차에서는 유량 Q보다 출력 P가 문제로 된다. 이 때문에 Q보다 P를 이용해서 정의되는 n_s를 일반적으로 사용한다. 식 (1.8)의 $P = 9.8\eta QH$인 관계로부터 Q를 구하고 식 (2.34) 및 식 (2.35)에 대입하면 n_s는 다음과 같이 구해진다.

$$n_s = \frac{N\sqrt{P}}{H^{\frac{5}{4}}} \ \text{[m-kW]} \tag{2.36}$$

$$n_s = 495\sqrt{\eta c_{th}}\,\phi_{th} \ \text{[m-kW]} \tag{2.37}$$

이하의 내용에서도 비속도로서 n_s [m-kW]를 사용하는 것으로 하고, 이것을 단순히 n_s로 나타낸다. 또한 이것을 구하기 위해 기준상태의 H, N 및 P를 사용하는 것으로 한다.

n_s를 비속도로 부르는 이유는 예를 들면 식 (2.36)에서 $H = 1$ m, $P = 1$ kW로 두는 경우, $n_s = N$ [min^{-1}]로 되고 마침 숫자가 N과 일치하기 때문이다. 즉, "수차의 비속도란 그 수차와 상사한 수차를 가상하고, 그것을 1 m의 낙차에서 1 kW의 출력을 발생하는 치수(크기)로 했을 때 그 가상수차의 회전속도(숫자)를 말한다"로 표현할 수 있다(n_s의 차원은 $g^{3/4}$이고, 무차원수는 아니다).

결국 수차(형태와 운전상태)가 피상적으로는 H, N 및 P의 3요소에 의해서 결정되기 때문에 그 중의 2요소를 일정하게 하여 평등조건으로 두고, 나머지 1요소에 따라 다른 수차끼리 비교하는 것이다. n_s는 그 남은 1요소에 해당하며, 그 수차의 특성이 되므로 비교의 기준이 되는 것이다. 따라서 비속도를 특성속도로 부르기도 한다. 1요소로서 회전속도를 남긴 이유는 출력과 낙차를 남기는 것보다 사용하기 쉽기 때문일 뿐이다. 같은 방식으로 하면 식 (2.36)에서 알 수 있듯이 n_s^2를 비출력 p_s, $n_s^{-4/5}$를 비낙차 h_s로 정의해도 되는 것이 된다. 단, 실제로는 비속도 n_s 이외에는 사용되지 않는다.

일반적으로 수차를 고속수차, 중속수차 혹은 저속수차라고도 하는 경우 비속도 n_s의 대소에 대해서 말하는 것이며, 회전속도 N의 대소에 대해서 말하는 것이 아니다. 동일한 비속도 n_s의 수차에서도 낙차가 낮고 대형인 경우에 회전속도 N은 작게 되고, 낙차가 높고 소형인 경우 회전속도 N은 크게 된다. 실제에서는 고속수차일수록 회전속도 N이 작고, 저속수차일수록 회전속도 N이 커지게 되는 경향이 있는 정도이다.

2.3.3 수차와 펌프수차의 적용범위

발전용 수차로서 현재 일반적으로 사용되고 있는 수차를 수력학적 관점에서 대별하면 펠턴수차, 프란시스수차 및 프로펠러수차 등 3종류로 구분할 수 있다. 그 외에도 사류 수차 및 펌프수차가 있다. 펠턴수차는 고낙차, 소유량인 경우, 프로펠러수차는 저낙차, 대유량인 경우, 프란시스수차는 중낙차, 중유량의 경우에 적용하면 경제적이다. 수차의 각 형식별 특징은 수차의 러너에 가장 잘 나타나 있으며, 그림 2.65에 3종류의 수차 형식별 러너 형상을 나타내고 있다.

(a) 펠턴수차 러너 (b) 프란시스수차 러너 (c) 프로펠러수차 러너

그림 2.65 수차 형식별 러너 형상

자료: Mechanical Booster & CNC TVAR & Unbox Factory

펠턴수차, 프란시스수차, 사류수차, 프로펠러수차의 러너에는 펌프 임펠러의 경우와 마찬가지로 유체역학적 형상이 적절하여 높은 효율을 발휘할 수 있는 비속도의 범위가 존재한다.

각 형식의 수차에 대한 실용 비속도 범위는 표 2.3과 2.4에 나타내는 각종 수차 고유의 특징을 고려하여 결정되고 있다. 개발해야 할 수력(낙차 H, 출력 P)이 주어질 경우 수차의 형식을 선정하기 위하여 비속도를 계산하게 되는데, 식 (2.34)와 (2.36)의 비속도 정의 식

표 **2.3** 각종 수차의 특징 비교 (1)

항목	형식	펠턴수차	프란시스수차	사류수차	프로펠러수차
1	비속도 n_s [min^{-1}, kw, m]	(10∼25) $\sqrt{n}$ (n: 노즐 개수)	50∼350	100∼400	250∼1200
2	유효낙차 H[m]	200 이상	40∼600	30∼200	2∼90
3	실적에 기초한 한계비속도 (적용낙차범위)	–	$\frac{20000}{H+20}+30$ (H=50∼500)	$\frac{20000}{H+20}+40$ (H=40∼180)	$\frac{20000}{H+20}+50$ (H=10∼80)
4	전효율(%) (10만 kW급, 설계점)	90	93	93	93
5	무구속속도비	1.6∼1.9	1.4∼2.0	1.8∼2.4	2.0∼2.5

자료: 大橋, 1987

표 **2.4** 각종 수차의 특징 비교 (2)

Head(m)	Low 4–50	Medium 20–700	High 200–2000
Storage	Prondage or run-of-river	Storage of pondage	Ample storage
Trubine typa	Propeller or Kaplan	Francis	Impulse(Pelton)
Speed(rev/min)	50∼250	150∼600	200∼1200
Runner	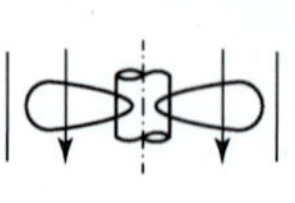	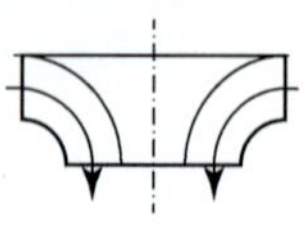	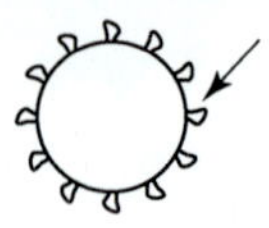
Specific speed(kW·m)	300∼1000	60∼450	10∼80
$\frac{\text{Peripheral speed of runner}}{\text{Water speed}}$	2∼3	0.75∼0.9	0.5
$\frac{\text{Runaway speed}}{\text{Normal speed}}$	2∼2.2	1.8∼2.1	1.8

자료: Laughton, 2003

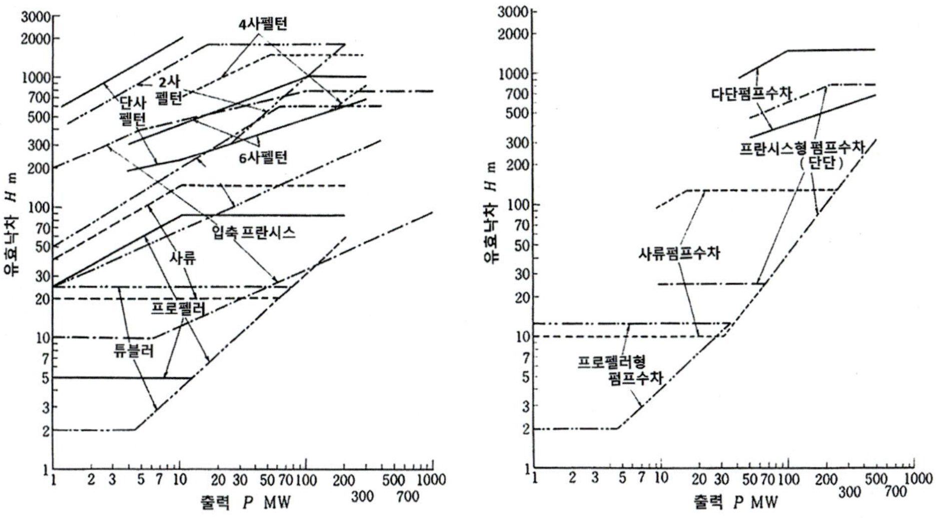

(a) 수차 (b) 펌프수차

그림 **2.66** 수차와 펌프수차의 형식선정도

자료: 日本機械学会編, 1986

에서 알 수 있듯이 가급적 높은 회전속도 N의 수차를 채용하는 것이 수차·발전기가 소형으로 되기 때문에 유리하다. 그러나 너무 소형으로 되면 수차의 수력성능이 나빠지거나, 수차와 발전기의 강도가 부족해질 수 있으므로 한도가 있다.

H와 P가 주어진 경우의 수차와 펌프수차의 형식선정 범위 및 종류를 그림 2.66에 각각 보인다.

한 대의 수차의 유효낙차 H와 유량 Q가 주어질 경우 회전속도 N을 자유롭게 선정하여 비속도를 임의로 선택할 수도 있다. 따라서 이것만으로는 수차 형식선정이 불가능하다.

형식선정은 주로 캐비테이션 방지의 관점에서 이루어진다. 프란시스형, 프로펠러형 등의 반동수차에서 캐비테이션은 압력이 최저가 되는 러너 출구에서 발생하기 때문에 러너 출구의 유효흡출(펌프 흐름에서는 흡입)수두($NPSH$, net positive suction head)가 임계유효흡출수두($NPSH_{cr}$)보다 커지도록 설계해야 한다. $NPSH$ 자체는 러너의 설치 위치에 따라 거의 결정되며, 러너를 방류 측 수위보다 낮은 위치에 설치할수록 커진다(그림 1.26 참조). 그러나 이를 위해서는 수차를 지하 깊은 곳까지 설치하기 위한 토목 및 건설비용이 급증하여 자연히 일정한 한계가 생긴다.

한편, $NPSH_{cr}$은 비속도와 유효낙차에 대해서 식 (2.38)과 같은 관계를 가진다.

$$NPSH_{cr} = \left(\frac{N\sqrt{Q}}{S}\right)^{4/3} \propto (N\sqrt{Q})^{4/3} \propto \left(n_s H^{3/4}\right)^{4/3} = n_s^{4/3} H \qquad (2.38)$$

여기서, S는 흡출(펌프 흐름에서는 흡입)비속도라고 하며, $S = N\sqrt{Q}/NPSH_{cr}^{3/4}$로 나타내고, 수차 또는 펌프수차의 캐비테이션에 대한 흡출(또는 흡입)성능을 결정하는 기준이 된다.

시공상의 조건에서 이용할 수 있는 $NPSH$가 정해지면, $NPSH_{cr}$은 그 이상의 일정값으로 제한된다. 따라서 위의 식에서 $H \propto n_s^{-4/3}$가 되어 비속도가 큰 수차일수록 적용할 수 있는 유효낙차는 작아진다. 펠턴수차와 반동수차에 대해서 유효낙차와 비속도의 관계를 실적에 기초하여 나타내보면 그림 2.67과 그림 2.68에 나타낸 관계를 얻을 수 있으며 이상에서 설명한 법칙이 경험적으로도 뒷받침된다.

이 관계를 결정하는 첫 번째 인자는 캐비테이션이다. 그러나 그 외 강도, 진동, 효율 등의 인자에 대한 고려가 종합적으로 포함되어 있다. 표준적인 설계 및 설치를 실시할 경우에 주어진 유효낙차에 대해 취할 수 있는 비속도의 최댓값은 그림 2.67과 그림 2.68에서 경험적으로 결정된다. 그 한계 비속도를 구하는 경험식이 표 2.3의 제3란에 제시되어 있다.

수차의 비속도 범위는 각 형식에 따라 정해져 있으며, 그림 2.67 및 그림 2.68의 관계로부터 각 형식의 수차가 실현할 수 있는 유효낙차의 범위도 자연스럽게 결정되고 그 값은 표 2.3의 제2란에 나타낸 바와 같다.

또한 충동형 펠턴수차에서는 러너가 대기압 중에서 회전하면서 포화증기압 이하로 내려가기 어려우므로 캐비테이션을 통한 낙차 제한은 생각하지 않아도 된다. 단, 노즐과 버킷의 형상이 적당하지 않을 때 국부적인 캐비테이션을 생성하는데, 이는 곡면 형상의 개선에 의해 해결할 수 있다.

펠턴수차의 노즐 1개당 비속도는 $n_s = 10 \sim 25$이다. 입축 펠턴수차에서는 러너당 노즐 수를 6개까지 늘릴 수 있으므로 러너당 비속도는 60 정도까지 높일 수 있다. 이것은 저비속도 프란시스수차의 분담범위와 중첩된 것이다.

수차 형식의 선정에서 설계출력의 효율, 부분부하의 효율도 중요한 인자가 된다. 10만 kW급 대형수차의 설계점에서 전체효율은 표 2.3의 제4란에 나타내는 바와 같다. 펠턴수차의 효율이 다소 낮은 것을 제외하고는 다른 반동수차의 효율은 거의 한계치에 이르러 우열을 가리기 어렵다.

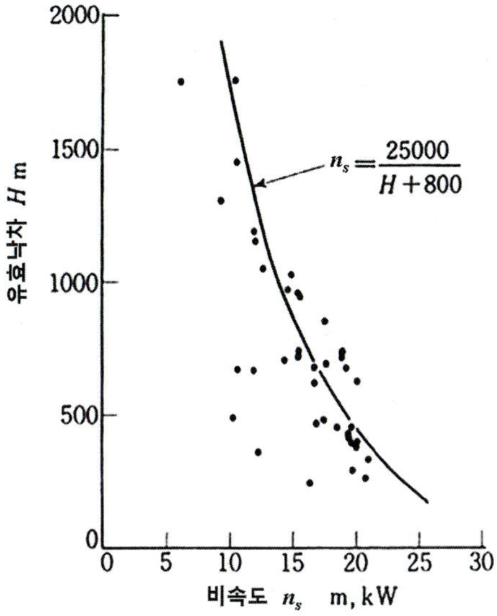

그림 **2.67** 펠턴수차의 비속도와 한계낙차의 관계

자료: 日本機械学会編, 1986

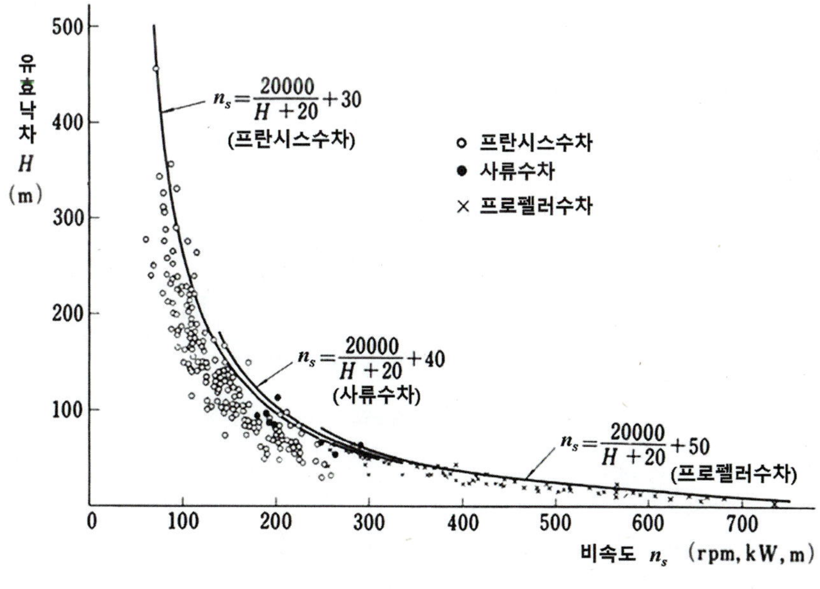

그림 **2.68** 반동수차 비속도와 한계낙차의 관계

자료: 大橋, 1987

한편, 그림 2.69는 설치된 펌프수차를 대상으로 한 경험상의 펌프수차 비속도와 한계전양정의 관계를 보이고 있으며, 이들 수차 중에는 낙차에 따라서 몇 가지 종류의 펌프수차를 채용할 수 있는 경우가 있다. 어떤 종류의 수차를 채용할 것인가는 각 발전소의 운용방법 등 상세한 조건을 고려해서 각 수차의 특성의 차이에 따른 운용효율과 건설비의 차이 등의 경험적 비교를 한 후에 결정한다.

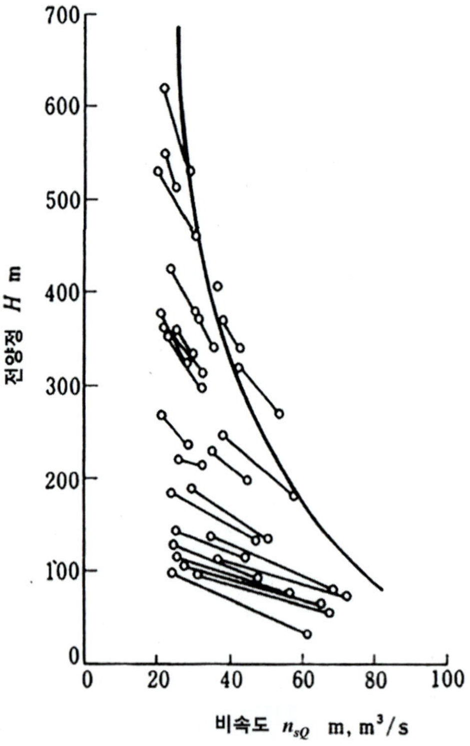

그림 2.69 펌프수차의 비속도와 한계전양정의 관계
자료: 日本機械学会編, 1986)

발전 중에 송전망의 고장 등으로 발전기가 갑자기 무부하가 되는 경우가 있다. 이 경우 수차로 연결된 송수관로를 갑자기 차단하면 관로에서 심한 수격현상이 일어나 수압관 파괴 등에 의한 대형 사고를 일으킬 위험이 있다.

따라서 유량제어밸브(니들밸브 또는 가이드베인)를 수격작용이 허용한도 내에 머물도록 천천히 닫고 그 사이 발전기 축은 오버런(overrun)하여 상당히 높은 회전속도에 이른다. 밸브의 개도를 일정하게 유지한 채 무부하운전을 할 때 도달하는 최대 회전속도를 무구속속도(runaway speed)라고 부른다. 무구속속도비(무구속속도/정격회전속도)는 수차의 형식에 따라 다르고 비속도가 클수록 크다. 오버런에 대해서 강도가 가장 약한 부분은 발전기의 로터 권선부이다. 따라서 무구속속도비는 발전기의 구조, 가격에 큰 영향을 미친다. 표 2.3의 제5란은 각종 수차의 무구속속도비의 표준값을 나타내고 있다.

각 형식별 수차를 비속도 n_s와 낙차 H의 순으로 배열하면 그림 2.70과 같이 된다.

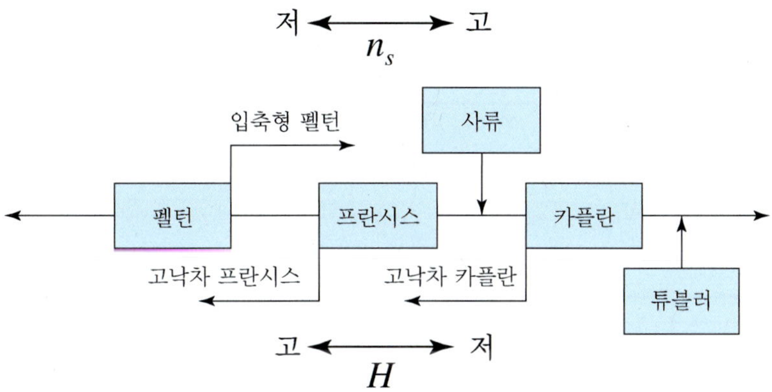

그림 **2.70** 낙차와 비속도의 관계

자료: 千葉, 2000a

그림 2.71은 각 형식별 수차의 비속도와 낙차, 유량에 따른 수차 선정도를 보이고 있다. 그림 2.71(a)는 낙차와 비속도에 따른 적용가능 수차 선정범위를 나타내고, 그림 2.71(b)는 낙차와 유량에 따른 수차 형식의 선정을 할 수 있는 범위를 나타낸다. 그림 2.72는 단단 반동형 수차 및 펌프수차의 낙차 선정범위를 보이고 있으며, 그림 오른쪽의 수차 러너 형상은 낙차에 비례하여 고낙차로 갈수록 좌측에서 우측으로 변화함을 나타낸다.

낙차 H와 출력 P가 주어져 있는 경우 비속도 n_s를 정하면 식 (2.36)으로부터 $N = n_s H^{\frac{5}{4}} / \sqrt{P}$로서 회전속도 N이 구해진다. 단 수차에 직결되는 교류발전기의 동기속도는 주파수를 $f\ (Hz)$, 자극수를 p로 하면

$$N = 120\frac{f}{p} \tag{2.39}$$

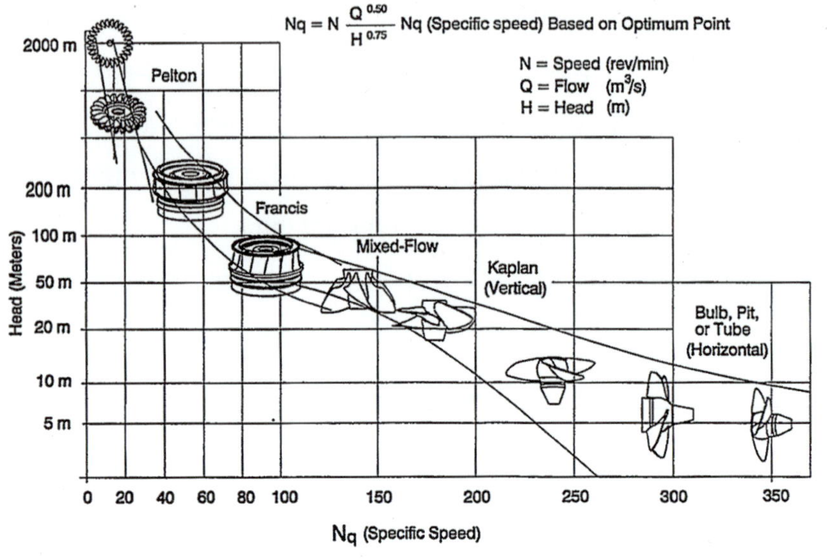

(a) 낙차와 비속도에 따른 적용가능 수차 선정범위(자료: ASME Hydro Power Technical Comitee, 1996)

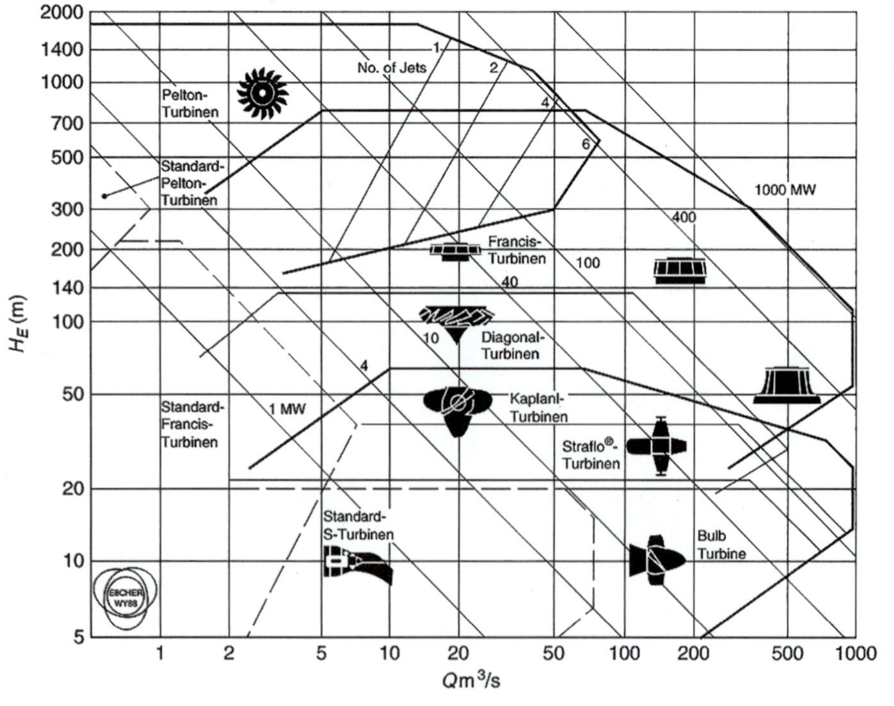

(b) 낙차와 유량에 따른 수차 선정도(자료: Raabe, 1985)

그림 2.71 각 형식별 수차의 낙차와 비속도, 유량에 따른 수차 선정도

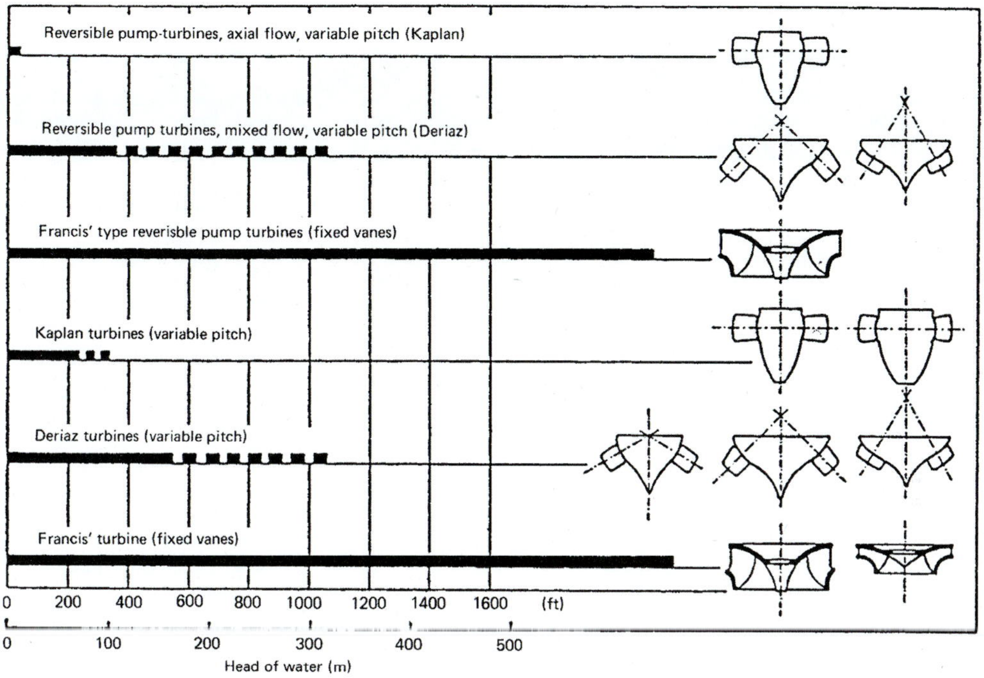

그림 **2.72** 반동형 수차 및 펌프수차의 낙차 선정범위
자료: Laughton, 2003

인 관계가 있다. f는 60 Hz 및 50 Hz의 2 종류, p는 우수에 해당하는 것 등의 조건을 고려하여 N을 표 2.5의 회전속도 중에서 선택한다. 이렇게 해서 선택한 속도를 정격회전속도라 한다. 단, 여기서 정격은 최대출력상태를 의미한다.

N이 500 min^{-1} 이하로 작을 때에는 p의 수가 많기 때문에 n_s로부터 예정한 N에 가까운 값이 선택하기 쉽지만, N이 750 min^{-1} 근처의 큰 값이 되면 힘들어진다. 수차의 회전속도는 일반적으로 100 ~ 1000 min^{-1}의 범위에서 결정되지만, 대형 저낙차 수차에서는 100 min^{-1} 이하의 범위에서 선정되기도 한다.

표 2.5 수차의 적용 회전속도

p	N[min^{-1}] 60 [Hz]	N[min^{-1}] 50 [Hz]	p	N[min^{-1}] 60 [Hz]	N[min^{-1}] 50 [Hz]	p	N[min^{-1}] 60 [Hz]	N[min^{-1}] 50 [Hz]
○ 2	3600	3000	26	277	231	52	138.5	115.4
○ 4	1800	1500	○ 28	257.1	214.3	○ 56	128.5	107
○ 6	1200	1000	30	240	200	60	120	100
○ 8	900	750	○ 32	225	187.5	○ 64	112.5	93.8
○ 10	720	600	34	212	176.5	68	106	88.2
○ 12	600	500	○ 36	200	166.7	○ 72	100	83.3
○ 14	514.3	428.5	38	190	158	76	94.7	79
○ 16	450	375	○ 40	180	150	○ 80	90	75
○ 18	400	333.3	42	171.5	143	88	82	68.2
○ 20	360	300	44	163.8	136.4	○ 96	75	62.5
22	327.5	273	○ 48	150	125	○ 100	72	60
○ 24	300	250	50	144	120			

※ 가능하면 ○ 표기란의 값을 적용함 (일반적인 사용값)
자료: 石井, 1962

표 2.6은 각 수차의 출력 P와 회전속도 N의 관계를 보이고 있다.

표 2.6 수차의 출력과 회전속도의 관계

출력 P[kW]	회전속도 N[min^{-1}]		
	펠턴수차	프란시스수차	프로펠러수차
30000	500~250	500~120	200~75
10000~30000	500~250	600~150	300~100
2000~10000	600~300	750~200	450~150
750~2000	750~400	900~300	600~200
300~750	900~500	1000~400	750~300
300	1000~600	1200~500	1000~300

자료: 千葉, 2000a

2.4 수차 및 펌프수차의 구조와 구성요소

2.4.1 각 형식별 구조

수차 및 펌프수차의 기본적인 구조적 특성은 2.2절의 각 형식별 분류 내용을 이해한 후, 그림 2.73~2.79의 각 형식별 수차 구조 단면도를 참고하도록 한다. 펌프수차의 구조 및 구성요소는 반동수차의 경우와 거의 동일하기 때문에 반동수차의 해당 사항을 참고하도록 한다.

2.4.2 구성요소

수차의 주요 구성요소에 대해서는 그림 2.73~2.79의 수차 내부 해당 구성요소에 식별 번호를 표기하였으며, 각 형식의 수차에서 공통적인 구성요소는 하나 이상의 도면에 동일한 식별 번호로 표기하였다.

(1) 러너 구성요소

① **러너(Runner)** 이것은 수력에너지를 기계적에너지로 변환하는 수차의 회전 요소이다. 프란시스 러너는 한쪽 끝은 러너 크라운으로, 다른 한쪽 끝은 러너 밴드로 연결된 여러 개의 원추형 블레이드로 구성된다. 펠턴 러너는 디스크 주변에 방사형으로 연결된 버킷으로 구성되며, 프로펠러 러너는 허브에 부착된 블레이드로 구성된다.

② **러너 콘(Runner cone)** 이것은 물이 러너를 떠날 때 물을 안내하는 러너 크라운이나 허브의 확장된 끝부분이다.

③ **러너 씰(Runner seals)** 회전 크라운과 고정 헤드커버, 회전 밴드와 고정 하부 링 사이에 위치한 미세 간극(close-running clearances)이다. 이러한 미세 간극은 고압 영역에서 저압 영역으로의 누출을 억제하여 효율과 수추력(hydraulic thurust)에 영향을 미친다.

④ **러너 웨어링 링(Runner wearing rings)** 이러한 회전 및 고정 링은 러너 씰을 형성하며, 일

반적으로 하나 또는 둘 모두 탈거 및 교체할 수 있도록 설계된다.

(2) 주축 및 베어링 구성요소

⑤ **주축(Shaft)** 이 회전 구조 요소는 러너가 생성한 토크를 발전기 로터 또는 증속기로 전달한다. 주축은 일반적으로 주축 슬리브와 베어링 저널이 함께 제공된다.

⑥ **주 가이드베어링(Main guide bearing)** 수차 러너와 가장 가까운 곳에 위치한 베어링이며, 회전 러너와 주축 어셈블리를 방사형으로 지지하고 있는 것이 주 가이드베어링이다.

⑦ **주축 씰(Shaft seal)** 이 씰은 주축이 수차 하우징 또는 헤드커버를 관통하는 위치에 있어 주축을 통과하는 누출을 최소화한다. 씰은 패킹 박스, 미케니컬 링 또는 라비린스(비접촉) 형식 등이 있다. 선택한 씰의 형식은 낙차, 수질 및 수차의 종류에 따라 달라진다.

⑧ **추력 베어링(Thrust bearing)** 이 베어링은 수직 배열의 경우 수차 및 발전기의 회전 부품과 수력 하방 추력(downthrust)의 무게를 지탱한다. 발전기 로터 바로 위 또는 아래에 위치하거나 수차 헤드커버에 장착할 수 있다. 수평 배열은 두 방향으로 축 추력을 지탱하기 위해 두 개의 추력 베어링 또는 이중 작용 추력 베어링을 설치할 수 있다.

(3) 가이드베인 구성요소

⑨ **가이드베인(Guide vanes, 또는 위켓게이트 Wicket gates)** 이러한 각도 조절이 가능한 유선형 요소는 물 흐름을 러너로 유도하고 제어한다. 경우에 따라서 가이드베인을 위켓게이트로 부르는 경우도 있다.

⑩ **가이드베인 서보모터(Guide vane servomotors)** 유압 실린더는 오일 압력에 의해 작동되어 가이드베인을 작동한다.

⑪ **가이드베인 작동기구(Gate mechanism)** 가이드베인을 작동시키는 구성요소는 가이드베인 작동 링, 연결장치 그리고 서보모터로 구성된다(그림 2.79 참조).

⑫ **전단 핀(Shear pin)** 이 교체 가능한 보호 장치는 장애물이 가이드베인을 닫지 못하게 할 때 전단력에 의해 부러지도록 설계되었다. 전단 핀은 가이드베인 작동기구에서 두 개의 연결장치를 연결하고 힘을 전달하여 가이드베인을 움직인다.

⑬ **편심 핀(Eccentric pin)** 이 편심 핀은 가이드베인 연결장치와 가이드베인 작동 링을 연결하고 가이드베인 위치를 조정 및 보정하도록 설계되었다.

(4) 매립물 구성요소

⑭ **나선형 케이싱(Spiral case)** 이 나선형의 유로는 수차 분배기(스테이베인)를 완전히 감싸고 있으며, 러너에 균일한 물의 유동 분포를 제공한다. 그림 2.80에 대용량 프란시스수차 나선형 케이싱의 공장 조립 예를 보이고 있다.

⑮ **준나선형 케이싱(Semi-spiral case)** 콘크리트 유로로 된 준나선형 케이싱은 수차의 상류에 위치하며, 수차의 둘레를 둘러싸고 있는 준나선형 케이싱이 하류의 러너로 물의 흐름을 균일하게 분배한다. 대형수차는 일반적으로 준나선형 케이싱 입구에서의 유로 폭(span)을 줄이기 위한 격벽(pier)이 설치된다.

⑯ **스테이 링(Stay ring)** 상부 링과 하부 링을 가진 고리형 부재는 유로의 여러 고정된 스테이베인에 의해 연결되며, 이 베인은 나선형 또는 준나선형 케이싱에서 가이드베인으로 물을 안내한다. 스테이 링은 중첩된 발전소 구조와 기계의 무게를 지탱하도록 설계되었다.

⑰ **스테이베인(Stay vanes)** 이 유선형 구조 부재는 스테이 링의 두 고리형 링을 연결하고 나선형 또는 준나선형 케이싱에서 가이드베인으로 흐름을 유도한다. 경우에 따라서는 스테이베인을 고정형 가이드베인(Fixed guide vanes)으로 부르는 경우도 있다.

⑱ **하부 링(Bottom ring)** 이 고정 링에는 하부 가이드베인 부싱이 포함되어 있으며 때로는 디스차지 링과 결합되기도 한다.

⑲ **디스차지 링(Discharge ring)** 이 구조 부재는 러너 밴드를 둘러싸고 프란시스수차의 러너 챔버 하부를 형성한다. 프로펠러수차의 디스차지 링은 러너 블레이드를 감싸고 있으며, 이 영역에서 유로를 형성하고 흡출관으로 이어진다. 디스차지 링의 하류 끝은 흡출관 라이너의 상단에 부착된다.

⑳ **흡출관(Draft tube)** 이 수차 유로(디퓨저)는 러너를 흘러나온 물을 방수로로 안내한다. 흡출관은 운동에너지 손실의 일부를 회수하도록 설계되었다. 원뿔형, 엘보우형, 사각형 또는 원관형일 수 있다. 일반적으로 대형 수차는 엘보우형 흡출관의 수평 부분에 유로 폭을 줄이기 위해 격벽과 함께 설치된다.

(5) 기타 구성요소

㉑ **수차 피트 라이너(Turibne pit liner)** 이 강철 라이너는 수직축 수차의 헤드커버와 발전기 사이 빈 공간을 둘러싸고 있으며, 그 빈 공간을 통하여 게이트 작동기구, 주축 씰 및 베어링, 수차 보조 시스템에 접근할 수 있다. 이 피트 라이너는 둘러싸인 콘크리트를 보호하고 시공 중에는 콘크리트 거푸집 역할을 한다.

㉒ **증속기(Speed increaser)** 이 기어를 장착한 구동 장치는 수차 주축의 회전속도를 최적의 발전기 회전속도로 높인다. 여기에는 추력 및 가이드 베어링이 포함되어 있으며, 이 베어링은 수차 및 발전기 회전 부품의 하중을 지탱하는 데 사용된다.

㉓ **헤드커버(Head cover)** 이 구조 부재는 러너 챔버의 상류 끝에 걸쳐 이어져 있어 유로를 감싸고 주축 씰 및 베어링을 지지한다. 상부 가이드베인 부싱을 지탱하고 가이드베인 작동 링을 구조적으로 지지한다. 대형 수차의 경우, 헤드커버는 가이드베인을 건드리지 않고 수차 구성요소를 탈거할 수 있도록 내부 및 외부 환형 섹션으로 구분되기도 한다.

㉔ **디플렉터(Deflector)** 펠턴수차에 설치된 이 장치는 수차출력을 조절하기 위해 수압관 흐름을 변경하지 않고 수차 노즐을 흘러나온 분출수의 일부 또는 모두를 막는 데 사용된다.

㉕ **니들(Needle)** 이 이동 요소는 펠턴수차의 러너 버킷에 충돌하는 분출 수(제트)의 크기를 제어한다.

㉖ **접근 통로(Access shaft)** 벌브수차의 방수 통로는 발전기실과 발전소 사이, 터빈실과 발전소 사이에 접근통로를 제공한다.

㉗ **벌브(Bulb)** 이것은 벌브수차의 발전기를 설치하기 위한 유선형 방수 하우징(격납시설)이다.

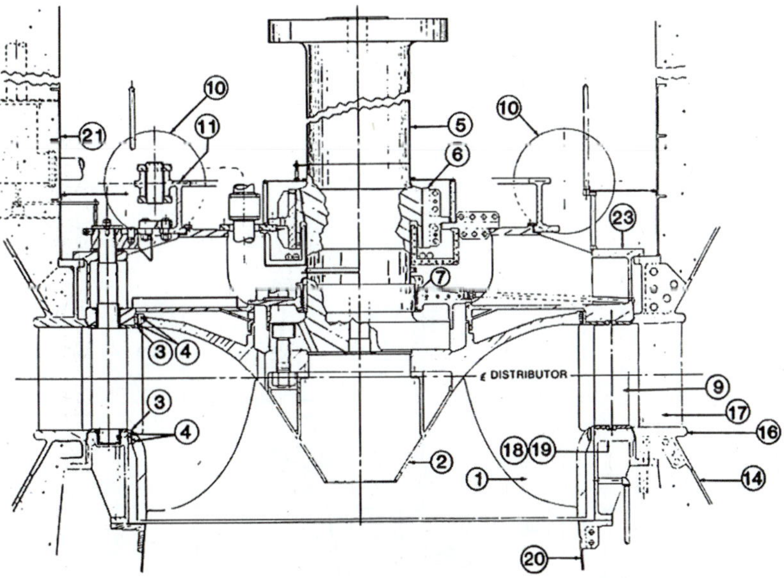

그림 **2.73** 수직축 프란시스수차

자료: Elliott, 1989

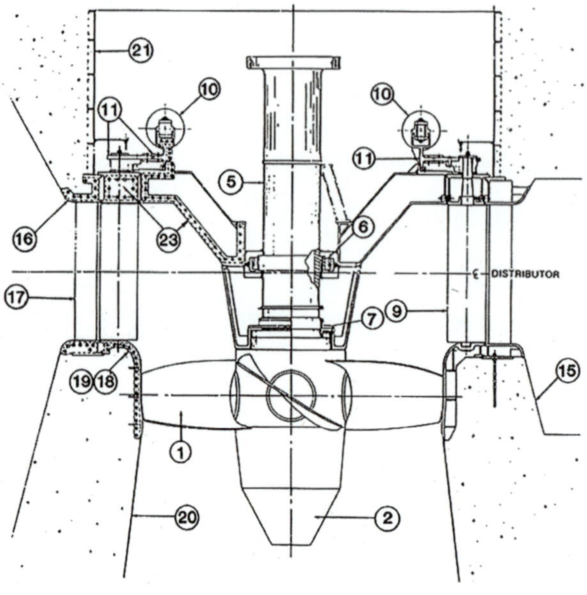

그림 2.74 수직축 가동익 카플란수차

자료: Elliott, 1989

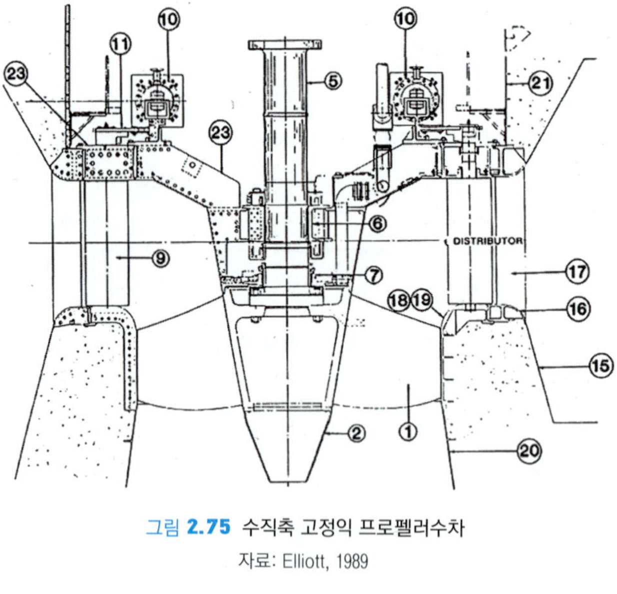

그림 2.75 수직축 고정익 프로펠러수차

자료: Elliott, 1989

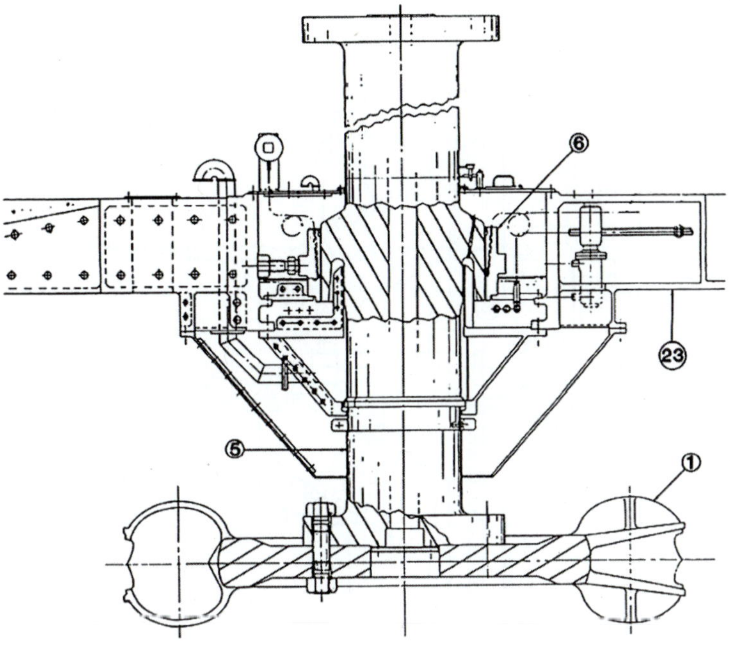

그림 **2.76** 수직축 펠턴수차

자료: Elliott, 1989

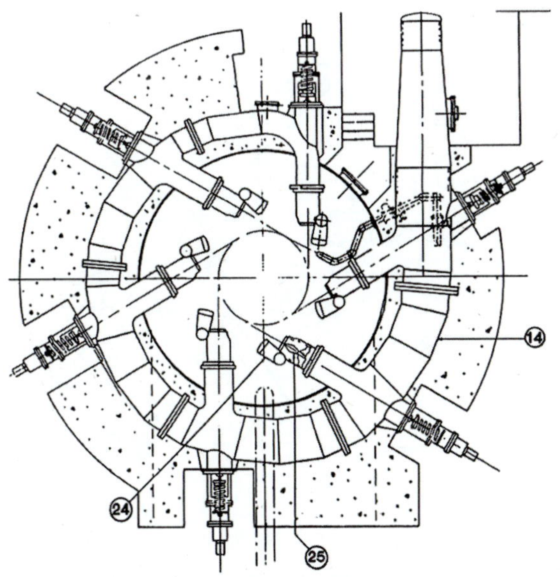

그림 **2.77** 수직축 펠턴수차 평면도

자료: Elliott, 1989

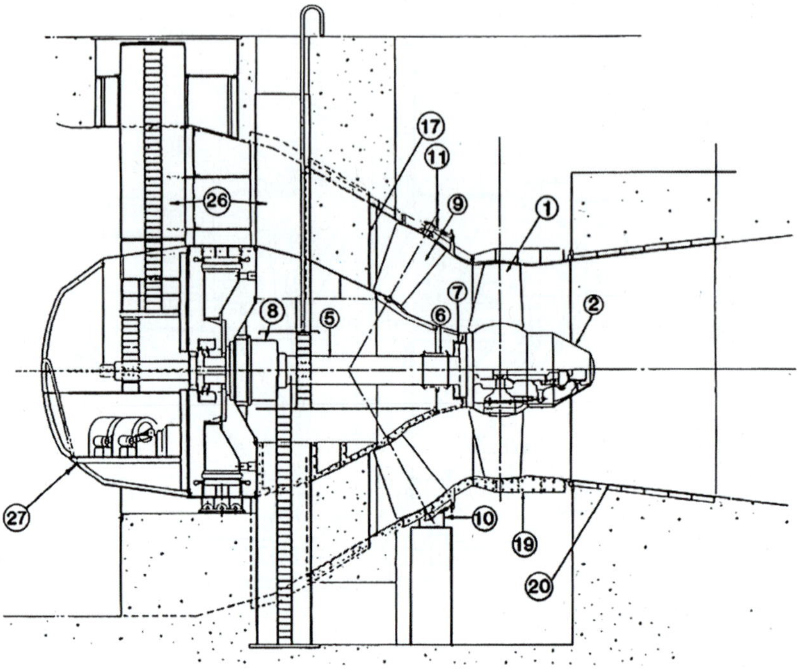

그림 2.78 벌브수차
자료: Elliott, 1989

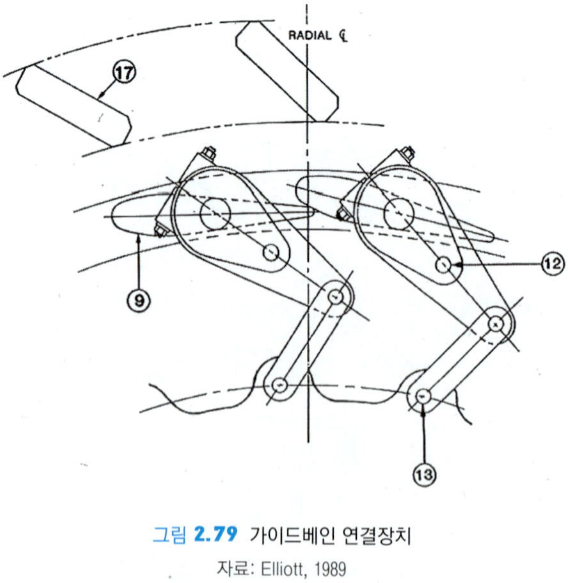

그림 2.79 가이드베인 연결장치
자료: Elliott, 1989

그림 **2.80** 730 MW 프란시스수차 나선형 케이싱 공장 조립 예
자료: Elliott, 1989

2.5 수차 및 펌프수차의 종류와 특징

2.5.1 펠턴수차

(1) 개요

펠턴수차는 200~1800 m의 고낙차 수력발전소에 적용되는 수차로서 대기 중에서 충동작용에 의해 수동력을 러너에 전달하는 것이 특징이다. 이러한 수차를 충동수차라고 하며, 펠턴수차는 현재 실용화된 유일한 충동수차이다.

그림 2.81에서 펠턴수차의 작동원리를 설명한다. 도수관에 의해서 수차 입구까지 유입된 물은 ① 케이싱(분기관이라고도 함)을 통과하여 ② 노즐에서 가속되고, 그 분출구로부터 제트로 되어 분출한다. 이 제트는 ③ 러너의 버킷에 부딪혀서 이것에 동력을 전달한 후, 물이 가졌던 운동에너지를 소비하고 ④ 배수실로 배출되어 방수로에 떨어져서 흘러나간다. 러

너는 물과 상대운동을 해가면서 그 동력을 흡수해서 기계적 동력으로 바꾸어 ⑤ 수차 주축에서 이것을 발전기에 전달한다.

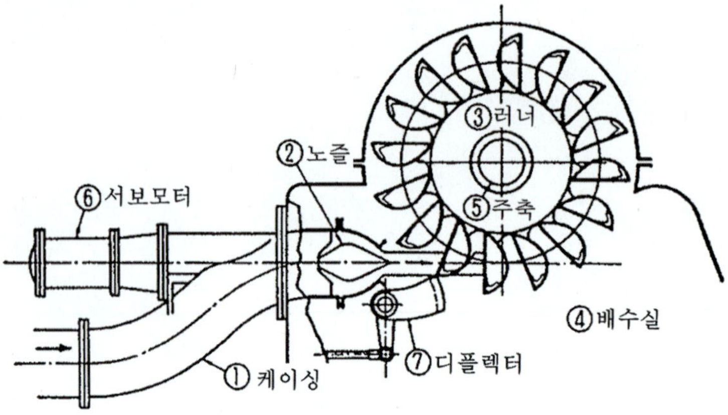

그림 2.81 펠턴수차의 작동원리

자료: 石井, 1962

수차의 부하(수차에 요구되어지는 출력)가 변하면 그것에 따라서 ② 노즐의 개도가 바뀌어서 유량이 새로운 부하에 대응하는 값으로 변한다. 또한 낙뢰 등에 의해서 송전선이 절단되는 경우 부하가 급격히 감소하게 되지만, 그 때는 ⑦ 디플렉터를 급히 작동시켜서 일단 제트를 러너로부터 다른 곳으로 돌리고 그 후 천천히 니들(노즐 개도를 바꾸는 밸브)을 닫아서 물을 잠근다. 니들을 급하게 닫으면 수격작용 때문에 도수관 내부에 큰 수압상승이 일어나서 위험하다. 통상의 운전 시 디플렉터는 니들과 연동하고 제트에 근접한 위치에서 대기한다. 니들의 개폐는 ⑥ 서보모터에 의해서 행해진다.

(2) 분류

펠턴수차의 종류를 주축의 설치 위치, 러너 수 그리고 노즐 수에 따라서 그림 2.82와 같이 분류할 수 있다.

그림 2.83은 횡축 펠턴수차를 설치 조립 중인 발전소의 예이다. 또한 그림 2.84는 공장검사 중인 입축 펠턴수차의 러너 및 케이싱의 예이고, 그림 2.85는 횡축단륜2노즐 및 2륜 4노즐 펠턴수차 예를 보이고 있다. 한편, 그림 2.86과 2.87은 횡축2노즐 펠턴수차 단면도와 평면도, 입축5노즐 펠턴수차 단면도를 각각 보이고 있다.

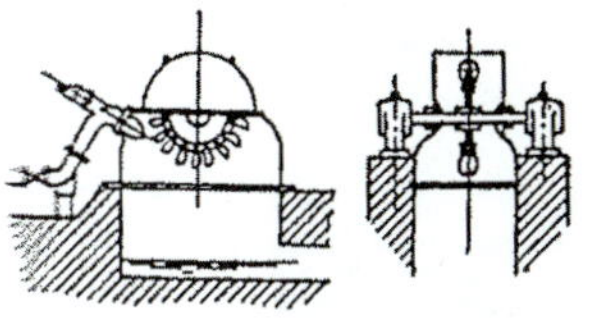

(a) 횡축단륜단노즐형
(HP-1R1N)

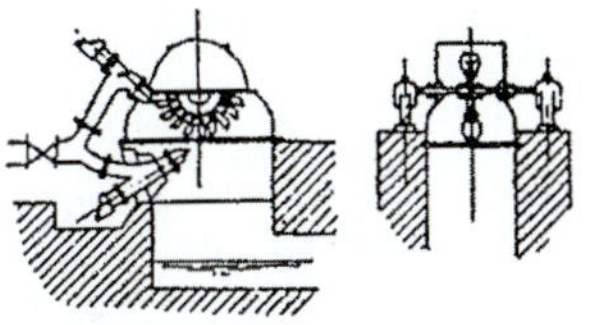

(b) 횡축단륜2노즐형
(HP-1R2N)

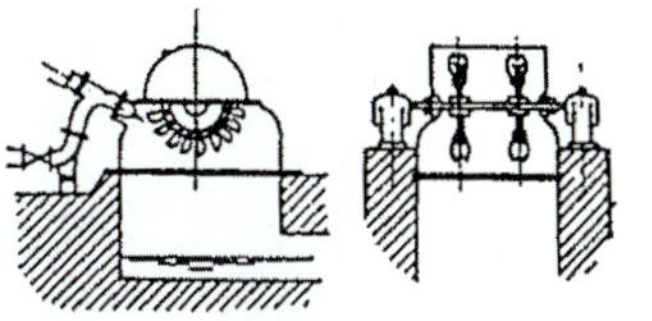

(c) 횡축2륜2노즐쌍동이형
(HP-2R2N)

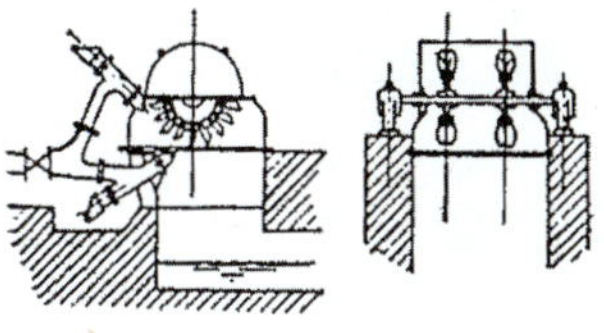

(d) 횡축2륜4노즐쌍동이형
(HP-2R4N)

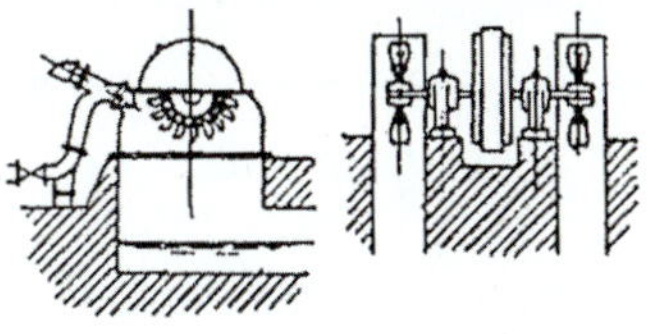

(e) 횡축2륜2노즐양쪽걸이형
(HP-2R2NW)

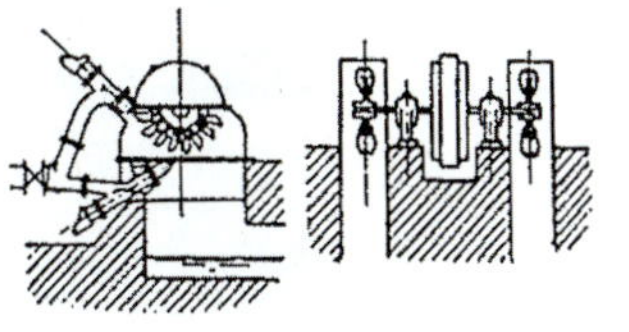

(f) 횡축2륜4노즐양쪽걸이형
(HP-2R4NW)

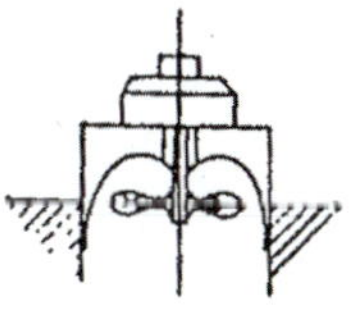

(g) 입축단륜i노즐형
(VP-1RiN)

그림 **2.82** 펠턴수차의 종류
자료: 石井, 1962

그림 **2.83** 횡축 펠턴수차 설치 조립
자료: Wikipedia, Walchensee Hydroelectric Power Station

그림 **2.84** 입축 펠턴수차 공장 검사

자료: GM Hydro

(a) 횡축단륜2노즐

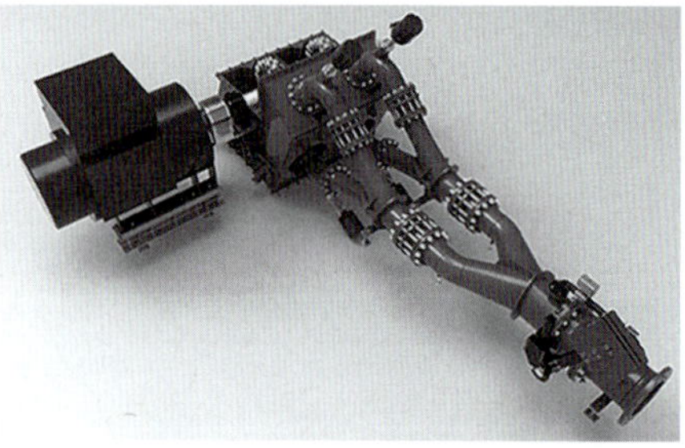

(b) 횡축2륜4노즐

그림 **2.85** 횡축 펠턴수차

자료: GILKES & HYDRO-TINCK

유량이 가장 적을 때는 단륜단노즐형을 사용하고, 유량이 커지게 됨에 따라서 1대당의 노즐 수를 증가시켜 간다.

수차는 발전기 1대의 조합분에 대해서 1대로 간주하기 때문에 그림 2.82(e)에 보인 2륜 2노즐형과 같은 경우에도 양측을 합해서 1대로 간주한다. 단, 그 때의 비속도 n_s는 노즐 1개분의 출력을 이용해서 계산한다. 따라서 일반적으로 1대에 i개의 노즐이 있는 펠턴수차 전체의 외관상 비속도 n_{si}와 비속도 n_s의 관계는 식 (2.40)과 같다.

$$n_s = \frac{1}{\sqrt{i}} n_{si} \tag{2.40}$$

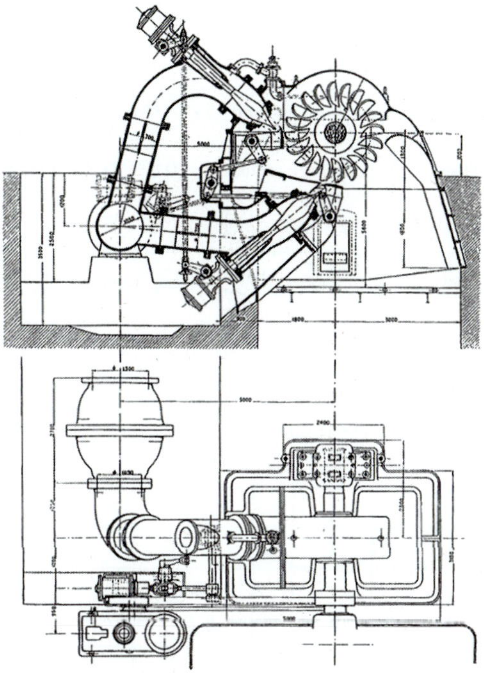

그림 **2.86** 횡축2노즐 펠턴수차 단면도와 평면도 (H=553 m, P=33 MW, N=420~500 min^{-1})

자료: Nechleba, 1957

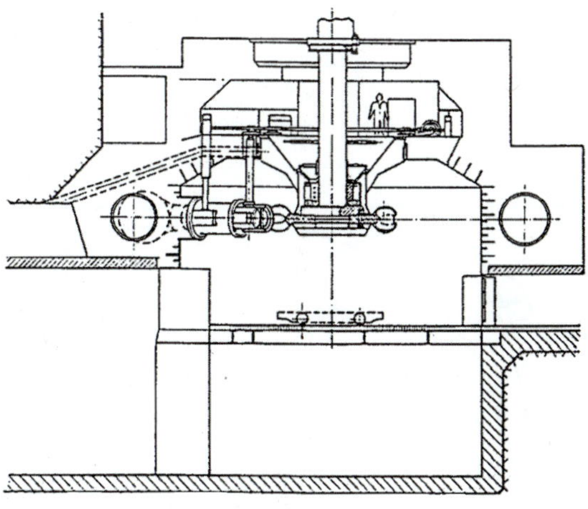

그림 **2.87** 입축5노즐 펠턴수차 단면도(H=885 m, P=315 MW, N=300 min^{-1})

자료: Brekke, 2012

이것은 n_{si}에서의 출력이 P인 것에 대해서 n_s에서의 출력이 P/i인 것으로부터 명확해진다. 러너의 수는 n_s와 관계가 없다.

예를 들면 H=400 m, P=30,000 kW에 대해서 동일한 $n_s=17$의 단노즐형~6노즐형 펠턴수차를 채용할 때 제트수에 따른 각 수차의 러너 직경 D, 제트 직경 d 및 회전속도 N을 그림 2.88에 보인다. 제트(노즐) 수를 증가시킴에 따라서 수차가 어떻게 고속소형으로 될 수 있는가를 알 수 있다. 또한 그림 2.89는 제트(노즐) 수에 따른 펠턴수차 효율분포를 보이고 있다.

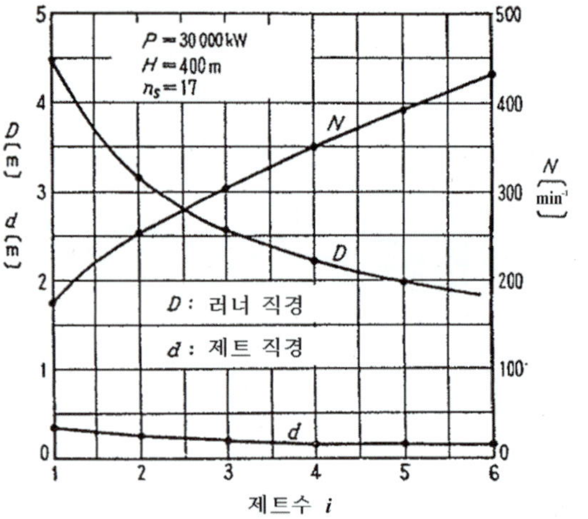

그림 2.88 단륜 펠턴수차의 치수 D 및 회전속도 N과 제트(노즐) 수 i의 관계

자료: 石井, 1962

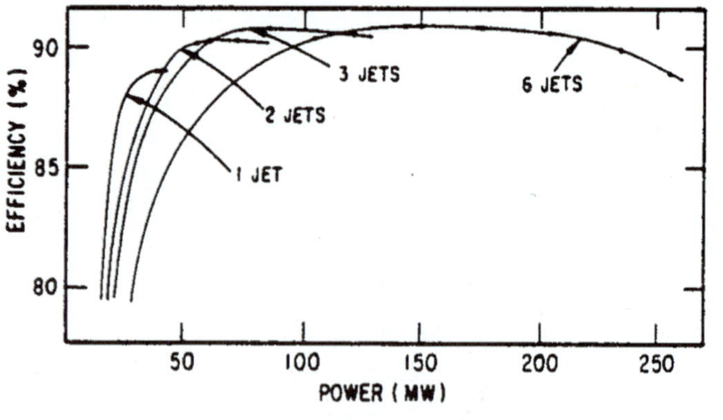

그림 2.89 제트(노즐) 수에 따른 펠턴수차 효율과 출력분포

자료: Blomquist, 1979

(3) 구조

1) 케이싱

케이싱은 입구에서 받아들인 물을 러너에 도입하는 관이고, 출구단에 노즐을 갖추고 있다. 2노즐 이상의 수차에서는 받아들인 물을 각 노즐에 분배하기 위해서 케이싱은 분기관으로 된다. 분기관의 경우는 분기점에서 물을 무리 없이 분류하고, 분류 후에도 급격한 굽힘과 면적 변화가 없도록 설계한다. 그림 2.90에 6노즐 펠턴수차 케이싱 배치도 예를 보인다. 케이싱 내에서 분기 후에도 항상 속도가 일정해지도록 유로 형태가 결정된다. 그림 2.91은 6노즐 입축 펠턴수차 케이싱 배치 개념도 예를 보이고 있다.

케이싱의 재질에는 주강이 사용된다.

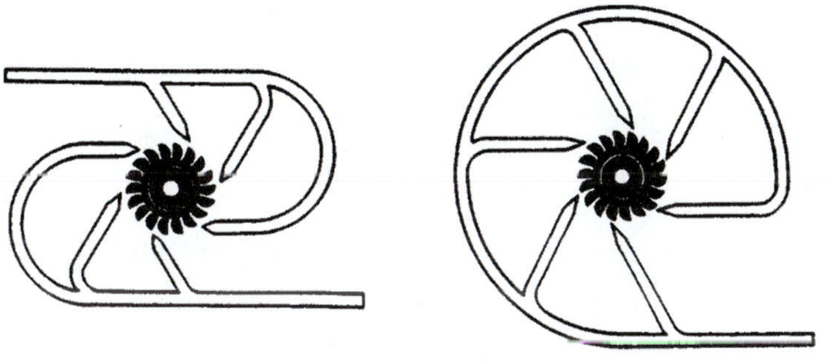

그림 2.90 6노즐 펠턴수차 케이싱 배치도 예
자료: Mei, 1991

그림 2.91 6노즐 입축 펠턴수차의 케이싱 배치 개념도 예
자료: VOITH

2) 노즐 및 디플렉터

노즐은 내측에 니들을 갖추고 통로에서 물을 효율적으로 가속시켜 분출구까지 제트로서 분출하는 일종의 수구이다. 니들의 스트로크에 의해 그 수구 개도를 바꿀 수 있다. 분출구 가까이에서는 노즐 및 니들 표면의 유속이 매우 빠르기 때문에 분출하는 제트를 흐트러뜨리지 않도록 그 면의 마무리는 특히 신중하게 실시한다. 니들스핀들은 노즐 입구 직전에서 가이드에 지지되고 또한 가이드의 지지대는 노즐에 들어가는 물의 정류판도 겸하고 있다.

그림 2.92은 펠턴수차 노즐 및 노즐 내부와 제트의 속도분포 예를 보이고 있으며, 그림 2.93은 유입측에 곡관을 가진 니들밸브의 노즐에 대한 실험 예를 보인다. 곡관의 영향으로 노즐 상류 측 흐름 및 노즐 출구 측 하류 제트의 흐름에서 강한 2차 흐름을 확인할 수 있으며, 노즐을 벗어나서 멀어질수록 2차 흐름의 영향으로 주류에서 떨어져 나온 물방울이 발생하는 것을 알 수 있다.

그림 2.94는 디플렉터의 설치 예를 보이고 있다. 디플렉터는 비상시에 러너에 작용하는 물을 급속히 다른 방향으로 돌리기 위한 펠턴수차 특유의 장치이다. 다른 형태의 수차에서는 러너와 물의 작동이 대기 중에서 행하여 지지 않기 때문에 이러한 장치를 사용할 수 없다. 디플렉터는 제트를 자르는 방향을 기준으로 구분하면 그림 2.95와 같이 2종류가 있다.

노즐 및 니들의 재질에는 주강이 사용되지만, 특히 손상되기 쉬운 양 팁(끝단)은 바꿀 수 있도록 되어 있고, 그 재질에는 주강 혹은 18-8 Cr-Ni 강, 13 Cr 강 등이 사용된다.

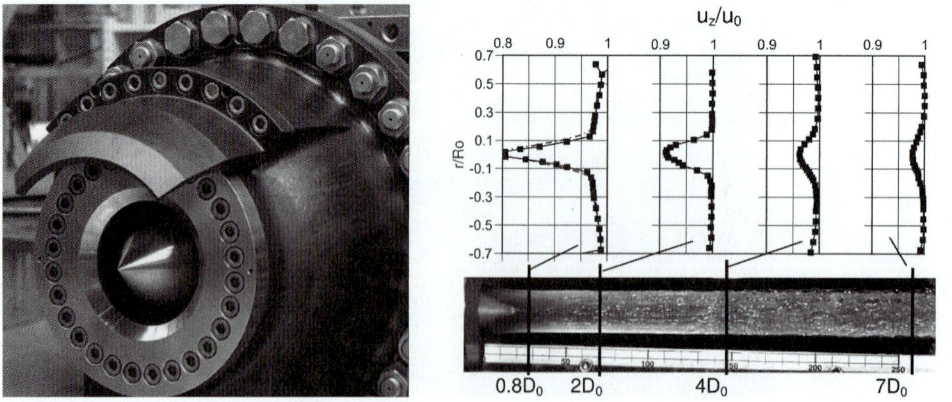

(a) 니들밸브 노즐(자료: VOITH) (b) 노즐 제트 속도분포(자료: Zhang, 2007)

그림 **2.92** 펠턴수차 니들밸브 노즐과 제트 속도분포 예

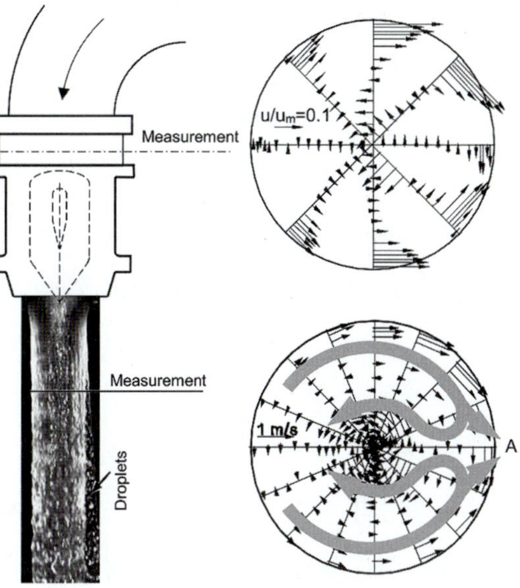

그림 2.93 노즐 내부(상) 및 제트(하)의 단면 2차 흐름 분포 예

자료: Zhang, 2016

그림 2.94 디플렉터 설치 예

자료: VOITH

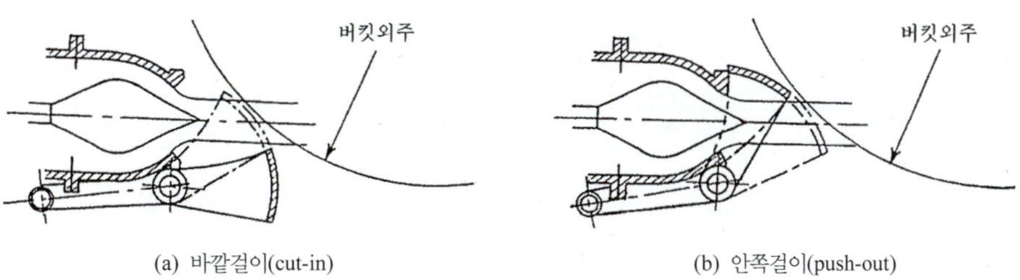

(a) 바깥걸이(cut-in) (b) 안쪽걸이(push-out)

그림 2.95 디플렉터의 종류

자료: 石井, 1962

3) 러너

러너는 그 외주에 15～25매의 버킷을 갖추고, 버킷에 제트를 받아서 회전하면서 수동력을 흡수하며, 이것을 주축에 전달하는 수차의 주요 부분이다. 버킷과 디스크로 구성되고 일반적으로는 그림 2.96의 비속도 $n_s=10$과 15의 경우와 같이 리머볼트로 버킷과 디스크가 결합된다. n_s가 커지게 되면 채결이 곤란해지기 때문에 그림에서 $n_s=20$의 경우와 같이 쌍둥이형으로 하고, n_s가 더욱 커지게 되면 그림에서 $n_s=25$의 경우와 같이 일체형으로 한다. 이것에는 용접조립형, 주조형, 절삭형이 있다. 그림 2.97은 러너 제작법의 종류를 보이고 있다.

버킷은 그림 2.98과 같은 회전반경 방향 분할선을 기준으로 좌우 2분할해서 2개를 붙여 놓은 것과 같은 내면을 가진 일종의 블레이드(날개)이고 그 중앙에는 물가름을 가진다. 제트는 분할선에 의해 2분할되고 버킷 내면을 흘러서 그 양측의 테두리로부터 유출한다. 그림 2.99는 버킷에 대한 물의 작동상태를 나타내는 수치해석 결과와 실제 흐름 사진이다.

고속의 제트를 받아서 작동하기 때문에 버킷의 물가름 가장자리, 내면 그리고 출구 테두리의 형태와 마무리에 특히 주의해야 한다.

디스크의 재질에는 주강 혹은 단조강이 사용되고, 버킷의 재질에는 일반적으로 주강, 수질이 산성일 때에는 청동, 인청동, 18-8 Cr-Ni 강, 또한 토사 함유량이 많을 때는 13 Cr 강, Mn 강 등이 사용된다.

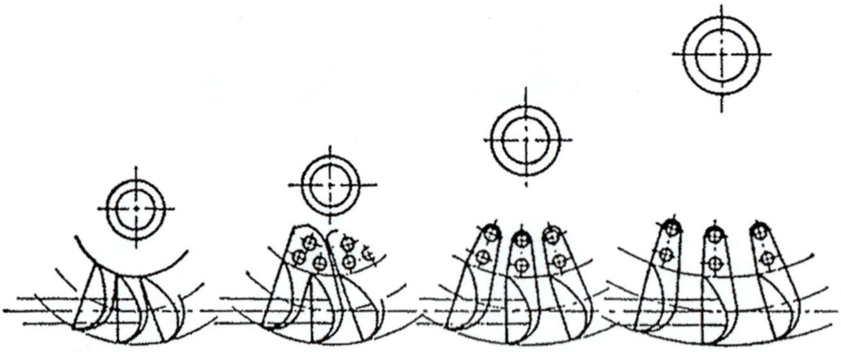

그림 2.96 펠턴수차 러너 형상과 n_s의 관계

자료: 石井, 1962

(a) 볼트조립형　　(b) 용접형　　(c) 일체절삭형

그림 **2.97** 러너 제작법 종류
자료: Turbines Info & VOITH

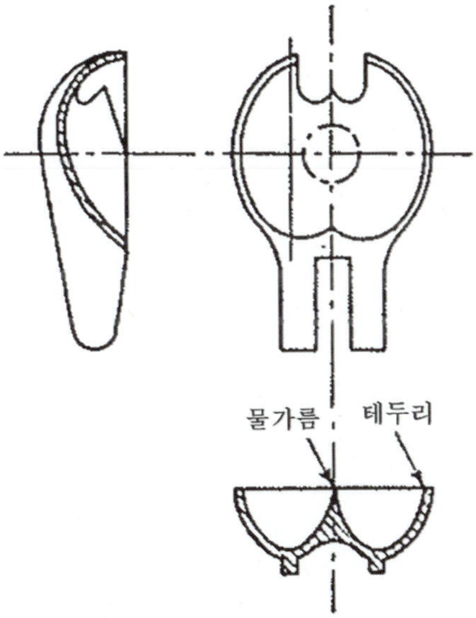

그림 **2.98** 펠턴수차의 버킷
자료: 石井, 1962

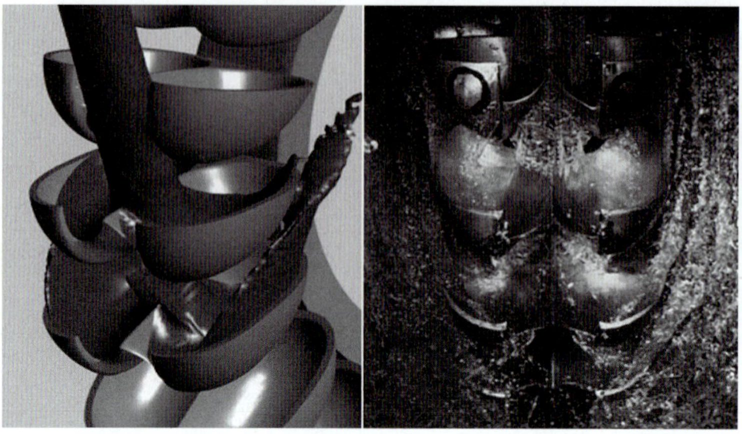

(a) 수치해석 결과 (b) 실제 흐름

그림 2.99 버킷에 작용하는 제트 유동

자료: VOITH

4) 배수실

배수실은 러너로부터 유출하는 물을 인도하여 이것을 방수로로 이끄는 공간이다. 버킷으로부터 유출한 물이 배수실 벽에 부딪혀서 튀어 오르고 러너를 제동하는 것이 없도록 그 넓이 및 형태를 정한다. 그림 2.100에 그 예를 보인다.

횡축형일 때는 하부 절반에서 물이 작용하기 때문에 상부는 그림 2.100(a)와 같이 좁은 커버를 사용할 수 있지만, 입축형에서는 그림 2.100(b) 혹은 (c)와 같이 여유가 있는 형태

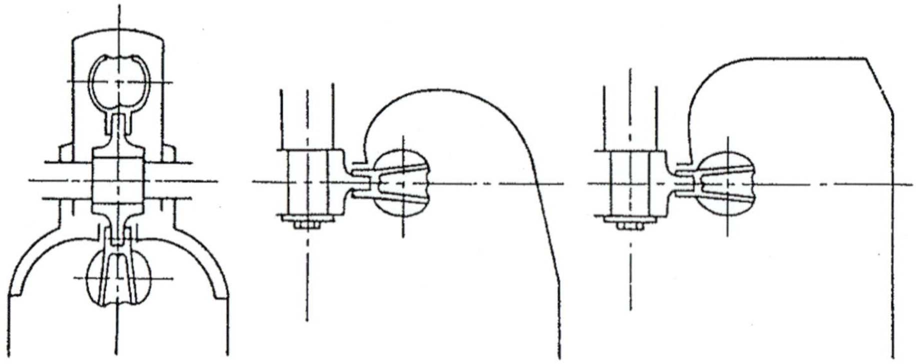

(a) 횡축형 (b) 입축형 (c) 입축형

그림 2.100 펠턴수차의 배수실

자료: 石井, 1962

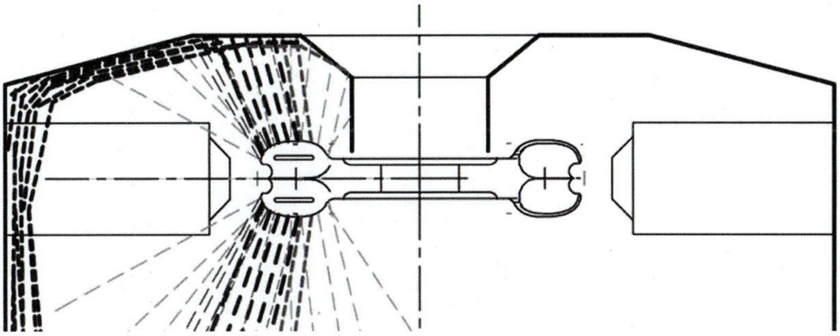

그림 **2.101** 펠턴수차 배수실 내부 러너 버킷 배출수 비산 흐름

자료: Pretis, 2014

가 채용된다.

배수실은 노즐과 디플렉터를 지지하기 때문에 그 반력을 받는 것도 고려해서 견고한 구조로 제작한다. 규정 속도에서 운전하고 있을 때는 그 내면에 부딪히는 물의 기세는 약하지만, 기동 시에는 버킷에 부딪힌 제트가 바로 안쪽으로 부딪혀서 되돌아온다. 과속 시에는 버킷을 앞에서 치고 뒤쪽으로 빠져나가는 것을 고려하여 벽면에 보호판을 설치한다. 또한 주축의 관통부에는 물차단판(baffle plate)을 설치하여 외부로의 누수를 방지한다.

그림 2.101은 펠턴수차 배수실 내부의 러너 버킷 배출수 비산 흐름을 수치해석 결과를 통해서 나타내고 있다. 수직축 펠턴수차에서는 러너 상단의 물 제거가 특별히 고려되어야 하며, 배수실 직경 또는 면적이 너무 작거나 수차 러너 상부와 배수실 천장 사이의 높이가 너무 낮으면 러너 버킷에서 빠져나가는 흐름이 회전하는 러너에 다시 부딪혀서 효율이 감소할 수 있다.

또한 고낙차 수차의 러너 배수실에서는 그림 2.102에 표시된 것처럼 매우 강한 공기 순환이 발생한다. 러너 버킷을 빠져나온 물방울은 이러한 공기 순환에 의해 다시 러너 버킷의 후면과 버킷 앞의 제트에도 부분적으로 전달되어 부딪힐 수 있고, 순환되는 물방울과 부딪힌 제트의 교란은 수차효율을 저하시킬 수 있다.

물방울 순환을 최소화하려면 버킷 설계를 신중히 해야 하며, 특히 6개의 노즐이 장착된 러너 버킷 입구에서 발생할 수 있는 배출수 및 물방울 순환으로부터 제트를 보호해야 한다.

배수실은 러너의 매끄러운 표면을 통해 배출수가 폭포수처럼 비산하는 것을 방지하도

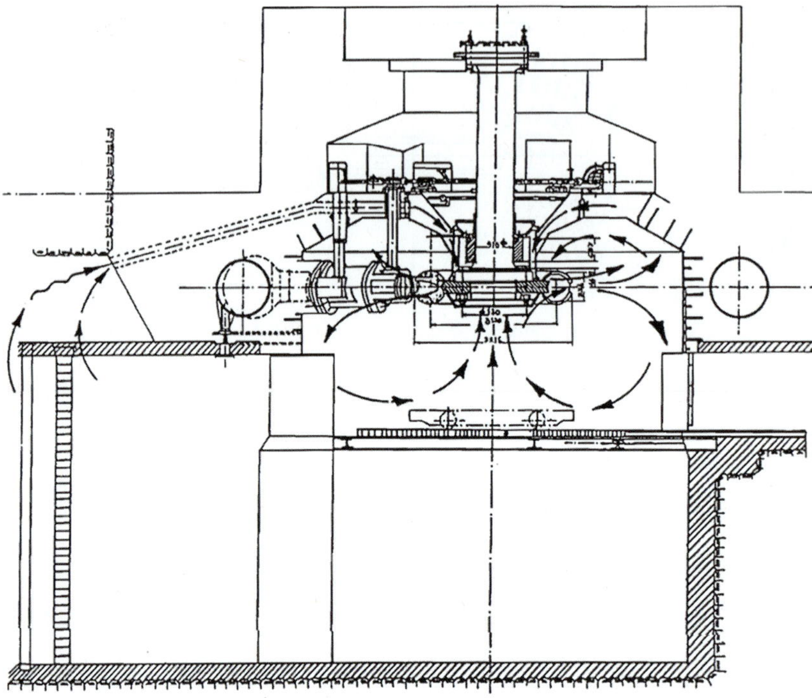

그림 **2.102** 고낙차 펠턴수차 배수실 내부 공기 순환 흐름 개략도
자료: Krishina, 1997

록 설계되어야 하며, 배출수가 반사되어 러너나 제트에 다시 분사되지 않도록 충분한 공간이 필요하다.

배수실의 재질에는 일반적으로 주강 및 강판이 사용되지만, 소용량기에서는 주철이 사용되기도 한다.

2.5.2 프란시스수차

(1) 개요

프란시스수차는 40～600 m의 중낙차 수력발전소에 적용되는 수차이고, 수중에서 충동 및 반동 양작용에 의해 수동력을 러너에 전달하는 것이 특징이다. 이러한 수차를 일반적으로 반동수차라고 하지만, 현재 사용되고 있는 반동수차에는 프란시스수차와 프로펠러수차가 있다. 프란시스수차는 그 형상을 변화시키는 것에 의해 충동 및 반동 양작용이 차지

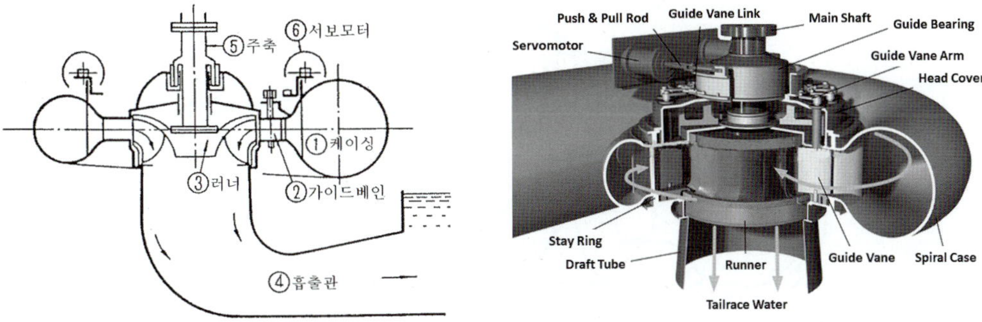

(a) 구조 (b) 수차 내부 단면도(자료: HUAHYDRO)

그림 **2.103** 프란시스수차의 구조와 작동원리

하는 비율을 대폭적으로 바꾸는 것이 가능하기 때문에 광범위한 비속도 n_s에서 적용할 수 있다.

그림 2.103에서 프란시스수차의 구조와 작동원리를 보인다. 도수관에 의해 수차 입구까지 유입된 물은 ① 케이싱을 통하고, ② 가이드베인에서 가속되어, 주축에 직각인 방향으로부터 ③ 러너에 유입한다. 유입된 물은 러너베인 사이를 충만해서 흐르면서 러너에 수동력을 절단한 후, 축 방향으로 러너를 나와서 ④ 흡출관을 통해서 방수로에 배출된다. 펠턴수차에서는 러너로부터 방수로 수면까지의 낙차는 이용되지 않지만, 반동수차에서는 흡출관에 의해 이 낙차도 유효하게 이용된다. 러너는 내부를 흐르는 물과 상대운동을 하면서 그 동력을 흡수하고, 기계적 동력으로 바꾸어서 ⑤ 수차 주축으로부터 발전기에 전달한다.

수차의 부하가 변하면 그것에 대응해서 가이드베인 개도를 바꿀 수 있고, 유량이 새로운 부하에 대응하는 값으로 바꿀 수 있다. 부하가 급감한 때에는 가이드베인을 신속하게 닫아서 주축 회전속도의 과상승을 방지하지만, 낙차가 150 m 이상으로 높거나 혹은 도수관이 특히 길어질 경우에는 도수관 내의 수격작용에 의한 압력상승이 커지기 때문에 제압기(일종의 안전밸브)를 설치하는 것이 일반적이다. 가이드베인의 개폐는 ⑥ 서보모터에 의해서 행해진다.

그림 2.104는 입축 프란시스수차의 내부 주요 구성요소 상세 단면도를 보인다.

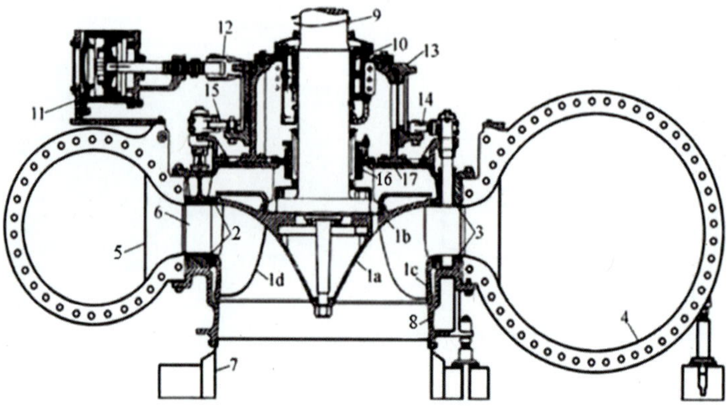

1	Turbine runner	8	Discharge ring
1a	Runner cone	9	Turbine shaft
1b	Runner crown	10	Turbine guide bearing
1c	Runner band	11	GV servomotor
1d	Runner bucket	12	Servomotor rod
2	Wearing rings	13	GV opening ring
3	Facing plates	14	GV link
4	Spiral casing (SC)	15	GV arm
5	Stay vanes	16	Pacing box or stuffing box
6	Guide vanes (GV)	17	Head cover
7	Draft tube		

그림 **2.104** 입축 프란시스수차 상세 단면도

자료: Wu, 2013

(2) 분류

프란시스수차의 종류를 그림 2.105에 보인다. 그림에서 (a)는 현재의 대표적인 형상이고, (b)와 (c)가 이것에 준하는 것이다. (d) 이하는 현재 거의 채용되지 않고 있다. 그림 2.106에 고낙차 프란시스수차를 설치한 발전소의 예를 보이고 있다. 1992년 노르웨이 Svartisen 수력발전소에서 운전을 시작하였고, 당시 500 m 이상의 고낙차를 가진 전 세계 최대의 프란시스수차였다. 또한 그림 2.107은 출력이 각각 500 MW급 및 800 MW급인 대용량 입축 프란시스수차 3D 모형을 보이고 있으며, 그림 2.108은 횡축 프란시스수차와 그 내부 흐름 방향을 보이고 있다.

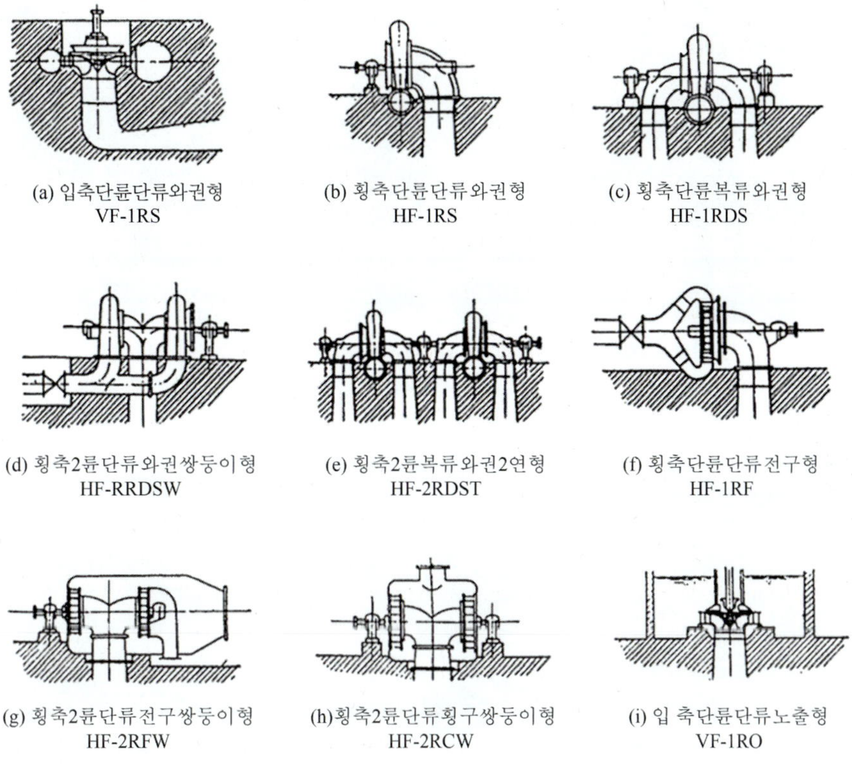

그림 **2.105** 프란시스수차의 종류

자료: 石井, 1962

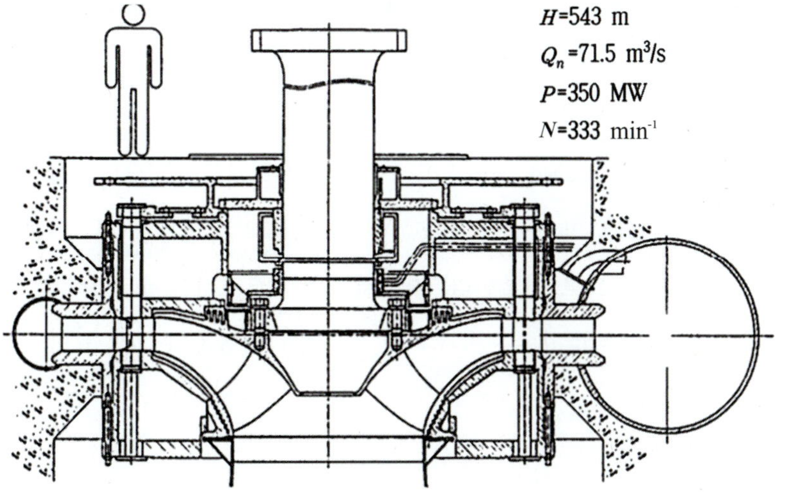

그림 **2.106** 고낙차 프란시스수차를 설치한 발전소 예

자료: Brekke, 2012

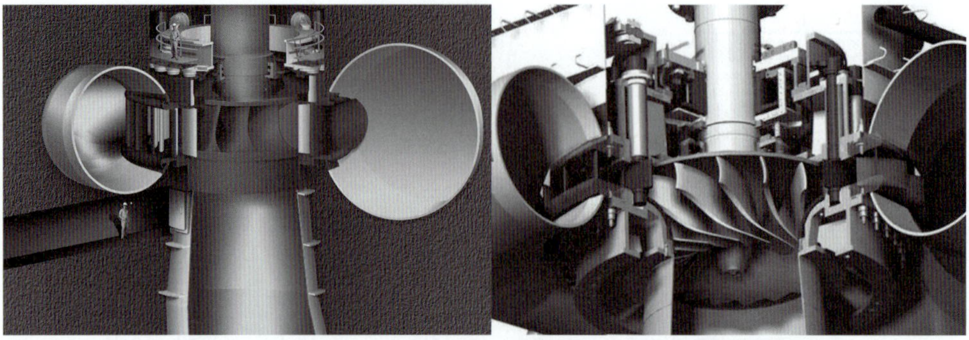

그림 **2.107** 500 MW급(좌) 및 800 MW급(우) 입축 프란시스수차 3D 모형
자료: Voith

그림 **2.108** 횡축 프란시스수차 설치 예와 내부 유동
자료: ANDRITZ Hydro

비속도 n_s를 계산하기 위하여 펠턴수차에서는 노즐 1개분의 출력을 이용했지만, 프란시스수차에서는 러너 1개분의 출력을 이용한다. 단, 단륜복류형은 러너가 1개이지만 n_s를 계산할 때 2개가 있는 것으로 간주한다. 따라서 일반적으로 1대에 i개의 러너가 있는 프란시스수차 전체의 총비속도 n_{si}와 비속도 n_s의 관계는 식 (2.41)과 같다.

$$n_s = \frac{1}{\sqrt{i}} n_{si} \tag{2.41}$$

이 식은 펠턴수차의 식 (2.40)과 동일한 형식이지만, 식 (2.40)의 i가 실제 노즐(제트) 수인 것에 대해서 식 (2.41)에서는 이론적인 러너의 수이다.

예로서 $H = 100$ m, $P = 30{,}000$ kW 에 대해서 동일한 $n_s = 150$의 단륜 및 2륜(또는 복류) 프란시스수차를 채용할 때 양 수차의 러너 입구 직경, 입구 높이, 출구 직경 및 회전속도 N을 구하면 그림 2.109와 같이 된다. 러너 수를 증가시킴에 따라서 수차를 고속·소형화할 수 있음을 알 수 있다.

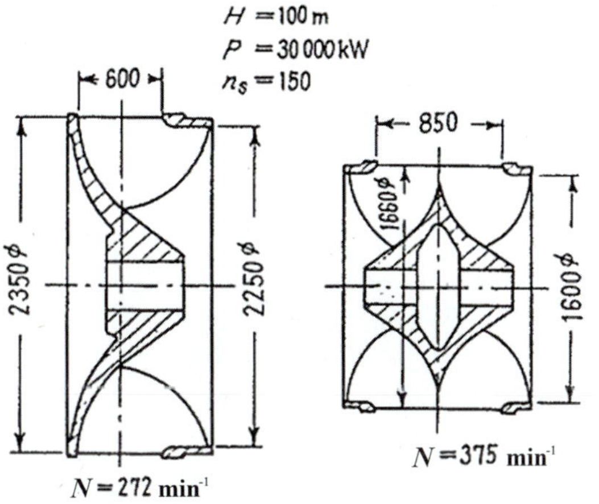

그림 2.109 프란시스수차의 치수 및 속도와 러너 수의 관계
자료: 石井, 1962

(3) 구조

1) 케이싱

케이싱은 그림 2.110과 그림 2.111에 보이는 바와 같이 나선형의 관이고, 그 입구에서 받아들인 물을 스테이베인과 가이드베인을 거쳐서 러너에 유도하는 역할을 한다. 그 출구는 원통면상에 개방되어 있고, 가이드베인과 같은 수 또는 절반 정도의 스테이베인을 갖추고 있다. 이 스테이베인은 케이싱과 커버에 가해지는 축 방향 힘을 지지하면서 또한 가이드베인에 물을 유도하는 역할을 하고 있다.

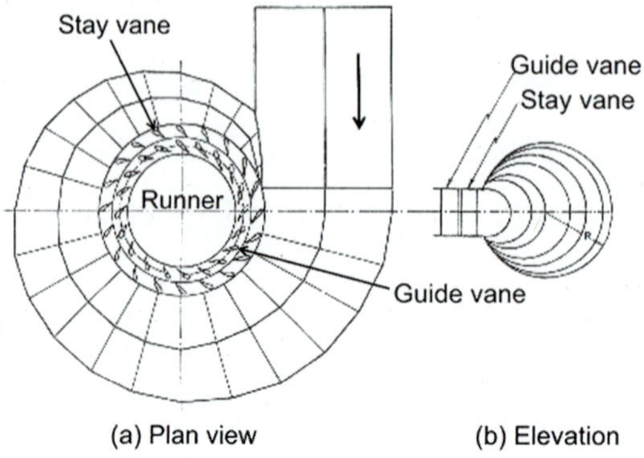

그림 2.110 프란시스수차 케이싱과 내부 구조

자료: NPTEL

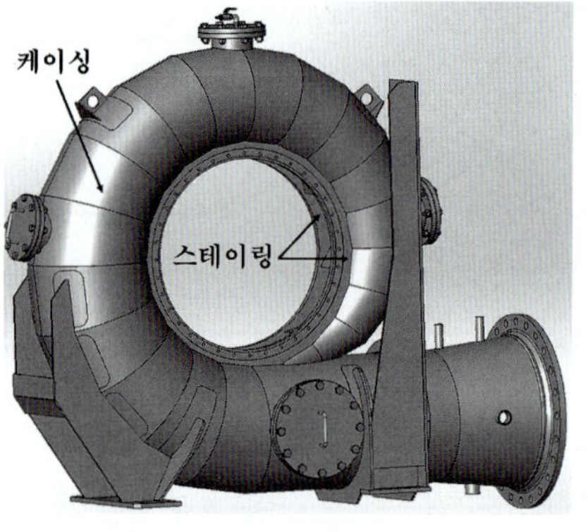

그림 2.111 횡축 케이싱 3D 모델

자료: SIAPRO

프란시스수차의 스테이베인 사이의 유로를 입축 펠턴수차의 유로와 비교할 경우, 형식적으로는 펠턴수차 케이싱의 지류관이 직사각형으로 조밀하게 늘어선 것으로 간주할 수 있다. 케이싱 내부 유로의 형상은 케이싱 내부에서 유속이 거의 일정하도록 그림 2.110(b)의 케이싱 단면적과 같이 점차적으로 변화하도록 설계한다. 그림 2.112는 프란시스수차 케이싱의 제작 및 설치 시공 현장 사진을 보이고 있다.

케이싱의 재질에는 보통은 주강 혹은 강판이 사용되지만, 소형 저낙차의 경우는 주철이 사용되는 경우도 있다. 강판을 사용하는 경우는 스테이베인 부분은 주강 또는 강판용접으로 제작한다. 이것을 스테이링(또는 스피드링)이라고 한다. 이 스테이링에 관 형상으로 가공한 강판 케이싱을 용접한다.

(a) 공장 제작

(b) 현장 설치

그림 2.112 프란시스수차 케이싱 제작 및 설치 시공 예

자료: Toshiba International Corporation & PT Barata Indonesia

2) 가이드베인

가이드베인은 그림 2.113과 같은 형상이며, 이것을 피치 원주상에 일정한 매수(16~24매)의 익렬로 나열하고, 스테이베인으로부터 흘러들어온 물이 가이드베인 익렬 사이의 유로에서 가속되어 균일한 흐름이 러너 블레이드 입구에 도달할 수 있도록 안내하는 장치이다. 가이드베인의 주된 역할은 수차의 부하에 맞추어 유량을 조절하는 것이다. 유량의 조절은 유압 액츄에이터 링크시스템에 연결된 암을 일제히 회전축 방향으로 회전 변위하여 개도를 바꾼다.

가이드베인은 펠턴수차의 노즐에 상당하지만, 몇 매만을 닫아서 유량을 변화할 수는 없다. 그림 2.114와 같이 가이드베인 익렬이 시스템으로 구성되어 반드시 전부가 함께 개폐되어야 한다.

가이드베인 익렬을 전폐한 경우 이웃하는 가이드베인과 서로 접촉하는 면이 불균일하거나 매끄럽지 않을 경우 누수가 많아질 수 있으며, 가이드베인 유로 출구 부분에서는 유속이 빠르기 때문에 가이드베인 표면 형상이 효율에 영향을 미칠 수 있으므로 마무리 가공 시 주의를 기울여야 한다.

가이드베인 재질에는 보통은 주강이 사용되지만, 수질이 산성인 경우는 18-8 Cr-Ni 강, 또는 모래의 함유량이 많은 경우에는 13 Cr 강이 사용된다.

그림 **2.113** 가이드베인 형상
자료: Telleria Machining Project Management & Groupe NET Tech Plus

그림 **2.114** 가이드베인 익렬 시스템 구성 및 설치 시공
자료: IVT, NTNU

3) 러너

러너는 가이드베인에서 흘러들어온 물을 받아 회전하면서 수동력을 회수하고, 그 회전력을 주축에 전달하는 수차의 주요한 요소이다. 러너 내부 유로에서는 물이 가득 채워진 상태로 흘러가기 때문에 각 부분에서의 속도 및 압력이 다르게 나타나는데, 이것은 대기 중에서 제트 흐름을 이용하는 펠턴수차와 다른 점이다.

그림 2.115는 수력발전소에서 러너 설치 시공 장면을 보이고 있다. 프란시스수차 및 러너의 구조와 각부 명칭은 그림 2.116과 같이 구성되고, 러너베인을 크라운과 밴드가 상하로 고정하는 구조로 되어 있다.

그림 2.115 프란시스수차 러너 설치 시공
자료: USBR, Grand Coulee Dam

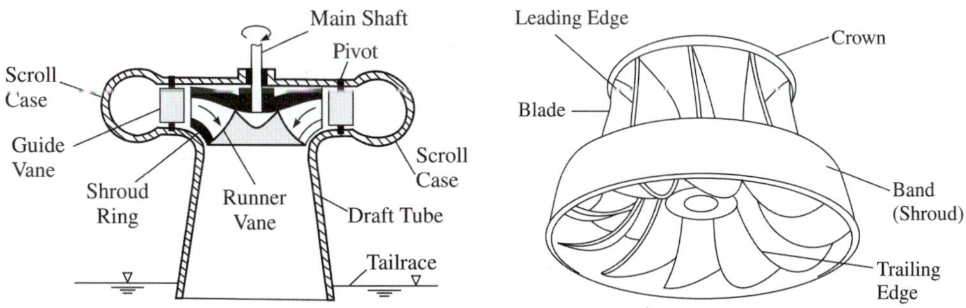

(a) 프란시스수차 (b) 러너

그림 2.116 프란시스수차와 러너의 각부 명칭
자료: Subramanya, 2013

러너의 형상은 그림 2.117과 2.118에서 같이 비속도 n_s값에 따라서 외형 및 내부 유로가 큰 폭으로 변화한다. 비속도 n_s가 작은 것은 상대적으로 고낙차, 소유량의 운전조건을 만족시키기 위해서 러너 입구 폭 B가 상대적으로 좁고, 입구 직경 D_1에 비해서 출구 직경 D_2의 크기가 작게 설계된다. 그러나 비속도가 증가함에 따라서 저낙차, 대유량 측으로 운전조건이 이동함에 따라서 증가한 유량을 고려하여 입구 폭이 넓어지고, 입구 직경에 비하여 출구 직경이 더 커지는 형상으로 변하게 된다. 러너 내부의 러너베인 형상도 저비속도영역에서는 반경 방향의 곡률이 큰 원호 형상이지만, 고비속도 영역으로 이동할수록 러너베인의 형상이 사류 또는 축류형 러너베인의 형상과 유사해지는 것을 알 수 있다. 반동 작용을 가장 강하게 발휘하는 것은 러너베인 출구 후연 부근이기 때문에 이 부분의 형상과 표면 마무리 가공에는 특히 주의를 기울여야 한다.

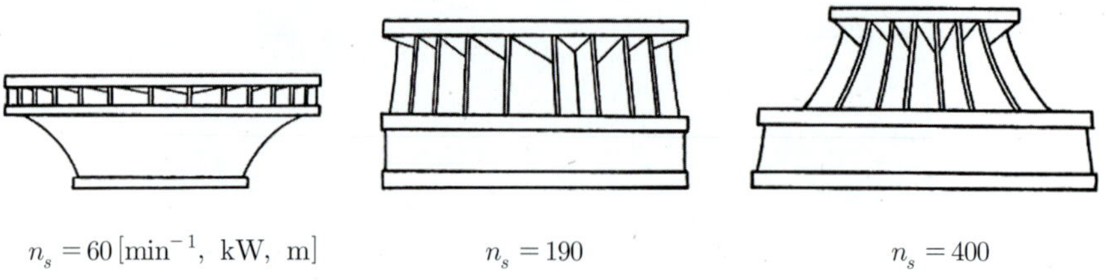

그림 **2.117** 프란시스수차 러너 외부 형상과 비속도 n_s의 관계

자료: Elliott, 1989

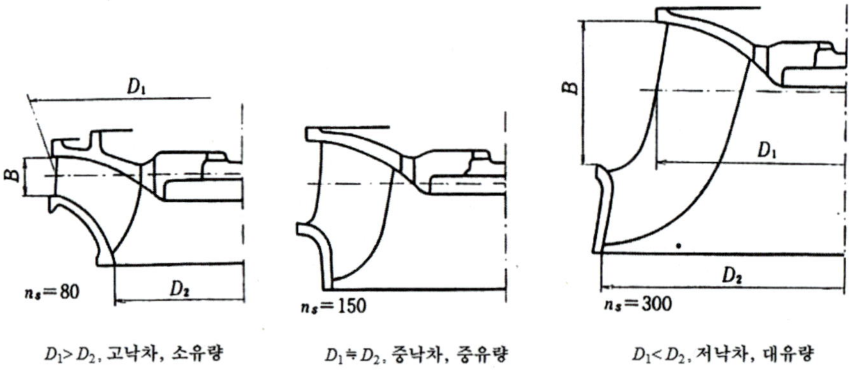

그림 **2.118** 프란시스수차 러너 내부 유로 형상과 비속도 n_s의 관계

자료: 日本機械学会編, 1986

그림 2.119는 프란시스수차 러너 형상을 비교하고 있으며, (a) 종래형은 러너베인 입구에서 출구까지 축 방향 형상이 크라운에서 밴드까지 수직으로 곧게 뻗은 형상이지만, 최근에 개발된 (b) X-Blade의 경우 러너베인 크라운 및 밴드에서의 단면을 겹칠 경우 X 형상으로 크게 비틀림이 있으며, 이러한 매우 3차원적인 러너베인 형상 변화는 수차의 효율 향상, 캐비테이션 억제 그리고 러너 내부 유로 2차 흐름 억제에 의한 유동 안정화에 기여

하게 되어 수차의 성능향상에 크게 기여하는 것으로 알려져 있다.

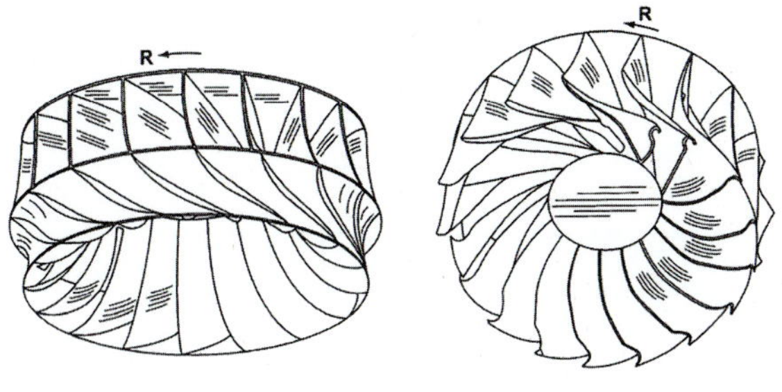

(a) 종래형 (b) X-Blade

그림 **2.119** 프란시스수차 러너베인 형상 비교

자료: Coulson, 2006

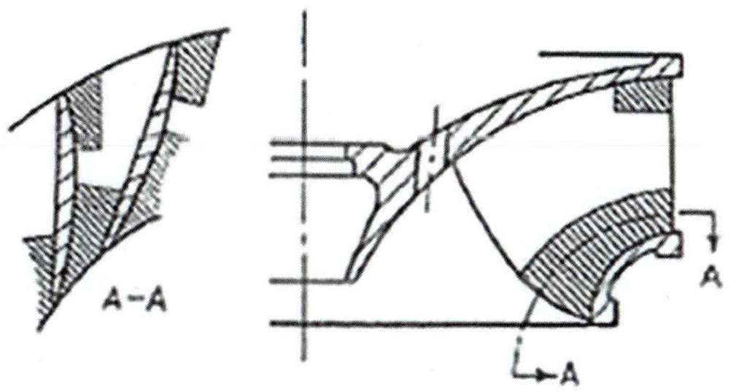

그림 **2.120** 스테인레스강 코팅에 의한 캐비테이션 침식 억제

자료: 石井, 1962

러너의 재질은 일반적으로 주강이 사용되지만, 캐비테이션이나 모래에 의한 침식을 고려하여 13 Cr 강이나 18-8 Cr-Ni 강이 많이 사용된다. 대형 러너는 캐비테이션의 피해를 받기 쉬운 부분만 스테인레스강으로 코팅하는 경우도 있으며, 그림 2.120에 사선으로 표시된 부분이 그 예이다. 수질이 산성의 경우에는 청동, 인청동, 18-8 Cr-Ni 강이 사용되고, 모래의 함유량이 많을 경우에는 13 Cr 강, Mn 강 등이 사용된다. 보통 일체형 주조 또는 용접조립 구조가 채용된다.

4) 흡출관

흡출관은 러너로부터 유출되는 물을 방수로로 이어주는 유로 형상을 가진 일종의 확산관이다. 캐비테이션 발생을 억제할 수 있는 형상이어야 하며, 러너 출구에서 물이 가지고 있는 속도수두 및 위치수두를 출구까지 효율적으로 회수하게 만든다. 그림 2.121은 대표적인 흡출관 형상을 보이고 있으며, 그림 2.122는 흡출관 제작 과정을 보이고 있다.

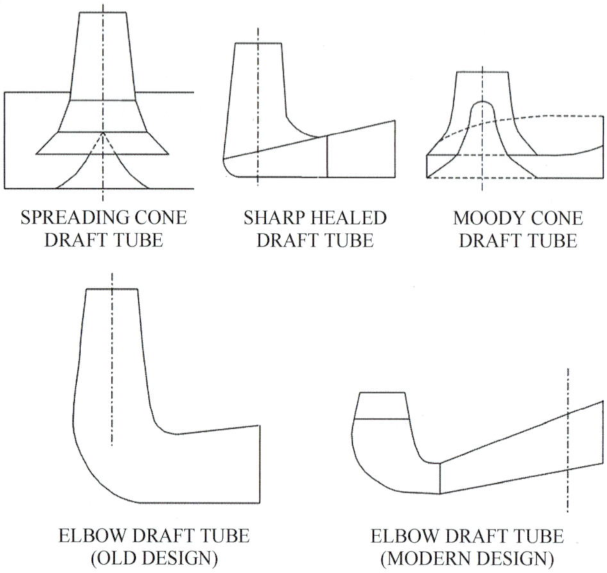

그림 **2.121** 반동수차 흡출관 형상 비교

자료: EPRI, 2000

그림 **2.122** 흡출관 실물 제작 과정

자료: Ciltuq A.S.

표 2.7은 반동수차 흡출관의 형상과 효율의 관계를 나타내고 있다. 수차가 소형일 경우 일반적으로 표 2.7(a)처럼 원뿔형으로 적용하고, 대형일 경우에는 지반의 굴착량을 적게 하기 위해 표 2.7(b)와 같이 바닥이 얇은 곡관형을 적용한다. 따라서 오늘날에는 입축 수차의 거의 대부분이 곡관(엘보우)형을 적용하고, 원뿔형은 일반적으로 횡축 수차에만 적용한다. 곡관형에는 표 2.7(b)에서와 같이 입구는 원형이지만, 곡선부가 시작되는 지점에서부터 점차 가로로 긴 모양으로 변하여 출구에서는 직사각형에 가까운 형상으로 된다.

곡관형 흡출관의 형태는 여러 가지가 연구되었다. 표 2.7(c)와 같은 무디형이 실제로 적용된 사례도 있고, 이를 개량하여 표 2.7(d)와 같이 곡관형 흡출관 중앙에 콘(center cone)을 설치한 형상도 제안되었지만, 수차가 대형화되면서 복잡한 형태는 경제적이지 않으므로 현재는 거의 적용되지 않고 표 2.7(a)와 (b)의 2가지 형상이 주로 적용되고 있다.

한편, 고낙차 수차의 경우 일반적으로 흡출관을 출구까지 전부 강판으로 제작하지만, 저낙차 수차용 흡출관은 콘크리트로 만들고 유속이 빠른 곡관부까지의 내면에만 강판제

표 **2.7** 반동수차 흡출관의 형상과 효율

명칭	(a) 원뿔형	(b) 엘보우형	(c) 무디형	(d) 중앙 콘 설치 엘보우형
형상	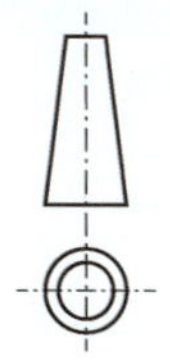	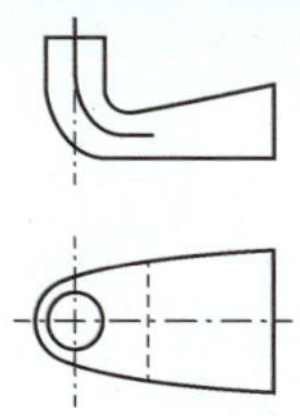	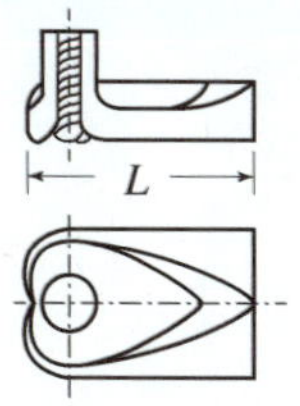	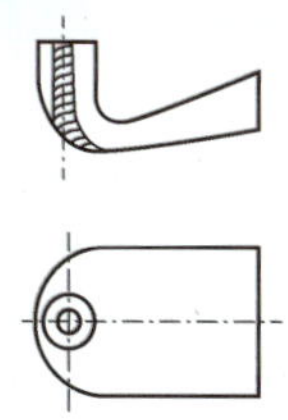
선회류가 없는 경우	$\eta_d = 91\%$	(1) 격벽 설치 $\eta_d = 61\%$ (2) 격벽 없음 $\eta_d = 50\%$	(1) L 길게 $\eta_d = 74\%$ (2) L 짧게 $\eta_d = 70\%$	(1) 콘 설치 $\eta_d = 75\%$ (2) 콘 없음 $\eta_d = 73\%$
선회류가 있는 경우	$\eta_d = 48\%$	(1) 격벽 설치 $\eta_d = 6\%$ (2) 격벽 없음 $\eta_d = 15\%$	(1) L 길게 $\eta_d = 36\%$ (2) L 짧게 $\eta_d = 30\%$	(1) 콘 설치 $\eta_d = 37\%$ (2) 콘 없음 $\eta_d = 30\%$

자료: 石井, 1962

라이너로 보호하는 방법도 있다.

최근에는 수차 및 흡출관의 설계와 성능향상을 위한 연구가 진보하여 반동형 대형수차의 경우 시제품 설계 후 동일한 형상의 수차 및 흡출관 축소모형을 제작하여 성능시험을 수행하며, 그 성능평가 결과에 따라 시제품의 제작 및 설치가 결정된다. 그림 2.123은 흡출관을 포함한 수차 모형시험 장치와 비설계점에서 발생하는 캐비테이션의 거동을 가시화 시험에 의해 보이고 있다.

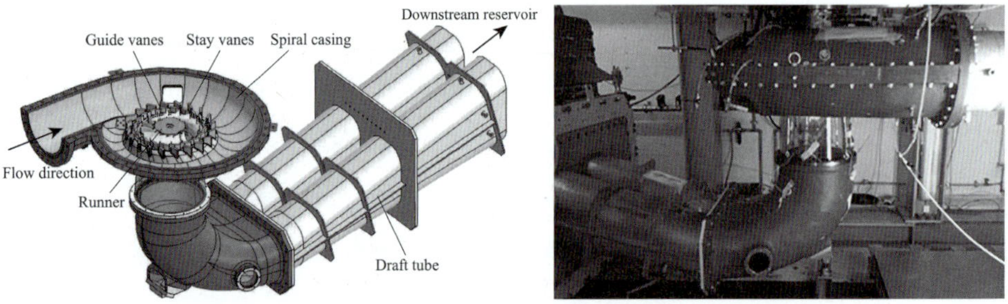

(a) 수차 축소모형 개략도 및 성능시험 설비(자료: Yamamoto, 2017)

(b) 흡출관 캐비테이션 보텍스로프 발생 가시화 시험(자료: Iliescu, 2008)

그림 **2.123** 수차 흡출관 모형시험 설비 및 비설계점 캐비테이션 발생 가시화 시험

2.5.3 프로펠러수차

(1) 개요

프로펠러수차는 2～90 m의 저낙차 수력발전소에 적용되는 수차이며, 이론적으로는 고비속도 프란시스수차의 연장으로 볼 수 있는 수차이다. 그래서 구조나 작동원리는 프란시스수차와 많이 비슷하다.

그림 2.124에서 프로펠러수차의 구조와 작동원리를 설명한다. ① 케이싱 ② 가이드베인 ③ 러너 ④ 흡출관 ⑤ 주축 ⑥ 서보모터에 대해서는 프란시스수차에서 설명한 바와 같다. 단, 러너에 대해서는 물이 반경 방향의 유속을 갖지 않는 것, 러너베인 수가 적고 외주에 밴드가 없는 것, 러너베인 각도가 주축의 중간에 설치된 서보모터에 의해 변화하는 것이 프란시스수차와 다른 점이다.

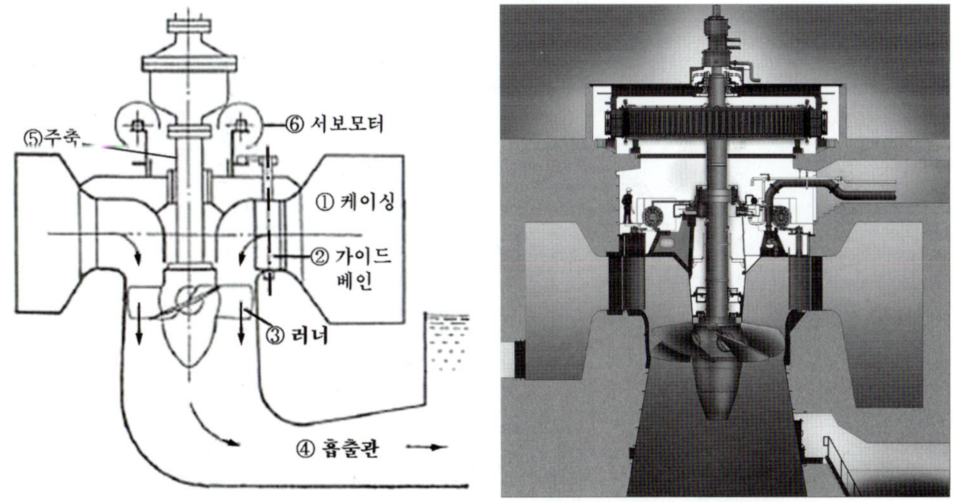

(a) 구조 (b) 수차발전기 단면도(자료: RRHP)

그림 2.124 프로펠러수차의 구조와 작동원리

프로펠러수차에는 이와 같이 러너베인 각도가 변하는 것과 변하지 않는 것 2가지가 있다. 전자를 가동익 프로펠러수차, 후자를 고정익 프로펠러수차라고 하지만, 경우에 따라서는 전자를 발명자 Kaplan의 이름을 따서 카플란수차, 후자를 프로펠러수차로 구별하는 것도 있다. 일반적으로는 가동익형이 사용되며, 낙차와 유량이 정규상태(설계점)에서 변하더라도 그것에 대응하여 러너베인 각도를 변화시키므로 효율이 거의 변하지 않는 것이 특징이다.

프로펠러수차는 35 m 이하의 저낙차에 주로 적용되지만, 90 m에 가까운 중낙차에 대해서도 설계 개선을 통하여 적용될 수 있다.

부하가 급감할 때는 프란시스수차와 마찬가지로 가이드베인을 급히 닫아서 발전기의 속도 상승을 막고, 러너베인은 그보다 늦게 천천히 닫는다. 단, 90 m 이상의 고낙차에는 거의 적용하지 않으므로 제압기는 갖추지 않는 것이 일반적이다. 평상시의 통상적인 운전에서 가이드베인과 러너베인은 그 때의 낙차와 유량에 따라 최적의 효율을 발휘하도록 일

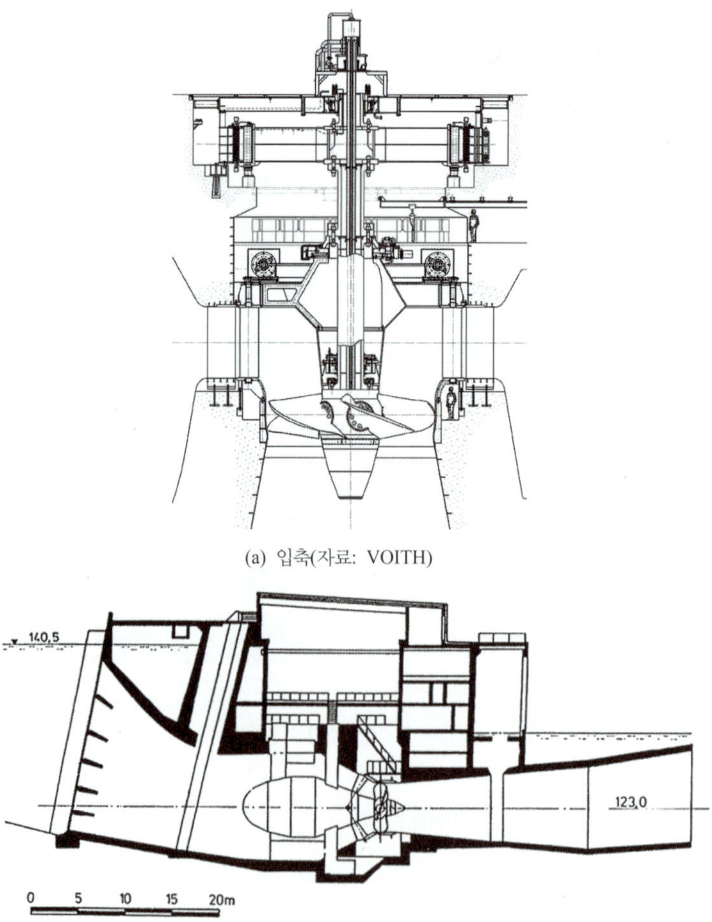

(a) 입축(자료: VOITH)

(b) 횡축(자료: Brekke, 2012)

그림 **2.125** 주축 배치에 따른 프로펠러수차의 구조

정한 관계로 연동된다.

그림 2.125는 프로펠러수차의 주축 위치에 따른 입축(종축)과 횡축 프로펠러수차 예를 보이고 있다.

그림 2.126에 수차 개발 초기(1925년경)의 프로펠러수차 구조를 보이고 있다. 현재의 일반적인 저낙차용 프로펠러수차는 1912년에 Kaplan(오스트리아)이 발명한 형태이다. 그 외에도 프로펠러수차로서 1917년에 Lawazeck(스웨덴), 1919년에 Nagler(미국), 1921년에 Moody(미국), 1922년에 Bell(스위스) 등이 각각 발명한 것이 있으며, 이들 중에 일부는 실용화된 것들도 있으나 대부분은 현재 사용되지 않고 역사상의 이름으로만 남은 수차들이다.

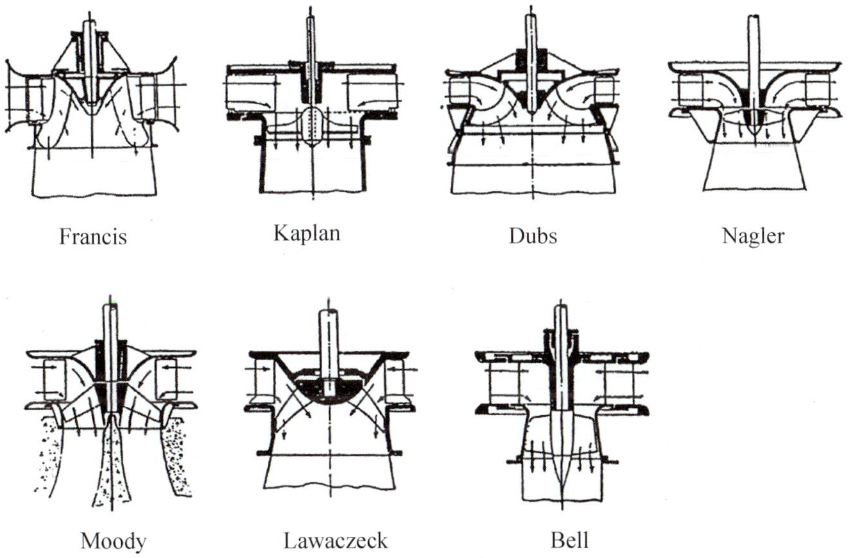

그림 2.126 수차 개발 초기(1925년경)의 프로펠러수차 구조
자료: 石井, 1962

(2) 분류

프로펠러수차의 종류를 그림 2.127에 나타내고 있으며, 수차 입구와 흡출관 출구로 흘러가는 흐름 방향을 기준으로 구분하면 (a) 카플란수차(반경 방향에서 수직), (b) 사류 수차(경사 방향), (c) 튜블러수차(횡축 입구에서 출구 방향)로 구분된다.

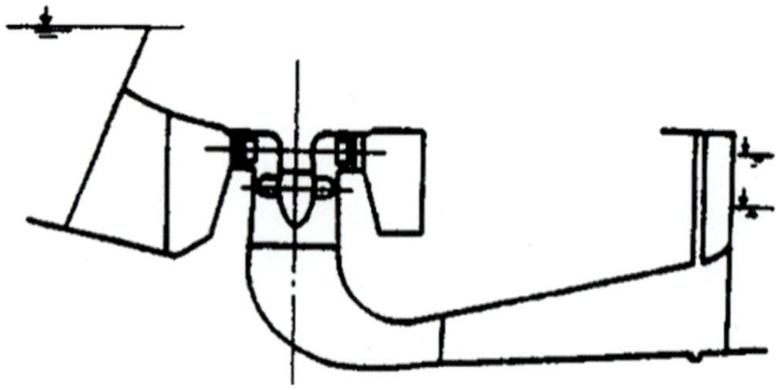

(a) 카플란수차

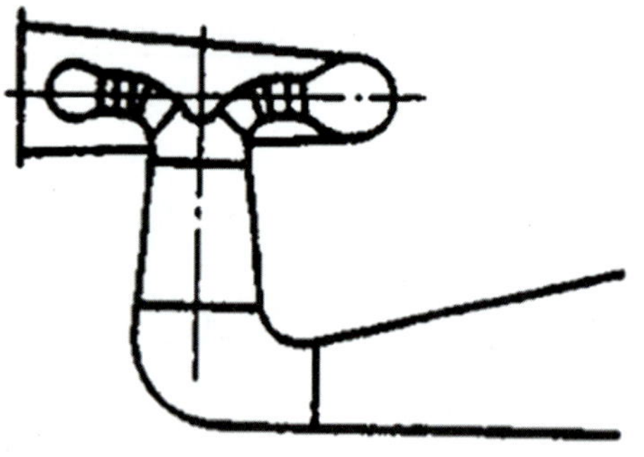

(b) 사류 수차

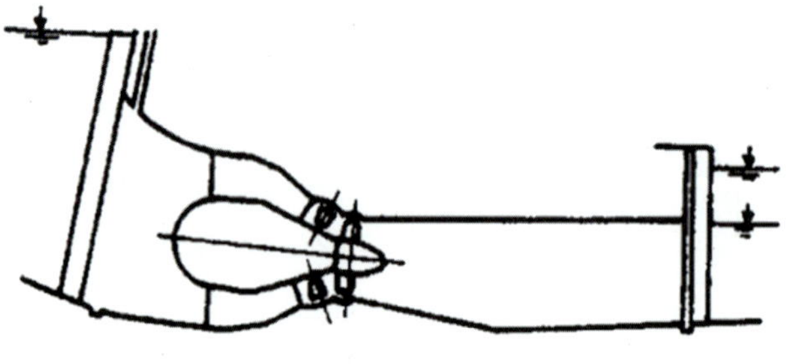

(c) 튜블러수차

그림 **2.127** 프로펠러수차의 종류
자료: Mei, 1991

그림 2.128은 입축 카플란형 프로펠러수차가 설치된 노르웨이 Solbergfoss 수력발전소의 단면도와 평면도를 보이고 있다. 카플란형 프로펠러수차는 일반적으로 50 m 이하의 낙차에 적용되며, 최대 90 m의 낙차에 적용된다. 그림의 수력발전소에 설치된 카플란형 프로펠러수차의 설계 사양은 출력 P=104.9 MW, 유효낙차 H=20.0 m, 회전속도 N=78.9 min^{-1}이다.

이 수차의 경우 러너베인이 13% Cr 6% Ni 주강으로 제작되었으며, 가이드베인과 강철 구조물은 고품질의 탄소강판과 주물로 제작되었다. 러너베인 서보모터는 허브 내부에 위치하고 오일의 공급과 피드백은 중공 축 상단을 통해 수차 거버너로 전달된다. 각 가이드베인의 제어는 1대의 서보모터에 의해 수행된다.

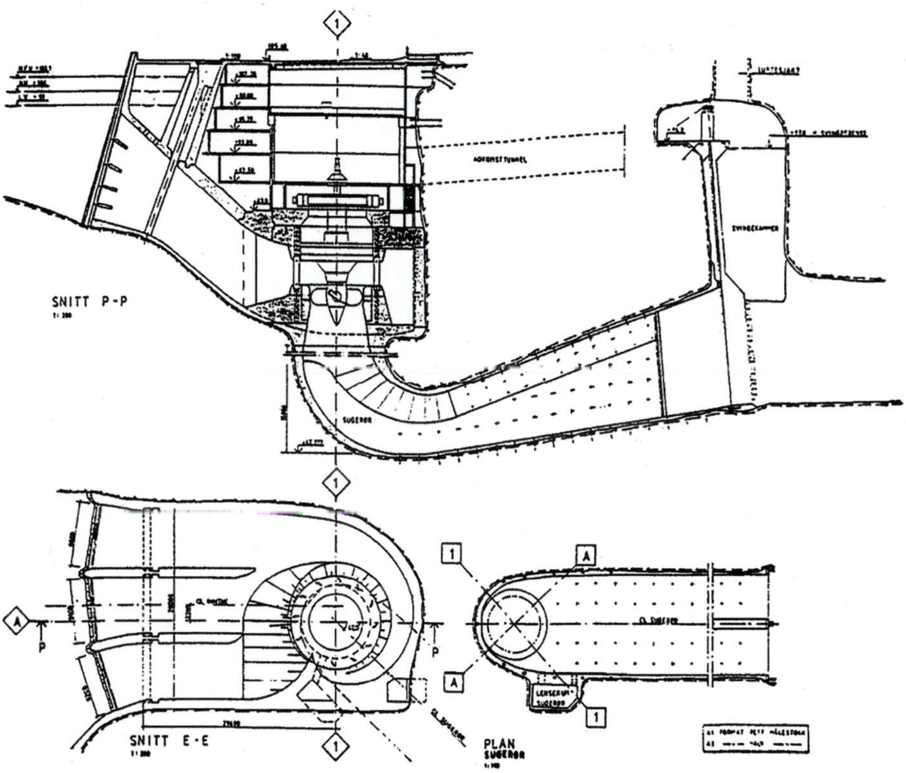

그림 **2.128** 입축 카플란형 프로펠러수차가 설치된 Solbergfoss 수력발전소 배치도
자료: Brekke, 2012

그림 2.129는 입축 카플란형 프로펠러수차의 주요 부품과 내부 구조를 보이고 있다. 일반적으로 물이 축에 대해 축 방향으로 러너를 통과하며, 러너는 3~6개의 러너베인을 가지고 있다. 러너베인의 피치는 고정 또는 조정 여부에 따라서 고정익 또는 가동익이라고 한다. 러너 이외의 주요 구성요소는 나선형 케이싱, 가이드베인 그리고 흡출관이 있다. Kaplan수차는 러너베인과 가이드베인이 모두 가동익이며 저유량에서 고유량까지 넓은 유

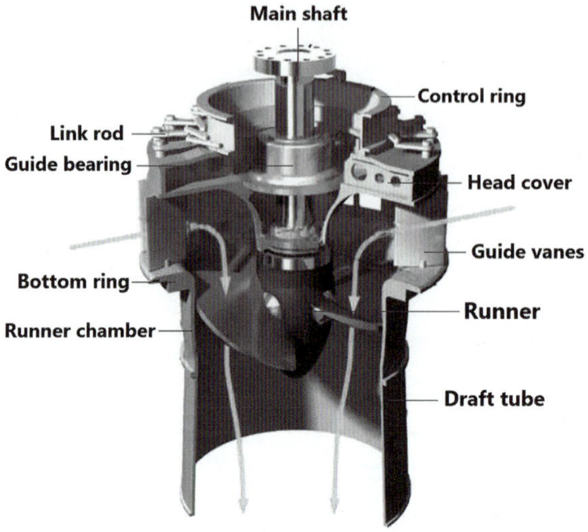

그림 **2.129** 입축 카플란형 프로펠러수차 주요 부품 및 내부 구조
자료: HUAHYDRO

량 범위에서 고효율을 달성할 수 있는 수차이다.

벌브수차는 그림 2.130과 2.131에서와 같이 횡축 Kaplan 형식의 반동수차로서 물의 흐름은 수차의 축을 따라 들어가고 수차의 축을 따라 빠져 나가는 구조이다. 수차와 발전기는 유로 내부에 직접 배치된 밀폐된 유닛 케이싱 내부에 설치하며 케이싱 형상이 전구와 닮아서 벌브(bulb)수차라고 한다.

이 수차의 장점은 케이싱에 있으며 입축 나선형 케이싱에 비하여 횡축 벌브형이므로 수차 내에서의 물 흐름이 단순하게 되어 손실수두가 작고 수차효율이 좋아진다. 또한 케이싱의 구조가 간단하여 발전소 건설비용이 저렴하고, 홍수 시에는 발전소 전체가 침수되어도 수차 내부의 침수 방지가 충분히 될 수 있다.

단점은 발전기를 수중에 넣기 때문에 수봉장치의 제약으로 고낙차에는 적합하지 않고, 가이드베인 축이 축 방향과 일치하지 않기 때문에 그 개폐 기구가 복잡하다.

- **발전방식**: 단류식 창조발전
  (밀물 때 낙차를 이용한 발전방식) 1일 2회 발전
- **수차**: 25.4천 kw × 10기
- **형식**: 수차·횡축 벌브형 카플란수차
  발전기·횡축 3상 동기발전기 (극수 112극)
- **수차 직경**: Φ7.5 m (날개수 3개)
- **사용 수량**: 482.13 m^3/sec
- **회전수**: 64.29 RPM
- **낙차**: 최대낙차 7.50 m 정격낙차 5.82 m 최소낙차 1.00 m

1 수차	: 낙차에 의해 흐르는 바닷물의 힘을 받아 회전력을 발생시키는 장치
2 수차축	: 수차의 회전력을 회전자에 전달하는 장치
3 회전자	: 자극(N, S)이 형성되어 회전하는 부분
4 고정자	: 전기가 유도되는 고정되어 있는 부분
5 벌브케이스	: 수차발전기 전체하중 지지 및 수차 점검 공간
6 벌브노우즈	: 발전기 점검 공간

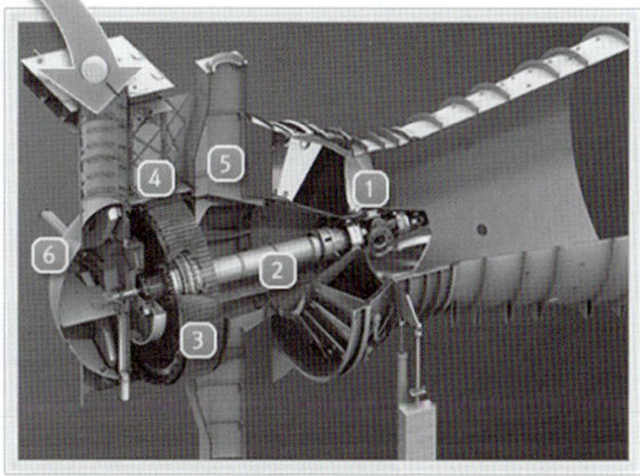

그림 **2.130** 벌브형 프로펠러수차를 채용한 시화조력발전소 수차 상세 단면도

자료: 시화조력발전소

그림 **2.131** 저낙차 벌브(Bulb)형 프로펠러수차 개념도 예

자료: Yates, 2017

피트수차는 그림 2.132에서 보이는 바와 같이 벌브수차의 변형이며, 다른 특성은 발전기(가속 기어박스 포함)가 벌브수차와 같이 유로의 물속에 잠기는 방수 케이싱이 아니라 상류 피트 내에 설치되는 것이다. 효율은 S형 프로펠러수차보다 우수하고 비용은 벌브수차보다 저렴하다.

S형 프로펠러수차는 그림 2.133과 같은 구조이며, 횡축 Kaplan수차라고도 불린다. 그 특징은 물의 흐름이 입구에서 출구까지의 통로를 통해 축 방향으로 흐르기 때문에 통로는 본질적으로 관로의 형상으로 되어 있다. 수차축은 케이싱 관로의 방향이 바뀌는 지점에서 관로 밖으로 통과하여 전송 벨트 또는 발전기에 직접 연결된다.

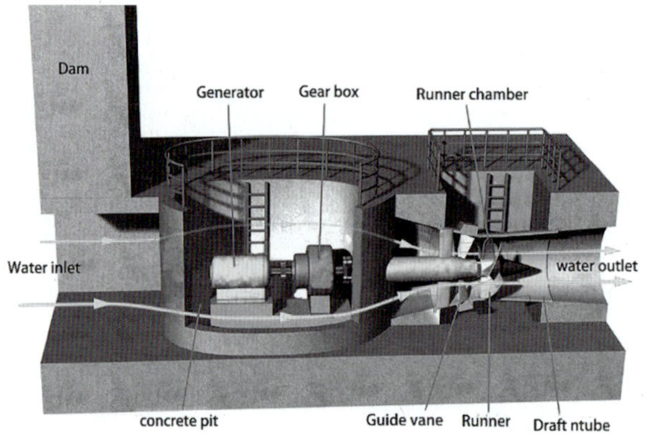

그림 2.132 저낙차 피트(pit)형 프로펠러수차 개념도 예
자료: HUAHYDRO

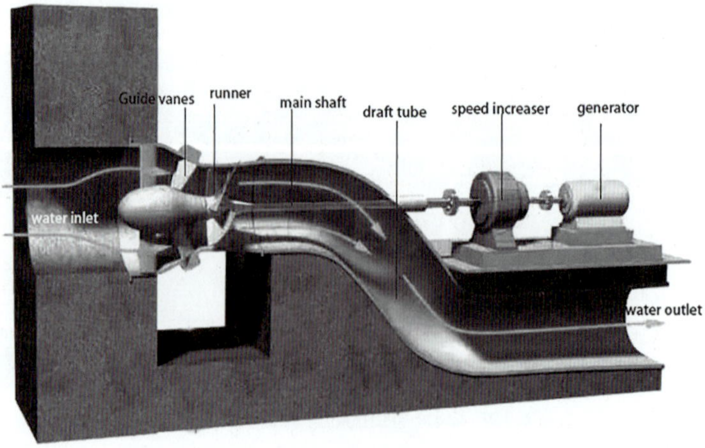

그림 2.133 저낙차 S형 프로펠러수차 개념도 예
자료: HUAHYDRO

(3) 구조

1) 케이싱

그림 2.134는 프로펠러수차의 출력과 낙차에 따른 케이싱 적용 예를 보이고 있다. 출력과 낙차에 따라서 케이싱의 형상과 재질이 달라진다. 저낙차에서는 콘크리트 재질을 사용하고, 중낙차 이상에서는 용접 및 주물 강판 재질을 사용한다. 또한 저낙차 대용량에서는 콘크리트 나선형 케이싱, 저낙차 소용량에서는 용수로형 케이싱이 채용된다. 그리고 낙차 25 m 이하의 소용량에서는 원형 및 나선형 케이싱이 사용되고, 그 이상의 상대적으로 고낙차에서는 용접 및 주물 강판을 사용해서 케이싱을 제작한다.

그림 2.135는 프로펠러수차에 일반적으로 채용되는 나선형 케이싱의 형상과 단면 형상을 보이고 있다. 케이싱 유로 단면 형상은 4각형(또는 T형) 및 원형이 주로 사용되며, 그림 2.136의 준나선형(semi-spiral) 4각형 케이싱의 경우 스피드링을 강판 또는 주강으로 만들고 4각형의 케이싱은 콘크리트로 제작한다.

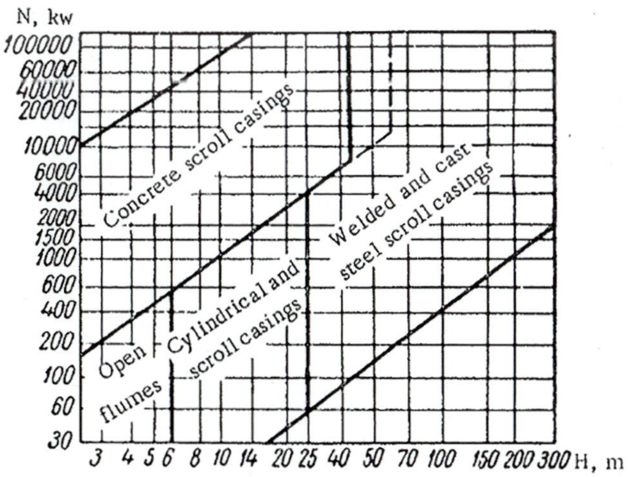

그림 **2.134** 프로펠러수차의 출력과 낙차에 따른 케이싱 적용 예

자료: Kovalev, 1965

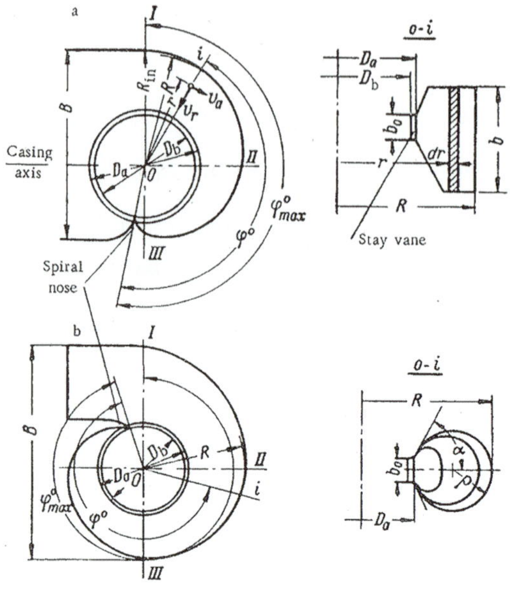

그림 2.135 프로펠러수차 나선형 케이싱 형상 예

자료: Kovalev, 1965

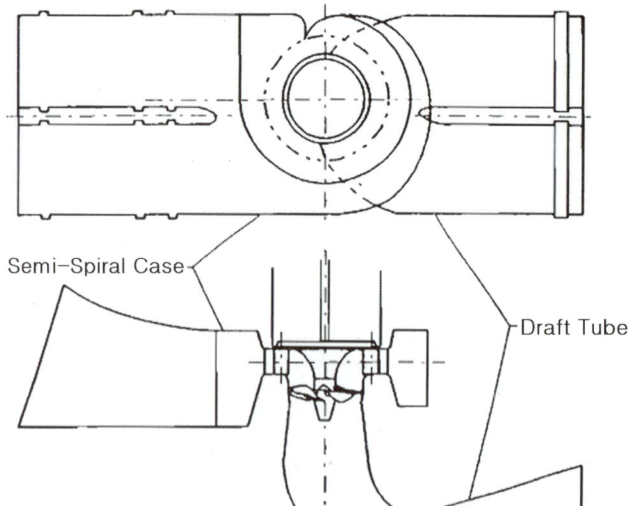

그림 2.136 프로펠러수차 준나선형 4각형 케이싱과 엘보우형 흡출관 배치 예

자료: ASME Hydro Power Technical Comitee, 1996

2) 가이드베인

그림 2.137은 프로펠러수차의 가이드베인 축 배치에 따른 예를 보이고 있으며, 그림 2.137(a)는 수직축 가이드베인으로서 프란시스수차의 가이드베인과 형상이 거의 동일하지만, 단면의 익 형상이 프란시스수차에 비하여 단순하게 할 수 있고 게다가 축 방향의 높이도 높기 때문에 주물뿐만 아니라 강판용접으로 만드는 경우도 있다. 그림 2.137(b)는 경사축 가이드베인을 채용한 프로펠러수차의 예이다.

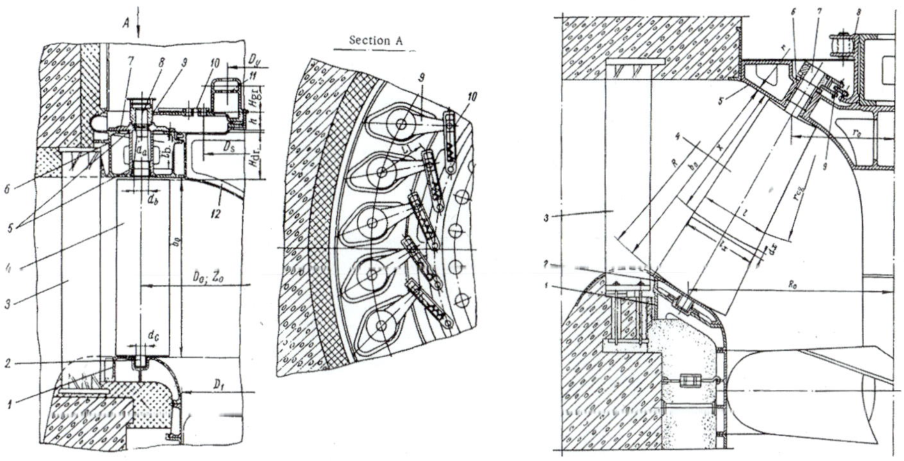

(a) 수직축　　(b) 경사축

그림 **2.137** 프로펠러수차 가이드베인 축 배치 예

자료: Kovalev, 1965

3) 러너

프로펠러수차 러너 형상은 그림 2.138과 같이 러너베인과 이것을 지지하는 보스로 구성되어 있다. 러너베인의 원주 방향 단면 형상은 비행기 익형과 비슷하다. 이러한 익 형상은 보스에 가까울수록 짧고 두껍게 되며 각도도 서 있다. 보스의 마찰손실을 작게 하기 위해서는 그 크기가 되도록 작은 것이 바람직하지만, 적용 낙차가 커지게 되면 강도를 고려하여 낙차에 비례하여 커지게 된다. 러너베인 매수는 고속으로 하기 위해서 가능한 한 적은 편이 좋지만, 캐비테이션 흡입성능과 강도를 고려하여 낙차에 따라서 매수가 많아지게 된다. 일반적으로 3~6매의 러너베인 매수가 적용되고 있으며, 그림 2.139는 시화조력발전소 벌브형 프로펠러수차 러너를 보이고 있다.

그림 **2.138** 카플란 프로펠러수차의 러너 예

자료: VOITH

그림 **2.139** 시화조력발전소 벌브형 프로펠러수차 러너

자료: ANDRITZ Hydro

그림 2.71의 낙차와 비속도, 유량에 따른 적용가능 수차 선정범위에서 보이는 바와 같이 비속도와 낙차, 유량은 서로 밀접한 관계가 있으므로 비속도에 따라 러너의 형상이 변할 수 있다.

그림 2.140은 러너 직경 및 러너베인 매수에 따른 프로펠러수차 러너 설치 예를 보이고 있으며, 최근에 러너베인 매수가 3매(소형) 또는 4매(대형)가 주로 설치되고 있음을 알 수 있다. 그림 2.141은 러너베인 매수(3~5매)에 따른 프로펠러수차 러너 형상을 보인다. 가동익형 러너베인은 운전조건에 따라서 회전이 가능하며, 가동익형 러너는 일반적으로 카플란수차 러너라고 불린다.

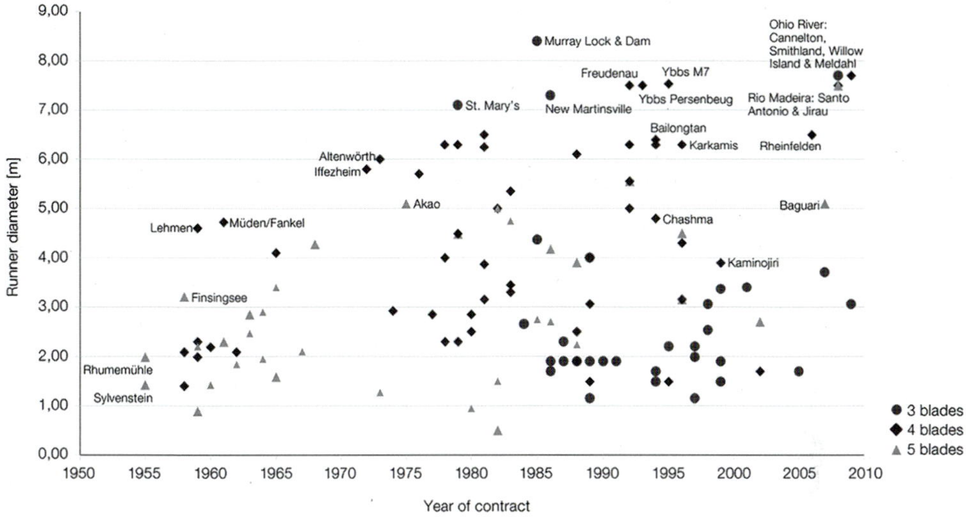

그림 2.140 러너 직경 및 러너베인 매수에 따른 연도별 프로펠러수차 러너 설치 예
자료: VOITH

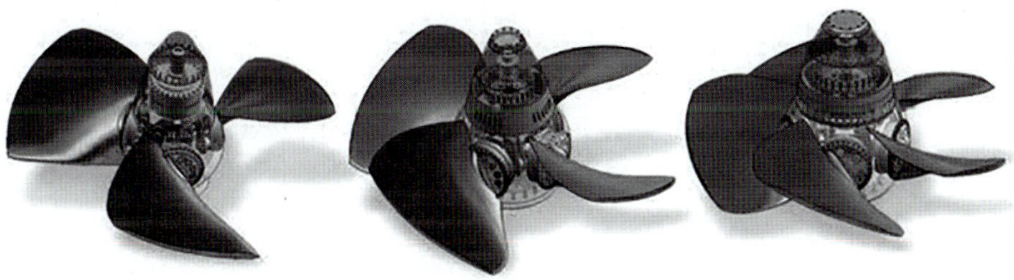

그림 2.141 러너베인 매수에 따른 프로펠러수차 러너 형상 예
자료: VOITH

그림 2.142는 프로펠러수차 러너의 가동익과 고정익 형상을 보이고 있으며, 가동익형에서는 러너베인의 내측이 보스 표면과 구면 접촉을 하고 있다. 러너베인 외주도 구면으로 되어 있고 디스차지 링(Discharge ring)과의 사이에 1∼2 mm의 틈이 있다. 단, 디스차지 링의 상부는 그림 2.142(a)에서와 같이 러너를 상측으로 꺼내기 쉽도록 원통면으로 하는 것이 일반적이지만, 구면으로 하는 경우도 있다. 고정익형의 경우는 그림 2.142(b)와 같이 내측과 외주 모두 구면으로 할 필요가 없으며, 보스도 작게 할 수 있다.

러너베인의 재질로는 일반적으로 주강이 사용되지만, 캐비테이션과 모래에 의한 침식을 고려하여 13 C_r 강과 18-8 C_r-N_i 강이 사용되는 경우도 많다. 대형에서는 캐비테이션의 피해를 받기 쉬운 익면 부분만을 스테인레스강으로 코팅하는 경우도 있으며, 그림 2.143에서 그 예를 보이고 있다.

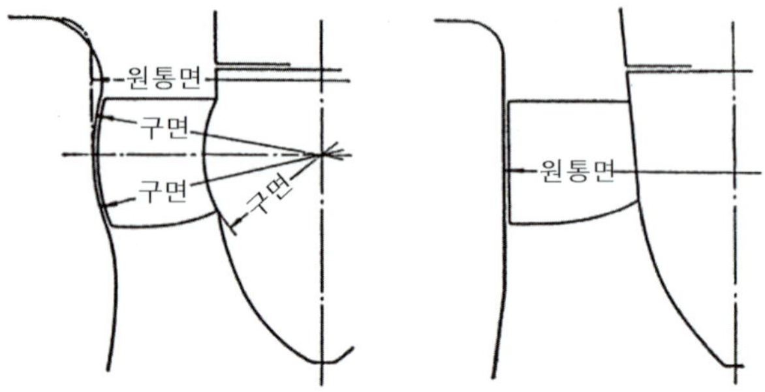

(a) 가동익형 (b) 고정익형

그림 **2.142** 프로펠러수차 러너의 가동익과 고정익 형상

자료: 石井, 1962

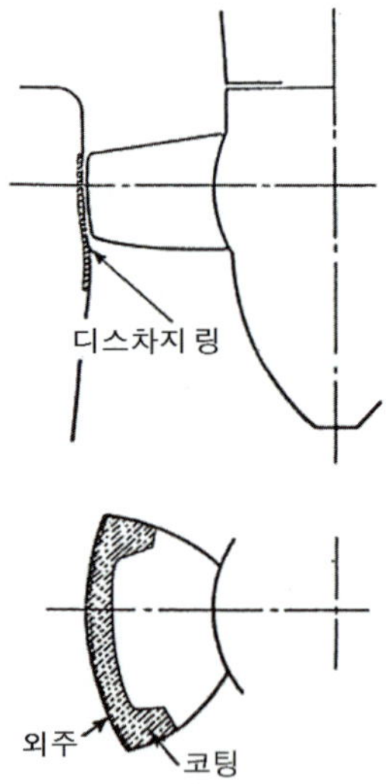

그림 **2.143** 프로펠러수차 러너베인 익면 코팅 예

자료: 石井, 1962

4) 가동익 카플란 러너베인 개폐 조작기구

가동익 카플란 프로펠러수차는 부분부하에서의 효율적인 운전을 위해 유량에 대응하여 수차 러너베인을 최적인 개도로 조정할 수 있도록 러너베인을 고정하고 있는 러너 보스 내부에 러너베인 개폐 조작기구를 설치해두고 있다. 그림 2.144는 가동익 카플란 프로펠러

수차 러너베인 조작기구 개념도를 보이고 있다.

그림 2.144 가동익 카플란 프로펠러수차 러너베인 조작기구 개념도

자료: Luo, 2010

5) 흡출관

프로펠러수자의 흡출관은 기본적으로 프란시스수차와 형상은 유사하지만, 대유량에 적용되기 때문에 흡출관 엘보우와 방출구 측 배치에서 손실 발생을 줄이기 위한 비대칭 형상

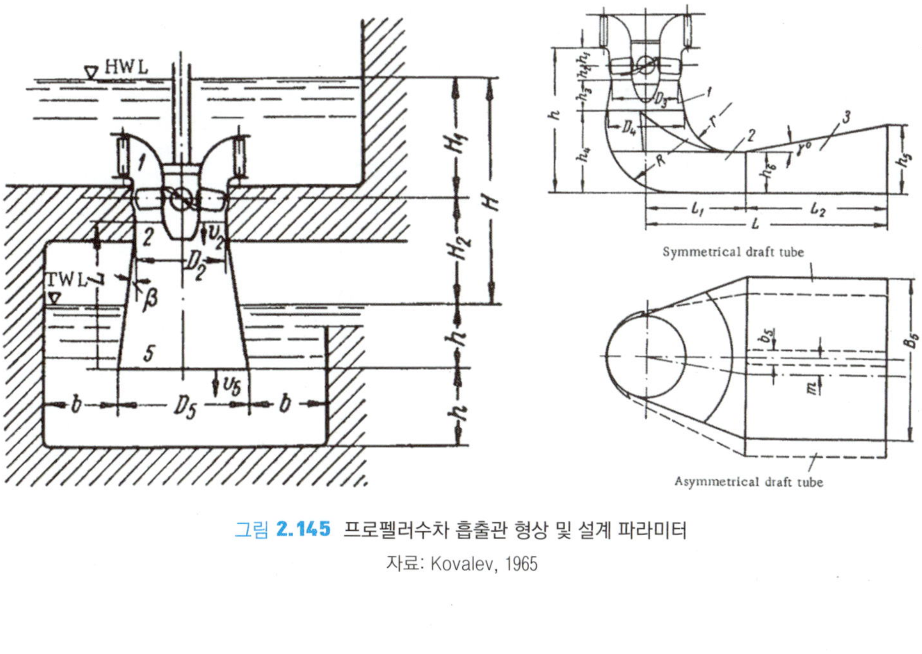

그림 2.145 프로펠러수차 흡출관 형상 및 설계 파라미터

자료: Kovalev, 1965

등의 설계가 필요하다. 그림 2.145는 프로펠러수차 흡출관 형상 및 설계 파라미터를 나타낸다.

2.5.4 펌프수차

(1) 양수발전소의 주기 배치에 따른 종류

양수발전소는 양수와 발전의 두 가지 기능을 갖추어야 한다. 이러한 기능을 가능하게 하는 설비로서 수력기와 전기기가 있다. 수력기는 펌프와 수차의 기능을 가지며, 전기기는 전동기와 발전기의 기능을 가진다. 이와 같은 수력기와 전기기를 합쳐서 주기라고 한다. 양수발전소를 주기 배치의 관점에서 크게 나누면 표 2.8과 같이 구분할 수 있다.

그림 2.146은 표 2.8의 주기 배치에 따른 펌프수차의 방식을 개략적으로 나타낸 것이다.

표 2.8 양수발전소 주기 배치의 종류

<table>
<tr><th>축 방향
종류</th><th>횡축</th><th>입축</th><th>기호설명</th></tr>
<tr><td>(a) 별치식</td><td></td><td></td><td rowspan="3">P: 펌프
T: 수차
G: 발전기
M: 전동기
C: 특수축커플링
PT: 펌프수차
MG: 발전전동기</td></tr>
<tr><td>(b) 탠덤식</td><td>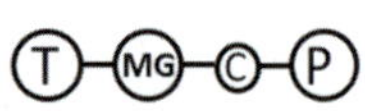</td><td>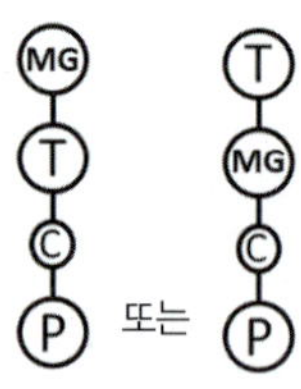</td></tr>
<tr><td>(c) 가역식</td><td>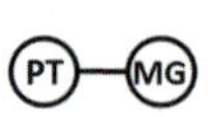</td><td></td></tr>
</table>

자료: 石井, 1962

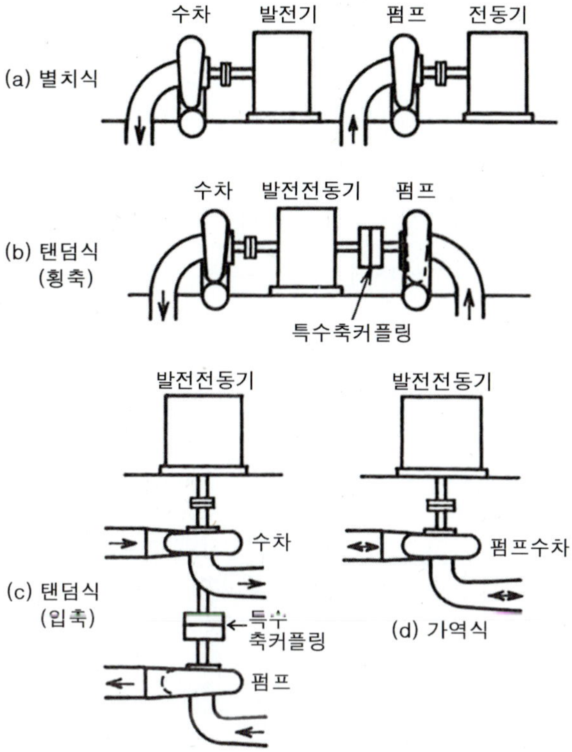

그림 **2.146** 펌프수차의 주기 배치에 따른 방식

자료: ターボ機械協会編, 2007

1) 펌프전동기(motor)와 수차발전기(generator)를 별도로 설치하는 별치식

양수를 위한 펌프전동기와 발전을 위한 수차발전기의 양 설비를 각각 완전히 따로 갖추는 것이며, 표 2.8(a)와 같이 배치하는 것이다.

이 방식에서는 펌프와 수차를 각각 이상적으로 만들 수 있기 때문에 성능의 관점에서는 가장 좋은 조합이 될 수 있다. 그러나 주기의 비용뿐만 아니라 이것을 설치하기 위한 발전소 건물이 고가가 되기 때문에 오늘날에는 일부 소형을 제외하고는 거의 채용되지 않는다.

2) 발전전동기만 겸용하는 탠덤(tandem)식

이것은 표 2.8(b)와 같이 발전기와 전동기를 겸용하는 것이다. 이것에 의해 2대의 발전기와 전동기에 대한 설치 공간이 1대로 줄어서 건물의 일부를 절약할 수 있다. 펌프운전 시와 수차운전 시의 회전 방향과 회전속도는 같게 한다. 그러나 표 2.8(a)에 비하여 회전속도를 양쪽 설비에서 각각 자유롭게 선택할 수 없기 때문에 불리하게 된다. 동일 조건에서는 펌프운전 시에 수차운전 시보다 캐비테이션이 일어나기 쉬우므로 회전속도는 펌프의 요구 사양에 따라 정해지는 것이 일반적이다. 이 방식에서는 한 쪽을 운전할 때, 다른 한 쪽은 분리하거나 공회전해야 한다. 따라서 특수한 베어링을 사용하거나 케이싱 내의 물을 밀어 올리기 위한 공기압축기를 설치하기도 한다. 또한 기동 방법에도 여러 가지 문제가 있으며 기동용 소형수차와 토크 컨버터 등을 사용하는 경우가 많다. 양쪽 운전 사이로의 전환에는 표 2.8(a)보다는 시간이 더 걸리지만, 2～5분 정도에 전환이 가능하다.

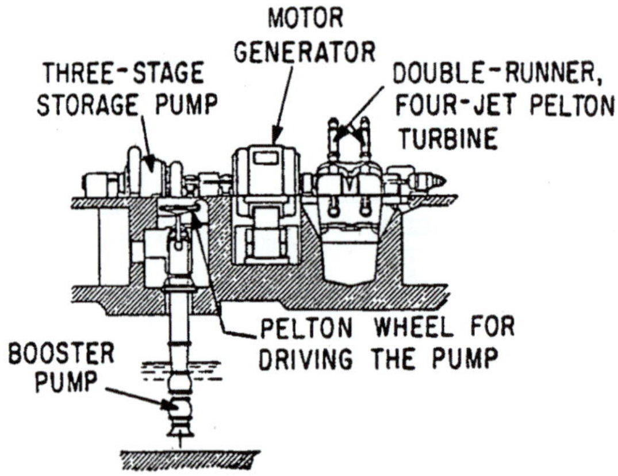

(a) 3단 편흡입펌프-발전전동기-펠턴수차 구성(자료: Blomquist, 1979)

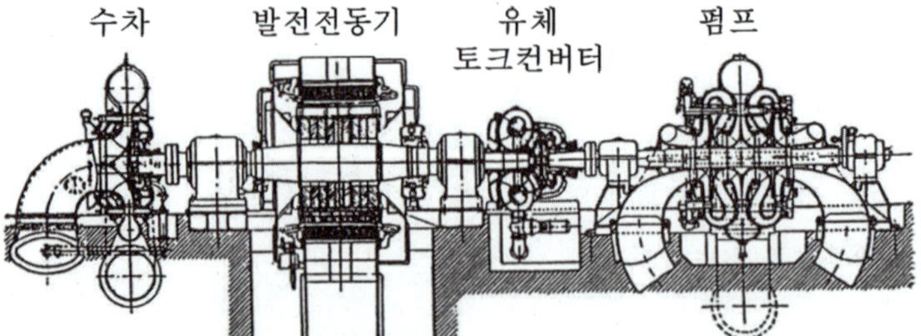

(b) 프란시스수차-발전전동기-토크컨버터-다단펌프(자료: 石井, 1962)

그림 2.147 횡축형 탠덤식 양수발전소 주기 단면도 예

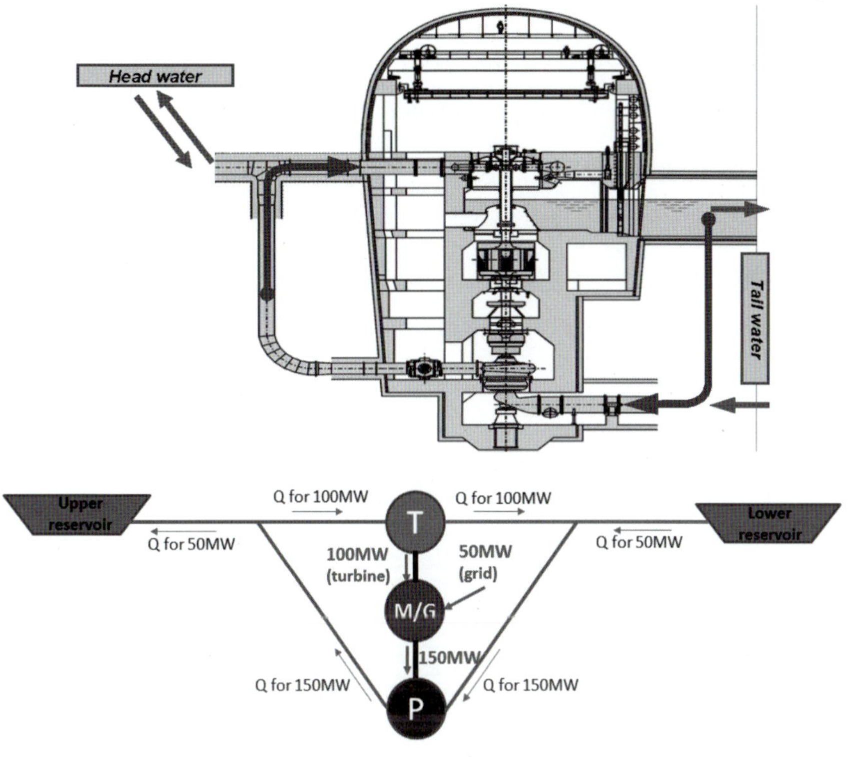

(a) 팰턴수차-발전전동기-단단펌프(자료: Koritarov, 2014)

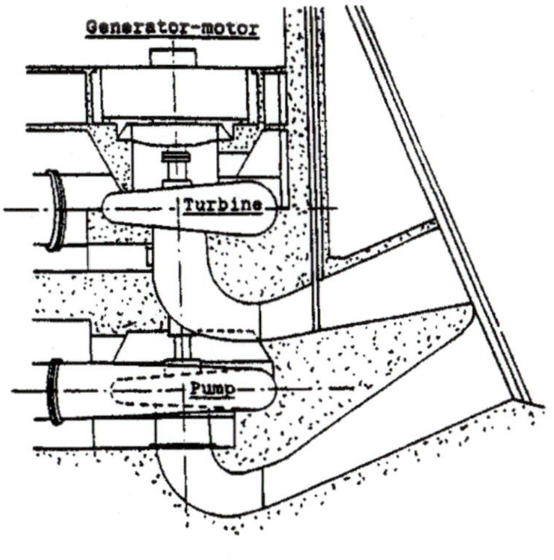

(b) 발전전동기-프란시스수차-단단펌프(자료: Mei, 1991)

그림 **2.148** 입축형 탠덤식 양수발전소 주기 단면도 예

발전전동기만 겸용으로 사용하는 양수발전소의 예로 그림 2.147은 횡축형 탠덤식 주기를 사용하는 양수발전소 주기 단면도를 보이고 있다. 또한 그림 2.148은 입축형 탠덤식 주기를 사용하는 양수발전소 단면도를 나타낸다. 탠덤식 양수발전 설비는 발전전동기, 별도의 수차(일반적으로 프란시스수차 또는 펠턴수차) 및 펌프 설비로 구성된다. 두 개의 개별 수력기계로서 발전전동기의 회전 방향은 두 작동모드 모두에서 동일할 수 있다. 이는 발전소 운영에 상당한 상업적 가치를 가져다 준다. 수차 및 펌프모드 작동 간 전환을 위해 정지 상태에서 작동할 수 있는 클러치, 시동 터빈 또는 동기화 토크 컨버터 등의 구성 요소를 제공할 수 있다.

이러한 탠덤식 장치를 구성하면 기계설비 내에 이른바 수력 단락 회로를 구현할 수 있다. 수차모드와 펌프모드 간에 빠르게 전환할 수 있는 토크 컨버터를 사용하여 상대적으로 매우 빠른 그리드 응답을 제공할 수 있다.

3) 발전전동기와 가역식 펌프수차

이것은 표 2.8(c)와 같이 1대의 수력기기로 펌프와 수차를 가역식으로 사용하는 것이며 주기를 가장 간소화한 형식이다. 발전전동기와 펌프수차가 각각 1대씩 있기 때문에 외관은 일반적인 수력발전소의 주기와 거의 같으며, 건물 크기도 표 2.8(a)와 2.8(b)에 비해서 작게 할 수 있다.

펌프수차는 펌프운전과 수차운전에서 회전 방향을 역으로 해야 한다. 이 때문에 프란시스형에서는 두 가지 운전의 전환 시간이 5~10분 정도 걸린다.

성능은 펌프와 수차의 두 가지 운전을 한 종류의 회전속도로 함께 최적조건에서 실시하는 것이 안되므로 표 2.8(a)와 2.8(b)의 형식에 비하면 뒤떨어진다. 하지만 이 펌프수차에 대한 연구가 지속적으로 진행되어 성능이 펌프와 수차의 개별 운전 시와 거의 동등하게 되었고, 초고낙차에 대응하여 펌프수차의 단수를 2단 이상의 다단 펌프수차가 실용화되어 채용되고 있다. 최근의 대용량 양수발전소는 거의 가역식이다.

그림 2.149는 발전전동기와 펌프수차를 채용한 입축 프란시스형 가역식 펌프수차 예를 보이고 있으며, 발전전동기는 회전속도의 변속 여부에 따라서 고정속 동기 발전전동기와 가변속 발전전동기를 사용할 수 있다.

한편, 그림 2.150은 최근의 양수발전기 주기 배치 예를 보이고 있다. 양수발전소가 계통의 주파주에 대한 균형을 맞추려면 운영자는 부하에 대응하여 생산을 더 많이, 더 빨리, 그리고 더 자주 시작하고 중단해야 한다. 양수 및 발전의 유연성은 펌프모드와 발전모드 모두에서 작동범위를 늘려 발전소가 매우 낮은 부하에서도 작동하고 출력과 입력을 신속

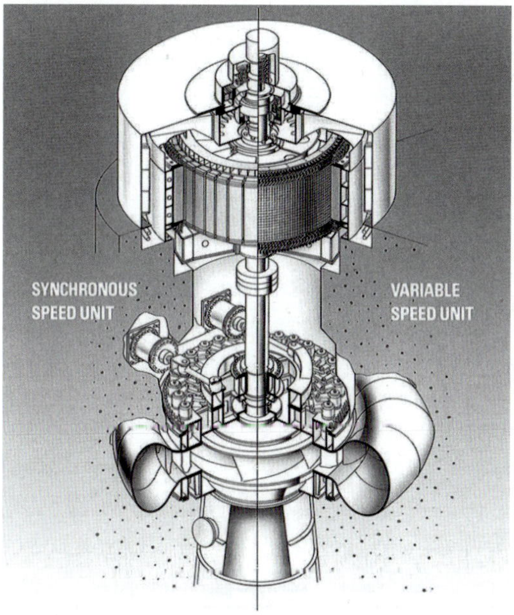

그림 **2.149** 발전전동기와 펌프수차를 채용한 입축 프란시스형 가역식 펌프수차 예
자료: Koritarov, 2004 / Source: Toshiba Corp. 2000

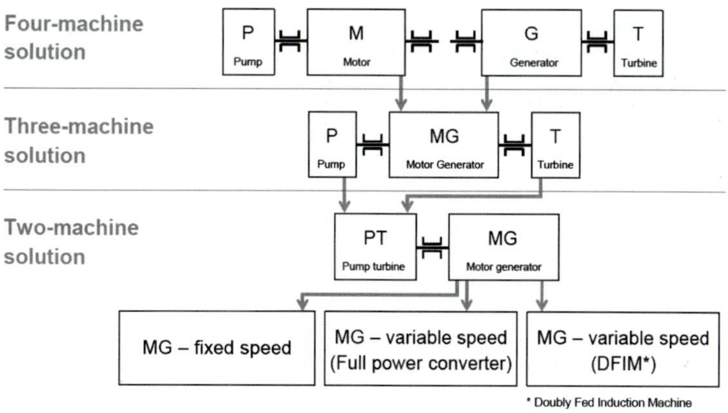

그림 **2.150** 최근의 양수발전소 주기 배치 예
자료: HYDROPOWER EUROPE, 2019

하게 변경할 필요가 있는데, 이러한 요구사항에 대해서 최근에는 가변속 발전전동기(variable speed motor-generator)를 채용하여 양수발전소 운전의 유연성을 넓혀가고 있다.

(2) 펌프수차의 종류

펌프수차는 펌프와 수차의 양쪽 기능을 모두 갖춘 수력기계이므로 그 모양이 펌프와 수차의 중간 정도 형상이 될 것으로 생각할 수 있겠지만, 실제로는 수차보다 펌프에 더 가까우며 그 이유는 다음과 같다.

펌프와 수차 내부의 흐름에서 수두손실은 주로 유로의 확대와 유로의 마찰에 의한 것으로 알려져 있다. 그런데 표 2.9ⓐ와 ⓑ에 나타낸 것과 같이 양단의 유로 단면적이 일정하고 길이만 다른 두 종류의 유로에 대하여 각각 ① 가속류(그림에서 좌에서 우로의 흐름)와 ② 감속류(그림에서 우에서 좌로의 흐름)를 생각해 본다. 이 경우 ⓐ-①, ⓑ-①, ⓑ-②, ⓐ-②의 순으로 손실이 적은 것을 알 수 있다. 그런데 수차는 ⓐ-①에 해당하고, 펌프는 ⓑ-②에 해당하기 때문이다.

이를 통해 수차를 펌프운전할 경우 효율이 매우 떨어지지만, 펌프를 수차운전하면 수차만큼 좋지는 않지만 펌프효율도 뒤지지 않는 효율을 얻을 수 있다는 것을 알 수 있다. 즉, 펌프수차가 펌프에 가까운 유로를 가져야만 하는 이유이다.

표 2.9 펌프와 수차의 비교

관의 종류		흐름의 종류	
		① 가속 흐름	② 감속 흐름
ⓐ	길 이: 짧다 확대율: 크다	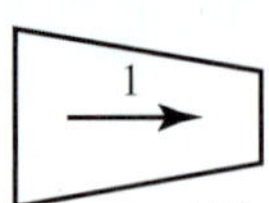 수차	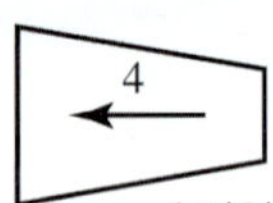 수차역회전
ⓑ	길 이: 길다 확대율: 작다	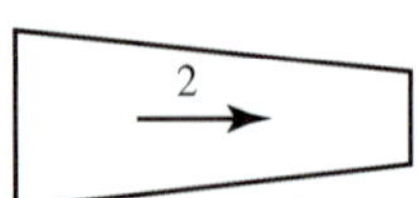 펌프역회전	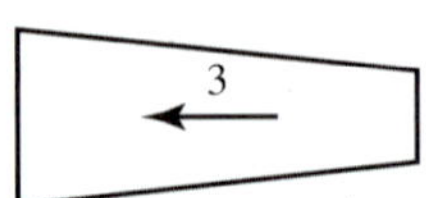 펌프

자료: 石井, 1962

펌프수차도 펌프 및 수차와 같이 양정/낙차에 따라 적용 기종이 달라진다. 변화하는 방식은 펌프와 거의 같다. 그림 2.151에서 펌프수차 러너의 종류를 나타낸다. 러너 내부를 흐르는 물은 기본적으로 펌프운전에서는 아래에서 위로, 수차운전에서는 위에서 아래로 흐르게 된다. 프란시스형에서는 반경 방향으로, 사류 프로펠러형에서는 경사 방향으로 흐르며, 축류 횡축 프로펠러형에서는 축 방향 좌우로 흐른다.

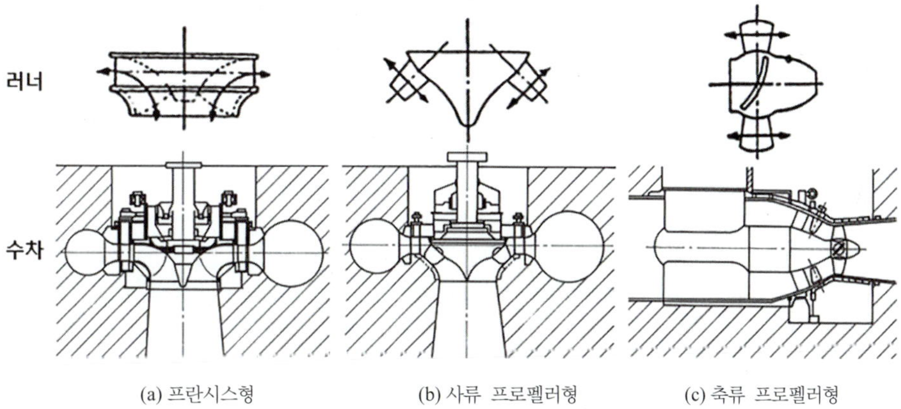

그림 2.151 펌프수차 러너의 종류

자료: 石井, 1962 & ターボ機械協会編, 2007

한편, 표 2.10은 펌프수차의 형식에 따른 일반적인 적용 낙차를 나타내고 있다. 또한 그림 2.152와 그림 2.153은 설계 시 선정 가능한 펌프수차 적용 양정/낙차 및 출력범위와 펌프수차의 최대 양정 증가 경향을 각각 보여주고 있다.

표 2.10 펌프수차의 형식에 따른 적용 낙차

형식	적용 낙차 [m]
프란시스형 펌프수차	40 ~ 800
사류형 펌프수차	25 ~ 200
축류형 펌프수차	5 ~ 25

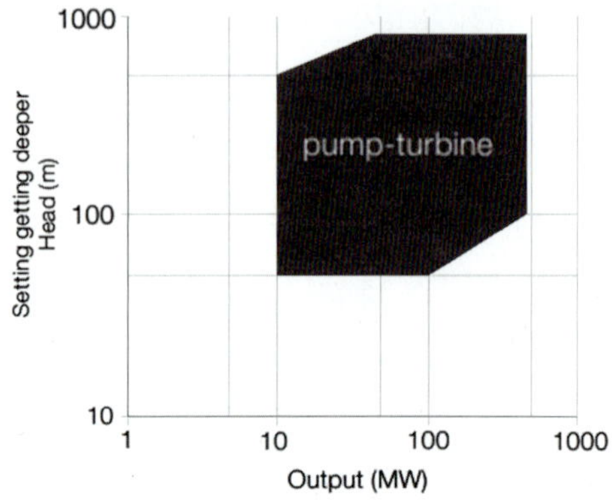

그림 2.152 펌프수차 적용 양정/낙차 및 출력범위

자료: VOITH

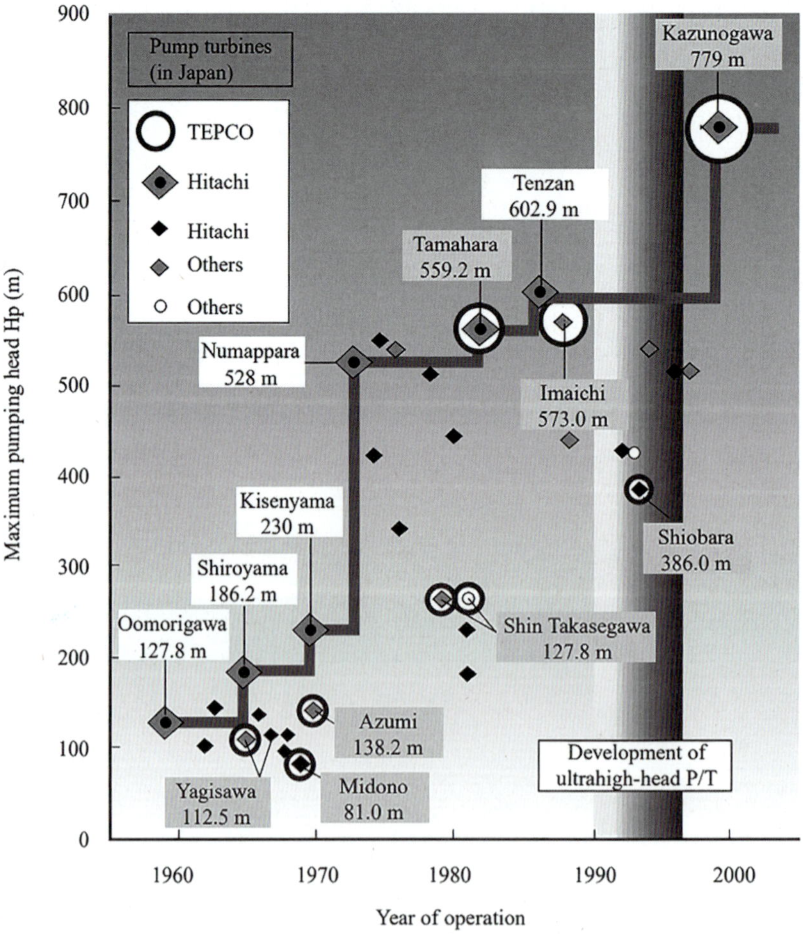

그림 2.153 펌프수차 최대 양정 증가 경향

자료: Ikeda, 2000

수차에서는 펠턴형이 상대적으로 초고낙차에 적용되고 있지만, 펌프에는 펠턴형이 없기 때문에 일반적으로 300 m 이상의 고양정에는 다단 원심펌프와 형식이 유사한 그림 2.154와 같은 다단 프란시스형 펌프수차가 적용된다. 단단 프란시스형 펌프수차 중 최고 양정 779 m를 가진 설비용량 1600 MW(4×400 MW)의 일본 Kazunogawa 양수발전소가 건설되어 운전 중이며, 그림 2.155에 펌프수차 내부 구조를 보이고 있다.

Pump turbine Tierfehd (Nestil)

1 reversible Pump turbine

Customer: Axpo AG, Switzerland

4 stages, non-regulated

Runner diameter	D_1=2262 mm
Head range	H 953.4–1065.7 m
Max power	P=141.2 MW
Speed	n 600 rpm
Specific speed	n_{sq} 130

그림 **2.154** 다단 프란시스형 펌프수차 사양 및 모형시험 장치 예

자료: ANDRITZ Hydro

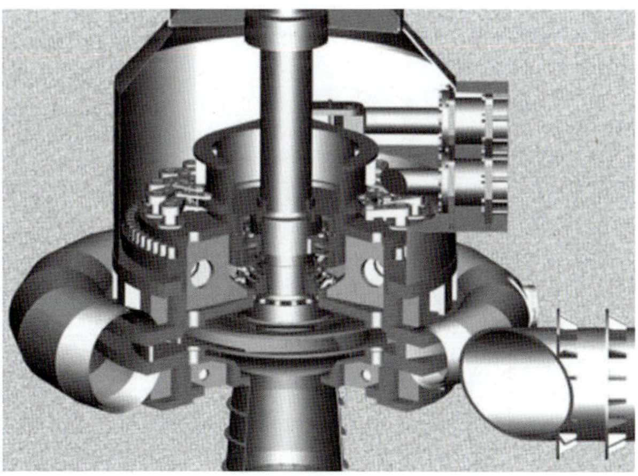

그림 **2.155** Kazunogawa 양수발전소 초고양정(779 m) 단단 프란시스형 펌프수차

자료: Ikeda, 2000

사류 프로펠러형 펌프수차는 1958년에 Sir Adam Beck Niagara 양수발전소에서 사류 Deriaz형 펌프수차가 처음으로 소개되었으며, 사류 Deriaz형 펌프수차는 가동익 러너베인을 적용한 것이다. 또한 Diagonal flow(사류) 가역 펌프수차가 1962년에 특허 등록되어 제안되었으며, 가동익 러너베인을 채용하였다. 그림 2.156 및 그림 2.157은 각각 Deriaz 펌프수차와 Diagonal flow 가역 펌프수차를 보이고 있다.

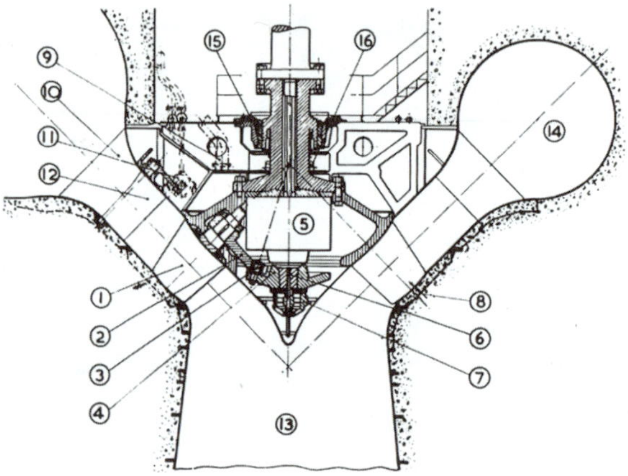

(1) Runner blades
(2) Blade lever
(3) Spider pivots
(4) Spider
(5) Rotating servomotor
(6) Restoring tube
(7) Return motion cam
(8) Blade-tip clearance
(9) Balancing pipe
(10) Stay vanes
(11) Flap servomotor
(12) Flaps
(13) Draft tube (suction pipe)
(14) Scroll casing
(15) Guide bearing
(16) Shaft gland

그림 **2.156** Sir Adam Beck Niagara 양수발전소 사류 Deriaz형 펌프수차 단면도

자료: Deriaz, 1959

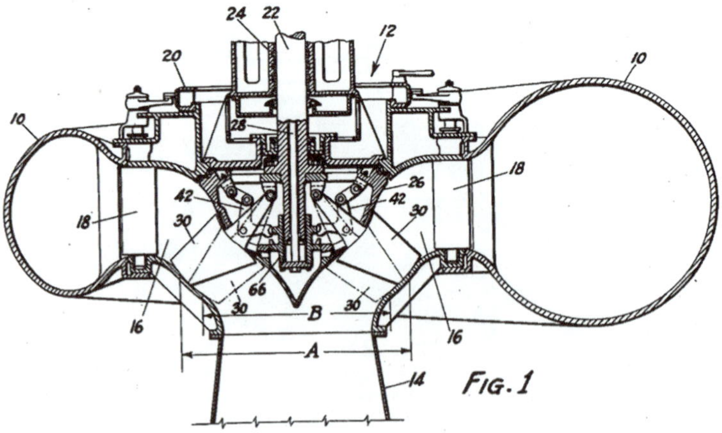

그림 **2.157** Diagonal flow(사류) 가역 펌프수차 단면도

자료: Whippen, 1962

한편, 그림 2.158은 가동익 사류 프로펠러형 펌프수차 러너베인 개폐 조작기구 개념도를 보이고 있다. 가동익 사류 프로펠러형 펌프수차의 러너베인을 움직이는 서보모터 조작방식은 회전식(그림 2.158(a))과 상하왕복식(그림 2.158(b))에 의한 2가지로 나눌 수 있다.

그림 2.158(a)의 회전 서보모터 방식의 경우 러너 서보모터에 의해 수차축 내부의 서보 피스톤을 회전시켜서 크로스헤드가 회전하게 되고, 암을 통하여 러너베인의 개도 조정을 하게 된다.

또한 그림 2.158(b)의 상하왕복 서보모터 방식의 경우 상하로 왕복하는 서보피스톤에 연결된 크로스헤드가 상하운동을 하면, 크로스헤드와 연결된 볼조인트와 암을 통해서 각각의 러너베인을 동시에 정확하게 같은 피치로 각도 변화를 시킨다. 볼조인트는 암과 크로스헤드가 3차원적인 움직임을 할 수 있도록 연결부에 볼을 포함시켜 3차원 각도 변화를 충분히 추종할 수 있도록 하였다.

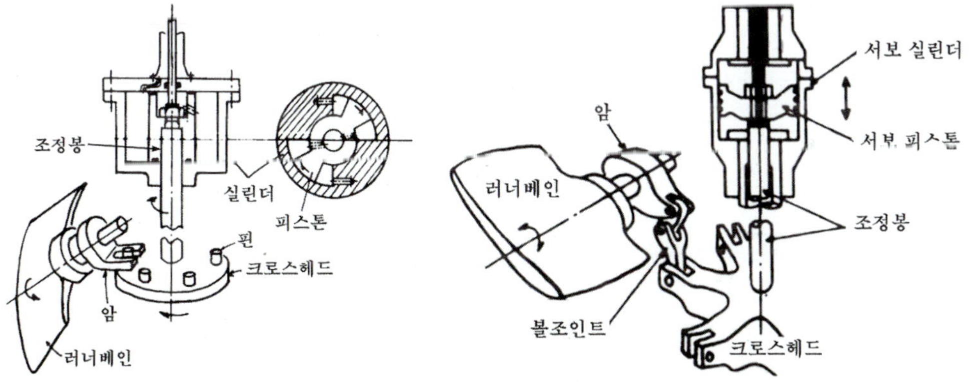

(a) 회전 서보모터 방식 (b) 상하왕복 서보모터 방식

그림 2.158 가동익 사류 프로펠러형 펌프수차 러너베인 조작기구 개념도

자료: 八重, 1980

축류 프로펠러형 펌프수차는 벌브형 케이싱을 사용한 저낙차, 대유량의 조력발전기로 주로 사용되고 있다. 그림 2.159는 프랑스 랑스 조력발전소에 설치된 조력발전용 축류 프로펠러형 펌프수차 개념도를 보이고 있다.

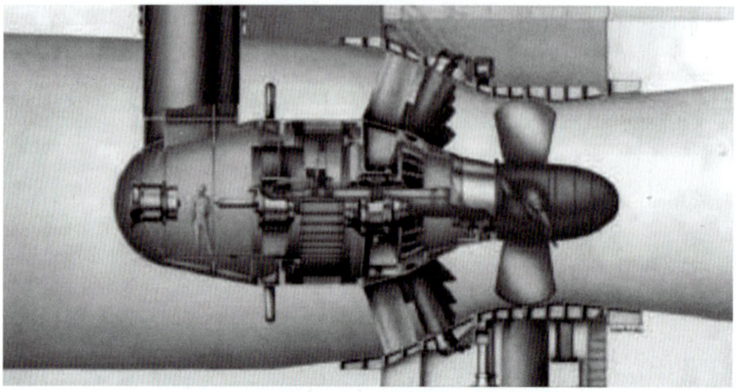

그림 **2.159** 조력발전용 벌브형 축류 프로펠러형 펌프수차 개념도

자료: edf, 2009

(3) 프란시스형 펌프수차의 구조

프란시스형 펌프수차의 구조는 그림 2.160에 보이는 바와 같이 일반적인 입축 프란시스수차와 비슷하지만, 러너(또는 임펠러라고도 함)의 형상은 일반적인 원심 임펠러와 비슷하다. 일반적인 프란시스형 펌프수차의 러너는 펌프효율이 높아지도록 설계하므로 동일한 낙차와 출력에 해당하는 발전 전용 수차보다 지름이 1.3～1.5배 정도 커진다. 동일한 비속도 n_s의 수차에 비해서 케이싱 입구 직경은 약 30% 작고 러너 입구 직경(외경)은 약 30% 이

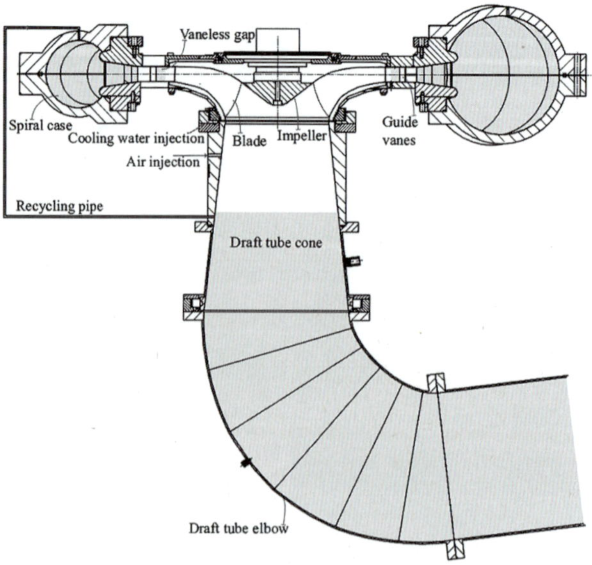

그림 **2.160** 일반적인 프란시스형 펌프수차 단면도 예

자료: Vagnoni, 2018

상 크다. 적용 낙차범위는 40～800 m 정도이다.

그림 2.161은 프란시스형 펌프수차 및 발전전동기 내부 구조 분해도 예를 보이며, 프란시스형 펌프수차 내부 구조는 러너의 외부에 가이드베인(위켓게이트), 스테이베인, 케이싱이 둘러싸고 있는 형상이다. 그림 2.162는 프란시스형 펌프수차 양수발전소 단면과 프란시스형 펌프수차 러너 실물 형상을 보이고 있다.

또한 그림 2.163은 프란시스형 펌프수차 각 유로의 형상 설계변수 중 (a) 러너의 비속도에 따른 주속도계수와 출입구 직경비 및 (b) 유효낙차에 따른 케이싱의 유속을 각각 나타낸다.

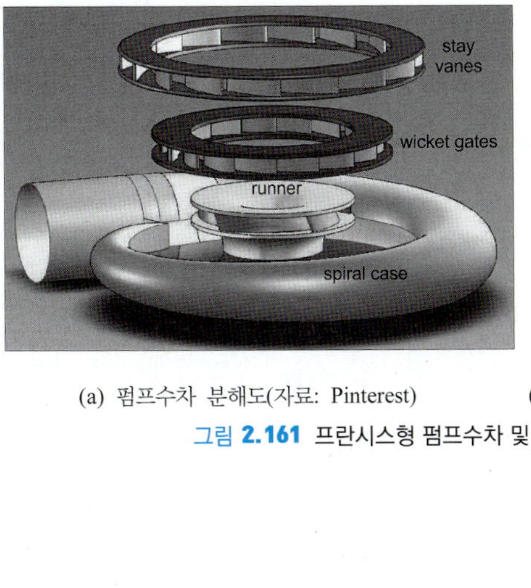

(a) 펌프수차 분해도(자료: Pinterest)

(b) 발전전동기/펌프수차 전체 분해도(자료: VOITH FUJI)

그림 **2.161** 프란시스형 펌프수차 및 발전전동기 내부 구조 분해도 예

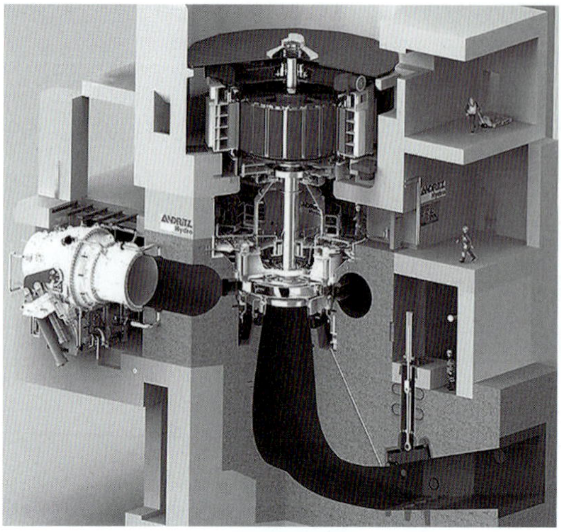

(a) 발전소 단면도(자료: ANDRITZ Hydro, 2018)

(b) 러너(자료: VOITH)

그림 **2.162** 프란시스형 펌프수차 양수발전소 단면도와 러너 예

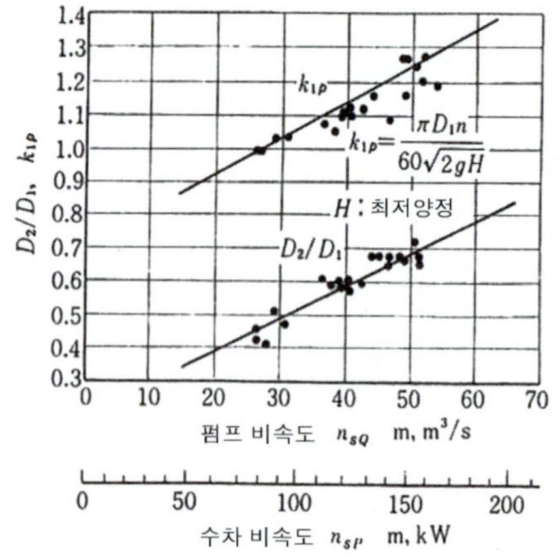

(a) 러너 주속도계수와 출입구 직경비

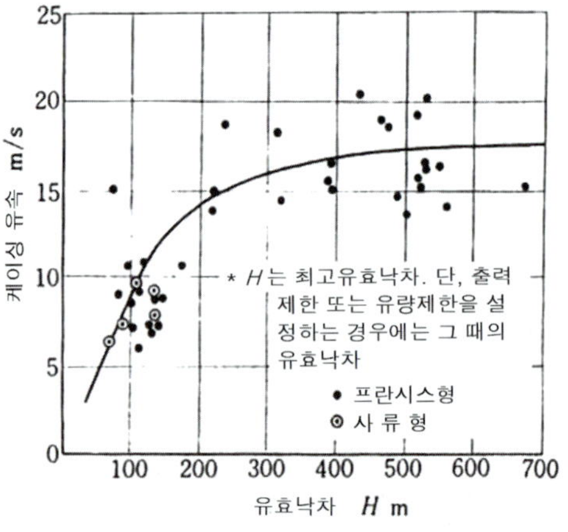

(b) 케이싱의 유속

그림 **2.163** 프란시스형 펌프수차 러너 및 케이싱 형상 설계변수

자료: 日本機械学会編, 1986

(4) 사류 프로펠러형 펌프수차의 구조

사류 프로펠러형 펌프수차는 그림 2.164의 (a) 카플란형 프로펠러 수차 러너와 (c)의 프란시스형 러너 사이에 위치하는 (b)와 같은 형상의 러너를 갖춘 수력기계이다. 펌프에서는 사류형 임펠러의 경우 쉬라우드(수차에서는 밴드)가 붙어 있는 밀폐형과 쉬라우드가 없는 개

방형(프로펠러형)이 사용되고 있으나, 임펠러의 날개가 움직이는 가동익형을 채용하고 있는 예는 극히 드물다.

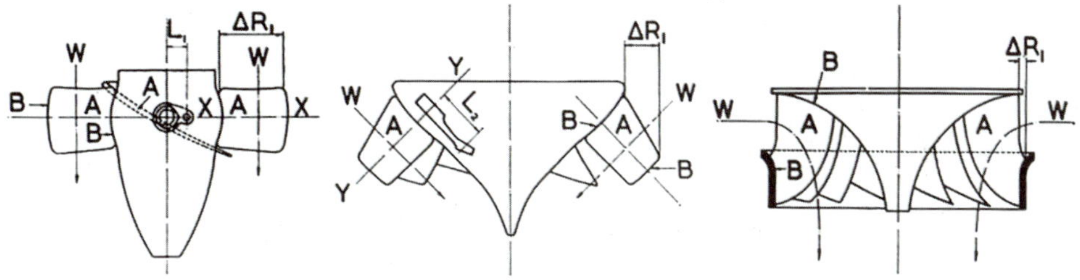

(a) 카플란형 (b) 데리아 사류 프로펠러형 (c) 프란시스형

그림 2.164 펌프수차 러너 형상

(A: 고정 또는 가동 블레이드, B: 환상 또는 구면, L_1 및 L_2: 가동레버 길이, W: 유동 방향, ΔR_1: 반경 방향 입구 길이 확장)

자료: Deriaz, 1959

수차에서는 프로펠러수차 발명 초기인 1920년경, 사류형의 일종인 그림 2.41의 Moody 수차와 Lawazeck 수차가 사용된 바가 있다. 실제로 현재 통용되는 펌프수차의 의미로 사류 프로펠러형 펌프수차가 가장 먼저 채용된 곳은 Sir Adam Beck Niagara 양수발전소이다. 그림 2.165에 Sir Adam Beck Niagara 양수발전소의 사류 프로펠러형 펌프수차의 러너를 보이고 있다.

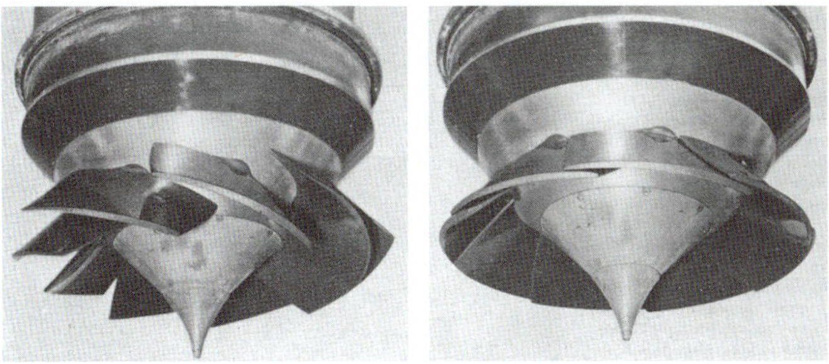

(a) 개방 (b) 폐쇄

그림 2.165 Sir Adam Beck Niagara 양수발전소 사류 Deriaz 프로펠러형 펌프수차 러너

자료: Morabito, 2019

사류 프로펠러형 펌프수차의 구조상의 주요한 특징은 다음과 같다.

• 러너베인의 팁(끝단)과 보스의 양 부분은 그림 2.156과 2.157에 나타낸 것과 같으며, 가동익 축류 프로펠러수차와 같은 구면으로 되어 있고 러너베인은 그 면 위에서 회전한다. 그 개폐 기구는 3차원적인 움직임을 하므로 구조가 복잡하게 된다. 러너베인 개폐용 서보모터로서는 보통 상하이동식 또는 회전식 모두가 사용되고 있으며, 그림 2.166에 Deriaz 펌프수차 러너와 허브 내부 제어기구 구조를 보이고 있다.

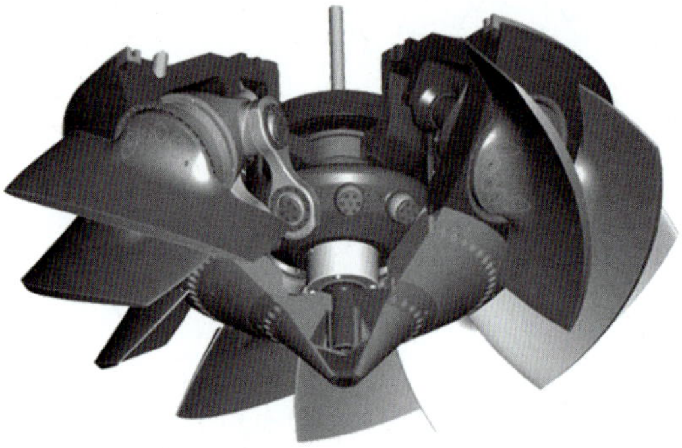

그림 **2.166** Deriaz 펌프수차 러너와 허브 제어기구
자료: Morabito, 2019

• 러너베인을 그림 2.165(b)에서와 같이 닫은 경우에는 원주 방향 전체 길이에 대해서 폐쇄한 것과 같은 구조가 되므로, 정지 시의 누수 방지를 위한 목적으로도 사용되는 입구 밸브와 가이드베인을 생략할 수도 있다. 정지 중에는 러너 배압을 높게 해서 회전부 전체를 아래로 눌러내려 러너 외주의 틈새를 작게 한다.

단, 이러한 구조로 하게 되면 급정지 등의 제어에는 러너베인을 사용해야만 된다. Sir Adam Beck Niagara 양수발전소에서는 이 방식(스테이베인과 러너베인만 설치)을 채용하고 있고 스테이베인의 출구(수차로서의) 가장자리에 짧은 가동 플랩베인만 추가로 설치한 것이 특징적이다. 이 플랩베인은 그림 2.156과 같이 펌프운전 시에는 스테이베인의 연장 상에 오도록 열어서 고정하고, 수차운전 시에는 낙차와 유량에 따라 방향이 바뀌어서 효율 향상을 도모할 수 있도록 되어 있다. 그림 2.165에 이 방식의 러너베인의 개폐 상태를 나타낸다.

• 러너보스에서의 러너베인 설치 원주 방향 간격을 크게 할 수 있으므로 러너베인의

축간 간격이 커진다. 따라서 축을 충분히 견고하게 만들 수 있다.

- 펌프수차의 회전속도가 일정할 경우 펌프운전 시 러너의 개도에 따른 직경변화가 전체 동적 펌핑헤드에 제어 효과가 있다. 즉, 그림 2.167과 같이 가동익 러너베인의 회전에 따른 러너베인 입구 및 출구 가장자리의 평균 직경변화는 가변 양정에서 현저한 운영상의 이점이 될 수 있다. 예를 들어 그림 2.167에서와 같이 러너베인을 닫으

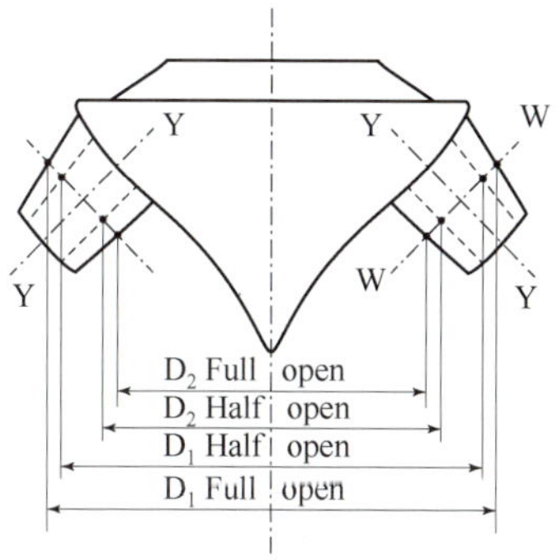

D_1, D_2: 러너베인 평균 입구 및 출구 직경

그림 2.167 러너베인 개도에 따른 러너 직경변화

자료: Deriaz, 1959

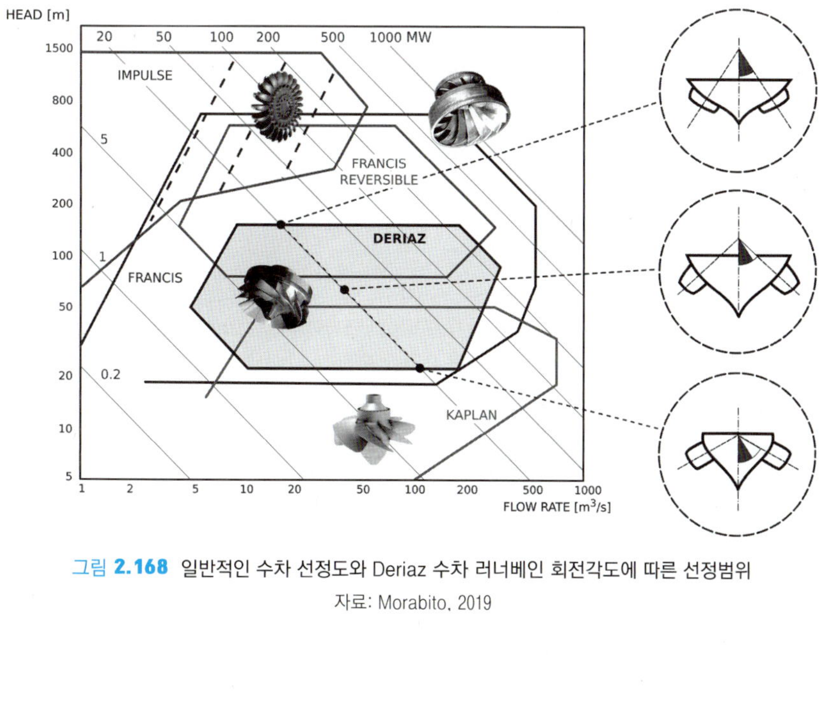

그림 2.168 일반적인 수차 선정도와 Deriaz 수차 러너베인 회전각도에 따른 선정범위

자료: Morabito, 2019

면 최대 직경이 감소하거나, 그림 2.164(b)에서 반경 방향 길이 확장 ΔR_1이 오히려 감소한다. 그림 2.168은 러너 회전각도에 따른 수차 선정범위가 변화할 수 있음을 나타낸다.

• 케이싱과 가이드베인의 구조는 그림 2.169와 같이 유로의 형상과 러너베인과의 조합에 의한 다양한 구성이 가능하다.

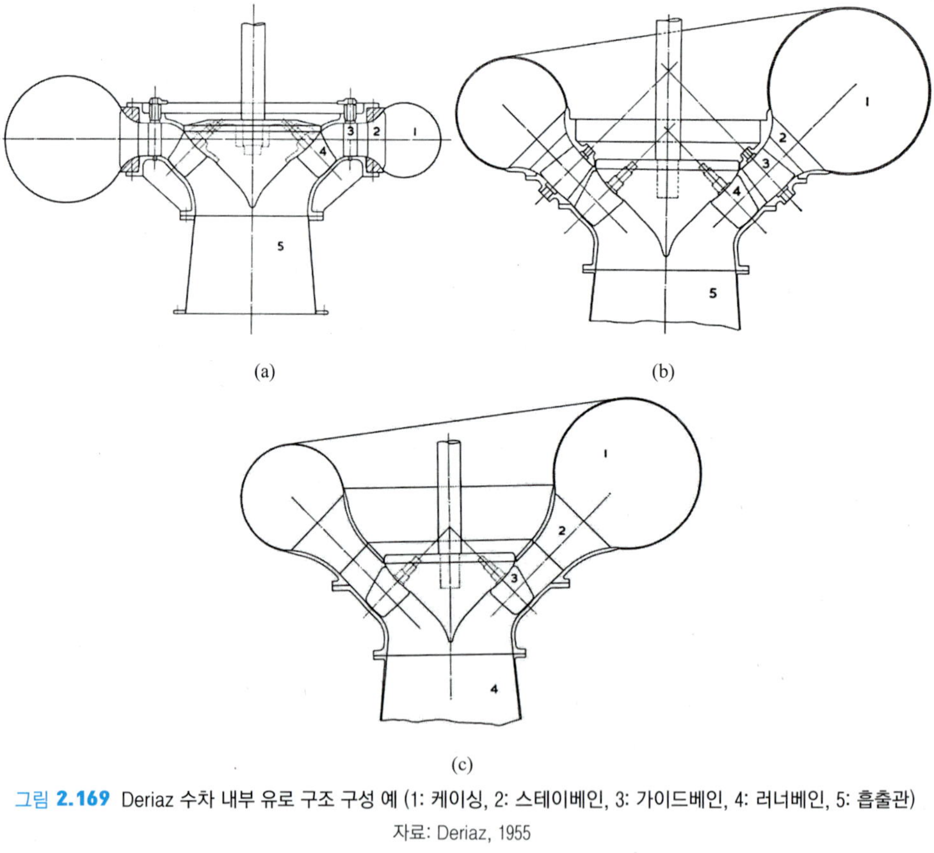

그림 2.169 Deriaz 수차 내부 유로 구조 구성 예 (1: 케이싱, 2: 스테이베인, 3: 가이드베인, 4: 러너베인, 5: 흡출관)
자료: Deriaz, 1955

표 2.11은 Deriaz 사류 프로펠러형 펌프수차를 채용한 양수발전소 설치 실적 예를 나타내고 있다.

표 **2.11** Deriaz 펌프수차를 채용한 양수발전소 실적 예

Power station	Size [MW]	Year	Country[a]	Nr unit
[19] Adam Beck	29	1954	CA	6
[23] Gangnan	11	1968	CN	1
[23] Miyun	22	1975	CN	2
Sesquile	100	1964	CO	2
[24] Valdecanas	75	1964	ES	3
[25] Nassauc	3	1995	FR	1
[20] Culligran	17	1966	GB	1
[26] Kadana	61	1977	IN	4
[27] Maharashatra	52	2012	IN	2
Ananaigawa	13	1964	JP	1
Kagedaira	46	1968	JP	1
[22] Kuromata II	18	1963	JP	1
Masegawa I	144	1976	JP	2
[28] Niikappu	100	1973	JP	2
[28] Takami	103	1983	JP	2
Takane I	88	1969	JP	4
[29] Niedzica	92	1997	PL	2
[30] Czorstyn	42	1990	PL	2
[31] Liptovsk	97	1975	SK	2
[32] Dos Amigos	18	1963	US	3

[a] Country code adopted by the two-letter Standard ISO 3166-1.
자료: Morabito, 2019

(5) 축류 프로펠러형 펌프수차의 구조

축류 프로펠러형 펌프수차는 축류 프로펠러수차와 형상이 거의 동일하지만, 펌프수차 내부를 흐르는 수류가 정방향일 때와 역방향일 때 모두 발전이 가능하다. 또한 발전전동기를 사용하기 때문에 한쪽 방향으로 흐르는 수류에 대해서 수차 및 펌프 운전이 연속해서 가능하기 때문에 설비의 규모를 큰 폭으로 간소화 가능하다.

축류 프로펠러형 펌프수차에서도 축의 배치에 따라서 입축 및 횡축 펌프수차로 구분할 수 있으며, 그림 2.170과 그림 2.171에 입축식 및 횡축식 축류 프로펠러형 펌프수차를 각각 적용한 조력발전용 양수발전소 단면도를 보이고 있다.

입축식 축류 프로펠러형 펌프수차의 경우 펌프수차 러너 주위로 케이싱이 위치하고 하부에 엘보형 흡출관이 배치된다. 이러한 입축식 설비의 장점은 공간 제한이 적고 설비에 대한 접근이 자유롭지만, 벌브형 펌프수차에 비해서 경제적이지 않기 때문에 일반적으로 채용되지 않는다.

반면에, 횡축식 축류 프로펠러형 펌프수차는 높은 최대 운전효율과 함께 설비 전체 건설비용이 상대적으로 적게 든다. 이 형식의 펌프수차는 가역형, 가동익 가이드베인(위켓게이트), 가동익 러너베인으로 구성되어 있고 상대적으로 높은 효율을 달성할 수 있다. 그 특징으로는 발전전동기를 적용하여 발전과 양수를 하고, 흐름의 양쪽 방향에서 수문 역할을 한다.

그러나 이러한 기능을 모두 수행하기 위해서는 기능을 충분히 발휘할 수 있는 토목건설비용이 증가하기 때문에 적용 가능한 펌프수차 기능 중에서 발전소 설치 지점의 개발 가능한 조력 자원을 고려하여 필요한 기능만을 선정하여 그것에 적합한 발전소 설계가 이루어져야 한다. 즉, 양방향 흐름에서 발전과 양수를 모두 할 것인지, 러너베인과 가이드베인을 가동익으로 할 것인지, 저수지는 몇 개로 건설할 것인지 등의 검토 결과에 따라서 설계 단계에서 비용을 절감할 수 있다.

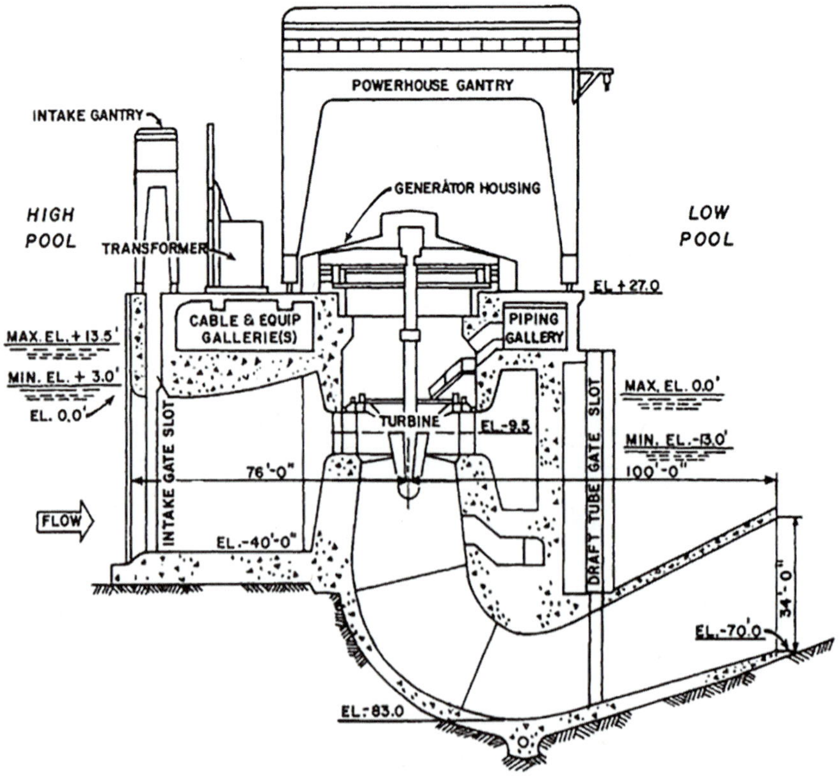

그림 **2.170** 입축식 축류 프로펠러형 펌프수차를 적용한 조력발전용 양수발전소 단면도 예

자료: Simeons, 1980

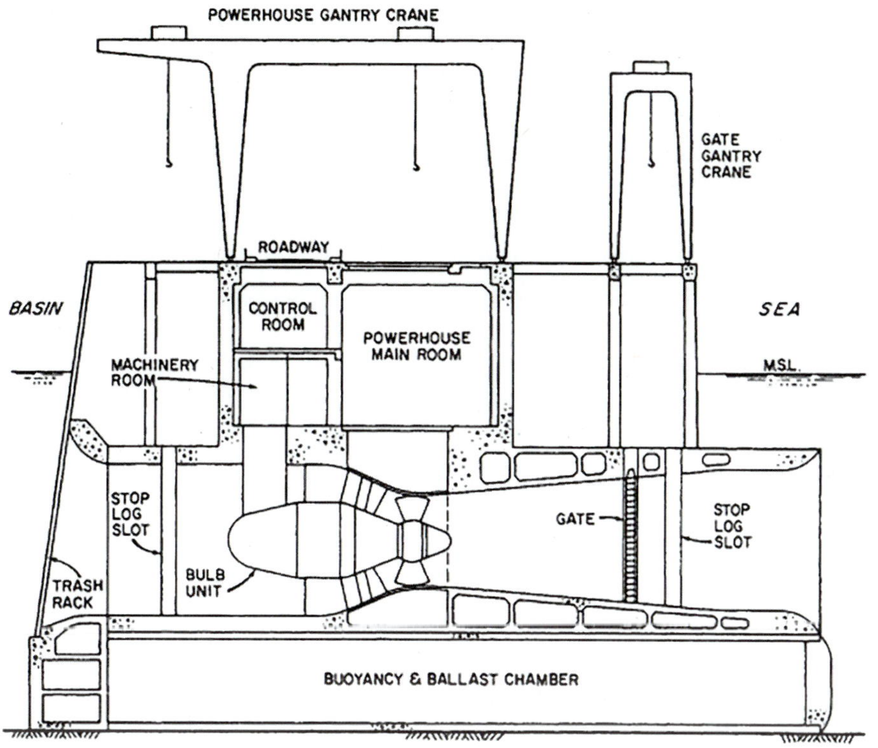

그림 **2.171** 횡축식 축류 프로펠러형 펌프수차를 적용한 조력발전용 양수발전소 단면도 예
자료: Simeons, 1980

그림 2.172는 프랑스 랑스 조력발전소 전경이다. 1966년 세계 최초의 조력발전소로 개장하였고, 24대의 벌브형 펌프수차가 설치되어 시설용량이 240 MW에 달한다. 그림 2.173은 랑스 조력발전소의 벌브형 펌프수차 설치 단면도를 나타낸다. 형상과 구조가 수력발전용 수차와 거의 동일하지만, 랑스 조력발전소의 벌브형 펌프수차는 발전전동기와 조합되어 양방향 흐름에 대해서 발전과 양수 기능이 가능한 가역식 구조로 되어 있다.

그림 2.172 프랑스 랑스 조력발전소 전경

자료: TETHYS

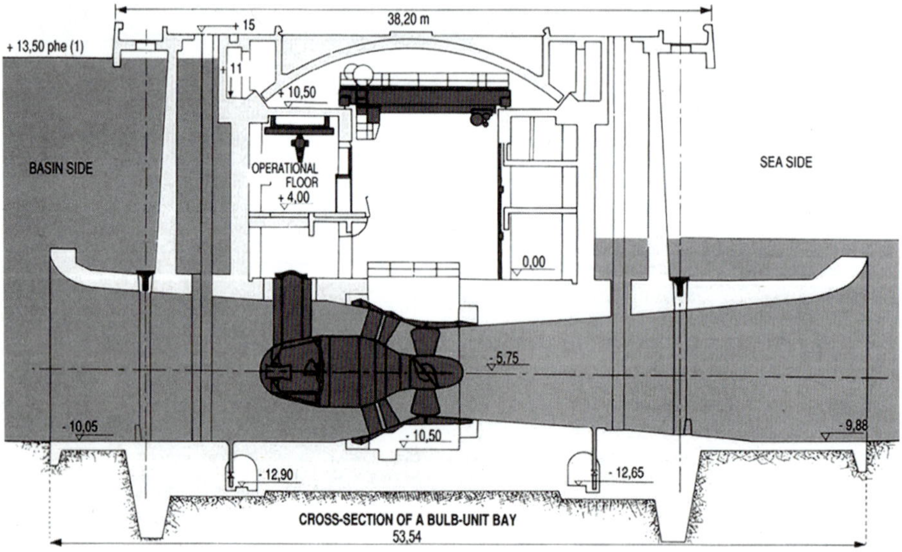

그림 2.173 랑스 조력발전소 펌프수차 배치 단면도

자료: Simeons, 1980

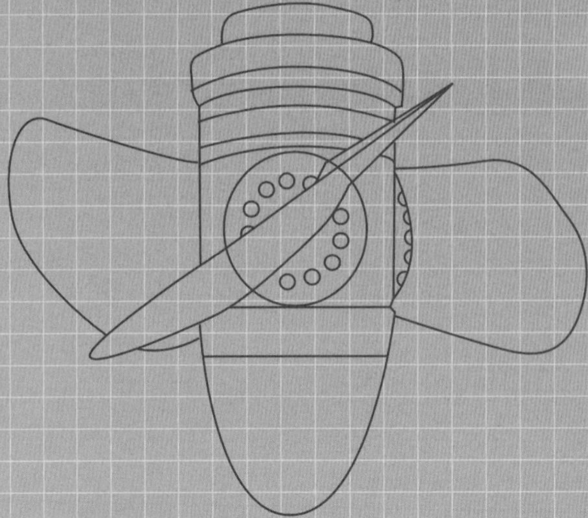

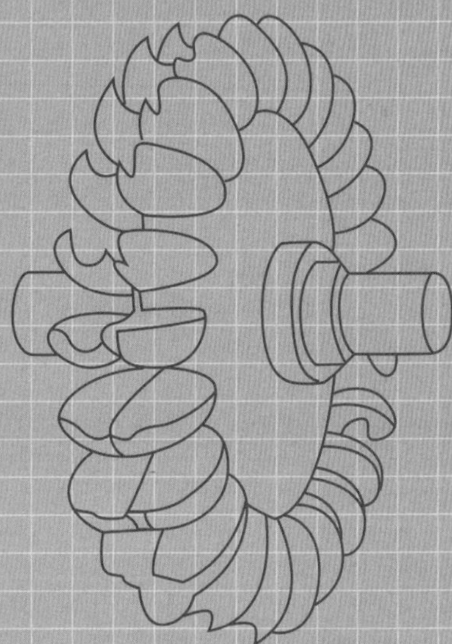

3

수력 에너지변환

3장

수력 에너지변환

3.1 물의 에너지

수차와 펌프수차는 물의 에너지를 이용하는 기계이다. 따라서 먼저 물의 에너지에 대해서 설명하려고 한다. 지금 연속인 물 가운데에 W [kg]의 물의 작은 덩어리를 가상하고, 그것이 가지는 에너지에 대해서 생각한다.

- 물 덩어리가 기준점(높이 0)으로부터 H [m]의 높이에 있을 때에는 WH [kg·m]의 위치에너지를 가지고 있다.
- 물 덩어리가 v [m/s]의 속도로 흐르고 있을 때에는 $Wv^2/2g$ [kg·m]의 속도에너지를 가지고 있다. 단, g [m/s^2]는 지구의 중력가속도이고 보통은 9.8 m/s^{2}이다.
- 물 덩어리가 p [kg/m^2]의 압력하에 있을 때에는 $Wp/\rho g$ [kg·m]의 압력에너지를 가지고 있다. 단, $\rho g\,(=\gamma)$ [kg/m^3]는 단위 체적당 물의 중량(비중량)이고, 보통은 1000 kg/m^{3}이다.

물은 이상의 3종류의 에너지를 동시에 가지고 있을 수도 있고, 이 중에서 2종류 또는 1종류만을 가지고 있을 수도 있다. 또한 전혀 에너지를 가지고 있지 않을 수도 있다.

이상의 3종류의 에너지 중에서 위치에너지 및 속도에너지는 물 덩어리를 공중으로 꺼내어 이것을 돌맹이(고체)처럼 생각해도 똑같다. 그렇지만 압력에너지는 물 덩어리를 돌맹이처럼 생각해서는 이해하기가 어렵다. 에너지가 압력이라는 형태를 취할 수 있는 것은 물(유체)의 독특한 성질이기 때문이다. 이 점을 좀 더 알기 쉽게 설명하면 다음과 같다.

지금 p [kg/m^2]인 압력을 면적 A [m^2]인 피스톤 면에 가하고, 이것을 S [m]만큼 이동시켰을 때를 생각하면, 물이 피스톤에 한 일은 pAS [kg·m]이다. 만일 이 일이 W [kg]의 물 덩어리가 가지는 에너지에 의해 생긴 것이라고 하면 $\rho gAS = W$이기 때문에 $pAS = W p/\rho g$로 된다. 즉, W [kg]의 물 덩어리가 p [kg/m^2]인 압력하에 어떤 때에는 $Wp/\rho g$ [kg·m]의 일을 하는 능력이 있는 것으로 되고, 이 정도의 압력에너지를 가지고 있다는 것을 알 수 있다. 피스톤에 상기와 같은 작용으로 일이 가능한 것도 물(유체)이기 때문에 그렇다.

이상은 W [kg]의 물 덩어리가 가지는 에너지에 대한 것이지만, 1 kg의 물 덩어리(라고 하는 것보다는 어떤 한 점의 물의 단위 중량당의) 에너지는 다음과 같이 된다.

- 위치에너지는 H
- 속도에너지는 $v^2/2g$
- 압력에너지는 $p/\rho g$

그런데 그림 3.1에 보인 바와 같이 유속 v [m/s]로 흐르고 있는 물을 막으면 $v^2/2g$ [m]만큼 물이 올라오고, 또한 p [kg/m^2]인 압력에서는 $p/\rho g$ [m]만큼 물을 끌어올릴 수 있다. 이와 같이 단위 중량당의 물이 가진 에너지는 전부 물의 높이로 나타낼 수 있고, 이렇게 나타낸 에너지를 수두라고 한다. 즉, H, $v^2/2g$ 및 $p/\rho g$는 물의 높이 및 물의 높이로 환산한 속도와 압력인 동시에 거기에 있는 단위 중량의 물이 가지는 에너지를 의미한다.

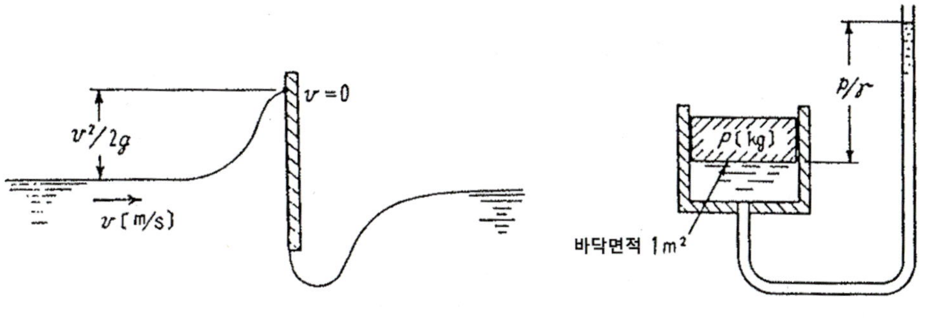

(a) 속도 → 수주 (b) 압력 → 수주

그림 **3.1** 속도 및 압력과 수주의 관계

자료: 石井, 1962

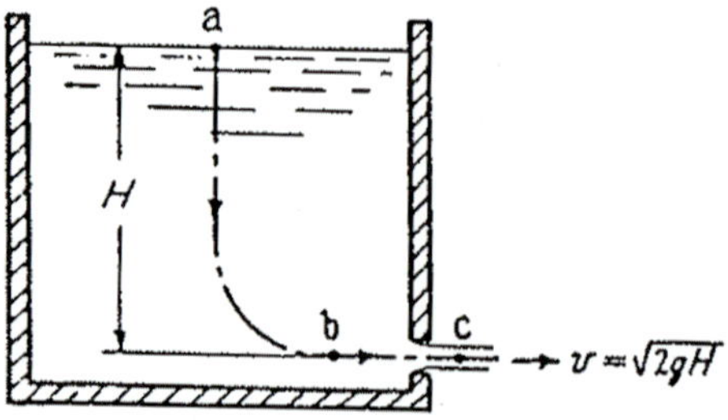

a (위치) → b (압력) → c (속도)

그림 **3.2** 물의 3종류 에너지변환

자료: 石井, 1962

3종류의 에너지는 서로 변할 수 있는 것이다. 예를 들면 그림 3.2와 같이 수조 내의 물이 바닥의 작은 구멍에서 흘러나올 때, 수면 a에 있는 물은 그림의 $a \rightarrow b \rightarrow c$로 되는 경로를 지나가는데, 물의 에너지는 a점에서는 위치수두였지만, b점에서는 압력수두, c점에서는 속도수두로 변하고 있다. 손실이 없다고 가정할 경우 b점의 압력은 $p = \rho g H$, c점의 유속은 $v = \sqrt{2gH}$(토리첼리의 정리)로 된다. 여기서 $\rho g\,(=\gamma)$는 비중량이다.

다음은 연속해서 흐르고 있는 물의 전반적인 유동 상태에 대해서 생각해 본다. 물이 흘러가는 형태가 시간과 함께 변하지 않고, 또한 물이 흘러가는 사이에 에너지의 증감이 없을 때에는 흐름에 따라서 어떤 점에서도 3종류의 에너지 총합, 즉 전수두는 변하지 않고 일정하다. 이것을 식으로 나타내면 다음의 식 (3.1)과 같이 된다.

$$H + \frac{p}{\rho g} + \frac{v^2}{2g} = C \quad \text{(일정)} \tag{3.1}$$

이 식은 에너지보존의 법칙을 물의 운동에 적용한 것이며, 베르누이 방정식이라고 한다.

실제 관과 수로를 물이 흘러갈 때에는 흘러가는 사이에 에너지의 손실이 발생하기 때문에 전수두는 하류로 흘러감에 따라서 감소한다. 흘러가는 사이의 에너지의 손실은 거의 유속의 2승에 비례하기 때문에 이것을 $\zeta v^2/2g$인 손실수두로 나타내는 것이 일반적이다. 단 ζ는 손실수두계수이다. 따라서 일반적으로 그림 3.3과 같은 관내의 흐름에 따라서 임의의 2단면 ①과 ②를 취하여, 각 단면에서의 H, p, v의 값에 첨자 1 및 2를 붙여서 나타내면 그 사이에서는 다음의 식 (3.2)의 관계가 성립한다.

$$H_1 + \frac{p_1}{\rho g} + \frac{v_1^2}{2g} = H_l + H_2 + \frac{p_2}{\rho g} + \frac{v_2^2}{2g} \tag{3.2}$$

단, H_l [m]은 ①~② 사이에서의 손실수두이다.

또한 v_1, v_2 및 H_l은 무관하지 않으며, 관내를 흘러가는 유량을 Q [m³/s]라고 하면 $v_1 \propto Q$, $v_2 \propto Q$, $H_l \propto Q$이고, 관의 형태가 정해지면 이 관계도 정해지는 것이다. 이 중 v_1 및 v_2에 관해서는

$$v_1 A_1 = v_2 A_2 = Q \tag{3.3}$$

인 관계가 성립되며, 이 식 (3.3)을 연속방정식이라고 한다. 단, A_1 [m²] 및 A_2 [m²]는 ① 및 ②의 관 단면적이다.

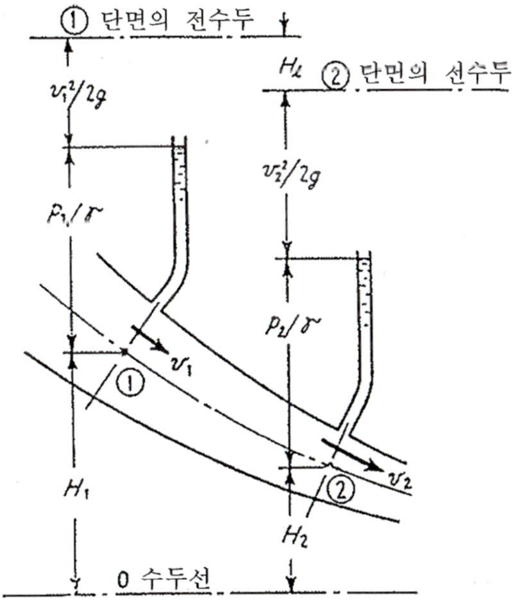

그림 3.3 관내를 흐르는 물의 전수두
자료: 石井, 1962

일반적으로 수두손실 H_l은 흐름 속에 와(소용돌이)가 생기기 때문에 일어나는 것이며, 그림 3.4에 그 예를 보인다. 그 중에서도 좋지 않은 것은 유로가 급격히 확대하는 경우이며 그림 3.4(1)은 그 중에서 가장 나쁜 예이다. 그림 3.4(2)는 디퓨저 확대관에서 일정 각도

이상에서 발생하는 벽면 박리현상을 보이고 있다. 그림 3.4(3)과 그림 3.4(4)는 유로 자체는 확대하지 않지만, 그림 중의 a점에서 b점에 이르는 동안에 실질적 확대가 있으므로 손실이 일어나는 것이다. 그림 3.4(5)의 아래 그림과 같이 흐름 중에 익이 있는 경우의 손실도 동일한 성질의 것이라고 생각해도 좋다. 그림 3.4(5)의 위 그림과 같이 흐름이 익의 전연에서 일정한 앙각으로 유입하게 되면 흐름은 유선을 따라서 흘러가게 되고 익은 양력을 발생하게 된다. 그러나 그림 3.4(5)의 아래 그림과 같이 유입 흐름에 대한 익의 앙각이 일정 범위를 벗어나 더욱 커지게 되면 익의 부압면에서 실속이 발생하게 되어 압력손실이 발생하게 되고 압력면과 부압면의 압력 균형이 깨지게 되어 양력이 급격하게 감소하게 된다. 그림 3.4(6)은 관로 내부 경계층에서 발생하는 흐름의 박리와 와의 생성을 보이고 있으며, 관로 내부 표면 조도 및 레이놀즈수에 따른 관마찰손실이 발생하게 된다.

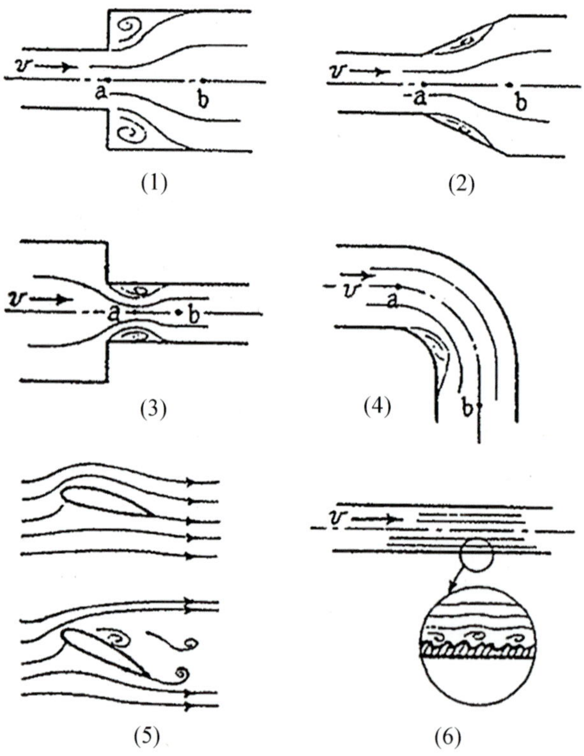

그림 3.4 와의 발생에 의한 수두손실

자료: 石井, 1962

3.2 수력발전소 에너지변환

3.2.1. 에너지선도

에너지수두는 수로의 특정한 지점에서 일정하게 방출되는 유동의 총 에너지를 편리하게 측정할 수 있는 방법이다. 그것은 수면의 높이(포텐셜에너지)와 단위 중량의 유동의 속도수두(운동에너지)의 합이다. 개수로 흐름의 경우 에너지수두는 평균속도에 해당하는 속도수두이고, 관수로 흐름의 경우 에너지수두는 관수로의 정압에 의한 압력수두와 관수로의 평균유속에 의한 속도수두의 합이다.

수로의 모든 지점에서 에너지수두를 연결하는 선이 에너지선(energy line)이다. 열로 변환된 에너지가 포함되면 에너지선은 수평이 된다. 그러나 열로 변환된 에너지는 손실로 간주되기 때문에 에너지선은 항상 흐름 방향으로 기울어지며, 그 길이에 대한 마찰, 와류 또는 충격에 의한 손실을 나타낸다. 갑작스러운 손실이 발생할 경우 에너지선은 더 빠르게 감소한다. 수로의 마찰만 수반되는 경우 에너지선의 기울기는 마찰 기울기이다.

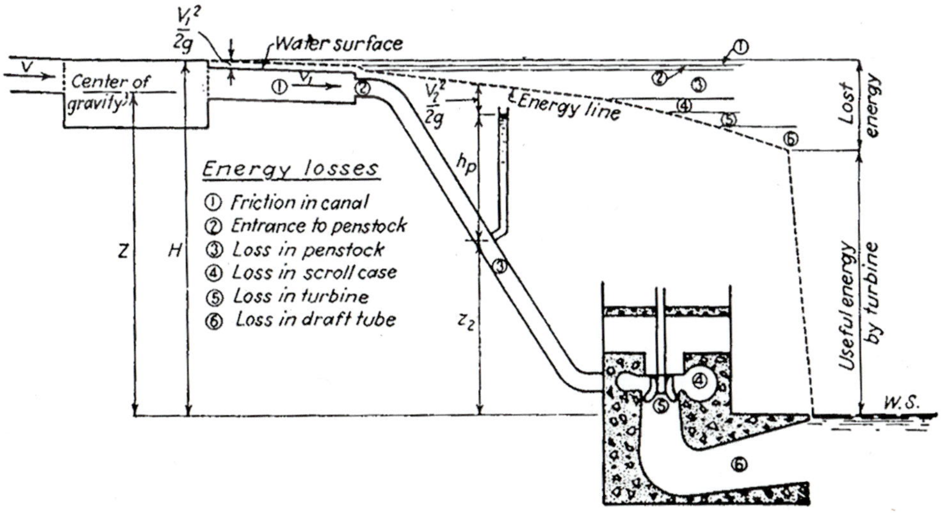

그림 3.5 일반적인 수력발전소의 에너지선도

자료: Zipparro, 1993

그림 3.5는 에너지수두에 대한 에너지선의 원리를 나타낸다. 흐름의 유입이나 유출이 없는 상부수조에 있는 물의 포텐셜에너지수두는 중력 중심의 수두 z가 된다. 그러나 흐름의 유입과 유출이 동일할 경우 포텐셜에너지수두는 H이다. 물이 수로를 따라서 흘러감에 따라 수로의 상류 측과 하류 측 사이에서는 수면 하강이 발생하고 이것은 속도수두 $v_1^2/2g$에 해당한다. 관로 입구에서는 입구손실 h_1뿐만 아니라 관로에서 높아진 유속으로 인한 수두의 추가적인 하강이 함께 발생한다. 수로의 임의의 한 지점에서 압력 수두 h_p는 수주(riser)로 표시될 수 있다. 상부수조와 하부 방수로 사이의 임의의 한 지점에서의 에너지수두는 압력수두와 속도수두를 더한 값이 되고, 이 에너지수두를 연결한 선이 에너지선이 된다. 손실된 에너지(열로 변환)는 수차와 흡출관을 포함한 모든 관로의 마찰, 입구, 굽힘 및 기타 손실의 총합이다. 유용한 에너지는 수차에 의해 생성된 동력이다. 유용한 에너지와 손실된 에너지의 합은 원래의 포텐셜에너지와 같아야 한다.

3.2.2. 베르누이 방정식

베르누이 방정식은 흐름의 법칙을 관로로 표현한 것이다. 그림 3.6의 개수로 또는 밀폐관로에서 일정하게 유량이 방출될 경우, 이 방정식은 관로의 어떤 단면에서의 에너지수두는 다른 하류의 한 지점에서 에너지수두와 중간 손실을 합한 것과 같아야 한다고 정의한다.

따라서 어떤 기준면 위의 임의의 두 지점 사이의 에너지변환은 식 (3.4)와 같은 베르누이 방정식으로 나타낼 수 있다.

$$z_1 + \frac{v_1^2}{2g} = z_2 + \frac{v_2^2}{2g} + h_c \tag{3.4}$$

여기서, 하첨자 1과 2는 각각 흐름의 상류와 하류를 의미하며, z는 기준면 위의 자유수면 표고이다. 그림 3.6(a)의 개수로에서는 기준면에서 정지 흐름 또는 유동 흐름의 표면까지의 높이를 나타내고, 그림 3.6(b)의 밀폐관로에서는 피에조미터로 측정한 수주의 정압선까지의 높이를 나타낸다(밀폐관로에서의 z는 위치에너지와 압력에너지를 모두 포함한 값이다). v는 수로 상류 및 하류 각 지점에서의 평균 속도이며, 상류와 하류 각 지점 사이의 수로손실은 h_c이고, e는 기준면 위의 선택된 지점에서의 에너지수두이다.

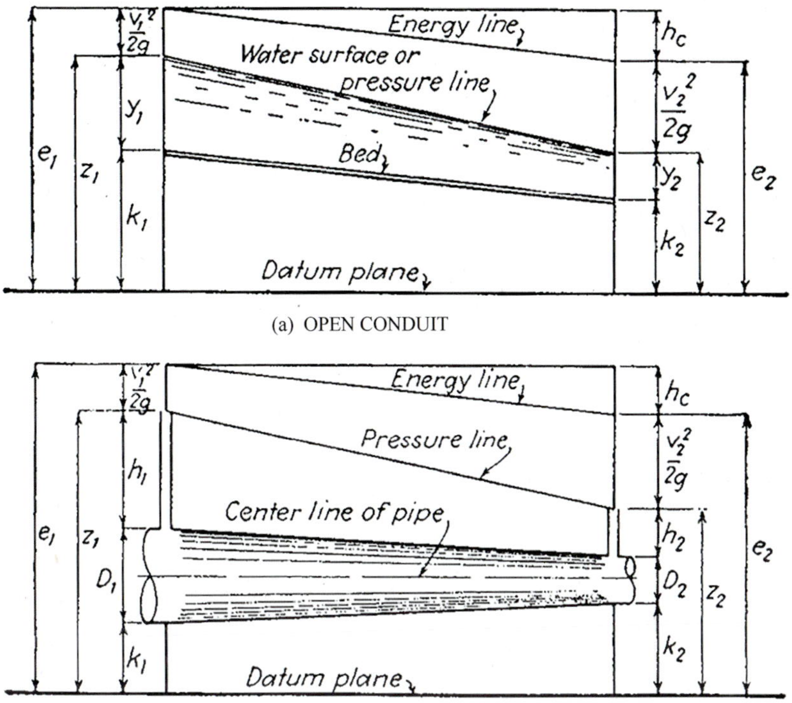

(a) OPEN CONDUIT

(b) CLOSED CONDUIT

그림 **3.6** 개수로 및 밀폐관로의 에너지선도
자료: Zipparro, 1993

분명히 z는 여러 가지 요소로 구성될 수 있다. 개수로의 경우에는 기준면으로부터 강바닥까지의 높이 k, 강바닥에서 수면까지의 수심 y로 구성되고, 관수로의 경우에는 기준면에서 관로 직경 하단까지의 높이 k, 관로 직경 D, 관로 직경 상단에서 정압 수두 높이 h로 구성된다. 밀폐관로에서 종종 k와 h는 밀폐관로의 직경을 생략하고 중심선까지의 높이로 측정되기도 하지만 관수로의 직경이 클 경우에는 밀폐관로 직경을 포함하여 구별하여 측정할 필요가 있다.

3.2.3. 낙차

수력발전소에는 다음과 같이 정의된 여러 개의 낙차에 대한 정의가 있다(1.3.2절의 그림 1.20~1.26 참조).

(1) 총낙차

변환 지점(취수구)과 복귀 지점(방수로) 사이의 수면 동시 표고차

(2) 발전소의 유효(운전)낙차

속도수두의 허용량을 포함한 상부저수지(취수지)의 수면과 방수로 사이의 동시 표고차

(3) 수차의 유효(순)낙차

다양한 수차 형식에 대해 다음과 같은 다른 의미를 가진다.

- 개방형 용수로 수차의 경우, ① 수차 직전의 용수로 취수구 수면에 속도수두를 더한 값에 해당하는 높이와 ② 방수로 수면에 속도수두를 더한 값에 해당하는 높이 사이의 차이
- 케이싱 매립형 수차의 경우, ① 수차 케이싱 입구에서 측정한 압력수두에 동일한 측정 지점에서 측정한 속도수두를 더한 값에 해당하는 높이와 ② 흡출관 출구 간섭(disturbance)을 벗어난 지점에서 방수로 수위에 속도수두를 더한 값에 해당하는 높이 사이의 차이
- 충동수차의 경우, ① 노즐 입구의 압력수두에 동일 지점의 속도수두의 높이를 더한 값에 해당하는 높이와 ② 러너 버킷의 피치원(제트가 접선하는 지점)의 최저점 높이 사이의 차이

엄밀히 말하면, 위의 다양한 낙차는 에너지수두의 차이에 있다. 총낙차에서 발전소의 유효(운전)낙차는 방수로에서의 속도수두와 같은 수로의 유속은 일반적으로 무시된다. 그러나 수차의 유효(순)낙차는 수차의 효율시험 시 속도수두 값 설정이 중요하기 때문에 입구 및 출구에서의 에너지수두의 차이, 즉 압력수두와 속도수두를 포함하는 것이 중요하다(식 (1.4) 참조).

수차의 유효(순)낙차는 케이싱, 수차 그리고 흡출관에서의 손실을 포함하는데, 그 손실들은 수차의 효율에 반영되어 있다.

위의 세 가지 사례에 대한 수차의 유효(순)낙차의 공식은 다음과 같다.

하나의 케이싱을 채용한 반동수차의 경우,

$$h = \left(z_1 + \frac{v_1^2}{2g}\right) - \left(z_2 + \frac{v_2^2}{2g}\right) = e_1 - e_2 \tag{3.5}$$

와 같이 나타낼 수 있으며, 여기서 식에 포함된 각 기호는 다음의 의미를 가진다.

z_1: 수차 케이싱 입구에서의 압력수두 높이

v_1: 수차 케이싱 입구에서의 평균 유속

z_2: 흡출관 출구에서 방수로 수위

v_2: 흡출관 출구에서의 평균 유속

e_1 및 e_2: 각 지점에서의 에너지수두

개방형 용수로를 가진 반동수차의 경우, 식 (3.5)와 표현은 동일하지만, 정량적으로는 약간 다른 의미를 갖는다. 즉, 각 기호는 다음의 의미를 가진다.

z_1: 수차 바로 상류의 개방형 용수로 수면 높이

v_1: 용수로 해당 지점의 평균 유속

z_2: 흡출관 출구의 방수로 수면 높이

v_2: 흡출관 출구 평균 유속

충동수차의 경우,

$$h = z_1 + \frac{v_1^2}{2g} - z_2 \tag{3.6}$$

와 같이 나타낼 수 있으며, 여기서 식에 포함된 각 기호는 다음의 의미를 가진다.

z_1: 노즐 케이싱 입구에서의 압력수두 높이

v_1: 노즐 케이싱 입구에서의 평균 유속

v_2: 러너 버킷 피치원의 가장 낮은 지점의 높이

러너가 회전하려면 방수로 위에 간격이 있어야 하기 때문에 방수로 위에서 피치원의 가

장 낮은 지점 높이와 방수로에서의 속도헤드는 손실로 된다.

3.2.4 수력발전소 효율

수력발전시스템을 구성하는 요소의 효율은 모든 입력에 대한 에너지 출력의 비율 또는 총 에너지에 대한 유용한 비율로 측정된다.

어떤 요소도 손실이 없는 완전체가 아니며, 그 기능에는 에너지손실(열로 변환)이 포함된다. 수력발전소 또는 시스템의 효율은 수력발전소 또는 시스템을 구성하는 모든 요소의 효율의 곱으로 나타낼 수 있으며, 식 (3.7)은 하천 취수구에서 변전소 배전 스위치까지의 전체효율을 나타낸다.

$$E_s = E_c E_t E_g E_u E_l E_d \tag{3.7}$$

여기서, 각 구성요소의 기호에 대한 의미는 다음과 같다.

E_s: 각 관로의 효율의 곱으로 이루어진 전체 시스템의 효율

E_c: 상부 수로, 수압관, 방수로의 효율

E_t: 나선형 케이싱과 흡출관을 포함한 수차의 효율

E_g: 여자기를 포함한 발전기의 효율

E_u: 승압변압기의 효율

E_l: 송전선의 효율

E_d: 강압변압기의 효율

일정한 유량에 대해서 여러 요소의 수력효율은 주어진 기준점 위의 표고(높이) 또는 수두로 표현될 수 있으며, 그 기준점은 임의적일 수 있기 때문에 그러한 효율은 기준점에 따라 다른 값을 가질 수 있다. 이러한 모든 효율이 해수면을 기준으로 한다면, 낮은 고도에 위치한 발전소는 높은 고도에 있는 발전소보다 더 높은 효율을 가질 것이나 그러한 조건은 물론 허용되지 않는다. 사실상 각 요소의 효율은 (1) 총 에너지 구성 요소들의 더 적은 손실에 대한 (2) 총 에너지의 비율이지만, 기준점은 명시되어야 한다.

특히, 수력발전소의 수력효율에 대해서는 다음과 같은 분석이 제시된다. 특정 수력시스템 취수구의 경우, 하천에서 수로로 지나갈 때 제어게이트를 통과하는 동안 손실이 발생하며, 효율은 다음과 같이 된다.

$$\frac{z_1 + \dfrac{v_1^2}{2g}}{z_0} = \frac{e_1}{z_0} \tag{3.8}$$

수로의 경우, 손실은 대부분이 수로 마찰손실이다.

$$\frac{z_f + \dfrac{v_f^2}{2g}}{z_1 + \dfrac{v_1^2}{2g}} = \frac{e_f}{e_1} \tag{3.9}$$

수압관의 경우, 손실은 입구 손실 및 관로 마찰손실이다.

$$\frac{z_t + \dfrac{v_t^2}{2g}}{z_f + \dfrac{v_f^2}{2g}} = \frac{e_t}{e_f} \tag{3.10}$$

수차의 경우, 손실은 케이싱에서의 입구손실, 마찰손실, 충돌손실 그리고 와류손실이 있으며, 또한 흡출관 내부 손실이 있다.

$$\frac{z_d + \dfrac{v_d^2}{2g}}{z_t + \dfrac{v_t^2}{2g}} = \frac{e_d}{e_t} \tag{3.11}$$

방수로의 경우, 손실은 흡출관 출구 와류손실과 수로 마찰손실이 있다.

$$\frac{z_r + \dfrac{v_r^2}{2g}}{z_d + \dfrac{v_d^2}{2g}} = \frac{e_r}{e_d} \tag{3.12}$$

앞에서 설명한 바와 같이 Z는 기준점 위의 수면의 높이, e는 에너지수두의 높이를 나타낸다. 하첨자의 경우 1은 제어게이트 아래의 수로수두, f는 상부저수지, t는 수차 입구, d는 흡출관 출구, r은 방수로와 교차하는 하천을 가리킨다.

z_0은 물이 수로로 들어오기 전(강 유속은 무시됨)의 일반적인 강 표면의 높이이며, 이것은 변할 수 있기 때문에, 수로게이트는 주어진 유량에 대해서 주어진 수로 흡입구에서의 수면 높이를 유지하기 위해 조정된다. 따라서 취수구의 효율은 일정한 유량에 대해서도 가변적일 수 있다. 방수로의 상류(흡출관 출구)에서의 수면 높이 z_d도 하천 수위의 영향을 받을 수 있으며, 이는 수차의 효율 변화에 반영된다. 나머지 다른 모든 요소의 효율은 수로가 청결하고 양호한 상태로 유지되는 경우 일정한 유량에 대해서 상당히 일정하다.

수차효율은 임의의 낙차, 회전수 그리고 유량에 대해서 결정되며, 임의의 기준점에 따라 임의로 달라져서는 안 된다. 따라서 기준점은 주요 난류가 안정화된 흡출관 출구의 하류로 이동되는 것으로 간주된다.

따라서 식 (3.11)의 표현은 수차 러너의 유용한 에너지 출력을 나타내는 동력수두를 도입하여 수정되어야 하며, 그 동력수두는 성능시험에 의해 결정된다. 따라서 다음의 식 (3.13)과 같이 나타낼 수 있으며,

$$\frac{h_p}{\left(z_t + \dfrac{v_t^2}{2g}\right) - \left(z_d + \dfrac{v_d^2}{2g}\right)} = \frac{h_p}{e_t - e_d} \qquad (3.13)$$

식 (3.13)은 일정한 유량과 수차 흡출관 출구 방수로 수면을 기준점으로 하여 설정된 수차효율의 올바른 표현이 된다.

이상의 수차효율에 관련된 식으로부터 전체 발전소의 효율은 임의의 기준점에 대해서 독립적으로 표현될 수 있다. 따라서,

$$\frac{h_p}{z_0 - z_r} \qquad (3.14)$$

단, 하천의 취수구와 방수로와의 교차점에서의 속도수두는 무시되었다.

효율이라는 용어는 발전장비 이외의 발전소 요소에서는 자주 사용되지 않는다. 이 점에서 전체와 각 요소의 관계를 설명하고 표시된 효율에 대한 기준점의 효과를 보여주기 위

해 여기에 설명하였다. 실제로 그러한 각 요소에서 손실된 수두를 찾아 총 수두에서 차감하여 순동력수두를 얻는다.

발전기의 효율은 일반적으로 구성단위가 클수록 더 크지만, 전달하는 부하에 따라 다르다. 변압기의 효율은 용량과 부하가 특정 한계 내에 있으면 빠르게 증가하는 반면, 송전선의 효율은 용량에 따라 증가하지만 부하에 따라 감소한다.

발전소의 총효율은 수차의 총낙차에 관련된 발전소의 몇 가지 장비들의 순간적인 효율의 산물이다. 이는 장치 용량, 낙차, 부하 및 서비스 중인 장치 수에 따라 분명히 달라진다. 발전소 효율이 항상 관찰되는 것은 아니며, 종종 많은 복잡성이 수반된다. 일반적으로 발전소 효율은 총낙차(상부저수지와 방수로의 수위차)에 해당하는 물 에너지에 대한 발전기의 에너지 출력 비율이며, 그 물 에너지는 수차를 통해 흐르는 유량에 의해 최대효율을 달성한다. 또는 그 유량과 하중에 대해서 표시된 수차의 효율이 최대를 나타내는 것일 수 있다.

3.2.5 수력 에너지변환

수차의 상류 측과 흡출관 하류 측 사이의 이용 가능한 비에너지 $E = gH$ ([m^2/s^2]=[Joule/kg], 여기서 g는 중력가속도 [m/s^2], H는 유효낙차 [m])를 고려할 경우, 수차 입·출구 사이의 유효낙차는 IEC 60041 기준(1991)에 따른 식 (3.15)에 표시된 것과 같으며, 흡출관 출구손실은 수차손실이 아닌 발전소손실로 간주된다.

$$E = gH = \left(gh_0 + \frac{c_0^2}{2} + gz_0\right) - \left(gh_3 + \frac{c_3^2}{2} + gz_3\right) \quad \text{[Joule/kg]} \tag{3.15}$$

여기서, $c_3 = c_{m3} = Q/A_3$이고, c_{m3} 는 평균 자오면 속도, A_3는 흡출관 출구의 단면이다.

총낙차 H_g는 수차의 유효낙차와 수차 상류 측 흡입구(취수구)로부터 수차까지의 사이에 있는 수압관 관로에서 발생하는 손실, 수차 흡출관에서 수차 하류 측 방수로(하부저수지) 사이에서 발생하는 손실을 합한 것으로 정의된다. 단, 그림 3.7의 경우, 수차의 하류 측에서는 흡출관 출구 손실 $c_3^2/2g$를 제외하고는 하류 터널 또는 관로에 의한 손실이 없는 것으로 한다.

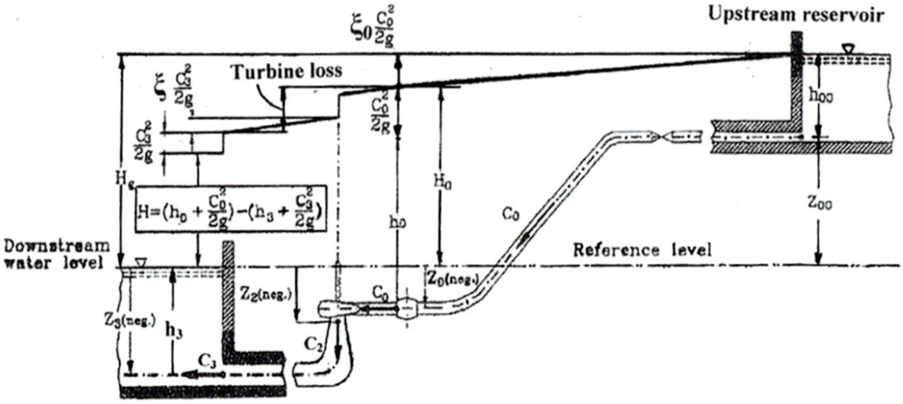

(하첨자: 00 저수지로부터의 유입구, 0 터빈 입구, 1 러너 입구(그림에는 표시되지 않음), 2 러너 출구, 3 흡출관 출구)

그림 3.7 수력발전소의 에너지변환

자료: Brekke, 2012

따라서 그림 3.7로부터 다음과 같은 방정식을 구할 수 있다.

$$H_g = h_0 + \frac{c_0^2}{2g} + z_0 + \xi_0 \frac{c_0^2}{2g} - (h_3 + z_3) = H + \xi_0 \frac{c_0^2}{2g} + \frac{c_3^2}{2g} \tag{3.16}$$

여기서, 하첨자 0은 수차 입구, 3은 흡출관 출구를 나타낸다.

단, 취수구에서 수차 사이의 손실은 발전소손실인 반면, 입구밸브와 나선형 케이싱에서의 손실과 흡출관손실 $J = \xi_2 \cdot c_2^2/2g$는 수차손실에 포함된다(그림 3.7 참조). 흡출관 출구 에너지 $c_3^2/2g$는 앞에서 언급한 바와 같이 IEC 60041 기준(1991)에 따라서 수차손실로 간주되지 않는다.

유효낙차는 이론적인 에너지이며, 대부분은 수차에 의해 사용되어 기계적에너지로 변환되고, 그 에너지의 나머지는 손실로 변환된다. 즉, 손실은 대부분이 물 속의 증가된 열에너지로 변하고, 매우 작고 무시할 수 있는 부분이 주변 환경에 대한 열유속(heat flux)으로 된다.

수력발전소에서 수차의 사용 가능한 출력은 사용 가능한 유량 Q [m³/s]에 따라 달라지며 다음과 같이 정의된다.

$$P = EQ\rho \quad [\text{Joule/kg}\cdot\text{m}^3\text{/s}\cdot\text{kg/m}^3\text{=Joule/s=W}] \tag{3.17}$$

여기서, ρ는 물의 밀도(약 1000 kg/m^3)이다.

유량 Q=100 m^3/s와 유효낙차 H=50 m를 가진 강의 경우 수차에 의해 다음과 같은 사용 가능한 수력이 사용되어 수차출력을 얻는다.

$$\begin{aligned} P &= HgQ\rho \\ &= 50 \times 9.81 \times 100 \times 10^3 = 49.05 \times 10^6\ W \\ &= 49.05\ MW \end{aligned}$$

저수지에 저장된 사용 가능한 에너지는 물 질량(즉, 저장된 물의 양에 밀도를 곱한 값)을 유효(순)낙차에 곱하여 결정된다.

체적 V와 낙차 H(예: $E = gH$)로 저장된 에너지에 대한 식은 다음과 같다.

$$W = V\rho \times E\ [\mathrm{m^3 \cdot kg/m^3 \cdot Joule/kg = Joule}] \tag{3.18}$$

단, Joule=1/(3600×10^3) kWh이다.

체적 V=1000×10^6 m^{3}의 체적과 H=400 m의 낙차를 가진 저수지의 경우, 터널의 수두 손실과 수차와 발전기의 손실을 무시할 때 수차는 다음과 같은 사용 가능한 에너지 저장량을 사용할 수 있다.

$$\begin{aligned} W &= 1000 \times 10^6 \times 10^3 \times 400 \times 9.81 / (3600 \times 10^3)\ kWh \\ &= 10.9 \times 10^8\ kWh \\ &= 1.09\ TWh \end{aligned}$$

단, 1 TWh=10^{12} Wh=10^9 kWh=10^3 GWh이다.

소비전력 생산량은 사용 가능한 저장 에너지양보다 적은데, 그 이유는 수압관로, 수차, 발전기, 변압기 그리고 전력 선로 등에서 발생하는 손실이 있기 때문이다.

최근 프란시스수차 총 효율은 유효낙차 약 100 m에서 운전하는 대형수차의 경우 크기 및 최고효율점 낙차에 따라 94~96%이다. 발전기 효율은 98~99%이므로 총 순에너지는 최고운전(효율)점에서 사용 가능한 에너지의 95×98.5 = 93.5%로 감소한다. 부분부하 및 과부하 시 효율은 더 떨어진다.

수차의 수력효율은 러너 외부의 마찰손실, 러너베인을 통과하지 않는 물의 누설손실, 기계적 마찰손실을 제외한다. 잘 설계된 수차의 수력효율은 98~99%이다.

한편, 수차 러너가 사용한 비(수력)에너지는 수력효율을 표현하는 잘 알려진 오일러 수차방정식에 의해 수학적으로 설명할 수 있다(3.3절 참조). 러너 입구에서 출구 사이 비수력에너지의 차이는 식 (3.19)에서와 같이 $E_1 - E_2 = E = gH$로 나타낼 수 있다. 단, $E = gh + c^2/2 + gz$ (z에 대한 설명은 그림 3.7 참조)

$$\eta_h = \frac{E_1 - E_2 - J_R}{gH} = \frac{E_1 - (E_2 + J_R)}{E} \tag{3.19}$$

여기서, 러너 입구는 하첨자 1로, 출구는 하첨자 2로 표시되며, E_1과 E_2는 각각 러너 상류와 하류에서의 비에너지를 나타내고, J_R은 러너의 에너지 수력손실 [Joule/kg]이다.

한편, 식 (3.19)는 다음과 같이 나타낼 수 있다(그림 3.7 참조).

$$\eta_h = \frac{(gh_1 + \frac{c_1^2}{2} + gZ_1) - (gh_2 + \frac{c_2^2}{2} + gZ_2 + J_R)}{gH} \tag{3.20}$$

식 (3.20)에 따른 수력효율은 러너에 전달된 비에너지($E_1 - E_2 - J_R$)와 수차의 상류 측과 하류 측 비(수력)에너지 차이(gH) 사이의 비율이다. 러너가 수차축으로 전달한 에너지는 $E_1 - E_2$에서 러너 수력에너지손실(J_R), 기계적손실, 케이싱과 러너 사이의 틈새(라비린스)를 통한 누설손실 및 원판마찰손실을 뺀 것이다.

수력효율 $\eta_h = (E_1 - E_2 - J_R)/(gH)$는 오일러 수차방정식으로 알려진 다음의 식 (3.21)로 나타낼 수 있다.

$$\eta_h = \frac{u_1 c_{u1} - u_2 c_{u2}}{E} \tag{3.21}$$

3.3 수차 및 펌프수차의 에너지변환

본 절에서는 수차 및 펌프수차의 에너지변환에 대해서 충동수차, 반동수차 그리고 펌프수차(펌프모드)의 3가지 주요 형식별으로 나누어 설명한다.

일반적으로 충동수차의 경우, 총 비에너지는 러너 입구 측에서 접선 방향으로 속도를 갖는 흐름으로 구성된 운동에너지로 변환된다. 반동수차의 경우, 총 비에너지는 부분적으로 압력에너지와 부분적으로 러너 입구 측에서의 선회류에 의해 형성되는 운동에너지로 구성된다. 펌프수차의 경우 수차모드에서는 반동형 수차와 원리가 동일하기 때문에 펌프모드에 대해서만 반동형 펌프의 원리를 적용하여 설명한다.

기본 수차이론에서 에너지변환에 가장 중요한 방정식은 충동수차와 반동수차 모두에 유효한 오일러 수차방정식이다. 본 절에서는 각 수차의 종류별로 오일러 수차방정식의 유도 과정에 대해서 상세하게 소개하고, 펌프수차에서는 오일러 펌프방정식의 유도 과정에 대해서 설명한다.

3.3.1 충동수차의 오일러 수차방정식

(1) 오일러 수차방정식

그림 3.8의 펠턴수차는 충동수차의 일종이며, 동력 P_t에 대한 방정식은 노즐을 빠져나온 절대속도 질량 유동에 대해서 입구 속도벡터와 출구 속도벡터로부터 운동량에 의한 토크를 구하고 각속도를 곱하여 직접적으로 구할 수 있다.

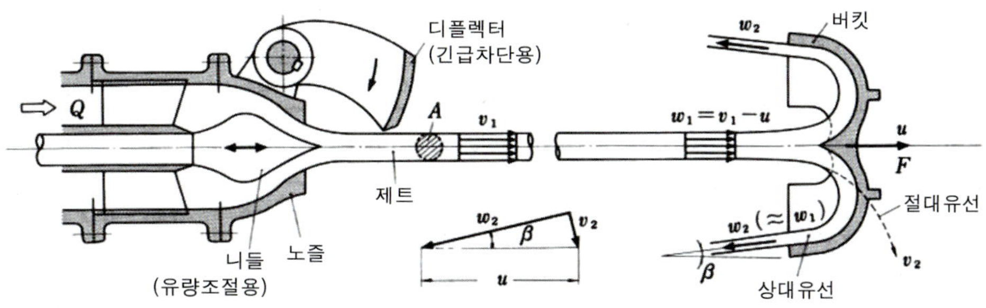

그림 3.8 펠턴수차 노즐과 버킷에서의 속도성분과 속도삼각형

자료: 大橋, 1987

설명을 간략화하기 위해서 하나의 펠턴 버킷과 하나의 펠턴 러너에 작용하는 힘에 대한 사례가 여기에 제시된다.

펠턴 러너 버킷에 작용하는 상대력(relative force)을 F_R이라고 하면

$$F_R = \rho Q_R(w_1 - w_2\cos\beta_2) \tag{3.22}$$

로 되고, 마찰이 없는 흐름으로 가정하면 다음과 같이 된다.

$$w_2\cos\beta_2 = w_{u2} \approx w_2,\quad w_1 = v_1 - u,\quad w_2 = - w_1$$

제트의 단면적을 A라고 하면,

$$Q_R = A(v_1 - u_1)$$

따라서

$$F_R = \rho A(v_1 - u_1)((v_1 - u_1) + (v_1 - u_1))$$

그리고

$$F_R = \rho A2(v_1 - u_1)^2 \tag{3.23}$$

펠턴 러너의 버킷에 작용하는 절대력(absolute force)은

$$F_A = \rho Q_A(v_{u1} - v_{u2}) \tag{3.24}$$

그리고 $w_2\cos\beta_2 \approx w_2$, $u_2 = u_1 = u$일 때 v_{u2}는 다음과 같이 된다.

$$v_{u2} = u_2 - w_{u2} \approx u_2 - w_2 = u_2 - (v_{u1} - u_1) = 2u - v_{u1}$$

또한 절대 제트 흐름은

$$Q_A = A \cdot v_1$$

으로 된다. 따라서

$$F_A = \rho A v_{u1}(v_{u1} - (2u - v_{u1})) \tag{3.25}$$
$$= \rho A 2 v_{u1}(v_{u1} - u_1)$$

수차 동력은 다음과 같이 구해진다.

$$P = F_A\, u_1 = \rho A 2 v_{u1}(v_{u1} u_1 - u_1^2) \tag{3.26}$$

수차 동력의 최댓값은 이론적으로 $\dfrac{\partial P}{\partial u} = 0$ 즉, $v_{u1} - 2u_1 = 0$ 또는 $u_1 = \dfrac{1}{2} v_{u1}$에서 발생한다.

이론적 최적속도에서 상대 반동력 $F_R = \dfrac{1}{2} F_A$은 다음과 같은 방정식으로 주어진다.

$$F_R = \rho A v_1^2 / 2 \tag{3.27}$$

$$F_A = \rho A v_1^2 \tag{3.28}$$

이것은 3개 이상의 버킷이 제트의 물에 의해 하중을 받을 때 단일 버킷의 힘보다 러너에 더 높은 절대력을 준다는 사실로 설명할 수 있다(실제 펠턴수차의 경우, 버킷 회전속도 u의 최적값은 $0.48 v_1 \sim 0.49 v_1$ 사이가 되는데, 그 이유는 최대 직경에서 버킷의 회전속도 u는 제트 접선속도 v_1보다 더 크고, 버킷 출구 림의 최소 직경에서는 입구 손실과 마찰 손실로 인해 더 작아진다).

식 (3.25)에 따른 펠턴 러너에 작용하는 절대력에 대한 일반방정식은 다음과 같은 형식으로 나타낼 수 있다.

$$F_A = \rho Q_A (v_{u1} - v_{u2}) \tag{3.29}$$

토크에 대한 방정식은 다음과 같이 쓸 수 있다.

$$T_A = \rho Q_A (r_1 v_{u1} - r_2 v_{u2}) \tag{3.30}$$

$P = T_A \omega$이므로, 수차의 동력은 다음과 같이 나타낼 수 있다.

$$P = \rho Q_A \omega (r_1 v_{u1} - r_2 v_{u2}) \tag{3.31}$$
$$= \rho Q_A (u_1 v_{u1} - u_2 v_{u2})$$

따라서 펠턴수차의 수력효율은 다음과 같이 되며, 펠턴수차에 대한 오일러 수차방정식으로 불린다.

$$\eta_h = \frac{P}{\rho Q_A g H} = \frac{\rho Q_A (u_1 v_{u1} - u_2 v_{u2})}{\rho Q_A g H} = \frac{u_1 v_{u1} - u_2 v_{u2}}{gH} \tag{3.32}$$

(2) 충동수차 에너지변환

충동수차에서 수차 입구 총 비에너지 E_1은 비운동에너지($=c_1^2/2$)로 변환된다. 러너를 통과하는 흐름은 오일러 수차방정식에 의해 설명되는 고속 흐름의 방향 변화에 의해 생성된 충동력에 의해 기계적 동력으로 변환된다. 반동수차와 같은 러너베인 유로를 통한 압력 감소로 인한 반동력은 변환되지 않고, 충동수차의 버킷에서 속도의 증가는 발생하지 않으며, 버킷 사이의 공간은 물로 채워지지 않는다. 이러한 이유로 충동수차는 부분수차(partial turbine)라고도 한다.

그림 3.9의 우측 유입관(manifold)(도표하부 위치번호 0)에서 노즐 입구까지는 유속에 따른 운동에너지 $c_{m2}^2/2$와 낙차에 의한 압력에너지 gh가 일정한 비율로 존재하고, 노즐 입구에서 버킷 입구(1)까지는 운동에너지가 급속히 증가하고 압력에너지는 0까지 감소한다. 버킷 내부(1~2)에서는 제트 흐름이 버킷에 부딪히면서 운동에너지가 충동에너지로 작용하여 발생한 토크로 수차의 회전력이 발생하고 출력으로 에너지변환이 일어남에 따라 비에너지 E가 증가하게 된다. 버킷을 벗어난 대기 중 흐름(2~3)은 운동에너지와 출력이 동일한 비율로 존재하고 에너지변환이 종료하게 된다.

이 흐름은 물과 공기가 함께 섞이는 자유표면 흐름이기 때문에 일반적인 수치해석기법(computational fluid dynamics, CFD)으로는 해석에 어려움이 있었으나, 최근에는 컴퓨터의 성능과 용량의 증가로 수치해석의 결과에 대한 신뢰성이 많이 높아지고 있다.

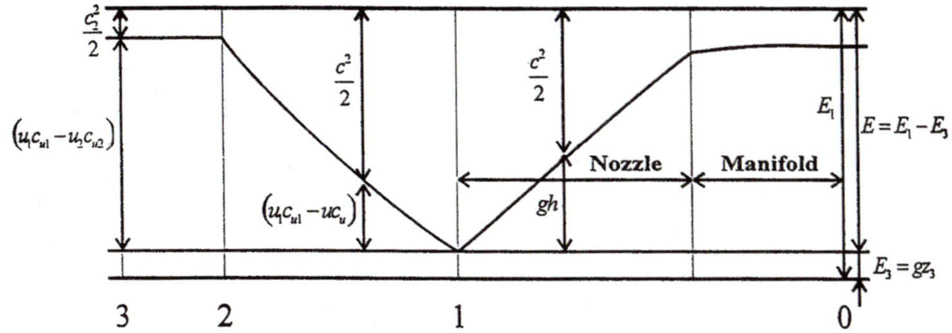

(위치: 0 유입관, 1 버킷 입구, 2 버킷 출구, 3 버킷 외부 대기 중)

그림 3.9 충동(펠턴)수차의 에너지변환 도표

자료: Brekke, 2012

3.3.2 반동수차의 오일러 수차방정식

(1) 오일러 수차방정식

물체의 운동량은 질량을 속도로 곱한 값($m \cdot v$)이다. 뉴턴의 운동 제2법칙에 따르면 어떤 방향에서든 물체에 작용하는 외부 힘은 그 방향에서 물체의 운동량 변화율과 동일하다.

$$\sum F_x = F_{1x} - F_{2x} = m\frac{dv_x}{dt} \tag{3.33}$$

유체 유동이기 때문에 질량은 $m = \rho Qdt$

$$\sum F_x = \rho Q dv_x = \rho Q(dv_{1x} - dv_{2x}) \tag{3.34}$$

상기 식은 y, z 방향 성분에 대해서도 동일한 식이 적용된다.

반동수차의 경우 그림 3.10에서 러너베인 입구 측에서 단위 시간당 러너로 들어가는 물은 접선 운동량 ρQv_{u_1}를 가지고 있으며, 마찬가지로 러너베인 출구 측에서 러너를 떠나는 물도 ρQv_{u2}를 가지고 있다. 접선 운동량에 반지름 r을 곱하면 운동량모멘트(각운동량) $\rho Qv_u r$이 구해진다.

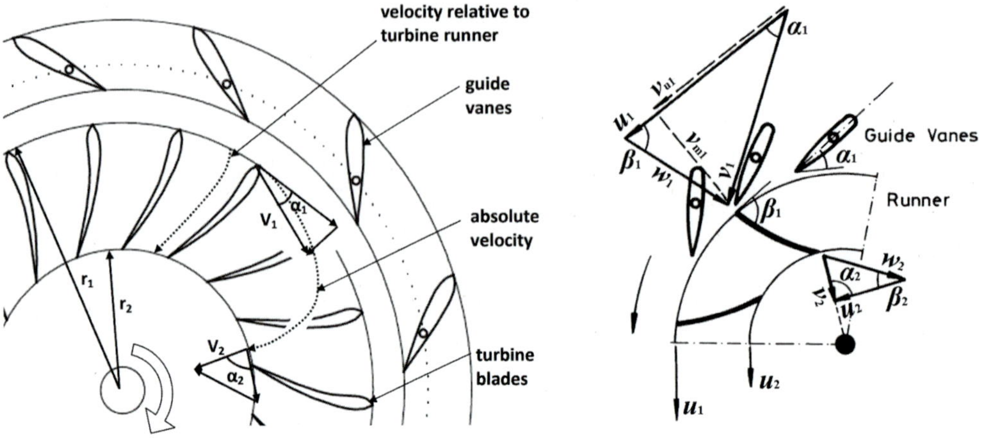

그림 **3.10** 프란시스형 반동수차의 러너 속도삼각형 선도
자료: Pullinger, 2011 & Chapallaz, 1992

러너베인 입구 측 및 출구 측 사이의 운동량모멘트(각운동량) 변화율은 러너에 가해지는 토크와 같다. 즉,

$$T = \rho Q v_{u_1} r_1 - \rho Q v_{u_2} r_2 \quad [\mathrm{Nm}] \tag{3.35}$$

$$= \rho Q (v_{u_1} r_1 - v_{u_2} r_2)$$

수차출력 P는 에너지변환율이기 때문에 선형 시스템의 경우, "단위 시간(sec.)당 힘(F)의 방향으로 움직이는 힘(F)×거리(l)" = "힘(F)×속도(v)"로 나타낼 수 있고, 회전 시스템의 경우 "출력(P) = 토크(T)×각속도(ω) ($\omega = 2\pi r/60,\ u = r\omega$)"이므로

$$P = T\omega = \rho Q (v_{u_1} r_1 - v_{u_2} r_2)\omega \tag{3.36}$$

로 된다.

따라서 반동수차의 출력은

$$P_t = \rho Q (u_1 v_{u_1} - u_2 v_{u_2}) \tag{3.37}$$

로 되고, 단위 시간당 물에서 러너로 전달되는 에너지를 나타낸다.

힘 F의 또 다른 표현은 "단위 시간당 일"(일률)이다. 러너는 낙차 H와 유량 Q를 통해 회전하도록 설계되었기 때문에, 수력발전소의 상부수조에서 수압관로를 통하여 단위 시간 당 질량 m의 물이 중력가속도 g로 낙차 H를 낙하하면서 러너에 가하는 동력(수력에너지)은 관마찰(손실)을 무시할 경우 $P = F \cdot H/dt = m \cdot g \cdot H/dt$로 표현될 수 있으며, $m/dt = \rho Q$이므로

$$P = \rho g Q H \tag{3.38}$$

로 되고, 이 식 (3.38)은 물로부터 이용 가능한 전체 수력에너지 즉, 총 동력을 의미한다. 따라서 수력효율 η_h는 러너에 전해진 동력과 이용 가능한 총 동력의 비로 잘 알려진 "오일러 수차방정식"에 의해서 식 (3.39)로 나타낼 수 있다. 이 방정식은 Leonhard Euler에 의해 발표되었으며, 오일러 에너지방정식이라고도 부른다.

$$\eta_h = \frac{P_t}{P} = \frac{u_1 v_{u_1} - u_2 v_{u_2}}{gH} \tag{3.39}$$

오일러 수차방정식에서 러너베인 출구의 접선 방향 속도성분 v_{u2}에 의해 수차의 효율이 크게 영향을 받을 수도 있다. 그림 3.11의 속도삼각형은 반동수차 러너 출구에서의 유동을 표현하고 있으며, w_2는 러너베인 출구에서의 상대속도를 나타내고 u_2는 러너베인 팁의 원주 방향 속도를 나타낸다. 이 속도벡터들이 결합되었을 때, 결과벡터는 유동 절대속도 v_2가 된다. 최고효율점 유량에서 절대속도는 러너베인 팁 속도에 수직이어야 하며,

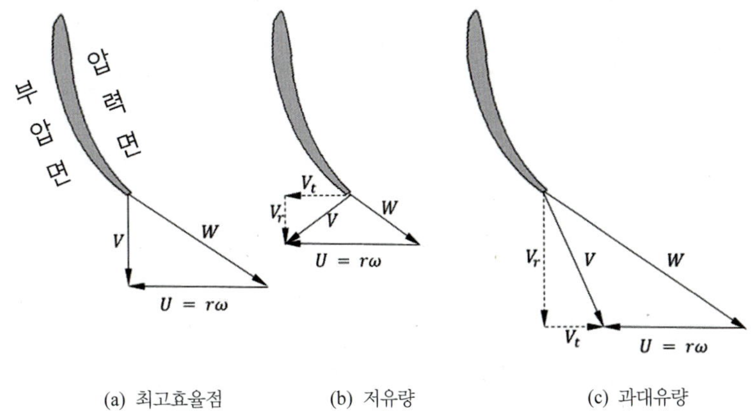

(a) 최고효율점　　(b) 저유량　　(c) 과대유량

그림 3.11 유량에 따른 프란시스수차 러너 출구의 속도삼각형 변화

자료: Erdman, 2016

이것은 흡출관에서 접선 흐름이 없는 것($v_{u2}=0$)에 해당하고, 보텍스로프와 같은 선회류가 없어야 함을 의미한다.

그림 3.11(a)는 최고효율점에서 수차 러너베인의 속도삼각형을 보여준다. 그러나 수차가 저유량 환경에서 작동할 경우 유동의 상대속도가 너무 작아 상대적으로 절대속도의 접선 방향 유속성분 v_{u2}가 증가하여 각운동량이 감소하게 된다. 따라서 유동 절대속도 v_2는 그림 3.11(b)와 같이 접선 방향(팁 속도와 평행)의 속도성분 v_{u2}를 가진다. 접선속도가 클수록 흡출관에서 더 큰 선회류가 발생하게 된다. 반대로, 수차가 과대유량 환경에서 작동할 때 러너베인 출구 상대속도 w_2가 너무 커서 유동의 접선 방향 절대속도 성분 v_{u2}가 그림 3.11(c)와 같이 러너 회전 방향과 반대 방향으로 나타나게 되어 각운동량이 증가하게 된다. 그러나 결과적으로 저유량 및 과대유량에서의 유동은 접선 방향 유속성분 v_{u2}의 증가로 인하여 흡출관 내부에서 보텍스로프와 같은 선회류가 크게 발생하여 캐비테이션을 포함한 유동불안정현상의 증가 및 효율의 감소를 초래하게 된다. 따라서 비설계점 유량에서의 불안정유동현상과 효율을 개선하기 위해서는 접선 방향 속도성분 v_{u2}의 크기를 줄이기 위해 러너베인의 형상설계와 선정에 주의를 기울여야 한다.

(2) 반동수차 에너지변환

그림 3.12는 반동수차의 입구(고압) 측으로부터 출구(저압) 측까지의 총 절대 비에너지 차이 ($=E=gH$)를 보이고 있다. 마찰손실은 무시된다. 우측에는 수차 입구에서의 사용 가능한 비수력에너지가 표시되어 있다. 도표의 하단에는 압력에너지($p/\rho=gh$)가 표시되고 상단에는 운동에너지($c^2/2=c_u^2/2+c_m^2/2$)가 표시된다. c_u과 c_m는 각각 유속의 접선 방향 및 자오선 방향 속도성분을 나타낸다.

그림 3.12의 오른쪽에 있는 수차 입구에서의 비에너지는 반동(프란시스)수차에 대한 약 95% 압력에너지로 구성되며, 선회 흐름이 지배적인 가이드베인 입구 쪽으로 운동에너지가 증가한다.

가이드베인 익렬을 통해 회전에너지가 증가하여 러너베인의 원주속도에 맞추어지게 된다. 또한 물이 러너의 직경이 감소하는 반경 방향으로 흐르기 때문에 자오선속도가 증가한다. 그 결과 압력에너지는 러너 입구에서 전체 에너지의 약 50%로 감소한다.

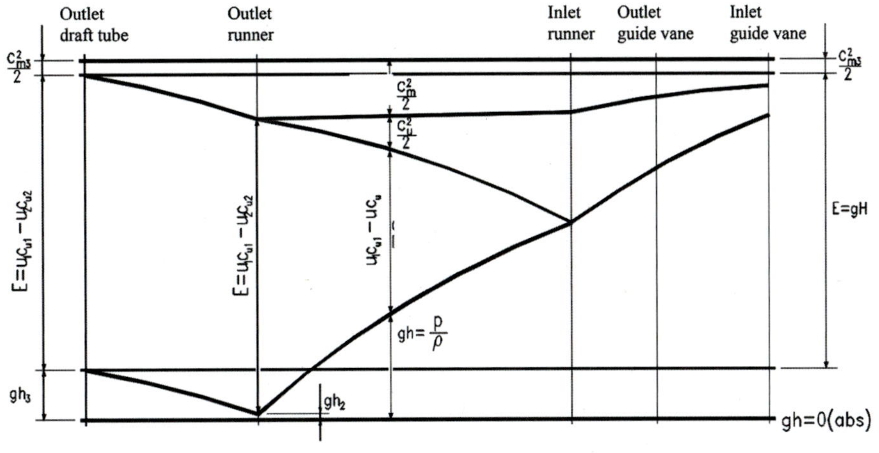

그림 3.12 반동수차의 에너지변환 도표

자료: Brekke, 2012

러너 입구로부터 에너지는 러너를 통과하는 유선에서 임의로 선택된 장소에서 $E_1 - E = u_1c_{u1} - uc_u$라는 식으로 표시된 바와 같이 러너에 의해 점차적으로 기계적에너지로 변환된다. 러너의 출구쪽으로 갈수록 절대압력은 흡출관 외부의 압력(대기압) 아래로 감소하고 회전 운동에너지는 이론적으로 최고효율에서 0으로 감소한다. 러너의 입구부터 출구까지 비에너지가 $E_1 - E_2 = u_1c_{u1} - u_2c_{u2}$만큼 감소한다. 러너 출구에서 압력은 일반적으로 대기압보다 낮은 값으로 감소한다.

그러나 러너 출구에서 흡출관 출구로 갈수록 유로 형상이 디퓨저와 같이 점차 확대하는 유로로 변하기 때문에 운동에너지는 더욱 감소하게 되고, 그 구간에서 압력은 점차 증가하여 대기압에 가까운 압력으로 상승한다.

그런 다음 흡출관 출구의 운동에너지($=c_{m3}^2/2$)는 수차를 통한 이상적인 마찰이 없는 흐름에 대해서 수력에너지 손실로 된다. 단, IEC 표준에서는 흡출관 출구 운동에너지를 수차손실로 간주하지 않고 발전소의 낙차손실로 간주한다.

수차 내부 유로의 각 지점(음영으로 표시된 영역)에서 에너지변환이 발생하는 과정에 대해서 좀 더 상세하게 설명해보면 다음과 같다.

그림 3.13은 자오선속도 분포를 나타내고 있다. 가이드베인 입구에서 러너 입구까지 갈수록 러너 중심으로부터의 반경이 점차 줄어들며 자오선속도는 점점 커지게 된다. 따라서

$c_m^2/2$은 더욱 커지게 된다. 그러나 러너 입구에서 출구 사이에서는 자오선속도의 변화가 거의 없으며, 러너 출구에서 흡출관 출구까지는 유로의 형상이 디퓨저로 되어 있기 때문에 자오선속도는 감소하게 된다.

그림 3.14는 접선속도 분포를 나타내고 있다. 접선속도의 경우 가이드베인 입구에서 러너 입구까지 점점 더 커진다. 러너 입구부터 러너 출구 사이에서는 접선속도는 러너에 의해 토크로 변환된다. 따라서 접선속도 $c_u^2/2$는 러너 출구에서 0으로 될 때까지 점점 작아진다.

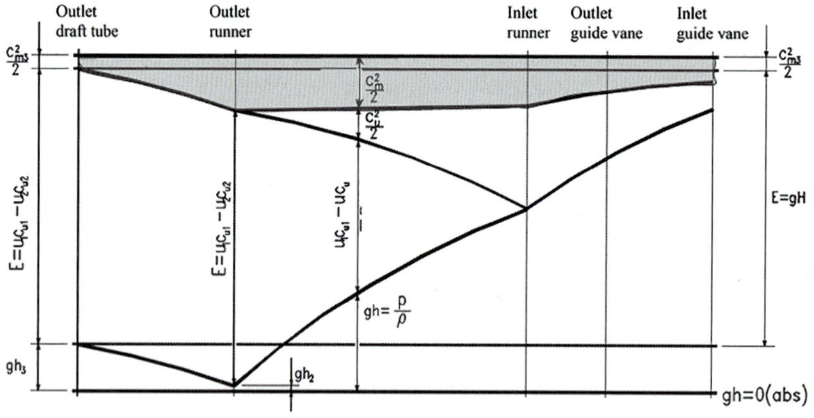

그림 3.13 반동수차의 에너지변환 도표 (a)

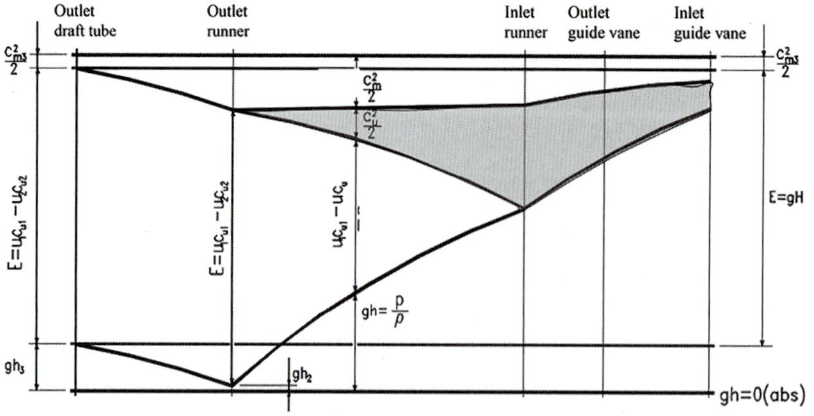

그림 3.14 반동수차의 에너지변환 도표 (b)

그림 3.15는 낙차에 의한 압력에너지 분포를 나타내고 있으며, 가이드베인 입구에서 러너 입구까지의 에너지는 압력에너지로부터 운동에너지(속도 증가)로 변환된다. 따라서 압력에너지 gh가 가이드베인 입구에서 러너 입구로 갈수록 감소한다. 압력에너지는 러너 출구에서 최젓값이 될 때까지 러너 유로에서 점점 더 감소한다. 러너 출구에서 흡출관 출구 사이에서는 최저압력이 다시 점차 회복하는 것을 알 수 있는데, 이것은 흡출관이 디퓨저 형상이기 때문에 흐름이 흡출관 하류로 향할수록 자오선 유속은 늦어지고 압력은 높아진다.

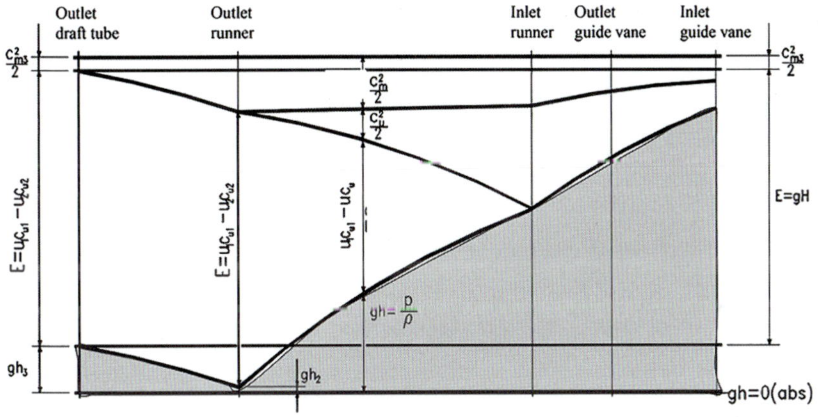

그림 **3.15** 반동수차의 에너지변환 도표 (c)

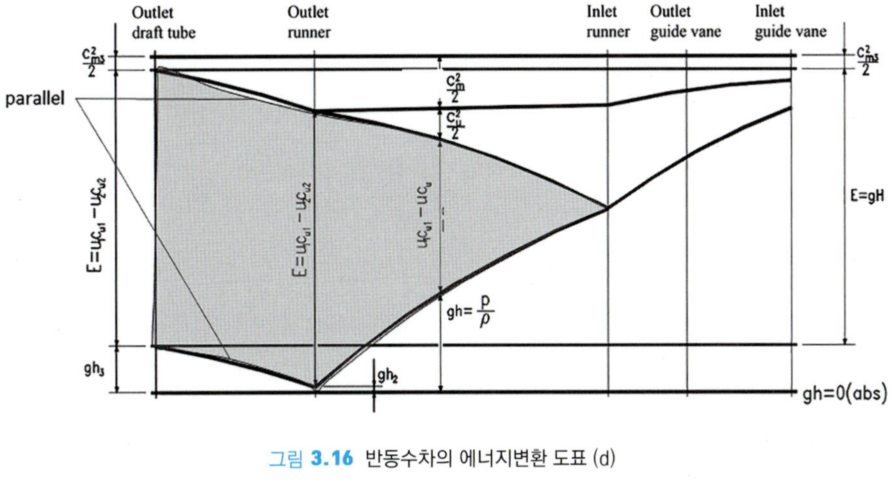

그림 **3.16** 반동수차의 에너지변환 도표 (d)

그림 3.16은 수차 내부의 비에너지 분포를 나타내고 있으며, 비에너지(또는 오일러헤드) $E(=u_1c_{u1}-u_2c_{u2})$는 러너 입구에서 출구로 이어지는 러너 유로에서 토크로 변환된다. 러너 출구에서 흡출관 출구까지의 흡출관 유로에서는 베르누이 방정식의 속도와 압력의 관계에 따라 자오선속도가 줄어들고 그 대신 압력에너지가 회복되면서 비에너지의 양은 변화가 없으며 흡출관 유로에서 일정한 값($u_1c_{u1}-u_2c_{u2}=$일정)을 유지한다.

3.3.3 펌프수차의 오일러 펌프방정식

(1) 오일러 펌프방정식

펌프수차의 오일러 방정식에 대해서는 수차모드의 경우 식 (3.39)의 반동수차 오일러 수차방정식과 동일하며, 본 장에서는 펌프모드의 경우에 대해서 오일러 펌프방정식(또는 오일러헤드)으로 알려진 방정식에 대해서 설명한다.

반동수차 오일러 수차방정식의 유도방법에 대해서는 뉴턴의 운동 제2법칙을 적용하여 설명하였으며, 본 절에서는 운동량 방정식과 Reynolds의 이동정리(Reynolds transport theorem)를 이용하여 수식을 유도해본다.

운동량(momentum equation)은 질량과 속도의 곱($m \cdot v$)를 의미하는 것으로, 물체에 작용하는 외력이 없다면 물체는 운동량을 일정하게 유지하려는 경향이 있다. 이것을 운동량 보존법칙이라 하며 뉴턴의 운동 제2법칙의 또 다른 표현이다.

$$\sum F = m_{sys} a = \frac{d(mv)_{sys}}{dt} \tag{3.40}$$

위 식의 표현은 시스템에 관해서 정의된 운동량 보존법칙으로 좌변의 힘은 시스템에 가해진 외력의 합을 의미하며 우변은 운동량 변화율을 나타낸다.

식 (3.40)의 운동량 보존법칙에서 mv는 선형운동량으로 벡터이다. 따라서 운동량은 벡터의 성질인 크기와 방향을 가지고 있다. 뉴턴의 운동 제2법칙은 시스템에 적용된 법칙이므로 이것을 검사체적에 적용시키기 위해서는 Reynolds의 이동정리를 활용하자.

Reynolds의 이동정리는 유체의 상태량을 N이라 하고 이것의 강도값(intensive vlaue)을 $\beta = \dfrac{dN}{dm}$라 한다면 다음과 같이 표현된다. 단, $\tilde{v}$는 유체의 체적을 나타낸다.

$$\frac{DN_{sys}}{Dt} = \frac{\partial}{\partial t}\int_{c.v} \beta\rho d\tilde{v} + \int_{c.s} \beta\rho(v \cdot n)dA \tag{3.41}$$

시스템의 질량 변화율은 검사 체적의 질량 변화율과 검사 체적으로 단위 시간당 유입되는 질량에서 흘러나가는 질량을 제외한 나머지 질량의 합을 의미한다.

식 (3.41)에서 우변 첫 항은 검사체적 내의 질량 변화율로 검사 체적 내부에 축적되는 질량의 축적률 또는 검사 체적 내부의 질량 감소율로, 정상류의 경우 검사 체적의 질량 변화가 없이 일정하므로 “0”으로 되고 둘째 항은 검사 체적으로 들어오고 검사 체적에서 흘러나가는 질량의 합을 표시한다.

따라서 운동량 유체의 상태량으로서 $N = mv$를 적용할 경우, 강도값이 $\beta = \frac{dN}{dm} = \frac{d(mv)}{dm} = v$로 되어 이것을 식 (3.41)에 대입하여 적용하면 다음과 같다.

$$\begin{aligned} \sum F &= \frac{D(mv)_{sys}}{Dt} \\ &= \frac{\partial}{\partial t}\int_{c.v} v\rho d\tilde{v} + \int_{c.s} v\rho(v \cdot n)dA \end{aligned} \tag{3.42}$$

이 식을 일반 선형운동량 방정식이라 한다. 위 식에서 $\rho d\tilde{v}$ 는 미소질량을 의미하므로 $v\rho d\tilde{v}$는 미소질량의 운동량을 의미하며 $v\rho(v \cdot n)dA$ 역시 검사 표면을 통해서 출입하는 유체의 운동량 변화량이다. $\sum F$는 검사 체적에 가해진 모든 힘으로 여기에는 무게와 자력 등을 포함하는 체적력(body force) 그리고 압력과 전단응력 등을 포함하는 표면력(surface force), 외력 등이 포함된다.

한편, 회전 유체기계는 운동량 이론에서 회전력을 고려한 각운동량 이론을 적용할 필요가 있으며, 그 내용에 대해서 살펴보기로 한다.

고정된 날개에 작용하는 분류에 의해서는 동력교환이 일어나지 않는다. 이런 관점에서 회전 유체기계의 이론은 분류와 움직이는 날개 사이의 운동량 변화에 기초를 두고 있다. 힘과 변위가 있어야만 동력이 발생하게 되므로 비록 날개가 움직이더라도 운동량 변화에 의한 힘의 교환이 이루어지지 않고 있다면 동력은 발생되지 않는다.

이것은 멈춰 있는 수차나 물레방아에 분류가 분사된다 할지라도 동력을 얻지 못하며 분류의 속도와 같은 속도로 회전하고 있는 수차에서 역시 동력을 얻지 못하는 것과 같다.

회전 유체기계의 운동량 방정식을 운동량모멘트 방정식(moment of momentum equation) 또는 각운동량 방정식(angular momentum equation)이라 하며 이것은 수차, 펌프 등 회전 유체기계의 해석에 적용된다.

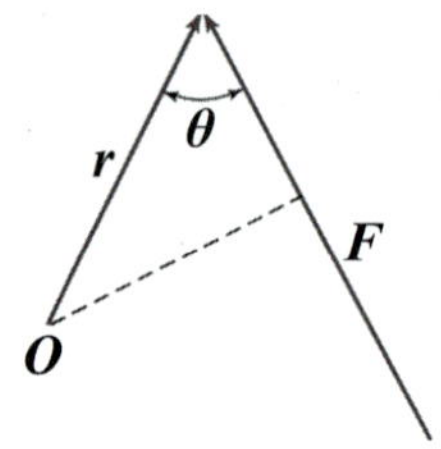

그림 **3.17** 모멘트의 정의

힘 F가 원점에 대하여 만드는 모멘트는 힘과 변위벡터 r의 곱에 의해서 얻어진다.

$$T = F \times r \tag{3.43}$$

두 벡터의 곱은 스칼라로 표시하면 힘과 두 벡터가 이루는 최단거리의 곱으로 이루어지고 방향은 오른손 법칙을 따라서 그림 3.17의 경우는 지면을 뚫고 윗쪽 방향으로 향하게 된다. 즉, 오른손을 주먹을 쥐었을 때 손가락의 감싸는 방향이 회전 방향이고 엄지손가락이 가리키는 방향이 벡터의 방향이 된다.

$$T = Frsin\theta \tag{3.44}$$

식 (3.43)을 식 (3.42)의 운동량 방정식에 적용하자.

$$F \times r = \frac{\partial}{\partial t}\int_{c \cdot v}(r \times v)\rho d\tilde{v} + \int_{c \cdot s}(r \times v)\rho(v \cdot n)dA \tag{3.45}$$

위 식의 좌측 항은 회전력을 의미하며 우측 항은 운동량모멘트 또는 각운동량의 변화율과 검사표면을 통해서 일어나는 운동량 변화를 나타낸다. 이 식을 운동량모멘트 또는 각운동량 방정식이라 한다.

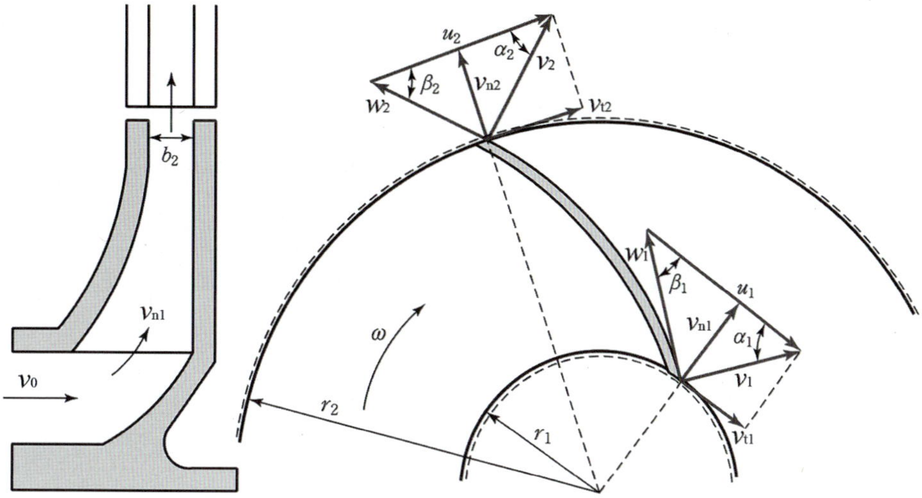

(a) 원심펌프 임펠러의 속도선도(자료: 윤석범, 2016)

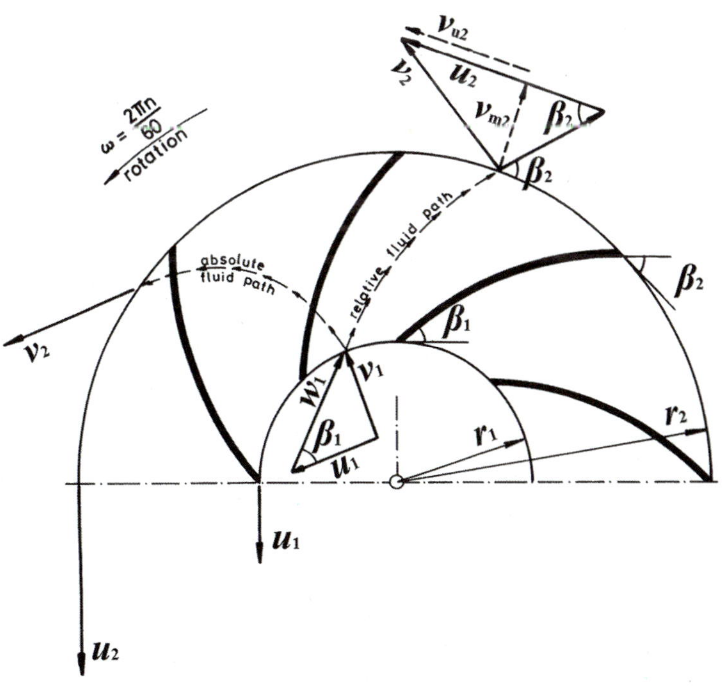

(b) 프란시스형 펌프수차의 펌프모드 러너 속도선도(자료: Chapallaz, 1992)

그림 **3.18** 원심펌프 및 펌프수차 펌프모드 임펠러 속도선도

한편, 펌프수차의 펌프모드 운동량 관계식을 유도하기 위하여 그림 3.18과 같이 원심펌프 임펠러와 펌프수차 펌프모드 러너의 날개를 스케치하여 여기에서의 속도관계를 표시하였다. 그림에서 1은 임펠러 입구에서 유입되는 유체를 나타내며 2는 임펠러 출구에서의 토출되는 유체를 나타낸다. 속도벡터 v는 입·출구에서의 절대속도이며 v_t는 절대속도의 접선 방향의 속도성분이고, v_n은 반경 방향 또는 법선 방향의 성분이다. 임펠러에서의 상대속도는 w로 표현하였으며 u는 임펠러 원주속도로 $u = r\omega$에 의해서 얻어지는 값이다. 그림에서 β는 임펠러 날개의 각도이고 α는 유체가 임펠러에 유입되고 유출되는 유입각, 유출각으로 절대속도 v와 원주속도 u 사이의 각도이다.

회전력은 중심까지의 거리, 즉 반경과 접선 방향의 성분에 의해서 이루어지므로 식 (3.45)는 다음과 같이 정리된다.

$$T= \frac{\partial}{\partial t}\int_{c.v} \rho r v_t d\tilde{v} + \int_{c.s} \rho r v_t v_n dA \qquad (3.46)$$

이 식에서 T는 회전력이며 정상류의 경우는 우변의 첫째 항 $\frac{\partial}{\partial t}\int_{c.v} \rho r v_t d\tilde{v}= 0$ 이 되어 다음처럼 정리된다.

$$T= \rho_2 r_2 v_{t2} v_{n2} A_2 - \rho_1 r_1 v_{t1} v_{n1} A_1 \qquad (3.47)$$

회전 유체기계의 경우도 연속방정식을 적용하면 다음과 같다.

$$\rho_2 v_{n2} A_2 = \rho_1 v_{n1} A_1 = Q\rho \qquad (3.48)$$

식 (3.47)에 식 (3.48)을 적용하여 정리하면 다음과 같다.

$$T= Q\rho(r_2 v_{t2} - r_1 v_{t1}) \qquad (3.49)$$

위 식은 유동에 따라서 운동량이 증가하는 경우로, 펌프수차의 펌프모드 운전 시에 적용되며 펌프수차의 수차모드 운전 시와 같이 유동하면서 운동량이 감소하는 경우는 다음과 같다.

$$T= Q\rho(r_1 v_{t1} - r_2 v_{t2}) \qquad (3.50)$$

동력은 $L = T\omega$이고, 원주속도는 $u = r\omega$이므로, 식 (3.49)의 양변에 ω를 곱해주면 펌프수차 펌프모드 운전 시의 동력은

$$L = Q\rho(u_2 v_{t2} - u_1 v_{t1}) \tag{3.51}$$

로 된다.

여기서 입출구의 절대속도의 접선 방향 성분은

$$v_t = v cos\alpha \tag{3.52}$$

와 같으므로, 식 (3.50)과 식 (3.51)은 다음과 같이 각각 바꿔 쓸 수 있다.

$$T = Q\rho(r_2 v_2 \cos\alpha_2 - r_1 v_1 \cos\alpha_1) \tag{3.53}$$

$$L = Q\rho(u_2 v_2 \cos\alpha_2 - u_1 v_1 \cos\alpha_1) \tag{3.54}$$

펌프수차의 펌프모드 운전에 의해서 형성되는 이론적인 양정을 H라 하면 펌프모드 운전에 필요한 동력은 $L = \rho g Q H$이므로 펌프모드 운전의 이론양정은 다음과 같으며, 오일러 펌프방정식(또는 오일러헤드)이라고 한다.

$$\begin{aligned} H &= \frac{u_2 v_{t2} - u_1 v_{t1}}{g} \\ &= \frac{u_2 v_2 \cos\alpha_2 - u_1 v_1 \cos\alpha_1}{g} \end{aligned} \tag{3.55}$$

위 식을 이용하면 손실이 없는 펌프의 이론양정을 얻을 수 있다. 그러나 펌프에서 얻는 실제 양정 H_p는 이론적인 양정에서 손실수두 h_L을 제외한 수두이므로 다음과 같다.

$$\begin{aligned} H_p &= H - h_L \\ &= \left(\frac{v_2^2}{2g} + \frac{p_2}{\rho g} + z_2\right) - \left(\frac{v_1^2}{2g} + \frac{p_1}{\rho g} + z_1\right) \\ &= \frac{u_2 v_2 \cos\alpha_2 - u_1 v_1 \cos\alpha_1}{g} - h_L \end{aligned} \tag{3.56}$$

상대속도 w와 절대속도 v 그리고 원주속도 u와의 관계는 코사인 제2법칙을 이용하면 다음과 같다.

$$w_1^2 = u_1^2 + v_1^2 - 2u_1 v_1 \cos\alpha_1 \tag{3.57}$$

$$w_2^2 = u_2^2 + v_2^2 - 2u_2 v_2 \cos\alpha_2$$

위 식을 이용하여 식 (3.56)의 절대속도 v_1, v_2를 소거하면 다음과 같이 손실수두를 얻을 수 있다.

$$h_L = \frac{u_2^2 - u_1^2}{2g} - \frac{w_2^2 - w_2^2}{2g} - \frac{p_2 - p_1}{\rho g} - (z_2 - z_1) \tag{3.58}$$

펌프모드 운전 시 손실은 원심력에 의한 수두의 차이 $(u_2^2 - u_1^2)/2g$와 상대 유동에서의 수두 변화 차이임을 알 수 있다.

펌프수차의 펌프모드 운전 시에는 일반적으로 러너(임펠러)에 들어가는 유체의 각운동량이 0이 되도록($\alpha_1 = 90^\circ$) 설계되어 있다. 따라서 펌프수차 펌프운전 시의 이론양정은 다음과 같이 단순화된다.

$$\begin{aligned} H &= \frac{u_2 v_{t2}}{g} \\ &= \frac{u_2 v_2 \cos\alpha_2}{g} \end{aligned} \tag{3.59}$$

양정과 유량과의 관계를 찾기 위해서 그림 3.19의 벡터 속도선도에서

$$v_2 \cos\alpha_2 = u_2 - v_{n2} \cot\beta_2 \tag{3.60}$$

이고 러너(임펠러)의 직경 r_2에서 두께가 b_2이므로 유량은 다음과 같다.

$$Q = 2\pi r_2 b_2 v_{n2} \tag{3.61}$$

위 방정식에서 v_{n2}를 소거하고 식 (3.61)을 식 (3.59)에 대입하여 정리하면 다음과 같다.

$$H = \frac{u_2^2}{g} - \frac{u_2 Q cot \beta_2}{2\pi r_2 b_2 g} \qquad (3.62)$$

이 식에서 펌프수차 펌프모드 운전 시의 양정은 펌프수차의 원주속도가 결정되면 유량에 따라 선형적으로 변화함을 알 수 있다.

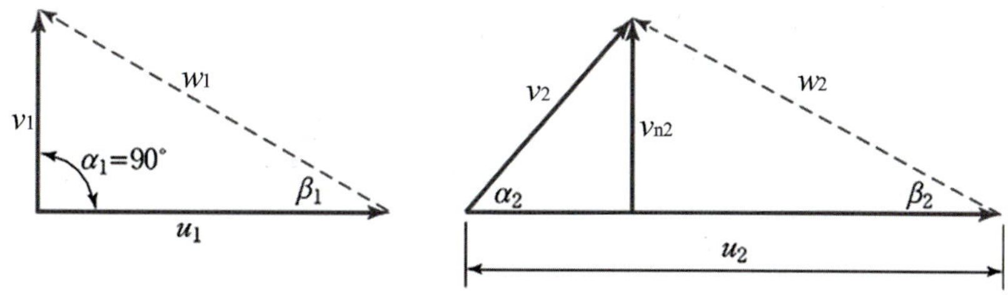

그림 3.19 벡터 속도선도

자료: 윤석범, 2016

그림 3.20은 일반적인 원심펌프의 양정과 유량과의 관계를 임펠러 출구 날개 각도에 따라 변화함을 도시한 것이다. 일반적으로 원심펌프와 펌프수차의 임펠러(러너) 출구 각도 설계는 $\beta_2 < 90°$ 가 되도록 하며 유량이 증가함에 따라 양정은 감소한다. 임펠러 출구의 각도가 반경 방향과 같아지는 $\beta_2 = 90°$ 에서는 이론 양정은 유량에 무관하게 일정하며, $\beta_2 > 90°$ 의 경우는 양정은 유량이 증가하면 같이 증가한다. 즉, 펌프가 새로운 운전조건

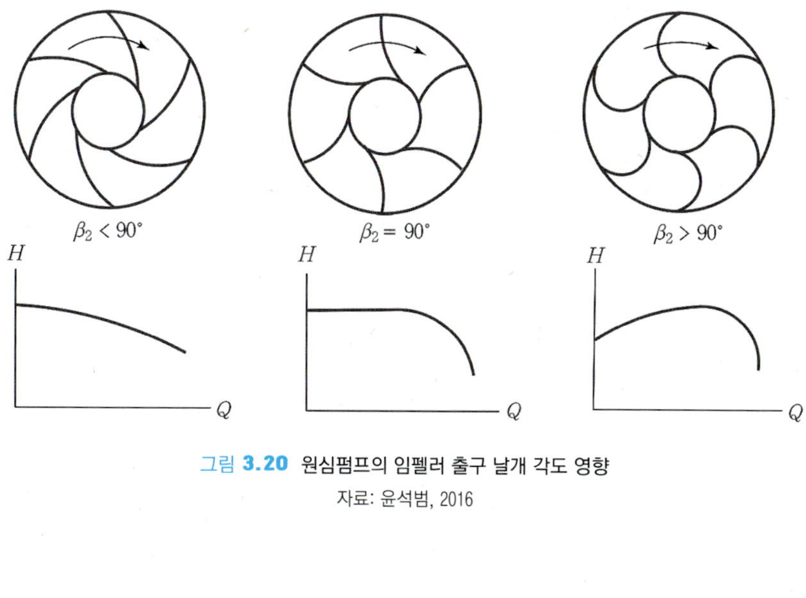

그림 3.20 원심펌프의 임펠러 출구 날개 각도 영향

자료: 윤석범, 2016

에 적응하기 위해서 불안정하게 되어 서지(surge)가 발생한다.

유체에 기계적에너지를 압력에너지나 속도에너지로 변환시켜주는 일종의 에너지변환기 기인 펌프는 실제 유체를 사용하므로 에너지 손실이 큰 기계 중의 하나이다.

식 (3.56)과 같이 펌프수차의 입출구에 손실을 고려하여 에너지 방정식을 적용하면 다음과 같이 실제 펌프수차의 펌프모드 운전 시 양정은 손실수두만큼 감소한다.

$$H_p = H - h_L \tag{3.63}$$

H_p는 실제 양정이고 h_L은 펌프수차의 손실수두이다.

실제 펌프수차에 필요한 동력 L_p 는 실제 펌프수차 양정으로 다음과 같이 얻어진다.

$$L_p = \rho g Q H_p \tag{3.64}$$

이론적인 펌프수차의 펌프모드 운전 시 동력은 제동마력(break power)이라고도 하며 식 (3.54)와 같이

$$L_b = T\omega \tag{3.65}$$

이며 손실이 없다면 두 값은 같게 된다.

그러나 실제는 $L_p < L_b$이고 펌프수차 펌프모드 운전 시 효율은 다음과 같이 정의한다.

$$\eta_p = \frac{L_p}{L_b} = \frac{\rho g Q H_p}{T\omega} \tag{3.66}$$

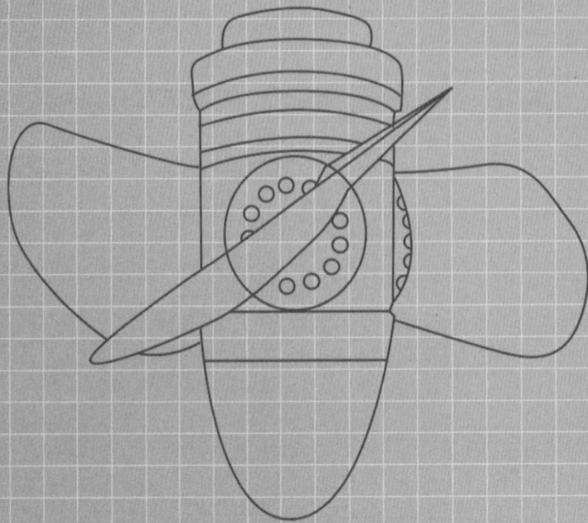

4

수차 및 펌프수차의 성능

4장

수차 및 펌프수차의 성능

수차 및 펌프수차의 성능은 낙차(또는 양정), 유량 등의 주어진 수력조건에 대해서 회전수, 출력, 효율 등의 운전조건 변화에 따른 수차 및 펌프수차의 성능 변화에 대한 것을 의미한다. 본 장에서는 각 수차 및 펌프수차의 일반적인 이론과 성능에 대해서 설명하고, 수력효율 특성과 캐비테이션에 대해서는 제5장 및 제6장에서 각각 상세하게 설명하기로 한다.

4.1 펠턴수차의 성능

4.1.1 수력효율

그림 4.1은 낙차 H [m]에서 운전 중인 펠턴수차와 일반적인 러너 외관을 보인다. 그림 4.1(a)에서 수차의 입구 Ⓐ에서는 H [m]의 에너지를 가지고 있는 물이 들어가지만, 출구 Ⓑ에서는 에너지가 거의 0으로 되어 나가게 된다. Ⓐ로부터 Ⓑ의 사이에 에너지가 무엇에 소비될 것인가를 생각해 본다. 그것에는 Ⓐ와 Ⓑ의 사이에 식 (1.5)에 보인 베르누이 방정식과 동일한 원리를 적용하면 된다.

그것은 다음과 같이 손실수두와 각종 수두로 나타낼 수 있다.

$$H = (\varepsilon_c H + \varepsilon_n H + \varepsilon_r H + H_h) + \varepsilon_e H \tag{4.1}$$

단, $\varepsilon_c H$, $\varepsilon_n H$ 및 $\varepsilon_r H$는 각각 케이싱, 노즐 및 러너 내를 물이 흐르는 동안의 손실수두,

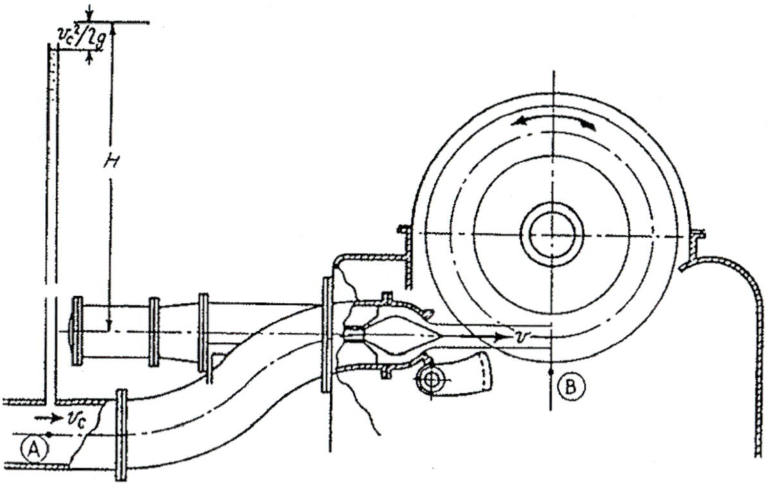

(a) 운전 중인 펠턴수차(자료: 石井, 1962)

(b) 일반적인 펠턴수차 러너 외관(자료: 田中, 2007)

그림 **4.1** 운전 중인 펠턴수차와 일반적인 러너 외관

$\varepsilon_e H$는 러너로부터 유출하는 물이 가지고 있는 속도수두, H_h [m]는 러너가 발생하는 출력수두이다.

H_h 만 유효하게 이용 가능한 수두이고, 다른 것은 모두 손실로 되어 잃어버리는 수두이다. 여기서 주의해서 고려해야 할 사항은 수차에서는 유효한 H_h도 물에게는 다른 손실수

두와 마찬가지로 빼앗겨 버릴 수두의 일종에 지나지 않는 것이다.

식 (4.1)은 다음과 같이 고쳐 쓸 수 있다.

$$H(1-\varepsilon) = H_h \tag{4.2}$$

단, $\varepsilon = \varepsilon_c + \varepsilon_n + \varepsilon_r + \varepsilon_e$이다.

H만큼의 에너지를 소모하여, H_h만큼의 에너지를 꺼낼 수 있기 때문에 펠턴수차의 수력효율 η_h는 다음과 같이 된다.

$$\eta_h = \frac{H_h}{H} = 1-\varepsilon \tag{4.3}$$

4.1.2 러너의 출력수두

펠턴수차의 노즐을 흘러나오는 제트의 속도 v [m/s]는 일정하고, 회전속도 N [min^{-1}]을 바꾸어도 변하지 않는다. 따라서 유량도 변하지 않는다. 단 N을 바꾸면 러너의 원주속도 u [m/s]가 변하기 때문에 v와 u의 상대 관계가 변하고, 물의 움직임도 변하게 된다.

그림 4.2는 펠턴수차의 노즐과 버킷에서의 유동 상태를 속도성분을 이용하여 나타내고 있으며, 직경 D [m]인 피치원을 포함한 원통 면에서 러너를 자른 단면을 전개하면 거의 그림과 같이 된다. 실제로 축 방향으로부터 보면 제트와 버킷의 관계는 그림 4.3의 (1), (2), (3)과 같은 순서로 변하게 된다. 그러나 여기서는 항상 피치원과 제트 중심의 접점에서 제트가 직각으로 버킷에 작용하는 것으로 가정해서 생각하는 것으로 한다.

u인 속도로 달리는 버킷에 v인 속도로 유입하는 제트는 상대적으로 $w(=v-u)$인 속도로 유입하는 것으로 된다. 역으로 버킷 테두리를 따라서 w_2 [m/s]인 상대속도로 유출하는 물은 v_2 [m/s]인 절대속도로 유출하는 것으로 된다. v_2는 u와 w_2가 만드는 평행사변형의 대각선에 해당한다. 그림 중의 α_2는 u와 v_2가 이루는 각이고, β_2는 $-u$와 w_2가 이루는 각이다. β_2는 그림 4.2와 같이 버킷 자체의 출구각 β_2'보다 약 $15° d/B$정도까지 더 커진다. 단 d와 B는 각각 제트 직경과 버킷 폭이다.

물이 버킷 내를 흐르는 동안에 발생하는 손실은 물과 버킷의 상대속도의 2승에 비례하기 때문에 $\zeta_b w_2^2/2g$로 나타낼 수 있다. 단, g [m/s²]는 중력가속도이다. 관 내부를 흐르는 물과 달리 버킷 내를 흐르는 물은 대기압 중에 자유표면(압력 0)을 가지고 있기 때문에 이 손실수두는 압력강하로 되지 않고 속도강하로 되어 나타난다. 따라서 w_2은 w보다 작게 되고, 그 관계는 다음과 같이 된다.

$$\frac{w^2}{2g} = \zeta_b \frac{w_2^2}{2g} + \frac{w_2^2}{2g} \tag{4.4}$$

그럼에도 불구하고 $w = v - u$이기 때문에 w_2는 다음과 같이 된다.

$$w_2 = \frac{1}{\sqrt{1+\zeta_b}}(v-u) \tag{4.5}$$

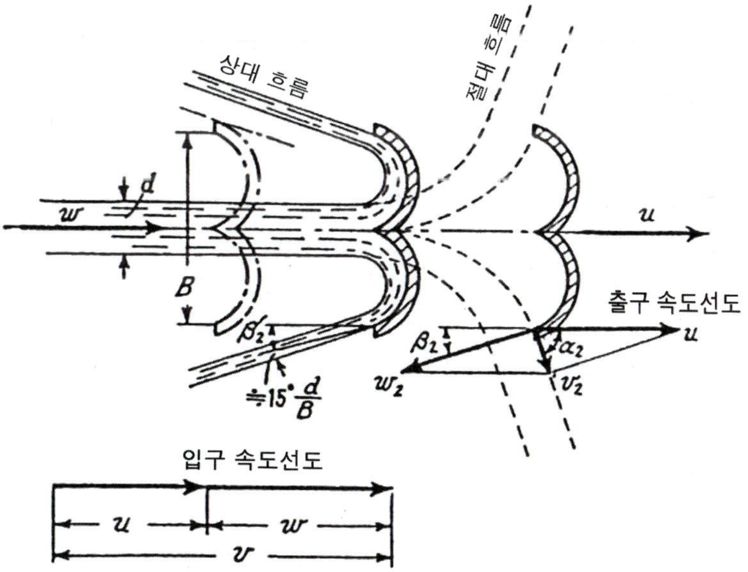

그림 4.2 펠턴수차의 제트 유동과 버킷의 속도삼각형
자료: 石井, 1962

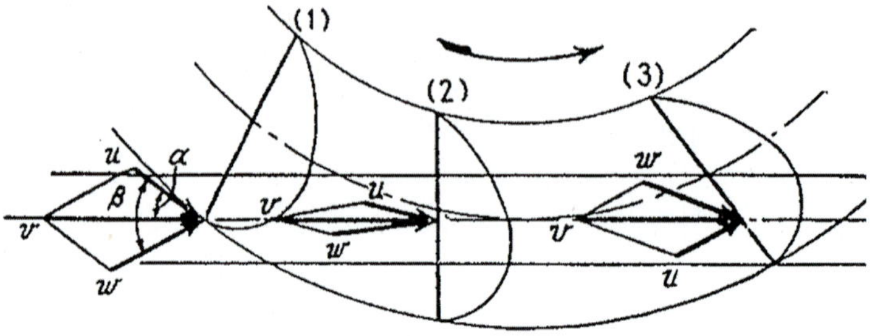

그림 4.3 버킷의 위치에 따른 속도선도의 변화 (유입 시)
자료: 石井, 1962

그런데 단위 시간에 버킷에 유입하는 물은 Q [m^3]이고, 그 질량은 $\gamma Q/g$이다. 단, 비중량 $\gamma(=\rho g)$ [N/m^3]는 단위 체적당 물의 무게(중량)이다. 따라서 u방향으로 단위 시간에 버킷에 유입하는 물의 운동량은 $(\gamma Q/g)v$로 된다. 동일하게 $-u$방향으로 단위 시간에 버킷으로부터 유출하는 물의 운동량은 $(\gamma Q/g)v_2\cos\alpha_2$로 된다. 결국 단위 시간에 물은 u방향으로 $(\gamma Q/g)(v-v_2\cos\alpha_2)$인 운동량의 변화를 받는다. 단위 시간 내의 운동량의 변화는 즉, 힘이기 때문에 물은 이것만큼의 $-u$방향의 힘을 버킷으로부터 받고 있는 것으로 되고, 또한 이것과 동등한 반력이 버킷에 작용하는 것으로 된다. 즉, 물이 버킷을 밀어젖히는 힘 F_h [N]은 다음과 같이 된다.

$$F_h = \frac{\gamma Q}{g}(v - v_2\cos\alpha_2) \tag{4.6}$$

그런데 $v_2\cos\alpha_2 = u - w_2\cos\beta_2$이기 때문에 이것에 식 (4.5)를 대입하면

$$v_2\cos\alpha_2 = u - \frac{\cos\beta_2}{\sqrt{1+\zeta_b}}(v-u)$$

로 된다. 이것을 식 (4.6)에 대입하면 다음과 같이 된다.

$$F_h = \frac{\gamma Q}{g}2(v-u)\xi \tag{4.7}$$

단, $\xi = \frac{1}{2}(1 + \frac{\cos\beta_2}{\sqrt{1+\zeta_b}})$이다.

이 힘에 의해 러너가 발생하는 토크 T_h [N·m]는 $DF_h/2$이기 때문에 다음과 같이 된다.

$$T_h = \frac{\gamma Q}{g} D(v-u)\xi \tag{4.8}$$

또한 러너의 각속도를 ω [rad/s]로 하면 러너가 발생하는 동력 P_h [kW]는 $\omega T_h/1000$이기 때문에 $\omega = 2u/D$ [rad/s], $\gamma = \rho g$ [N/m³]인 것을 고려하면 다음과 같이 된다.

$$P_h = 9.8QH_h \tag{4.9}$$

단,

$$H_h = \frac{1}{g} 2u(v-u)\xi \tag{4.10}$$

이다.

수차입력 $9.8QH$의 H가 유효낙차인 것처럼 출력 $9.8QH_h$의 H_h는 러너의 출력수두에 해당한다.

따라서 수력효율 η_h는 다음과 같이 된다.

$$\eta_h = \frac{H_h}{H} = \frac{1}{gH} 2u(v-u)\xi \tag{4.11}$$

또는 여기서,

$$u = \phi\sqrt{2gh} \tag{4.12}$$

$$v = c\sqrt{2gH} \tag{4.13}$$

로 두면 식 (4.11)은 다음과 같이 나타낼 수 있다.

$$\eta_h = 4\phi(c-\phi)\xi \tag{4.14}$$

η_h가 최대로 되는 것은 식 (4.14)로부터 알 수 있듯이

$$\phi = \frac{1}{2}c\ (즉,\quad u = \frac{1}{2}v) \tag{4.15}$$

인 때이고, 그 때는

$$\eta_{hmax} = c^2\xi \tag{4.16}$$

로 된다.

η_{hmax}를 좋게 하기 위해서는 식 (4.7)의 ξ를 보면 알 수 있듯이 버킷 출구각 β_2'를 작게 하든지, ζ_b를 작게 하면 좋다. 그렇지만 β_2'를 너무 작게 하면 그림 4.2로부터 알 수 있듯이 버킷으로부터 유출한 물이 다음의 버킷의 배면에 부딪혀서 버킷을 제동할 우려가 있다. ζ_b을 작게 하려면 버킷 내면의 마무리(표면가공)를 잘 해야 한다. 또한 제트의 버킷 내에서의 굽힘을 완만하게 하면 되지만, 그것을 위해서는 제트 지름 d에 비해 버킷 폭 B을 크게 해야 한다. 그렇지만 B를 크게 할수록 회전에 의해 공기저항 손실이 크게 된다.

지금 $c = 0.96$를 적용하여 식 (4.15)의 관계로부터 η_h가 최대로 될 때의 ϕ를 구하면 $\phi = 0.5 \times 0.96 = 0.48$로 된다. 러너의 실제 작동과 상술의 가정과의 사이에는 차이가 있기 때문에 실제에는 $\phi = 0.44 \sim 0.48$정도에서 η_h가 최대로 된다.

그림 4.4에 모형시험에서 얻어진 T, P, $\eta \sim N$의 예를 보인다. 식 (4.8)로부터 $T_h \sim N$

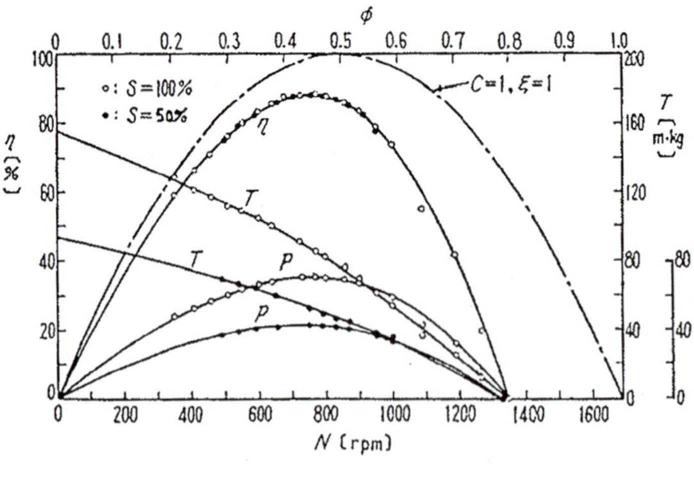

그림 4.4 펠톤수차의 T, P, $\eta \sim N$의 예 ($D = 0.5$ m, $d_n = 0.066$ m, $H = 100$ m)

자료: 石井, 1962

는 직선, 식 (4.10) 및 식 (4.11)로부터 P_h, $\eta_h \sim N$은 2차 곡선으로 되어야 하지만, T, P, $\eta \sim N$은 본 그림과 같이 조금 다르다.

4.1.3 러너의 버킷 수

그림 4.5는 피치원을 포함한 평면에서 잘랐을 때 제트와 러너의 관계를 보인다. 그림에서 버킷 A가 제트를 완전히 자르는 순간에 버킷 A의 중앙물가름끝단 이면에 있는 물방울은 1피치 앞을 달리는 버킷 B에 유입되어야 할 최종의 물방울에 해당한다. 이 물방울이 버킷 B에 유입되기 위해서는 적어도 C점에서 버킷 B의 중앙물가름끝단에 따라붙을 필요가 있다. 그렇게 되기 위해서는 버킷이 $\overline{BC}$를 도는 것보다 물방울이 빨리 $\overline{AC}$를 날아가면 된다. 다시 말하면, A점에 있는 물방울은 C점에 도달하면서 버킷 B에 들어가야만 한다.

즉, $\overline{AC}$의 길이를 l [m], 물방울의 속도를 v [m/s], $\overline{BC}$가 러너 중심과 이루는 각을 ψ [rad], 러너의 각속도를 ω [rad/s]로 하면

$$\psi/\omega > l/v \tag{4.17}$$

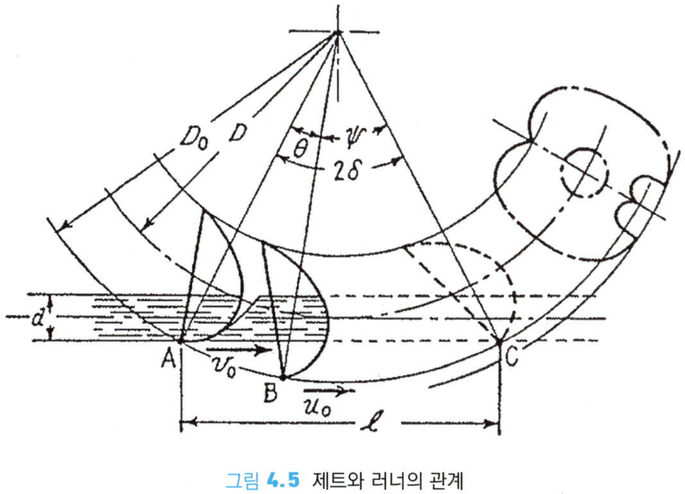

그림 **4.5** 제트와 러너의 관계

자료: 石井, 1962

이 되어야 한다.

그런데 버킷 중앙물가름끝단 원의 직경을 D_0 [m], 그 원주속도를 u_0 [m/s], $\overline{AC}$가 중심과 이루는 각을 2δ [rad]로 하면 $l = D_0 \sin\delta$, $\omega = 2u_0/D_0$이기 때문에 이것을 식 (4.17)에 대입하여 다음의 식을 얻는다.

$$\psi > 2\frac{u_0}{v}\sin\delta \tag{4.18}$$

따라서 버킷 A와 B가 이루는 각 θ [rad]는

$$\theta < 2\left(\delta - \frac{u_0}{v}\sin\delta\right) \ (= \theta_m \text{로 둔다}) \tag{4.19}$$

로 되어야 한다.

$\theta = \theta_m$로 할 경우 물방울이 전부 버킷에 도달하는 것을 의미하지만 물방울 전부가 유효하게 작용한다고는 말할 수 없다. 따라서 실제로는 $\theta = \theta_m/(1.2 \sim 1.5)$로 한다. 즉, 버킷 수 Z_r은

$$Z_r = (1.2 \sim 1.5)\frac{2\pi}{\theta_m} \tag{4.20}$$

정도로 한다.

그림 4.6에 그림 4.4의 수차에 대해서 버킷 수 Z_r만을 바꾸었을 경우의 $\eta \sim N$의 변화

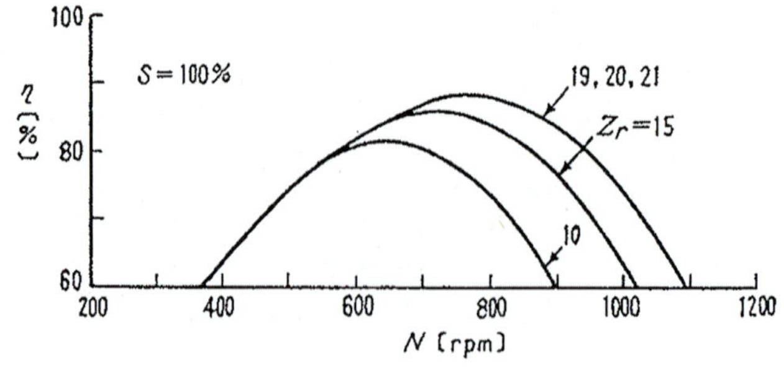

그림 4.6 펠턴수차의 $\eta \sim N$과 Z_r의 관계

자료: 石井, 1962

의 예를 보인다. N이 커질수록 u_0가 빨라지므로, 무효유출수가 많아지는 것은 식 (4.19)로부터도 알 수 있듯이 해당 예에서도 그 영향이 분명히 인정된다.

4.1.4 제트의 유입각과 무효유출수

버킷에 제트가 유입할 때 버킷의 회전 방향(u의 방향)과 제트의 방향(v의 방향)은 일반적으로 일치하지 않은 상태에서 각 α를 이루고, α가 버킷의 위치가 바뀜에 따라서 정 → 0 → 부로 바뀌는 것은 그림 4.3에 나타내는 바와 같다. 제트가 버킷에 가하는 힘은 $\cos\alpha$에 비례해서 작아지기 때문에 $|\alpha|$가 클수록 수차효율에는 불리하게 된다. 지금 물이 버킷에 들어가기 시작해서부터 끝날 동안에 $|\alpha|$의 평균값을 $|\alpha|_m$로 하면 $|\alpha|_m$은 수차의 회전 속도 N이 커질수록 작아진다. 반면에 버킷에 작용하지 않고 빠져나가는 유량 Q_s는 전술한 바와 같이 N이 커질수록 커진다. 1 Q_s/Q가 용적효율 η_v이고 다음으로 $|\alpha|_m$ 및 Q_s와 N의 관계에 대해서 생각한다.

그림 4.7에서 A 및 B는 서로 이웃한 2개의 버킷을 나타내며 첨자가 같은 것을 가지고 동시각의 위치를 나타내는 것으로 한다. 버킷 A가 A_1 위치에 왔을 때 이것에 제트가 닿

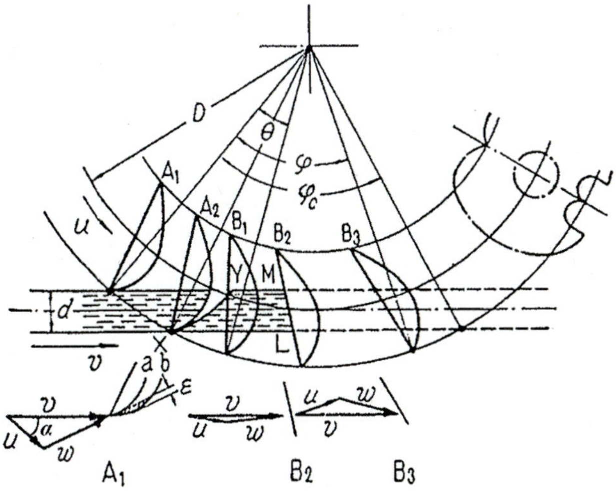

그림 4.7 제트의 유입각 α의 변화 과정

자료: 石井, 1962

기 시작하고 다음의 버킷 B_1에 닿고 있던 제트를 끊기 시작한다. 버킷 A가 A_2 위치에 도달하면 제트는 전부 이 버킷에 의해서 잘려나가 버려서 다음의 버킷 B_2에 닿아야 할 제트는 제트 조각 $XYLM$으로 되어 공간에 있게 된다. 제트 조각 $XYLM$이 날아가는 빠르기 v는 버킷 B가 달리는 빠르기 u보다 빠르기 때문에 진행 중에 제트 조각 $XYLM$은 앞부분부터 점차 버킷 B_2에 유입하고 제일 마지막 물방울 X가 유입한 때에 전부 유입이 끝난다. 이 때의 버킷 B의 위치를 B_2로 한다.

회전 중의 하나의 버킷에 주목하면 A_1 위치에서 제트를 자르기 시작하여 B_3 위치에서 제트의 유입이 끝난다. 즉, 제트가 하나의 버킷에 작용하기 시작해서부터 끝날 때까지의 동안에 버킷은 그림에 보인 회전각 φ만큼 회전하는 것으로 된다. 그런데 제트의 유입속도 v는 일정하기 때문에 버킷의 속도 u를 그림의 경우보다 느리게 하면 B_3 위치 이전에서 물방울 X는 버킷 B에 유입이 끝나고, 따라서 φ는 작아지게 된다. 역으로 u를 그림의 경우보다 빠르게 하면 B_3위치보다 더 진행되었을 때 물방울 X는 버킷 B에 유입이 끝나고, 따라서 φ가 커지게 된다. α는 버킷이 A_1 위치에 있을 때에 최댓값 $\alpha_{\max}$로 되고 B_2 위치에서는 거의 0으로 되며, B_3 위치까지 와서 최솟값 $\alpha_{\min}$로 된다. $(|\alpha_{\max}|+|\alpha_{\min}|)/2 = |\alpha|_m$로 하면 $|\alpha|_m \sim N$은 그림 4.8의 예와 같이 된다.

다음으로 u를 그림 4.7의 경우보다 러너 회전속도를 더욱 높게 하여, φ가 그림의 φ_c보다 커지면 노즐로부터 분출된 제트 중 버킷과 부딪히거나 작용하지 않고 그대로 앞으로 날아가서 흘러나가 버린 무효유출수 Q_s가 생긴다. $Q_s \sim N$의 예는 그림 4.8에 보인다. 단, Q_s는 제트의 유량을 100%로 해서 보이고 있다. Q_s는 u와 함께 크게 되고, N이 무구속속도(효율이 0으로 되는 속도) N_R에서 100%에 가까운 값으로 된다. 같은 그림에 보인 $\eta \sim N$곡선이 좌우대칭이 되지 않는 큰 이유는 이 무효유출수 때문이다.

또한 버킷 물가름끝단의 뒷쪽은 그림 4.7의 A_1 위치에서도 제트의 유입 방향(w의 방향)보다 그림의 a선과 같이 안쪽에 있는 것이 이상적이다. 그 이유는 b선과 같이 바깥쪽에 있으면 그림의 ε 부분에 닿는 제트가 러너를 제동하도록 작용하기 때문이다. 단, 실제로는 물가름의 강도면에서 이상적인 형상으로 만들기는 어렵다.

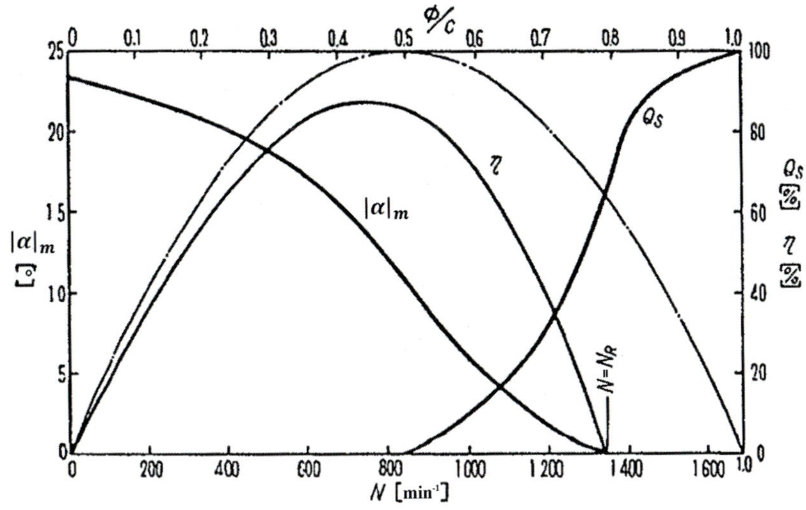

그림 4.8 회전속도 N, 유입각 $|\alpha|_m$, 무효유출수 유량 Q_s의 관계

자료: 石井, 1962

4.1.5 케이싱 및 노즐의 효율

그림 4.1과 같이 케이싱 및 노즐 내의 물의 흐름은 단순한 관내 흐름과 비슷할 것으로 생각할 수 있다. 그 중에서 손실수두의 대부분은 마찰손실에 의한 것이다.

지금 케이싱 내의 물의 평균속도를 v_c [m/s], 노즐 출구의 물의 유속을 v [m/s]로 하고, 케이싱 입구와 노즐 출구 사이에 식 (1.5)의 베르누이 방정식을 적용하면 다음의 식을 얻는다.

$$H = \zeta_c \frac{v_c^2}{2g} + \zeta_n \frac{v^2}{2g} + \frac{v^2}{2g} \tag{4.21}$$

단, ζ_c 및 ζ_n은 케이싱 및 노즐 내의 손실수두계수이고 관로의 직경이 크고 무난한 형상일수록 작아진다.

여기서, $v_c = k_c\sqrt{2gH}$로 나타내면 식 (4.21)로부터 v는 다음과 같이 구해진다.

$$v = c\sqrt{2gH} \tag{4.22}$$

단,

$$c = \sqrt{\frac{1 - \zeta_c k_c^2}{1 + \zeta_n}} \tag{4.23}$$

이다. c를 속도계수라고 하고, 식 (4.13)의 c와 동일하다.

케이싱을 포함한 노즐효율 η_n은

$$\eta_n = \frac{v^2/2g}{H} = c^2 \tag{4.24}$$

로 된다. 기준(최대출력상태) 개도에서의 η_n은 단일 노즐에서 0.96, 2노즐 이상의 분기관에서 0.95 정도의 값이다.

노즐은 니들스트로크에 의해 개도가 변하는 부분의 일종의 밸브이다. 그렇지만 개도를 바꾸어도 유량이 변하는 것뿐이며 손실수두는 항상 작고, η_n가 거의 변하지 않는 것이 특징이다.

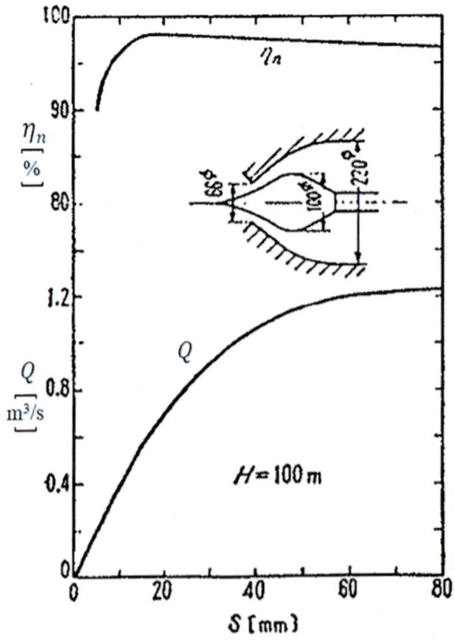

그림 4.9 펠턴수차 노즐의 Q, $\eta_n \sim S$의 예

자료: 石井, 1962

그림 4.9에 Q, $\eta_n \sim S$의 예를 보인다. 단 S [mm]은 니들스트로크이다.

4.1.6 러너의 공기저항 손실

러너의 공기저항 손실 동력 P_f [kW]는 다음과 같이 된다.

$$P_f = \frac{\gamma_a}{g} K_f D_0^5 N^3 \tag{4.25}$$

단 γ_a [kg/m^3]는 단위 체적의 공기 중량(20℃에서 0.123 kg/m^3)이고, g [m/s^2]는 지구의 중력가속도(9.8 [m/s^2])이며, B_0 [m]는 버킷의 최대바깥 폭이고, D_0 [m]는 러너의 최대 외경, K_f 는 러너의 형상에 따라서 정해지는 상수이다.

배수실 밖의 공중에서 돌릴 경우에,

일체주조 러너에서는

$$K_f = (0.010 + 12.40\frac{B_0}{D_0}) \times 10^{-6}$$

조립 러너에서는

$$K_f = (0.035 + 0.25\frac{B_0}{D_0}) \times 10^{-6}$$

이다.

4.1.7 비속도와 러너의 형상

그림 2.63의 대표원형 유로를 제트 지름 d로 취하면, $D_{th} = d$, $c_{th} = c$, $\phi_{th} = \phi d/D$가 된다. 따라서 식 (2.37)에 이 관계를 넣어 n_s를 다음과 같이 나타낼 수 있다.

$$n_s = 495\sqrt{\eta c}\,\phi\frac{d}{D} \tag{4.26}$$

n_s를 바꾸려면 수차의 형상을 어떻게 바꾸면 좋을지를 식 (4.26)에 대해서 생각해본다. c 및 η는 n_s에 관계없이 항상 큰 것이 바람직하기 때문에 논외로 둔다. ϕ는 일부 바꾸는 것도 가능하지만 그 폭은 극히 작다. 따라서 n_s을 바꾸기 위해서는 거의 d/D에 따라야 한다는 것을 알 수 있다.

지금 $\eta = 0.87$, $c = 0.96$, $\phi = 0.465$로 하면 식 (4.26)은 다음과 같이 된다.

$$n_s = 210\frac{d}{D} \tag{4.27}$$

즉, 펠턴수차에서는 η, c 및 ϕ가 거의 변하지 않기 때문에 n_s의 대신에 d/D을 사용할 수 있다. 러너의 형상과 n_s의 관계를 그림 2.96 및 그림 4.10에 보인다.

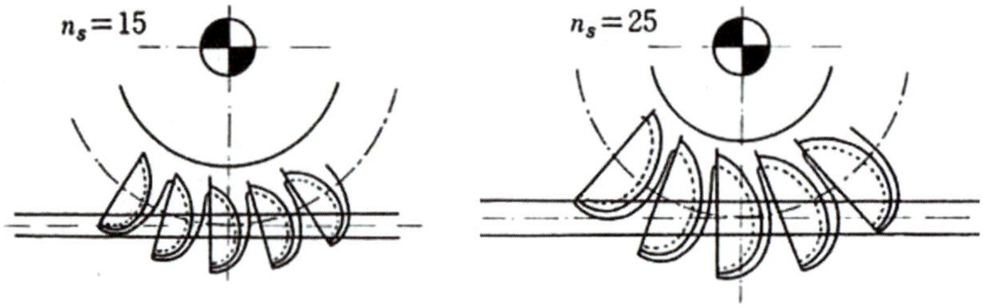

그림 **4.10** 펠턴수차 러너 형상과 n_s의 관계

자료: 日本機械学会編, 1986

펠턴수차에서는 1개의 러너에 다수의 제트가 작용하고 있는 경우에도 제트끼리 서로 간섭하고 있지 않는 한 1개의 제트가 작용하고 있는 경우와 거의 동일한 수력효율 η_h를 발휘한다(구체적으로는 제트 수가 많아질수록 제트 1개당 공기저항 손실이 작게 되어 η가 약간 좋아진다). 즉, 각각의 제트는 자기 영역에서 각각 독립된 1대의 수차와 같이 작용하고 있는 것으로 된다. 이것이 펠턴수차의 n_s를 계산하는데 노즐 1개분의 출력을 이용하도록 되어 있는 근거이다.

이웃한 제트가 간섭하지 않기 위한 조건은 앞의 제트의 물이 아직 버킷에 남아 있는 동안에 다음의 제트를 그 버킷에 쏘아 넣는 일이 없도록 하는 것이다. 그렇게 되기 위해서는 이웃한 노즐간의 각도 θ_j [°]를 너무 작게 하지 않는 것이다. n_s가 클수록 이와 같은

주의사항이 중요하게 된다. 입축형에서는 노즐 수가 i 일 때는

$$\theta_j = 360/i$$

로 된다.

4노즐형($\theta_j = 90^\circ$)에서는 $n_s = 25$, 6노즐형($\theta_j = 60^\circ$)에서는 $n_s = 20$이 최대한도이다. 이들은 모두 $n_{si} = 50$에 해당하기 때문에 입축형에서는 이것 이상으로 회전속도를 높이는 것은 무리이다. 횡축형으로 하면 러너 수를 늘릴 수는 있지만 1륜(러너)당 2노즐 이상으로는 불가능하기 때문에 $n_{si} > 50$로 하기 위해서는 3륜은 필요하게 된다. 횡축3륜3노즐형이라면 $n_{si} > 50$의 고효율 수차로도 가능하지만, 기계 자체가 커지므로 비경제적이다.

4.2 프란시스수차의 성능

4.2.1 수력효율

그림 4.11에 낙차 H [m]로 운전 중인 프란시스수차의 낙차와 유속을 나타낸다.

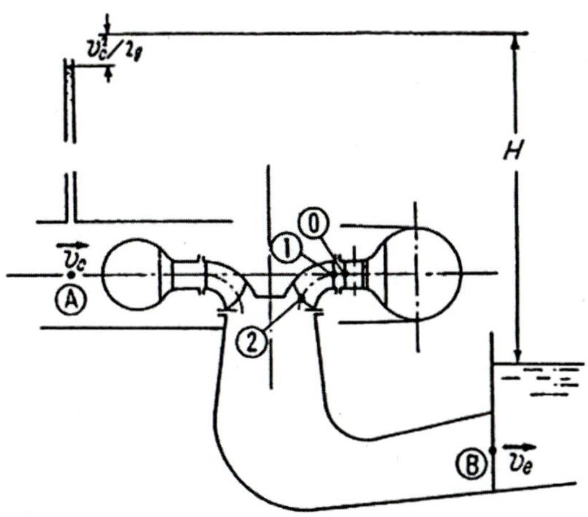

그림 **4.11** 프란시스수차의 낙차와 유속
자료: 石井, 1962

수차 입구 Ⓐ에는 H [m]의 에너지를 가지는 물이 출구 Ⓑ에서는 거의 에너지가 0으로 되어 나온다고 생각하면, 펠턴수차에 대한 식 (4.1)과 동일하게 다음과 같은 식을 얻는다.

$$H = (\varepsilon_c H + \varepsilon_g H + \varepsilon H_s + \varepsilon H_r + \varepsilon H_d + H_h) + \varepsilon_e H \qquad (4.28)$$

단, $\varepsilon_0 H$, $\varepsilon_g H$ 및 $\varepsilon_r H$ 은 각각 케이싱, 가이드베인 및 러너 내부에 물이 흐르는 동안의 손실수두, $\varepsilon_s H$는 러너 입구에서의 충돌손실수두, $\varepsilon_d H$는 러너로부터 유출한 물이 가지는 속도수두 중 흡출관에서 회복할 수 없었던 부분(단, $\varepsilon_e H$는 제외), $\varepsilon_e H$는 수차 출구에서의 평균 유속 v_e [m/s]의 속도수두 ${v_e}^2/2g$, H_h [m]는 러너가 발생하는 출력수두이다.

식 (4.28)은 다음과 같이 고쳐 쓸 수 있다.

$$H(1-\varepsilon) = H_h \qquad (4.29)$$

단, $\varepsilon = \varepsilon_c + \varepsilon_g + \varepsilon_s + \varepsilon_r + \varepsilon_d + \varepsilon_e$ 이다.

H 만큼의 에너지를 소모하여, H_h 만큼의 에너지를 꺼낼 수 있기 때문에 프란시스수차의 수력효율 η_h는 다음과 같은 식이 된다.

$$\eta_h = \frac{H_h}{H} = 1 - \varepsilon \qquad (4.30)$$

4.2.2 러너의 출력수두

그림 4.12는 프란시스수차 내부 유로 각부 베인 배치와 러너 입구와 출구에서의 속도삼각형 및 속도성분을 보인다. 프란시스수차에서는 케이싱 입구부터 흡출관 출구까지에서 물이 충만하여 흐르기 때문에 러너의 회전속도가 변하게 되면, 수차 전체의 흐름이 영향을 받아 변하게 된다.

러너 내의 물의 흐름은 균일하지 않고 밴드 측과 크라운 측에서 다르지만, 그림 4.13의 중심 유선 ①~②에 따라 대표되는 것으로 가정한다.

러너베인 입구 ① 및 출구 ②에서의 주속을 u_1 [m/s] 및 u_2 [m/s], 물의 절대 유속을 v_1 [m/s] 및 v_2 [m/s], 물의 러너베인에 대한 상대 유속을 w_1 [m/s] 및 w_2 [m/s], 반경을

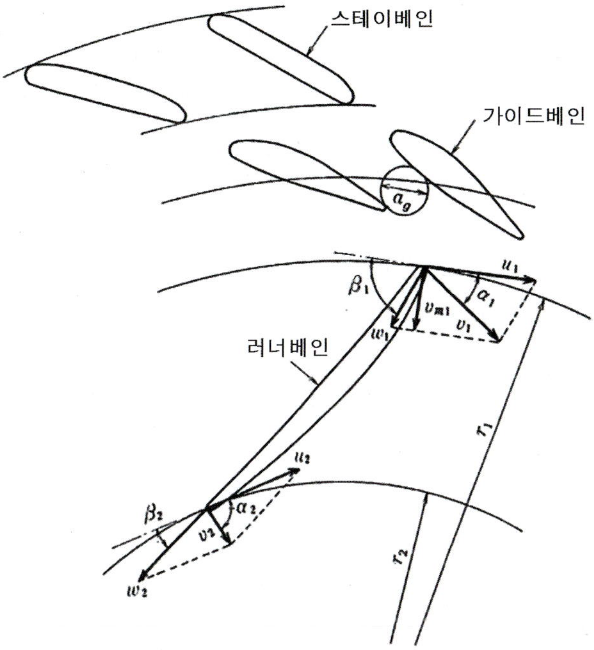

그림 4.12 프란시스수차 내부 유로 각부 베인 배치와 속도삼각형

자료: 日本機械学会編, 1986

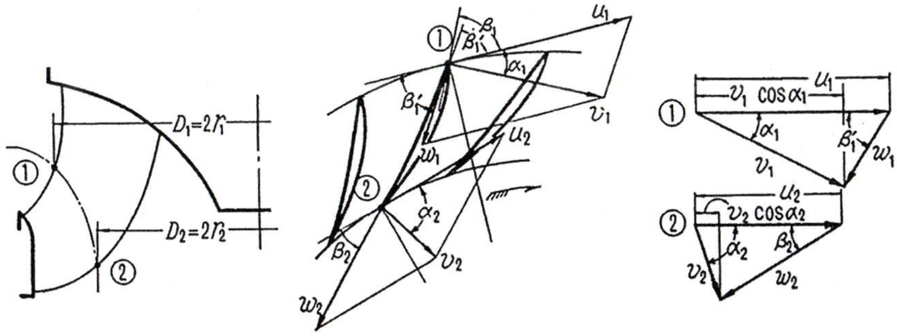

그림 4.13 프란시스수차 러너의 속도선도

자료: 石井, 1962

r_1 [m] 및 r_2 [m]로 하고, u_1과 v_1 및 u_2와 v_2가 이루는 각을 α_1 및 α_2, $-u_1$과 w_1 및 $-u_2$와 w_2가 이루는 각을 β_1' 및 β_2로 한다.

단위 시간당 러너에 유입하는 물이 Q [m³]이므로, 물이 가지는 u_1 방향의 운동량은 $\frac{\gamma}{g}Q\,v_1\cos\alpha_1$, 운동량의 모멘트는 $\frac{\gamma}{g}Q\,r_1 v_1\cos\alpha_1$이다. 동일하게 단위 시간당 러너로부

터 유출하는 물이 가지는 운동량의 모멘트는 $\frac{\gamma}{g} Q\, r_2 v_2 \cos \alpha_2$ 이다.

그러므로, 물은 단위 시간 내에

$$T_h = \frac{\gamma}{g} Q(\gamma_1 v_1 \cos \alpha_1 - \gamma_2 v_2 \cos \alpha_2) \tag{4.31}$$

로 되는 운동량의 모멘트 변화를 받고 있는 것이 된다. 그 반력이 러너에 가해지고, 러너는 식 (4.31)의 T_h와 같은 토크를 발생하게 된다.

따라서 러너가 발생하는 출력 P_h [kW] 및 출력수두 H_h [m]는 식 (4.8)로부터 식 (4.9) 및 식 (4.10)을 구한 것과 마찬가지로

$$P_h = 9.8\, Q H_h \tag{4.32}$$

$$H_h = \frac{1}{g}(u_1 v_1 \cos \alpha_1 - u_2 v_2 \cos \alpha_2) \tag{4.33}$$

를 얻을 수 있으며, 식 (4.33)을 오일러 수차방정식이라고 한다.

따라서 수력효율 η_h는 다음과 같이 된다.

$$\eta_h = \frac{H_h}{H} = \frac{1}{gH}(u_1 v_1 \cos \alpha_1 - u_2 v_2 \cos \alpha_2) \tag{4.34}$$

또는 여기서 삼각형의 성질

$$w_1^2 = u_1^2 + v_1^2 - 2 u_1 v_1 \cos \alpha_1$$

$$w_2^2 = u_2^2 + v_2^2 - 2 u_2 v_2 \cos \alpha_2$$

을 이용하면, 식 (4.34)는 다음과 같이 나타낼 수도 있다.

$$\eta_h = \frac{1}{H}\left(\frac{u_1^2 - u_2^2}{2g} + \frac{v_1^2 - v_2^2}{2g} - \frac{w_1^2 - w_2^2}{2g}\right) \tag{4.35}$$

여기서,

$$u_1 = \phi_1 \sqrt{2gH}, \qquad u_2 = \phi_2 \sqrt{2gH}$$

$$v_1 = k_1 \sqrt{2gH}, \qquad v_2 = k_2 \sqrt{2gH}$$
$$w_1 = c_1 \sqrt{2gH}, \qquad w_2 = c_2 \sqrt{2gH}$$

로 두고, 식 (4.34) 및 식 (4.35)를 다음과 같이 나타낼 수도 있다.

$$\eta_h = 2(\phi_1 k_1 \cos\alpha_1 - \phi_2 k_2 \cos\alpha_2) \tag{4.36}$$

$$\eta_h = (\phi_1^2 - \phi_2^2) + (k_1^2 - k_2^2) - (c_1^2 - c_2^2) \tag{4.37}$$

러너를 나온 후에는 가이드베인이 없기 때문에, $\alpha_2 \neq 90^\circ$ 이면 러너로부터 유출되는 물은 원주 방향의 분속도를 가진 선회류가 되어 흡출관으로 들어간다. 흡출관은 선회류가 가진 속도수두를 거의 회복할 수 없기 때문에, 그 부분은 손실수두가 되어버린다. 그래서 정규운전상태(최고효율점)에서는 $\alpha_2 \fallingdotseq 90^\circ$ 로 되도록 러너베인 설계를 한다. 따라서 이 상태에서는 식 (4.34)가 다음과 같이 된다.

$$\eta_h = \frac{1}{gH} u_1 v_1 \cos\alpha_1 \tag{4.38}$$

프란시스수차의 흡출관에 가이드베인을 설치하여 선회류를 제어할 수도 있으나, 가이드베인 설치 시 마찰손실 등으로 인한 수력손실이 상대적으로 더 커지기 때문에 현대의 프란시스수차에서는 흡출관에 가이드베인을 설치하지 않는다. 한편, 식 (4.34)의 $u_2 v_2 \cos\alpha_2$는 비설계점 운전조건(특히 부하)에 따라 정(+) 또는 부(−) 어느 쪽의 값도 될 수 있으나, 수차 전체효율은 설계점에 비하여 낮게 된다.

다음에 정격운전상태에서 u_1과 v_1이 어떤 수치가 되는지를 생각해 보자. 이 경우는 α_1은 가이드베인 개도에 따라서 정해지고, β_1은 러너에 의해 정해진다.

$$\text{삼각형의 성질} \quad \frac{u_1}{\sin(\alpha_1 + \beta_1)} = \frac{v_1}{\sin\beta_1}$$

과 식 (4.38)의 관계로부터 u_1 및 v_1을 구하면 다음과 같이 된다.

$$u_1 = \sqrt{\frac{\eta_h}{2}(1 + \frac{\tan\alpha_1}{\tan\beta_1})}\ \sqrt{2gH} \tag{4.39}$$

$$v_1 = \frac{\sqrt{\frac{\eta_h}{2}}}{\cos\alpha_1 \sqrt{1 + \frac{\tan\alpha_1}{\tan\beta_1}}}\sqrt{2gH} \tag{4.40}$$

$\beta_1 = 90^\circ$ 의 러너를 이전에는 정격(최고효율점)러너라고 말한 적이 있지만, 그 때는 $\tan\beta_1 = \infty$ 되기 때문에

$$u_1 = \sqrt{\frac{\eta_h}{2}}\ \sqrt{2gH} \tag{4.41}$$

$$v_1 = \frac{\sqrt{\frac{\eta_h}{2}}}{\cos\alpha_1}\sqrt{2gH} \tag{4.42}$$

가 된다. $\eta_h = 0.9$, $\alpha_1 = 20^\circ$ 라 하면 $u_1 = 0.67\sqrt{2gH}$, $v_1 = 0.71\sqrt{2gH}$가 된다.

식 (4.39)에서 β_1과 u_1의 관계를 생각해 보면, $\beta_1 = 180^\circ - \alpha_1$의 경우에는 $\tan\alpha_1/\tan\beta_1 = -1$로 되고, $u_1 = 0$으로 된다. β_1을 이것보다 작게 할수록 u_1은 커지고, $\beta_1 = 90^\circ$ 에서 $\tan\alpha_1/\tan\beta_1 = 0$으로 되며, u_1은 식 (4.41)로부터 구해지는 값으로 된다. β_1을 90° 보다 더욱 작게 하면, $\tan\alpha_1/\tan\beta_1 > 0$로 되고, u_1는 식 (4.41)에서 구한 값보다 크게 된다. 즉, α_1을 일정하게 하고 β_1을 크게 하면, 그것에 따라 u_1이 커지는 것을 알 수 있다. 러너가 고속(고비속도)으로 될수록 α_1은 커지고, β_1은 작아진다.

표 4.1은 비속도에 따른 프란시스수차 러너베인 입구각 α_1 및 β_1의 대략적인 값을 나타낸다. 또한 그림 2.59와 그림 2.60에서도 비속도에 따른 러너 형상 및 러너베인 입구각도의 변화에 따른 α_1과 β_1의 변화를 확인할 수 있다.

그림 4.14에는 모형시험에서 얻은 프란시스수차의 Q, P, T, $\eta \sim N$ 의 예를 표시한다. 회전속도 N을 변화시키면 Q가 변하는 것은 펠턴수차의 경우와 다른 점이다.

표 **4.1** 프란시스수차 러너베인 입구각

n_s ※	α_1 ※	β_1
70	10°	76°
100	14°	70°
150	18°	60°
200	20°	52°
250	24°	42°

※ 정규(최고효율점)상태의 값
자료: 石井, 1962

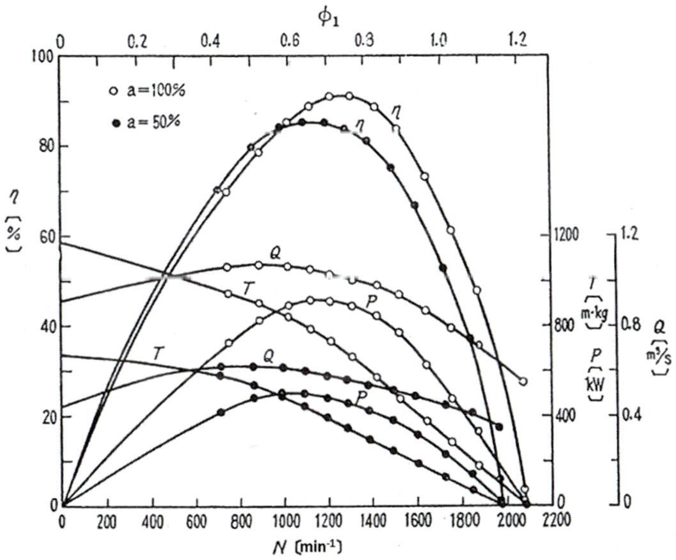

그림 **4.14** 프란시스수차의 Q, P, T, $\eta \sim N$의 예 (D_e=0.4 m, H=100 m)

자료: 石井, 1962

4.2.3 러너 입구에서의 손실수두

가이드베인 출구 ⓖ에서 러너 입구 ①에 도달하는 사이에 물은 그림 4.15와 같이 자유와(free vortex)로 되어 흐른다.

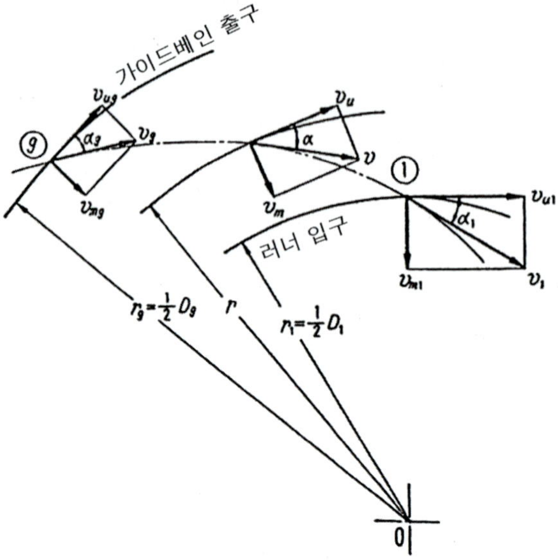

그림 **4.15** 가이드베인 출구로부터 러너 입구까지의 흐름

자료: 石井, 1962

자유와에서는 와 중심에서 임의의 반경 r [m]과 그 위치에서의 유속 v [m/s]의 원주 방향 성분 $v_u(=v\cos\alpha)$의 곱이 항상 같아진다. 단, α 는 v와 원주 방향 속도성분이 이루는 각이다. 즉 ⓖ의 r, v 등의 값은 첨자 g 를 붙여 표시하면

$$r v \cos\alpha = r_g v_g \cos\alpha_g \tag{4.43}$$

로 된다. 또 이때의 유량 $Q(=2\pi r B v \sin\alpha)$는 어떤 r에서도 변하지 않으므로

$$r B v \sin\alpha = r_g B_g v_g \sin\alpha_g \tag{4.44}$$

가 된다. 단, B [m]는 r에서의 유로의 높이이다. n_s가 특히 크지 않은 한 $B \fallingdotseq B_g$로 생각해도 좋다. 식 (4.43) 및 (4.44)로부터 v 및 α 는

$$v = \sqrt{1+\left\{\left(\frac{B_g}{B}\right)^2-1\right\}\sin\alpha_g} \cdot \frac{\gamma_g}{\gamma} v_g \fallingdotseq \frac{\gamma_g}{\gamma} v_g \tag{4.45}$$

$$\alpha = \cot^{-1}\left(\frac{B_g}{B_1}\cos\alpha_g\right) \fallingdotseq \alpha_g \tag{4.46}$$

로 된다. 이와 같은 흐름을 보이는 ⓖ~① 사이의 손실수두는 극히 작고 일반적으로는 무시할 수 있는 정도이다. 단, n_s가 커지면 유로가 굽어지므로 다소 커진다.

이렇게 해서 흘러온 물은 ①의 직전에서 그림 4.16과 같이 $v_1 = r_g v_g / r_1$의 유속을 가지고, α_1의 방향에서 ①을 향해 유입하려고 한다. 그런데 ①에서는 러너의 원주속도는 u_1이므로, 러너에게는 w_1의 상대 유속으로 유입하려고 하게 된다. w_1의 방향 β'_1이 러너베인 입구의 방향 β_1와 맞지 않는 경우, 물은 러너베인 입구에서 충돌손실을 일으키면서 무리하게 β_1의 가까운 방향으로 유입하게 된다.

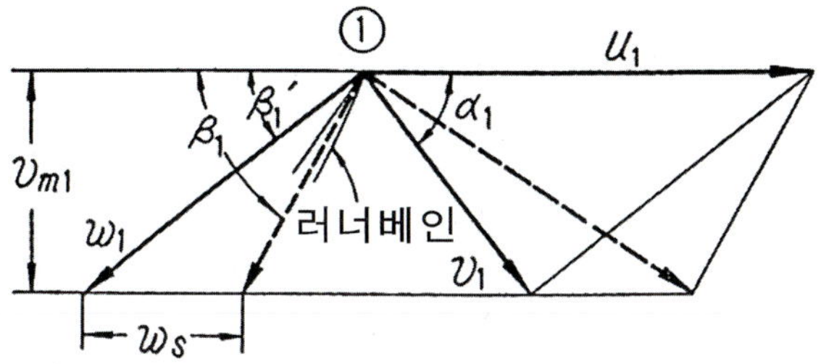

그림 4.16 가이드베인 입구에서의 유입 각도 변화
자료: 石井, 1962

따라서 러너 입구의 속도선도는 그림 4.16에 나타나는 것처럼 실선에서 파선으로 급변하게 되며, 이때 러너베인 입구에서는 충돌손실이 거의 $w_s^2/2g$로 된다. 실선은 u_1, v_{m1} 및 α_1에 따라 정해지고, 파선은 u_1, v_{m1} 및 β_1에 따라 정해진다. 단, $u_1 = \pi D_1 N / 60$, $v_{m1} = Q/\pi D_1 B_1$, B_1 [m]는 러너 입구의 높이이다.

이 경우의 충돌속도는 그림 4.16의 w_s [m/s]이기 때문에 충돌에 의한 손실수두율 ε_s는 손실수두계수를 ζ_s로 하면, 다음과 같이 표시되어 진다.

$$\varepsilon_s = \xi_s \frac{{w_s}^2}{2gH} \tag{4.47}$$

러너베인의 속도선도는 부하에 따라 그림 4.17과 같이 변한다. 입구 ①에 대해서만 설명하면, 부분부하 또는 과부하운전의 경우에 가이드베인이 정확히 그림 4.17 ①의 v_1'' 또는 v_1' 방향으로 물을 보내주면 된다. 그런데 가이드베인 ⓖ에서는 부하에 따라 유량

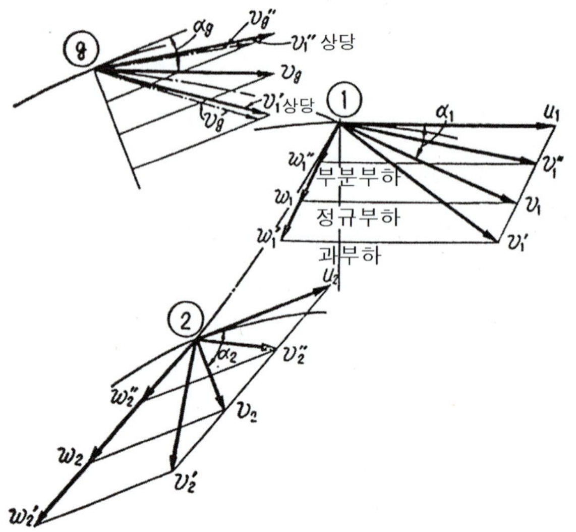

그림 4.17 부하에 따른 러너베인 속도선도의 변화
자료: 石井, 1962

$(\propto v_{mg})$을 바꾸기 위해 개도 a_g [m]를 바꾸지만, 동시에 유출각 α_g 도 변한다. 그 변화의 방향은 v_1의 변화 방향과 그림 4.17에 보이는 바와 같이 거의 일치한다. 예를 들면 그림 4.17의 ⓖ에서 보이는 바와 같이 부분부하에서는 v_g'' 와 v_1''상당의 차이, 과부하에서는 v_g' 와 v_1'상당의 차이밖에 없다. 따라서 현재 사용되고 있는 가이드베인은 프란시스수차의 수구로서는 이 점에서 매우 합당한 것이라고 할 수 있다.

4.2.4 흡출관에서의 손실수두

(1) 흡출관 손실수두

프란시스수차의 출력은 낙차 H에 따라 정해지고, H가 일정하다면 설치 높이에는 일단 관계가 없다. 즉, 방수면 상하 양쪽 어디에도 수차를 설치해도 된다. 실제로 수차를 방수면으로부터 너무 높은 위치에 설치하면 러너 출구 측의 압력이 너무 낮아져서 포화증기압 이하로 되어 캐비테이션이 발생하므로 한도가 있기는 하지만, 상당한 자유도가 있다. 그렇기 때문에 수차는 방수면에서 어느 정도 높이의 적당한 위치에 설치하면 된다. 그 이유는 수차를 낮게 설치하면 홍수 시에 방수로 수위가 높아져서 발전소 내로 물이 침수하거나 또는 발전소 초기 건설 시에 지반 굴착량이 많아져서 비용이 높아지기 때문이다. 수차를 높게 설치하면 러너 출구와 방수로 수면 사이를 관으로 연결해야 한다. 이것이 1840년에 Parker에 의해 발명된 흡출관의 당초 사용 목적이었다.

그런데 그 후 수차가 개량되어 고속화(러너 출구속도 v_2가 $\sqrt{H}$에 비해 커진다)함에 따라 더욱 중요한 용도가 추가된다. 그것은 러너에서 유출되는 물의 속도수두 $v_2^2/2g$를 그냥 버리지 않고, 흡출관에 의해 속도를 떨어뜨리고 압력수두로 회복하여 효과적으로 이용하는 것이다. 이 수두 회복률 차이가 흡출관의 성능을 결정짓게 된다.

흡출관에서의 손실수두율 ε_d는 유속 v_2를 원주 방향 및 자오면 방향의 성분인 v_{u2} 및 v_{m2}로 나누어 다음과 같이 나타낼 수 있다.

$$\varepsilon_d = \xi_u \frac{{v_{u2}}^2}{2gH} + \xi_m \frac{{v_{m2}}^2}{2gH} \tag{4.48}$$

단, ζ_m 및 ζ_u 는 각각 v_{m2} 및 v_{u2}에 대한 손실수두계수이고, 일반적으로 $\zeta_m = 0.2 \sim 0.3$, $\zeta_u = 0.9 \sim 1.0$ 정도의 값이다. 즉, v_{m2}는 회복이 잘 되지만, v_{u2}는 거의 회복되지 않는다. 그래서 흡출관 출구 근처의 흐름은 정규상태(최고효율점)에서는 거의 좌우대칭이지만, 부분부하에서는 그림 4.17과 같이 $\alpha 2 < 90^\circ$로 되기 때문에 그림 4.18과 같이 오른쪽으로 치우치고, 고부하에서는 $\alpha 2 > 90^\circ$로 되기 때문에 왼쪽으로 치우친다.

심한 부분부하에서는 흡출관의 오른쪽 절반에서만 물이 유출되고, 왼쪽 절반 부분에서는 역류하기도 한다. 그때는 출구에서의 유속이 빠르므로 방수면이 심하게 흔들린다. 일반적으로 흡출관만의 효율 η_d는 다음과 같이 정의된다. 단, $k_2 = v_2/\sqrt{2gH}$, $k_e = v_e/\sqrt{2gH}$이다.

$$\eta_d = 1 - \frac{\varepsilon_d}{k_2^2 - k_e^2} \tag{4.49}$$

η_d는 흡출관의 형상에 따라 달라지며, 표 2.7에 그 예를 나타낸다. v_{m2}가 회복될 때 발생하는 손실은 흡출관 벽의 마찰손실, 곡관부의 손실, 확대손실의 조합이다. v_{u2}는 회복되기 어렵기 때문에 이것이 크면 η_d가 나쁘게 될 뿐만 아니라, 그림 6.36에서와 같은 수차

진동의 원인이 되기도 한다. 표 2.7(c)는 중심부에 원뿔 기둥을 세우고 v_{u2} 가 느린 외측에만 물을 흘리려고 하는 무디형 흡출관이다. 이 형상의 흡출관은 1940년경까지 상당수가 실용화되었지만, 제작비용이 비싸고, v_{m2}의 회복에 대해서는 마찰면이 큰 만큼 손실 역시 크기 때문에 최근에는 사용되지 않고 있다.

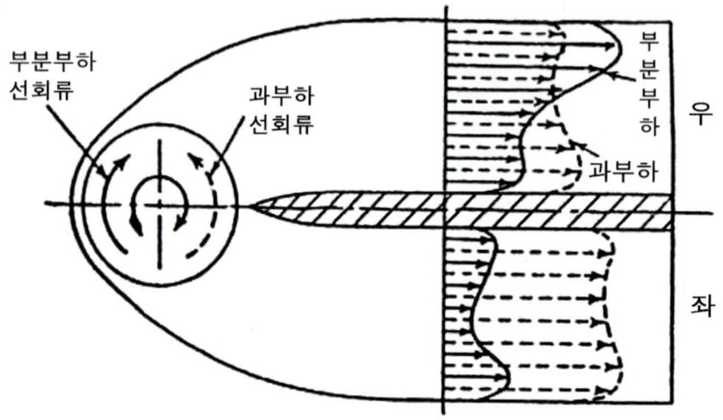

그림 **4.18** 프란시스수차 흡출관 내부 흐름

자료: 石井, 1962

(2) 흡출관에 의한 에너지 회수

그림 4.19와 같이 원뿔형 흡출관이 장착된 수차를 가정해보자. 여기서, 섹션 2-2는 러너 출구(또는 흡출관 입구)에 해당하고, 섹션 3-3은 흡출관 출구에 해당한다. H_s는 방수면 위의 러너 출구 높이이며, 흡출관의 정흡입수두(static suction head)라고 부른다. 또한 y는 방수면에서 흡출관 하단까지의 거리, p_a는 방수로 수면에서의 대기압, h_f는 섹션 2-2와 3-3 사이의 흡출관 수력에너지 손실수두, 섹션 3-3은 기준선, p_2와 V_2는 각각 2지점에서의 압력과 속도, p_3와 V_3는 각각 3지점에서의 압력과 속도로 한다.

섹션 2-2와 3-3 사이에 베르누이 방정식을 적용하면 다음과 같은 결과를 얻을 수 있다.

$$\frac{p_2}{\rho_w g}+\frac{V_2^2}{2g}+(H_s+y)=\frac{p_3}{\rho_w g}+\frac{V_3^2}{2g}+0+h_f \tag{4.50}$$

그러나

$$\frac{p_3}{\rho_w g} = \frac{p_a}{\rho_w g} + y$$

$$\frac{p_2}{\rho_w g} + \frac{V_2^2}{2g} + (H_s + y) = \left(\frac{p_a}{\rho_w g} + y\right) + \frac{V_3^2}{2g} + h_f$$

$$\therefore \frac{p_2}{\rho_w g} = \frac{p_a}{\rho_w g} - H_s - \left(\frac{V_2^2 - V_3^2}{2g} - h_f\right) \tag{4.51}$$

흡출관에서의 수력에너지 손실수두 h_f를 무시할 경우 식 (4.51)은 다음과 같이 된다.

$$\frac{p_2}{\rho_w g} = \frac{p_a}{\rho_w g} - H_s - \left(\frac{V_2^2 - V_3^2}{2g}\right) \tag{4.52}$$

여기서, H_s는 흡출관의 정흡입수두이고, $(V_2^2 - V_3^2)/2g$는 동흡입수두(dynamic suction head)이다.

식 (4.52)에서 흡출관 입구에서의 정압수두 $p_2/(\rho_w g)$는 대기압수두 $p_a/(\rho_w g)$보다 낮다. 따라서 흡출관을 설치할 경우 수차는 정흡입수두 손실이 전혀 없이 방수로 수위 상부에 설치할 수 있고, 폐기되었던 운동에너지의 일부를 압력에너지 형태로 회수할 수 있음을 보여준다.

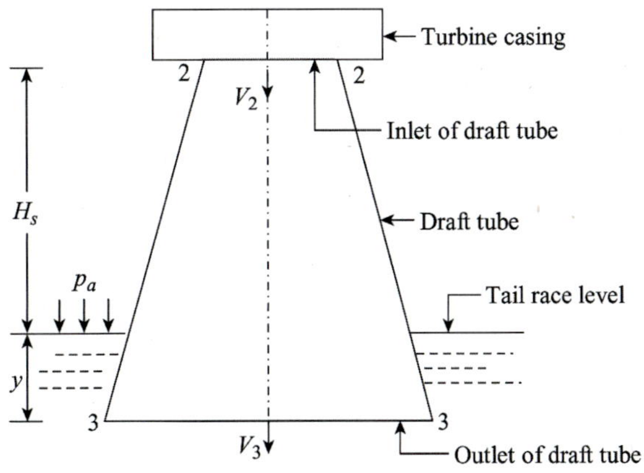

그림 4.19 흡출관 단면 개략도

자료: Kumar, 2019

(3) 흡출관 효율

흡출관 효율(η_d)는 흡출관 입구의 운동수두에 대한 실제 회수된 압력수두의 비로 정의된다.

$$\text{압력수두의 실제 회수 값} = \frac{V_2^2 - V_3^2}{2g} - h_f$$

$$\text{흡출관 입구의 운동수두} = \frac{V_2^2}{2g}$$

$$\therefore \eta_d = \frac{[(V_2^2 - V_3^2)/(2g)] - h_f}{V_2^2/(2g)} \tag{4.53}$$

흡출관의 에너지손실을 무시할 경우, 식 (4.53)은 다음과 같이 주어진다.

$$\eta_d = \frac{[(V_2^2 - V_3^2)/(2g)]}{V_2^2/(2g)} = \frac{V_2^2 - V_3^2}{V_2^2} = 1 - \left(\frac{V_3}{V_2}\right)^2 \tag{4.54}$$

4.2.5 케이싱 및 러너 내의 손실수두

케이싱 및 러너 내 물의 흐름은 일종의 관내 흐름으로 생각한다. 설계가 양호한 경우에는 손실의 대부분은 마찰에 의한 것이다.

케이싱 내부 물의 평균 유속을 v_c [m/s], 러너 출구의 평균 상대 유속을 w_2 [m/s]라 하면, 이들 중에서의 손실수두율 ε_c 및 ε_r은 다음과 같이 표시된다.

$$\varepsilon_c = \zeta_c \frac{{v_c}^2}{2gH} \tag{4.55}$$

$$\varepsilon_r = \zeta_r \frac{{w_2}^2}{2gH} \tag{4.56}$$

단, ζ_c 및 ζ_r은 케이싱 및 러너 형상에 따라 정해지는 손실수두계수이고, 관로는 무난한 형상일수록 작아진다. 형태가 상사일 경우에는 내면이 매끈할수록, 치수가 클수록 작아진다. 이것이 대형수차일수록 효율이 좋아지는 이유이다.

4.2.6 누설 손실수두

운전 중 가이드베인을 통과한 물의 일부는 러너와 케이싱 사이의 유로(측실)를 통과하여 아무 일도 하지 않고 흡출관 측으로 나가 버린다. 이 누설유량을 작게 하기 위해서는 회전부와 고정부의 틈을 작게 하면 좋지만, 틈을 너무 작게 하면 회전 중에 양쪽 부분이 접촉하여 진동이 발생하기도 한다.

그림 4.20과 같이 상부 측실 및 하부 측실의 틈 면적을 각각 입구에서 a_1 [m], a_2 [m], a_3 [m], 및 a_1' [m], a_2' [m]로 한다. 고속형(n_s가 큼)이 되면 a_2에서는 씰을 설치하지 않는 경우가 많지만, 그 때에는 $a_2 = \infty$ 라고 생각해도 좋다. 그런데 러너의 입구 측 및 출구 측에서 물의 유속을 $k_0\sqrt{2gH}$ 및 $k_2\sqrt{2gH}$라고 하면, 양쪽의 압력수두는 $H_u - k_0^2 H$ 및 $-H_s - k_2^2 H$로 된다. 단, H_u [m]는 압입수두, H_s [m]는 흡출수두이다. 러너 입구와 출구

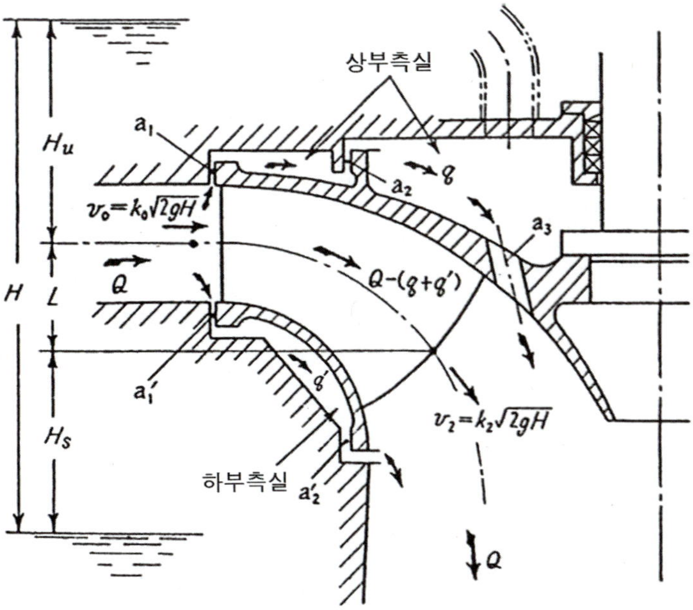

그림 4.20 프란시스수차 측실을 통한 누설 흐름

자료: 石井, 1962

의 높이차를 L [m]이라고 하면 $H_u + H_s + L = H$ 이다.

여기서 상하 양측실을 통과한 흐름에 식 (3.2)의 베르누이 방정식을 적용하면 다음과 같이 된다. 단, 러너의 회전에 따른 측실 내에서의 펌프작용은 무시한다.

$$H_u - k_0^2 H = \frac{\zeta_1}{2g}\left(\frac{q}{a_1}\right)^2 + \frac{\zeta_2}{2g}\left(\frac{q}{a_2}\right)^2 + \frac{\zeta_3}{2g}\left(\frac{q}{a_3}\right)^2 - H_s - k_2^2 H - L \tag{4.57}$$

$$H_u - k_0^2 H = \frac{\zeta_1'}{2g}\left(\frac{q'}{a_1'}\right)^2 + \frac{\zeta_2'}{2g}\left(\frac{v'}{a_2'}\right)^2 - H_s - k_2^2 H - L \tag{4.58}$$

여기서, q [m³/s] 및 q' [m³/s]는 누설유량, ζ_1, ζ_2, ζ_3, ζ'_1 및 ζ'_2는 각각 틈 a_1, a_2, a_3, a'_1 및 a'_2 에서의 손실수두계수이다.

양 식으로부터 q 및 q'을 구하면 다음과 같이 된다.

$$q = a\sqrt{2g(1 - k_0^2 + k_2^2)H} \tag{4.59}$$

$$q' = a'\sqrt{2g(1 - k_0^2 + k_2^2)H} \tag{4.60}$$

단, $a = \dfrac{1}{\sqrt{\dfrac{\zeta_1}{a_1^2} + \dfrac{\zeta_2}{a_2^2} + \dfrac{\zeta_3}{a_3^2}}}$, $a' = \dfrac{1}{\sqrt{\dfrac{\zeta_1'}{a_1'^2} + \dfrac{\zeta_2'}{a_2'^2}}}$ 이다.

여기서, 수차유량 Q [m³/s]를

$$Q = \pi D_0 B_0 k_{m0} \sqrt{2gH} \tag{4.61}$$

라고 하면

$$\psi_l = K_l \frac{a + a'}{\pi D_0 B_0} \tag{4.62}$$

로 된다. 단, $\psi_l = (q + q')/Q$, $K_l = \sqrt{1 - k_0^2 - k_2^2} / k_{m0}$ 이다.

a_1 및 a_1' 지점의 틈이 모두 t [m]라고 하면 $a_1 = a_1' = \pi D_0 t$로 된다. 여기서

$a_2 = a_2' = 2a_1$, $a_3 = 5a_1$로 설계하는 것으로 하고, $\zeta_1 = \zeta_2 = \zeta_3 = \zeta_1' = \zeta_2' = 2.0$이라고 하면, $a = 0.624a_1$, $a' = 0.633a'$로 되어 식 (4.62)는 다음과 같이 된다.

$$\psi_l = 1.25 K_l \frac{t}{B_0} \tag{4.63}$$

기준상태(최대출력상태)에 대한 비속도 n_s와 ψ_l 및 K_l의 관계를 그림 4.21에 나타낸다. 일반적으로 D_0=1 m에 대해 t=0.75 mm 정도로 설계한다. $\psi_l \sim n_s$의 대략적인 경향을 같은 그림에 나타낸다. n_s가 작아지면 ψ_l가 급격히 커지는 것을 알 수 있다.

ψ_l는 Q에 대한 손실율이지만, Q는 누설되지 않고 H가 $\psi_l H$ 만큼 손실된 것처럼 취급해도 되는 것이다. 그때에는 $\psi_l H$를 누설손실수두라고 말한다.

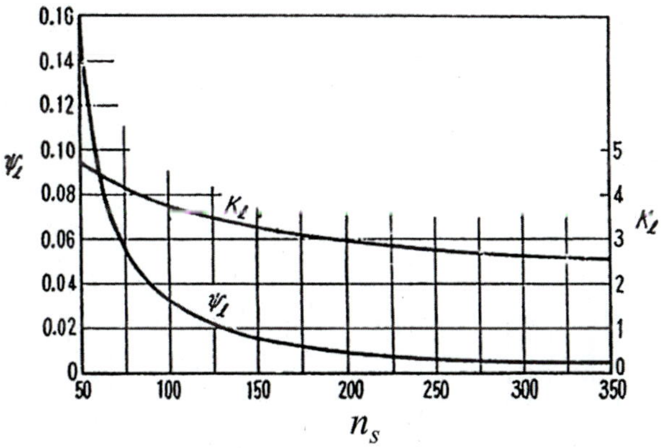

그림 4.21 프란시스수차의 비속도 n_s와 ψ_l 및 K_l의 관계

자료: 石井, 1962

4.2.7 원판마찰 손실수두

직경 D_0 [m]의 원판을 외주속도 u_0 [m/s]로 수중에서 회전시킬 때 필요한 동력 P_f [kW]는 거의 다음의 값으로 된다.

$$P_f = \frac{1.0}{1000} u_0^3 D_0^2 \tag{4.64}$$

프란시스수차 러너의 상하 양측실면에서 소비되는 손실동력도 식 (4.64)의 값과 거의 같다고 생각할 수 있다(n_s가 커지게 되면 달라진다). 여기서 $u_0 = \sqrt{2gH}$로 두면

$$P_f = \frac{8.7}{100} \phi_0^3 D_0^2 H^{\frac{3}{2}} \tag{4.65}$$

로 된다. 그런데 식 (4.61)의 Q를 이용하면 수차입력 P_w [kW]는

$$\begin{aligned} P_w &= 9.8\,QH \\ &= 131\,D_0\,B_0\,k_{m0}\,H^{\frac{3}{2}} \end{aligned} \tag{4.66}$$

로 된다. 따라서

$$\psi_f = \frac{0.066}{100} K_f \frac{D_0}{B_0} \tag{4.67}$$

로 된다. 단, $\psi_f = P_f / P_w$, $K_f = \phi_0^3 / k_{m0}$이다.

기준(최대출력)상태에 대한 비속도 n_s와 ψ_f 및 K_f의 관계를 그림 4.22에 나타낸다.

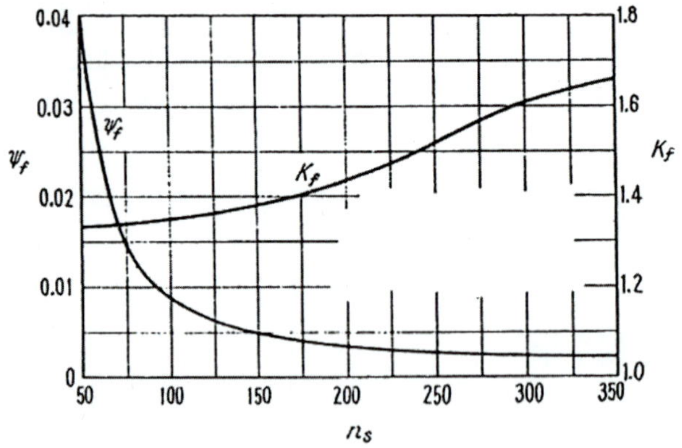

그림 **4.22** 프란시스수차의 비속도 n_s와 ψ_f 및 K_f의 관계

자료: 石井, 1962

4.2.8 비속도와 러너의 형상

그림 2.63의 대표원형 유로를 러너 출구로 두면 $D_{th} = D_e$, $c_{th} = c_l$, $\phi_{th} = \phi_e = \phi_1 \dfrac{D_e}{D_1}$로 된다. 단, D_e [m]는 러너 출구 직경, 그리고 c_e와 ϕ_e는 각각 그 위치에서의 c와 ϕ이다. 따라서 식 (2.37)에 이 관계를 대입하여, n_s를 다음과 같이 나타낼 수 있다.

$$n_s = 495\sqrt{\eta\, c_e}\,\phi_e = 495\sqrt{\eta\, c_e}\,\phi_1 \frac{D_e}{D_1} \tag{4.68}$$

프란시스수차는 펠턴수차와 달리 러너의 형상을 광범위하게 바꾸는 것이 가능하므로, c_e 및 ϕ_1를 변경한 수차를 만들 수 있다. 이들 계수가 클수록 n_s가 큰 수차로 된다. 그러나 무엇보다도 펠턴수차와 마찬가지로 프란시스수차의 D_e / D_1라는 형상 자체가 직접 더 강하게 관련되어 있으며, 이것은 펠턴수차의 d / D에 해당하는 것이다.

프란시스수차 러너의 형상과 n_s와의 관계를 그림 2.117, 2.118 그리고 그림 4.23에 나타낸다. 비속도 n_s가 너무 작아지면, 프란시스수차는 누설손실과 원판마찰손실의 비율이 커져서 효율에서 불리하게 된다. 따라서 회전 중에 러너 전면적에 물이 접촉하는 프란시스수차 보다 일부분에 접촉하는 펠턴수차가 유리하다. 또한 n_s가 너무 커지면 러너에서 물의 상대속도가 빨라지므로 마찰손실이 커지게 되어 효율에서 불리해진다. 따라서 러너 밴드를 제거한 프로펠러수차가 유리하다. 고정익 프로펠러수차와 프란시스수차의 러너 형상이 다른 것은 밴드의 유무에 의한 러너베인의 강도 설계 차이에 따른다. 단, 프로펠러수차로서는 가동익형으로 하기 위한 차이가 더 크게 형상에 영향을 미친다.

$n_s = 70\,[\mathrm{min}^{-1},\ \mathrm{kW},\ \mathrm{m}]$ $\qquad n_s = 140$ $\qquad n_s = 340$

그림 4.23 프란시스수차 비속도에 따른 러너 형상(축소모형시험용)

자료: 大橋, 1987

n_s=250~350는 현재 프란시스수차, 프로펠러수차 어느 것에도 적용 가능한 범위에 있다. 유량이나 낙차가 거의 변하지 않는 경우에는 프란시스수차, 변하는 경우는 프로펠러수차가 각각 유리하다.

4.2.9 러너 내부의 흐름과 운동량이론

러너가 발생하는 토크 T_h [m·kg]의 식 (4.31) 및 출력수두 H_h [m]의 식 (4.33)은 러너 내의 흐름이 그림 4.24(a)와 같이 러너 내부 유로 어디에서도 러너베인에 따라 똑같이 흐르고 있다는 가정하에 구한 것이다. 이 가정은 러너베인의 두께가 없고, 그 매수 Z_r이 무한의 경우에만 성립하며, 유한의 경우에는 정확하게 성립하지 않는다. 러너베인 매수가 유한의 경우에는 정규상태(최고효율점)에서 조차도 그림 4.24(b)에 나타내듯이 러너베인 사이의 위치에 따라 흐름이 동일하지 않다. 즉, 상대 유속은 러너의 표면에서는 느리고 이면에서는 빨라지며, 반대로 압력은 표면에서 높고 이면에서는 낮게 된다. 즉, 러너 표면과 이면의 압력차로 인하여 러너에 토크가 발생한다.

그림 4.24(b)의 흐름은 그림 4.24(a)와 그림 4..24(c) 흐름을 합성한 것과 같다. 즉, 그림 4.24(c)의 흐름은 러너베인 표면과 이면의 유속 차이분에 의해서 생기는 러너베인 주위의 순환류이다.

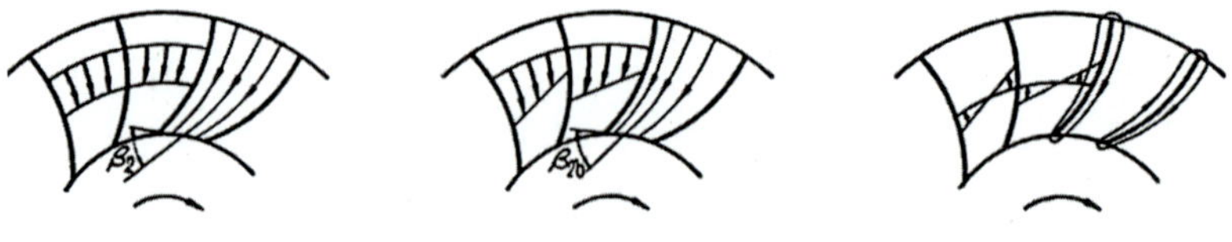

(a) Z_r 무한 흐름 (b) Z_r 유한 흐름 (c) 순환류

그림 4.24 정규(최고효율점)상태에서의 프란시스수차 러너 내부 흐름

자료: 石井, 1962

이상과 같은 현상이 있으므로, 그림 4.24(b)의 유출각 β_{2b}는 평균값을 취하더라도 그림 4.24(a)의 유출각(이 경우는 러너베인 출구각과 같다) β_2보다 커진다. 러너베인 매수가 0이면 물은 반경 방향으로 유출하려고 할 것이기 때문에 그것에 좀 더 가까워지는 것이다. 이

유출각의 차이는 프란시스수차($Z_r = 13 \sim 20$)에는 거의 커지지 않지만, 프로펠러수차($Z_r = 3 \sim 10$)나 펌프($Z_r = 3 \sim 8$)에서는 커진다.

이상은 평면상에서 본 경우이지만, 측면상에서 보면 더욱 더 유동 패턴이 균일하지 않다. 러너의 내측(크라운 측)과 외측(밴드 측)에는 흐름이 명확하게 다르다.

정규상태(최고효율점)의 경우도 이상과 같지만, 운전상태가 정규상태에서 멀어지면 흐름은 점점 불균일해진다. 즉, 유량을 Q [m³/s], 회전속도를 N [min⁻¹], 낙차를 H [m]로 하여 그림 4.25에 대해서 설명하면, $Q/\sqrt{H}$가 과대 또는 $N/\sqrt{H}$가 과소의 경우는 러너베인 입구이면 측에 와가 발생하고, $Q/\sqrt{H}$가 과소 또는 $N/\sqrt{H}$가 과대인 경우는 러너베인

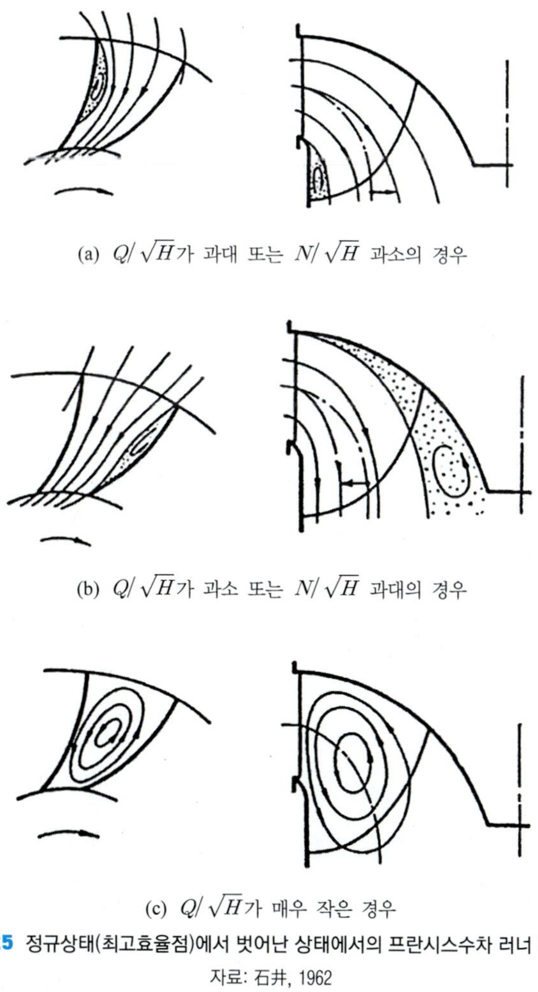

(a) $Q/\sqrt{H}$가 과대 또는 $N/\sqrt{H}$ 과소의 경우

(b) $Q/\sqrt{H}$가 과소 또는 $N/\sqrt{H}$ 과대의 경우

(c) $Q/\sqrt{H}$가 매우 작은 경우

그림 **4.25** 정규상태(최고효율점)에서 벗어난 상태에서의 프란시스수차 러너 내부 흐름

자료: 石井, 1962

표면 측에 와가 발생한다. 전자의 경우에는 러너 내측에 많은 물이 흐르고, 후자의 경우는 러너의 외측에 많은 물이 흐르게 된다.

$Q/\sqrt{H}$가 극히 작은 영역(예를 들면 수차출력이 0인 경우)에서는 대부분의 물은 러너 내를 회전할 뿐이다.

이런 일반적인 경우에 대해 운동량이론을 정확하게 적용하려고 해도 간단하게 풀리는 방정식으로는 이를 나타내기가 어렵다. 하지만 러너 내의 흐름에 대해서 운동량이론이 성립하지 않는다는 것은 아니다.

러너 내의 물이 어떠한 유동 패턴을 하고 있더라도, 그 입구에서 들어가는 물의 운동량 모멘트의 적분값과 출구에서 나오는 물의 운동량모멘트의 적분값의 차이는 항상 러너의 토크 T_h가 된다. 즉,

$$T_h = \frac{\gamma}{g}\int (r_1 v_1 \cos\alpha_1 - r_2 v_2 \cos\alpha_2)\, dQ \tag{4.69}$$

$$H_h = \frac{\pi}{60000}\frac{N}{Q}\cdot T_h \tag{4.70}$$

는 항상 성립한다. 단, 이 경우는 식 (4.69)의 괄호 안에 포함되는 여러 수치는 각각의 유선에 대한 값이며, 또한 적분은 러너의 입구와 출구에서의 전면적에 대하여 행하는 것이다.

4.3 프로펠러수차의 성능

4.3.1 운동량이론의 적용

프로펠러수차는 이론적으로는 프란시스수차의 연장으로도 간주된다. 따라서 이론도 4.2절의 프란시스수차의 경우와 거의 다르지 않다. 예를 들면 수차효율은 식 (4.30)과 거의 동일하게 나타낼 수 있다. 단, 프로펠러수차에서는 누설과 원판 마찰저항에 의한 손실은 없어지지만, 디스차지 링과 보스의 마찰저항에 의한 손실이 더해진다. 여기에서는 가장 중요

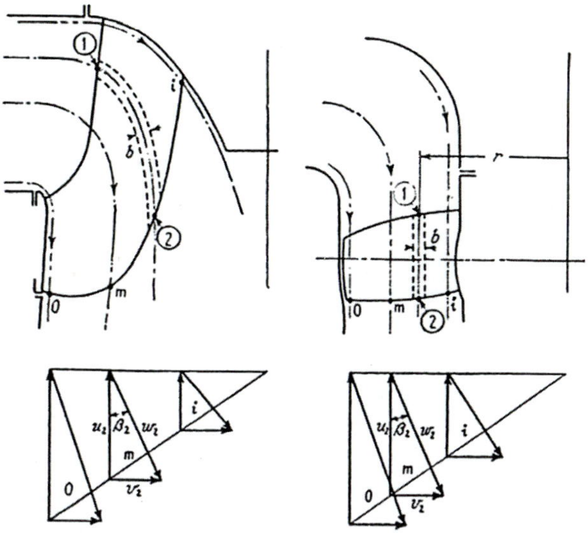

(a) 고속 프란시스수차　　　　　(b) 프로펠러수차

그림 **4.26** 고속 프란시스수차와 프로펠러수차의 러너 출구 속도선도의 비교

자료: 石井, 1962

한 러너의 수두에 대하여 서술한다. 단, 기호의 의미는 프란시스수차와 동일하다.

프란시스수차의 경우 저속(저비속도)수차에서는 러너베인의 입구 및 출구의 가장자리가 러너축에서 일정한 반경 위치로 되는 형상이 되지만, 고속(고비속도)수차로 되면 러너베인 입구 크라운 측 가장자리 반경이 점점 줄어들어서 사류형 프로펠러수차 러너베인과 비슷한 형상이 된다. 따라서 고속 프란시스수차의 러너베인 입구와 출구 가장자리에서는 유선에 따른 속도선도가 변하게 되며, 러너 각도 β_1과 β_2가 유선마다 바뀌게 된다. 예를 들면 고속 프란시스수차와 프로펠러수차의 러너 출구 속도선도를 비교하여 나타내면 그림 4.26과 같이 된다.

이러한 러너에 대해서는 러너를 그림의 파선으로 나타낸 것과 같이 아주 작은 폭 b [m]의 분할 러너로 분할하여 각각 하나씩 끄집어내어서 생각하면 된다. 이 분할 러너 내에서는 β_1과 β_2가 일정하다. 프로펠러수차에서는 러너베인의 입구 ①에서 출구 ②에 이르기까지 유선이 거의 원통면상을 흐르기 때문에 ①과 ②에서 반경 r [m]이 동일하게 되고 주속 u_1과 u_2가 같고 u [m/s]로 된다.

현재 반경 방향의 흐름을 없는 것으로 한다면, 이 분할 러너의 토크 dT_h, 출력수두

H_h, 효율 η_h는 일반적으로 다음과 같이 된다. 이것은 프란시스수차에 대해서 식 (4.31), 식 (4.33) 및 (4.34)에서 $u_1 = u_2 = u$로 한 것이다.

$$dT_h = \frac{\gamma}{g} dQ\, r\,(v_1 \cos\alpha_1 - v_2 \cos\alpha_2) \tag{4.71}$$

$$H_h = \frac{1}{g} u\,(v_1 \cos\alpha_1 - v_2 \cos\alpha_2) \tag{4.72}$$

$$\eta_h = \frac{1}{gH} u\,(v_1 \cos\alpha_1 - v_2 \cos\alpha_2) \tag{4.73}$$

정규(최고효율점)운전상태 에서는 $\alpha_2 = 90^\circ$로 되어 다음과 같이 된다.

$$\eta_h = \frac{1}{gH} u\, v_1 \cos\alpha_1 \tag{4.74}$$

단, dQ는 분할 러너의 유량으로 H, v_1, v_2, α_1, α_2 등의 기호의 의미는 프란시스수차의 경우와 같다.

펠턴수차, 프란시스수차 그리고 프로펠러수차의 러너 출력수두 등에 대한 설명에서 지금까지 사용해 온 이론은 운동량이론이다. 러너를 설계한 후, 그 효율 특성을 실측해보면 운동량이론이 상당히 정확한 것을 알 수 있다. 그러나 이 이론에서는 러너베인의 입구와 출구의 성질에만 중점을 두었고, 도중의 성질은 거의 문제가 되지 않는다. 프란시스수차에서는 러너베인 수가 많으므로, 물은 러너베인의 형상에 따라 만들어진 유로에 강제로 흐르는 것과 같다. 게다가 러너베인과 물의 상대 유속은 그다지 크지 않다. 따라서 위에 서술한 운동량이론이 성립하기 쉽다. 이것에 대해서 러너베인 수가 적은 프로펠러수차의 경우 러너베인이 수중을 달리고 있는 것과 같고, 또한 러너베인과 물의 상대 유속도 크다. 따라서 그 성능에는 러너베인 전체 길이의 성질이 관계하기 쉽다. 이런 점을 고려한 이론으로서 다음에 설명할 날개(익)이론이 있다.

4.3.2 날개(익)이론의 적용

그림 4.27은 일정한 유속으로 흐르고 있는 무한대로 넓은 수중에 정지하고 있는 1매의 날개(익)를 나타낸다. 날개 표면에는 위치에 따라 물의 유속이 다르므로 날개 형상과 앙각 δ[°]에 따라 정해지는 압력분포가 생긴다.

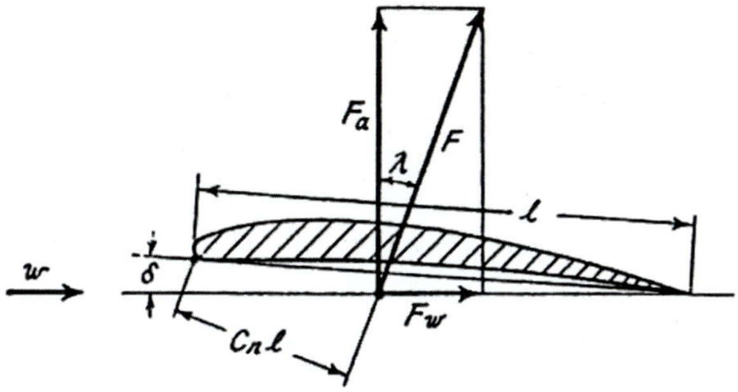

그림 4.27 수중익에 작용하는 힘
자료: 石井, 1962

그림 4.28은 수평 방향 흐름에 대하여 앙각에 따른 익형 Gö398의 표면 압력분포를 나타낸다. 이 압력분포 때문에 날개에는 전압력으로서 힘 F [kg]가 생긴다.

F를 그림 4.27과 같이 유속과 직각 방향의 양력 F_a와 유속 방향의 항력 F_w로 나누면 F_a와 F_w는 다음과 같이 나타낼 수 있다. 여기서 w [m/s]는 흐름의 유속이다.

$$F_a = C_a \frac{\gamma}{2g} A w^2 \tag{4.75}$$

$$F_w = C_w \frac{\gamma}{2g} A w^2 \tag{4.76}$$

단, C_a와 C_w는 익형과 앙각 δ에 따라서 정해지는 값이며, 각각 양력계수 및 항력계수라고 한다. A [m²]은 날개의 투영 면적이고 익현 길이를 l [m], 날개의 지면 방향 폭을 b [m]로 한다면 $A = lb$이다.

다음은 익 전연과 F의 거리를 $C_n l$로 하고, $M = C_n l F$로 한다면 M은 전연 주위의 모멘트가 되고

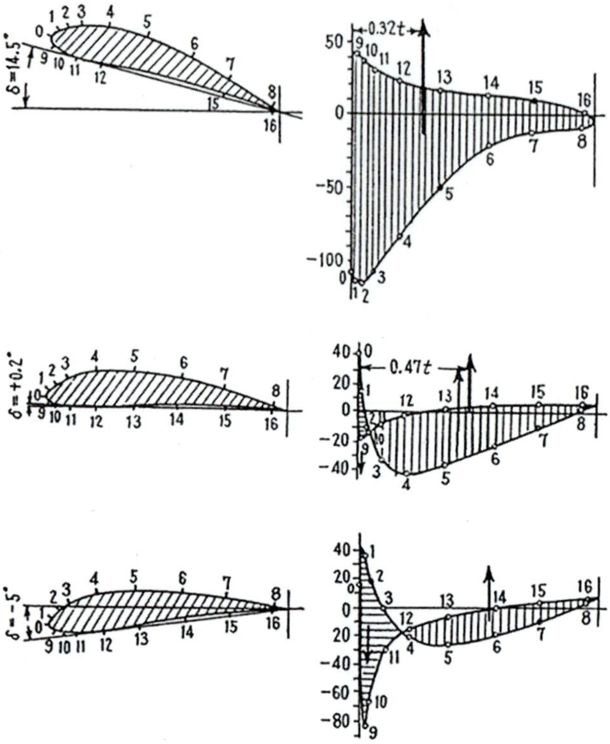

그림 **4.28** 양각에 따른 익형 표면의 압력분포
자료: 石井, 1962

$$M = C_m \frac{\gamma}{2g} lAw^2 \tag{4.77}$$

로 나타낼 수 있다. C_m을 모멘트계수라고 한다.

C_a, C_w, C_a/C_w와 양각 δ사이의 관계를 그림 4.29에 나타낸다. F와 F_a가 이루는 각을 λ로 한다면 $\cot\lambda = C_a/C_w$로 된다. C_a/C_w를 양항비라고 하고 이것이 클수록 날개 그 자체의 효율이 좋아지게 된다.

유동장의 작동유체를 물에서 공기로 바꿔 놓고, 정지하고 있는 공기 중을 역으로 날개가 $-w$로 되는 속도로 달리고 있다고 생각해도 날개(익)가 받는 힘은 같게 된다. 그때에는 γ [kg/m^2]가 공기의 단위 체적당의 무게로 된다. 이것이 비행기의 날개(익)이론이며, F_a로 되는 양력에 따라 비행기가 공중에 뜰 수 있는 것이다.

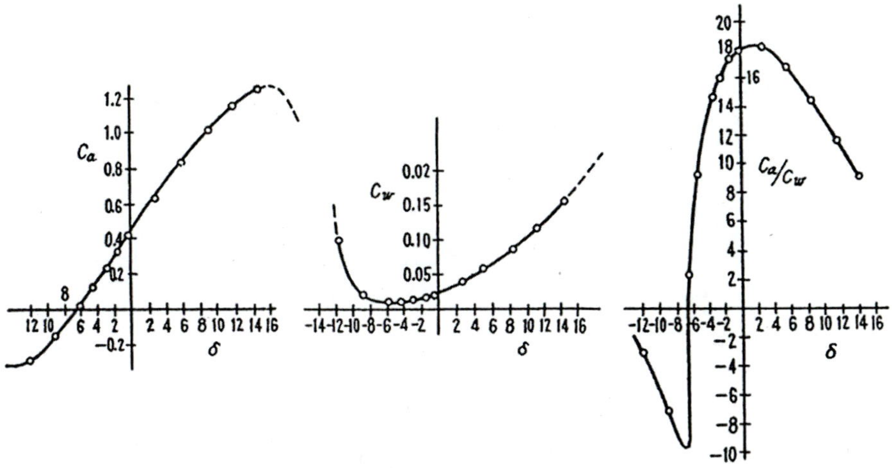

그림 **4.29** 익형의 앙각에 따른 양력계수와 항력계수 분포
자료: 石井, 1962

이상은 날개이론이지만, 이것을 폭이 $b(=dr$로 한다)인 분할 러너에 적용하는 것은 다음과 같다. 그림 4.30은 분할 러너의 반경 r로 되는 원통면을 전개하여 나타낸 것이고, 여기서 러너베인은 익렬로 되어 무한으로 늘어서게 된다. 이 전개면에서 속도선도는 그림 4.30에 나타낸 것과 같이 익렬의 상류와 하류에서 변하여 러너베인에 운동량을 준다. 단, 그림 4.30(a)는 설계점(또는 최고효율점), 그림 4.30(b)는 비설계점의 속도선도이다.

가이드베인에서 흘러나온 물은 러너에 v_1 방향에서 유입하여 v_2 방향으로 나와서 흘러간다. 설계점(또는 최고효율점)에서 v_2는 축 방향으로 향하고 선회류는 생기지 않는다. 상대 유속 w_1과 w_2의 크기와 방향도 상류와 하류에서 다르다.

그림 4.30과 같이 w_1과 w_2의 합성 평균값을 w로 하고 물이 익렬에 대하여 w의 유속으로 흐르고 있는 것으로 간주하여 식 (4.75)와 식 (4.76)을 적용한다. 단, 익형이 동일하더라도 익렬로 되면 C_a, C_w가 날개끼리의 간섭에 의해 변하게 되어 C_{ag}, C_{wg}로 된다.

C_{ag}/C_a는 익렬각 θ_r과 절현비 l/t에 따라 변한다. 예를 들면 익형이 직선인 경우에 대하여 이론적으로 구한 결과는 그림 4.31과 같이 된다.

실제 프로펠러수차에서는 $l/t = 0.6 \sim 1.8$ 정도의 범위로 설계된다. n_s가 클수록 l/t는 크게 된다. 단, 여기서는 이하 C_{ag}, C_{wg}를 C_a, C_w로 나타낸다.

분할 러너에서 러너베인 1매당의 양력, 항력과 그 합성력을 각각 dF_a, dF_w 그리고 dF

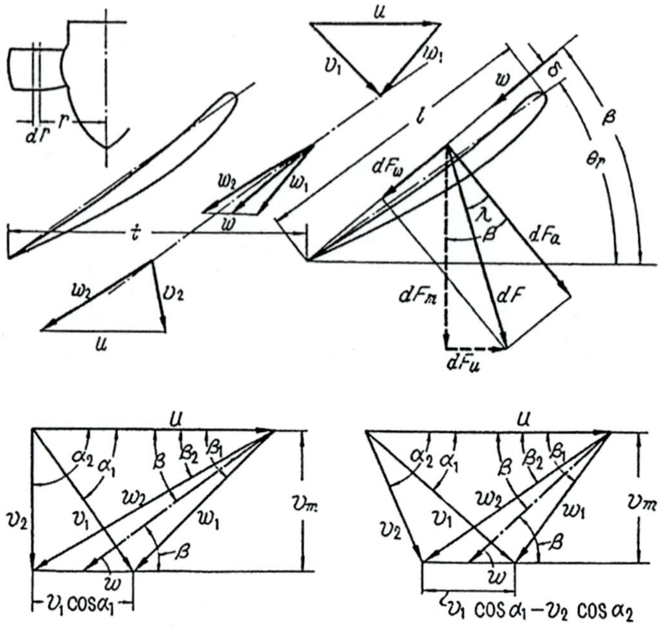

(a) 설계점(최고효율점)　　　　　　(b) 비설계점

그림 4.30 원통 전개한 프로펠러수차의 분할 러너

자료: 石井, 1962

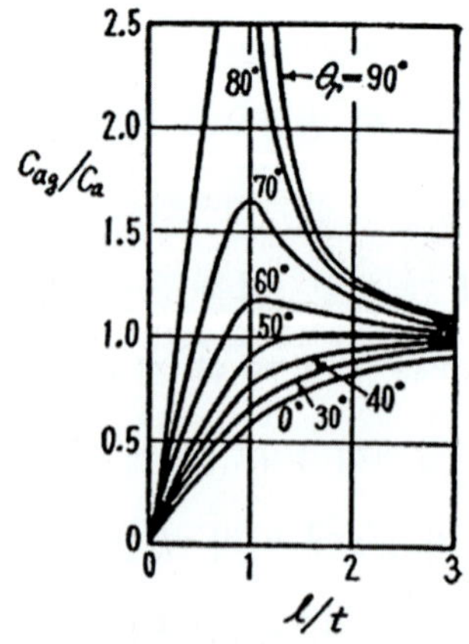

그림 4.31 익렬각과 절현비에 따른 직선익렬의 C_{ag}/C_a 변화

자료: 石井, 1962

로 하면

$$dF_a = C_a \frac{\gamma}{2g} l\,d\,r\,w^2 \tag{4.78}$$

$$dF_w = C_w \frac{\gamma}{2g} l\,d\,r\,w^2 \tag{4.79}$$

로 되고 이것에 의한 원주 방향 분력을 dF_u, 분할 러너의 토크를 dT_h 로 하면

$$dF_u = dF\sin(\beta - \lambda) \tag{4.80}$$

$$dT_h = dFZ_r\sin(\beta - \lambda) \tag{4.81}$$

로 된다. 단, $\lambda = \tan^{-1}(C_w / C_a)$ 로 되고, $\beta - \lambda$ 는 dF 와 축 방향이 되는 각이다. 또한 Z_r 은 러너 매수이다.

러너베인은 $u\,dF_u$ 만큼의 일을 하지만, $u\,dF_u + w\,dF_w$ 의 에너지를 소비하는 것으로 되기 때문에 이 분할 러너의 효율 η_{hr} 은 다음과 같이 된다.

$$\eta_{hr} = \frac{udF_{th}}{udF_u + wdF_w} \tag{4.82}$$

$$= \frac{1}{1 + \dfrac{\sin\lambda}{\sin(\beta - \lambda)}\dfrac{w}{u}}$$

다음으로 날개이론과 운동량이론의 대응관계를 검토해 본다.

$$dF = \frac{dF_a}{\cos\lambda} = \frac{C_a}{\cos\lambda}\frac{\gamma}{2g}ldrw^2,\ w = v_m / \sin\beta,\ dQ = 2\pi r dr v_m,\ t = 2\pi r / Z_r$$

이므로, 이것의 관계식을 이용하여 출력 토크 dT_h 를 나타내는 식 (4.81)을 고쳐쓰면 다음과 같이 된다. 단, v_m 은 축 방향의 유속이다.

$$dT_h = \frac{\gamma}{2g}dQ\,r\frac{C_a\sin(\beta - \lambda)}{\cos\lambda\sin^2\beta} \cdot \frac{l}{t}v_m \tag{4.83}$$

운동량이론의 식 (4.71)과 날개이론의 식 (4.83)을 비교함에 의해

$$v_1\cos\alpha_1 - v_2\cos\alpha_2 = \frac{C_a\sin(\beta-\lambda)}{2\cos\lambda\sin^2\beta}\cdot\frac{l}{t}v_m \tag{4.84}$$

가 구해진다. 이것이 날개(익)이론과 운동량이론의 대응을 나타내는 식이다.

만약, 날개에 마찰이 없이 $C_w = 0$이라면 $\lambda = 0$로 되며 식 (4.84)의 관계는 다음과 같이 된다.

$$v_1\cos\alpha_1 - v_2\cos\alpha_2 = \frac{1}{2}C_a\frac{l}{t}w \tag{4.85}$$

4.3.3 순환이론의 적용

먼저 와의 종류와 성질에 대하여 서술한다. 그림 4.32는 수중에서 원통을 일정한 각속도 ω [rad/s]로 회전시키고 있는 것을 나타낸 그림이다. 원통 내외의 물은 원통에 끌려 회전한다. 이 예에서는 원통 내부와 외부의 어느 쪽도 물의 유속 v [m/s]는 어느 반경 위치 r [m]에서도 원주 방향으로 향하고 있지만, 유속 분포 $v \sim r$은 전혀 다르다. 또한 압력도 자유와일 때의 x [수주 m]($r = \infty$일 때의 값을 0으로 한다)와 강제와일 때의 y [수주 m]($r = 0$일 때의 값을 0으로 한다)에서 그 분포 x, $y \sim r$이 전혀 다르다.

자유와에서는 물은 원통보다 낮은 속도로 원주 방향으로 흐르면서 움직이며, 원통 벽에

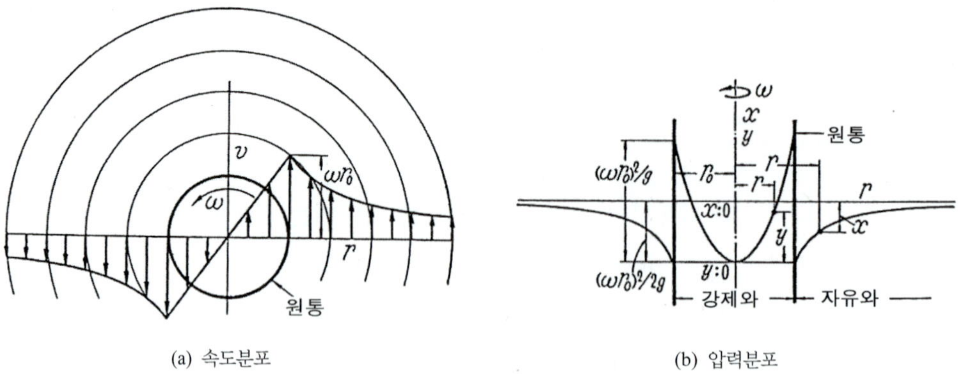

(a) 속도분포 (b) 압력분포

그림 4.32 자유와와 강제와의 예

자료: 石井, 1962

서 멀어짐에 따라 v는 작아진다. 물이 가진 에너지는 r에 따라 변하지 않는다. 즉, r이 다른 임의의 2점 사이에 베르누이의 방정식이 성립한다. 이러한 조건의 자유와에서는 v, $x \sim r$은 다음과 같이 된다. C는 상수이다.

$$v = \frac{C}{r} \tag{4.86}$$

$$x = -\frac{v^2}{2g} = -\frac{C^2}{2g} \cdot \frac{1}{r^2} \tag{4.87}$$

이것에 대하여 강제와에서 물은 원통에 대해서 유동은 하지 않고 강체처럼 원통과 일체로 되어 회전한다. 또한 물이 가진 에너지는 원통의 펌프작용에 의해 r이 큰 곳일수록 커진다. 강제와에서 v, $y \sim r$은 다음과 같이 된다.

$$v = \omega r \tag{4.88}$$

$$y = \frac{v^2}{2g} = \frac{\omega^2}{2g} r^2 \tag{4.89}$$

자유와에서는 와 중심에 가까워질수록 r이 반비례해서 v가 커지며, 원통이 없을 경우를 생각하면 이론적으로는 $r = 0$에서 $v = \infty$로 된다. 그러나 실제로는 점성이 있으므로 반경 방향의 속도구배 $-dv/dr(= C/r^2)$이 지나치게 커지더라도 자유와로 되지는 않는다. 즉, 어떤 반경 r_c를 경계로 하여 그 내측에서 물은 일체로 되어 회전하고 강제와로 된다.

이와 같이 외측이 자유와이고 내측이 강제와로 되어 있는 와를 조합와라고 한다. 그림 4.33은 물의 표면 근처에 생긴 조합와에 의하여 수면에 구덩이가 패였고 그 형상은 r_c의 의미가 r_0와 다른 것 이외에는 그림 4.32의 수압분포와 완전히 같은 성질의 곡선으로 되어 있다. 그림 중의 Γ의 의미는 다음에 서술한다.

자유와 흐름은 그림 4.34와 같이 반경 방향으로 유속이 있는 경우에도 동일하게 성립한다. 수차와 펌프에서는 오히려 이러한 예와 같은 자유와를 만나는 경우가 많다. 단, 이 경우에는 식 (4.86)의 v 대신에 그 원주 방향의 성분 $v_u(= v\cos\alpha)$를 대입하여

$$v_u = \frac{C}{r} \tag{4.90}$$

로 해야 한다. 식 (4.90)이 일반적이므로 이후 이 식을 자유와 흐름의 식으로 사용 하도록 한다.

식 (4.90)에서 $C = \Gamma/2\pi$로 두고

$$\Gamma = 2\pi r v_u \tag{4.91}$$

로 나타내고, Γ [m²/s]를 순환(circulation)이라고 한다. Γ는 와의 강함을 나타내는 상수로 중요한 의미를 가지고 있다. 그림 4.33의 Γ도 이것을 나타낸다.

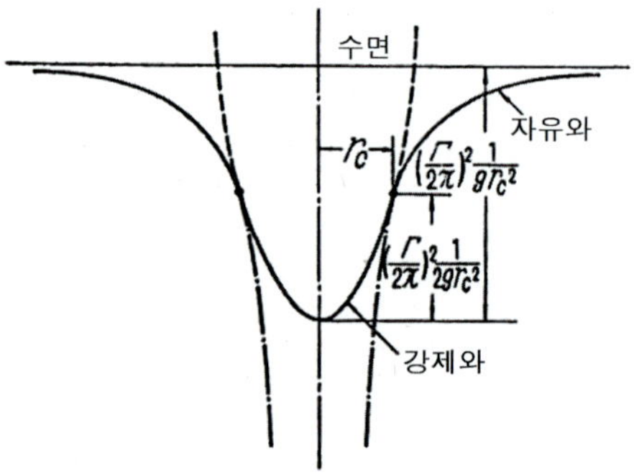

그림 **4.33** 수면 근처에 생긴 조합와

자료: 石井, 1962

$2\pi r$은 반경 r인 원의 원주 길이이다. 이 길이와 원주상의 유속의 원주 방향 성분 v_u를 곱한 것이 Γ이다. 이 Γ의 값은 와의 고유한 값이며, 와 중심을 중심으로 하는 원이 아니더라도 와 중심을 둘러싼 임의의 폐곡선을 구하면 같은 값이 된다. 또한 폐곡선 중에 와가 2개 이상 있는 경우에는 Γ는 그 합으로 된다. 단, 일반적으로 그림 4.35의 ①에 보이는 바와 같이 이 폐곡선상에서 유속의 곡선 방향 성분 $v\cos\varphi$가 일정하지 않으므로

$$\Gamma = \oint v\cos\varphi ds \tag{4.92}$$

로 해야 한다. $\oint$는 폐곡선을 일주하여 적분한 것을 나타낸다. 그림 4.35의 ②와 같이 폐곡선의 내부에 와 중심이 없다면 그 폐곡선에 대해서는 $\Gamma = 0$로 된다.

그런데 그림 4.36과 같이 유속이 w [m/s]인 흐름 중에 순환 Γ를 생기게 할 수 있는 물

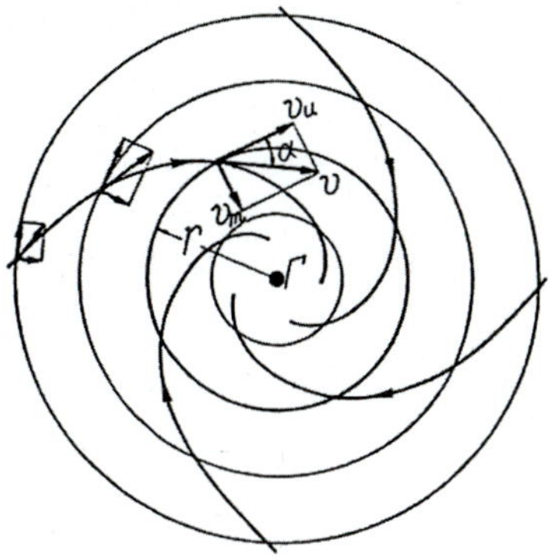

그림 **4.34** 반경 방향 속도성분이 있는 경우의 자유와

자료: 石井, 1962

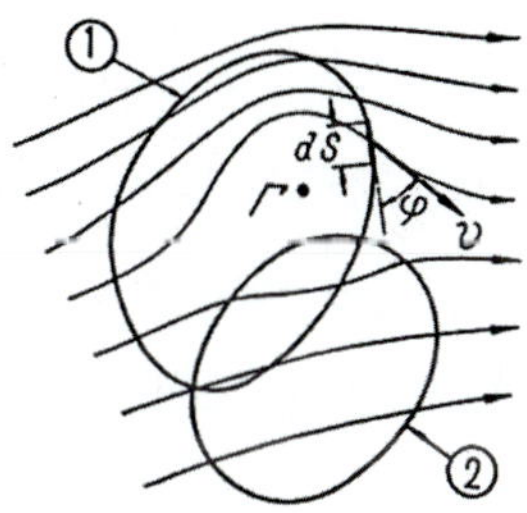

(①의 순환은 Γ, ②의 순환은 0)

그림 **4.35** 내부 유동 상태에 따른 순환값

자료: 石井, 1962

체(자유와라도 좋음)를 넣으면 물체의 주위에서 양쪽의 유속이 더해지거나 상쇄하여 물체의 표면에 유속이 빠른 쪽과 느린 쪽이 생긴다. 빠른 쪽에서는 압력이 내려가고 느린 쪽에서는 압력이 올라가기 때문에 물체에는 다음과 같은 단위 두께당의 힘 F [kg/m]가 작용하게 된다. 단 F의 방향은 w에 대하여 직각이다.

$$F = \frac{\gamma}{g} \Gamma w \tag{4.93}$$

이것을 Kutta-Joukowski의 정리라고 한다.

F가 날개이론에서 식 (4.75)의 양력 F_a에 해당한다. 단, 식 (4.93)은 물의 점성에 의한 마찰이 없는 이상유체에 대하여 이론적으로 구한 것이며, 항력 F_w는 0으로 한다. 평행한

흐름 중에 평판과 날개를 경사지게 두면 원주(실린더)의 경우와 같이 돌리지 않아도 평판과 날개가 와의 성질을 나타내어 그 주위에 순환 Γ가 생겨서 양력 F가 생기는 것이다.

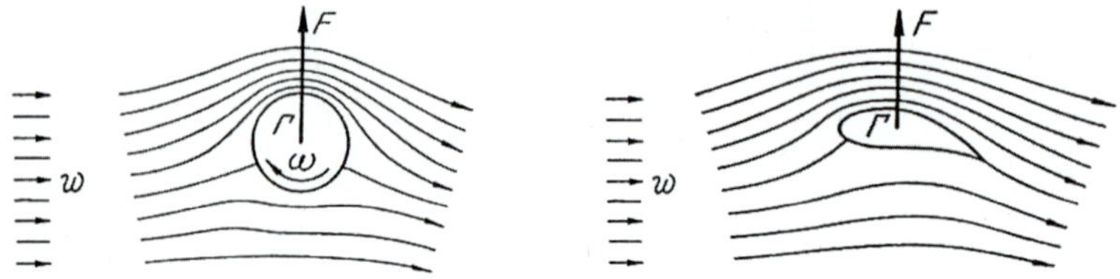

(a) 회전 원주 (b) 정지 익

그림 **4.36** 유동장 내부 순환의 발생

자료: 石井, 1962

그림 4.36에 나타낸 것은 (a) 회전 원주(실린더)와 (b) 정지 익(날개) 주위의 흐름이다. 유선과 유선 사이에는 모두 같은 유량이 흐르고 있는 것처럼 나타내고 있기 때문에 유선이 밀집할수록 유로가 좁고 유속이 빠른 것을 의미한다. w와 Γ의 대소 관계에 의해 이들의 유선 형상도 변하게 된다. 평판과 날개에서는 앙각 δ에 거의 비례하여 Γ가 커지게 되고, 따라서 F가 커지게 된다.

식 (4.91)을 보아도 알 수 있듯이 순환은 운동량의 모멘트에 밀접한 관계가 있으므로 이것을 수차의 이론에 적용할 수 있다.

그림 4.37에서 가이드베인의 입구와 출구에서의 순환을 Γ_{g1}과 Γ_{g2}로 한다. Γ_{g1}은 케이싱으로부터 가이드베인에 주어지는 순환이며, Γ_{g2}은 가이드베인으로부터 러너에 주어지는 순환이다. 가이드베인 출구 피치원 반경을 r_g [m/s], 유속을 v_g [m/s], 개도각을 α_g로 하면 $\Gamma_{g2} = 2\pi r_g v_g \cos\alpha_g$이다.

일반적으로 $\Gamma_{g1}/\Gamma_{g2} = 0.1 \sim 0.2$ 정도이며

$$Z_g\Gamma_g = \Gamma_{g1} - \Gamma_{g2} < 0 \tag{4.94}$$

만큼의 순환이 가이드베인에 생긴다. 단, Γ_g는 가이드베인 1매당의 순환, Z_g는 가이드베인 매수이다.

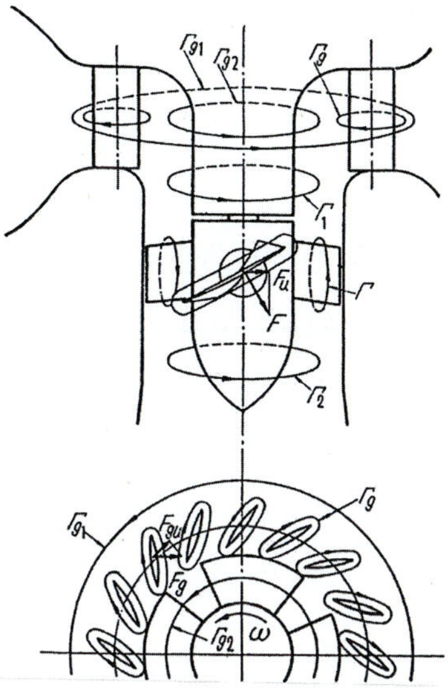

그림 **4.37** 프로펠러수차에서의 순환

자료: 石井, 1962

Γ_g에 의해서 가이드베인에는 힘 F_g가 생기고, 이것이 가이드베인을 그 축의 주위를 회전시키려고 한다. 또한 F_g의 원주 방향 성분 F_{gu}가 수차의 정지부를 돌리려고 한다. 정규상태(최고효율점)에서는 이것이 거의 러너 출력 토크의 반력에 해당한다.

가이드베인 출구로부터 러너베인 입구까지의 사이에서 마찰에 의한 손실이 없다고 하면

$$\Gamma_{g2} = \Gamma_1 \tag{4.95}$$

로 된다. Γ_1은 러너 입구에서의 순환이다.

러너에 대해서도 동일하게 입구와 출구의 순환 Γ_1과 Γ_2의 차가 러너베인 주위의 순환으로 된다. 즉,

$$Z_r \Gamma = \Gamma_1 - \Gamma_2 > 0 \tag{4.96}$$

이다. 단, Γ는 러너베인 1매당 순환, Z_r은 러너베인 매수이다. Γ에 의해서 러너의 양력 F가 생긴다.

정규상태에서는 $\Gamma_2 = 0$이므로, $\Gamma_{g1} = 0$으로 간주하면

$$Z_r\Gamma = \Gamma_1 = -Z_g\Gamma_g \tag{4.97}$$

로 된다. 정규상태에서 멀어질수록 Γ_2가 커지게 되고 Γ는 작아지게 된다. 즉, Γ는 수차의 수력효율 η_h에 비례한다.

그런데 분할 러너의 출력 토크 dT_h는 이 순환 $Z_r\Gamma$에 의한 토크와 같을 것이다. 즉, 식 (4.31)을 그림 4.26의 분할 러너에 대하여 고쳐 쓰면,

$$dT_h = \frac{\gamma}{g}dQ\frac{Z_r\Gamma}{2\pi} \tag{4.98}$$

로 된다. 프란시스수차에 대해서는

$$\Gamma = v_{u1}t_1 - v_{u2}t_2 \tag{4.99}$$

프로펠러수차에 대해서는

$$\Gamma = (v_{u1} - v_{u2})t \tag{4.100}$$

로 된다. 단, $t_1 = 2\pi r_1/Z_r$, $t_2 = 2\pi r_2/Z_r$, $t = 2\pi r/Z_r$이다.

식 (4.99) 또는 식 (4.100)은 다음과 같이 구할 수도 있다. 그림 4.38에서 분할 러너 표면 및 이면에서의 상대 유속을 w_u와 w_d로 하면, 폐곡선 $abcd$ 중에는 와가 없으므로 그 주위의 순환 Γ_{abcd}는 0이다. 즉,

$$\Gamma_{abcd} = v_{u1}t_1 + \int_b^c w_u dl - v_{u2}t_2 - \int_d^a w_d dl = 0$$

따라서

$$\begin{aligned} v_{u1}t - v_{u2}t_2 &= \int_d^a w_d dl - \int_b^a w_u dl \\ &= \int_d^a w_d dl + \int_a^d w_u dl \\ &= \Gamma \end{aligned}$$

이다.

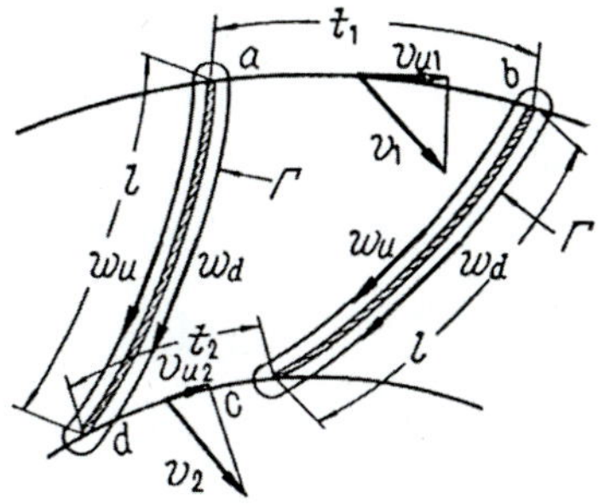

그림 4.38 러너베인 유로 $abcd$ 주위의 순환

자료: 石井, 1962

양력 F와 순환 Γ의 관계는 식 (4.93)을 분할 러너의 러너베인에 적용하여

$$dF = \frac{\gamma}{g} \Gamma w \, dr \tag{4.101}$$

이 구해지므로 이것과 식 (4.77)(마찰이 없다고 하므로 $F_a = F$이다)로부터

$$\Gamma = C_a l w \tag{4.102}$$

가 구해진다. 이 식은 식 (4.85)와 동일하다.

수차에서 운동량이론, 날개(익)이론에 대한 순환이론의 관계는 다음과 같이 생각해볼 수 있다. 날개이론에서는 익형 특성(익렬을 포함한다)을 이미 알고 있는 것으로 사용했다. 적당한 익형을 정하면 그 특성은 실험에 의해서 알 수 있지만, 적당한 익형을 정하는 것은 유체역학에 의하지 않는 한 경험에 의존해야 한다. 실제로 현재의 수차 러너베인의 익형에는 상술의 의미에서 경험에 의해 개발된 것이 많다.

만일 여기서 이론에 의해 주어진 익형의 특성을 알아보려고 하거나 또는 역으로 특성이 주어져서 그것에 적합한 익형을 알아보려고 한다면 유체역학의 도움을 받아야 한다.

그런데 유체역학에서는 익형을 다루는데 와를 이용한다. 다루는 방법은 다음과 같다. 익형 중심선에 따라 많은 와를 분포시키고, 이를 흐름 속에 놓았을 경우 가장 안쪽의 유선 형태가 정확히 그 날개 모양에 맞도록 각각 와의 강도 $\Delta\Gamma_i$를 결정한다. 이렇게 하면 익형 주위의 유속이나 압력의 분포를 알 수 있고, 또한 운동량이론에서 일정한 것으로 취급한 v_1이나 v_2의 실제 분포도 알 수 있다. 또한 그때 익(날개)의 양력은

$$\Gamma = \sum \Delta \Gamma_i \tag{4.103}$$

로서 식 (4.101)에서 구할 수 있다.

단, 이 방법에도 약점이 있다. 그것은 유체에 점성이 없다고 가정하고 있기 때문에 마찰에 의한 손실이 없어지고, 식 (4.82)의 러너 효율이 100%가 되어 버리는 것이다. 따라서 순환이론은 이와 같은 관계로 날개(익)이론과 연결되는 것이다. 한편, 운동량이론과 날개이론은 식 (4.84)와 같은 대응관계로 상호연결되어 있다.

4.3.4 비속도와 러너의 형상

그림 2.63의 대표원형 유로를 러너 외주로 하면, $D_{th} = D_0$, $c_{th} = c_0$, $\phi_{th} = \phi_0$로 된다. 단, D_0 [m]는 러너 외경, c_0, ϕ_0는 외경에 대한 c, ϕ이다. 따라서 식 (2.37)에 이 관계를 대입해서 n_s를 다음과 같이 나타낼 수 있다.

$$n_s = 495\sqrt{\eta c_0}\,\phi_0 \tag{4.104}$$

프로펠러수차에서는 n_s를 크게 하려면 c_0 및 ϕ_0를 크게 할 수밖에 없다. 그렇게 하기 위해서는 러너베인 표면의 면적을 작게 하고, 보스 직경 또한 작게 할 필요가 있다.

그림 4.39에 비속도 n_s와 러너 형상의 관계를 나타낸다.

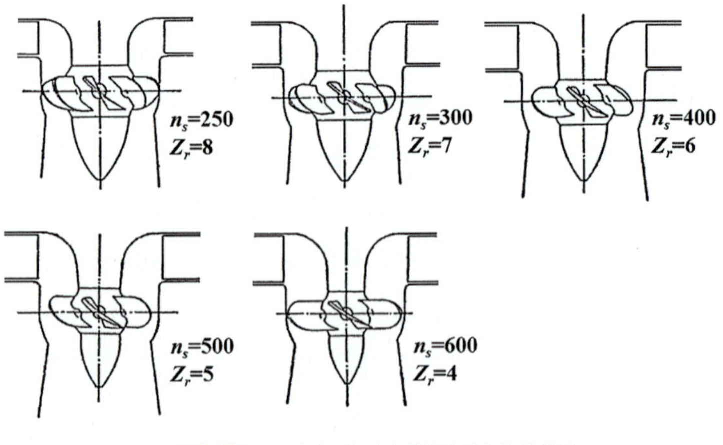

그림 4.39 프로펠러수차 러너 형상과 비속도의 관계
자료: 深栖, 1961

4.3.5 러너베인의 비틀림

프로펠러수차의 러너가 비행기나 배의 스크류와 다른 중요한 점은 정규상태(최고효율점)에서 러너로부터의 유출수의 방향이 나란히 축 방향으로 향해야 한다는 것이다. 그러기 위해서는 정규상태에서는 러너로부터의 유출수가 선회성분을 가지지 않도록 러너베인의 비틀림에 특히 주의할 필요가 있다.

우선 그림 4.40(a)에서 내측(첨자 i), 중앙(첨자 m) 그리고 외측(첨자 o)의 유선에 대해서 러너 입구 및 출구에서의 속도선도가 정규상태(최고효율점)에서 어떻게 바뀌는지를 생각해 본다.

① 주속 u는 반경 r에 비례하여 외측일수록 커진다. 즉,

$$u_i = \omega r_i,\ u_m = \omega r_m,\ u_o = \omega r_o \tag{4.105}$$

이다.

② 절대 유속 v의 축 방향성분 $v_m(=v\sin\alpha)$은 입구와 출구에서 같고, 또 r에 따라서도 변하지 않는다. 따라서 다음과 같다.

$$v_{m1} = v_{m2} = v_m \tag{4.106}$$

③ v의 원주 방향성분 $v_u(=v\cos\alpha)$는 가이드베인 출구에서 러너 입구에 이르기까지의 흐름을 자유와 흐름이라고 하면, 입구에서는 $v_{u1}(=v_1\cos\alpha_1)$이 r에 반비례하여 내측일수록 커지고, 출구에서는 선회류가 없기 때문에 $v_{u2}(=v_2\cos\alpha_2)$가 0이 된다. 즉,

$$v_{u1i} = \frac{v_{ug}r_g}{r_i},\ v_{u1m} = \frac{v_{ug}r_g}{r_m},\ v_{u1o} = \frac{v_{ug}r_g}{r_o} \tag{4.107}$$

$$v_{u2i} = v_{u2m} = v_{u2o} = 0 \tag{4.108}$$

이다.

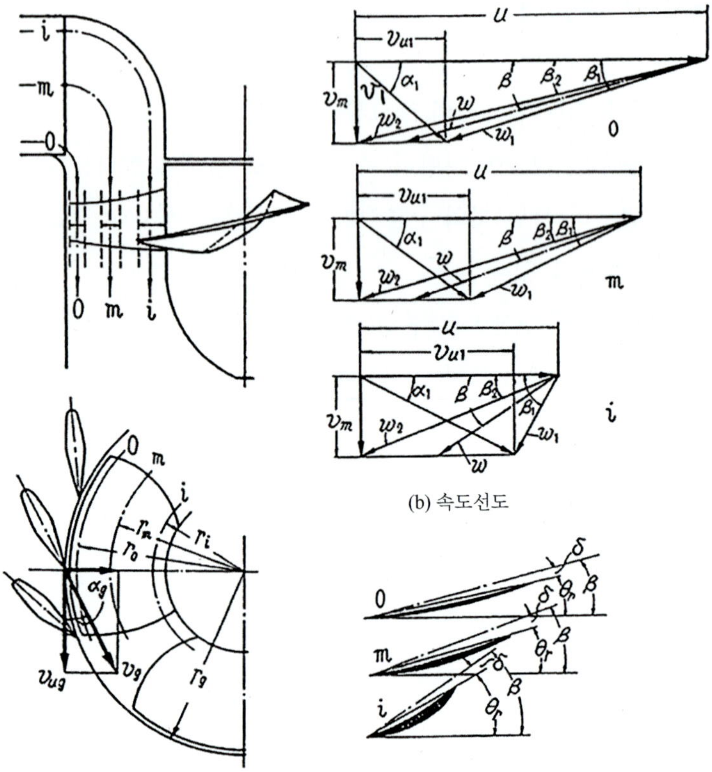

(b) 속도선도

(a) 유선 i, m, o (c) 날개(익) 피치각 θ_r

그림 **4.40** 러너베인의 비틀림(나선형 케이싱)

자료: 石井, 1962

이상 ①~③의 가정에 따라 유선 i, m 및 o에 대한 속도선도를 만들면 그림 4.40(b)와 같다. 각각의 유선은 그림 4.40(b)에 나타낸 평균 상대 유속 w로 입사각 β방향에서 날개로 작용한다고 간주하므로 이것에 대해서 날개(익)의 피치각 θ_r은 그림 4.40(c)와 같이 정하면 된다. 단, 앙각 δ 는 날개의 효율 η_{hr}이 가급적 양호하고 그림 4.40(a)에 파선으로 나타내는 것처럼 등분할러너의 발생 토크가 거의 같아지도록(순환이 같아진다) 정해야 한다. 이와 같이 θ_r을 정하면 $\theta_r \sim r$의 변화가 러너베인의 비틀림이 된다. 이것에 대해서 $\beta \sim r$의 변화를 흐름의 비틀림이라고 할 수 있다.

이상은 나선형 케이싱을 채용한 경우인데, 이에 비해 원통형 케이싱에서는 러너베인의 뒤틀림이 조금 작아진다. 그 이유는 상술한 ①~③의 가정 중 ③이 바뀌기 때문이다. 원

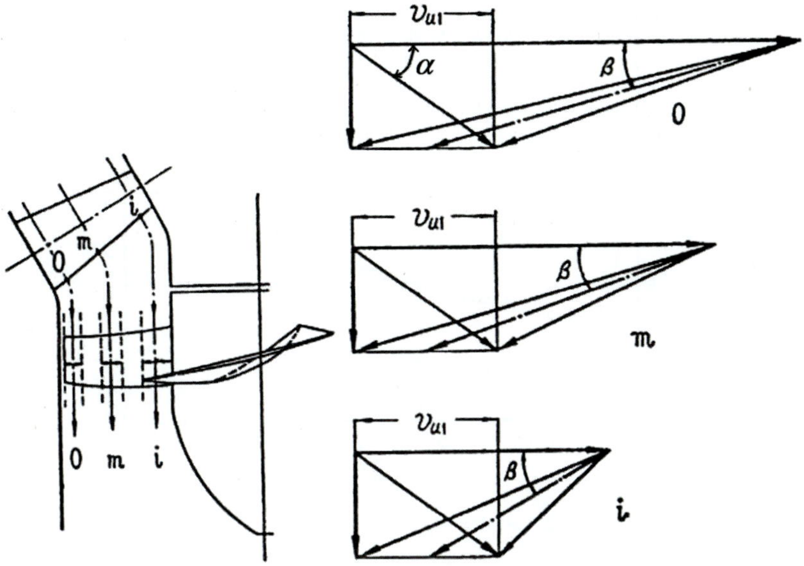

(a) 유선 i, m, o (b) 속도선도

그림 4.41 러너베인의 비틀림(원통형 케이싱)

자료: 石井, 1962

통형 케이싱에서는 그림 4.41과 같이 가이드베인 출구단의 피치원 반경이 유선에 따라 달라지며 일정하지 않다. 나선형의 경우와 마찬가지로 v_{gu}는 일정하나 r에 대해서는

$$\frac{r_{gi}}{r_i} \fallingdotseq \frac{r_{gm}}{r_m} \fallingdotseq \frac{r_{go}}{r_o} \tag{4.109}$$

로 되어 v_u가 어느 유선에 대해서도 거의 일정해진다.

그림 4.41은 원통형 케이싱일 경우의 속도선도를 나타낸다. 중앙 유선 m에 대한 선도를 그림 4.40의 경우와 동일하게 해서 보이고 있다. 그림 4.42는 나선형 케이싱과 원통형 케이싱에서 β와 r의 관계를 비교하고 있다. 이 예에서 보스비가 0.5인 러너에서는 보스 가까이에서 약 10°의 유동 비틀림 차이가 있음을 알 수 있다.

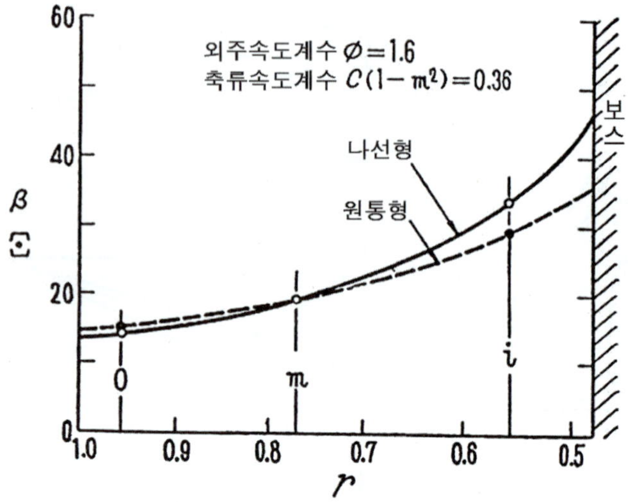

그림 4.42 나선형 및 원통형 케이싱에서 유동 비틀림 비교

자료: 石井, 1962

4.3.6 러너베인 및 가이드베인의 가동과 고정

그림 4.43은 가동익 프로펠러수차의 러너베인과 가이드베인을 가동익 또는 고정익의 조건

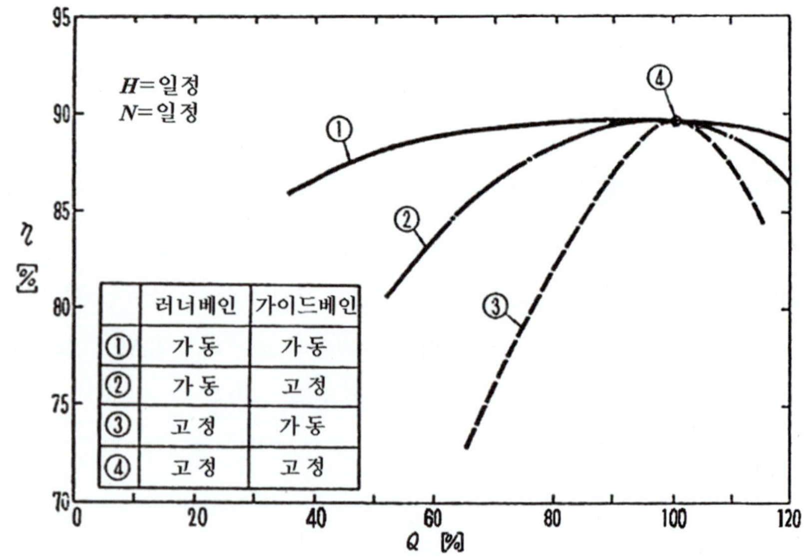

그림 4.43 러너베인과 가이드베인의 가동과 고정에 의한 특성의 차이

자료: 石井, 1962

으로 조합한 경우에 대한 특성의 차이를 정규상태(최고효율점, $Q=100\%$)에 대한 백분율로 나타낸 것이다. 단 η는 효율, Q는 유량이고 낙차 H, 회전속도 N이 일정한 경우이다. 러너베인이나 가이드베인을 처음부터 고정익으로 제작하면, 그림 4.43의 고정익의 경우보다는 조금 더 성능이 좋아지지만, 그 점을 무시하기로 하면, 그림 4.43에 의해 4종류의 수차 ①~④의 특성상 우열 비교를 할 수 있다.

러너베인과 가이드베인을 함께 가동으로 한 ①이 최선인 것은 당연하지만, 가이드베인만을 고정한 ②가 러너베인만을 고정한 ③보다 큰 폭으로 뛰어나고, 게다가 ②가 ①과 ③의 중앙보다 위에 있는 것이 주목할 만하다. 이러한 이유를 그림 4.44의 속도선도로 설명할 수 있다.

그림 4.44(a)는 정규(최고효율점)상태($Q=100\%$), 그림 4.44(b)는 부분유량상태($Q=50\%$)이다. 그림 4.44(a)는 그림 4.43의 ①~④에 대해 공통이다. 그림 4.44(b)의 ①, ②, ③은 각각 그림 4.43의 ①, ②, ③에 대응하는 것이다.

- 그림 4.44(b) ①에서는 러너베인 입구에서 충돌손실이 없고, 출구에서는 선회류에 의한 폐기손실이 없다. 즉, 그림 4.44(a)와 거의 같은 효율이 된다.
- 그림 4.44(b) ②에서는 러너베인 입구에서는 충돌손실($w_s^2/2g$)이 있지만, 출구에서는 폐기손실은 없다.
- 그림 4.44(b) ③에서는 러너베인 입구에서는 충돌손실($w_s^2/2g$)이 있고, 출구에서는 폐기손실($v_{u2}^2/2g$)이 있다.

그림 4.44에 의해 ②와 ③에서의 손실차이 정도를 알 수 있으며, 이것으로부터 그림 4.43의 ②와 ③의 차이를 이해할 수 있다. 게다가 러너베인 입구 충돌손실의 경우, 가이드베인에서 유출된 물의 방향은 하류의 러너베인으로 유도되어 러너베인 입구에서는 저절로 손실이 줄어드는 방향으로 바뀌는 경향이 있다. 이에 비해 폐기손실에 대해서는 저절로 흐름이 바뀌는 경향은 없다. 이것도 ②가 좋아지는 이유 중 하나이다.

③보다 ②가 특성상 우수함에도 불구하고 실제로는 ③이 종종 채용되며 ②가 채용되는 경우는 극히 적다. 왜냐하면 ②가 가격이 더 비싸다는 이유 이외에도 러너베인은 보통 오

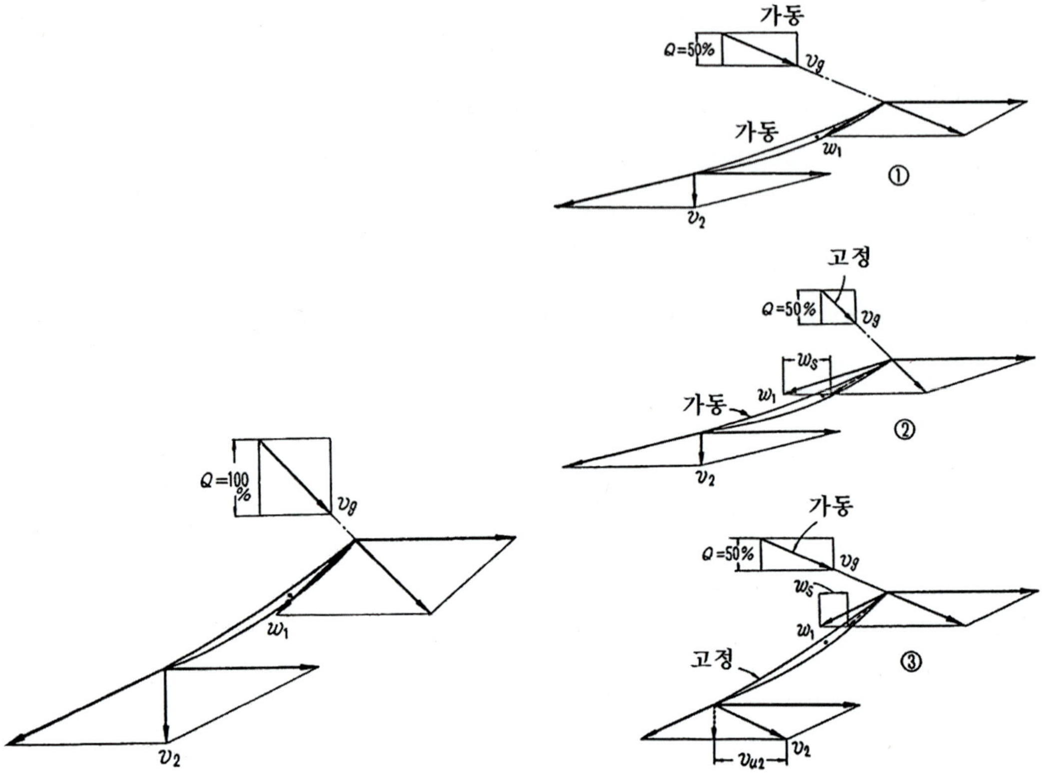

(a) 정규(최고효율점)상태($Q = 100\%$)

(b) 부분유량상태($Q = 50\%$)

그림 **4.44** 러너베인과 가이드베인의 가동과 고정에 의한 속도선도의 차이

자료: 石井, 1962

버랩(중첩)이 있기 때문에 전부 닫히지 않으며, 닫히는 곳까지 닫혀도 회전 방향의 토크가 남아서 수차를 정지시키기 어렵다는 이유 때문이다.

4.4 펌프수차의 성능

4.4.1 펌프수차의 완전 특성

(1) 펌프의 완전 특성

수력기계(펌프 또는 수차)의 성능시험에서 모든 결과가 유량과 회전속도를 좌표로 하는 단일 4분면 도표에 제시된다면 수력기계의 완전한 성능에 대한 보다 포괄적이고 유용한 개념과 정보를 얻을 수 있을 것이다.

그림 4.45는 이러한 도표, 즉 펌프의 완전 특성(complete characteristics)에 대해서 설명하는 개념도이며, 다양한 운전 영역으로 나누어진 방식을 보여준다. 펌프운전에는 두 가지 영역이 있으며, 제1상한 영역에는 정상펌프 영역이 있고 제2상한 영역에는 비정상 또는 역회전 영역이 있다. 마찬가지로 수차운전에서는 두 가지 영역이 있는데, 제3상한 영역에 정상수차 영역이 있고 제1상한 영역에 비정상수차 영역이 있다.

이러한 각각의 운전 영역은 에너지소산 영역에 의해 다른 영역과 분리되며, 에너지소산

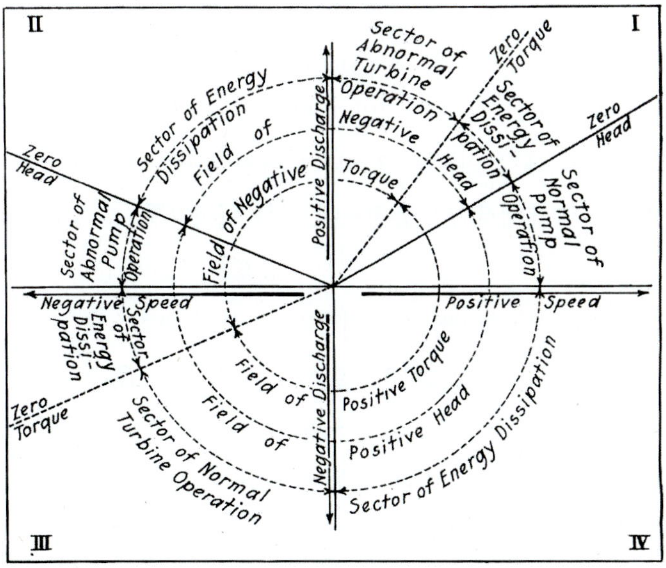

그림 **4.45** 펌프의 완전 특성 개념도

자료: Knapp, 1937

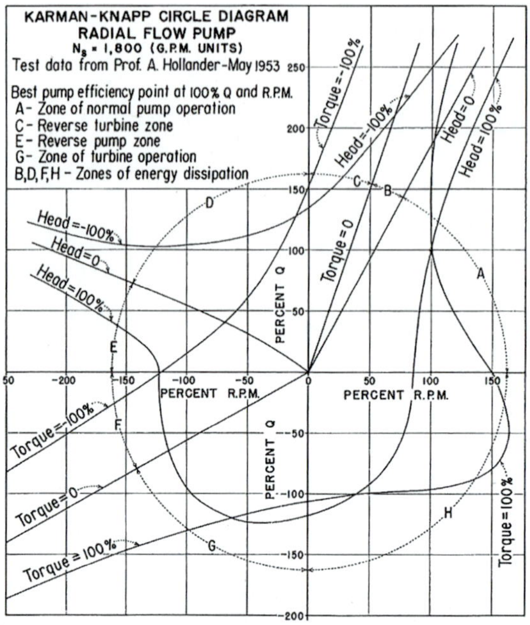

Fig. 1

그림 **4.46** 펌프의 완전 특성도

자료: Donsky, 1961

영역은 유체에 의해 어떤 유용한 일도 수행되지 않는 영역을 의미한다. 예를 들면 제4상한 영역은 전체가 에너지소산 영역이며, 정상펌프운전과 정상수차운전 영역에서 분리된다.

따라서 이러한 운전 가능한 모든 조건이 하나의 도표에 나타나 있기 때문에 시험대상 수력기계, 즉 펌프와 수차에 동일하게 적용되는 완전 특성도라고 불려진다. 그림 4.46은 그림 4.45의 영역 구분에 대해서 반경류펌프에 대한 일정양정(또는 낙차)곡선과 일정토크곡선을 나타낸다.

수력기계에 대한 과도 시뮬레이션 성능시험의 경우, 일반적으로 가이드베인(위켓게이트) 개도를 광범위한 범위에 걸쳐서 작동하며, 펌프 및 수차 운전 영역과 과도 영역 모두에서 수력성능 특성을 검토하게 된다. 펌프의 경우 역류 및 역회전도 가능하며, 펌프수차의 경우 펌프 및 수차 각 모드에서 정상상태 작동이 반드시 필요하다.

과도상태 동안 기계는 상황에 따라 역류와 역회전 중 한 가지 또는 두 가지 모두 경험할 수 있다. 또한 비정상상태 성능 구역을 통과하는 동안 토크와 헤드(양정/낙차)가 역방향 부호로 변할 수 있다. 비정상상태 작동 구역에서 펌프의 특성은 펌프동력 정지의 과도상

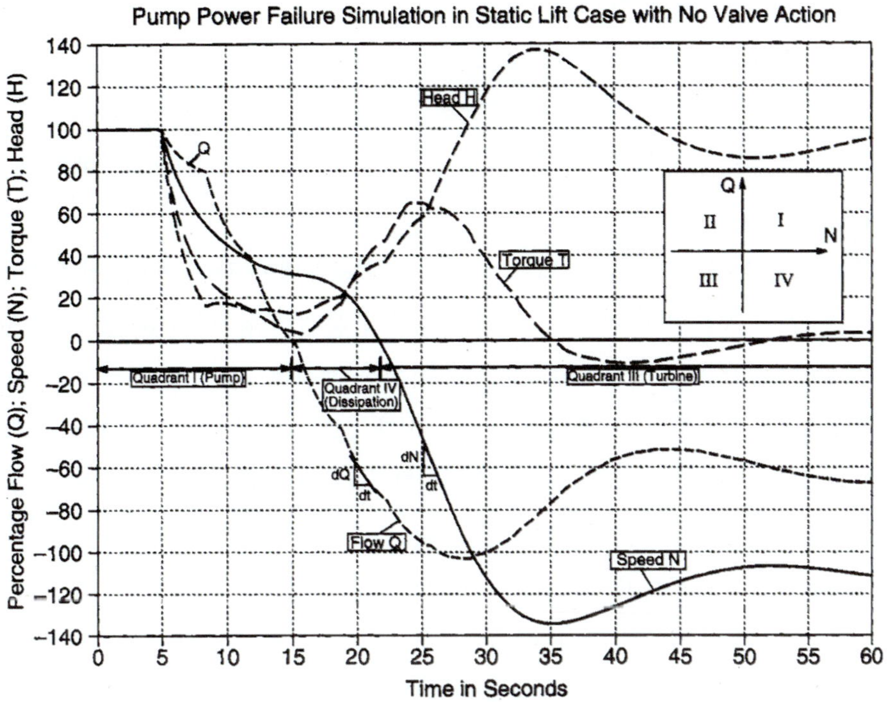

그림 4.47 토출밸브가 없는 단일 파이프시스템에서 펌프 모형시험 운전상태

자료: Karassik, 2008

태를 나타낸 그림 4.47을 참조하여 설명될 수 있다. 그림 4.47에 보이는 4개의 곡선은 각각 헤드 H, 유량 Q, 회전속도 N, 토크 T를 백분율로 나타낸 것이다. 원심펌프의 경우 원동기인 전기모터로부터 동력이 차단될 때까지는 일정한 속도로 물을 공급한다. 그러나 토출밸브 또는 흐름을 제어할 수 있는 다른 방법이 없는 경우를 가정하면, 구동 토크가 상실되면 축 회전속도가 즉시 감속되고 결과적으로 흐름이 감속되다 결국 흐름이 멈추게 되며, 최종 공급지점(또는 상부저수지)의 높은 낙차는 역방향 흐름(역류)($Q<0$)을 발생시킨다. 역류가 발생하기 전까지는 펌프가 최고효율점을 벗어난 흐름임에도 불구하고 정상 영역에서 작동을 유지한다. 펌프의 회전 방향은 동력차단 후 일정 시간 동안 회전체의 관성으로 인하여 정방향의 회전($N>0$)을 유지하지만, 결국 역회전으로 바뀌어 역회전 속도가 증가하여 무구속속도까지 도달하게 된다.

음(−)의 회전(역회전) 및/또는 음의 흐름(역류) 영역에서 시스템 성능을 예측하기 위해서는 해당 기계에 대한 이러한 영역의 특성이 필요하다.

실제로 이러한 영역에서 펌프의 고유한 특성은 수력과도현상에 영향을 미칠 수 있다. 이러한 분석 결과는 다음의 세 가지 요소에 의해 결정적으로 좌우된다는 점이 중요하다. 즉, (1) 펌프가 작동할 영역의 완전한 펌프 특성 가용성, (2) 과도현상 중 동적 상사법칙에 대한 완전한 의존성, (3) 정상유동에서 비롯된 펌프 특성이 과도상태 해석에도 유효하다는 가정 등이 있다.

표 4.2와 그림 4.48은 반경류형 펌프의 완전 특성도에 대한 각 운전모드별 특성을 나타내고 있다. 4개의 사분면에 있는 펌프 또는 수차의 운전 가능 영역 8개를 나타낸다. 표 4.48의 제1상한에 열거된 바와 같이 영역 A를 통한 정상펌프운전 영역이 포함되어 있는 반면, 정상수차운전 영역은 제3상한의 영역 G이다. 모형시험에서는 시험대상 수력기계가 네 개의 사분면에서 모두 운전되도록 만들어진다. 심지어 4개의 사분면에 음의 양정(또는 낙차)이 있는 영역도 마찬가지로 운전 가능하다.

그림 4.48에 개략적으로 표시된 모든 조건은 실험실 테스트 루프에서 1대 또는 2대의 추가 펌프를 마스터로 사용하고 시험대상 펌프를 슬레이브로 사용하여 조작한 것이다. 표시된 영역의 대부분은 적절한 실험환경에서 과도상태 동안 1대의 시험대상 펌프에서 경험할 수 있다.

펌프로서 운전되는 시험대상 수력기계의 경우, 동력이 상실되면 펌프가 영역 A(제1사분면)에서 시작하여 흐름이 역류하면 영역 H(제4사분면)로 들어가고, 기계가 회전을 역회전하면 영역 G(제3사분면)로 진입하며, 이 시간 동안 가이드베인(위켓게이트)은 정상적으로 닫힌다. 가이드베인이 닫히기 전에 펌프가 0 토크(무구속속도)를 통과할 때까지 과도상태가 지속되면 장치는 이른바 제동(F 영역)으로 전환된다. 서보모터가 고장 나거나 펌프수차가 처음에 발전을 시작 중이었던 경우(제3사분면 영역 G), 기계가 영역 E(제2사분면)로 진입(역펌핑)할 가능성이 있다.

표 4.2와 그림 4.48에서 영역 B, C 그리고 D는 음의 양정(낙차)에 해당하며, 모형성능시험에서만 가능한 운전조건이다. 따라서 모형시험에 의한 성능 특성 데이터는 일반적으로 A, H, G, F 그리고 E 영역으로 대표되는 양의 양정(낙차)에 대해서만 보고된다. 과도현상에 대한 회전속도 변화를 계산하려면 양정(낙차)과 유량 데이터뿐만 아니라 토크도 필요하다.

표 **4.2** 펌프 완전 특성 4상한 영역 정의

4상한	영역	모드	에너지	회전	유량	양정 (낙차)	토크
I	A	정상 펌프	생산	N〉0	Q〉0	H〉0	T〉0
I	B	에너지소산	소모	N〉0	Q〉0	H〈0	T〉0
I	C	역회전수차	생산	N〉0	Q〉0	H〈0	T〈0
II	D	에너지소산	소모	N〈0	Q〉0	H〉0	T〈0
II	E	역회전펌프	생산	N〈0	Q〉0	H〉0	T〈0
III	F	수차제동	소모	N〈0	Q〈0	H〉0	T〈0
III	G	정상 수차	생산	N〈0	Q〈0	H〉0	T〉0
IV	H	펌프제동	소모	N〉0	Q〈0	H〉0	T〉0

자료: Karassik, 2008

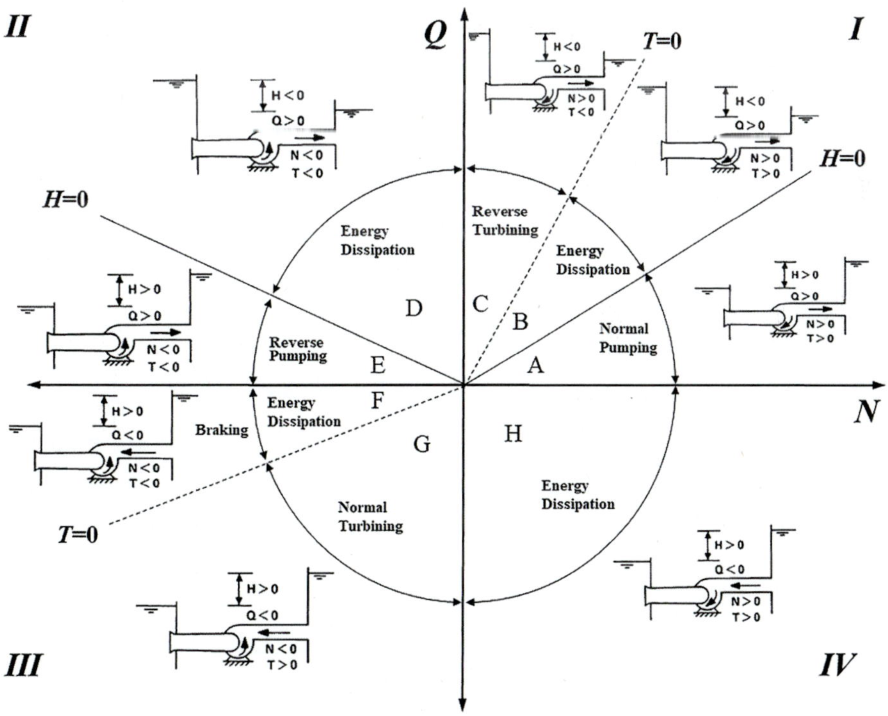

그림 **4.48** 펌프 완전 특성 4상한 영역 정의 개념도

자료: Karassik, 2008 & Stepanoff, 1957

(2) 펌프수차의 완전 특성

1) 운전 영역의 구분

펌프수차의 경우 정방향 회전(정회전) 및 정방향 흐름(정류)에서의 운전을 펌프운전이라고 하며, 역방향 운전(역회전) 및 역방향 흐름(역류)에서의 운전을 수차운전이라고 한다. 따라서 이들의 운전특성을 일반적으로 나타낸 것을 펌프수차의 완전 특성(complete characteristics)이라고 한다. 한편, 펌프수차의 완전 특성시험은 모형의 펌프 영역, 제동 영역, 수차 영역, 수차제동 영역 및 역회전펌프 영역에서의 특성을 조사하는 시험이며, 펌프수차의 과도 현상의 계산 해석을 하기 위해 필요한 특성을 얻는 것을 목적으로 한다.

펌프수차의 완전 특성은 앞에서 설명한 펌프의 완전 특성과 유사하며, 펌프수차의 유동 방향 및 회전 방향에 의해 정의되는 4가지 작동 조건(제1~4상한 영역)에 따라 나타나는 8가지 운전상태에 따른 전반적인 펌프수차 특성이다.

그림 4.48을 보면 각 운전 영역은 회전수 $N=0$, 유량 $Q=0$, 낙차(양정) $H=0$, 토크 $T=0$인 경계선을 기준으로 나눠지기 때문에, 완전 특성곡선에서는 이 경계선을 찾는 것이 중요하다.

제1상한 영역은 정회전, 정류 상태의 운전 영역으로, 그림 4.48에 나타낸 바와 같이 펌프 영역과 역회전수차 영역 그리고 에너지가 소산되는 역회전수차제동 영역의 세 가지 운전 영역이 나타난다. 펌프 영역이란 체절유량에서부터 시스템 저항이 0이 되는 최대 정방향 유량까지의 영역을 말하여, 이 영역에서 펌프의 전양정 및 축동력은 모두 (+)로 나타난다. 정회전, 정류의 운전상태에서 축동력이 0이 되는 무구속속도 이하의 정류 영역은 역회전수차 영역이라고 하는데, 이 영역에서는 축동력이 소요되는 것이 아니라 발생되는, 즉 수차와 같다. 펌프 영역과 역전수차 영역 사이의 영역은 역회전수차제동 영역이라 한다. 제동 영역이란 효율이 0이하의 에너지소산 영역을 일컬으며, 이 영역에서 축동력은 소요되지만 전양정은 음(−)으로 나타난다.

제2상한 영역은 역회전, 정류의 운전상태로서 전양정이 양(+)으로 나타나는 펌프역류 영역과 전양정이 음(−)으로 나타나는 펌프역류 영역의 에너지소산 영역으로 나뉜다.

제3상한 영역은 역회전, 역류 상태의 운전 영역으로 무구속속도를 기준으로 두가지 운전상태로 나뉜다. 무구속속도 이하의 역류 영역을 수차 영역이라 하며 무구속속도 이상의 역류 영역은 수차제동 영역으로 에너지가 소산된다.

제4상한 영역은 정회전, 역류 상태의 운전 영역으로 펌프제동 영역이라 하며, 에너지가 소산되는 운전 영역이다.

2) 정상 및 비정상 운전 영역의 특성

그림 4.48은 8개의 작동 가능한 영역, 즉 4개의 정상상태 및 4개의 비정상상태 작동 영역을 포함한다. 그림 4.48에서 양정(낙차) H는 그림을 단순화하기 위해 두 개의 저수지 사이의 표고 차이로 표시된다. 파이프가 짧고 직경이 상대적으로 크다고 가정하여 파이프 마찰의 효과를 무시한다. 그림 4.48에서 언급되는 각 구역은 4개의 $I \sim IV$ 사분면과 8개의 $A \sim H$ 세부 영역으로 구성된다. $A \sim H$ 세부 영역에 대한 정의는 유량-회전속도 평면($Q-N$ 축)의 일정한 헤드 $H=0$과 일정한 토크 $T=0$의 선에서 유래한다. I 사분면 ($Q>0,\ N>0$)과 III 사분면($Q<0,\ N<0$)은 각각 펌프 및 수차 운전 영역으로 각각 정의된다. 그러나 이 두 사분면에서도 비정상상태 작동(펌프모드 또는 수차모드 운전이 아님)이 발생할 수 있다.

각 8개 운전 영역에 대한 운전순서는 다음의 설명 과정과 동일하게 순차적으로 진행된다.

<u>I 사분면(제1상한)</u>

그림 4.48의 영역 A(정상펌프)는 정상운전 중인 펌프로 Q, N, H, T의 4개 물리량의 부호가 모두 양(+)으로 간주된다. 이 경우에 유량이 $Q>0$이고 에너지가 유용하게 적용됨을 나타낸다. 영역 B(에너지소산)는 정류, 정회전, 양(+)의 토크 상태이지만 헤드가 음(−)의 값을 가지는 매우 비정상적인 상태이다. 이것은 기계가 (1) 안정적인 운전 중에 다른 펌프에 의해 또는 저수지에 의해 압도(overpowered)되거나 (2) 정전으로 인한 과도상태 중에 돌발적인 헤드 강하에 의해 영역 B에서 작동할 수 있는 경우에 해당한다. 펌프 영역 C(역회전 수차)의 경우 펌프로서 정상적인 정류 및 정회전으로 발전을 할 수는 있으나 바람직한 상황은 아니다. 이것은 음(−)의 헤드와 음(−)의 토크로 인하여 양(+)의 효율이 발생하게 된 것이다. 좋지 않은 입구 유동조건과 비정상적인 출구 속도삼각형으로 인하여 최고효율은 매우 낮다.

IV 사분면(제4상한)

그림 4.48과 같이 에너지소산(energy dissipation)이라는 명칭이 붙은 영역 H는 펌프의 회로가 끊어지거나 또는 정전이 발생한 직후에 종종 발생한다. 이 경우 모든 회전 요소(모터, 펌프 및 그 안에 포함된 액체 및 축)의 결합 관성은 펌프 회전을 정회전(+)으로 유지하지만, 기계의 양(+)의 헤드에 의해 야기되는 역류 시 감소된 값으로 유지된다. 이러한 순전히 에너지소산의 모드에서는 효율이 음(−) 또는 0의 값으로 표시된다. *IV*사분면에서 유일한 영역인 H에서 헤드와 토크는 모두 양의 값을 가진다.

III 사분면(제3상한)

펌프 정전 시 영역 H를 통과하는 기계는 기계적 장치에 의해 역회전이 방해받지 않는 한 영역 G(정상수차)로 들어간다. 무구속상태로 자유롭게 회전하는 기계는 전력을 발생하지 않지만, 영역 G는 수차에 대한 정확한 운전모드이다. 펌프와 마찬가지로 헤드와 토크는 양(+)의 값이지만, 정상운전 중인 펌프(영역 A)와는 반대로 역류와 역회전이다.

수차의 회로가 끊어지거나(trip out), 부하 제거 또는 펌프의 연속운전으로 예상보다 일찍 고장이 난 후에는 영역 F(에너지소산)가 발생할 수 있다. 영역 F와 G의 차이점은 영역 G의 토크는 양(+)의 값이지만, 영역 F의 토크는 부호가 음(−)으로 바뀌어 제동 효과가 나타나 무구속으로 회전하는 기계의 회전속도가 느려지는 경향이 있다는 것이다. 실제로 무구속속도 조건은 두 영역의 경계에서 달성되며, 이때 토크는 $T=0$이다.

II 사분면(제2상한)

과도상태 작동 중에 펌프/수차가 영역 E로 들어가는 것을 제외하고 나머지 두 영역(D 및 E)은 매우 특이하며 운전 시 자주 직면하지 않는다. 두 영역 모두 테스트 루프에 있는 펌프(또는 펌프수차)에서 경험할 수 있으며, 실제로는 전기 모터의 배선이 잘못되어 기계가 잘못된 방향으로 회전할 때 발생할 수 있다. 영역 D는 순수 에너지소산 영역이며, 일반적으로 $H<0$에 대해서 $Q>0$, $N<0$, $T<0$이 되도록 높은 저수지에서 낮은 저수지로 유량을 증가시키도록 설계된 펌프가 역회전하지 않는 한 발생하지 않는다. 영역 E는 정상 펌프운전 시의 회전 방향에 대해서 역방향($N<0$)인 경우임에도 불구하고 정상유동 상태에서 실제로 발생할 수 있으며, 펌프효율이 $\eta>0$이다.

그림 4.49는 프란시스형 펌프수차의 완전특성 예를 보이고 있으며, 각 영역은 다음의 의미를 가진다.

- 펌프 영역(제1상한): 펌프운전 시의 정회전, 정류의 운전 영역
- 제동(펌프역류) 영역(제4상한): 정회전, 역류의 운전 영역
- 수차 영역(제3상한): 역회전, 역류의 운전 영역으로서 무구속속도 이하의 역류 영역
- 수차제동 영역(제3상한): 역회전, 역류의 운전 영역으로서 무구속속도 이상의 역류 영역
- 역회전펌프 영역(제2상한): 역회전, 정류의 운전 영역

그림 4.49(b)에서 수차의 특성 표시에 사용되는 단위 속도(n_1)와 단위 유량(Q_1)에 의해 나타내고 있다. 단위 속도(n_1)와 단위 유량(Q_1)의 의미에 대해서는 제5장에서 상세히 설명한다.

그림 4.49의 제1～4상한은 각 상한의 대표적인 특성을 고려하여 각각 펌프 영역(제1상한), 역회전펌프 영역(제2상한), 수차 영역(제3상한) 그리고 펌프역류 영역(제4상한)으로도 불린다. 특히 제3상한의 수차 영역에서는 가이드베인 개도 a 및 회전속도 n_1에 따라서 수차의 효율 η가 변화함을 알 수 있다.

일반적으로 펌프 특성은 제1상한(정상펌프), 수차 특성은 제3상한(정상수차)에 위치한다. 두 가지의 특성을 합친 것이 펌프수차 특성이다. 그러나 완전 특성에서는 제1상한과 제3상한 외에도 그림 4.48과 그림 4.49에서 나타낸 것과 같이 제2상한(역회전펌프)과 제4상한(펌프역류)의 특성이 있다. 제2상한의 역회전펌프 영역은 러너가 수차 방향으로 돌고 있지만, 실제로는 펌프 방향으로 양수하고 있다. 이것에 대하여 제4상한을 펌프역류 영역이라고 부르는 것은 물이 수차 방향으로 흐르지만, 러너는 펌프 방향으로 돌고 있는 경우이다. 즉, 외부로부터 에너지를 공급받아 돌고 있는 러너를 물이 제어하고 있는 영역이다. 따라서 이 영역을 보통 펌프제동 영역라고도 부른다.

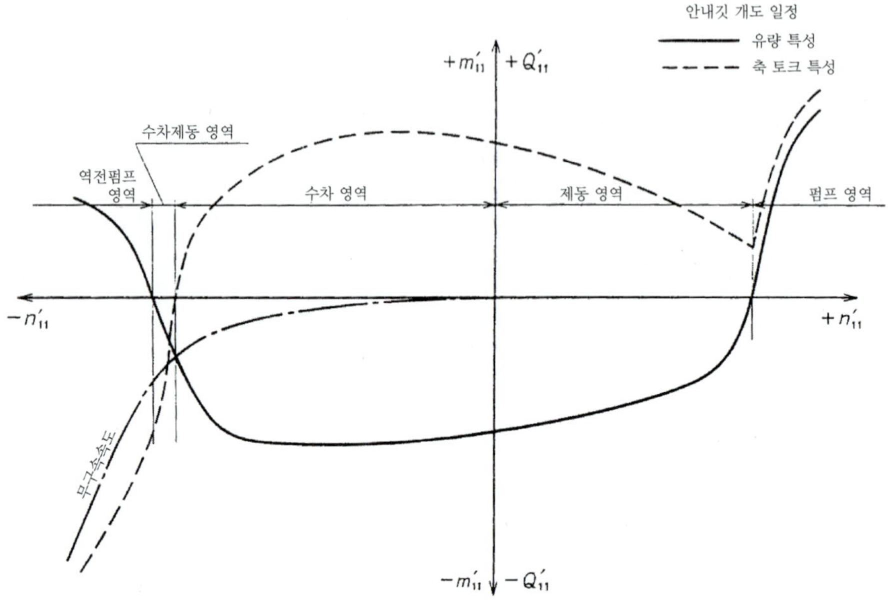

(a) 완전 특성곡선의 세부 영역(자료: KS B 6018:2002, 2002)

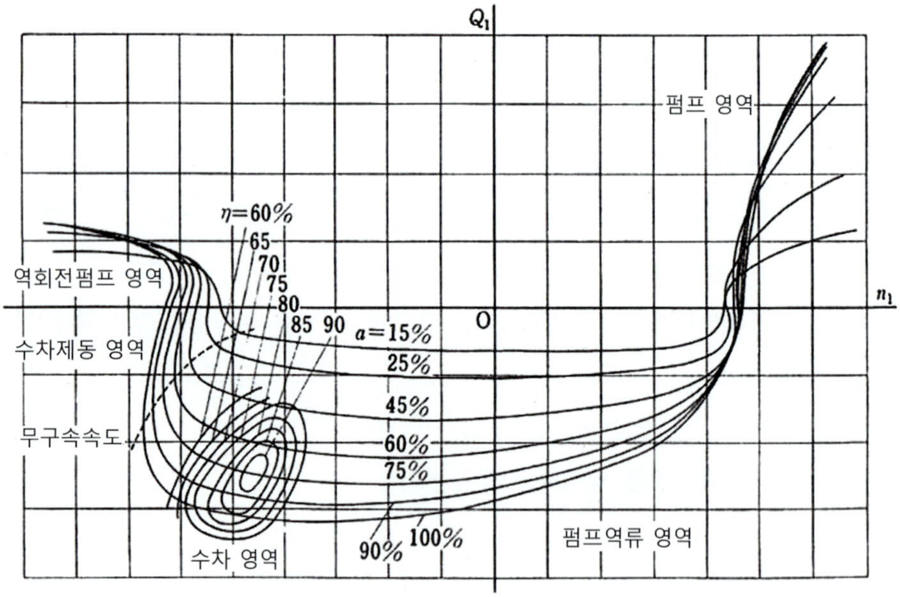

(b) 가이드베인 개도에 따른 완전 특성 예(자료: 日本機械学会編, 1986)

그림 **4.49** 프란시스형 펌프수차의 완전 특성 예

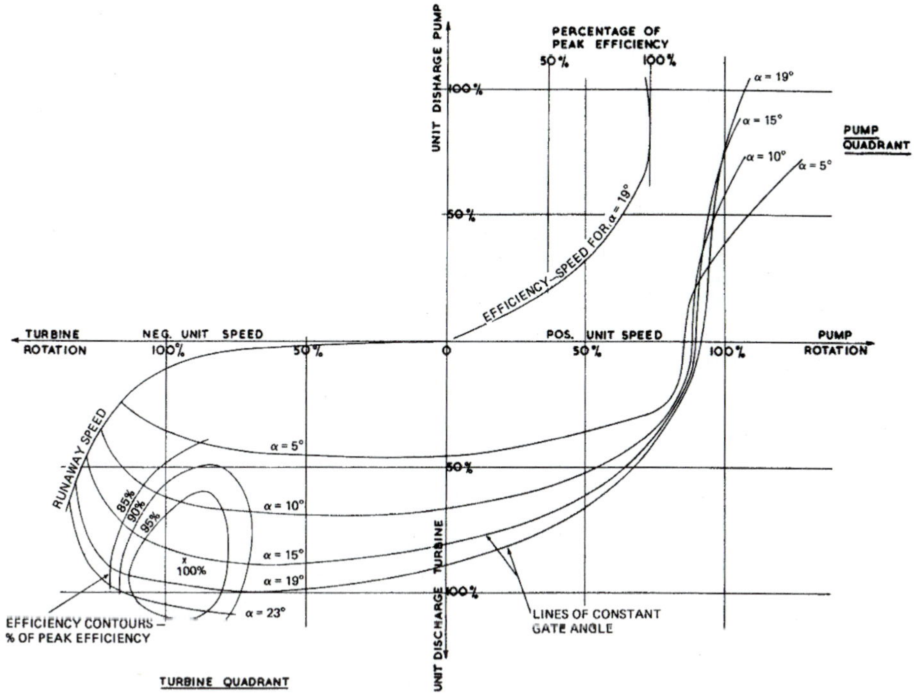

그림 **4.50** 프란시스형 펌프수차의 완전 특성 예

자료: Laughton, 2003

그림 4.50은 프란시스형 펌프수차의 완전 특성곡선에서 가이드베인 개도 및 등효율곡선을 이용하여 각 영역의 특성의 나타내고 있으며, 제1상한(펌프운전 영역) 가이드베인 개도 $\alpha = 19°$에서의 효율 - 회전속도 곡선도 함께 보이고 있다.

그림 4.51은 일반적인 펌프(또는 펌프수차)의 완전 특성곡선에서 횡축의 회전속도 축과 종축의 유량 축의 부호를 각각 반대로 하여 수차를 기준으로 한 완전 특성곡선을 보이고 있다. 그림에서 ⓐ-ⓒ 구간이 수차모드와 펌프모드의 운전범위를 나타낸다. Q_{ED}와 n_{ED}는 유량과 회전속도의 무차원 변수량을 나타낸다.

그림 4.52는 펌프수차의 수차모드 *S*자형 특성곡선 개략도를 보이고 있으며, 그림 49의 제3상한 영역에서 수차모드에서 부하가 차단되어 무구속속도 이상으로 회전수가 상승할 경우의 특성곡선이며, 수차제동 영역에서 특성곡선이 양의 기울기($\frac{dQ_{ED}}{dn_{ED}} > 0$)를 나타낼 경우 수차 시스템에서 수력진동 등의 불안정운전이 발생할 가능성이 커진다.

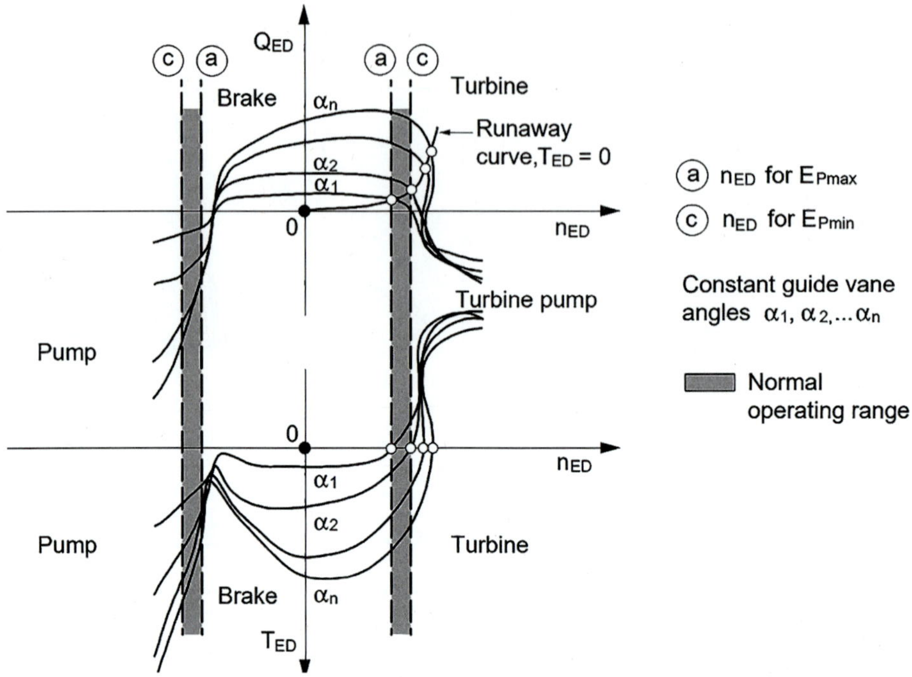

그림 **4.51** 프란시스형 펌프수차 완전 특성곡선의 펌프 및 수차모드 운전 영역

자료: IEC 60193, 1999

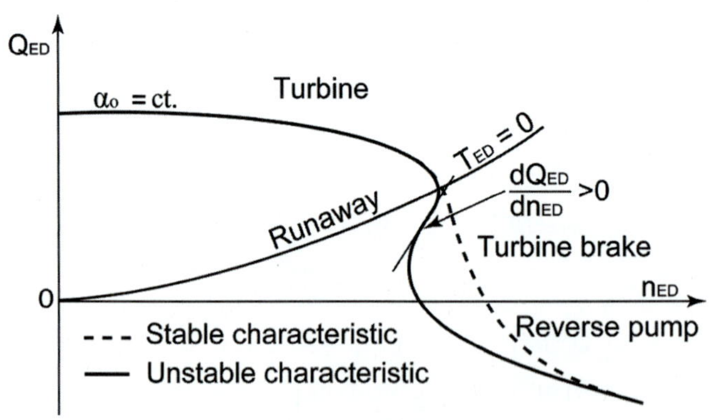

그림 **4.52** 펌프수차 수차모드 S자형 특성곡선

자료: Hasmatuchi, 2011

4.4.2 펌프수차의 성능 특성

(1) 수력 특성곡선

프란시스형 펌프수차의 모형시험에 의해 측정된 펌프수차의 펌프운전 시의 대표적인 수력 특성곡선을 그림 4.53에 보인다. 그림의 횡축은 유량계수 ϕ, 종축은 위에서부터 모형펌프 효율 η, 양정계수 ψ, 입력계수 τ이고, 각각 다음 식으로 나타낸다.

$$\begin{aligned}\phi &= Q/(A_1 u_1) \\ &= \{60/(\pi^2 D_1^2 B_g\}(Q/n)\end{aligned} \tag{4.110}$$

$$\begin{aligned}\psi &= gH/u_1^2 \\ &= g\{60/(\pi D_1)\}^2 (H/n^2)\end{aligned} \tag{4.111}$$

$$\begin{aligned}\tau &= 1000P/(\rho A_1 u_1^3) \\ &= \{60^3/(\rho \pi^4 D_1^4 B_g)\}^2 (1000P/n^3)\end{aligned} \tag{4.112}$$

여기서, Q, H, P, n은 각각 양수량 [m^3/s], 양정 [m], 입력 [kW], 회전속도 [min^{-1}], A_1과 u_1은 임펠러 고압 측 단면적($=\pi D_1 B_g$, m^2)과 주속도($=\pi D_1 n/60$, m/s), D_1과 B_g는 임펠러의 고압측 직경 [m]과 가이드베인 높이 [m]이다. 그림 중의 매개변수는 가이드베인 개도 a_g이고, 가이드베인이 열림에 따라 각 개도별 효율곡선($\eta \sim \phi$)은 대유량 측으로 뻗어간다.

각 개도별 양정곡선($\psi \sim \phi$)은 a_g의 증가에 따라 대유량 측으로 뻗어감과 동시에 구배가 완만해진다. 개도가 커지게 되면 유량이 큰 범위의 양정곡선은 a_g의 영향을 거의 받지 않게 된다. 유량 0에서의 양정을 체절양정(shut-off head)이라고 하고, 매우 작은 개도를 제외하고 a_g의 증가와 함께 양정이 저하한다.

입력곡선($\tau \sim \phi$)은 작은 개도에서는 a_g의 증가에 따라 입력이 커지지만, 큰 개도에서의 변화는 상대적으로 적다.

a_g에 상관없이 η는 ϕ에 대해서 산봉우리 형상이 되고, 각 개도의 최고효율점 유량은 a_g의 증가에 따라 커지게 된다. 각 개도별 효율 특성($\eta \sim \phi$)에 대한 포락선(envelope curve)

을 그리면 그 접점의 ϕ, ψ, τ가 펌프 통상 운전에서의 온캠 특성(on-cam characteristic)을 부여한다.

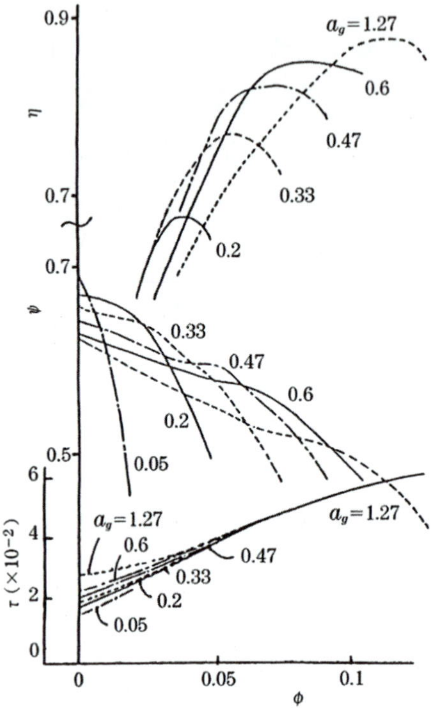

그림 **4.53** 펌프수차의 펌프 특성

자료: ターボ機械協会編, 2007

(2) 최고효율과 비속도

펌프모드 운전 시 최고전체효율 η_{opt}의 값은 비속도에 대해서 그림 4.54의 경향을 보인다. 최적비속도보다도 저비속도 측에서 효율이 내려가는 것은 주로 러너 주위의 동력손실($\eta_{m\,opt}$ 감소)과 누설손실($\eta_{v\,opt}$ 감소)이 증가하기 때문이며, 고비속도 측의 효율 감소는 주로 수력손실($\eta_{h\,opt}$ 감소)이 증가하기 때문이다. 이러한 경향은 수차모드 운전 시와 동일하다.

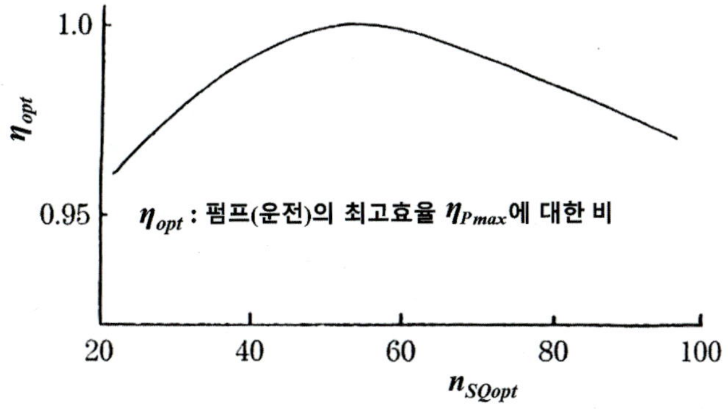

그림 4.54 비속도에 대한 펌프모드 최고효율

자료: ターボ機械協会編, 2007

(3) 양정성능

펌프유량에 대한 양정성능은 임펠러 고압 측의 속도삼각형에 의해서 정해진다. 역류가 발생하는 저유량역을 제외하고 입구의 선회속도 v_{u2}는 0이기 때문에 오일러헤드는 다음 식으로 정해진다.

$$H_{th} = \frac{u_1 v_{u1}}{g} \tag{4.113}$$

펌프운전에서 임펠러 전후의 속도삼각형은 그림 4.55와 같이 된다. 저유량에서는 점선과 같이 절대속도의 선회성분 v_{u1}이 증가해서 양정이 높아지고, 대유량 측에서는 역으로 양정이 내려간다.

펌프 흐름에서는 가이드베인이 임펠러 출구의 흐름을 받아서 압력으로 변환하는 디퓨저의 역할을 하기 때문에 가이드베인 개도가 작을 때에는 저유량 측에서, 가이드베인 개도가 클 때에는 대유량 측에서 그 개도에서의 최고효율이 얻어진다. 유량이 증가하면 각부의 마찰손실이 증가하지만, 그림 4.55로부터도 알 수 있듯이 임펠러 출구에서 가이드베인까지는 오히려 절대속도가 느려지기 때문에 대유량 측에서 효율의 저하는 그렇게 크지 않다. 역으로 고양정 소유량 측에서는 러너 주위의 동력손실과 누설유량손실의 비율이 높아지기 때문에 효율의 저하는 대유량 측보다 현저하게 크다.

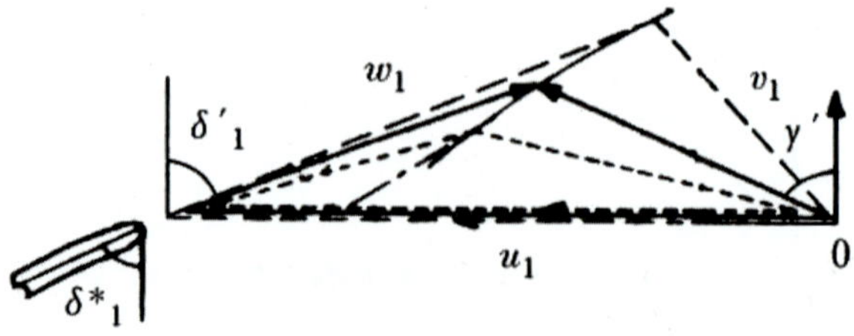

그림 **4.55** 온캠(on-cam) 양정 특성과 고압 측 속도삼각형

자료: ターボ機械協会編, 2007

(4) 수차성능과 펌프성능의 균형

그림 4.53의 온캠(on-cam) 펌프모드 양정성능을 n_{11}, Q_{11}으로 환산해서 수차 등효율곡선에 중첩해서 작성한 것이 그림 4.56의 선 $A-C-B$이다.

수차에 주어지는 유효낙차 H로부터 러너를 제외한 수차 고정유로 구성요소(케이싱, 스테이베인, 가이드베인, 흡출관)의 손실헤드 h_l을 뺀 것이 러너에 주어지는 이론낙차 H_{th}이며, 식

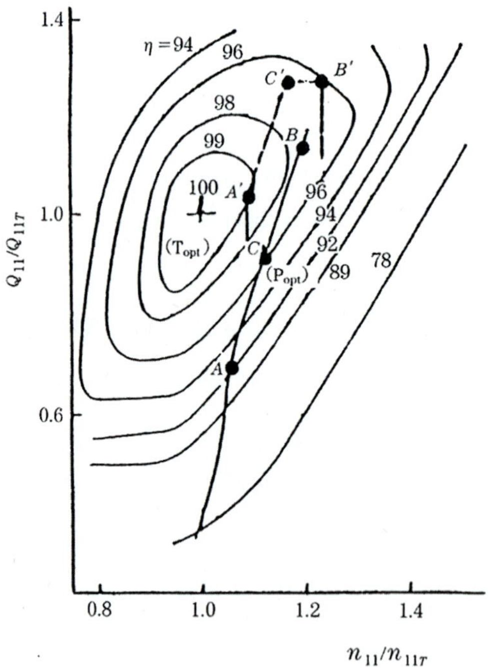

그림 **4.56** 수차성능과 펌프성능의 균형

자료: ターボ機械協会編, 2007

(4.114)로 나타낼 수 있다.

$$H_{th} = H - h_l \tag{4.114}$$

수차의 유효낙차 H_T는 식 (4.114)로부터 고정부 유로의 손실 $h_{loss\,T}$와 이론헤드 $H_{th\,T}$로부터

$$H_T = H_{th\,T} + h_{loss\,T} \tag{4.115}$$

로 되고, 수차운전에서는 미끄럼계수가 작기 때문에 $H_{th\,T\infty} \cong H_{th\,T}$로 하면

$$H_T \cong H_{th\,T\infty} + h_{loss\,T} \tag{4.116}$$

로 된다. 한편, 펌프의 전양정 H_P는 이론헤드 $H_{th\,P}$와 고정부 유로의 손실 $h_{loss\,P}$로부터

$$H_P = H_{th\,P} - h_{loss\,P} \tag{4.117}$$

로 되며, 날개매수 무한대의 이론헤드 $H_{th\,P\infty}$와 미끄럼계수 k를 이용하면 $H_{th\,P} = H_{th\,P\infty} - ku_1^2/g$ 이기 때문에

$$H_P = H_{th\,P\infty} - ku_1^2/g - h_{loss\,P} \tag{4.118}$$

로 된다. 식 (4.116), (4.118)로부터

$$H_T - H_P = H_{th\,T\infty} + h_{loss\,T} - H_{th\,P\infty} + ku_1^2/g + h_{loss\,P} \tag{4.119}$$

로 되고, 날개매수 무한대의 이상적인 조건에서 임펠러 주위의 흐름은 가역적이고 수차운전/펌프운전의 오일러헤드 $H_{th\,T\infty}$, $H_{th\,P\infty}$는 같아지기 때문에

$$H_T - H_P = ku_1^2/g + h_{loss\,T} + h_{loss\,P} \tag{4.120}$$

로 된다. 이 식으로부터 수차 낙차 H_T는 펌프 전양정 H_P보다도 임펠러 출구의 미끄럼과 양쪽 운전에서의 유로손실만큼 높아진다. 그림 4.56의 펌프 최고효율점 C의 단위 회전속도 n_{11P}가 수차 최고효율점의 n_{11T}보다 높아지는 것은 이상의 이유에 따른다. 또한 식

(4.120)에서 미끄럼계수 k는 날개매수가 적을수록 커지기 때문에 양쪽 특성의 차이는 커지게 된다.

한편, 동일 총낙차에 대해서 수차의 유효낙차는 수로손실만큼 낮아지고, 펌프 전양정은 역으로 높아지기 때문에 펌프 운전범위 $A-C-B$에 대응하는 수차 운전범위는 $A'-C'-B'$로 되어 n_{11}이 큰 쪽으로 이동한다. 이러한 결과로부터 수차효율의 저하와 러너 전연 고압 측의 캐비테이션 발생이 문제로 되기 쉽다. 이것을 피하기 위해서는 유로손실의 감소와 날개매수를 적정하게 정해서 특성의 차이가 적은 펌프수차를 개발하거나, 펌프 저압 측의 캐비테이션과 역류에 대한 허용범위 내에서 가능한 한 펌프 고양정 저유량측으로 운전범위를 어긋나게 하여 수차효율이 높은 범위를 사용하도록 계획하는 경우가 많다.

(5) 펌프수차 형식별 성능의 비교

그림 4.57은 고낙차 프란시스형 펌프수차와 사류 데리아형 펌프수차의 내부 구조 단면 개략도를 보이고 있다. 두 펌프수차의 전체 구조는 각각 프란시스수차 및 데리아수차와 구분하기 어려울 정도로 유사하지만, 프란시스형 펌프수차의 경우 임펠러의 형상이 수차보다는 오히려 펌프에 가까운 점이 특징이다. 또한 데리아수차는 프란시스수차에 비하여 러너의 전체적인 형상이 유입구에서 러너축 중심부로 들어갈수록 흡출관쪽으로 경사진 유로형상을 나타낸다.

수차운전 시에는 출력에 맞추어서 가이드베인 개도를 조절한다. 펌프운전 시에 가이드베인은 디퓨저베인으로 역할이 바뀌어 양수량에 대해서 최적인 각도로 설정된다.

그림 4.58은 프란시스형 펌프수차와 사류 데리아형 펌프수차의 성능을 비교하기 위해서 수차로서 동일한 최대사양을 가지는 2대의 펌프수차 성능곡선을 비교하여 그렸다. 프란시스형의 성능은 실선으로, 사류 데리아형의 성능은 파선으로 나타내고 있다. 가동 러너베인을 가진 데리아형은 구조가 복잡한 반면, 특히 수차로서의 부분부하 성능이 프란시스형보다 현저하게 개선되어 있다. 그러나 이 경우에도 펌프모드 운전과 수차모드 운전의 회전속도를 동일하게 선정하는 한 빈도가 높은 사용낙차에서의 효율이 최고효율을 상당히 밑도는 것은 피할 수 없다.

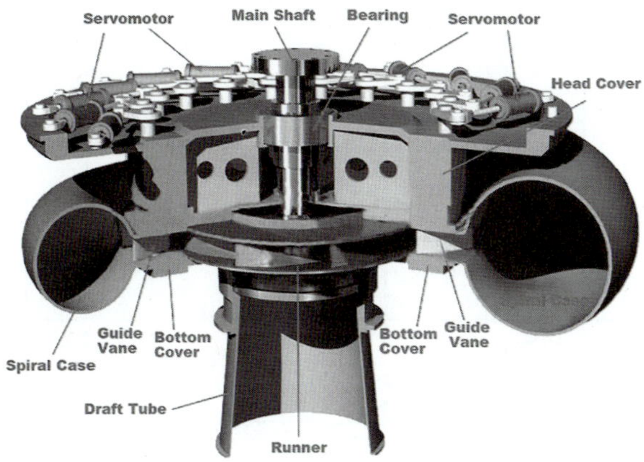

(a) 프란시스형 펌프수차(자료: Eternoo Machinery Co., Ltd.)

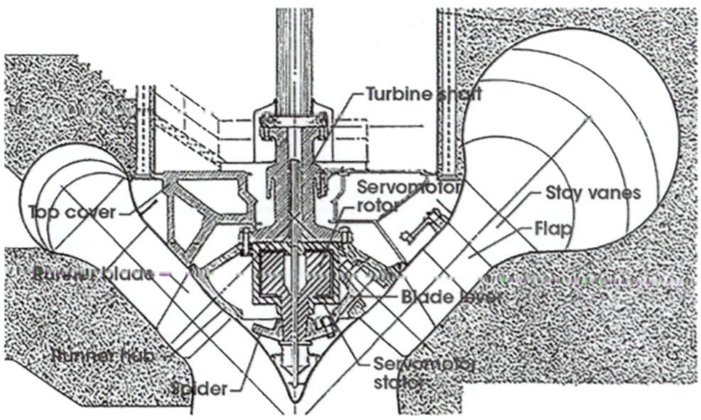

(b) 사류 데리아형 펌프수차(자료: Maricic, 2015)

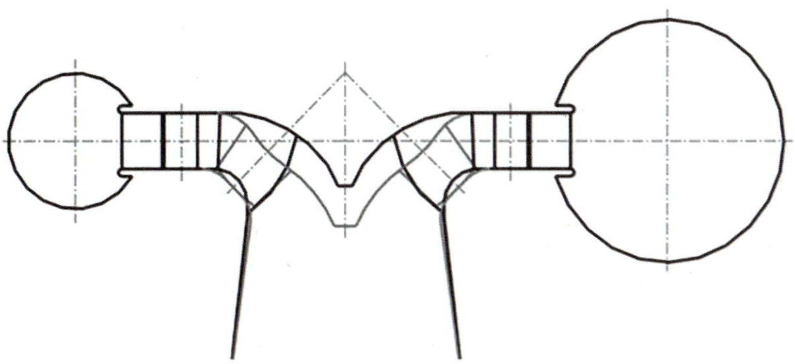

(c) 프란시스형 및 데리아형 펌프수차의 유로 단면 비교(자료: Skotak, 2014)

그림 4.57 펌프수차 형식별 내부 구조의 비교

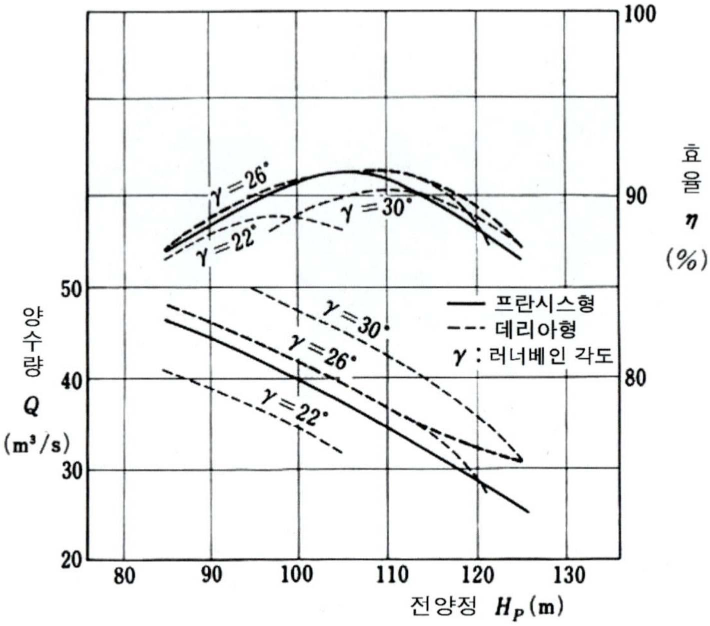

(a) 펌프성능

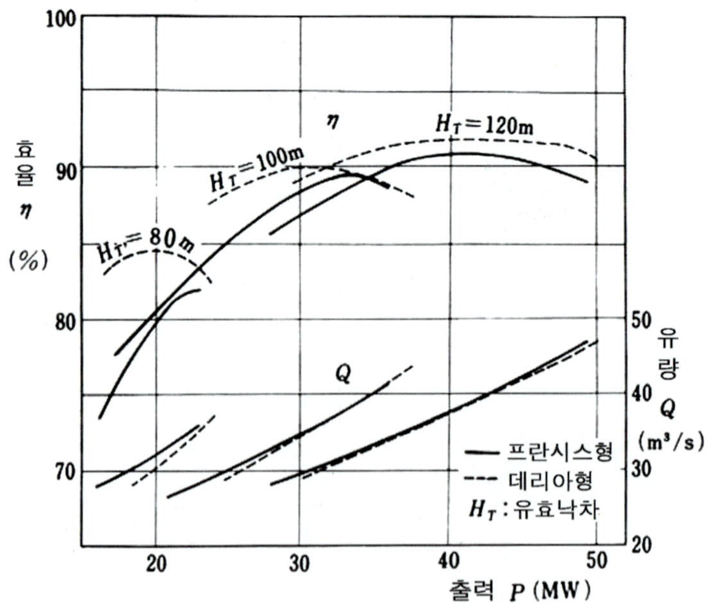

(b) 수차성능

그림 4.58 프란시스형 및 사류 데리아형 펌프수차의 성능비교

(최대유효낙차 120 m, 최대유량 47 m^3/s, 회전속도 225 min^{-1}의 동일사양 운전조건)

자료: 大橋, 1987

그림 4.58(a)에 프란시스형 펌프수차가 펌프모드 운전 시의 성능 예를 실선으로 보인다. 유량과 전양정, 효율, 구동 동력의 사이에 일정한 관계가 있다. 양수가 계속됨에 따라서 하부저수지의 수면이 내려가고 상부저수지의 수면이 올라가기 때문에 필요한 전양정은 점점 증가한다. 이 때문에 가장 빈도가 높은 전양정 $H_P = 105$ m 부근에서 효율이 최대가 되도록 러너가 설계되어 있다.

한편, 이 프란시스형 펌프수차 러너가 동일 회전속도에서 수차모드 운전을 할 때의 성능은 그림 4.58(b)의 실선으로 표시되어 있다. 이 경우 가장 빈도가 높은 유효낙차 $H_T = 100$ m에서 효율은 그 최댓값보다도 약간 낮아지며, 이것은 펌프수차 설계 시 펌프의 최고효율에 주안점을 두고 설계를 진행하기 때문에 수차운전에서 상대적으로 저효율 운전을 하는 것은 설계 조건상 피할 수 없는 부분이다. 만일 수차의 회전속도를 10% 저하시키면 수차는 $H_T = 100$ m에서 운전하면서 $H_T = 120$ m에 상당하는 고효율을 발휘한다. 따라서 극수변환식의 2속도 발전전동기 또는 가변속 발전전동기를 사용하는 것이 수차효율을 높이는데 유리하다.

그림 4.59는 고정속 프란시스형 및 사류 러너 가동익 데리아형 펌프수차의 운전범위를 나타낸다. 사류 데리아형 펌프수차의 경우 러너베인의 개도를 조정함에 의해 고효율 운전범위를 확대할 수 있으며, 특히 상대적으로 넓은 범위의 낙차에서 고효율 운전이 가능하

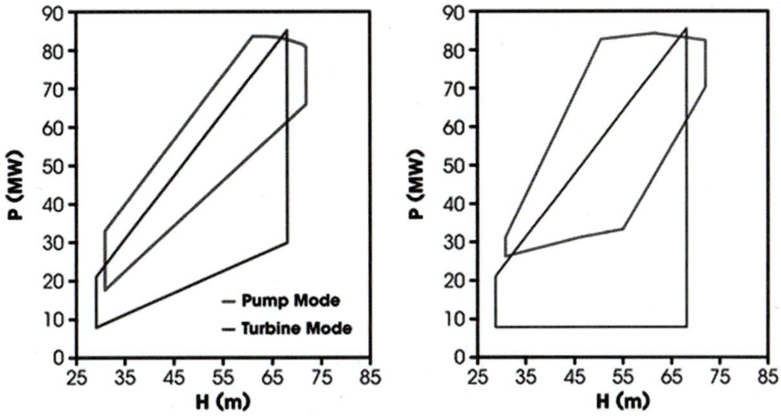

(a) 고정속 프란시스형 (b) 가동익 러너 데리아형

그림 4.59 펌프수차 형식별 운전범위의 비교

자료: Skotak, 2014

게 된다. 한편, 프란시스형 펌프수차의 경우에 가변속 발전전동기를 채용하여 러너의 회전속도 조절이 가능하게 된다. 또한 러너의 회전속도를 낮추어 수차모드의 저낙차 최고효율점 영역에서 운전이 가능하게 됨에 따라서 저낙차 운전 영역에서 효율 개선을 달성할 수 있다. 가변속 양수발전용 펌프수차 시스템에 대해서는 제9장에서 상세하게 다룰 것이다.

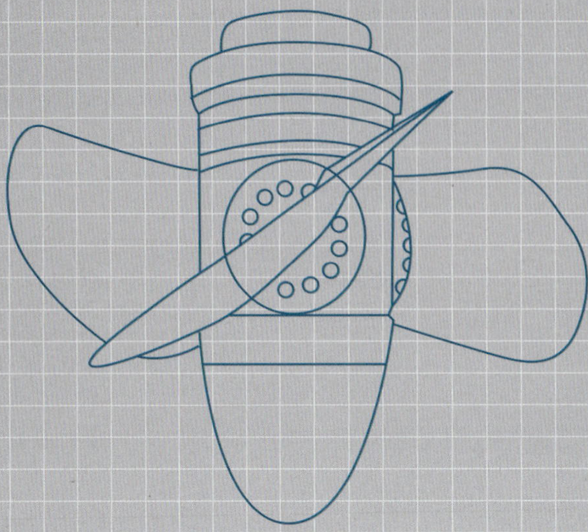
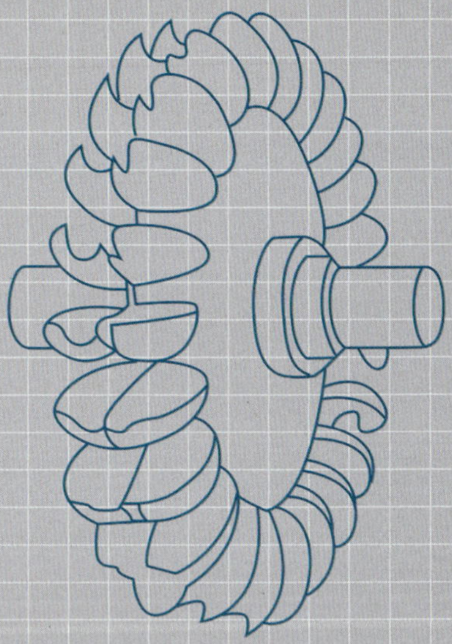
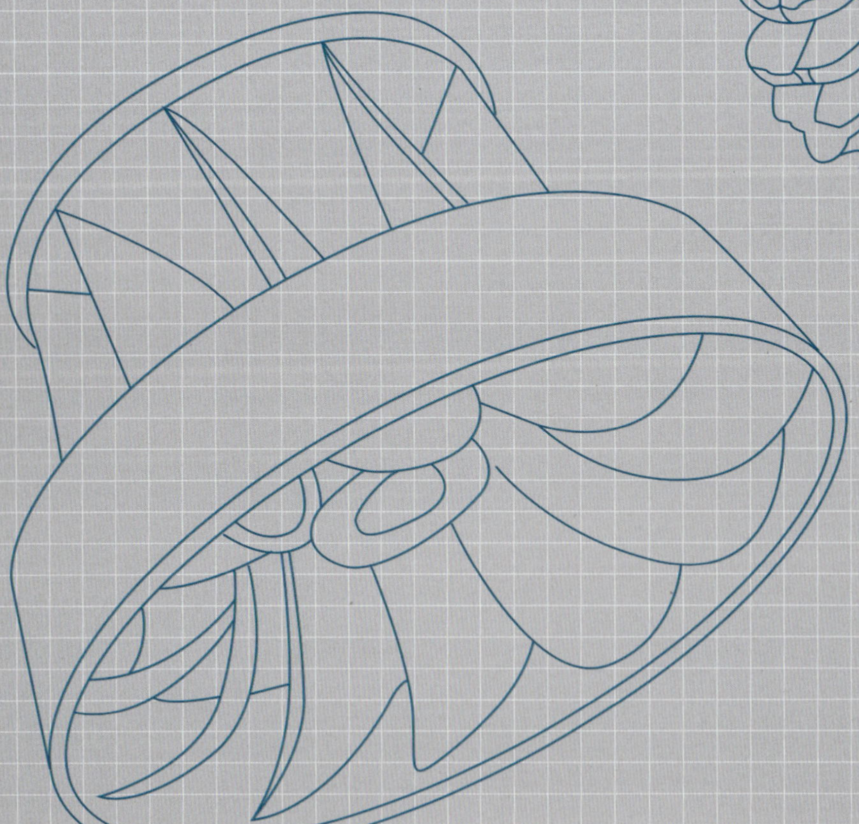

5

수차 및 펌프수차의 수력효율 특성

5장

수차 및 펌프수차의 수력효율 특성

5.1 수차 및 펌프수차의 수력 상사성

5.1.1 수차 및 펌프수차의 상사법칙

수차와 펌프수차의 수력 특성은 효율 특성과 캐비테이션 특성으로 크게 나눌 수 있으며, 본 장에서는 수력효율 특성, 제6장에서는 캐비테이션 특성에 대해서 각각 설명한다.

모형시험은 실물수차에 대한 축소모형(scale-down model)시험을 통해 수력기계의 성능 특성을 결정하기 위해 관련 분야의 실무에서 광범위하게 사용되고 있다. 상사법칙(similarity law)을 적용하면 모형시험에서 얻은 데이터로부터 시작품수차(prototype turbine)의 성능을 추정할 수 있다. 또한 이러한 상사법칙은 다양한 운전조건에서 수차의 성능을 추정하는 데 사용될 수 있다. 본 절에서는 수차 모형시험에서 핵심적인 상사비율에 대한 각종 계수를 제시하며, 이러한 상사법칙으로부터 유체기계의 성능을 나타내는 중요한 지표인 비속도에 대해서 설명한다.

수차의 기하학적 형상이 비슷하고 속도삼각형이 비슷하다면, 한 쌍의 수차는 상사하다고 한다. 이것은 상사인 수차에서 유선이 유사하며 성능 특성도 유사한 관계를 가지고 있음을 의미한다. 점성효과는 무시되며 다양한 크기와 운전조건에서 상사수차의 효율은 일정하게 유지된다고 가정한다.

따라서 기하학적으로 유사한 한쌍의 수차는 속도삼각형이 유사하여 상사수차에 속하게 될 것이며, 다양한 속도조건에서 각 속도성분은 일정한 비율을 갖게 되는 중요한 관계가 수립된다. 이를 기반으로 수차에 대한 다음과 같은 관계가 성립된다.

(1) 기본상사비율(basic similarity ratios)

유량 Q, 러너 기준(또는 대표)직경 D, 회전속도 N, 낙차 H 그리고 출력 P는 수차의 성능을 지배하는 가장 중요한 물리적 변수이다. 직경 D, 회전속도 N을 반복변수로 고려할 때, Q, P, H 중 하나의 파라미터를 포함하는 3종류의 비율 집합이 설정된다. 이러한 비율의 조건에서 두 대의 상사수차 사이에 관계가 설정된다.

낙차 H로 운전 중인 수차의 설정을 고려할 경우, 모든 속도는 $H^{1/2}$에 비례한다. 기호 $\propto$로 비례함을 표현하면 다음과 같이 나타낼 수 있다.

임의의 유속 v는 베르누이 방정식에 의해 $\frac{v^2}{2g} \propto H$이고, 토리첼리의 정리에 의해 $v = \sqrt{2gH}$이므로, 그 비례 관계에 의해서 다음의 관계가 성립한다.

$$v \propto \sqrt{H} \tag{5.1}$$

유량 $Q = Av$이고, 여기서 A는 D^2에 비례하는 유동 면적이다. 따라서

$$Q \propto D^2 \sqrt{H} \tag{5.2}$$

출력 $P \propto QH$이고, 따라서

$$P \propto H^{3/2} D^2 \tag{5.3}$$

수차 원주속도 $u = \frac{\pi DN}{60}$이고, 따라서 $u \propto \sqrt{H}$이기 때문에

$$N \propto \frac{H^{1/2}}{D} \tag{5.4}$$

또는

$$H \propto N^2 D^2 \tag{5.5}$$

로 된다.

식 (5.2)~식 (5.5)의 관계를 이용하여 다음의 상사관계가 설정된다.

식 (5.5)로부터 $\frac{ND}{H^{1/2}}$=일정, 따라서 2대의 상사인 수차 1과 2사이에서는

$$\frac{N_1 D_1}{H_1^{1/2}} = \frac{N_2 D_2}{H_2^{1/2}} = \text{일정} \tag{5.6}$$

인 관계가 성립하며, 파라미터 $\frac{ND}{H^{1/2}}$는 낙차계수 C_H라고 한다.

식 (5.2)에서 H를 식 (5.5)의 결과로 바꾸면 $\frac{Q}{ND^3}$=일정. 따라서 2대의 상사인 수차 1과 2사이에서는

$$\frac{Q_1}{N_1 D_1^3} = \frac{Q_2}{N_2 D_2^3} = \text{일정} \tag{5.7}$$

인 관계가 성립하며, 파라미터 $\frac{Q}{ND^3}$는 유량계수 C_Q라고 한다.

마찬가지로, 식 (5.3)에서 H를 식 (5.5)의 결과로 바꾸면 $\frac{P}{N^3 D^5}$=일정. 따라서 2대의 상사인 수차 1과 2사이에서는

$$\frac{P_1}{N_1^3 D_1^5} = \frac{P_2}{N_2^3 D_2^5} = \text{일정} \tag{5.8}$$

인 관계가 성립하며, 파라미터 $\frac{P}{N^3 D^5}$는 출력계수 C_P라고 한다.

C_H, C_Q 그리고 C_P를 포함하는 상사관계에 관한 식 (5.6)~식 (5.8)은 기본상사비율로서 간주될 수 있다. 이 식들은 2대의 상사수차에 대한 성능 비교뿐만 아니라 다른 보조 비율을 도출하는 데 매우 유용하다.

한편, 수차 유로가 기하학적으로 닮은 상사수차에 대한 비례법칙을 표 5.1과 같이 정리할 수 있다.

표 5.1 상사수차의 비례법칙

일정 낙차 (H)	일정 러너 직경 (D)	가변 러너 직경 및 낙차
$P \propto D^2$	$P \propto H^{3/2}$	$P \propto D^2 H^{3/2}$
$N \propto D^{-1}$	$N \propto H^{1/2}$	$N \propto D^{-1} H^{1/2}$
$Q \propto D^2$	$Q \propto H^{1/2}$	$Q \propto D^2 H^{1/2}$

(2) 효율의 모델링

상사인 수차에서는 점성효과의 무시로 인해 모형과 시작품 모두에서 효율이 동일하다고 가정한다. 그러나 대형수차는 러너 비율에 비하여 간극(틈)이 작고 상대 표면거칠기가 더 작다는 것이 실제로 밝혀졌다. 또한 수차가 더 커질수록 Re수가 더 높이진다. 그래서 상사인 소형의 수차와 비교할 때 대형수차의 효율이 더 높아질 수 있다. 따라서 효율의 모델링은 경험식을 사용하여 수행된다. 수차에 대한 Moody의 환산식은 아래와 같이 두 대의 상사인 수차 1과 2의 크기 변화로 인한 효율 모델링에 공통적으로 사용되는 경험식 중 하나이며, 펌프 및 펌프수차에도 사용된다.

$$\frac{1-\eta_2}{1-\eta_1}=\left(\frac{D_2}{D_1}\right)^{-1/5} \tag{5.9}$$

이 방정식에서 η는 전체효율이고 D는 러너의 직경이다. 이 공식은 몇 가지 이론적 논거에 기초하고 있으며, 만족스러운 결과를 제공하기 위해 실용상 만들어졌다. 그러나 펠턴수차의 효율은 일반적으로 예비(기본)계산에서 크기와 무관하기 때문에 식 (5.9)는 펠턴수차에는 적용되지 않는다.

(3) 수차 및 펌프수차의 비속도

위에서 개발된 관계 식 (5.6)~식 (5.8)을 이용하여 P, N 그리고 H와 관련된 또 다른 요소를 개발할 수 있고, 그 요소는 매우 광범위하게 사용될 수 있다.

식 (5.6)으로부터

$$D^2=\frac{H}{N^2} \tag{5.10}$$

식 (5.10)을 식 (5.8)에 대입하면 $\frac{PN^2}{H^{5/2}}=$일정. 즉, $N\propto\frac{H^{5/4}}{\sqrt{P}}$로 된다. $H=1$ m이고, $P=1$ kW인 경우, 결과적으로 회전속도는 $N=n_s$로 되기 때문에 $N=\frac{n_sH^{5/4}}{\sqrt{P}}$으로 되고, 기호 n_s는 다음과 같이 표현된다.

$$n_s = \frac{N\sqrt{P}}{H^{5/4}} \tag{5.11}$$

n_s는 비속도(specific speed)라는 명칭으로 알려져 있으며, 수차의 특성을 설명하는 가장 중요한 요소들 중의 하나이다.

수차는 다양한 비속도로 운전될 수 있으며, 그 효율은 N, P 그리고 H 값에 따라 달라진다. 따라서 비속도는 $\frac{N\sqrt{P}}{H^{5/4}}$값의 범위를 가질 수 있다. 그러나 관례상, 최대효율(또는 설계점) 운전조건에서의 N, P 그리고 H 값을 사용하여 계산한 $\frac{N\sqrt{P}}{H^{5/4}}$의 값을 수차의 비속도라고 한다. 따라서 수차에 대한 n_s의 값이 100으로 언급될 경우, 최대효율에서 $n_s = \frac{N\sqrt{P}}{H^{5/4}} = 100$의 관계를 가지며, n_s의 유도에서 사용되는 회전속도 N의 단위는 [min^{-1}] (또는 [rpm]), 출력 P의 단위는 [kW], 낙차 H의 단위는 [m]이다.

따라서 "비속도 n_s는 최대효율 운전조건하에서 단위 낙차 $H=1$ m에서 단위 출력 $P=1$ kW를 생산하는 상사수차의 회전속도 N을 나타낸다." 비속도는 무차원이 아니며, $[F^{1/2}L^{-3/4}T^{-3/2}]$의 차원을 가지지만, 관례상 단위는 언급되지 않는다. 따라서 주어진 수차의 비속도 값은 채택된 단위계에 따라 달라진다. 이 책에서는 SI 단위계(출력은 [kW], 회전속도는 [min^{-1}], 낙차는 [m])가 사용된다.

n_s의 값은 동일한 설계로 구성된 모든 수차에 대해 동일하게 유지된다. 따라서 비속도는 기본적으로 수차의 형상 및 형식과 관련이 있으며, 수차의 크기는 관련이 없다. 따라서 비속도는 수차의 형식 특성이다. 비속도 값의 범위는 수차의 종류에 따라 확연히 다르다. 이 사실은 어떤 특정한 수력개발 업무에서 적합한 수차를 선정하는 과정에 비속도가 광범위하게 사용되어 도움이 된다.

n_s의 정의에 사용된 식 (5.11)은 다음의 의미를 나타낸다.

- P와 H가 주어진 경우, 낮은 비속도를 가진 수차는 낮은 회전속도를 가지며, 그 회전 전속도 N은 비속도에 따라서 직접적으로 증가한다.
- $n_s \propto \frac{1}{H^{5/4}}$이기 때문에, 고낙차의 경우 저비속도 수차를 사용한다.
- 러너의 직경 D는 비속도 도출에 명시적으로 관여하지 않는다.

한편, 비속도는 사용된 단위계로 인해 발생할 수 있는 혼동을 방지하기 위해 무차원 형식으로 표현될 수 있다. 비속도의 무차원 형식은 형식수(type number)로 알려져 있으며, 다음과 같이 주어진다.

$$S_p = \frac{N\sqrt{\dfrac{P}{\rho}}}{(gH)^{5/4}} = \frac{N\sqrt{P}}{\rho^{1/2}(gH)^{5/4}} \tag{5.12}$$

형식수 S_p를 계산할 때 N의 단위는 [s^{-1}], 출력 P는 [W], 낙차 H는 [m] 단위로 됨을 유의해야 한다.

따라서 $\rho = 998\ kg/m^3$ 및 $g = 9.81\ m/s^2$의 값을 사용하는 수차의 경우, n_s와 S_p의 변환 관계는

$$S_p = 9.61 \times 10^{-4} n_s \tag{5.13}$$

또한 라디안의 무차원 형식(형식수)의 비속도는 다음과 같다.

$$S_{pr} = 2\pi \times 9.61 \times 10^{-4} n_s \tag{5.14}$$

한편, 펌프수차의 비속도 식은 상사법칙을 적용하여 식 (2.34)와 같이 유도될 수 있으며, 일반적으로 펌프모드의 전양정 H [m], 유량 Q [m^3/s] 회전속도 N [min^{-1}]을 이용하여 $n_{sQ} = \dfrac{N\sqrt{Q}}{H^{3/4}}$ [min^{-1}, m^3/s, m]로 나타낸다. 단, 비속도 값에서 펌프와 다른 점은 유량 Q의 단위를 일반적으로 펌프에서는 [m^3/min]를 사용하고, 펌프수차에서는 [m^3/s]를 사용한다는 것이다.

(4) 차원 해석에 의한 수차의 기본상사비율

앞 절에서 논의한 세 가지 계수, 즉 낙차계수 C_H, 유량계수 C_Q, 출력계수 C_P 그리고 비속도 n_s는 논리적 추론과 실제 사용을 위한 단순 비율의 필요성에 의해 구해졌다. 본 절에서는 차원 해석 절차 및 실제 사용 편의성에 맞춘 비율 수정에 의해 이러한 비율을 얻을 수 있다는 것을 보여준다.

수차의 성능을 지배하는 중요한 물리적 변수는 표 5.2와 같이 나열될 수 있다. 특히 대표 길이인 러너 직경 D의 경우 그림 5.1과 같이 정의한다.

표 5.2 수차 성능에 영향을 미치는 변수

기호	변수	차원
D	러너 직경, (대표 길이 파라미터)	$[L]$
N	회전수	$[T^{-1}]$
H	에너지수두 (=단위 하중당 에너지)	$[L]$
Q	수차를 통과하는 유량	$[L^3T^{-1}]$
P	러너에 의해 발생된 출력	$[ML^2T^{-3}]$
g	중력가속도	$[LT^{-2}]$
ρ	물의 밀도	$[ML^{-3}]$
μ	물의 동점성계수	$[ML^{-1}T^{-2}]$

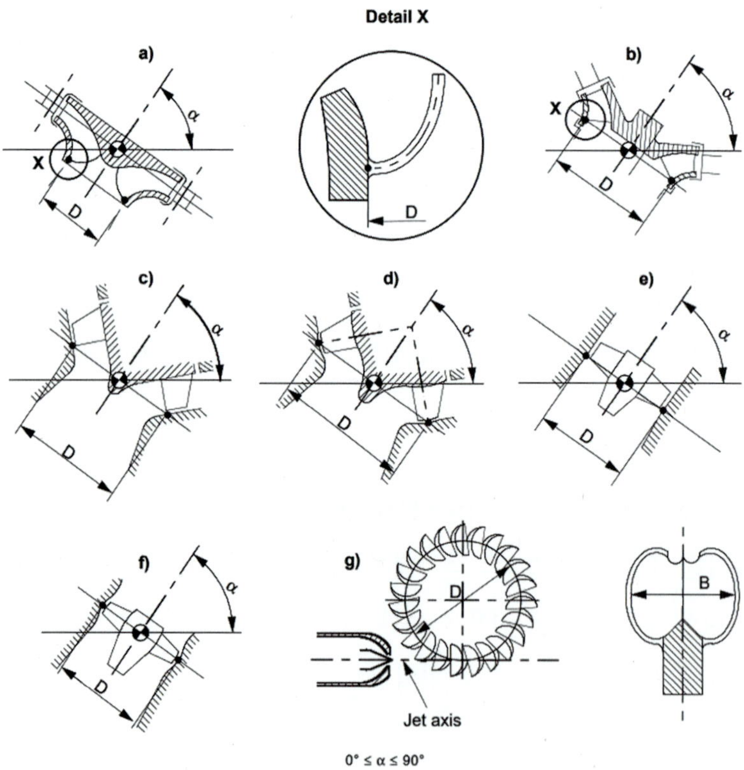

그림 5.1 수차 및 펌프수차의 대표 길이와 버킷 폭: a) 반경류 러너, b) 사류 러너(밴드 포함), c) 사류 러너(밴드 미포함), d) 사류 러너(가동익), e) 축류 러너(고정익), f) 축류 러너(가동익), g) 펠턴 러너 및 버킷

자료: IEC 60193, 1999

유체 물성치 K(탄성벌크계수)는 물의 흐름이 비압축성이기 때문에 포함되지 않는다. 마찬가지로 표면장력은 고려 중인 문제에 영향을 미치지 않으므로 포함되지 않는다. 또한 수차 내의 흐름은 본질적으로 밀폐도관 흐름 상태이기 때문에 유동 현상에 직접적인 중력의 영향은 없다. 따라서 (gH)를 g와 H를 분리하는 대신 하나의 변수로 고려하는 것이 일반적인 관례이다. 기호(gH)는 유체 흐름의 단위 질량당 에너지를 나타내며, 비에너지$(E = gH)$라고도 한다. 그러므로 러너에 의해 발생된 동력 P를 종속변수로 고려함으로써, 수차 및 펌프수차의 경우

$$P = f(D,\ N,\ gH,\ Q,\ \rho,\ \mu) \tag{5.15}$$

차원 해석의 버킹엄 파이정리 방법을 사용하면 7개의 변수와 3개의 기본 차원이 있다. 따라서 이 현상을 지배하는 4개의 무차원 파이항이 있을 것이다. D, N 그리고 ρ를 반복 변수로써 고려할 때, 4개의 무차원 파이항은 다음과 같이 표현될 수 있다는 것을 차원 해석에 의해 나타낼 수 있다.

$$\pi_1 = f(\pi_2,\ \pi_3,\ \pi_4) \tag{5.16}$$

여기서, 무차원항은 $\pi_1 = \dfrac{P}{\rho N^3 D^5}$, $\pi_2 = \dfrac{gH}{N^2 D^2}$, $\pi_3 = \dfrac{Q}{ND^3}$ 그리고 $\pi_4 = \dfrac{\rho N D^2}{\mu}$.

따라서

$$\frac{P}{\rho N^3 D^5} = f\left(\frac{gH}{N^2 D^2},\ \frac{Q}{ND^3},\ \frac{\rho N D^2}{\mu}\right) \tag{5.17}$$

여기서, 항 $\pi_4 = \dfrac{\rho N D^2}{\mu}$는 Re 수이며, 현재의 상사성에서 그 역할은 모형과 시작품이 모두 난류모드 또는 층류모드인지 확인하는 것이다. 따라서 모형과 시작품이 모두 난류모드임을 확인함으로써 $\pi_4 = \dfrac{\rho N D^2}{\mu}$라는 항은 식 (5.18)의 기능 관계를 얻기 위해 식 (5.17)의 기능 관계에서 삭제될 수 있다.

$$\frac{P}{\rho N^3 D^5} = f\left(\frac{gH}{N^2 D^2},\ \frac{Q}{ND^3}\right) \tag{5.18}$$

$\dfrac{\pi_1^{1/2}}{\pi_2^{5/4}} = \dfrac{(N\sqrt{P})}{H^{5/4}}\left(\dfrac{1}{\rho^{1/2}g^{5/4}}\right)$를 고려함으로써 식 (5.12)에서 형식수 S_p로 앞에서 언급한 무차원 비속도를 얻는다는 것은 흥미롭다.

실제로 물은 작동유체이기 때문에(밀도의 값에는 비교적 거의 변화가 없다), 밀도항 ρ는 π 항들에서 제외된다. 또한 g 항도 ρ 항의 경우와 동일하다. 따라서 π 항들은 다음의 실용상 식 (5.19)와 같이 바뀐다.

$$\frac{P}{N^3D^5} = f\left(\frac{H}{N^2D^2},\ \frac{Q}{ND^3}\right) \tag{5.19}$$

상사수차의 경우, 모형에서 식 (5.19)의 이 3가지 비율은 시작품의 해당 항과 각각 동일한 비율을 가져야 한다. 따라서 모형과 시작품 사이에는 다음과 같은 관계가 성립한다.

$$\left[\frac{ND}{\sqrt{H}}\right]_m = \left[\frac{ND}{\sqrt{H}}\right]_p = \text{일정} \tag{5.20}$$

$$\left[\frac{Q}{ND^3}\right]_m = \left[\frac{Q}{ND^3}\right]_p = \text{일정} \tag{5.21}$$

$$\left[\frac{P}{N^3D^5}\right]_m = \left[\frac{P}{N^3D^5}\right]_p = \text{일정} \tag{5.22}$$

여기서, 각 항의 하첨자 m과 p는 각각 모형(model)과 시작품(prototype)을 의미한다. 식 (5.20)～식 (5.22)의 표현은 각각 식 (5.6)～식 (5.8)에 주어진 낙차계수(C_H), 유량계수(C_Q) 그리고 출력계수(C_P)의 해당 식과 같다.

또한 π항들에서 ρ와 g를 고려하지 않음으로써 형식수 S_p는 다음과 같이 비속도 n_s로 변한다.

$$\left[\frac{N\sqrt{P}}{H^{5/4}}\right]_m = \left[\frac{N\sqrt{P}}{H^{5/4}}\right]_p = \text{비속도} = n_s \tag{5.23}$$

5.1.2 수차 및 펌프수차의 단위량

상사인 수차 및 펌프수차의 성능 매개변수를 분석하는데 이중단위량(double unit quantities)과 단위량(unit quantities)이라고 하는 비양(specific quantities)이 사용되며, 수차 및 펌프수차의 특성을 나타내는데 매우 효과적이다.

(1) 이중단위량

1) 이중단위유량, Q_{11}

단위 낙차에서 운전되는 단위 기준직경의 상사수차 유량을 의미하며, Q_{11}으로 이름이 붙여졌고, $Q_{11} = \dfrac{Q}{\sqrt{H}D^2}$로 주어진다.

상사인 모형과 시작품 수차의 상사성에 대해서는 $(Q_{11})_m = (Q_{11})_p$이다. 따라서 모형과 시작품 간의 관계는 다음과 같다.

$$Q_{11} = \left[\frac{Q}{\sqrt{H}D^2}\right]_m = \left[\frac{Q}{\sqrt{H}D^2}\right]_p = \text{일정} \tag{5.24}$$

2) 이중단위출력, P_{11}

단위 낙차에서 운전되는 단위 기준직경의 상사수차에 의해 발생된 출력을 의미하며, P_{11}으로 이름이 붙여졌고, $P_{11} = \dfrac{P}{H^{3/2}D^2}$로 주어진다.

상사인 모형과 시작품 수차의 상사성에 대해서는 $(P_{11})_m = (P_{11})_p$이다. 따라서 모형과 시작품 간의 관계는 다음과 같다.

$$P_{11} = \left[\frac{P}{H^{3/2}D^2}\right]_m = \left[\frac{P}{H^{3/2}D^2}\right]_p = \text{일정} \tag{5.25}$$

3) 이중단위속도, N_{11}

단위 낙차에서 운전되는 단위 기준직경의 상사수차 회전속도이며, N_{11}으로 이름이 붙여졌고, $N_{11} = \dfrac{ND}{\sqrt{H}}$로 주어진다.

상사인 모형과 시작품 수차의 상사성에 대해서는 $(N_{11})_m = (N_{11})_p$ 이다. 따라서 모형과 시작품 사이의 관계는 다음과 같다.

$$N_{11} = \left[\frac{ND}{\sqrt{H}}\right]_m = \left[\frac{ND}{\sqrt{H}}\right]_p = \text{ 일정} \tag{5.26}$$

이 세 가지 이중단위량은 등효율곡선을 작성하고 모형의 치수 비율 변경과 관련된 다른 문제에 사용된다. 또한 수차에 대한 축소모델 성능시험에서 다양한 매개변수의 모형 - 시작품 관계를 결정하는 데 유용하다. 이들은 식 (5.6)~식 (5.8)에 포함된 기본상사비율(C_H, C_Q 그리고 C_P)을 보충한다.

한편, 이중단위량 Q_{11}, P_{11} 그리고 N_{11}은 별도의 언급이 없을 경우 단위량으로 불리기도 한다.

(2) 단위량

비속도 n_s는 상사인 수차 모형과 시작품 모두에서 동일하며, 식 (5.6)에서 식 (5.8)까지를 통해 해당 항목의 모형값에 기초하여 시작품의 매개변수 N, Q P를 설정할 수 있는 것으로 나타났다. 그러나 직경비율이 동일할 때(D_1/D_2=1 또는 $D_1 = D_2$)에는 N, Q P가 오직 낙차 H에 따라서 변화한다는 것을 식 (5.6)~식 (5.8)에서 쉽게 알 수 있으며, 다음과 같이 나타낼 수 있다.

$$N \propto H^{1/2} \tag{5.27}$$

$$Q \propto H^{1/2} \tag{5.28}$$

$$P \propto H^{3/2} \tag{5.29}$$

식 (5.27), 식 (5.28) 그리고 식 (5.29)의 비례상수는 다음과 같이 단위량으로 표현된다.

1) 단위 유량 Q_u(또는 q_1)

단위 낙차 [1 m]에서 운전하는 기하학적으로 상사인 수차의 유량으로 정의된다. 따라서

$$Q_u = \frac{Q}{H^{1/2}} \tag{5.30}$$

2) 단위 출력 P_u(또는 p_1)

단위 낙차 [1 m]에서 운전하는 기하학적으로 상사인 수차의 출력으로 정의된다. 따라서

$$P_u = \frac{P}{H^{3/2}} \tag{5.31}$$

3) 단위 속도 N_u(또는 n_1)

단위 낙차 [1 m]에서 운전하는 기하학적으로 상사인 수차의 회전속도로 정의된다. 따라서

$$N_u = \frac{N}{H^{1/2}} \tag{5.32}$$

또한 식 (5.30), 식 (5.31) 그리고 식 (5.32)의 단위량은 각각의 비양(specific quantities) Q_{11}, P_{11} 그리고 N_{11}의 특수한 경우이다. 즉, $D_m = D_p$일 때의 식 (5.24), 식 (5.25) 그리고 식 (5.26)에 해당한다. 따라서 동일한 직경($D_1 = D_2 = D$)을 가진 2대의 상사인 수차 1과 2의 경우, 이 2대의 수차에서 유량, 출력, 회전속도는 다음과 같다.

$$Q_{u1} = Q_{u2},\ 즉\ Q_u = \left[\frac{Q}{\sqrt{H}}\right]_1 = \left[\frac{Q}{\sqrt{H}}\right]_2 = 일정 \tag{5.33}$$

$$P_{u1} = P_{u2},\ 즉\ P_u = \left[\frac{P}{H^{3/2}}\right]_1 = \left[\frac{P}{H^{3/2}}\right]_2 = 일정 \tag{5.34}$$

$$N_{u1} = N_{u2},\ 즉\ N_u = \left[\frac{N}{\sqrt{H}}\right]_1 = \left[\frac{N}{\sqrt{H}}\right]_2 = 일정 \tag{5.35}$$

달리 말하면, 시험에 제공된 한 대의 수차가 두 가지 운전조건, 즉 회전속도 N_1과 회전속도 N_2 그리고 그것에 해당하는 유량 Q_1과 Q_2, 출력 P_1과 P_2에서 구동되는 경우, 이러한 매개변수 N, Q 그리고 P는 식 (5.33), 식 (5.34) 그리고 식 (5.35)에 제시된 단위량 관계에 의해 관련된다. 따라서 단위량 관계에 대한 식 (5.33)~식 (5.35)는 다양한 낙차에

서 한 대의 주어진 수차에 대한 성능을 검토할 때 특히 유리하다. 단위량은 기본상사비율이 아니며, 검토대상 사례에서 $D_1 = D_2$에 해당하는 특수한 경우에만 해당한다는 점을 유의해야 한다.

(3) 상사인 수차 및 펌프수차의 각종 비율

표 5.3은 상사성이 존재하기 위해 모형과 시작품 수차에서 동일한 상사값을 가져야 하는 기본상사비율 및 비양을 나타낸다. 상사성 확인을 위한 각종 비율은, 계산의 편의를 위해 주로 이용되고 있으며, 계산하고자 하는 3가지 종속변수 N, Q 그리고 P가 각 종속변수에 대한 기본상사비율 또는 단위량(이중단위량)에 포함되어 있어야 한다. 특히 단위량 P_u, Q_u 그리고 N_u는 이중단위량 P_{11}, Q_{11} 그리고 N_{11}의 특별한 경우인 $D_m = D_p$의 조건에 해당한다.

또한 수차와 펌프수차에 대한 각각의 비속도 n_{sP}와 n_{sQ}를 보이고 있으며, 수차는 출력 P, 펌프수차는 유량 Q에 대한 식으로 구성되어 있다. 특히 펌프수차에 대한 비속도에서 유량의 단위는 [m^3/s]이며, 펌프의 비속도에서 일반적으로 사용되는 유량의 단위 [m^3/min]와 다른 점에 유의해야 한다.

표 **5.3** 상사인 수차 및 펌프수차에 대한 각종 비율

<table>
<tr><th rowspan="2">기본상사비율
(basic similarity ratios)</th><th colspan="2">비양(specific quantities)</th></tr>
<tr><th>이중단위량
(double unit quantities)</th><th>단위량
(unit quantities)</th></tr>
<tr><td>$C_H = \dfrac{N_1 D_1}{H_1^{1/2}} = \dfrac{N_2 D_2}{H_2^{1/2}}$ =일정</td><td>$N_{11} = \left[\dfrac{ND}{\sqrt{H}}\right]_m = \left[\dfrac{ND}{\sqrt{H}}\right]_p$ =일정</td><td>$N_u = \left[\dfrac{N}{\sqrt{H}}\right]_1 = \left[\dfrac{N}{\sqrt{H}}\right]_2$ =일정</td></tr>
<tr><td>$C_Q = \dfrac{Q_1}{N_1 D_1^3} = \dfrac{Q_2}{N_2 D_2^3}$ =일정</td><td>$Q_{11} = \left[\dfrac{Q}{\sqrt{H} D^2}\right]_m = \left[\dfrac{Q}{\sqrt{H} D^2}\right]_p$ =일정</td><td>$Q_u = \left[\dfrac{Q}{\sqrt{H}}\right]_1 = \left[\dfrac{Q}{\sqrt{H}}\right]_2$ =일정</td></tr>
<tr><td>$C_P = \dfrac{P_1}{N_1^3 D_1^5} = \dfrac{P_2}{N_2^3 D_2^5}$ =일정</td><td>$P_{11} = \left[\dfrac{P}{H^{3/2} D^2}\right]_m = \left[\dfrac{P}{H^{3/2} D^2}\right]_p$ =일정</td><td>$P_u = \left[\dfrac{P}{H^{3/2}}\right]_1 = \left[\dfrac{P}{H^{3/2}}\right]_2$ =일정</td></tr>
<tr><td colspan="2">수차 비속도
$N_{sP} = \left[\dfrac{N\sqrt{P}}{H^{5/4}}\right]_m = \left[\dfrac{N\sqrt{P}}{H^{5/4}}\right]_p$ =일정
[min^{-1}, kw, m]</td><td>펌프수차 비속도
$N_{sQ} = \left[\dfrac{N\sqrt{Q}}{H^{3/4}}\right]_m = \left[\dfrac{N\sqrt{Q}}{H^{3/4}}\right]_p$ =일정
[min^{-1}, m^3/s, m]</td></tr>
</table>

모형과 시작품에서 러너의 지름과 같은 해당 길이 매개변수 비율을 축척비(scale ratio)라고 하며, 1/5의 축척비는 $\frac{\text{모형의 직경}}{\text{시작품의 직경}} = \frac{D_m}{D_p} = \frac{1}{5}$을 의미한다. 그러나 모형과 시작품의 낙차 비율은 축척비가 아니다. 이것은 유체의 단위 무게당 에너지의 비율을 나타내고, 길이의 차원을 가진다.

5.2 수차 및 펌프수차의 수력효율 특성곡선

수차 유동의 주요 매개변수인 낙차 H, 유량 Q 및 회전속도 N의 다양한 변화에 대한 수차 출력 P 또는 효율 η의 반응에 대해서 다음의 4가지 범위에 대해서 설명한다.

① 주요 특성
② 운전 특성
③ 전효율 특성
④ 모형시험에 의한 수력효율 특성곡선

5.2.1 펠턴수차의 수력효율 특성곡선

수차 및 펌프수차의 수력효율 특성은 상사모형에 대한 성능시험 및 수치해석 연구를 통해 개발된다. 축소모형에 대한 성능시험 결과는 상사법칙을 통해 시작품에 대해서 유효하다. 수력효율 특성에 대한 연구는 두 가지 범위, 즉 주요 특성과 운전 특성으로 이루어진다.

(1) 주요 특성

여기서 수차의 특성은 다음의 세 가지 항목에 대해서 일정한 낙차의 조건이 고려되며, 단위 속도 N_u에 따른 단위 유량 Q_u의 변화, N_u에 따른 단위 출력 P_u의 변화 그리고 N_u에 따른 효율 η의 변화에 대해서 각각 검토한다. 주요 특성곡선은 정낙차 특성(constant-head characteristics)이라고도 한다.

1) 유량의 변화

그림 5.2는 펠턴수차의 4종류 니들밸브 개도에 대한 단위 속도 N_u에 따른 단위 유량 Q_u의 변화를 보여준다. 모든 경우에서 낙차는 일정하게 유지된다. 그림에서 유량은 각 개도에서 회전속도에 상관없이 일정하다. 제트의 유속과 낙차의 관계는 3.1절에서 설명한 바와 같이 $v = \sqrt{2gH}$로 나타낼 수 있으며, 낙차가 일정할 경우 제트 유속은 항상 일정하다. 따라서 제트의 유속은 모든 밸브 개도에서 항상 일정하게 유지된다. 즉, 노즐 제트의 유속은 변하지 않고 일정하기 때문에, 니들밸브 개도의 변화는 노즐 출구 유로 단면적 A_n을 변화시키고, 연속의 식 $Q = A_n v$에 의해 유량만 변하게 한다. 따라서 니들밸브 각 개도에서 유량은 모든 러너 회전속도에 대해서 일정하게 유지된다.

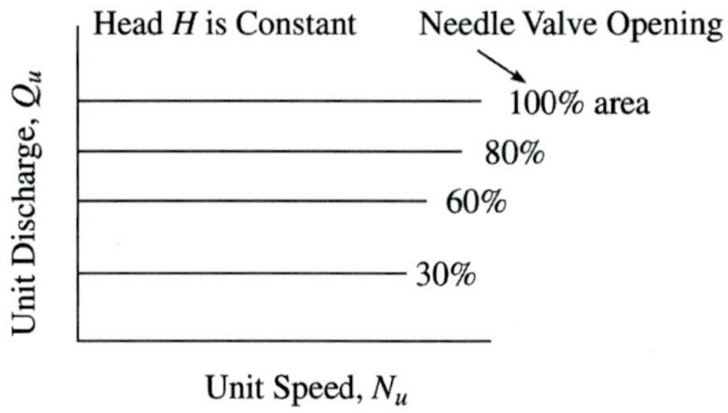

그림 5.2 펠턴수차의 회전속도와 유량 변화의 관계
자료: Subramanya, 2013

2) 출력의 변화

그림 5.3은 펠턴수차의 단위 속도 N_u에 따른 니들밸브 각 개도에서의 단위 출력 P_u의 변화를 보인다. 3종류의 니들밸브 개도에 따른 출력의 변화를 도식적으로 표시하고 있다. 낙차는 모든 경우에 일정하게 유지된다. 그림에 표시된 출력의 변화는 모든 밸브 개도에 대해서 포물선 형상을 나타낸다. 일정한 낙차의 경우, 제트 유속은 항상 일정하며, 출력 P는 이 경우에 대해서만 러너 회전속도 N의 함수이다. 최대출력 위치는 기본적으로 일정하며, 좁은 단위 속도 N_u의 범위 내에서 변화한다. 개도에 따른 최대출력에서 회전속도 위치의 작은 변화는 러너 베어링의 기계적저항과 러너의 공기저항 현상 때문에 발생한다.

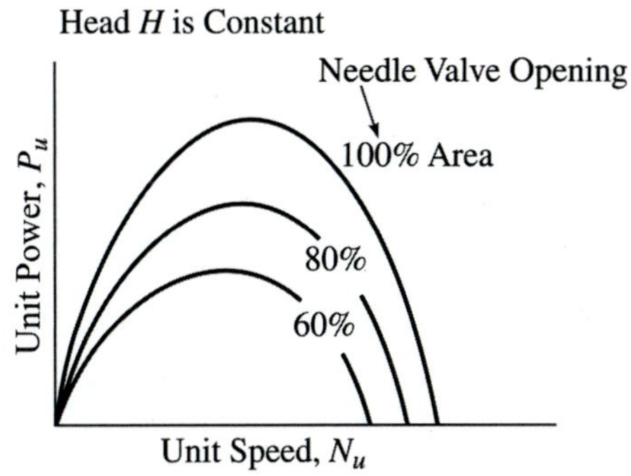

그림 **5.3** 펠턴수차의 회전속도와 출력변화의 관계

자료: Subramanya, 2013

3) 효율의 변화

그림 5.4는 일정한 낙차 운전조건에서 단위 속도 N_u를 갖는 펠턴수차의 효율 η의 변화를 개략적으로 나타낸 것이다. 효율 η의 변화는 3종류의 다양한 밸브 개도에서 모두 포물선으로 나타난다. 그러나 최고효율은 모든 밸브 개도에 대해서 좁은 회전속도 영역에서 발생한다. 개도에 따른 최고효율에서 회전속도 위치의 작은 변화는 러너 베어링의 기계적저항손실과 공기저항손실에 기인한다.

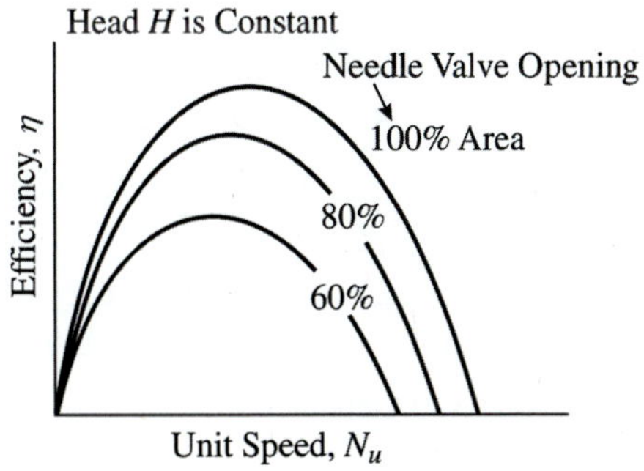

그림 **5.4** 펠턴수차의 회전속도와 효율변화의 관계

자료: Subramanya, 2013

(2) 운전 특성

운전 특성에서 회전속도 N은 일정하게 유지되며, 수차에 의해 발생된 전효율(overall efficiency)과 출력은 유량의 함수로 표현된다. 따라서 운전 특성곡선은 정속 특성(constant-speed characteristics)이라고도 한다.

1) 유량에 따른 효율과 출력의 변화

그림 5.5는 일정한 낙차 운전 시 펠턴수차의 유량 Q의 함수로써 전효율 η와 출력 P의 변화를 보이고 있다. 그래프의 종축은 상대효율을 나타내고, 모든 유량에서의 최고효율에 대한 국소효율의 비율로 정의되며, 비율은 백분율로 표시된다. 마찬가지로, 그래프의 횡축은 상대유량이며, 이는 백분율로 표현되는 최대유량에 대한 국소 운전유량 비율이다.

효율은 유량에 따라 비선형적으로 증가한다. 흥미로운 특징은 특정유량 $Q_{start}(=Q/Q_m \doteqdot 5\,\%)$에 도달할 때까지 효율이 0이라는 것이다. 이는 펠턴수차 러너의 관성 때문이며, 공회전 위치에서 이동을 시작하기 전에 이를 극복하기 위해서는 최소 토크가 필요하다. 따라서 수차발전기를 공회전 위치에서 시동하려면 관성을 극복해야 하며 Q_{start}는 수차발전기에서 임계토크가 생성되는 상태를 나타낸다.

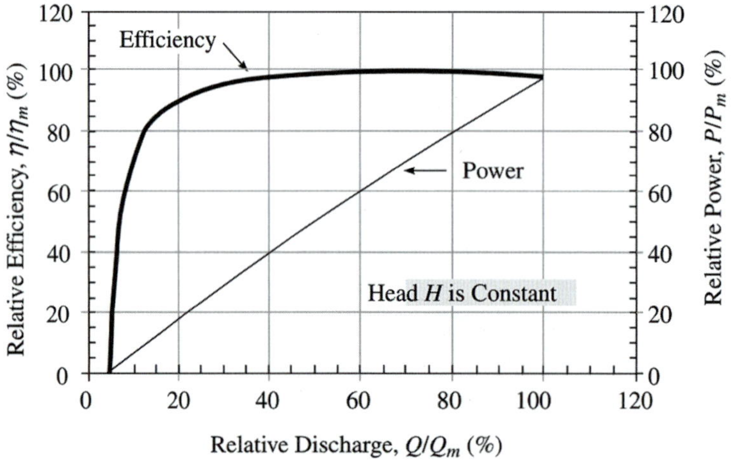

그림 5.5 펠턴수차의 유량에 따른 효율과 출력의 변화

자료: Subramanya, 2013

출력은 최대출력 P_m에 대한 모든 유량 영역에서 국소출력 P의 비율로 표현된다. 발생된 출력은 기본적으로 유량비 $Q/Q_m = 100\%$까지 유량에 따라 선형적으로 증가한다. 효율의 변화로 인한 출력의 변화는 그래프에서 확인할 수 없을 정도로 작다.

2) 사전검토를 위한 펠턴수차 효율곡선

개별수차의 설계는 노즐 수의 조합에 따라서 그림 2.89에서와 같이 최고효율 영역 및 그 인근에서 정해지며, 예비(preliminary) 설계의 경우 효율의 절댓값에 약간의 변동이 있을 수 있지만, 일반적으로 사용되는 다음과 같은 백분율로 된 정격용량에 대한 효율 변화 그래프를 권장한다. 그림 5.6은 단일 노즐 펠턴수차의 예상 전효율 변화를 보여준다. 펠턴수차의 효율은 일반적으로 사전 검토단계에서는 수차 크기와 무관하며, 모형시험으로부터 확인된 모형의 효율이 시작품의 효율로 간주된다. 단, 정확한 업무 진행 절차를 위해서 또는 주요 설비를 다룰 때에는 IEC 60193에 제시된 축소모형시험에서 크기 효과(scale effect)를 교정하기 위한 절차를 사용한다.

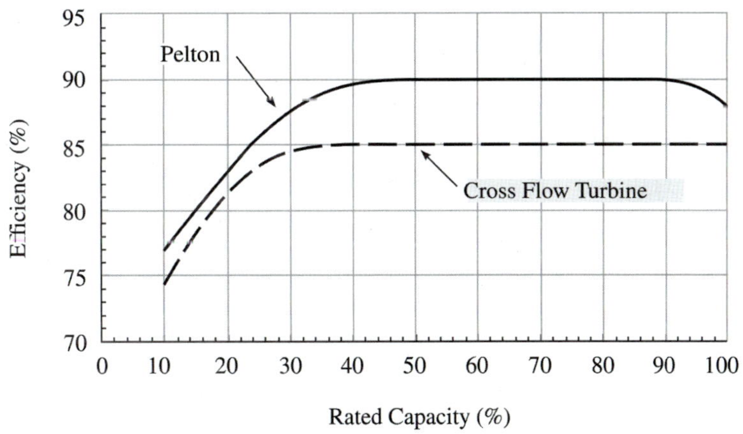

그림 **5.6** 단일 노즐 펠턴수차의 용량에 따른 효율 변화

자료: Subramanya, 2013

그림 5.6의 내용은 다음을 나타낸다.

- 100%의 정격 수차용량에서 정격효율이 약 88%이다.
- 최고효율이 90%이며, 정격용량의 40~90% 범위에서 발생한다.
- 단일 노즐 펠턴수차는 용량 변화에 대하여 넓고 평탄한 혹과 같은 최고효율을 가진다. 따라서 부분하중 효율값이 양호하고, 수차는 양호한 효율로 정격용량의 20% 부하까지 운전될 수 있다.

• 다중 노즐 펠턴수차의 효율 특성은 단일 노즐 펠턴수차에 비하여 더욱 넓은 운전범위를 가진다. 그림 5.7은 6-노즐 장치의 특성을 보인다. 다중 노즐 중 일부 노즐을 차단하고 낮은 부하에서 최적의 노즐 수만 운전함으로써 단일 노즐 펠턴수차의 우수한 부분부하 효율 특성은 정격용량의 10% 가까이까지 확장할 수 있다. 비교를 위해 펠턴수차와 프란시스수차의 중첩 비속도 영역에서 운전하는 저비속도 프란시스수차의 특성을 그림에 함께 보이고 있다. 6-노즐 펠턴수차의 부분부하 성능이 우수함을 명확하게 알 수 있다.

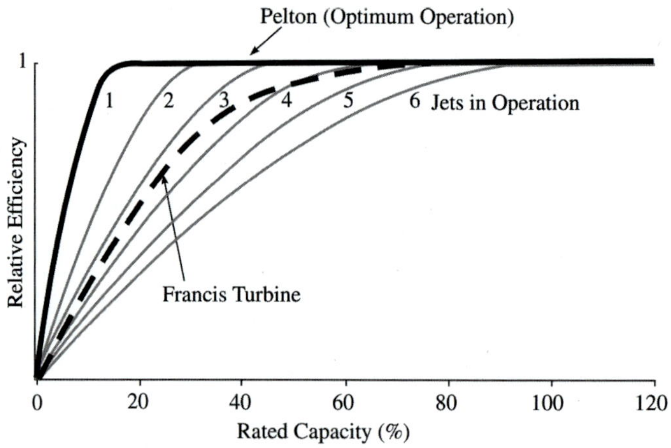

그림 **5.7** 6-노즐 펠턴수차의 최적효율곡선

자료: Subramanya, 2013

3) 무차원변수에 의한 등효율곡선(hill chart 또는 mussel curves)

수차 또는 펌프수차의 효율 변화를 무차원량(dimensionless quantities)으로 나타낼 수도 있는데, 그림 5.8과 같이 나타낼 수 있으며, 특성곡선 그래프의 좌표축에 사용되는 계수는 표 5.4와 같은 무차원량을 사용한다. 등효율곡선의 도표에서 종축과 횡축에 대한 다양한 형태의 매개변수를 사용함으로써 등효율곡선이 다양한 용도에 유용하게 사용될 수 있다.

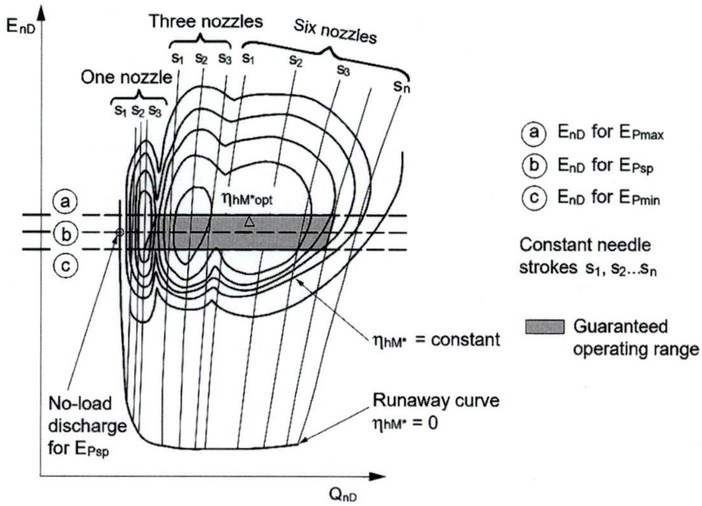

그림 5.8 무차원변수에 의한 펠턴수차 등효율곡선 작성 예

자료: IEC 60193, 1999

표 5.4 반동수차 및 펌프수차 특성곡선 무차원변수

용어	정의	기호	관계
속도인수 (speed factor)	$\frac{nD}{E^{0.5}}$	n_{ED}	$=\frac{1}{E_{nD}^{0.5}}$
유량인수 (discharge factor)	$\frac{Q_1}{D^2 E^{0.5}}$	Q_{ED}	$=\frac{Q_{nD}}{E_{nD}^{0.5}}$
토크인수 (torque factor)	$\frac{T_m}{\rho_1 D^3 E}$	T_{ED}	$=\frac{T_{nD}}{E_{nD}}=\frac{P_{ED}}{2\pi n_{ED}}$
출력인수 (power factor)	$\frac{P_m}{\rho_1 D^2 E^{1.5}}$	P_{ED}	$=Q_{ED}\eta_{hT}$ (turbine) $=\frac{Q_{ED}}{\eta_{hP}}$ (pump) $=\frac{P_{nD}}{E_{nD}^{1.5}}=P_{nD}n_{ED}^3$ $=2\pi n_{ED}T_{ED}$
에너지계수 (energy coefficient)	$\frac{E}{n^2 D^2}$	E_{nD}	$=\frac{1}{n_{ED}^2}$
유량계수 (discharge coefficient)	$\frac{Q_1}{nD^3}$	Q_{nD}	$=\frac{Q_{ED}}{n_{ED}}=Q_{ED}E_{nD}^{0.5}$

토크계수 (torque coefficient)	$\frac{T_m}{\rho_1 n^2 D^5}$	T_{nD}	$= \frac{T_{ED}}{n_{ED}^2} = T_{ED} E_{nD} = \frac{P_{nD}}{2\pi}$
출력계수 (power coefficient)	$\frac{P_m}{\rho_1 n^3 D^5}$	P_{nD}	$= E_{nD} Q_{nD} \eta_{hT}$ (turbine) $= \frac{E_{nD} Q_{nD}}{\eta_{hP}}$ (pump) $= \frac{P_{ED}}{n_{ED}^3} = P_{ED} E_{nD}^{1.5}$ $= 2\pi T_{nD}$

단위: 낙차 H [m], 직경 D [m], 비에너지 E [J/kg], 회전속도 n [min^{-1}], 밀도 ρ [kg/m^3], 토크 T [N m], 출력 P [W], 유량 Q [m^3/s]

자료: IEC 60193, 1999

(3) 모형시험에 의한 펠턴수차 수력효율 특성곡선

실물수차는 일정한 회전속도 N을 기준으로 운전되지만, 축소모형 성능시험에서는 모형수차의 회전속도를 광범위하게 변화시켜 전반적인 성능특성을 조사할 수 있다.

여기서, 운전 중의 모형수차의 낙차를 H [m]로 하고, 유량 Q [m^3/s], 출력 P [kW] 그리고 회전속도 N [min^{-1}]을 단위량의 상사변수로 나타내어 특성을 표시하면 다음과 같다.

$$Q_u = Q/H^{\frac{1}{2}} \text{ (단위 유량)} \tag{5.36}$$

$$P_u = P/H^{\frac{3}{2}} \text{ (단위 출력)} \tag{5.37}$$

$$N_u = N/H^{\frac{1}{2}} \text{ (단위 속도)} \tag{5.38}$$

여기서, 상기 각 단위량을 이중단위량 Q_{11}, P_{11}, N_{11}과 구별하기 위하여 경우에 따라서는 Q_1, P_1, N_1로 표기하기도 한다. 단, 그림 5.9∼그림 5.12에서는 단위량 Q_u, P_u, N_u를 각각 q, p, n으로 표기하고 있으며, 최고효율점의 값에는 단위량 기호에 하첨자 a를 붙이고, 무구속속도 운전상태의 값에는 하첨자 R을 붙인다.

무구속속도 운전상태는 수차에 걸리는 부하, 즉 제동력을 제거하여 수차를 공회전할 경우의 상태이고, 이때의 속도가 수차가 도달하는 최대속도에 해당한다. 수차나 발전기는 이때의 원심력을 견딜 수 있도록 설계하는 것이기 때문에 이 값이 적은 만큼 설계가 수월하게 된다.

그림 5.9는 펠턴수차의 노즐 수가 1개 및 4개일 경우의 회전속도 변화에 대한 유량, 출력 그리고 효율 관계를 표시한다.

그림 5.9(a)의 단일노즐 펠턴수차에서 단위 유량 q는 단위 회전속도 n에 관계없이 일정하다. 단위 출력 p는 모든 운전조건에서 $n=0$ 및 $n=n_R$에서 0이 되고, $n=0\sim n_R$의 중간에 최댓값이 있다. 단위 출력 p와 단위 회전속도 n의 관계는 포물선에 가깝다. 효율 η와 단위 회전속도 n의 관계는 곡선의 형태가 단위 출력 p와 단위 회전속도 n의 관계와 비슷하다.

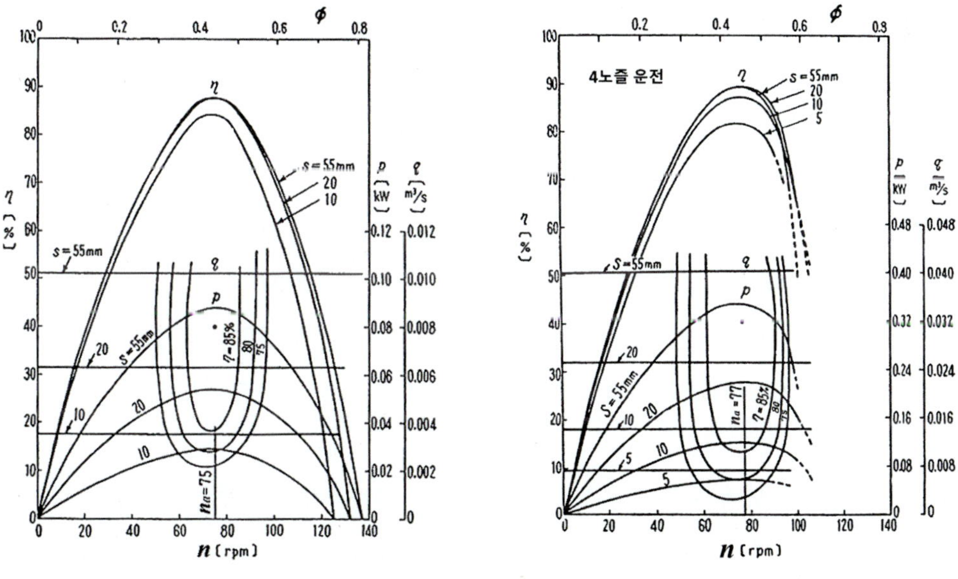

(a) 횡축 단일노즐($n_s=21$, $D=0.5$ m)　　(b) 입축 4노즐($n_s=22$)

그림 **5.9** 펠턴수차 회전속도 변화에 따른 수력효율 특성곡선

자료: 石井, 1962

그림 5.9(b)의 입축 4노즐 펠턴수차의 4노즐 운전에는 최고효율점 회전속도 n_a보다 높아지게 되면, 제트가 빠져나가서 주변의 제트와 간섭하여 η의 저하가 심하게 된다. 그림에서 s는 펠턴수차의 니들스트로크이다.

그림 5.10은 4노즐 펠턴수차의 운전 노즐 수에 따른 효율과 출력변화를 보이고 있다. 전체적인 그래프의 형상은 1노즐 운전 시의 q를 횡으로 2배(2노즐) 혹은 4배(4노즐)로 확대

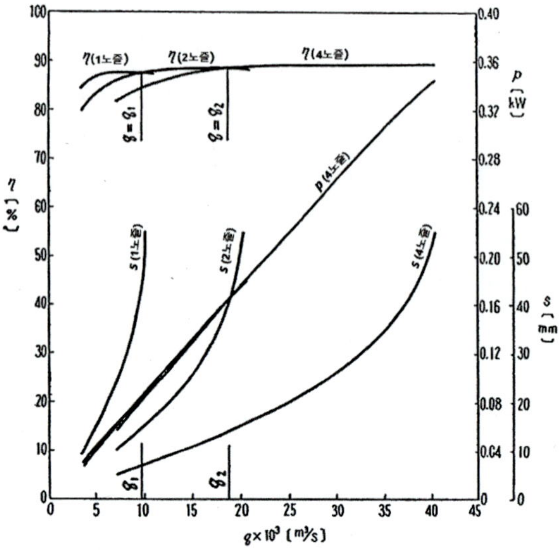

그림 5.10 입축 4노즐 펠턴수차의 유량 변화에 따른 수력효율 특성곡선($n_s = 22$)

자료: 石井, 1962

했을 경우에 가깝다. 단, 러너의 공기저항손실이 노즐 수에 관계없이 일정하기 때문에, 노즐 수를 늘리는 만큼 1노즐당 손실이 적게 되고, η가 좋아지게 된다.

실물수차에서는 부하가 변해서 유량이 그림의 q_1 혹은 q_2에 상당하는 값에 도달하면 자동적으로 노즐 수가 교체되고 고효율운전이 가능하도록 제어시스템이 구축된 것이 대부분이다.

그림 5.11은 축소모형 횡축 단일노즐 펠턴수차의 유량 변화에 대한 수력효율 특성곡선을 보이고 있다. 그림 5.9(a)에서 단위 속도가 최고효율점 회전속도에 해당하는 $n = n_a$인 경우에 해당하는 값을 구한 것이며, 최고효율점 상태에서 여러 수치를 백분율로 나타내고 있다.

실물수차는 회전속도가 일정하기 때문에 축소모형시험에서는 이와 상사한 조건으로써 일정한 낙차에서의 단위 속도를 사용하여 특성곡선으로 표시한다. 그래프의 횡축 좌표에 니들스트로크 s 를 두지 않고, 단위 유량 q를 두는 것은 실물수차에서는 s를 정확히 측정하기가 어려우며 중요시 되지 않기 때문이다. 실물수차의 특성을 나타낼 경우에도 유량 Q 또는 출력 P가 횡축에 놓이게 된다. 니들스트로크 s와 단위량 q 및 p는 서로가 직선 관계가 아니기 때문에 횡축에 어떤 변수를 두는가에 따라서 곡선의 형태가 약

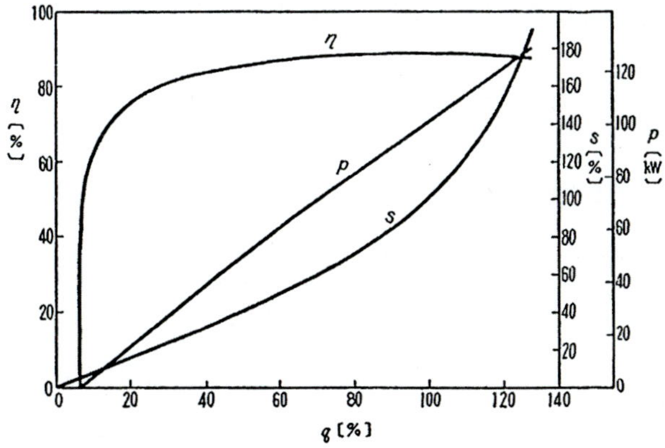

그림 **5.11** 횡축 단일노즐 펠턴수차의 유량 변화에 따른 수력효율 특성곡선($n_s = 21$)

자료: 石井, 1962

간 변하게 된다.

그림 5.12에 그림 5.9(a)와 동일한 축소모형수차 대한 무구속속도 특성을 나타낸다. 단, 본 그래프에서는 최고효율점 단위 속도 n_a를 100%로 표시한다. 무구속속도 n_R은 니들스트로크 s를 열게 되면 급격하게 상승하여 곧 일정한 기울기로 서서히 증가한 후, 최고효율점 니들스트로크 개도 이상에서는 거의 일정한 값을 유지하게 된다.

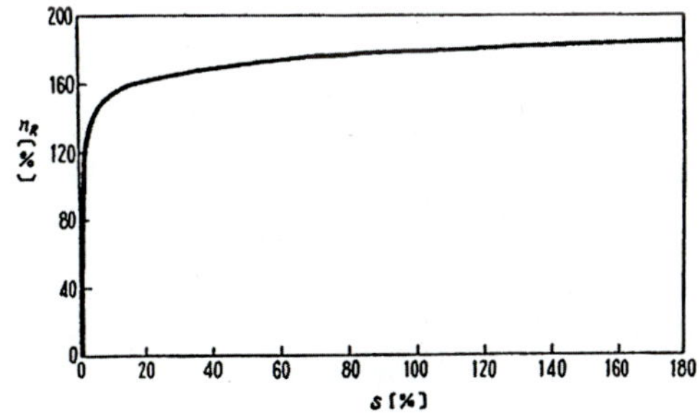

그림 **5.12** 횡축 단일노즐 펠턴수차 니들스트로크 변화에 따른 무구속속도 변화 특성곡선($n_s = 21$)

자료: 石井, 1962

5.2.2 프란시스수차의 수력효율 특성곡선

(1) 주요 특성

어떤 특정한 요건을 충족시킬 수 있는 수차 형식의 선정을 위해서는 수차의 거동에 대한 상세한 이해가 필요하며, 주요 특성은 이러한 이해에 도움을 주는 것이며, 정낙차 특성(constant-head characteristics)이라고도 한다. 따라서 여기서는 일정한 낙차에 대해서 수차의 회전속도 변화에 따른 유량, 출력 그리고 효율의 변화를 설명하기로 한다. 이러한 곡선에 대한 데이터는 실험실의 상사수차에 대한 모형시험과 수치해석적 연구로부터 얻기도 한다. 결과를 표시하기 위해 단위량(unit quantities)이 일반적으로 사용된다. 단위 낙차의 개념을 사용하여 단위 속도는 $N_u = \dfrac{N}{H^{1/2}}$, 단위 유량은 $Q_u = \dfrac{Q}{H^{1/2}}$, 단위 출력은 $P_u = \dfrac{P}{H^{3/2}}$이다. 수차의 성능과 관련된 데이터는 단위량 N_u, Q_u 그리고 P_u로 변환되어 다음과 같이 표시된다.

① 그림 5.13과 같이 일정한 낙차에서 다양한 게이트 개도에 대한 단위 유량 Q_u와 단위 속도 N_u의 관계를 나타낸다. 이 그림에서 종축에는 Q_u, 횡축에는 N_u를 배치한다.

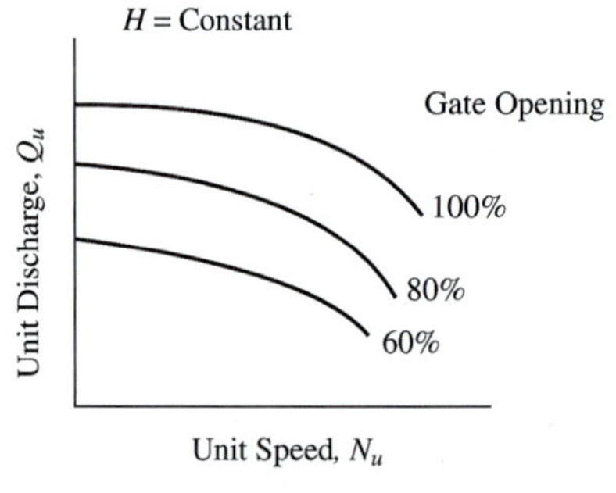

그림 5.13 프란시스수차의 회전속도와 유량 변화의 관계
자료: Subramanya, 2013

② 그림 5.14와 같이 일정한 낙차에서 다양한 게이트 개도에 대한 단위 출력 P_u와 단위 속도 N_u의 관계를 나타낸다. 이 그림에서 종축에는 P_u, 횡축에는 N_u를 배치한다.

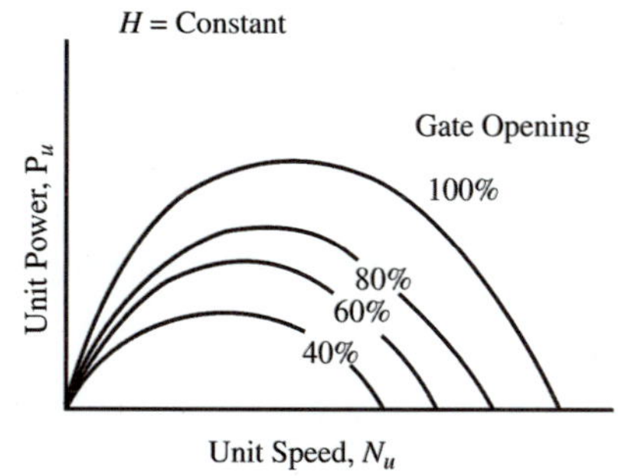

그림 **5.14** **프란시스수차의 회전속도와 출력 변화의 관계**
자료: Subramanya, 2013

③ 그림 5.15와 같이 일정한 낙차에서 다양한 게이트 개도에 대한 효율 η와 단위 속도 N_u의 관계를 나타낸다. 이 그림에서 종축에는 η, 횡축에는 N_u를 배치한다.

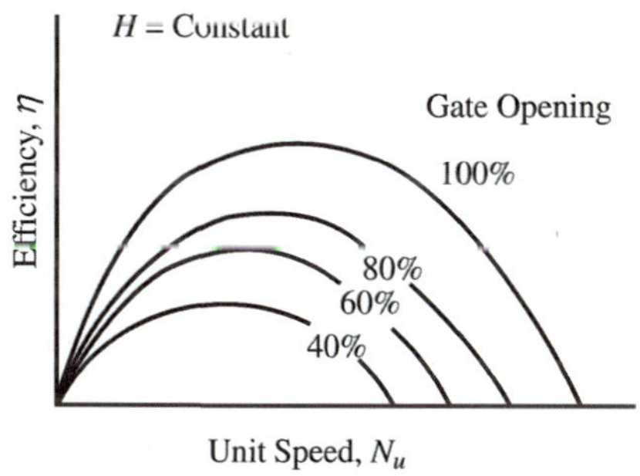

그림 **5.15** **프란시스수차의 회전속도와 효율 변화의 관계**
자료: Subramanya, 2013

2개 이상의 매개변수를 쉽게 비교하기 위해서 종축 좌표는 Q_u 또는 P_u 또는 η의 최댓값에 대한 백분율로 나타낼 수 있고, 횡축은 N_u의 최댓값에 대한 백분율로 나타낼 수 있다.

그림 5.13~그림 5.15는 그 비교 그래프를 나타내고 있으며, 프란시스수차의 주요 매개변수 Q_u, P_u 그리고 η의 변화 경향을 나타낸다. 이 3가지 그림으로부터 다음과 같은 사항을 확인할 수 있다.

- 일정한 낙차 조건에서 단위 유량은 모든 게이트 개도에 대해 단위 속도의 증가에 따라서 선형적으로 감소한다. 주어진 프란시스수차에서 러너 회전속도가 증가하면 원주

속도가 증가하고 유속은 감소한다. 즉, 유량은 유속에 의존하기 때문에 회전속도가 증가하면 유속이 감소한다.

- 출력 곡선은 포물선 형상이며, 특정 회전속도 값에서 최댓값을 나타내고, 게이트 개도에 의존한다. 회전속도 0 및 무구속속도에서 생산되는 출력은 0이며, 따라서 최댓값을 갖는 곡선의 특성이 있다.
- 다양한 게이트 개도에 대해서 최고효율은 다양한 회전속도에서 발생하며, 곡선의 특성은 출력 대 회전속도 곡선의 경향을 따른다.

(2) 운전 특성

수차의 주요 특성에 따라 수차를 선택한 후에는 발전기에 연결하여 전력을 생산한다. 운전 시 회전속도는 기본적으로 일정하며 부분부하에서의 수차 성능이 중요해진다. 운전특성에서 회전속도는 일정하게 유지되며 수차에 의해 발생된 전효율과 출력은 주어진 게이트 개도에 대한 유량의 함수로 표현된다. 운전 특성곡선은 정속도 특성(constant-speed characteristics)이라고도 한다. 그림 5.16은 프란시스수차의 운전 특성곡선을 보이고 있으며, 일정한 회전속도 조건에서 유량 Q의 함수로 발생한 효율 η와 출력 P의 변화를 나타낸다.

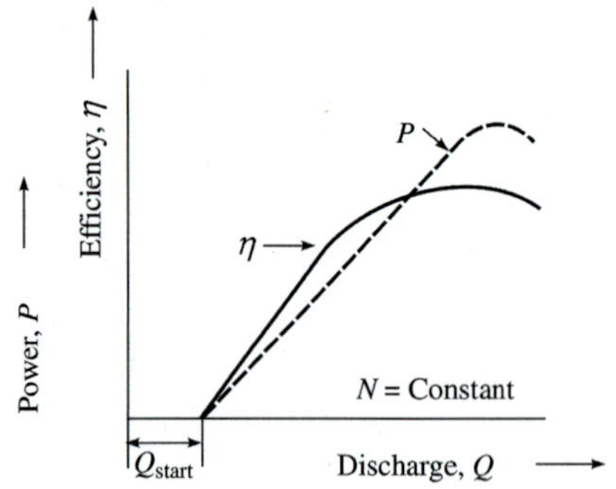

그림 5.16 일정 회전속도에서 프란시스수차의 효율과 출력의 변화
자료: Subramanya, 2013

발생하는 출력은 유량의 증가와 함께 초기 부분유량 영역에서는 상당히 선형적으로 증가하여 최댓값에서 평탄해지고 최댓값 이후에는 약간 감소한다. 효율은 유량에 따라 비선

형적으로 증가한다. 흥미로운 특징은 특정유량 Q_{start}에 도달할 때까지 출력과 효율이 모두 0이라는 것이다. 이러한 현상은 수차발전기의 관성으로 인해 발생하며, 수차발전기가 공회전 위치에서 움직이기 시작하기 전에 최소 토크를 극복해야 한다. 따라서 수차발전기를 공회전 위치에서 시작하는 경우, 관성을 극복해야 하며 Q_{start}는 수차에서 임계 토크가 생성되는 상태를 나타낸다.

전효율(overall efficiency)은 수차의 운전에 매우 중요한 매개변수로서 효율 변화에 대한 연구는 최대의 관심을 받아왔다. 효율의 변동에 대해 일반적으로 사용되는 표현 중 일부는 아래에 제시되어 있다. 효율 특성곡선에서는 전효율이 기본값이다.

(3) 프란시스수차의 효율 특성

1) 용어의 정의

수력발전소에서 수차는 원동기이며, 수력발전소의 목적은 최적의 전력생산을 달성하는 것이다. 수차가 발전기에 언제나 직접 결합되기 때문에 수력발전소의 출력은 일정 기간 동안 생성된 에너지의 전기 단위 [kWh]에 관한 것이다. 일반적으로 수력발전소의 낙차와 유량은 변하는데, 계절적 환경요인에 영향을 받으며 수원 유역의 수문학에 의존한다. 수차의 효율에 대한 논의를 진행하기 전에 효율과 함께 관련되어 사용되는 정격출력(명판출력), 설치출력, 정격낙차 그리고 설계낙차 등의 용어가 이해되어야 한다.

① **정격출력(rated power)** 손상 없이 기계를 연속적으로 작동할 수 있는 최대출력이며, 최대연속출력 또는 명판출력이라고도 한다. 수차의 최대정격출력(설치된 발전기 정격용량)은 일반적으로 수차발전기에 물리적으로 부착된 명판에 표시된다. 정격출력과 관련하여 사용되는 매개변수인 H, N, Q를 각각 정격낙차(H_r), 정격회전속도(N_r) 그리고 정격유량(Q_r)이라고 한다. 발전기 정격출력 P_{gr}은 다음과 같이 표현된다.

$$P_{gr} = \eta_g \times P_{tr} = \eta_g \cdot \eta_{tr} \cdot \rho \cdot g \cdot Q_r \cdot H_r \qquad (5.39)$$

여기서, P_{gr}은 전기적 발전기 출력(정격출력), P_{tr}은 기계적 수차출력, η_g은 발전기 효율, η_{tr}는 수차 정격효율, ρ는 물의 밀도 그리고 g는 중력가속도이다.

수력발전소의 설치출력(용량)은 해당 발전소의 모든 수차발전기에 대한 발전기 명판

정격출력의 합계이다.

② **정격낙차(rated head)** 수차의 게이트 개도를 완전 개방(full open)했을 때 발전기의 정격 출력이 발생하고, 이 때의 유효낙차를 정격낙차(또는 기준낙차)라고 한다. 수차 명판 등급은 이 정격낙차에서 제공된다. 정격낙차는 설계낙차와 다르며, 설계낙차는 최고효율이 발생(정규상태)하는 유효낙차로 정의된다. 정격낙차는 가장 높은 연간 전력량을 생산하는 것을 기준으로 선택된다. 정격낙차의 선정은 상당한 신중함을 필요로 하며 설계낙차와의 관계는 현장마다 다르다. 일반적으로 정격효율은 수차의 최고효율보다 약간 낮다.

2) 프란시스수차의 효율곡선

그림 5.17은 프란시스수차의 효율 변화를 나타낸 것이며, 상기 용어에 대한 정의를 도식적으로 잘 설명해준다. 이 그림에서 종축은 설계낙차의 백분율이고 횡축은 설계낙차에서 최고효율점 출력의 백분율이며, 세 번째 매개변수로 등효율곡선의 등고선과 네 번째 매개변수로 게이트 개도율을 보인다. 또한 이 그림은 설계점(최고효율점)과 선정된(preferred) 발전기 정격점 사이의 차이를 명확하게 나타낸다. 그리고 특정한 수차에 대한 것이지만 그 형식이 일반적이라서 전형적인 프란시스수차의 특성곡선으로 간주될 수 있다. 이 수차의

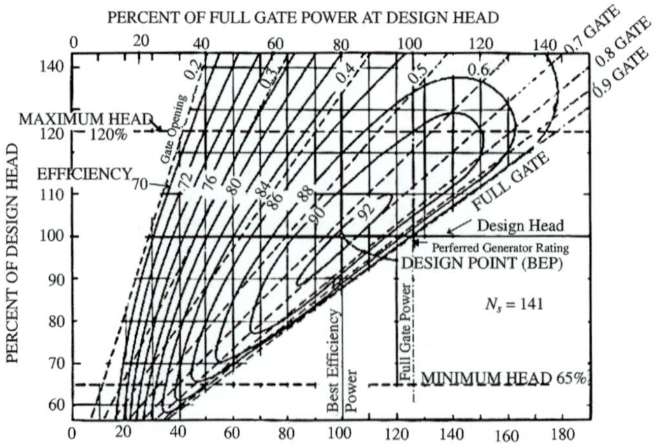

그림 **5.17** 프란시스수차의 효율곡선

자료: Subramanya, 2013

경우 정격효율은 88%, 설계효율은 최고효율인 92%를 나타낸다. 정격출력은 완전 개방 게이트 출력에 해당하며 설계출력의 120%에서 발생한다. 이 수차는 최대낙차로 설계낙차의 120%, 최소낙차로 설계낙차의 65% 범위에서 운전하게 된다.

3) 사전조사를 위한 프란시스수차 정격효율곡선

개별 수차의 설계는 최고효율 및 그 인근의 효율 절댓값에서 약간의 변동이 있을 수 있지만, 예비 설계의 단계에서는 정격출력(용량)을 기준으로 하여 정격효율(rated efficiency) 대 정격용량(rated capacity)의 백분율 그래프가 일반적으로 사용된다. 그림 5.18은 프란시스수차의 예상 정격효율 대 정격용량 백분율 곡선의 변화를 보여준다.

그림 5.18 그래프의 정격용량에 따른 정격효율은 러너 외경 300 mm 모형수차의 성능시험 결과로부터 얻어진 모형수차의 정격효율에 표 5.5의 축적비에 따른 성능환산 정격효율 부가 증대값이 더해진 결과이다. 표 5.5에서 얻은 값은 정격효율의 백분율을 제공하며, 실물수차와 같이 러너의 크기가 달라질 경우에는 성능환산에 의한 환산된 효율을 사용해야 한다. 효율의 환산법에 대해서는 7.2절에서 다시 상세히 다룬다.

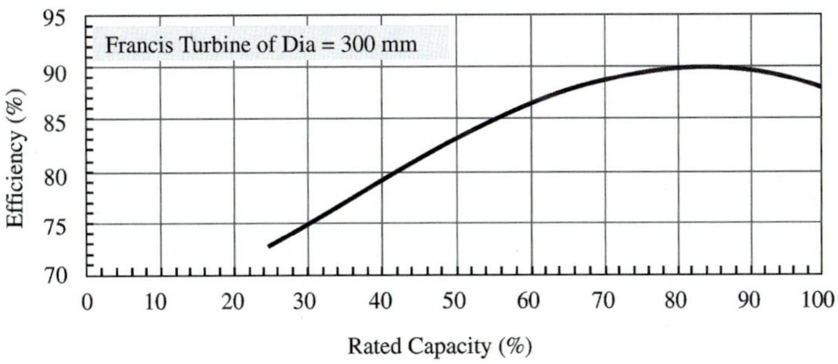

그림 **5.18** 사전조사를 위한 러너 직경 D_1=300 mm의 프란시스수차 정격효율곡선

자료: Subramanya, 2013

표 **5.5** 성능환산 시 축적에 따른 효율의 부가 증대값 예

러너 직경 D_1 [mm]	300	600	900	1200	1800	2400	3000
효율 부가 증대값	1.00	1.10	2.10	2.50	3.30	3.70	4.00

표 5.5의 효율 부가 증대값은 그림 5.18의 효율에 더해짐

자료: Subramanya, 2013

그림 5.18에서 설계낙차에서의 설계점 최고효율은 정격낙차에서의 최고 정격효율보다 약 2～5% 더 높다. 즉,

- 100% 수차 정격용량에서 정격효율 η_r은 약 88%이다.
- 최고 정격효율은 90%이고, 정격용량의 75～85% 범위에서 발생한다.
- 40%의 정격용량에서 효율은 80%이고, 25%의 정격용량에서는 약 72%로 떨어진다. 반동수차는 정격용량의 약 20～40% 영역에서 진동과/또는 출력 서지와 같은 거친 운전조건을 경험하게 된다. 따라서 이러한 불안정현상은 이 범위에서 수차효율의 급격한 감소로 나타난다.

위의 특징은 프란시스수차의 적절한 운전범위가 정격용량의 70～110% 사이에 있음을 나타내며, 정격용량의 70% 미만의 부분부하 범위에서는 효율이 상당히 낮아지게 됨을 알 수 있다.

4) 등효율곡선(hill chart 또는 mussel curves)

프란시스수차의 경우 게이트(가이드베인) 개도 및 회전속도가 각각의 범위에서 변화하면 수차효율은 상당히 변화하게 된다. 모형시험에서는 낙차가 일정하게 유지되며, 특정한 게이트 개도에서 회전속도와 하중은 변화하게 된다. 이 데이터를 통해 회전속도에 따른 출력 및 유량 변화를 얻을 수 있다. 그 결과를 나타내는 그래프로써 종축은 출력 또는 유량이 되고, 횡축은 회전속도가 된다.

게이트 개도는 세 번째 매개변수가 될 수 있다. 각 데이터 점에 대해 해당 효율이 계산되어 동일한 그래프에 표시되는 경우, 동일한 효율의 점은 적절한 보간법을 통해 얻을 수 있고, 동일한 효율의 등고선도를 얻기 위해 결합될 수 있다. 그 결과, 그래프는 등효율곡선(hill chart 또는 mussel curves)으로 나타나게 된다. 이와 같은 등효율곡선에서는 효율의 언덕 모양을 상상할 수 있으며 최고효율점 및 그 이외 영역에서의 기울기를 식별할 수 있다. 등효율곡선을 통해 각 게이트 개도에서 최고의 효율을 제공하기 위한 수차의 회전속도를 한눈에 파악할 수 있다. 또한 이 도표는 최고효율과 이 최고효율이 발생할 수 있는 매개변수 값을 제공한다.

등효율곡선의 도표에서 종축과 횡축에 다음에 보이는 다양한 형태의 매개변수를 사용함으로써 힐차트가 다양한 용도에 유용하게 사용될 수 있다.

- 전통적인 방법 중의 한 가지는 단위 유량 Q_u 또는 단위 출력 P_u를 종축으로, 단위 속도 N_u를 횡축으로 사용하여 등효율곡선을 작성하는 것이다. 그림 5.19는 프란시스 수차의 도식화된 등효율곡선을 보여준다. 이 도표에서 종축 좌표는 단위 출력 P_u이고, 횡축 좌표는 단위 속도 N_u이다. 게이트 개도율은 세 번째 매개변수이다. 수차축 소모델에 대한 성능시험 데이터를 기반으로 적절한 보간법을 통해 등효율곡선이 그려진다. 이 등효율곡선은 모든 운전조건과 게이트 개도에 대한 최대효율을 보여준다. 또한 각 게이트 개도에서 최대효율을 내는 회전속도를 등효율곡선에서 확인할 수 있다.

  오늘날에는 힐차트(hill chart)라는 용어가 수력기계 분야의 실무에서 등효율곡선을 의미하는 것으로 자주 사용되고 있다. 효율 힐차트의 종축 및 횡축 좌표에는 매개변수 사용에 많은 다양성이 존재할 수 있지만, 일반적으로 단위 유량 Q_u 또는 단위 출력 P_u 및 단위 속도 N_u로 정의된 비율이 자주 사용된다.

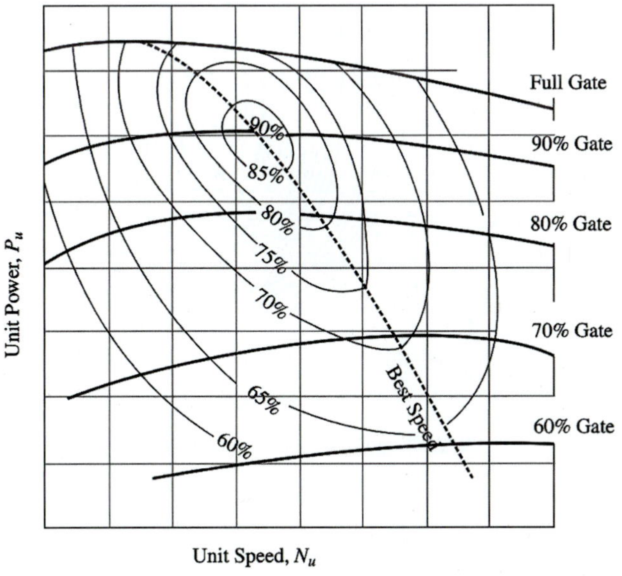

그림 5.19 프란시스수차 등효율곡선

자료: Subramanya, 2013

• 프란시스수차에 대한 일반화된 등효율곡선을 사용하는 것이다. 그림 5.20은 종축 좌표에 설계낙차의 백분율, 횡축 좌표에 정격유량의 백분율을 사용하였다. 효율은 세 번째 매개변수이고, 게이트 개도율은 네 번째 매개변수이다. 이 그림은 프란시스수차의 일반적인 특성곡선으로 간주될 수 있다. 그림을 통해 일반적인 프란시스수차는 설계낙차의 65~125%의 범위에서 고효율을 나타내고 있으며, 정격유량의 약 25%까지 상대적으로 높은 효율을 가질 수 있다. 그림 5.21은 일반적인 고낙차 프란시스수차에 대하여 일반화된 단위량을 적용한 등효율곡선 예를 보이고 있으며, 모든 운전조건과 가이드베인 개도율에 대한 최대효율을 보여준다. 또한 각 가이드베인 개도율에서 최대효율을 내는 회전속도와 무구속속도를 확인할 수 있다.

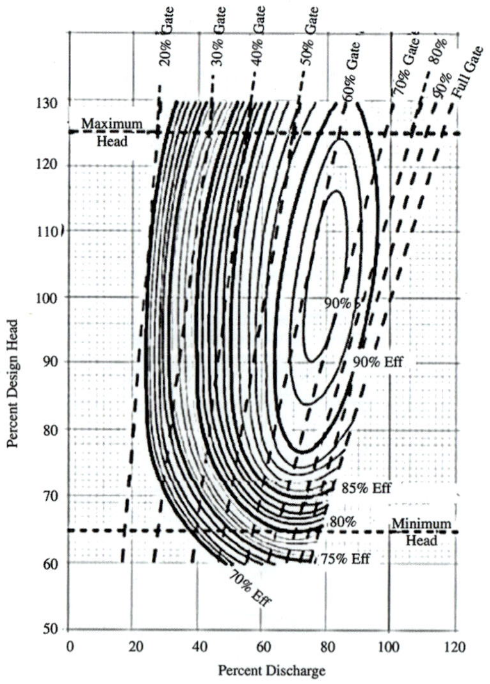

그림 5.20 일반화된 프란시스수차 등효율곡선

자료: Subramanya, 2013

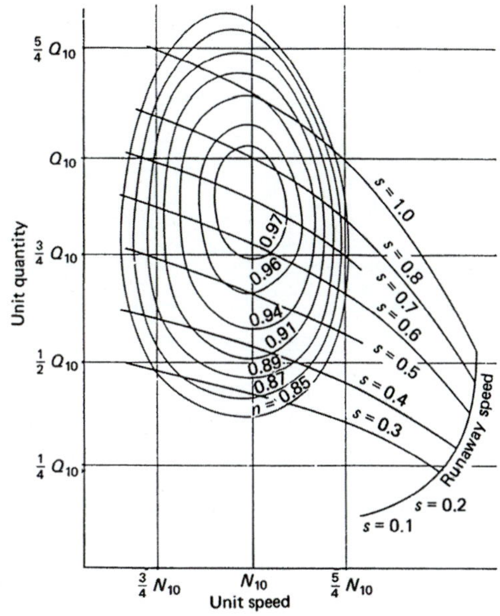

그림 **5.21** 일반적인 고낙차 프란시스수차 등효율곡선 예

자료: Laughton, 2003

- 수차성능 특성 표현에 대한 또 다른 방법은 단위 낙차와 단위 직경에 의한 상사수차의 이중단위유량 Q_{11}을 종축 좌표로 사용하고, 횡축 좌표로는 단위 직경에 의한 상사수차의 정의된 이중단위속도 N_{11}를 사용하는 것이다. 따라서 등효율곡선 그래프는 양쪽 좌표에 $Q_{11} = \dfrac{Q}{\sqrt{H}D^2}$와 $N_{11} = \dfrac{ND}{\sqrt{H}}$를 기본 매개변수로 하며, 등효율곡선을 세 번째 매개변수, 게이트 개도를 네 번째 매개변수로 사용하여 도표를 구성한다. 종축 좌표로 유량 대신 출력이 사용되면, 해당하는 매개변수는 이중단위출력 $P_{11} = \dfrac{P}{H^{3/2}D^2}$이 되며, 이것은 단위 낙차와 단위 직경에 의한 상사수차에 의해 발생된 출력을 의미한다. 그림 5.22는 종축에 이중단위유량, 횡축에 이중단위속도를 이용하여 프란시스수차의 도식화된 등효율곡선 예를 보여준다.

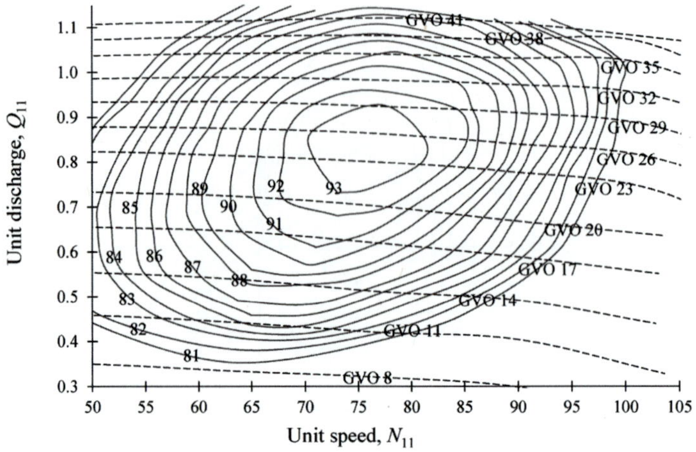

그림 **5.22** 종축 Q_{11} 및 횡축 N_{11}에 의한 프란시스수차 등효율곡선 예

자료: Shrestha, 2020

- 프란시스수차의 등효율곡선을 무차원량(dimensionless quantities)의 계수로 나타내는 것이다. 그림 5.23은 그 예이며, 종축 및 횡축 좌표로 사용되는 무차원계수는 표 5.4와 같다.

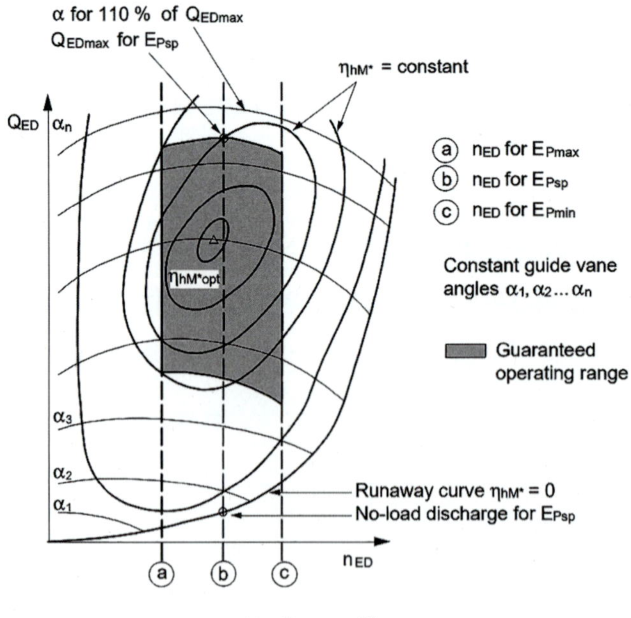

(a) Q_{ED} vs. N_{ED}

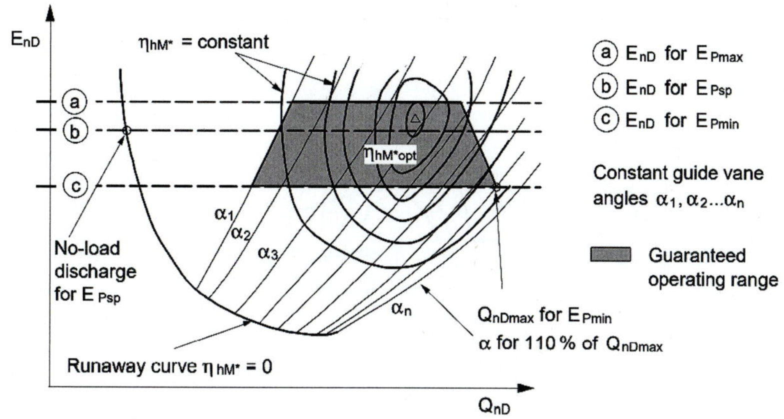

(b) E_{ED} vs. Q_{ED}

그림 **5.23** 무차원계수에 의한 프란시스수차 수력효율 특성곡선 예

자료: IEC 60193, 1999

(4) 모형시험에 의한 프란시스수차 수력효율 특성곡선

그림 5.24는 모형시험에 의한 프란시스수차 수력효율 특성곡선을 단위량을 이용하여 나타내고 있으며, 단위 회전속도 n의 변화에 따른 단위 유량 q, 단위 출력 p, 효율 η의 관계를 보이고 있다. 그림 중의 a는 가이드베인의 개도를 나타낸다. 그래프에서 n이 커지게 되면 각각의 가이드베인 개도에서 q가 약간 증가 후 다시 서서히 감소하는 경향을 나타낸다.

단위 출력 p는 단위 회전속도 n의 증가와 함께 포물선 형태로 변화하고, $n=0$ 및 $n=n_R$에서 0이 되고, $n=0\sim n_R$의 중간에 최댓값이 있다.

효율 특성곡선은 출력 특성곡선과 형태가 비슷하지만, 효율 η가 최대가 되는 단위 회전속도 n_a와 단위 출력 p가 최대가 되는 단위 회전속도 n은 일치하지 않으며, 그림 5.9의 펠턴수차 이외에는 일반적으로는 일치하지 않는다.

그림 5.25는 그림 5.24와 동일한 모형수차에 대해서 유량에 따른 프란시스수차 수력효율 특성곡선을 나타낸다. 그림 5.24에서 최고효율을 나타내는 단위 회전속도 n_a로 회전속도를 일정하게 유지하면서 유량의 변화에 따른 각 변숫값을 나타낸 것이며, 정규(최고효율) 상태에서의 각 매개변수 값을 100%로서 나타내고 있다. 실물수차는 회전속도가 일정하기 때문에, 일정한 낙차에서는 단위 회전속도 n이 일정하게 되어 이들 곡선과 상사인 특성표시 방법이 사용된다.

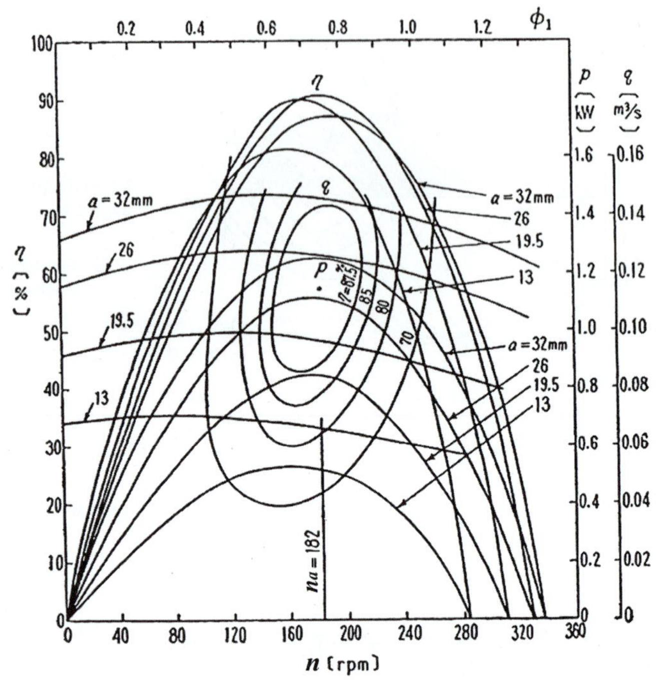

그림 **5.24** 프란시스수차 회전속도 변화에 따른 수력효율 특성곡선($n_s = 195,\ D = 0.4\ \mathrm{m}$)

자료: 石井, 1962

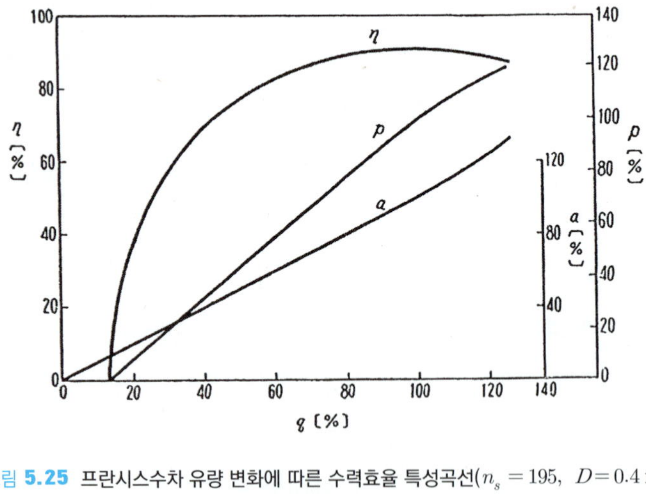

그림 **5.25** 프란시스수차 유량 변화에 따른 수력효율 특성곡선($n_s = 195,\ D = 0.4\ \mathrm{m}$)

자료: 石井, 1962

그림 5.26은 그림 5.24와 동일한 프란시스 모형수차에 대해서 가이드베인 개도 a에 따른 무구속속도 n_R의 특성곡선을 나타낸다. 단, 정규(최고효율)상태에서의 단위 회전속도 n_a 및 가이드베인 개도 a를 100%로서 표시하고 있다. 가이드베인 개도의 증가와 함께 무구속속도는 증가 후 최고효율점 가이드베인 개도 이상에서는 거의 일정한 값을 나타낸다.

저수지식 수력발전소 및 양수발전소의 경우, 수위 변화의 폭이 크기 때문에 변낙차(variable head)발전소로 되는 경우가 많기 때문에 최고와 최저의 낙차비가 2:1에 달하는 경우가 적지 않다. 낙차는 일반적으로 최고, 기준(정격) 그리고 최저의 각 낙차 $H_{\max}$, H_{nor}, 그리고 $H_{\min}$을 선택하여 계산한다.

일례로서 회전속도 N은 일정으로 하고, $H_{\max}/H_{nor} = 1.2$, $H_{nor}/H_{\min} = 1.2$인 변낙차의 경우를 생각하면, $n(H_{nor}) = n_a$, $n(H_{\max}) = n_a \times \sqrt{1.2}$, $n(H_{\min}) = n_a \div \sqrt{1.2}$로 되는 단위 속도가 된다.

그림 5.27은 그림 5.24의 프란시스수차 모형을 이 발전소에 대하여 적용한 경우이며, 단위 유량 변화에 따른 상기 3종류 낙차에서의 효율과 단위 출력을 나타낸다. 단, 단위 낙차로 환산할 때의 낙차로서는 $H_{\max}$와 $H_{\min}$은 사용하지 않고 항상 H_{nor}을 사용한다.

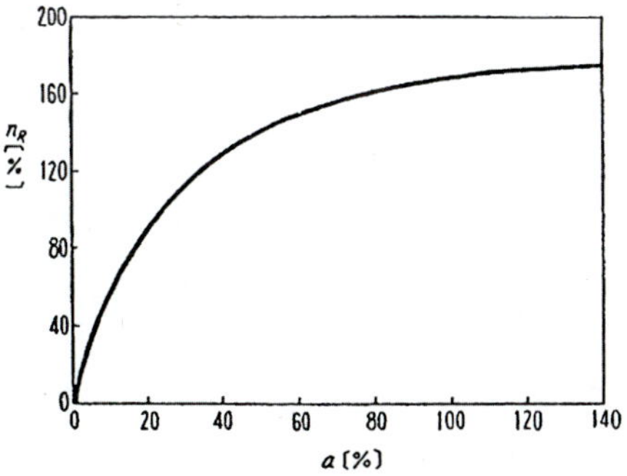

그림 **5.26** 가이드베인 개도에 따른 프란시스수차 무구속속도 특성곡선($n_s = 195$, $D = 0.4$ m)

자료: 石井, 1962

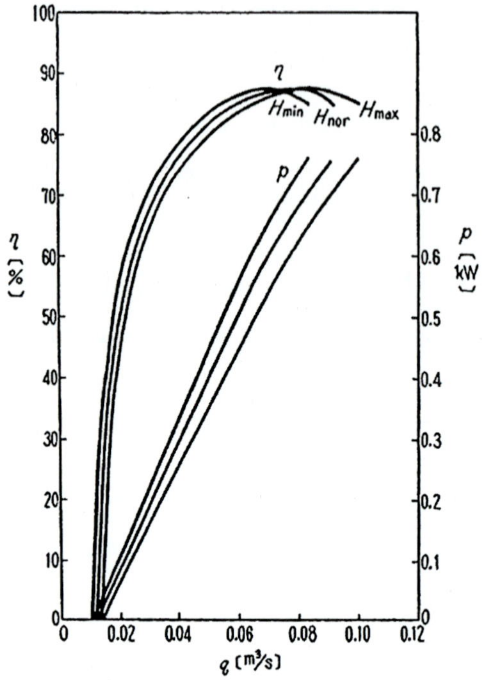

그림 **5.27** 프란시스수차 변낙차 수력효율 특성곡선($n_s = 195,\ D = 0.4$ m)

자료: 石井, 1962

5.2.3 프로펠러수차의 수력효율 특성곡선

(1) 주요 특성

여기서 수차의 특성은 다음의 세 가지 항목에 대해서 일정한 낙차의 조건이 고려되며, 단위 회전속도 N_u에 따른 단위 유량 Q_u의 변화, N_u에 따른 단위 출력 P_u의 변화 그리고 N_u에 따른 효율 η의 변화에 대해서 각각 검토한다. 특히 프로펠러수차 중 가이드베인과 러너베인의 개도에 따른 성능이 중요하므로 카플란수차와 벌브수차의 수력효율 특성을 중심으로 설명한다.

1) 유량의 변화

그림 5.28은 카플란수차의 4가지 게이트 개도에 대한 단위 속도 N_u에 따른 단위 유량 Q_u의 변화를 보여준다. 모든 경우에서 낙차는 일정하게 유지된다.

모든 게이트 개도에 대해서 속도가 증가함에 따라 유량이 증가하는 것으로 보인다. 이러한 결과는 그림 5.13의 프란시스수차에 대한 유량 - 회전속도 관계와 대조적이다. 즉, 프란시스수차에서는 속도가 증가함에 따라 유량이 감소하였다.

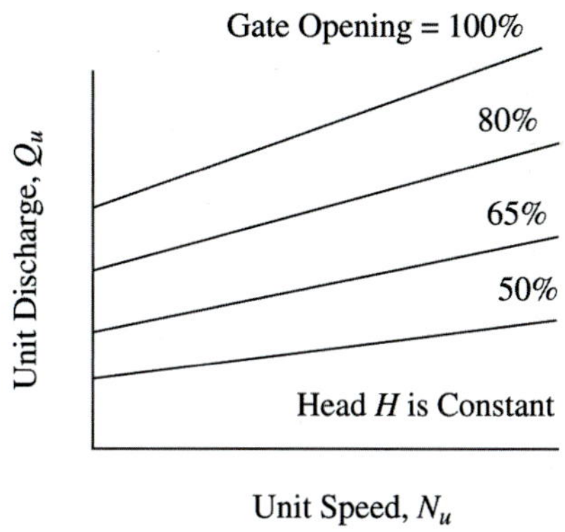

그림 **5.28** 카플란수차의 회전속도에 따른 유량의 변화

자료: Subramanya, 2013

2) 출력의 변화

그림 5.29는 카플란수차의 단위 속도 N_u와 단위 동력 P_u의 변화를 도식적으로 보여준다. 3가지 게이트 개도에 대해서 나타내고 있으며, 낙차는 모든 경우에 일정하게 유지된다. 이러한 변화는 모든 게이트 개도에 대해 포물선이며, 일반적인 경향은 프란시스수차의 경우(그림 5.14 참조)와 유사하다.

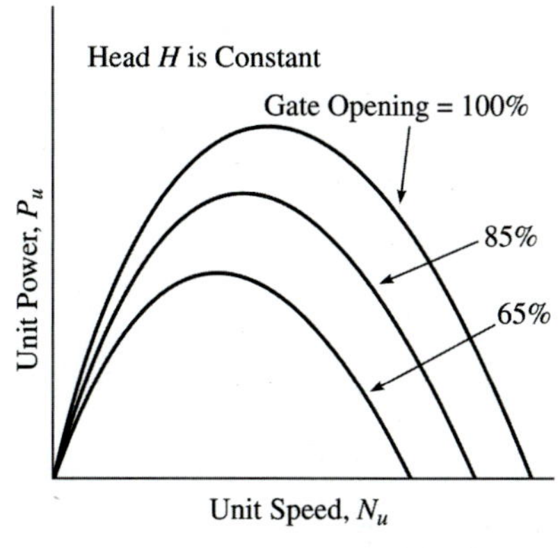

그림 **5.29** 카플란수차의 회전속도에 따른 출력의 변화

자료: Subramanya, 2013

3) 효율의 변화

그림 5.30은 일정한 낙차 운전조건하에서 카플란수차의 단위 속도 N_u에 대한 효율 η의 변화를 개략적으로 나타낸 것이다. 이러한 변화는 고려된 3가지 게이트 개도 모두에서 포물선 형상으로 나타나고 있다. 최고효율은 게이트 개도마다 다른 속도에서 발생한다. 곡선의 특성은 일반적으로 프란시스수차의 해당 곡선(그림 5.15 참조)과 유사하다.

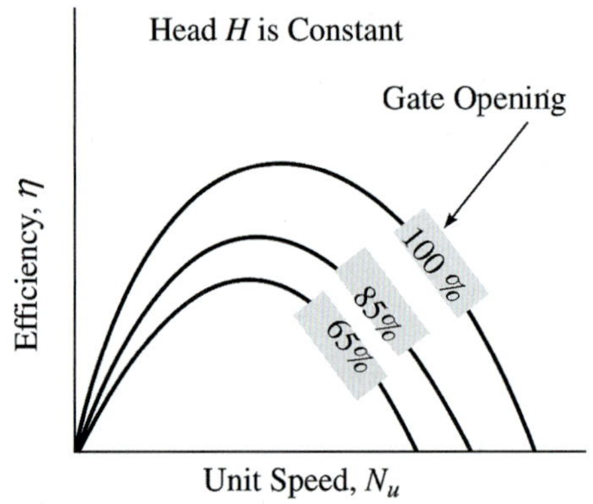

그림 **5.30** 카플란수차의 회전속도에 따른 효율의 변화

자료: Subramanya, 2013

(2) 운전 특성

1) 사전검토를 위한 축류수차 효율곡선

개별수차의 설계는 최고효율 및 인근 효율의 절댓값에 약간의 변동이 있을 수 있지만, 예비 설계의 경우 다음과 같은 정격용량에 따른 효율 변화 그래프를 일반적으로 사용한다. 그림 5.31은 횡축 좌표의 수차 정격용량(rated capacity, 최대출력상태) 백분율에 따른 종축 좌표의 축류수차(카플란, 준(semi-)카플란 그리고 프로펠러수차) 예상 전정격효율(overall rated efficiency)의 변화를 나타내며, 각 수차 종류별 러너베인 및 가이드베인의 작동기구는 그림 4.43의 가동익 또는 고정익의 조합 ①, ②, ③과 같다. 그림 5.31 그래프의 각 수차 형식별 효율은 러너 외경 D_1=300 [mm] 모형수차의 성능시험 결과로부터 얻어진 모형수차의 정격효율에 표 5.6의 축적비에 따른 성능환산 정격효율 부가 증대값이 더해진 결과이다. 표 5.6에서 얻은 값은 정격효율의 백분율이며, 설계낙차에서의 설계점 최고효율은 약 2~5% 더 높다.

그림 5.31의 결과로부터 다음의 사항을 확인할 수 있다.

- 100% 수차 정격용량에서 정격효율은 약 88%(부가 증대값 포함)이다. 즉, 그림 5.31의 축소모형(D_1=300 [mm])에 대한 정격효율 값과 시작품 축적비에 따른 부가 증대값을 합하여 실물수차의 정격(기준)효율 값이 된다.
- 최고 정격효율은 90%이며 정격용량의 78~95% 범위에서 발생한다.
- 카플란수차의 효율곡선은 러너베인과 가이드베인의 개도에 대한 이중제어 시스템 덕분에 넓고 평평한 혹 형상의 최고효율 범위를 가지고 있다. 90%의 최고 정격효율 값은 정격용량의 78~95% 범위에서 일정하다.
- 고정 러너베인 프로펠러수차(가동 가이드베인)의 효율곡선은 유량의 증가와 함께 급상승하여 최고효율점 이후에도 매우 급하게 하강한다. 최고효율 값은 95% 정격용량에서 발생하며, 카플란수차에 비하여 상대적으로 좁은 최고효율 값 범위를 가진다.
- 준카플란수차는 러너베인 가동, 가이드베인 고정인 형식이며, 카플란수차와 고정 러너베인 프로펠러수차 사이의 중간 효율곡선을 가지고 있다.
- 25%의 정격용량에서도 정격효율 값이 84%인 카플란수차가 최고의 효율곡선을 이루고 있다. 이와 비교하여 고정 러너베인 프로펠러수차는 정격용량 50%에서 70%의 정격효율 값을 갖는다. 준카플란수차는 위의 두 가지 수차 형식의 중간에 위치하는 수력효율 특성곡선을 가지고 있다.

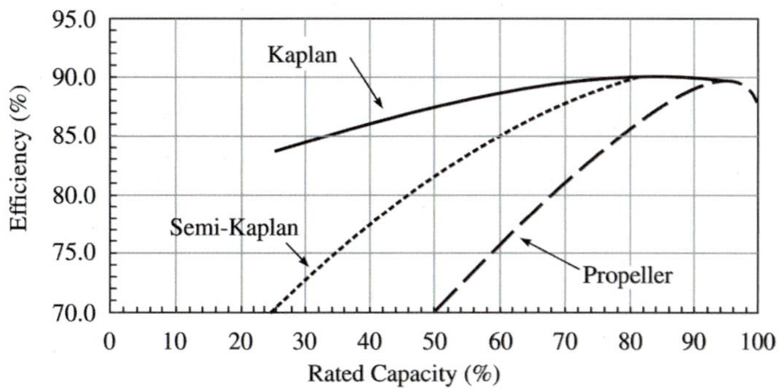

그림 **5.31** 축류의 정격용량에 따른 정격효율의 변화(D_1=300 [mm])

자료: Subramanya, 2013

표 **5.6** 성능환산 시 축적에 따른 효율의 부가 증대값

러너 직경 D_1 [mm]	300	600	900	1200	1800	2400	3000
효율 부가 증대값	1.00	1.10	2.10	2.50	3.30	3.70	4.00

표 5.6의 효율 부가 증대값은 그림 5.31의 효율에 더해짐
자료: Subramanya, 2013

2) 성능곡선

그림 5.32는 카플란수차의 성능곡선을 보이고 있으며, 종축 좌표에 유량 Q(정격유량 Q_r의 백분율), 횡축 좌표에 발전기 용량 P_g(정격 발전기 용량 P_{gr}의 백분율)로써 표시한다. 발전기 용량은 발전기에 의해 생성된 전력을 의미한다. 발전기 용량은 수차 용량에 발전기 효율을 곱하여 구한다. 세 번째 파라미터는 운전낙차 H(정격낙차 H_r의 백분율)이다. 예를 들면 그림 5.32의 $H = 0.65H_r$ 및 $H = 1.40H_r$과 같은 낙차 H의 경계선은 일반적인 수력분야 보증기준(industry guarantee standards) 내에서 만족스러운 운전의 한계를 나타낸다. 위쪽 경계선은 최대 권장 용량을 정격용량의 백분율로 나타낸다. 아래쪽 경계선은 안정적인 운전의 한계를 나타낸다. 우측 경계는 115% 정격용량의 발전기 보증에서 설정된다. 범위 내 영역은 이러한 수차의 실행 가능한 운전 공간을 나타낸다. 낙차 운전경계($0.65H_r \sim 1.40H_r$)는 일반적인 값이다. 이러한 곡선은 다수의 설치 데이터를 기반으로 개발되었으며, 따라서 일반적인 평균 성능을 나타낼 것으로 예상된다.

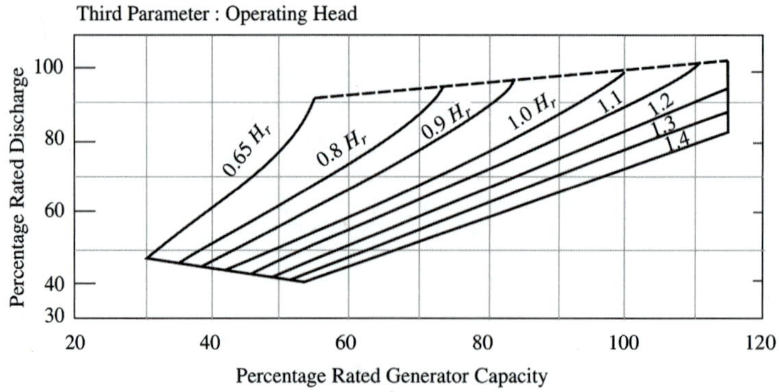

그림 **5.32** 카플란수차의 성능곡선
자료: Subramanya, 2013

3) 등효율곡선

그림 5.33은 일반적인 프로펠러수차의 등효율곡선을 보이고 있다. 이 도표에서 종축 좌표는 단위 유량의 비율이고, 횡축 좌표는 단위 속도 비율이다. 가이드베인 개도율 s는 세 번째 매개변수이다. 이 등효율곡선은 모든 운전조건과 가이드베인 개도율에 대한 최대효율을 보여준다. 또한 각 가이드베인 개도율에서 최대효율을 내는 회전속도와 무구속속도를 등효율곡선에서 확인할 수 있다.

그림 5.34는 카플란수차의 광범위한 운전낙차에 대한 일반화된 등효율곡선을 나타낸다. 종축 좌표는 설계낙차의 백분율이고, 횡축 좌표는 설계유량의 백분율이다. 효율은 등효율곡선에서 세 번째 매개변수이다. 이중제어 시스템 덕분에 최고효율이 비교적 넓은 낙차 및 유량 범위에 걸쳐서 분산된다. 카플란수차는 설계낙차의 65%~125%와 설계유량의 25%~95% 범위에서 80% 이상의 우수한 효율로 운전할 수 있음을 확인할 수 있다. 그래프에 표시된 수차의 최고효율은 92%이다.

또한 그림 5.35는 벌브수차의 이중단위량 N_{11}과 Q_{11}에 의한 등효율곡선을 보이고 있다. 네 번째 및 다섯 번째 매개변수로써 가이드베인 개도 α와 러너베인 개도 β에 따른 수차효율 변화를 잘 확인할 수 있다.

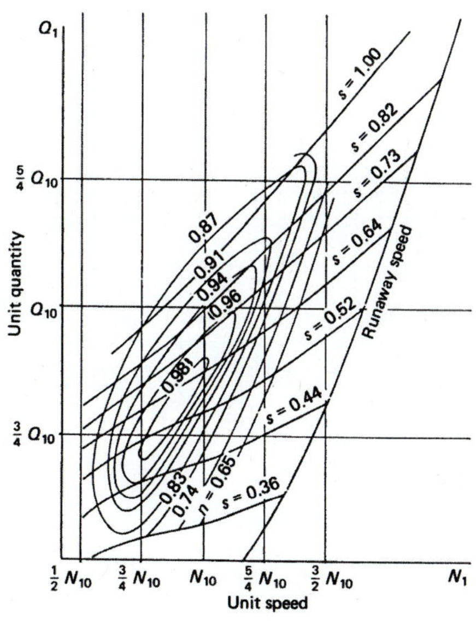

그림 5.33 일반적인 프로펠러수차의 등효율곡선
자료: Laughon, 2003

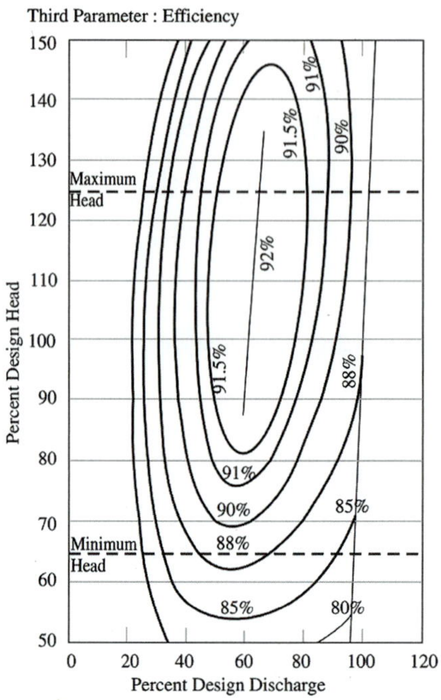

그림 5.34 카플란수차의 일반화된 등효율곡선

자료: Subramanya, 2013

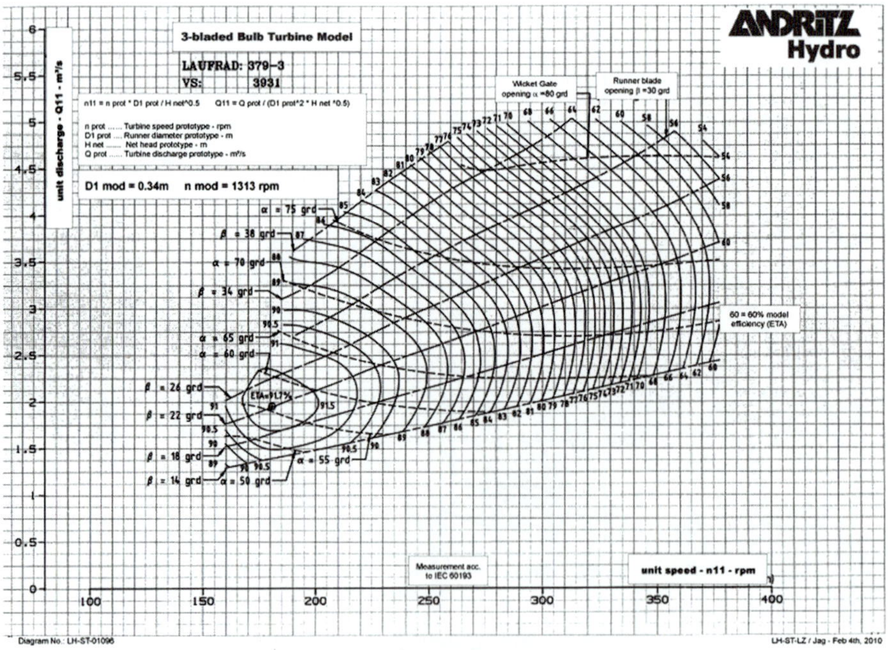

그림 5.35 벌브수차의 이중단위량 N_{11} 및 Q_{11}에 의한 등효율곡선 예

자료: Aggidis, 2013

(3) 모형시험에 의한 프로펠러수차 수력효율 특성곡선

그림 5.36은 가동익 프로펠러수차의 회전속도 변화에 따른 수력효율 특성곡선을 나타낸다. 그림 중의 a [mm]는 프로펠러수차의 가이드베인 개도, θ [°]는 러너베인 각도이다. 단위 회전속도 n의 증가와 함께 단위 유량 q는 각 가이드베인 개도에서 비례적으로 증가한다. 단위 회전속도 n과 단위 출력 p의 관계는 거의 포물선에 가까우며, 단위 출력 p는 단위 회전속도 $n=0$ 및 $n=n_R$에서 0이 되고, $n=0 \sim n_R$의 중간에 최댓값이 존재한다. 효율과 단위 회전속도의 관계는 단위 출력과 단위 회전속도의 관계와 곡선 형태가 비슷하지만, 효율이 최대가 되는 단위 회전속도와 단위 출력이 최대가 되는 단위 회전속도는 일치하지 않는다.

그림 5.37에 가동익 프로펠러수차의 유량 변화에 따른 수력효율 특성곡선을 보이고 있다. 그림 5.36의 최고효율점 단위 회전속도 n_a에서 유량의 변화에 따른 각 변숫값을 나타낸 것이며, 최고효율점 운전상태에서의 각 매개변수 값을 100%로서 나타내고 있다.

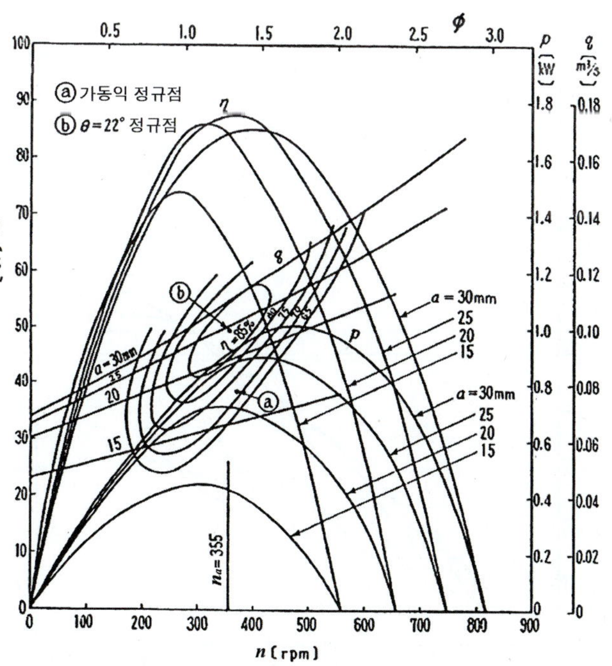

그림 5.36 가동익 프로펠러수차의 회전속도 변화에 따른 수력효율 특성곡선($n_s=300$, $D=0.308$ m, $\theta=22°$)

자료: 石井, 1962

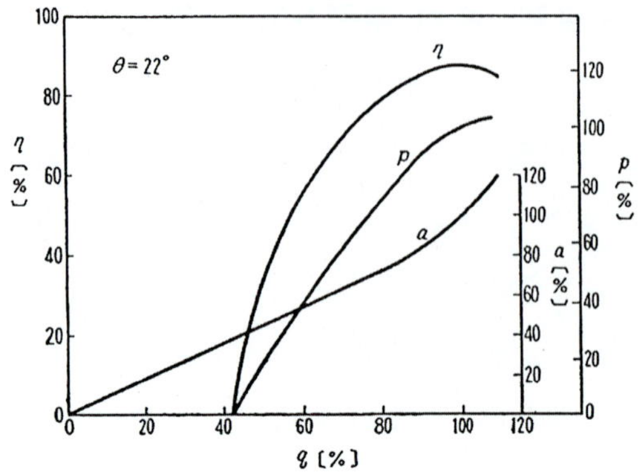

그림 **5.37** 가동익 프로펠러수차의 유량 변화에 따른 수력효율 특성곡선($n_s=300,\ D=0.308\ \mathrm{m},\ \theta=22^\circ$)

자료: 石井, 1962

충동수차인 펠턴수차의 경우, 효율 η는 부하에 따른 노즐 수를 제어함에 따라서 넓은 범위의 유량에 걸쳐서 양호한 효율을 나타낸다. 반동수차의 경우, 프란시스수차에서는 고

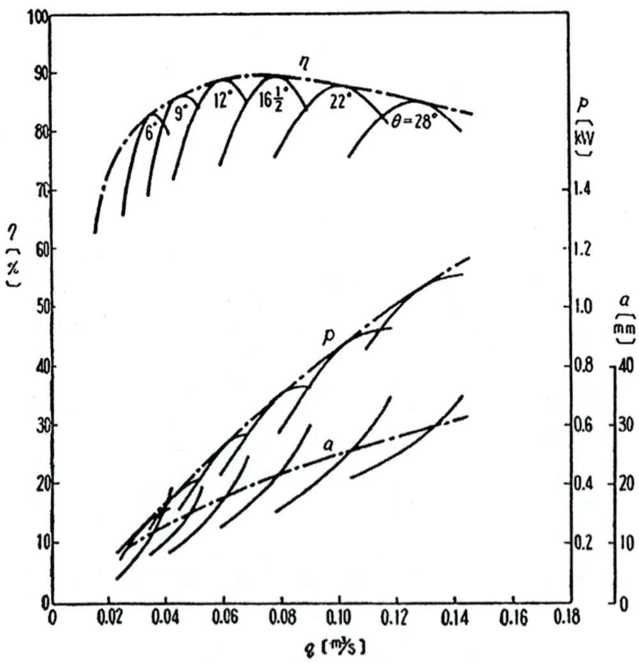

그림 **5.38** 가동익 프로펠러수차의 유량 변화에 따른 온캠(on-cam) 수력효율 특성곡선($n_s=300,\ D=0.308\ \mathrm{m},\ \theta=22^\circ$)

자료: 石井, 1962

비속도로 갈수록 저유량 범위에서 효율이 나빠지는 경향이 강하게 나타난다. 프로펠러수차에서도 고정익을 사용할 경우에 그림 5.37과 같이 러너베인을 고정함에 따라서 제한된 유량 범위, 즉 최고효율점 유량 부근에서만 설계효율을 달성할 뿐 그 범위를 벗어날 경우 효율이 매우 나빠지게 된다.

그러나 그림 5.38에서와 같이 프로펠러수차에서 가동익을 채용할 경우, 즉 카플란수차에서는 부하에 따라서 최적의 러너베인 및 가이드베인 각도를 설정함에 따라 상대적으로 매우 넓은 유량 범위에서 고효율을 달성할 수 있다. 이러한 가동익을 적용한 효율곡선을 포락선(envelope curve)이라고 한다. 이 운전은 cam 기구에 의해서 시행하기 때문에 기구를 연동하고 있을 때를 온캠(on-cam)상태, 연동하고 있지 않을 때를 오프캠(off-cam)상태라고 한다.

그림 5.36은 러너베인을 고정하고 가이드베인 각도를 변화시켰을 경우의 회전속도에 따른 각 효율곡선을 보이고 있지만, 그림 5.39는 러너베인 각도와 가이드베인 각도를 모두 변화시켰을 때의 가동익 프로펠러수차(또는 카플란수차)에 대한 등효율곡선을 보이고 있다. 그림 5.36의 러너베인 각도를 θ=22°로 고정한 경우와 비교해보면 그림 5.39에서는 단

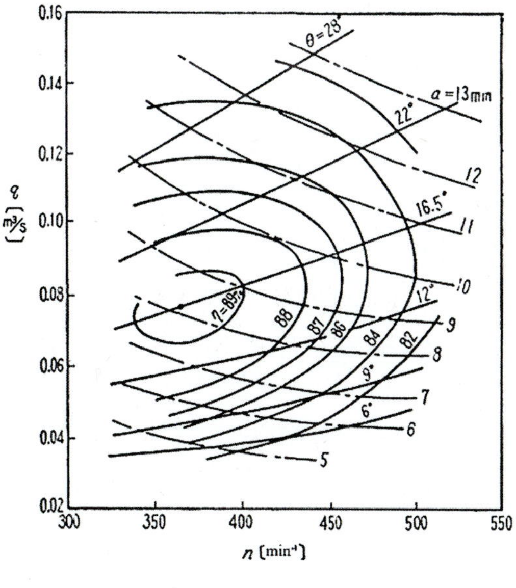

그림 **5.39** 가동익 프로펠러수차의 회전속도 변화에 따른 등효율곡선($n_s = 300$, $D = 0.308$ m, $\theta = 22°$)

자료: 石井, 1962

위 유량에 대해서뿐만 아니라 단위 회전속도에 대해서도 넓은 범위에 걸쳐서 양호한 효율을 나타내고 있다. 따라서 이러한 특징으로부터 가동익 프로펠러수차는 유량과 회전속도가 변하는 경우뿐만이 아니라, 식 (5.36)과 식 (5.38)에서 낙차와 단위 유량 및 단위 회전속도의 관계로부터 낙차가 변하는 경우에서도 유리하다는 것을 알 수 있다.

그림 5.40은 그림 5.36에서와 동일한 모형수차를 적용하여 가동익 프로펠러수차의 가이드베인 개도 변화에 따른 무구속속도 특성곡선을 나타내고 있다. 단, 무구속속도 100%는 최고효율점에서의 단위 속도 n_a를 의미한다. 무구속속도는 가이드베인 개도 a에 따라서 증가하며, 그림 5.40에서는 가동익 프로펠러수차의 러너베인 각도가 $\theta = 9^\circ \sim 12^\circ$ 사이에서 무구속속도 n_R이 최대가 된다. 가장 양호한 운전조건을 위한 러너베인 각도 θ와 가이드베인 개도 a의 관계는 그림 중의 쇄선과 같이 된다. 따라서 온캠(on-cam)상태로 있는 한은 이 쇄선 이상으로는 되지 않지만, 특별한 사정으로 인하여 오프캠(off-cam)상태로 있을 때에는 사고가 생겨서 무구속속도 상태로 빠져들 수도 있기 때문에 수차와 발전기의 강도 설계는 오프캠 상태의 무구속속도 n_R을 대상으로 한다.

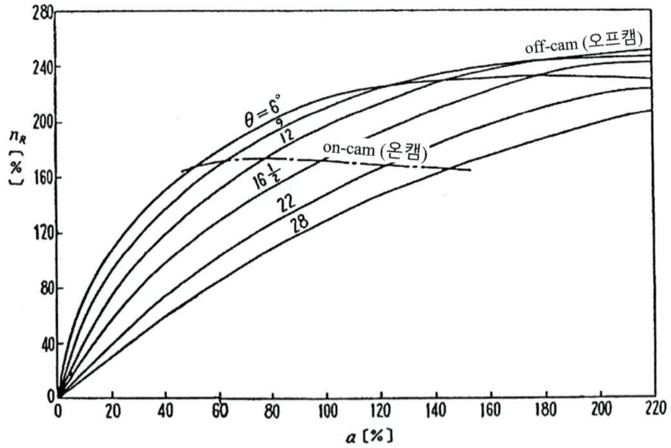

그림 5.40 가동익 프로펠러수차의 가이드베인 개도 변화에 따른 무구속속도 특성곡선($n_s = 300$, $D = 0.308$ m, $\theta = 22^\circ$)

자료: 石井, 1962

5.2.4 펌프수차의 수력효율 특성곡선

(1) 프란시스형 펌프수차

1) 수력 특성곡선

그림 5.41과 그림 5.42에 축소모형 성능시험에 의한 프란시스형 펌프수차 수력 특성곡선의 예를 나타냈다. 그림 5.41은 펌프모드 운전 시 유량 특성(횡축), 그림 5.42는 수차모드 운전 시 속도 특성(횡축)이다. 양 특성에서 곡선의 형상은 그림 5.41이 단위 회전속도 n을 일정하게 하고 낙차 H을 바꾼 경우, 그림 5.42가 낙차 H를 일정하게 하고 단위 회전속도 n을 바꾼 경우에 해당한다. 그림 5.41의 표현은 일반적으로 펌프 특성의 정리에 사용되고, 그림 5.42의 표현은 일반적으로 수차 특성의 정리에 사용된다.

단, H [m]는 양정(펌프모드 운전 시)과 낙차(수차모드 운전 시), Q [m^3/s]는 유량, P [kW]는 입력(펌프모드 운전 시)과 출력(수차모드 운전 시), N [min^{-1}]은 회전속도(펌프모드 운전 시와 수차모드 운전 시에 서로 역방향), η는 효율(펌프모드 운전 시는 $=9.8QH/P$, 수차모드 운전 시는 $=P/9.8QH$), a는 가이드베인의 개도, σ는 캐비테이션계수이다.

또한 $\bar{h}=H/n^2$, $\bar{p}=P/n^2$, $\bar{q}=Q/n$, $p=P/H^{\frac{3}{2}}$, $q=Q/H^{\frac{1}{2}}$, $n=n/H^{\frac{3}{2}}$ 이다. 그림 5.41과 그림 5.42에서 가는 선은 가이드베인 개도 a를 고정한 경우, 굵은 선은 a를 움직여서 효율이 가장 좋게 되도록 운전한 경우의 특성을 나타내며, 펌프수차 수력 특성의 전반적인 경향은 동일한 비속도 n_s에서도 설계조건에 의해서 상당히 큰 폭으로 변한다는 것을 알 수 있다. 즉, 식 (5.40)의 펌프수차 비속도 n_s는 기본적이고 일반적인 성능을 나타내지만, 펌프수차의 세부 설계조건(예를 들면 가이드베인 개도 등)에 따른 운전조건의 변화에 의해 펌프수차의 수력 특성이 변할 수 있다는 것이다.

$$n_s=\frac{N\sqrt{Q}}{H^{\frac{3}{4}}}\ \ [\text{m-m}^3/\text{s}] \tag{5.40}$$

한편, 그림 5.41과 그림 5.42에는 단위 유량 $\bar{q}$와 단위 회전속도 n의 변화와 함께 가이드베인 개도 a를 변화 시 임계 캐비테이션계수 σ_c가 변화함을 알 수 있다. 캐비테이션계수 σ의 정의는 펌프모드 및 수차모드 운전 시에 공통으로 $\sigma=(H_a-H_v-H_s)/H$를 사용

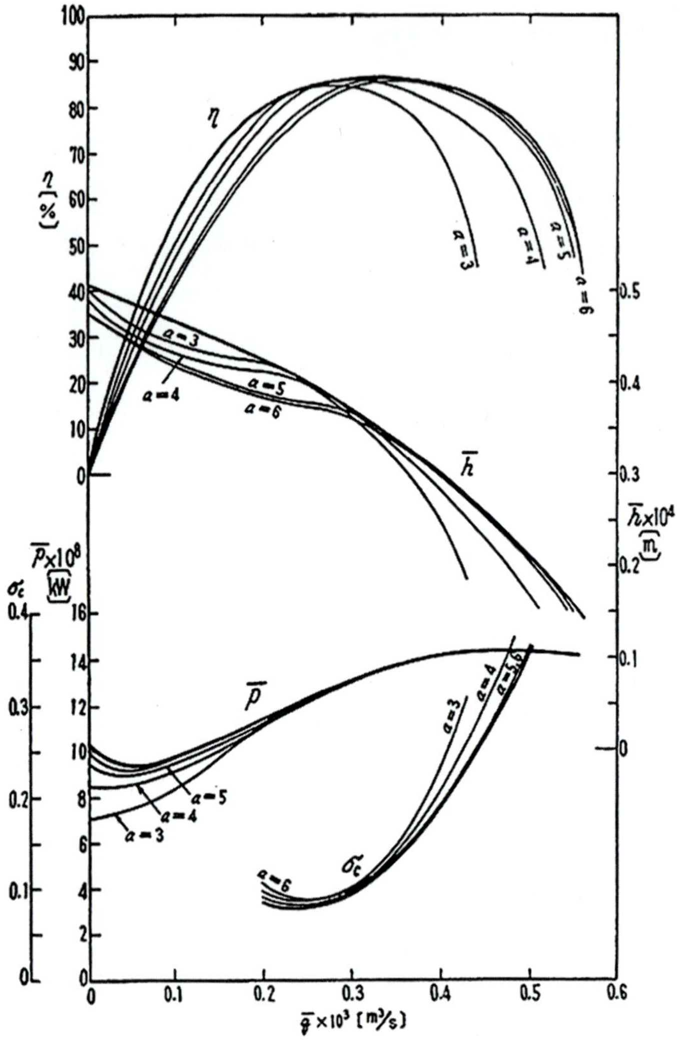

그림 **5.41** 프란시스형 펌프수차의 펌프모드 수력 특성곡선 예(러너 고압 측 직경 D=300 mm)

자료: 石井, 1962

한다. 단, H_a [m]는 대기압, H_v [m]는 포화증기압, H_s [m]는 흡출수두이다. 펌프운전 시에도 수차운전 시의 경우와 마찬가지로 캐비테이션이 어느 정도 이상 발생하면, 그림 5.43의 예와 같이 H, $\eta \sim Q$ 곡선이 급하게 하락한다. 단위 회전속도 n 이 일정하면 H_s가 클수록 캐비테이션이 생기기 쉽고 작은 Q에서 곡선이 급락하지만, 급락하는 점에서의 캐비테이션계수 σ를 임계 캐비테이션계수 σ_c로 하면 $\sigma_c \sim Q$는 그림 5.43에 나타낸 것과 같이 된다.

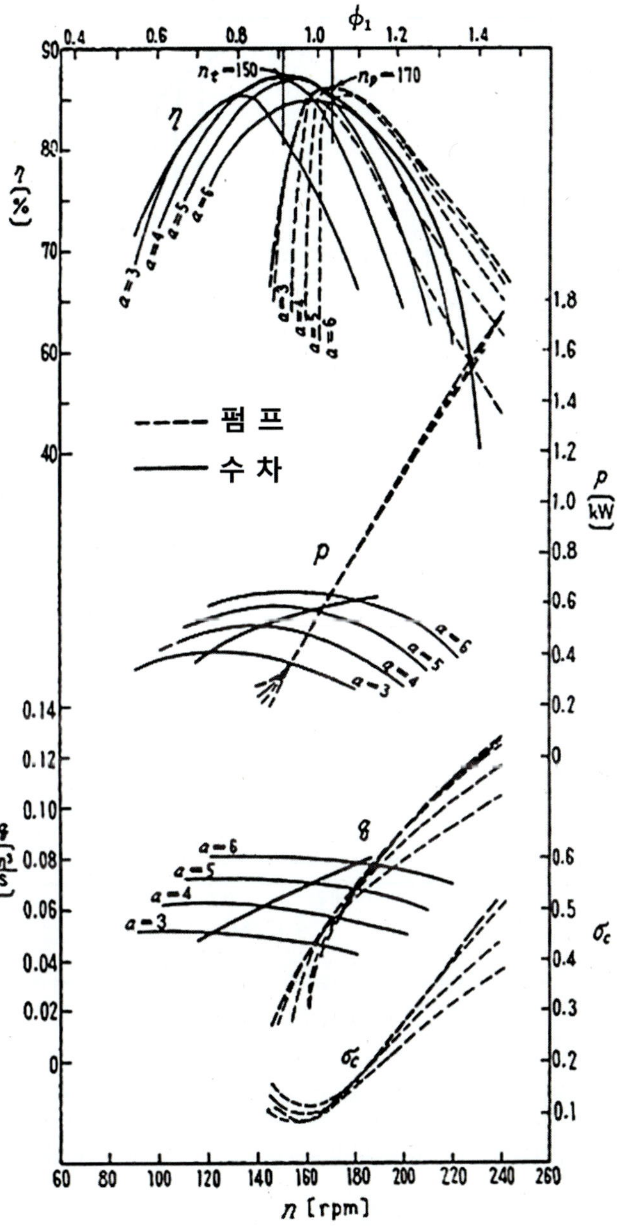

그림 **5.42** 프란시스형 펌프수차의 수차모드 수력 특성곡선 예(러너 고압 측 직경 D=300 mm)

자료: 石井, 1962

양정/낙차 H, 유량 Q와 회전속도 N이 같다면, 수차모드 운전 시보다 펌프모드 운전 시에 훨씬 더 캐비테이션이 생기기 쉽다. 따라서 펌프수차의 설치 높이(흡출수두 H_s와 같다)

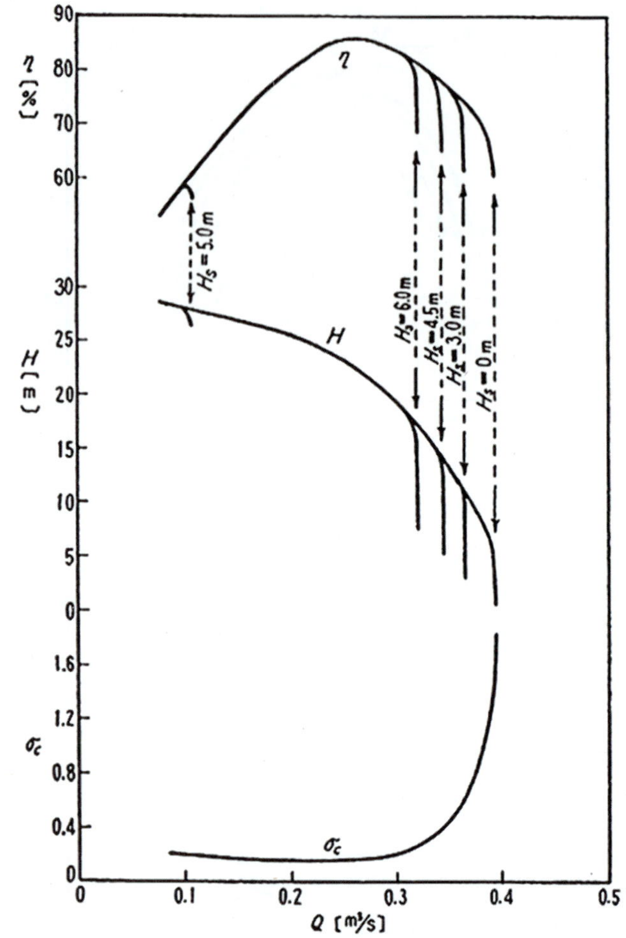

그림 5.43 펌프모드 운전 시의 H, η, $\sigma_c \sim Q$의 수력 특성곡선 예

자료: 石井, 1962

는 펌프모드 운전 시의 캐비테이션 특성을 기준으로 하여 정해야 한다.

그림 5.44에 일반적인 펌프의 정규운전(최고효율점) 상태에서의 캐비테이션계수 σ_a에 대한 σ_c와 n_s의 관계를 나타낸다. 이 σ_c에 대해서 그림에서 나타낸 σ_a를 구하여 설치 높이를

$$H_{sa} = H_a - H_v - \sigma_a H \tag{5.41}$$

로 구하면 거의 안전하다. 단, 이 예는 낙차 H가 변하지 않는 경우의 펌프에 관한 것이므로, H가 변하는 경우의 펌프수차에 대해서는 일단 참고로만 한다.

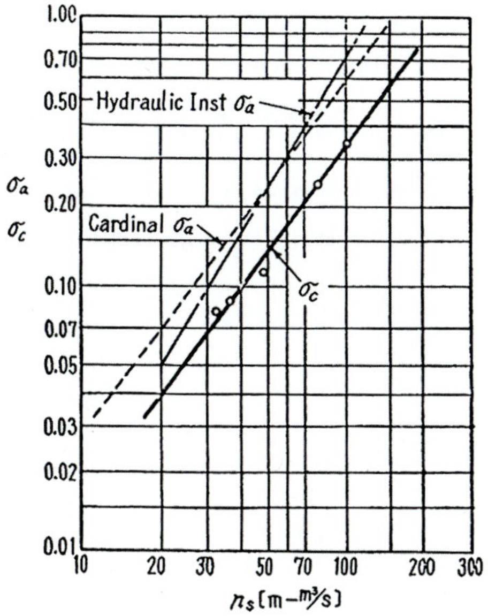

그림 5.44 프란시스형 펌프의 $\sigma_{c,}\ \sigma_a \sim n_s$ 예

자료: 石井, 1962

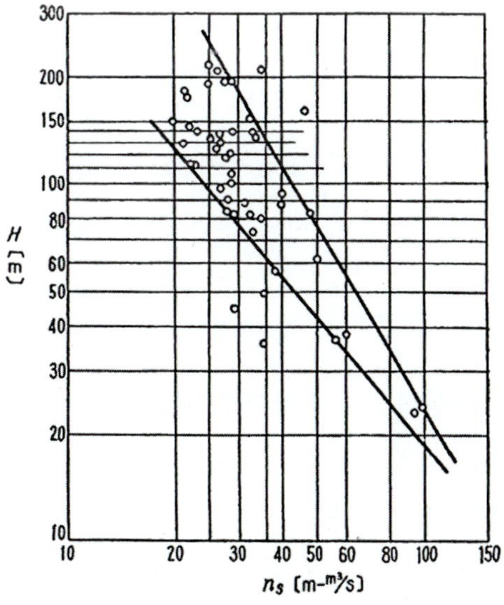

그림 5.45 양수발전소용 펌프의 양정 H와 비속도 n_s의 관계

자료: 石井, 1962

그림 5.45는 양수발전소용 펌프의 양정 H와 비속도 n_s의 관계를 나타낸다. 여기서 양정 H는 각 비속도에서 일정한 범위 이내에 위치함을 알 수 있으며, 이것은 그림 5.44의 임계 캐비테이션계수 σ_c 이내 즉, 정규운전상태의 캐비테이션계수 σ_a를 기준으로 식 (5.41)에서 설치 높이 H_{sa}를 구하여 양정 H를 구한 값이기 때문이다. 따라서 펌프수차의 양정 H는 펌프모드 운전 시 캐비테이션이 발생하지 않는 조건을 만족하는 범위 내에서 정해진다.

2) 회전속도 선정방법

그림 5.42에서 알 수 있듯이 일반적으로 펌프효율이 최고로 되는 단위 회전속도 n_p와 수차효율이 최고로 되는 단위 회전속도 n_t는 일치하지 않는다. 이 예에서 $n_p = 170$, $n_t = 150$, $n_t/n_p = 0.88$이다.

지금 러너 입구(수차로서의) 직경을 D_1 [m], 그 위치의 주속을 u_1 [m/s]로 하면, 주속도계수 ϕ_1은

$$\phi_1 = u_1/\sqrt{2gH} = 84.6ND_1 \tag{5.42}$$

이다. 그림 5.42의 경우는 D_1 =0.61 m이므로, n_p와 n_t에 해당하는 ϕ_1은 $\phi_p = 1.04$, $\phi_t = 0.91$ 이다. 이 ϕ_t는 일반적인 수차의 ϕ_1= 0.65～0.75 에 비해서 약 35% 큰 값이다.

다음으로 펌프모드와 수차모드 운전 시의 단위 회전속도인 n_p와 n_t가 서로 일치하지 않는 이유를 생각해 보자.

첫째, 만약 펌프수차가 이상적으로 만들어져 있고 내부에서 수력손실이 전혀 없으며, 흐름이 완전히 가역적이라고 가정하여 회전속도 N에서의 펌프모드 운전으로 양정 H일 때의 최고효율 η_p가 얻어진다면, 낙차 H에서의 수차모드 운전에서 최고효율 η_t가 얻어지는 것은 당연히 동일한 회전속도 N일 때일 것이다. 즉,

$$n_p = \frac{N}{\sqrt{H}},\ n_t = \frac{N}{\sqrt{H}},\quad n_p = n_t,\ \eta_p = \eta_t = 1 \tag{5.43}$$

로 된다.

둘째, 실제로는 상기 첫째에서 가정한 것과 같은 흐름은 성립하지 않는다. 따라서 단위 회전속도 n 에서의 펌프모드 운전에서는 양정 $H-\Delta H_p$일 때에 최고효율 η_p가 얻어지고, 낙차 $H+\Delta H_t$에서 수차모드 운전을 해야만 단위 회전속도 n 에서 최고효율 η_t가 얻어진다. 단, ΔH_p, $\Delta H_t > 0$ 이다. 즉,

$$n_p = \frac{N}{\sqrt{H-\Delta H_p}},\ n_t = \frac{N}{\sqrt{H+\Delta H_t}},\ \frac{n_t}{n_p} = \sqrt{\frac{1-\Delta H_p/H}{1+\Delta H_t/H}} \tag{5.44}$$

로 된다. 만약 펌프운전 시와 수차운전 시에 수력손실이 마찰손실만 있다고 하면,

$$\frac{n_t}{n_p} \fallingdotseq \sqrt{\eta_p \eta_t} \tag{5.45}$$

로 된다.

셋째, 첫 번째와 두 번째의 운전조건은 펌프운전 시와 수차운선 시에 수로의 모양이 변하지 않는 경우, 즉 가이드베인 개도 a가 일정인 경우이다. 가이드베인 개도 a를 변화시킴에 따라서 n_t와 n_p는 가까워 질 수 있다. 일반적으로 a를 변화시켰을 경우에 $n_t/n_p = 0.92 \sim 0.86$ 정도이다.

이상은 펌프수차 내에서 생기는 문제이지만, 펌프수차 외부에서도 일어나는 동일한 한 가지의 문제가 있다. 바로 도수관 내의 마찰손실이다. 지금 발전소의 총 양정/낙차를 H_g [m], 마찰손실 수두를 H_f [m](펌프모드 운전 시와 수차모드 운전 시에 변하지 않는 것으로 함)로 하면, 펌프모드 운전 시의 양정은 $H_g + H_f$, 수차모드 운전 시의 낙차는 $H_g - H_f$으로 된다. 따라서 펌프모드 운전 시에 최고효율을 발휘하는 회전속도는 $N_p = n_p\sqrt{H_g + H_f}$, 수차모드 운전 시에 최고효율을 발휘하는 속도는 $N_t = n_t\sqrt{H_g - H_f}$ 이다. 따라서

$$\frac{N_t}{N_p} = \frac{n_t}{n_p}\sqrt{\frac{1-H_f/H_g}{1+H_f/H_g}} \tag{5.46}$$

로 된다. $H_f/H_g = 0.03 \sim 0.06$ 이므로 $N_t/N_p \fallingdotseq 0.90 \sim 0.80$ 정도로 된다.

펌프수차에는 1속도형과 2속도형이 있다. 펌프모드 운전 시와 수차모드 운전 시의 회전속도를 N_P [min^{-1}]와 N_T [min^{-1}]로 하면 1속도형에서는 $N_P = N_T$로 하고, 2속도형에서는 $N_T/N_P \fallingdotseq N_t/N_p = 0.90 \sim 0.80$로 한다.

2속도형에서의 속도변환은 발전전동기의 극수변환에 의해 실시된다. 펌프수차는 거의 가격을 변화시키지 않아도 2속도형으로 바뀔 수 있지만, 발전전동기는 2속도형으로 하면 5～30% 고가로 된다.

2속도형 펌프수차에서 2종류의 속도는 반드시 펌프모드 운전과 수차모드 운전에 전용으로 1속도씩 분배할 필요는 없다. 펌프수차 적용 지점에는 양정·낙차의 변동 폭이 큰 것이 많으므로 양정·낙차가 높을 때는 고속 운전을 하고 낮을 때에는 저속 운전을 하여 펌프모드 운전 시와 수차모드 운전 시의 효율 향상과 캐비테이션의 억제를 도모할 수도 있다. 속도의 전환점은 발전소의 조건과 펌프수차의 특성을 종합적으로 검토하여 정해야 한다.

그림 5.46에 그림 5.41의 펌프수차를 $N = 900$ min^{-1}과 $N = 1000$ min^{-1}에서 운전하는 경우의 수력 특성 예를 나타낸다. 단, $H_{sc} = \sigma_c H$이고 이 흡출수두에서 σ_c로 되는 것을 의미하고 있다.

한편, 최근에는 양수발전시스템에서 발전전동기를 가변속으로 적용하는 경우가 대부분이며, 펌프모드 및 수차모드 운전 시 운전범위를 더욱 넓게 확대할 수 있게 되었다. 가변속 양수발전시스템에 대해서는 제9장에서 다시 상세하게 설명한다.

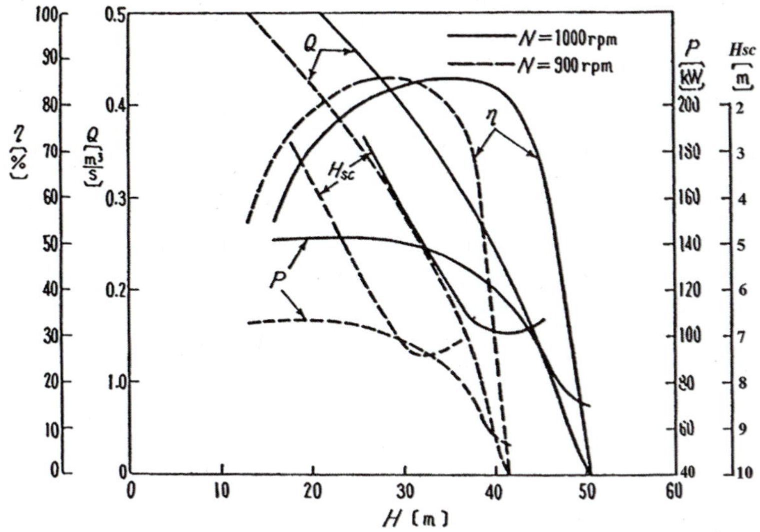

(a) 펌프모드 운전 특성

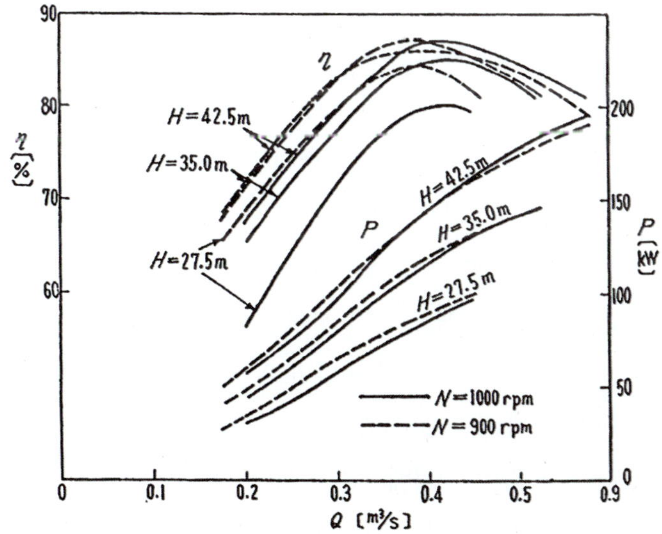

(b) 수차모드 운전 특성

그림 5.46 프란시스형 펌프수차의 2속도 특성의 예

자료: 石井, 1962

(2) 사류 프로펠러형 펌프수차

그림 5.47~그림 5.49는 사류 프로펠러형 펌프수차 축소모형에 의한 수력효율 특성곡선

일부 예를 보이고 있다. 그림에 나타낸 것은 가이드베인 개도를 일정하게 고정하고 러너베인 개도각 θ [°]만을 변화시켰을 때의 효율 특성이다. 사용하고 있는 기호는 프란시스형의 경우와 같은 의미이다.

그림 5.50은 사류 프로펠러형 펌프수차와 프란시스형 펌프수차의 수력효율 특성에 대한 전반적인 비교 예이다. 이 예는 사류 프로펠러형의 경우 가이드베인과 러너베인을 함께 가동하고, 프란시스형에서는 가이드베인만 가동한 경우이다. 그림 5.50의 사선부는 80% 이상의 효율로 운전 가능한 범위를 나타내고 있다. 실제의 완전 운전가능 범위는 그림에서 나타낸 바와 같이 캐비테이션, 발전전동기의 출력과 가이드베인 개도 등에 따른 한계가 있다.

사류 프로펠러형 펌프수차의 수력 특성에서 특징은 다음과 같다.

- 러너베인이 가동익이므로 프란시스형에 비하여 광범위한 양정/낙차와 유량의 변화에 대하여 양호한 효율을 얻을 수 있다. 이러한 이점은 수차모드 운전 시보다도 펌프모드 운전 시에 두드러지게 나타난다.
- 프란시스형에서는 펌프모드 운전 시와 수차모드 운전 시의 최고효율을 발휘하는 주속도계수 ϕ가 다르다. 사류 프로펠러형에서는 그림 2.167에 나타낸 것과 같이 러너베인 회전축 $Y-Y$를 중심으로 회전함에 따라 러너 외경 D_1을 바꿀 수 있으므로 이러한 어려움이 상당히 완화될 수 있다. 즉, 펌프모드 운전 시에는 러너베인 개도를 상대적으로 크게 하고, 수차모드 운전 시에는 러너베인 개도를 상대적으로 작게 하면 된다. 이것은 식 (5.42)와 관련하여 말하면 N 대신에 D를 바꾸고 펌프모드 운전 시와 수차모드 운전 시에 각각에 적합한 주속도계수 ϕ의 값이 되도록 하는 것이다.
- 그림 2.165(b)에서와 같이 러너베인을 폐쇄한 경우에 러너베인이 얇은 우산 모양의 판 형상이 되도록 설계하는 것도 가능하다. 이렇게 하면 펌프모드 운전 시의 체절입력이 상당히 작아지고 물이 있는 그대로 기동하여도 기동 토크는 아주 작게 된다. 따라서 프란시스형의 경우와 같은 기동 시의 문제는 없어진다. 또한 이러한 장점을 이용하면 펌프모드와 수차모드 운전 사이의 전환을 간단하고 빠르게 할 수 있다. 단점은 가동익 축류 프로펠러형의 경우와 거의 같다. 즉, 구조가 복잡하기 때문에 고가이며, 보수하기가 번거롭다. 그리고 무구속속도 또한 높아진다.

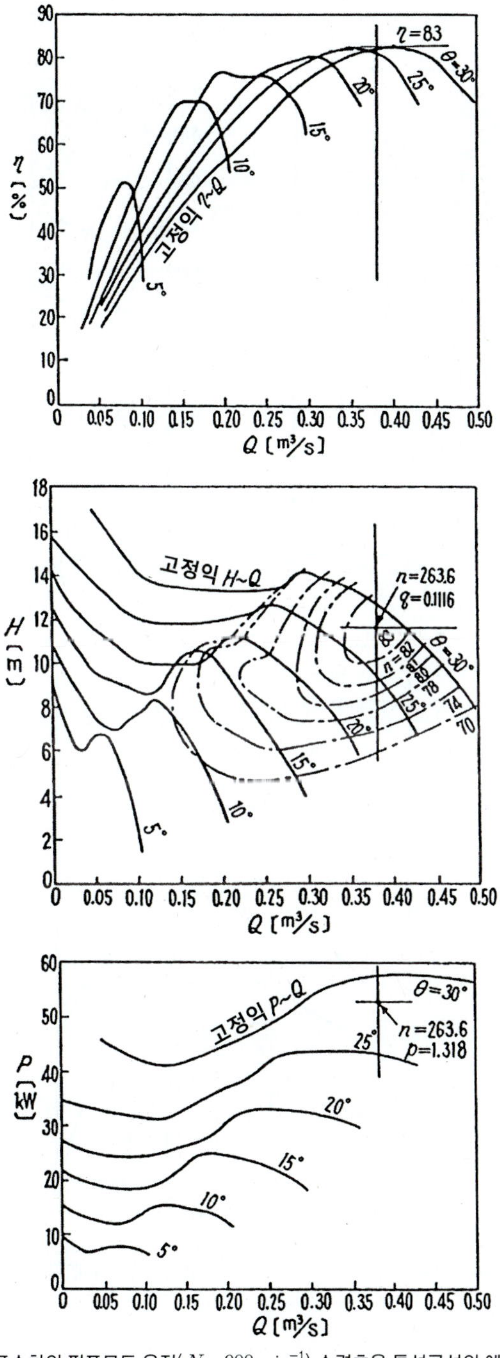

그림 **5.47** 사류 프로펠러형 펌프수차의 펌프모드 운전($N=900$ min^{-1}) 수력효율 특성곡선의 예(가이드베인 고정, 러너베인 가동)

자료: 石井, 1962

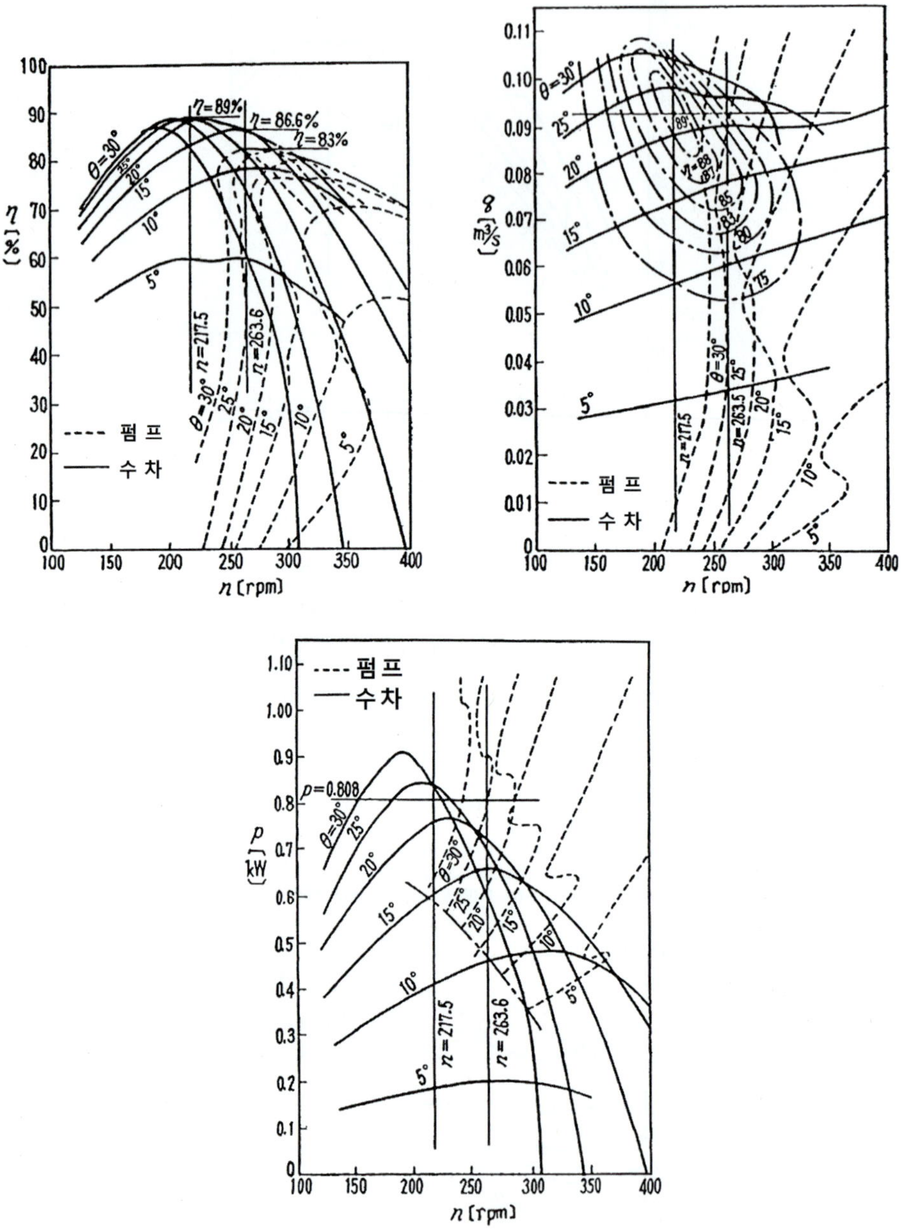

그림 5.48 사류 프로펠러형 펌프수차의 수차모드 운전 수력효율 특성곡선의 예(가이드베인 고정, 러너베인 가동)

자료: 石井, 1962

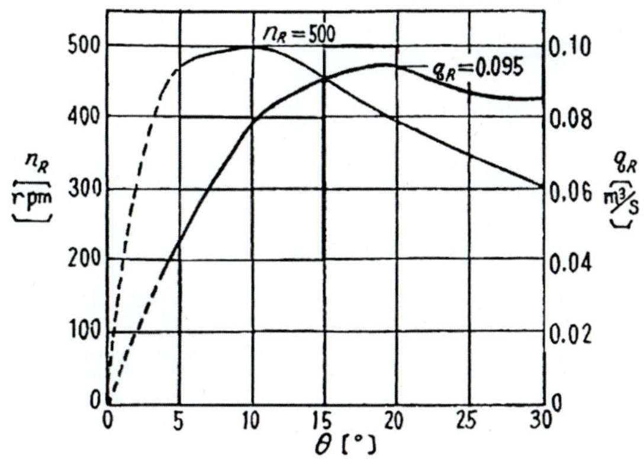

그림 5.49 사류 프로펠러형 펌프수차의 수차모드 무구속속도 운전 수력 특성의 예(가이드베인 고정, 러너베인 가동)

자료: 石井, 1962

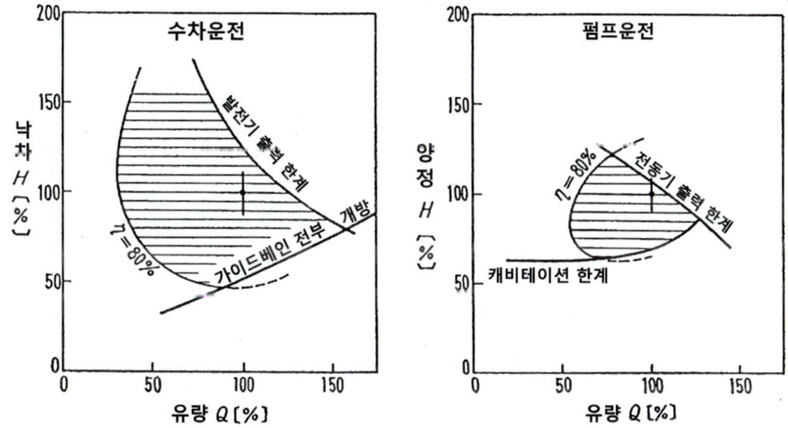

(a) 사류 프로펠러형(가이드베인 및 러너베인 모두 가동)

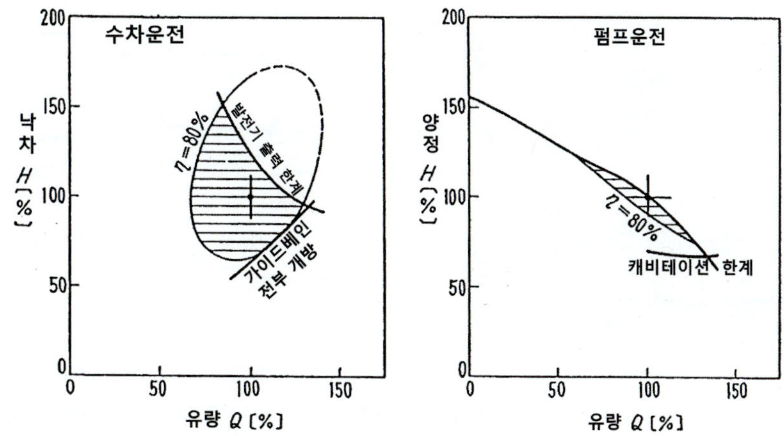

(b) 프란시스형(가이드베인만 가동)

그림 5.50 사류 프로펠러형 펌프수차와 프란시스형 펌프수차의 수력효율 특성 비교 예

자료: 石井, 1962

(3) 축류 프로펠러형 펌프수차

축류 프로펠러형 펌프수차는 앞서 제2장에서 소개했듯이 조력발전소에서 주로 사용된다. 유수의 이용방법에 따라서 단류식은 창조식(밀물 시 발전)과 낙조식(썰물 시 발전)있고, 복류식은 밀물과 썰물 시 양방향 모두 발전하는 방식이다.

조력발전은 달과 태양이 바다에 미치는 중력 효과에 의해 야기되는 해수면의 수위 변화를 매일 두 번 이용하며, 조수간만의 현상에 의해 밀물과 썰물 때문에 물이 저수지로 밀려들거나 빠져나갈 수 있다. 따라서 해수면의 조수 변화는 해안의 만이나 하구에 댐을 건설하여 밀물과 썰물 시 발생하는 낙차를 이용하여 발전할 수 있으며, 이러한 조수의 흐름은 수차를 운전하기에 적합한 낙차와 유량이 확보될 경우 안정적으로 전력을 생산할 수 있다.

조력발전은 벌브수차와 같은 축류 프로펠러형 펌프수차를 사용하여 조수간만에 의한 양방향 물의 흐름을 이용하는 것을 제외하면 육상의 수력발전 및 양수발전과 매우 유사하다.

그림 5.51은 복류식 양방향 조력발전용 축류 프로펠러형 펌프수차의 운전원리 및 양방향 운전특성에 따른 4상한 운전조건 개략도를 보이고 있다. 이러한 유형의 펌프수차는 매우 낮은 낙차(5 m 미만) 및 큰 낙차변화(0.8~5 m)에서도 효율적으로 작동할 수 있다. 특히 그림 5.51(b)의 그림에서와 같이 밀물과 썰물의 조수는 양방향 발전, 양방향 양수, 양방향 수문 등을 포함한 여러 운전조건 및 각 운전조건 사이의 빈번한 전환으로 이어진다.

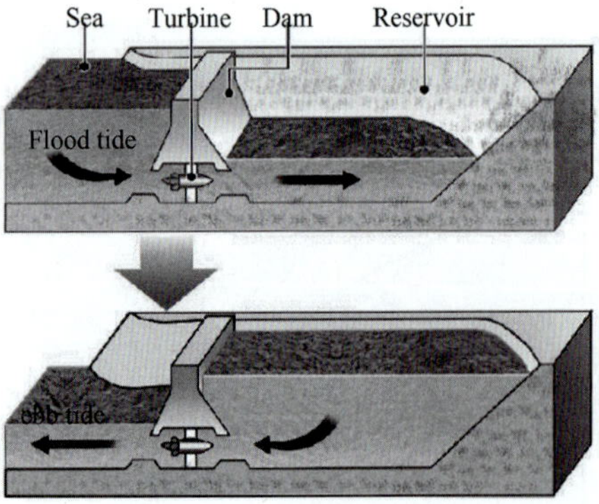

(a) 운전원리

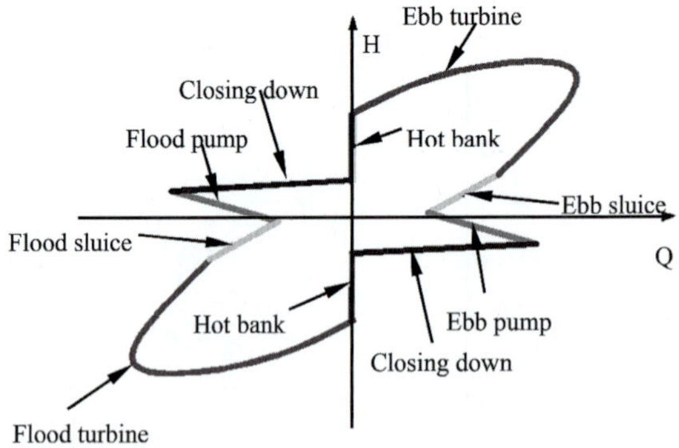

(b) 양방향 운전 특성에 따른 4상한 운전조건

그림 5.51 복류식 양방향 조력발전용 축류 프로펠러형 펌프수차 운전원리 및 조건 개략도

자료: Luo, 2017

그림 5.52는 양방향 조력발전용 축류 프로펠러형 펌프수차 축소모형 성능시험용 러너베인 형상을 보이고 있으며, 일반적인 프로펠러수차의 러너베인 단면 익형과는 달리 러너베인 전연과 후연의 단면 형상이 거의 동일하고 러너베인 중앙캠버선에 대해서 압력면과 부압면이 대칭에 가깝다.

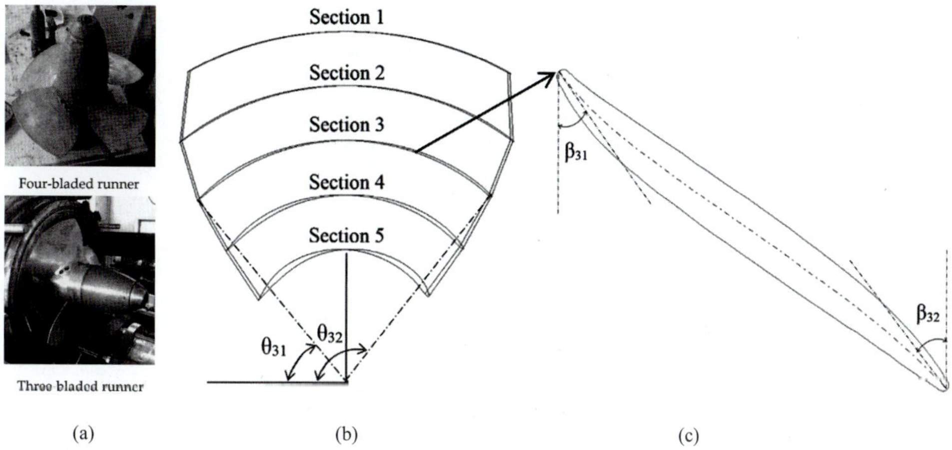

그림 5.52 양방향 조력발전용 축류 프로펠러형 펌프수차 러너베인 형상
(a) 러너베인 매수에 다른 러너 형상, (b) 러너베인 평면도 형상, (c) 러너베인 단면도 형상
자료: Luo, 2017

그림 5.53은 그림 5.52의 러너베인 매수를 3매와 4매의 경우에 대해서 썰물 및 밀물 시의 각 흐름에 대한 펌프수차의 상대 효율을 비교하고 있으며, 양방향의 흐름에 대해서 러너베인 매수에 따라 효율이 변화함을 알 수 있다.

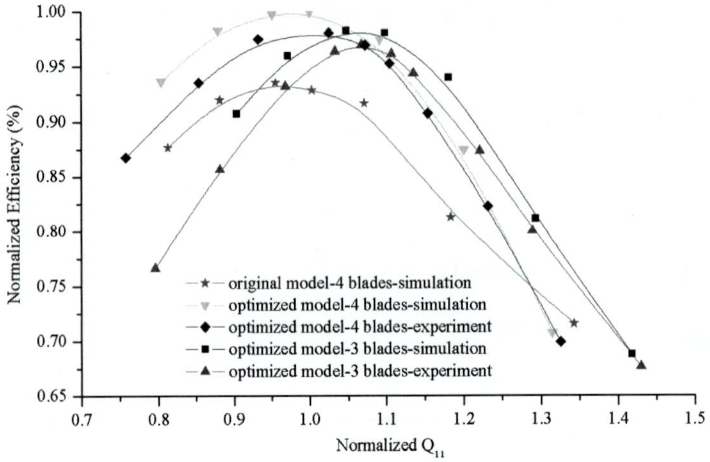

(a) 썰물 시

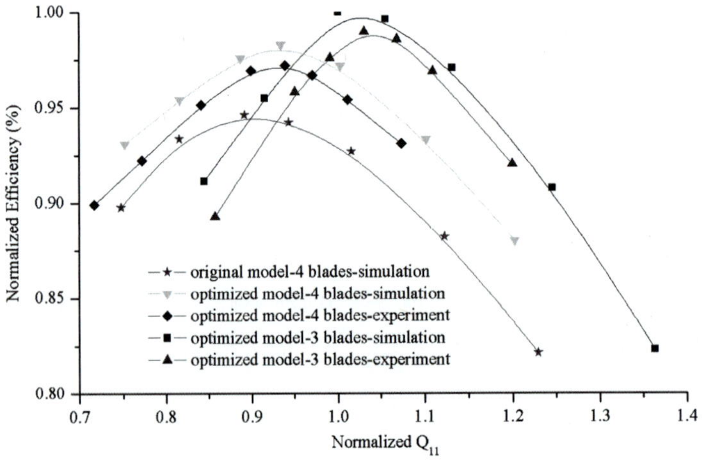

(b) 밀물 시

그림 **5.53** 양방향 조력발전용 축류 프로펠러형 펌프수차 유동 방향에 따른 수력효율 특성곡선

자료: Luo, 2017

5.3 펠턴수차의 수력효율 특성

5.3.1 유량과 회전속도의 관계

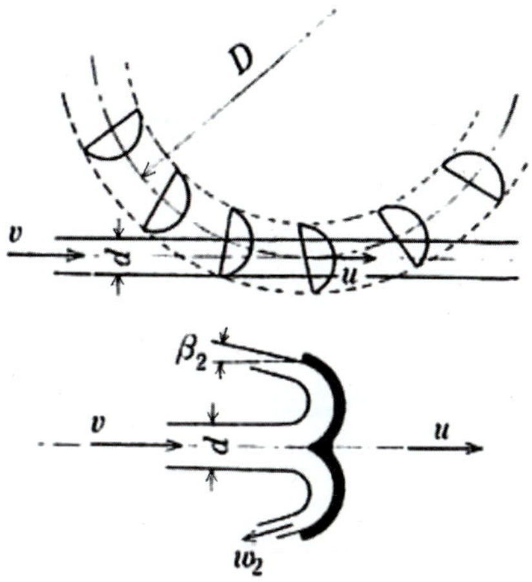

그림 5.54 펠턴수차에서 물의 작용

자료: 日本機械学会編, 1986

팰턴수차에서 노즐 출구를 흘러나온 제트는 대기 중에서 분출한다. 따라서 낙차 H [m]가 일정하면 유량 Q [m^3/s]는 노즐 개도만으로 정해진다.

d [m]를 제트 직경, v [m/s]를 제트 유속, c를 제트 속도계수, d_n [m]을 노즐 출구 직경, v_n [m/s]을 노즐 원형 면적에 대한 평균속도, c_n을 노즐 유량계수라 하면

$$Q = \frac{\pi}{4} d^2 v = \frac{\pi}{4} d^2 c \sqrt{2gH} \tag{5.47}$$

혹은

$$Q = \frac{\pi}{4} d_n^2 v_n = \frac{\pi}{4} d_n^2 c_n \sqrt{2gH} \tag{5.48}$$

로 된다. 이와 같이 나타낸 경우, c 및 d_n이 상수이고, d 및 c_n이 개도에 의해서 변하는 변수인 것에 주의할 필요가 있다.

펠턴수차에서는 회전속도 N [min^{-1}]을 바꾸더라도 Q는 바뀌지 않는다. 이것은 반동수차와 다른 점이다.

D [m]를 러너 피치원 직경, u [m/s]를 원주속도라고 하면

$$u = \phi\sqrt{2gH} = \frac{\pi DN}{60} \tag{5.49}$$

로 된다. 이와 같이 나타내었을 경우 계수 ϕ는 N에 비례해서 변한다.

이하에서는 Q(또는 개도)의 의미로 c_n, N의 의미로 ϕ를 사용한다. 또한 ϕ를 u의 의미로 해석하는 경우는 c가 v의 의미로 된다.

5.3.2 토크, 입력, 출력 그리고 효율

토크 T [N·m]는 식 (4.8) 및 식 (4.25)로부터 다음과 같이 된다.

$$T = \frac{\gamma}{g}QD(v-u)\xi\eta_v - Fu^2 \tag{5.50}$$

단, 비중량 $\gamma(=\rho g)$ [N/m^3]는 단위 체적당 중량, g [m/s^2]는 중력가속도, ξ는 정규상태(최고효율점)에서의 수력효율, η_v는 체적효율이다. 우변 제2항은 회전부의 공기저항 토크이고, F는 그 계수이다.

식 (5.47), 식 (5.48) 및 식 (5.49)의 관계를 이용해서 식 (5.50)을 고쳐 쓰게 되면 다음과 같이 된다.

$$\frac{T}{\frac{D}{2}\cdot\frac{\pi}{4}d_n^2\cdot\rho gH} = 4c_n(c-\phi)\xi\eta_v - f\phi^2 \tag{5.51}$$

단, $f = F/\frac{D}{2}\cdot\frac{\pi}{4}d_n^2\cdot\frac{\rho g}{2g}$ 이다.

입력 P_w [W]는 ρgQH이기 때문에

$$\frac{P_w}{\rho g \cdot \frac{\pi}{4} d_n^2 \cdot \sqrt{2g} H^{\frac{3}{2}}} = c_n \tag{5.52}$$

로 된다.

출력 P [W]는 $\frac{2\pi N}{60} T$이기 때문에 식 (5.49) 및 식 (5.51)의 관계로부터 다음과 같이 된다.

$$\frac{P}{\rho g \cdot \frac{\pi}{4} d_n^2 \cdot \sqrt{2g} H^{\frac{3}{2}}} = 4c_n \phi (c - \phi) \xi \eta_v - f \phi^3 \tag{5.53}$$

효율 η는 P/P_w이기 때문에 다음과 같이 된다.

$$\eta = 4\phi (c - \phi) \xi \eta_v - f \frac{\phi^3}{c_n} \tag{5.54}$$

펠턴수차에서 N이 큰 영역에서는 η_v가 특성에 영향을 미치게 된다. 또한 F도 프란시스수차의 경우보다 커지기 쉽다.

$\eta_v = 1$, $F = 0$인 경우의 T, P 및 η에 첨자 h를 붙여서 나타내면

$$\frac{T_h}{\frac{D}{2} \cdot \frac{\pi}{4} d_n^2 \cdot \gamma H} = 4c_n (c - \phi) \xi \tag{5.55}$$

$$\frac{P_h}{9.8 \cdot \frac{\pi}{4} d_n^2 \cdot \sqrt{2g} H^{\frac{3}{2}}} = 4c_n \phi (c - \phi) \xi \tag{5.56}$$

$$\eta_h = 4\phi (c - \phi) \xi \tag{5.57}$$

로 된다.

식 (5.48), 식 (5.52) 및 식 (5.55)~식 (5.57)로부터 펠턴수차에 대해서 다음과 같이 요약할 수 있다.

① 상사인 수차를 상사운전하면 c_n 및 ϕ가 일정하게 되기 때문에 다음과 같이 된다.

$$Q \propto H^{\frac{1}{2}},\ N \propto H,\ T_h \propto H^{\frac{1}{2}},\ P_w \propto H^{\frac{3}{2}},\ P_h \propto H^{\frac{3}{2}},\ \eta_h = \text{일정}$$

② 상사의 수차에서 상사의 개도이더라도 상사운전을 하지 않으면 일반적으로 a를 상수로 하여

$$Q \propto H^{\frac{1}{2}},\ P_w \propto H^{\frac{3}{2}}$$

$$T_h \propto H(c - \frac{a_1}{\sqrt{H}}),\ P_h \propto H^{\frac{3}{2}}(c - a\frac{N}{\sqrt{H}}),\ \eta_h \neq \text{일정}$$

으로 된다.

N만이 일정하다면 a_1을 상수로 해서

$$T_h \propto H(c - \frac{a_1}{\sqrt{H}}),\ P_h \propto H^{\frac{3}{2}}(c - \frac{a_1}{\sqrt{H}})$$

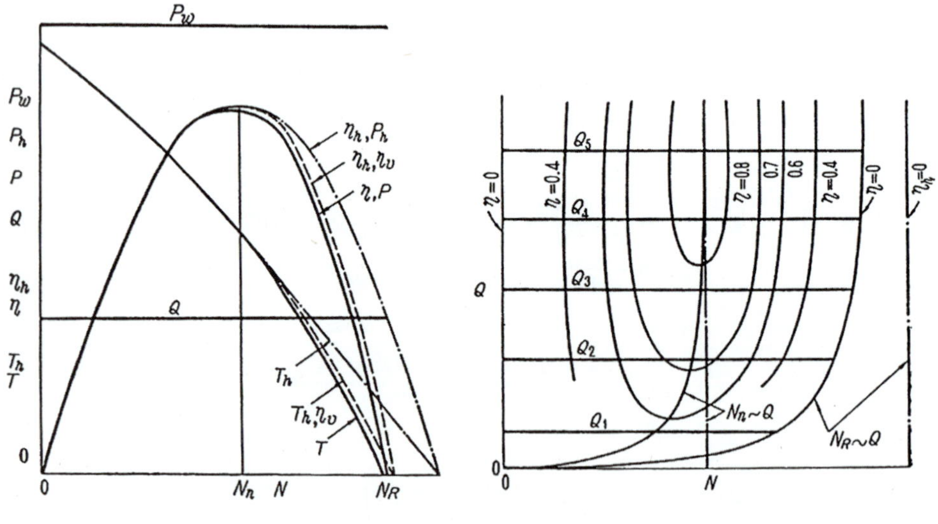

(a) 개도가 일정한 경우 (b) 개도가 변하는 경우

그림 **5.55** 펠턴수차의 효율 특성(H=일정) 예

자료: 石井, 1962

H만이 일정하다면 a_2을 상수로 해서

$$T_h \propto (c - a_2 N),\ P_h \propto N(c - a_2 N)$$

으로 된다.

그림 5.55는 펠턴수차 효율 특성의 요점을 나타낸다. 그림의 쇄선은 노즐로부터 분출된 제트 중 버킷과 부딪히거나 작용하지 않고 그대로 앞으로 날아가서 흘러 나가 버린 무효유출수와 공기저항이 모두 없는 경우를 나타낸다. 또한 파선은 무효유출수만 있고 공기저항이 없는 경우, 실선은 무효유출수와 공기저항이 모두 있는 경우이다.

5.3.3 정규속도와 무구속속도

$\eta_v = 1$, $F = 0$인 경우의 수차효율 η_h가 최고로 되는 회전속도인 정규회전속도 N_n, 즉 ϕ_n은 식 (5.57)로부터

$$\phi_n = \frac{1}{2}c \tag{5.58}$$

이다. 또한 무구속속도 N_R, 즉 ϕ_R은

$$\phi_R = c \tag{5.59}$$

이다.

그림 5.55(b)에 $N_n \sim Q$ 및 $N_R \sim Q$을 보인다.

5.3.4 펠턴수차의 수력효율 특성

그림 5.56은 펠턴수차의 수력효율 특성을 나타내는 등효율곡선이며, 횡축에 이중단위 회전속도 $n_{11} = N \cdot D/\sqrt{H}$, 종축에 이중단위유량 $Q_{11} = Q/(D^2 \times \sqrt{H})$으로 나타낸 것이다. 최고효율을 나타내는 n_{11}의 값은 대략 39~41 min^{-1}의 범위에 있고, n_s에 의해 거의 변화하지 않지만, Q_{11}의 최적값은 n_s의 증가에 동반하여 증가한다. 각 니들 개도 S에서

최고효율로 되는 n_{11}은 극히 작은 S의 영역을 제외하고 거의 일정하다. 무구속속도의 n_{11}은 극히 작은 S의 영역을 제외하고 거의 일정하며, 최적 n_{11}의 약 1.8배로 된다. 무구속 속도상태에서는 러너의 회전속도 u와 제트의 유속 v_0가 거의 $u = v_0$로 된다.

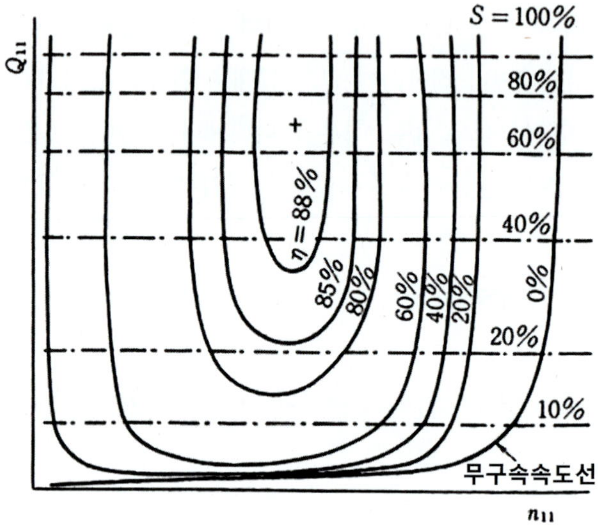

그림 5.56 펠턴수차의 등효율곡선

자료: 日本機械学会編, 1986

그림 5.57은 6-노즐형 펠턴수차에서 출력이 변화한 경우의 수차효율을 나타낸다. 펠턴수차의 효율은 노즐 수를 바꾸지 않더라도 프란시스수차에 비해서 출력에 대한 변화가 적고, 특히 저출력에서도 양호한 효율이 유지된다. 이것은 니들 개도에 의해 제트의 유속 v_0가 거의 변화하지 않기 때문에 러너 입구 및 출구의 속도삼각형이 출력에 상관없이 거의 일정한 것에 의한다.

펠턴수차는 러너를 공중에서 운전하기 때문에 러너와 방수위의 표고차는 무효인 낙차로 된다. 홍수 시 등 방수위가 대폭 변화하는 경우에는 정상 방수위를 표준으로 러너를 설치하고, 홍수 시에는 기밀인 하우징 내에 압축공기를 넣어 보내고 수면을 눌러 내리면서 운전하는 경우가 있다.

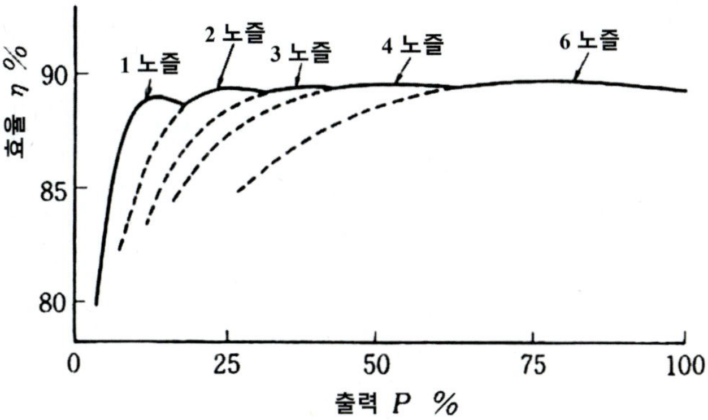

그림 **5.57** 펠턴수차 고효율 운전 시의 효율

자료: 日本機械学会編, 1986

5.4 프란시스수차의 수력효율 특성

5.4.1 유량과 회전속도의 관계

프란시스수차에서는 가이드베인과 러너베인 사이에 물이 충만하게 흐르고 있다. 수차의 회전속도 N [min^{-1}]이 변하면 가이드베인 출구의 압력이 변하여 유량 Q [m^3/s]가 바뀌기 때문에, Q와 N의 관계는 펠턴수차의 경우와 다르게 복잡하다. 이 관계가 구해진다면 프란시스수차의 전체 특성이 구해진다.

수차 내의 전체 흐름은 그림 5.58에 보이는 바와 같이 중심유선 ①~②에 의해 근사적으로 대표할 수 있는 것으로 가정한다. 단, 펠턴수차의 경우에 비하면 누설수 및 원판마찰에 의한 손실이 작고, 그 성질도 단순하기 때문에 여기서는 이것들을 무시한 경우에 대해서 기술한다.

그림 5.58에서 러너베인의 입구각 β_1 [°] 및 출구각 β_2 [°]는 러너에 의해 정해지고, 러너베인으로의 유입각 α_1 [°] (충돌손실을 일으키기 전의 값으로 함)은 가이드베인 개도각 α_g [°]에 의해 정해진다. 이상의 α_1, β_1 및 β_2는 수차의 형상을 나타내는 상수로 간주할 수 있지만, 러너베인으로부터의 유출각 α_2 [°]만은 수차의 운전상태에 의해 변하기 때문에 상수로는 간주할 수 없다. 지금 러너베인 입구 및 출구의 피치원 직경을 D_1 [m] 및 D_2 [m],

유로 높이를 B_1 [m] 및 B_2 [m]로 하여

$$u_1 = \phi_1 \sqrt{2gH} = \frac{\pi D_1}{60} N, \quad u_2 = \phi_2 \sqrt{2gH} = \frac{\pi D_2}{60} N \tag{5.60}$$

$$\phi_2 = \frac{D_2}{D_1} \phi_1 \tag{5.61}$$

$$v_{m1} = k_{m1} \sqrt{2gH} = \frac{Q}{\pi D_1 B_1}, \quad v_{m2} = k_{m2} \sqrt{2gH} = \frac{Q}{\pi D_2 B_2} \tag{5.62}$$

$$k_{m2} = \frac{D_1 B_1}{D_2 B_2} k_{m1} \tag{5.63}$$

. 로 두면 N과 Q의 관계는 ϕ_1과 k_{m1}의 관계로 바꿔놓는 것이 가능하다.

이상의 관계와 식 (4.28)의 관계를 이용하면, ϕ_1와 k_{m1} 즉, N과 Q의 관계를 구할 수

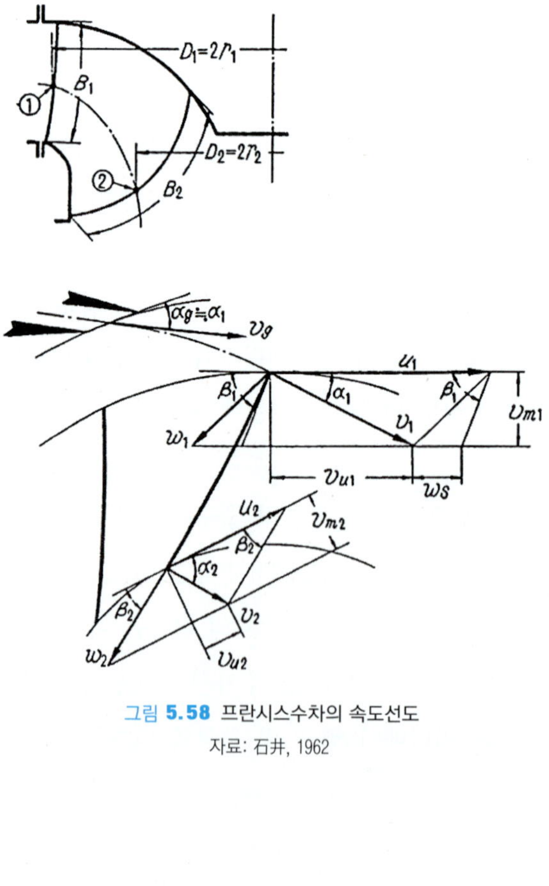

그림 **5.58** 프란시스수차의 속도선도
자료: 石井, 1962

있다. 단, 그것에는 우선 수차 내에서 일어나는 손실을 특성 파라미터로서 ϕ_1 와 k_{m1} 만을 사용하여 나타내어야 한다.

(1) 케이싱에서의 손실

케이싱 입구 직경을 D_c [m], 거기에서 유속을 v_c [m/s]라고 하면,

$$\frac{\pi}{4} D_c^2 v_c = \pi D_1 B_1 v_{m1}$$

이기 때문에, 케이싱 내의 손실수두 $\varepsilon_c H$ [m]는 다음과 같이 된다.

$$\varepsilon_c H = \zeta_c \frac{v_c^2}{2g} = \zeta_c \left(\frac{4 D_1 B_1}{D_c^2} \right)^2 \cdot H k_{m1}^2 \qquad (5.64)$$

(2) 가이드베인에서의 손실

가이드베인 출구의 피치원 직경을 D_g [m], 높이를 B_g [m]로 하고, 출구의 절대 유속을 v_g [m/s], 그 자오면 방향의 성분을 v_{mg}, 가이드베인 개도각을 α_g [°]라고 하면,

$$v_g = v_{mg} \operatorname{cosec} \alpha_g$$

$$\pi D_g B_g v_{mg} = \pi D_1 B_1 v_{m1}$$

이기 때문에, 가이드베인 내의 손실수두 $\varepsilon_c H$ [m]는 다음과 같이 된다.

$$\varepsilon_g H = \zeta_g \frac{v_g^2}{2g} = \zeta_g \left(\frac{D_1 B_1}{D_g B_g} \right)^2 \operatorname{cosec}^2 \alpha_g \cdot H k_{m1}^2 \qquad (5.65)$$

저속 러너 및 중속 러너에서는 $B_g \fallingdotseq B_1$, $\alpha_g \fallingdotseq \alpha_1$ 이다.

(3) 러너에서의 손실

러너베인 입구의 충돌속도를 w_s [m/s]라고 하면,

$$w_s = u_1 - v_{m1}(\cot\alpha_1 + \cot\alpha_2)$$

이기 때문에, 충돌손실수두 $\varepsilon_s H$ [m]는 다음과 같이 된다.

$$\begin{aligned}\varepsilon_s H &= \zeta_s \frac{{w_s}^2}{2g} \quad (5.66)\\ &= \zeta_s \cdot H{\phi_1}^2 - 2\zeta_s(\cot\alpha_1 + \cot\beta_1) \cdot H\phi_1 k_{m1} + \zeta_s(\cot\alpha_1 + \cot\beta_1)^2 \cdot H{k_{m1}}^2\end{aligned}$$

또한 러너 출구에서의 상대 유속을 w_2 [m/s]라고 하면,

$$w_2 = v_{m2}\operatorname{cosec}\beta_2$$

이기 때문에, 러너 내의 손실수두 $\varepsilon_r H$ [m]는 다음과 같이 된다.

$$\varepsilon_r H = \zeta_r \frac{{w_2}^2}{2g} = \zeta_r \left(\frac{D_1 B_1}{D_2 B_2}\right)^2 \operatorname{cosec}^2\beta_2 \cdot H{k_{m1}}^2 \quad (5.67)$$

(4) 흡출관에서의 손실

러너베인 출구 유속의 선회성분을 v_{u2} [m/s]라고 하면,

$$v_{u2} = u_2 - v_{m2}\cot\beta_2$$

이기 때문에, 흡출관 내의 손실수두 $\varepsilon_r H$ [m]는 다음과 같이 된다.

$$\begin{aligned}\varepsilon_d H &= \zeta_u \frac{{v_{u2}}^2}{2g} + \zeta_m \frac{{v_{m2}}^2}{2g} \quad (5.68)\\ &= \zeta_u \left(\frac{D_2}{D_1}\right)^2 \cdot H{\phi_1}^2 - 2\zeta_u \frac{B_1}{B_2}\cot\beta_2 \cdot H\phi_1 k_{m1}\\ &= +(\zeta_m + \zeta_u \cot^2\beta_2)\left(\frac{D_1 B_1}{D_2 B_2}\right)^2 \cdot H{k_{m1}}^2\end{aligned}$$

(5) 러너의 출력

수차가 유효하게 이용하는 수두는 $\eta_h H$ 이고,

$$v_{u1} = v_{m1} \cot \alpha_1, \qquad v_{u2} = u_2 - v_{m2} \cot \beta_2$$

이기 때문에, $\eta_h H$는 다음과 같이 된다.

$$\begin{aligned} \eta_h H &= \frac{1}{g}(u_1 v_{u1} - u_2 v_{u2}) \\ &= -2\left(\frac{D_2}{D_1}\right)^2 \cdot H \phi_1^{\,2} + 2\left(\cot \alpha_2 + \frac{B_1}{B_2} \cot \beta_2\right) \cdot H \phi_1 k_{m1} \end{aligned} \tag{5.69}$$

(6) 특성방정식

그런데

$$\varepsilon_c H + \varepsilon_g H + \varepsilon_r H + \varepsilon_s H + \varepsilon_d H + \eta_h H = H \tag{5.70}$$

이기 때문에, 식 (5.70)에 식 (5.64)～식 (5.69)를 대입하여 정리하면 다음과 같이 된다.

$$a \phi_1^{\,2} - 2 b \phi_1 k_{m1} + c k_{m1}^2 - 1 = 0 \tag{5.71}$$

단,

$$a = \zeta_s + \zeta_u \left(\frac{D_2}{D_1}\right)^2 - 2\left(\frac{D_2}{D_1}\right)^2$$

$$b = \zeta_s (\cot \alpha_1 + \cot \beta_1) + \zeta_u \frac{B_1}{B_2} \cot \beta_2 - \left(\cot \alpha_1 + \frac{B_1}{B_2} \cot \beta_2\right)$$

$$c = \zeta_s (\cot \alpha_1 + \cot \beta_1)^2 + \zeta_u \left(\frac{D_1 B_1}{D_2 B_2}\right)^2 \cot^2 \beta_2 + f$$

$$f = \zeta_g \left(\frac{D_1 B_1}{D_g B_g}\right)^2 \operatorname{cosec}^2 \alpha_1 + \zeta_r \left(\frac{D_1 B_1}{D_2 B_2}\right)^2 \operatorname{cosec}^2 \beta_2 + \zeta_c \left(\frac{4 D_1 B_1}{D_c^{\,2}}\right)^2 + \zeta_m \left(\frac{D_1 B_1}{D_2 B_2}\right)^2$$

이다. 식 (5.71)을 풀면 다음과 같이 된다.

$$k_{m1} = \frac{b \phi_1 \pm \sqrt{(b^2 - ac)\phi_1^{\,2} + c}}{c} \tag{5.72}$$

식 (5.72)가 k_{m1}과 ϕ_1 사이의 관계를 나타내는 수차 특성방정식이다.

식 (5.72)의 판별식은 b^2-ca 이고, $k_{m1} \sim \phi_1$ 의 형상은 다음과 같이 된다.

① $b^2-ca<0$일 때는, 타원 (저속 러너·중속 러너)

② $b^2-ca=0$일 때는, 직선 (고속 러너)

③ $b^2-ca>0$일 때는, 쌍곡선 (초고속 러너)

a, b, c를 좀 더 알기 쉽게 하기 위해서 대부분이 마찰손실인 손실을 무시하고, $\zeta_c=0$, $\zeta_g=0$, $\zeta_r=0$, $\zeta_m=0$으로 한다. 이 때 손실은 러너베인 입구의 충돌속도 w_s와 러너베인 출구 유속의 선회성분 v_{u2}에 의한 것만으로 한다. 이들 손실에 대해서도 $\zeta_s=1$, $\zeta_u=1$로 하면, a, b, c는 다음과 같이 간단하게 된다.

$$a \fallingdotseq 1-\left(\frac{D_2}{D_1}\right)^2$$

$$b \fallingdotseq \cot\beta_1$$

$$c \fallingdotseq (\cot\alpha_1+\cot\beta_1)^2+\left(\frac{D_1B_1}{D_2B_2}\right)^2\cot^2\beta_2$$

이 경우에는 판별식이 다음과 같이 된다.

$$b^2-ac \fallingdotseq \cot^2\beta_1-\left\{1-\left(\frac{D_2}{D_1}\right)^2\right\}\left\{(\cot\alpha_1+\cot\beta_1)^2+\left(\frac{D_1B_1}{D_2B_2}\right)^2\cot^2\beta_2\right\} \quad (5.73)$$

식 (5.73)으로부터 다음과 같은 사항을 알 수 있다. 비속도 n_s가 작은 만큼 β_1이 크고 ($\cot\beta_1$이 작고), D_2/D_1가 작게($(1-D_2/D_1)^2$이 크게) 된다. 즉, b^2-ac는 작게 되고 긴 원에 가까워진다. 역으로 n_s가 클수록 b^2-ac는 크게 되고 직선 또는 더욱 쌍곡선에 가까워진다. 가이드베인 개도에 의해 α_1이 변하면 k_{m1}과 ϕ_1 사이의 관계가 변한다. 그림 5.59는 여러 가지 n_s의 수차에 대한 정규(최고효율점) 개도에서의 Q와 N 사이의 관계를 나타낸다.

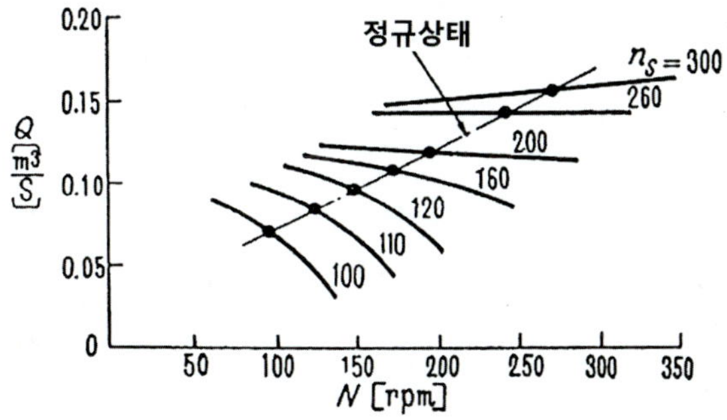

그림 **5.59** 프란시스수차 유량과 회전속도의 관계(수차출구(러너) 직경 0.4 m, 정규(최고효율점)개도, $H=1$ m)

자료: 石井, 1962

또한 식 (5.72)를 $Q \sim N$의 형태로 고치기 위해 식 (5.60)과 식 (5.62)를 식 (5.72)에 대입하여 고쳐 쓰면, 그 결과는 다음과 같이 된다.

$$Q = \frac{BN \pm \sqrt{(B^2 - AC)N^2 + CH}}{C} \tag{5.75}$$

단, $A = \frac{a}{2g}\left(\frac{\pi D_1}{60}\right)^2$, $B = \frac{b}{2g}\left(\frac{1}{60B_1}\right)$, $C = \frac{c}{2g}\left(\frac{1}{\pi D_1 B_1}\right)^2$이다.

식 (5.75)로부터 일반적으로 Q는 $\sqrt{H}$에 비례하지 않는다는 것을 알 수 있다.

5.4.2 러너를 멈춘 경우의 유량

러너를 제동하여 멈춘 경우의 유량은 식 (5.72)에서 $\phi_1 = 0$으로 두면 구해진다.

즉,

$$k_{m1} = \frac{1}{\sqrt{c}} \fallingdotseq \frac{1}{\sqrt{(\cot\alpha_1 + \cot\beta_1)^2 + \left(\frac{D_1B_1}{D_2B_2}\right)^2 \cot^2\beta_2}} \quad (\phi_1 = 0 \text{ 일 때}) \tag{5.76}$$

이다. 식 (5.75)에 식 (5.62)의 k_{m1}을 대입하여 고쳐 쓰면 다음과 같이 된다.

$$Q \fallingdotseq \frac{1}{\sqrt{\dfrac{1}{A_1^2} + \dfrac{1}{A_{w1}^2} + \dfrac{1}{A_{w2}^2}}} \sqrt{2gH} \quad (N=0 \text{일 때}) \tag{5.77}$$

단, $A_1 = \pi D_1 B_1 \tan\alpha_1$, $A_{w1} = \pi D_1 B_1 \tan\beta_1$, $A_{w2} = \pi D B_2 \tan\beta_2$ 이다.

그림 5.60에 보이는 바와 같이 A_1[m²]은 거의 가이드베인 출구 면적에 해당하고, A_{w1} [m²] 및 A_{w2} [m²]은 정규(최고효율점)운전 시의 상대 유속 w_1 및 w_2에 직각으로 측정한 러너의 유로 면적이다. A_{w1}은 A_1 및 A_{w2}와 비교해보면 일반적으로 크기 때문에 $1/A_{w1}^2$ 의 항은 무시해도 좋다. 러너가 멈춰있으면 물은 $v_1 \rightarrow w_1 \rightarrow w_2$ 로 방향 및 유속을 급변해가면서 흐르는 한편, 러너 출구로부터의 선회 유속도 크기 때문에 손실이 크다.

식 (5.77)은 마치 A_1 및 A_{w2} 의 저항을 직렬로 넣은 수로에 물을 흘려보내는 경우와 비슷하다. 따라서 A_1 또는 A_{w2}의 어느 한쪽을 변화시킨 경우, 변화량이 적을 때는 변화량에 비례하여 유량이 증감하지만, 변화량을 크게 하면 결국 포화하게 된다. 러너가 회전하고 있을 때는 다른 요소들이 더해져 식 (5.77)은 성립하지 않지만, 이러한 경우에도 그 경향으로서 이상의 사항이 거의 성립한다.

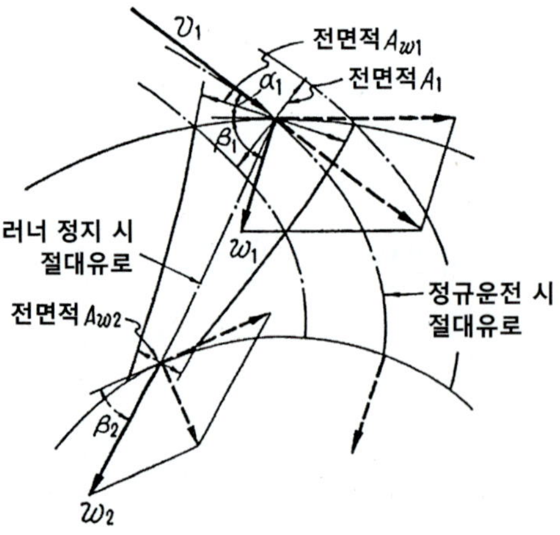

그림 5.60 프란시스수차 러너 정지 시의 유동 방향

자료: 石井, 1962

5.4.3 정규상태(최고효율점)의 유량과 속도

정규상태란 그 수차가 최고효율을 발휘하는 운전상태로서 엄밀하게는 $k_{m1} \sim \phi_1$ 면상의 1점에 해당한다. 첨자 a를 가지고 정규상태를 나타내는 것으로 하여 그 때의 특성 파라미터를 ϕ_{1a} 및 k_{m1a}로 한다. 우선 정규상태에는 식 (4.38)이 성립하기 때문에, 이것을 고쳐 쓰면,

$$\eta_{ha} = \frac{u_1 v_{u1}}{gH} = 2\phi_{1a} k_{m1a} \cot\alpha_{1a}$$

즉, 다음과 같이 된다.

$$\cot\alpha_{1a} = \frac{\eta_{ha}}{2\phi_{1a} k_{m1a}} \tag{5.78}$$

그림 5.61은 정규상태에서 러너베인 입구 및 출구의 속도선도이다. 이 속도선도에서

$$u_{1a} = v_{m1a}(\cot\alpha_{1a} + \cot\beta_1)$$
$$u_{2a} = v_{m2a}\cot\beta_2$$

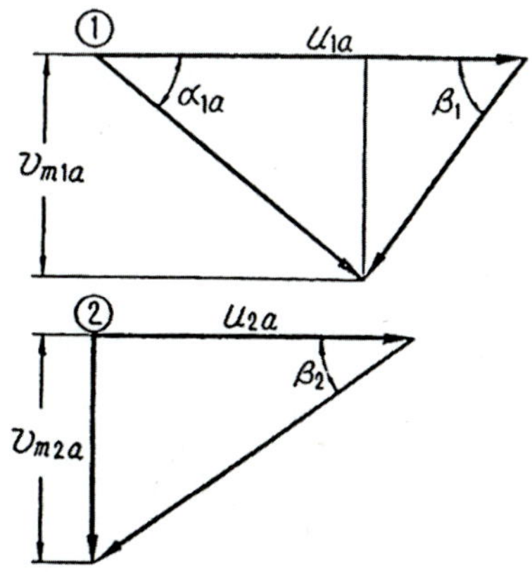

그림 5.61 프란시스수차 정규상태(최고효율점)에서의 속도선도
자료: 石井, 1962

가 구해진다. 이것과 식 (5.78)로부터 다음의 식이 구해진다.

$$\phi_{1a} = \sqrt{\frac{\eta_{hs}}{2} \cdot \frac{K}{\tan\beta_2} \cdot \tan\alpha_{1a}} \tag{5.79}$$

$$k_{m1a} = \sqrt{\frac{\eta_{hs}}{2} \cdot \frac{\tan\beta_2}{K} \cdot \tan\alpha_{1a}} \tag{5.80}$$

$$\cot\beta_2 = \frac{1}{K}(\cot\alpha_{1a} + \cot\beta_1) \tag{5.81}$$

단, $K = \left(\frac{D_1}{D_2}\right)^2 \frac{B_1}{B_2}$ 이다.

정규상태(최고효율점) 개도 α_{1a} 이외의 비정규상태 개도 α_1에서도 효율 η_h는 어떤 임의의 회전속도에서 해당 개도에서 최곳값이 된다. 그 속도 N_n, 즉 ϕ_{1n}에 대해서 생각해 본다. 그림 5.62는 α_{1a}에서 정규운전을 하고 있었던 수차의 개도를 α_1으로 바꾼 경우의 속도선도(근사표현)이다.

그림 5.62(a)는 속도를 정규값을 그대로 유지하고 바꾸지 않은 경우, 즉 $\phi_{1n} = \alpha_{1a}$의 경우이다. 그림 5.63의 직선 ①이 여기에 해당한다. 이것은 실제 수차의 정낙차 운전의 경우에 해당하고, 러너 입구에서의 충돌손실은 거의 없지만, 러너 출구로부터 흘러나온 유속의 선회성분 v_{u2}는 커진다.

그림 5.62(b)는 속도를 유량에 비례하도록 바꾼 경우, 즉

$$\phi_{1n} = \frac{\phi_{1a}}{k_{m1a}} k_{m1n} \tag{5.82}$$

의 경우이다. 그림 5.63의 직선 ②가 여기에 해당한다. 이 경우 러너 입구에서는 큰 충돌속도 w_s가 일어나지만, 러너 출구로부터 흘러나온 유속에는 선회성분이 없다.

그림 5.62(c)는 속도를 그림 5.62(a)와 그림 5.62(b) 사이의 적당한 값으로 한 경우이다. 러너 입구에는 w_s가 있고, 출구에는 v_{u2}가 있지만, 수차 내의 전손실이 최소로 되고 효율은 최고가 된다. 그림 5.63의 ③이 여기에 해당한다. ③은 저속 러너에서는 ①에 가깝고, 고속 러너에서는 ②에 가깝게 된다.

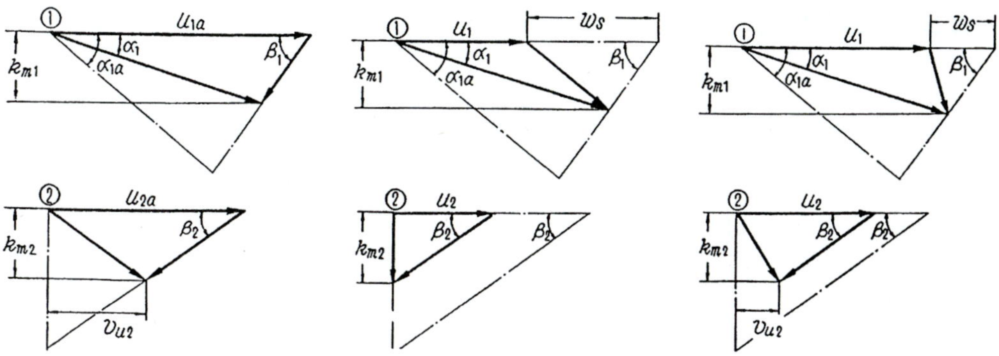

(a) 속도를 바꾸지 않은 경우 ($w_s \fallingdotseq 0$, v_{u2} 대)

(b) 속도를 유량에 비례해서 바꾼 경우 (w_s 대, $v_{u2} \fallingdotseq 0$)

(c) (a)와 (b)의 중간 (w_s 중, v_{u2} 중)

그림 **5.62** 프란시스수차 비정규상태에서의 속도선도(근사표현)

자료: 石井, 1962

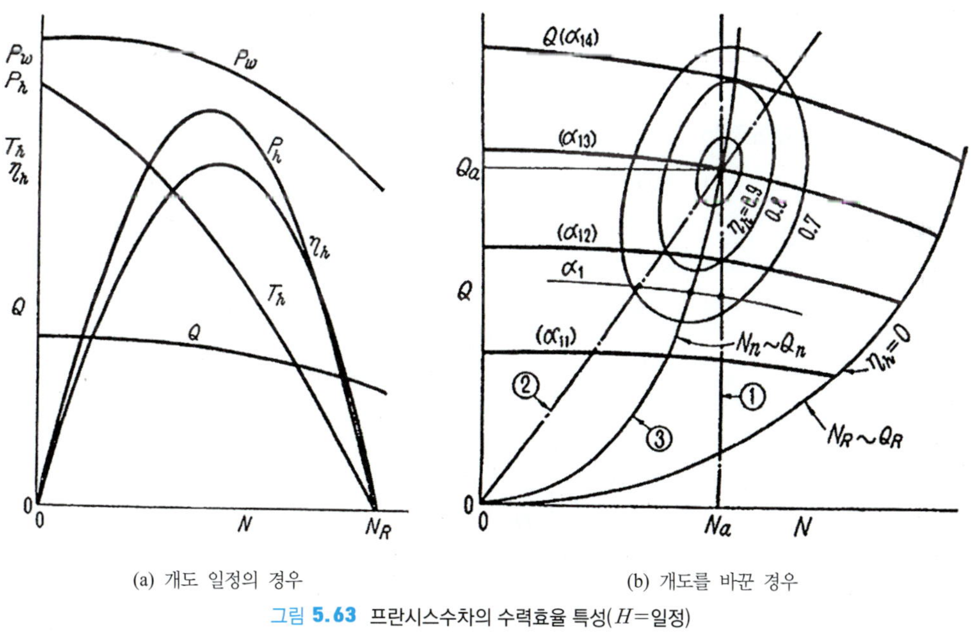

(a) 개도 일정의 경우

(b) 개도를 바꾼 경우

그림 **5.63** 프란시스수차의 수력효율 특성(H=일정)

자료: 石井, 1962

5.4.4 무구속속도

무구속상태에서 러너는 그 측실면의 원판마찰이나 베어링 마찰저항을 이겨내기 위한 동력을 발생하고 있을 뿐이며, 그 밖에 유효한 동력은 발생하지 않는다. 이들의 동력은 극히 작기 때문에 무시한다면, 이 때 러너가 발생하는 토크 T_h는 0이 되고,

$$\eta_h = \frac{1}{gH}(u_1 v_{u1} - u_2 v_{u2}) = 0 \tag{5.83}$$

로 된다. 이하에서 무구속상태에서의 값에 하첨자 R을 붙여서 표현하는 것으로 하면 식 (5.69)에 식 (5.83)을 적용하여 다음의 식을 얻는다.

$$\phi_{1R} = \sigma k_{m1R} \tag{5.84}$$

단, $\sigma = \left(\frac{D_1}{D_2}\right)^2 \left(\cot\alpha_1 + \frac{B_1}{B_2}\cot\beta_2\right)$이다.

또한 무구속상태에서는 수차 입력이 손실만으로 소비되기 때문에, 식 (5.70)에 $\eta_h = 0$으로 두고, 식 (5.70)에서 식 (5.71)을 구한 경우와 마찬가지로 하여 다음의 식을 구할 수 있다.

$$a_R \phi_{1R}{}^2 - 2b_R \phi_{1R} k_{m1R} + c k_{m1R}{}^2 - 1 = 0 \tag{5.85}$$

단,

$$a_R = \zeta_s + \zeta_u \left(\frac{D_2}{D_1}\right)^2$$

$$b_R = \zeta_s(\cot\alpha_1 + \cot\beta_1) + \zeta_u \frac{B_1}{B_2}\cot\beta_2$$

이다.

식 (5.84) 및 식 (5.85)로부터 ϕ_{1R} 및 k_{m1R} 이 다음과 같이 구해진다.

$$\phi_{1R} = \frac{\sigma}{\sqrt{a_R\sigma^2 - 2b_R\sigma + c}} \tag{5.86}$$
$$= \frac{d^2(\cot\alpha_1 + s\cot\beta_2)}{\sqrt{\zeta_s\{(d^2-1)\cot\alpha_1 + d^2 s\cot\beta_2 - \cot\beta_1\}^2 + \zeta_u d^2\cot\alpha_1 + f}}$$

$$k_{m1R} = \frac{1}{\sqrt{a_R\sigma^2 - 2b_R\sigma + c}} \tag{5.87}$$
$$= \frac{1}{\sqrt{\zeta_s\{(d^2-1)\cot\alpha_1 + d^2 s\cot\beta_2 - \cot\beta_1\}^2 + \zeta_u d^2\cot^2\alpha_1 + f}}$$

단, $d = D_1/D_2$, $s = B_1/B_2$이고, 식 (5.86)이 $\phi_{1R} \sim \alpha_1$의 관계, 식 (5.87)이 $k_{m1R} \sim \alpha_1$의 관계를 각각 나타내는 식이다.

정규(최고효율점) 개도 α_{1a} 및 그것에 가까운 개도에 대해서는 다음의 식이 성립한다. 단, 이 식은 식 (5.86) 및 식 (5.87)에서 $\alpha_1 \fallingdotseq \alpha_{1a}$로 해두고, 또한 식 (5.81)을 대입하여 β^2를 지우고, 거기에 $f = 0$(즉, $\eta_{ha} = 1$), $\zeta_s = 1$, $\zeta_u = 1$로 하여 구한 것이다.

$$\phi_{1R} = \frac{1}{d\sqrt{d^2+1}}(d^2 + 1 + \cot\beta_1\tan\alpha_{1a}) \tag{5.88}$$
$$= \frac{1}{d\sqrt{d^2+1}}(d^2 + 2\phi_{1a})$$

$$k_{m1R} = \frac{1}{d\sqrt{d^2+1}}\tan\alpha_{1a} \tag{5.89}$$
$$= \frac{1}{d\sqrt{d^2+1}}2\phi_{1a}k_{m1a}$$

무구속상태에서의 러너 내부 유로 흐름은 내측과 외측에서 다르다. 예를 들어 그림 5.64와 같이 중심유선으로 2등분한 내·외의 분할 러너에 대해서 고려해보면, 정규(최고효율점)상태의 관점에서 내·외측의 각 분할 러너는 함께 동일한 비속도의 러너이지만, 내·외직경비 D_1/D_2의 관점에서 보면 내측 러너 쪽이 외측 러너보다 저속(저비속도)형이 된다. 따라서 저속(저비속도)에서 이미 부분적으로 무구속상태가 되어버리며, 무구속상태가 되어도 외측 러너는 아직 수차(정)로서 작동하고, 내측 러너는 이미 무구속상태를 지나 펌프(부)로서 기능을 한다.

중속(중비속도) 러너 및 고속(고비속도) 러너의 경우에는 이러한 러너 내·외측의 정·부의 기능의 차이가 크기 때문에 실제로 내측에서는 양수하여 역류하게 된다. $\Delta u v_u (= u_1 v_{u1} - u_2 v_{u2}$, 효율에 비례)와 v_{m2}(유량에 비례)의 분포 경향은 그림 5.64에 나타낸 것처럼 된다.

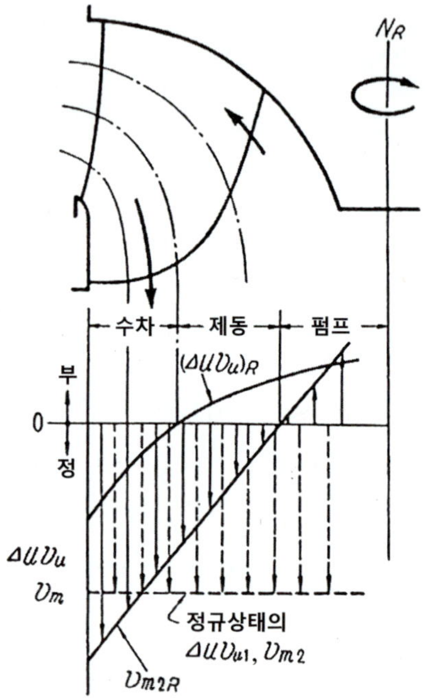

그림 5.64 프란시스수차 무구속상태의 속도성분 분포
자료: 石井, 1962

5.4.5 토크, 입력, 출력 그리고 효율

토크 T_h [N·m], 입력 P_w [kW], 출력 P_h [kW] 및 효율 η_h을 k_{m1} 및 ϕ_1을 가지고 나타내면 다음과 같이 된다.

$$\frac{T_h}{\frac{D_1}{2} \cdot \pi D_1 B_1 \cdot \gamma H} = 2 k_{m1} \left\{ \left(\cot \alpha_1 + \frac{B_1}{B_2} \cot \beta_2 \right) k_{m1} - \left(\frac{D_2}{D_1} \right)^2 \phi_1 \right\} \quad (5.90)$$

$$\frac{P_w}{9.8 \cdot \pi D_1 B_1 \cdot \sqrt{2gH^{\frac{3}{2}}}} = k_{m1} \tag{5.91}$$

$$\frac{P_h}{9.8 \cdot \pi D_1 B_1 \cdot \sqrt{2gH^{\frac{3}{2}}}} = 2k_{m1}\phi_1\left\{\left(\cot\alpha_1 + \frac{B_1}{B_2}\cot\beta_2\right)k_{m1} - \left(\frac{D_2}{D_1}\right)^2\phi_1\right\} \tag{5.92}$$

$$\eta_h = 2\phi_1\left\{\left(\cot\alpha_1 + \frac{B_1}{B_2}\cot\beta_2\right)k_{m1} - \left(\frac{D_2}{D_1}\right)^2\phi_1\right\} \tag{5.93}$$

펠턴수차의 식 (5.55)~식 (5.57)의 경우와 달리 상기 식에서 k_{m1}은 ϕ_1 및 α_1의 함수(식 (5.72)의 관계)이다. 그림 5.63에 P_w, P_h, T_h, η_h, $Q \sim N$을 나타낸다. 식 (5.90)~식 (5.93) 및 식 (5.72)로부터 프란시스수차에 대해서는 다음과 같이 정리할 수 있다.

- 상사의 수차를 상사운전하면, k_{m1} 및 ϕ_1이 일정하게 되기 때문에 다음과 같이 된다.

$$Q \propto H^{\frac{1}{2}},\ N \propto H^{\frac{1}{2}},\ T_h \propto H,\ P_w \propto H^{\frac{3}{2}},\ P_h \propto H^{\frac{3}{2}},\ \eta_h = \text{일정}$$

- 상사의 수차에서 상사의 개도이더라도 상사운전을 하지 않으면 일반적으로 k를 상수로 하여

$$T_h \propto Q(Q-kN,\ P_w \propto HQ,\ TP_h \propto QN(Q-kN),\ \eta_h \neq \text{일정}$$

이 된다. 단, Q, H는 α_1의 함수이다.

또한 본 절의 모든 식은 임의의 β_1, β_2에 대해서 성립하기 때문에, 가동익형 수차의 임의 개도에 대해서도 그대로 적용 가능하다. 단, 식 (5.79)~식 (5.81)만은 정규(최고효율점) 개도에 대한 식이기 때문에 식 중의 β_1, β_2를 정규 개도각 β_{1a}, β_{2a}로 해야 한다.

5.4.6 프란시스수차의 수력효율 특성

고정베인 러너를 채용한 프란시스수차의 효율은 부하의 대소에 의해 크게 변화한다. 변화의 경향은 비속도 n_s에 의해서 달라지지만, 특히 n_s가 큰 러너에서는 부분부하 및 과부하의 효율 감소가 현저하다. 또한 효율은 회전속도의 변화, 낙차의 변화에 의해서도 변화한다.

그림 5.65는 프란시스수차의 수력효율 특성을 나타내는 등효율곡선이며, 횡축에 이중단위 회전속도, 종축에 이중단위유량을 두어서 나타낸 것이다. a_g은 가이드베인 개도, 등고선은 수차효율을 나타낸다. 실제 수차에서는 회전속도가 일정하기 때문에 일정한 낙차의 조건에서는 그림 5.65의 임의의 단위 회전속도의 특성으로 사용된다. 또한 낙차가 변화한 경우의 수차 성능변화는 그림 5.65에서 단위 회전속도가 변화한 경우에 해당한다.

그림 5.65에서 선 A보다 좌측에서는 러너베인 입구에 대한 상대유동의 입사각이 크게 되어 입구 부압면에서 캐비테이션과 유동의 박리에 의한 소음의 발생한다. 또한 선 B보다 우측에서는 음(−)의 입사각이 커지게 되어 입구 압력면에서 유동이 박리하여 소음이 발생한다. 선 C보다 아래 부분부하 영역에서는 러너베인 사이의 유로 와가 발생하고, 운

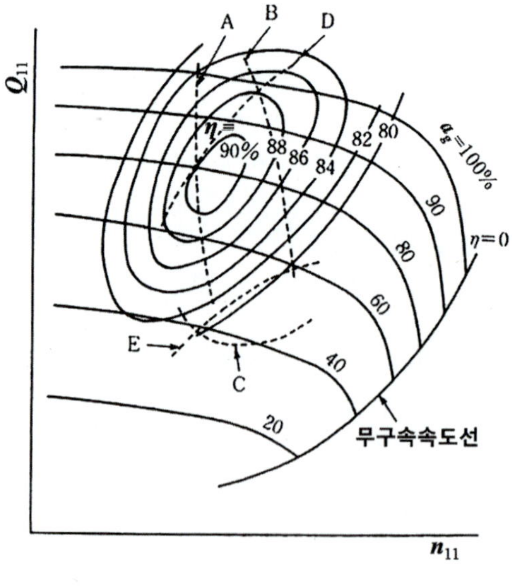

그림 5.65 프란시스수차의 등효율곡선

자료: 日本機械学会編, 1986

전상 제한이 가해지는 경우가 있다. 선 D는 러너 출구 유동이 선회 성분이 없는 상태를 보인다. 선 E는 부분부하 시에 러너 출구의 선회류가 발달해서 사수코어가 발생하고, 편심운동을 하여 서징이 가장 강하게 되는 상태를 보인다. 서징이 강한 경우에는 소음, 수압맥동이 커지고, 경우에 따라서는 전력 계통과의 공진을 일으켜서 전력 요동을 발생시키는 경우가 있다. 이러한 경우의 대책으로서 흡출관 상부로 공기를 공급하는 방법이 일반적으로 채용되고 있다.

또한 무구속속도는 저비속도 수차에서 정격회전속도의 약 1.5배, 고비속도 수차에서 약 2.3배이다. 가이드베인 개도가 커지게 되면 무구속속도가 커지게 된다.

5.5 프로펠러수차의 수력효율 특성

5.5.1 날개이론의 적용

날개(익)이론에 의해 프로펠러수차의 수력효율 특성을 구해본다.

그림 5.66은 프로펠러수차의 속도선도를 보이고 있다. 그림 5.66(a)는 프로펠러 수차 가이드베인과 러너를 포함한 단면도를 보이고 있으며, 그림 5.66(b) 및 그림 5.66(c)는 가이드베인 및 러너베인에서의 속도선도와 각 베인에 가해지는 힘을 표시한다. 모두 중심유선에 대한 속도선도이고, 수차 전체의 흐름이 이것으로 대표된다.

v_g [m/s]는 가이드베인 출구에서의 유속, v_{gu} 및 v_{gm}은 그 유속에 대한 원주 방향 및 자오선 방향의 성분, α_g [°]는 v_{gu}와 이루는 각이다. α_g는 가이드베인 개도각 θ_g[°]와는 일치하지 않지만, 실질적인 개도각에 적합하다.

u [m/s], v [m/s] 및 w [m/s]는 각각 러너의 원주속도, 물의 절대 유속 및 러너에 대한 물의 상대 유속이고, v_u 및 v_m은 각각 v의 원주 방향 및 자오선 방향의 성분, α [°]는 v가 u와 이루는 각, β [°]는 w가 $-u$와 이루는 각이다. 또한 δ는 러너베인 시위선(chord line)과 상대 유속 w가 이루는 앙각(받음각)이다. 이상의 기호에서 하첨자 1 및 2는 러너베인의 입구 및 출구에서의 값, 첨자가 없는 것은 그 기하학적 평균치를 의미한다. θ_r [°]은 러너베인 개도각이고, 그 기준 직선은 양력이 0이 되는 선으로 한다.

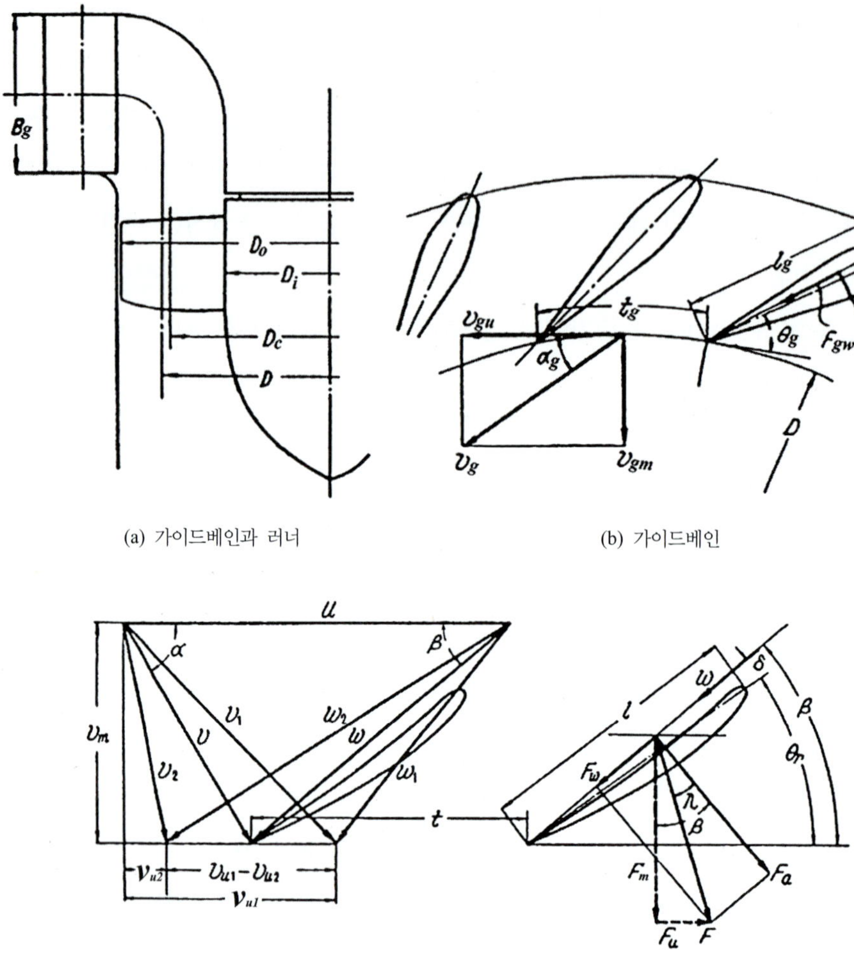

(a) 가이드베인과 러너 (b) 가이드베인

(c) 러너

그림 **5.66** 프로펠러수차의 속도선도

자료: 石井, 1962

여기서, 러너의 외경을 D_0 [m], 보스 직경을 D_i [m], 중심유선 원통 직경을 D [m]로 하고

$$u = \phi\sqrt{2gH} = \frac{\pi D}{60}N \tag{5.94}$$

$$v_m = k_m \sqrt{2gH} = \frac{Q}{\frac{\pi}{4}(D_0^2 - D_i^2)} \tag{5.95}$$

로 두면, N과 Q와의 관계는 ϕ와 k_m과의 관계로 바꿔 놓을 수 있다. 여기서, 수차 유로 내부의 각부 에너지소비, 즉 손실을 ϕ와 k_m를 이용하여 표현하여 본다.

(1) 케이싱에서의 손실

케이싱에서의 손실수두 $\varepsilon_c H$ [m]는 케이싱 입구 직경을 D_c [m], 거기에서의 유속을 v_c [m/s]로 하면,

$$\frac{\pi}{4} D_c^{\ 2} v_c = \frac{\pi}{4} (D_0^{\ 2} - D_i^{\ 2})\, v_m \tag{5.96}$$

이기 때문에,

$$\varepsilon_c H = \zeta_c \frac{v_c^{\ 2}}{2g} = \zeta_c \left(\frac{D_c^{\ 2} - D_i^{\ 2}}{D_c^{\ 2}} \right)^2 \cdot H k_m^{\ 2} \tag{5.97}$$

이 된다.

(2) 가이드베인에서의 손실

가이드베인에서는 v_g와 직각 방향의 양력 F_{ga} [N]와 v_g 방향의 항력 F_{gw} [N]가 발생한다. 여기서, 손실에 관계가 있는 것은 F_{gw}이고, 그 항력계수를 C_{gw}로 하면,

$$F_{gw} = C_{gw} \frac{\gamma}{2g} A_g v_g^{\ 2} \tag{5.98}$$

로 표현할 수 있다. 단, A_g [m]는 가이드베인의 투영 면적이고, 가이드베인의 높이를 B_g [m], 길이를 l_g [m]로 하면 다음과 같이 된다.

$$A_g = B_g l_g \tag{5.99}$$

그런데 가이드베인 출구의 피치원 직경을 D_g [m], 피치를 t_g [m], 가이드베인 매수를 Z_g로 하면

$$\pi D_g B_g v_{gm} = Q, \quad \pi D_g / Z_g = t_g \tag{5.100}$$

이기 때문에,

$$A_g = \frac{l_g}{t_g} \frac{Q}{Z_g v_m} \tag{5.101}$$

로 된다. 그런데 $v_g = v_{gm} \operatorname{cosec} \alpha_g$이기 때문에,

$$F_{gw} = C_{gw} \frac{\gamma Q}{2 g Z_g} \frac{l_g}{t_g} \operatorname{cosec}^2 \alpha_g \cdot v_{gm} \tag{5.102}$$

로 된다.

가이드베인에서의 손실동력은 항력 F_{gw} [N]에 맞서서 v_g [m/s]라는 유속으로 물을 흘려보내는 것이기 때문에 $v_g F_{gw}$ [N·m/s]이다. 그런데

$$\pi D_g B_g v_{gm} = \frac{\pi}{4} (D_0^2 - D_i^2) v_m \tag{5.103}$$

이기 때문에, 손실수두 $\varepsilon_g H$ [m]는 다음과 같이 된다.

$$\varepsilon_g H = \frac{v_g F_{gw}}{\gamma Q / Z_g} = \left(\frac{D_0^2 - D_i^2}{4 D_g B_g} \right) \frac{l_g}{t_g} C_g \operatorname{cosec}^3 \alpha_g \cdot H k_m^2 \tag{5.104}$$

(3) 러너에서의 손실

러너베인에는 v와 직각 방향의 양력 F_a [N]와 v 방향의 항력 F_w [N]가 발생한다. 양력계수를 C_a, 항력계수 C_w로하여, 이것을 다음과 같이 표현할 수 있다.

$$F_a = C_a \frac{\gamma}{2g} A_w^2 \tag{5.105}$$

$$F_w = C_w \frac{\gamma}{2g} A_w{}^2 \qquad (5.106)$$

단, A [m²]는 러너베인의 투영 면적이고 러너베인의 평균직경을 D_c [m]$(=(D_0+D_i)/2)$로 하고, 평균직경 D_c의 원통 전개면상에서 러너베인 시위 길이(chord length)를 l_c [m]로 하면,

$$A = \frac{D_0 + D_i}{2} l_c \qquad (5.107)$$

이다. 그런데 중심유선 직경 $D\left(= \sqrt{\dfrac{D_0{}^2 + D_i^2}{2}}\right)$의 원통 전개면에 시위 길이를 l [m]로 하면

$$l_c = \frac{D_c}{D} l \qquad (5.108)$$

이기 때문에,

$$A = \frac{D_0{}^2 + D_i^2}{4D} \qquad (5.109)$$

으로 된다.

같은 전개면에서의 러너베인 피치를 t [m], 러너베인 매수를 Z_r로 하면,

$$\frac{\pi}{4}(D_0{}^2 - D_t{}^2) v_m = Q, \quad \pi D / Z_r = t \qquad (5.110)$$

이기 때문에,

$$A = \frac{l}{t} \frac{Q}{Z_r v_m} \qquad (5.111)$$

로 된다. 그런데 $w = v_m \operatorname{cosec} \beta$ 이기 때문에,

$$F_a = C_a \frac{\gamma Q}{2g Z_r} \frac{l}{t} \operatorname{cosec}^2 \beta \cdot v_m \qquad (5.112)$$

$$F_w = C_w \frac{\gamma Q}{2 g Z_r} \frac{l}{t} \operatorname{cosec}^2 \beta \cdot v_m \tag{5.113}$$

으로 된다.

따라서 러너에서의 손실동력(입구에서의 충돌손실과 내부에서의 마찰손실을 포함)은 가이드베인의 경우와 똑같이 $w F_w$ [N·m/s]이고, 손실수두 $(\varepsilon_s + \varepsilon_r) H$ [m]는 다음과 같이 된다.

$$(\varepsilon_s + \varepsilon_r) H = \frac{w F_w}{\gamma Q / Z_r} = \frac{l}{t} C_w \operatorname{cosec}^3 \beta \cdot k_m^{\;2} \tag{5.114}$$

(4) 흡출관에서의 손실

흡출관 내의 손실의 최대 요소는 v_{u2}이기 때문에, 우선 이것을 구한다.

토크 T_h [N·m]는 운동량이론에 의하면

$$T_h = \frac{\gamma Q}{g} \frac{D}{2} (v_{u1} - v_{u2}) \tag{5.115}$$

날개(익)이론에 의하면

$$T_h = \frac{D}{2}(F_a \sin\beta - F_w \cos\beta) \tag{5.116}$$

$$= \frac{\gamma Q}{2g} \frac{D}{2} \frac{l}{t} (C_a - C_w \cot\beta) \operatorname{cosec}\beta \cdot v_m$$

이기 때문에, 식 (5.115)와 식 (5.116)으로부터 다음의 식이 얻어진다.

$$v_{u1} - v_{u2} = \frac{1}{2} \frac{l}{t} (C_a - C_w \cot\beta) \operatorname{cosec}\beta \cdot v_m \tag{5.117}$$

그런데 v_{u1}은 가이드베인 출구 유속의 선회성분 v_{gu}에 의해서 정해진다. 가이드베인 출구로부터 러너베인 입구까지의 유로에서 흐름을 자유와(free vortex) 흐름으로 하면

$$D_g v_{gu} = \sqrt{1 + \zeta_v} D v_{u1} \tag{5.118}$$

이 된다. 단, ζ_v는 가이드베인 출구로부터 러너베인 입구까지의 유로에서 발생한 손실을

고려한 계수이다.

그런데 $v_{gu} = v_{gm} \cot\alpha_g = \dfrac{D_0^{\ 2} + D_i^{\ 2}}{4D_g B_g} \cot\alpha_g \cdot v_m$ 이기 때문에

$$v_{u1} = \frac{D_0^{\ 2} + D_i^{\ 2}}{4\sqrt{1+\zeta_v}\, DB_g} \cot\alpha_g \cdot v_m \tag{5.119}$$

으로 된다.

식 (5.117)과 식 (5.119)로부터 v_{u2}를 구하면 다음과 같이 된다.

$$v_{u2} = \left\{ \frac{D_0^2 - D_i^2}{4\sqrt{1+\zeta_v}\, DB_g} \cot\alpha_g - \frac{1}{2}\frac{l}{t}(C_a - C_w \cot\beta)\operatorname{cosec}\beta \right\} \cdot v_m \tag{5.120}$$

따라서 흡출관 내의 손실수두 $\varepsilon_d H$ [m]은 다음과 같이 된다.

$$\begin{aligned} \varepsilon_d H &= \zeta_u \frac{v_{u2}^{\ 2}}{2g} + \zeta_m \frac{v_m^{\ 2}}{2g} \\ &= \left[\zeta_u \left\{ \frac{D_0^2 - D_i^2}{4\sqrt{1+\zeta_v}\, DB_g} \cot\alpha_g - \frac{1}{2}\frac{l}{t}(C_a - C_w \cot\beta)\operatorname{cosec}\beta \right\}^2 + \zeta_m \right] \cdot Hk_m \end{aligned} \tag{5.121}$$

(5) 러너의 출력

러너의 출력 토크 T_h [N·m]가 식 (5.116)과 같기 때문에, 출력 P_h [W]는 비중량이 $\gamma = \rho g$ [N/m³]이기 때문에 다음과 같이 된다.

$$\begin{aligned} P_h\,[W] &= \frac{u}{D/2} T_h \\ &= \frac{\rho g H}{2g}\frac{l}{t}(C_a - C_w \cot\beta)\operatorname{cosec}\beta \cdot uv_m \end{aligned} \tag{5.122}$$

이고, 식 (5.94)와 식 (5.95)로부터 $uv_m = 2gH\phi k_m$이기 때문에, 출력수두 H_h [m] 및 수력효율 η_h는 다음과 같이 된다.

$$H_h = \frac{P_h}{\rho g Q} = \frac{l}{t}(C_a - C_w \cot\beta)\operatorname{cosec}\beta \cdot H\phi k_m \tag{5.123}$$

$$\eta_h = \frac{H_h}{H} = \frac{l}{t}(C_a - C_w \cot\beta)\operatorname{cosec}\beta \cdot \phi k_m \tag{5.124}$$

이상의 여러 식에서 특성 파라미터는 ϕ 와 k_m뿐이다. 하지만 C_a, C_w, β는 앙각 δ와 관련이 있고, δ는 운전상태에 의해 변한다. 즉, δ도 또한 ϕ의 함수이다.

5.5.2 무구속속도

프로펠러수차의 무구속상태에 대해서 다음에 설명하며, 무구속상태의 표시로서 ϕ 와 k_m 등의 값에 하첨자 R을 붙여 표현한다.

(1) 입사각

무구속상태에서는 $T_h = 0$ 이기 때문에 식 (5.116)에서

$$C_a - C_w \cot\beta_R = 0 \tag{5.125}$$

즉,

$$\cot\beta_R = C_a / C_w = \varepsilon_R \tag{5.126}$$

이 된다. 이때의 속도선도는 그림 5.67과 같이 된다.

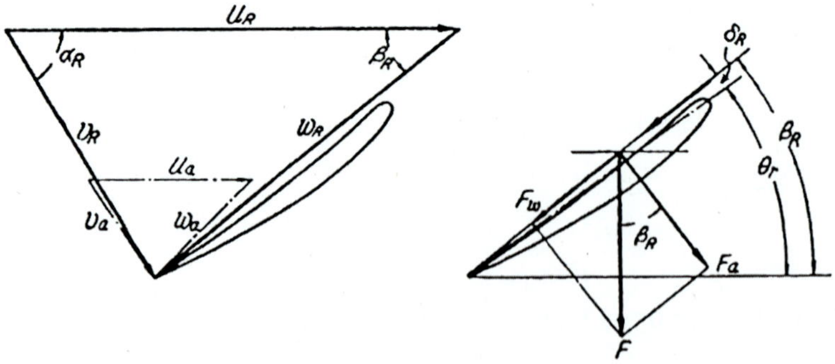

그림 5.67 프로펠러수차 무구속상태의 속도선도

자료: 石井, 1962

따라서 러너의 형상(러너베인의 형상, Z_r, θ_r)이 정해지면 양항비 ε은 δ만의 함수로 된다. $\varepsilon \sim \delta$의 관계를 알면

$$\cot(\theta_r + \delta_R) = \varepsilon_R(\delta_R) \tag{5.127}$$

의 함수로부터 δ_R이 구해진다.

얇은 두께의 단독익에서는 $C_a \fallingdotseq 2\pi\delta$, $C_w = 0.02$정도의 값이다. 러너의 형상에 의해 이 값은 변하지만 지금은 임시로 이 값을 이용해 본다.

또한 $\theta_r \gg \delta_R$로 하면

$$\cot\beta_R = \cot(\theta_r + \delta_R) \fallingdotseq \cot\theta_r + \delta_R \operatorname{cosec}^2\theta_r \tag{5.128}$$

이다. 따라서 식 (5.127)로부터 다음의 식이 구해진다.

$$\delta_R = \frac{\cot\theta_r}{100\pi - \operatorname{cosec}^2\theta_r} \tag{5.129}$$

$\theta_r = 6°$, $9°$, $12°$에 대해 $\delta_R = 2.41°$, $1.34°$, $0.96°$이다.

이상에 따라 러너베인 개도각 θ_r로 무구속상태에 빠지게 된 경우의 앙각(받음각) δ_R과 입사각 β_R를 알 수 있다.

(2) 무구속 유량

$T_h = 0$일 때는 $\eta_h = 0$이기 때문에

$$\varepsilon_c H + \varepsilon_c H + \varepsilon_c H + \varepsilon_c H + \varepsilon_c H + \varepsilon_c H = H \tag{5.130}$$

로 된다. 이것에 식 (5.97), 식 (5.104), 식 (5.114) 그리고 식 (5.121) ({ } 괄호 내 제2항은 0이 됨)을 넣어서 정리하면 다음과 같이 된다.

$$c_R {k_{mR}}^2 = 2 \tag{5.131}$$

단, $c_R = K_m + K_u \cot^2\alpha_g + K_g \operatorname{cosec}^3\alpha_g + K_r \operatorname{cosec}^3\beta_R$,

$$K_m = \zeta_c \left(\frac{D_0^{\,2} - D_i^{\,2}}{D_c^{\,2}} \right) + \zeta_m, \quad K_u = \zeta_u \left(\frac{D_0^{\,2} - D_i^{\,2}}{4\sqrt{1+\zeta_v}\,DB_g} \right)^2,$$

$$K_g = \left(\frac{D_0^{\,2} - D_i^{\,2}}{4\,D_g B_g} \right)^2 \frac{l_g}{t_g}, \quad K_r = \frac{l}{t}\, C_w$$

이다. 즉,

$$k_{mR} = \frac{1}{\sqrt{c_R}} = \frac{1}{\sqrt{K_m + K_u \cot^2 \alpha_g + K_g \operatorname{cosec}^3 \alpha_g + K_r \operatorname{cosec}^3 \beta_R}} \qquad (5.132)$$

이다. 이 식이 $k_m \sim \alpha_g$, θ_r 이 주어지는 식이다.

(3) 무구속속도

그림 5.67에서

$$u_R = v_{uR} + v_{mr} \cot \beta_R \qquad (5.133)$$

이다. 그런데 식 (5.119)의 관계로부터

$$v_{uR} = \frac{D_0^{\,2} - D_i^{\,2}}{4\sqrt{1+\zeta_v}\,DB_g} \cot \alpha_g \cdot v_{mR} \qquad (5.134)$$

이기 때문에 이것을 식 (5.133)에 대입하여 정리하면 다음과 같이 된다.

$$\phi_R = \sigma k_{mr} \qquad (5.135)$$

단, $\sigma = \sqrt{\frac{K_u}{\zeta_u}} \cot \alpha_g + \cot \beta_R$ 이다.

식 (5.135)에 식 (5.132)를 대입하여

$$\phi_R = \frac{\sigma}{\sqrt{c_R}} = \frac{\sqrt{\frac{K_u}{\zeta_u}} \cot \alpha_g + \cot \beta_R}{\sqrt{K_m + K_u \cot^2 \alpha_g + K_g \operatorname{cosec}^3 \alpha_g + K_r \operatorname{cosec}^3 \beta_R}} \qquad (5.136)$$

이 구해진다. 이 식이 $\phi_R \sim \alpha_g$, θ_r이 주어지는 식이다.

프로펠러수차에서도 러너의 내측과 외측에서는 부분적으로 무구속상태로 빠져드는 회전속도가 다르다. 프란시스수차와는 역으로 프로펠러수차에서는 외측이 저속(저비속도)에서 무구속상태로 된다. 따라서 전체적인 무구속상태에서는 그림 5.68에 나타낸 바와 같이 외측은 무구속상태를 지나쳐서 펌프상태로 되고, 내측은 아직 무구속상태로 되지 않고 수차상태로 되어 있다. 단, 이 경우의 펌프작용은 수차와 동일 방향으로(즉, 하류를 향해서) 물을 흡출하도록 작용한다.

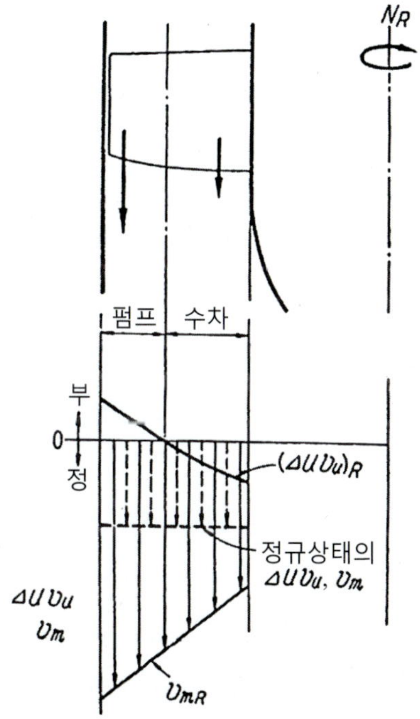

그림 **5.68** 프로펠러수차 무구속상태의 $\Delta u v_u$(토크에 비례)와 v_m(유량에 비례)의 분포 경향

자료: 石井, 1962

프란시스수차와 프로펠러수차의 무구속상태를 전체적으로 비교해 보자. 우선 러너가 없는 경우, 가이드베인 출구에서 흡출관 출구에 이르기까지의 흐름을 생각하면 프란시스수차와 프로펠러수차는 거의 변화가 없다. 이 경우에 물은 자유와(소용돌이) 운동을 하면서 나선형으로 흘러 내려간다. 이것을 본류라고 하고, 다음으로 그 내부의 회전 방향으로는 구속이 없는 러너를 넣은 경우를 생각한다.

프란시스형 러너를 넣은 경우는 그 러너베인이 형성하는 러너 유로(예로 β_1과 β_2)가 입구에서 출구에 걸쳐서 똑같지 않기 때문에 어떤 속도로 달려도 한결같이 흐르는 주류에 러너는 동조할 수 없다. 러너 전체적으로는 되도록 본류에 동조하려고는 하지만 충분하지 않으므로 입구에서 충돌손실이 발생하여 본류를 해치고, 흐름을 막게 됨에 따라서 러너 자신도 빨리 회전할 수 없게 된다. 게다가, 속도 상승에 의한 펌프작용의 양수 방향은 본류와는 역방향이고, 그 때문에 실질적인 입력수두가 감소하여 점점 유량(속도)의 증대를 구속하게 된다.

이것에 비하면 프로펠러형 러너의 러너베인은 평판에 가깝기 때문에 입구에서 출구까지 유로 형상이 거의 똑같다. 따라서 본류에 동조하여 되도록이면 흐름에 해를 끼치지 않도록 가볍게 회전하게 된다. 따라서 흐름 자체는 정규(최고효율점)상태에서 보다도 흐르기 쉽게 된다. 또한 펌프작용의 양수 방향은 본류와 같다. 그렇기 때문에 실질적인 입력수두가 증대하고, 점점 유량(속도)를 증대시킨다. 프로펠러형 러너가 빠르게 도는 것을 구속하는 것은 주로 러너베인 표면의 마찰저항이다.

5.5.3 사류 및 축류 프로펠러수차의 수력효율 특성

그림 5.69는 사류 및 축류 프로펠러수차의 비속도에 대하여 상대효율과 캐비테이션계수를 포함하는 수력특성의 관계를 나타낸다. 일반적으로 사류수차는 비속도 $n_s = 100 \sim 400$ [min^{-1}, kW, m]의 중비속도 영역에서 주로 사용되고, 축류수차는 비속도 $n_s = 250 \sim 1200$ [min^{-1}, kW, m]의 상대적으로 고비속도 영역에서 주로 적용된다. 그림에서도 알 수 있듯이 사류 데리아수차보다 축류 카플란수차가 상대적으로 높고 넓은 비속도 범위에서 양호한 효율 범위를 낼 수 있음을 알 수 있다.

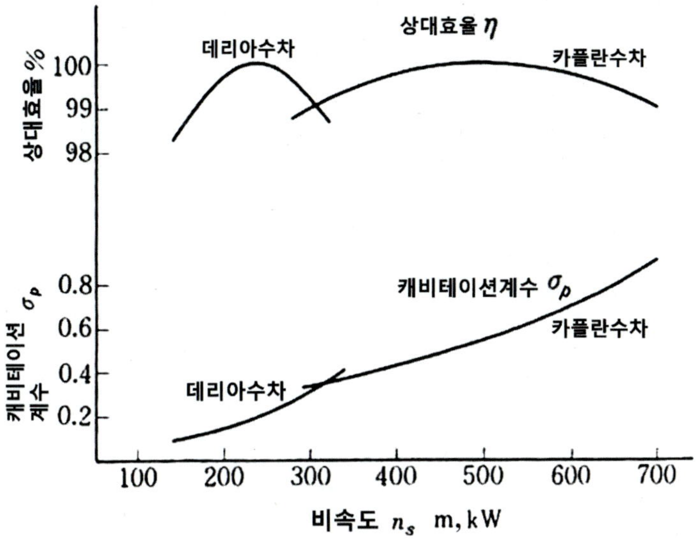

그림 5.69 사류 및 축류 프로펠러수차의 비속도와 수력 특성의 관계

자료: 日本機械学会編, 1986

그림 5.70은 입축 가동익 프로펠러수차의 수차출력에 대한 수력효율 특성을 보인다. θ는 러너베인의 개도이다. 그림의 θ가 일정(예를 들면 $\theta = 22^\circ$)한 경우의 특성은 고정익 프로펠러수차의 특성에 매우 가깝다. 이 그림에서 고정익 프로펠러수차의 운전조건이 최고 효율점에서 멀어지면 효율이 급격히 나빠지지만, 가동익 프로펠러수차에서는 그림의 쇄선과 같이 넓은 범위의 운전조건에 대해서 효율이 양호한 것을 알 수 있다. 이러한 것은 유

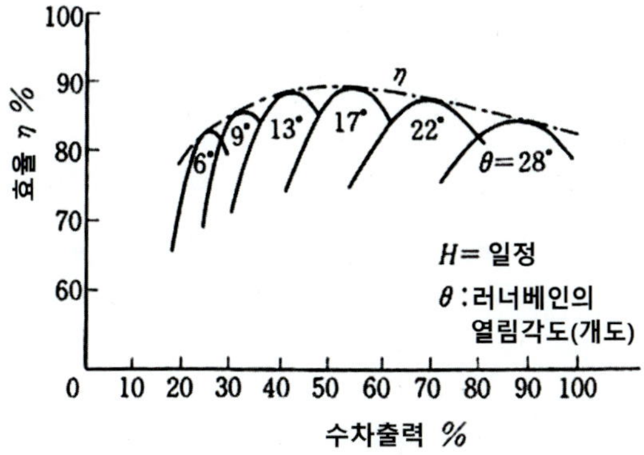

그림 5.70 입축 가동익 프로펠러수차의 수력효율 특성

자료: 日本機械学会編, 1986

량(출력)의 변화에 대해서뿐만 아니라 낙차의 변화에 대해서도 동일하다.

그림 5.71은 입축 가동익 사류수차의 수력효율 특성을 보인다. 본 그림에서는 프란시스 수차와의 특성 비교를 보이지만, 카플란수차와 동일하게 유량 변화, 낙차 변화에 대해서 넓은 범위에 걸쳐서 고효율을 유지할 수 있다.

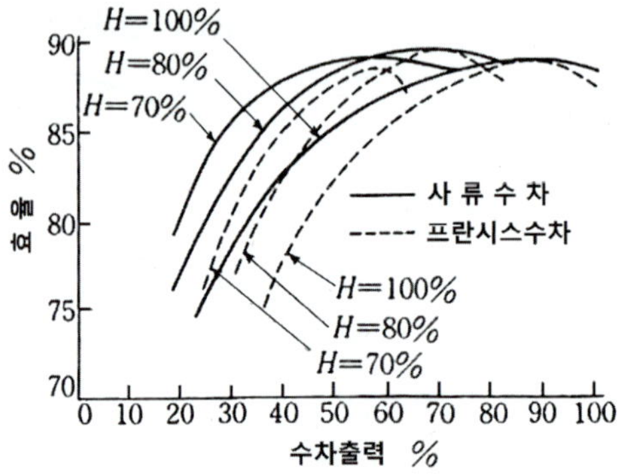

그림 5.71 입축 가동익 사류수차와 프란시스수차의 수력효율 특성 비교

자료: 日本機械学会編, 1986

5.6 펌프수차의 수력효율 특성

5.6.1 펌프 및 펌프수차 수력효율 특성

(1) 펌프 특성

1) 일반 특성

여기서는 먼저 5.4절의 프란시스수차 수력효율 특성 이론에 대응하여 펌프의 이론을 설명한다. 그림 5.72는 회전속도 N [min^{-1}], 유량 Q [m^3/s], 양정 H [m]로 운전 중인 펌프(펌프수차 펌프모드를 포함)를 나타낸다.

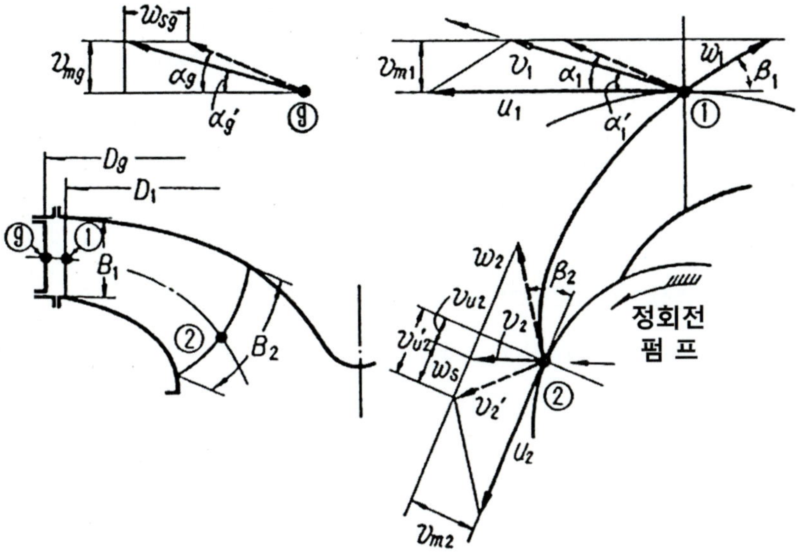

그림 **5.72** 펌프의 속도선도

자료: 石井, 1962

지금 러너베인 출구 ①과 입구 ②의 피치원 직경을 D_1 [m]과 D_2 [m], 유로의 높이를 B_1 [m]로 하여

$$u_1 = \phi_1\sqrt{2gH} = \frac{\pi D_1}{60}N,\ u_2 = \phi_2\sqrt{2gH} = \frac{\pi D_2}{60}N \tag{5.137}$$

$$\phi_2 = \frac{D_2}{D_1}\phi_1 \tag{5.138}$$

$$v_{m_1} = k_{m_1}\sqrt{2gH} = \frac{Q}{\pi D_1 B_1},\ v_{m_2} = k_{m_2}\sqrt{2gH} = \frac{Q}{\pi D_2 B_2} \tag{5.139}$$

$$k_{m_2} = \frac{D_1 B_1}{D_2 B_2}k_{m_1} \tag{5.140}$$

로 두면 N과 Q와의 관계는 ϕ_1과 k_{m_1}과의 관계로 바꿔 놓을 수 있다. 여기서 내부에서 일어나는 손실을 특성 파라미터로써 ϕ_1과 k_{m_1}만을 사용하여 나타낸다.

① **케이싱에서의 손실** 케이싱 출구 직경을 D_c [m], 거기서의 속도를 v_c [m/s]로 하면 케이싱 내의 손실수두 $\varepsilon_c H$ 는 수차의 경우 식 (5.64)와 마찬가지로 다음과 같이 된다.

$$\varepsilon_c H = \zeta_c \frac{{v_c}^2}{2g} = \zeta_c \left(\frac{4 D_1 B_1}{{D_c}^2} \right)^2 \cdot H {k_{m_1}}^2 \qquad (5.141)$$

② **가이드베인에서의 손실** 가이드베인 입구의 피치 원경을 D_g [m], 높이를 B_g [m]로서 하고 입구의 절대 속도를 v_g [m], 개도각을 α_g [°]로 하면 가이드베인 내의 손실수두 $\varepsilon_c H$ [m]은 수차의 경우 식 (5.65)와 마찬가지로 다음과 같이 된다.

$$\varepsilon_g H = \zeta_g \frac{{v_g}^2}{2g} = \zeta_g \left(\frac{D_1 B_1}{D_g B_g} \right)^2 \operatorname{cosec}^2 \alpha_g \cdot H {k_{m_1}}^2 \qquad (5.142)$$

저속(저비속도)러너와 중속(중비속도)러너에서는 $B_g \fallingdotseq B_1$, $\alpha_g \fallingdotseq \alpha_1$ 이다.

또한 가이드베인 입구 ⓖ에서는 러너에서 흘러 온 흐름의 방향 $\alpha_g{}'$이 가이드 베인의 방향 α_g와 일치하지 않기 때문에 충동손실이 발생한다. 이 충동에 의해 흐름의 방향은 $\alpha_g{}'$로부터 α_g로 급변하게 된다. $\alpha_g{}'$, α_g에 대응하는 러너로부터의 유출각을 $\alpha_1{}'$, α_1으로 하고, 러너 출구 ①로부터 가이드베인 입구 ⓖ까지의 흐름을 자유와 흐름으로 하면 가이드베인 입구에서의 충돌속도 w_{sg} [m/s]는

$$w_{sg} = \frac{D_1}{D_g} \left\{ u_1 - v_{m_1} (\cot \alpha_1 + \cot \beta_1) \right\}$$

로 되기 때문에 충돌손실수두 $\varepsilon_{sg} H$ [m]은 다음과 같이 된다.

$$\begin{aligned} \varepsilon_{sg} H &= \zeta_{sg} \frac{{w_{sg}}^2}{2g} \qquad (5.143) \\ &= \zeta_{sg} \left(\frac{D_1}{D_2} \right)^2 \cdot H {\phi_1}^2 - 2 \zeta_{sg} \left(\frac{D_1}{D_2} \right)^2 (\cot \alpha_1 + \cot \beta_1) \cdot H \phi_1 k_{m_1} \\ &\quad + \zeta_{sg} \left(\frac{D_1}{D_2} \right)^2 (\cot \alpha_1 + \cot \beta_1)^2 \cdot H {k_{m_1}}^2 \end{aligned}$$

③ **러너에서의 손실** 러너 입구 ②에서의 상대 유속을 w_2 [m/s]로 하면 러너 내부의 손실수두 $\varepsilon_r H$ [m]은 수차의 경우 식 (5.67)과 마찬가지로 다음과 같이 된다. 단, β_2 [°]는 러너베인 입구각이다.

$$\varepsilon_r H = \zeta_r \frac{{w_2}^2}{2g} = \zeta_r \left(\frac{D_1 B_1}{D_2 B_1}\right)^2 \operatorname{cosec}^2 \beta_2 \cdot H {k_{m_1}}^2 \tag{5.144}$$

또한 러너 입구 ②에서 물은 절대 유속 v_2 [m/s]로 유입하고, 거기서 충돌손실을 일으켜 $v_2{}'$로 되고, 그 결과 상대 유속 w_2 [m/s]가 러너베인을 따라 흐르는 것으로 한다. 충돌 전에는 물의 선회성분이 v_{u2}이었지만, 충돌 후에는 이것이 $v_{u2}{}'$으로 변한다. 여기서

$$v_{u_2} = e\, v_{u_2}{}' \tag{5.145}$$

로 두면 이 경우의 충돌속도 w_s [m/s]는 다음과 같이 된다.

$$w_s = v_{u_2}{}' - v_{u_2} = (1-e)\, v_{u_2}{}'$$

그런데

$$v_{u_2}{}' = u_2 - v_{m_2} \cot \beta_2$$

이므로 러너 입구의 충돌손실수두 $\varepsilon_s H$ [m]는 다음과 같이 된다.

$$\begin{aligned} \varepsilon_s H &= \zeta_s \frac{{w_s}^2}{2g} \\ &= \zeta_s (1-e)^2 \left(\frac{D_2}{D_1}\right)^2 \cdot H {\phi_1}^2 - 2\zeta_s (1-e)^2 \frac{B_1}{B_2} \cot \beta_1 \cdot H \phi_1 k_{m_1} \\ &\quad + \zeta_s (1-e)^2 \left(\frac{D_1 B_1}{D_2 B_2}\right)^2 \cot^2 \beta_2 \cdot H {k_{m_1}}^2 \end{aligned} \tag{5.146}$$

④ **흡입관에서의 손실** 흡입관 내의 손실수두 $\varepsilon_a H$ [m]는 수차인 경우의 식 (5.68)과 마찬가지로 다음과 같이 된다.

$$\varepsilon_d H = \zeta_u \frac{{v_{u_2}}^2}{2g} + \zeta_m \frac{{v_{m_2}}^2}{2g} \tag{5.147}$$
$$= \zeta_u e^2 \left(\frac{D_2}{D_1}\right)^2 \cdot H {\phi_1}^2 - 2\zeta_u e^2 \frac{B_1}{B_2} \cot\beta_2 \cdot H \phi_1 k_{m_1}$$
$$+ \left(\frac{D_1 B_1}{D_2 B_2}\right)^2 (\zeta_u e^2 \cot^2\beta_2 + \zeta_m) \cdot H {k_{m_1}}^2$$

⑤ **러너의 입력** 수차의 경우는 낙차 H의 일부가 러너의 출력수두 $\eta_h H$ 로서 이용된다. 이것에 대하여 펌프의 경우, 러너의 입력수두 $\dfrac{1}{\eta_h}H$의 일부가 양정 H로서 이용된다. 펌프를 구동하는데 필요한 입력에 상당하는 수두는 $\dfrac{1}{\eta_h}H$이다. 그런데

$$v_{u_1} = u_1 - v_{m_1} \cot\beta_1, \quad v_{u_2} = e\,(u_2 - v_{m_2} \cot\beta_2)$$

이므로, $\dfrac{1}{\eta_h}H$는 다음과 같이 된다. 이 식은 수차의 경우 식 (5.69)에 대응하는 것이다.

$$\frac{1}{\eta_h} H = \frac{1}{g}(u_1 v_{u_1} - u_2 v_{u2}) \tag{5.148}$$
$$= 2\left\{1 - e\left(\frac{D_2}{D_1}\right)^2\right\} \cdot H{\phi_1}^2 - 2\{(\cot\beta_1 - e\cot\beta_2)\} \cdot H\phi_1 k_{m1}$$

⑥ **특성방정식** 그런데

$$\varepsilon_c H + \varepsilon_g H + \varepsilon_r H + \varepsilon_d H + H = \frac{1}{\eta_h} H \tag{5.149}$$

이므로, 이것에 식 (5.141)~식 (5.148)을 대입하여 정리하면 다음과 같이 된다.

$$a{\phi_1}^2 - 2b\phi_1 k_{m_1} + c{k_{m_1}}^2 + 1 = 0 \tag{5.150}$$

단,

$$a = \zeta_{sg}\left(\frac{D_1}{D_g}\right)^2 + \zeta_e\left(\frac{D_2}{D_1}\right)^2 - 2\left\{1 - e\left(\frac{D_2}{D_1}\right)^2\right\}$$

$$b = \zeta_{sg}(\cot\alpha_1 + \cot\beta_1) + (\zeta_e + e)\frac{B_1}{B_2}\cot\beta_2$$

$$c = \zeta_{sg}\left(\frac{D_1}{D_g}\right)^2(\cot\alpha_1 + \cot\beta_1)^2 + \zeta_e\left(\frac{D_1B_1}{D_2B_2}\right)^2\cot^2\beta_2 + f$$

$$f = \zeta_g\left(\frac{D_1B_1}{D_gB_g}\right)^2\operatorname{cosec}^2\alpha_g + \zeta_r\left(\frac{D_1B_1}{D_2B_2}\right)\operatorname{cosec}^2\beta_2 + \zeta_c\left(\frac{4D_1B_1}{{D_c}^2}\right)^2 + \zeta_m\left(\frac{D_1B_1}{D_2B_2}\right)^2$$

$$\zeta_e = \zeta_s(1-e)^2 + \zeta_u e^2$$

이다. f는 마찰손실에 관한 항으로 수차의 경우와 완전히 같은 형식이다. 식 (5.150)을 풀면 다음과 같이 된다.

$$k_{m_1} = \frac{b\phi_1 \pm \sqrt{(b^2 - ac){\phi_1}^2 - c}}{c} \tag{5.151}$$

식 (5.151)이 식 (5.72)의 수차 특성방정식에 대응하는 펌프 특성방정식이다. 식 (5.151)의 판별식은 $b^2 - ac$ 이다. 그런데 $c > 0$ 이므로, 식 (5.151)이 실근을 가지기 위해서는

$$b^2 - ac > 0$$

즉, 쌍곡선이어야 한다. 펌프는 이 조건을 항상 만족하도록 만들어져 있기 때문에 $k_{m_1} \sim \phi_1$은 항상 쌍곡선으로 되며, 수차와 같이 타원이나 직선으로 되지는 않는다.

a, b, c를 좀 더 알기 쉽게 하기 위해 가정을 간단하게 해본다. 즉, 러너 입구에서는 자오선 방향으로 물이 유입하는 것으로 하여 $v_{u_2} = 0(e = 0)$으로 한다. 이 유입 방향은 수차의 경우에 가정한 유출 방향과 다르다. 그 외는 수차의 경우와 같이 $f = 0$,

$\zeta_{sg}=1$, $\zeta_s=1$, $\zeta_u=1$ 로 하면 a, b, c는 다음과 같이 간단하게 된다. 단, 실제는 f를 임의의 값으로 하여, $e=0(n_s=90)\sim 0.1(n_s=40)$로 취하면 실제와 거의 일치한다.

$$a=\left(\frac{D_1}{D_g}\right)^2-\left(\frac{D_2}{D_1}\right)^2-2$$

$$b=(\cot\alpha_1+\cot\beta_1)+\frac{B_1}{B_2}\cot\beta_2$$

$$c=\left(\frac{D_1}{D_g}\right)^2(\cot\alpha_1+\cot\beta_1)^2+\left(\frac{D_1B_1}{D_2B_2}\right)^2\cot\beta_2$$

펌프 특성방정식의 식 (5.150)이 수차 특성방정식의 식 (5.71)과 본질적으로 다른 점은 상수항 1의 ± 부호가 다른 것과 계수 a, b가 다른 것이다.

식 (5.150)을 $Q\sim N$의 형식으로 고쳐 쓰면

$$Q=\frac{BN\pm\sqrt{(B^2-AC)N^2-CH}}{C} \tag{5.152}$$

식 (5.150)을 $H\sim Q$의 형식으로 고쳐 쓰면

$$H=\left(\frac{B^2}{C}-A\right)N^2-\left(\frac{1}{C}Q-\frac{B}{C}N\right)^2 \tag{5.153}$$

로 된다. 단, $A=\frac{a}{2g}\left(\frac{\pi D_1}{60}\right)^2$, $B=\frac{b}{2g}\left(\frac{1}{60B_1}\right)$, $C=\frac{c}{2g}\left(\frac{1}{\pi D_1B_1}\right)^2$ 이다.

그림 5.73에 (a) 프란시스형 펌프와 (b) 프로펠러형 펌프의 이론 특성을 대응시켜 $Q\sim N$과 $H\sim Q$로서 나타낸다. 그림 중 같은 숫자의 점은 대응점이다.

식 (5.150)은 ϕ_1의 정(+)부(−)에 관계없이 성립한다. 따라서 ϕ_1이 부(−)의 범위는 역회전 펌프특성을 의미한다. 단, 역회전하여도 정회전의 경우와 같은 방향으로 양수 가능하기 위해서는 식 (5.151)에서 ϕ_1가 부(−)의 범위에서도 게다가 $|\phi_1|$을 크게 했을 경우에 $k_{m_1}>0$이어야 한다. 그러기 위해서는 $c>0$이기 때문에 $a<0$이면 좋다. 즉, 근사적으로는

$$\frac{D_1}{D_2} > 1 \qquad (5.154)$$

인 경우이다. 축류 프로펠러펌프는 $D_1/D_2 \fallingdotseq 1$이므로, 역회전해서는 정회전과 같은 방향으로 양수할 수 없는 것으로 된다. 그림 5.73의 파선 영역은 역류 영역이다.

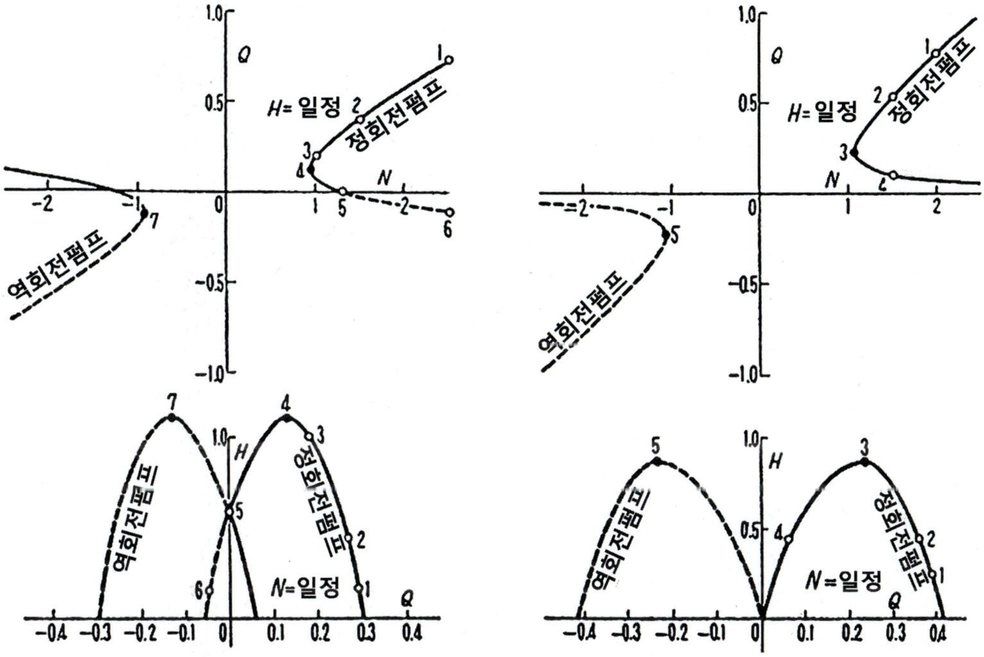

(a) 프란시스형($n_s = 70$) (b) 프로펠러형($n_s = 150$)

그림 **5.73** 펌프의 이론 특성(개도 일정)

자료: 石井, 1962

2) 정규(최고효율점)상태의 유량과 속도

첨자 a을 가지고 정규상태를 나타내는 것으로 하면, 정규상태에서는 $v_{u_2} = 0$ 이므로 식 (5.148)은 다음과 같이 된다.

$$\frac{1}{\eta_{ha}} = \frac{u_1 v_{u_1}}{gH} = 2\phi_{1a} k_{m_{1a}} \cot \alpha_{1a}$$

즉,

$$\phi_{1a} k_{m_{1a}} = \frac{1}{2\eta_{ha}} \tan\alpha_{1a} \tag{5.155}$$

이다.

정규상태에서는

$$u_{1a} = v_{m_{1a}}(\cot\alpha_{1a} + \cot\beta_1)$$

$$u_{2a} = v_{m_{2a}} \cot\beta_2$$

가 성립한다. 이것과 식 (5.155)으로부터 다음의 식이 얻어진다.

$$\phi_{1a} = \sqrt{\frac{1}{2\eta_{ha}} \cdot \frac{K}{\tan\beta_2} \cdot \tan\alpha_{1a}} \tag{5.156}$$

$$k_{m_{1a}} = \sqrt{\frac{1}{2\eta_{ha}} \cdot \frac{\tan\beta_2}{K} \cdot \tan\alpha_{1a}} \tag{5.157}$$

단, $K = \left(\frac{D_1}{D_2}\right)^2 \frac{B_1}{B_2}$ 이다.

(2) 펌프수차 특성

1) 특성방정식

여기에서는 펌프 특성과 수차 특성 이론에 바탕을 두고 설명한다.

먼저 양 특성의 이론식을 열거하여 나타냈다. 단, 계수 a, b, c에는 펌프모드와 수차모드에 각각 첨자 p와 t를 붙여서 구별했다.

펌프 특성

$$k_{m_1} = \frac{b_p\phi_1 \pm \sqrt{(b_p{}^2 - a_p c_p)\phi_1{}^2 - c_p}}{c_p} \quad \text{(일반식)} \tag{5.151}$$

$$\phi_{1a} = \sqrt{\frac{1}{2\eta_{ha}} \cdot \frac{K}{\tan\beta_2} \cdot \tan\alpha_{1a}} \tag{5.156}$$

$$k_{m_{1a}} = \sqrt{\frac{1}{2\eta_{ha}} \cdot \frac{\tan\beta_2}{K} \cdot \tan\alpha_{1a}} \tag{5.157}$$

수차 특성

$$k_{m_1} = \frac{b_t\phi_1 \pm \sqrt{(b_t{}^2 - a_t c_t)\phi_1{}^2 - c_t}}{c_t} \quad \text{(일반식)} \tag{5.72}$$

$$\phi_{1a} = \sqrt{\frac{\eta_{ha}}{2} \cdot \frac{K}{\tan\beta_2} \cdot \tan\alpha_{1a}} \tag{5.79}$$

$$k_{m_{1a}} = \sqrt{\frac{\eta_{ha}}{2} \cdot \frac{\tan\beta_2}{K} \cdot \tan\alpha_{1a}} \tag{5.80}$$

2) 이상적인 펌프수차

펌프수차의 기본적인 성격을 알기 위해서는 먼저 다음과 같은 이상적인 펌프수차를 가상해 본다. 즉,

- 가이드베인 매수 Z_g와 러너베인 매수 Z_r이 무한이다.
- 마찰손실이 전혀 없고 $f = 0$, 또한 ζ_{sg}, $\zeta_s = 1$, $\zeta_u = 1$이다.

이와 같은 펌프에서는 물은 정확하게 가이드베인과 러너베인의 각도 방향으로 유입하기 때문에 그 펌프운전과 수차운전의 정규(최고효율)점은 그림 5.74와 같이 일치하고

$$\eta_{hap} = \eta_{hat} = 1$$

로 된다. 그림 5.74의 굵은 선은 이상적인 펌프수차의 조건을 이용하여 상기 특성방정식으로부터 구한 이론 특성이다.

또한 그림에서 이러한 이상적인 펌프수차에서도 정규점 이외에서는 양 특성이 매우 다른 것을 알 수 있다.

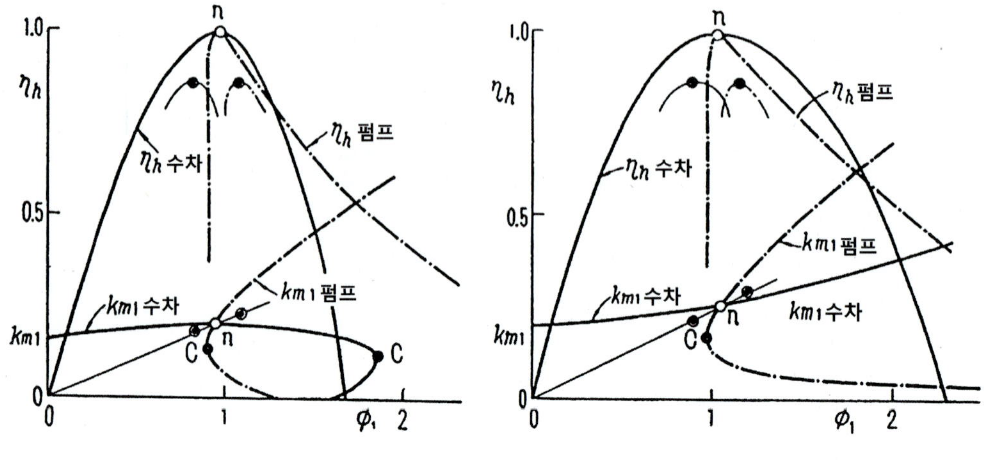

(a) 프란시스형　　　　(b) 프로펠러형

그림 **5.74** 펌프수차의 이론 특성(개도 일정)

자료: 石井, 1962

수차 특성은 $\phi_1 = 0$, $\phi_1 = \phi_{1R}$에서 $\eta_h = 0$이며 $\eta_h \sim \phi_1$의 형상은 포물선에 가깝지만, 펌프 특성은 $\phi_1 = \phi_{1C}$에서 $\eta_h \fallingdotseq 0$, $\phi_1 = \infty$에서 $\eta_h = 0$이다. 이것은 $\phi_1 \propto N/\sqrt{H}$이므로 $N=$일정의 실물 펌프수차에 대해서 말하면, 펌프운전에서는 H가 어느 정도 높아지게 되면 완전히 양수 불능이 되지만, 수차운전에서는 H가 아무리 높아도(강도 등을 별도로 하면) 발전 가능함을 의미하다. 또한 펌프운전에서는 아무리 H가 낮아도(캐비테이션 등을 별도로 하면) 양수 가능하지만, 수차운전에서는 H가 너무 낮으면 발전 불가능함을 의미하고 있다.

ϕ_{1a}의 근처에서는 ϕ_1의 변화(즉 H의 변화)에 의한 η_h의 감소가 수차운전에 비해서 펌프운전의 경우가 심한 것도 그림에서 알 수 있다.

3) 실제의 펌프수차

다음으로 Z_g와 Z_r이 유한인 실제의 펌프수차를 생각해 본다. 단, 개도각은 상기의 경우와 같고 α_{1a}, β_2로 고정하여 생각한다. 또한 마찰손실도 있는 것으로 한다. 이 경우의 양 운전의 특성은 그림 5.74에 가는 선으로 나타낸 것과 같이 된다. 양 운전의 정규점은 일치하지 않는다. 약간의 불일치를 생각하는 데는 식 (5.156), 식 (5.157)과 식 (5.79), 식 (5.80)의 각도 α_{1a}, β_2 값이 실제로 약간 바뀌는 것을 고려해야 한다. 이것은 정확하게는 각도대로 흐르지 않는 것을 고려하기 위한 것이다.

따라서 양 정규점에서의 속도비와 유량비는 다음과 같이 된다.

$$\frac{\phi_{1at}}{\phi_{1ap}} = \sqrt{\eta_{hat}\,\eta_{hap} \cdot \frac{\cot\beta_{2t}}{\cot\beta_{2p}} \cdot \frac{\tan\alpha_{1at}}{\tan\alpha_{1ap}}} \tag{5.158}$$

$$\frac{k_{m_{1at}}}{k_{m_{1ap}}} = \sqrt{\eta_{hat}\,\eta_{hap} \cdot \frac{\tan\beta_{2t}}{\tan\beta_{2p}} \cdot \frac{\tan\alpha_{1at}}{\tan\alpha_{1ap}}} \tag{5.159}$$

프란시스형 펌프와 펌프수차에서는

$$\frac{\cot\beta_{2t}\tan\alpha_{1at}}{\cot\beta_{2p}\tan\alpha_{1ap}} < 1 \tag{5.160}$$

이다. 따라서

$$\frac{\phi_{1at}}{\phi_{1ap}} < \sqrt{\eta_{hap}\,\eta_{hat}} \tag{5.161}$$

로 된다.

이상은 누설손실과 원판마찰손실을 포함하지 않은 경우이지만, 이것들을 포함할 경우 속도비는 식 (5.161)에서 주어지는 값보다 더욱 작아진다.

4) 개도에 의한 속도비의 조정

① **가이드베인 개도에 의한 조정** 프란시스형 펌프수차에서는 펌프운전과 수차운전의 양 운전 모드에서 정규 개도에 가까운 임의 개도 α_1에서의 최고효율점에서는

$$\phi_1 \propto \sqrt{\tan\alpha_1}, \ k_{m_{1a}} \propto \sqrt{\tan\alpha_1} \tag{5.162}$$

이다. 이것은 식 (5.156), 식 (5.157)과 식 (5.79), 식 (5.80)을 보면 분명하다. 따라서 펌프운전에서는 α_1을 작게 하여 ϕ_1을 내리고, 수차운전에서는 α_1을 크게 하여 ϕ_1을 올리면 속도비는 1에 가깝게 할 수 있다. 또한 그 경우의 최고효율점에서의 유량비도 1에 가까워진다.

② **러너베인 개도에 의한 조정** 축류 프로펠러형 펌프수차에서는 펌프운전과 수차운전의 양 운전모드에서 러너베인 개도 β_2에서의 최고효율점에서는

$$\phi_1 \propto \sqrt{\cot\beta_2}, \ k_{m_1} \propto \sqrt{\cot\beta_2} \tag{5.163}$$

이다. 그러므로 펌프운전에서는 β_2을 크게 하고, 수차운전에서는 β_2을 작게 하여 속도비를 1에 가깝게 할 수 있다. 단, 이 경우는 최고효율점에서의 유량비는 1에서 멀어지게 된다.

(3) 완전 특성

그림 5.75의 실선과 파선은 식 (5.151)과 식 (5.72)에서 구한 $n_s \fallingdotseq 70$ [m-m^3/s]의 펌프수차(단, 개도는 일정)의 완전 특성이다. 일반적으로 수차 또는 펌프의 특성은 각각 1상한의 $k_{m1} \sim \phi_1$으로 나타낸다. 여기서 ϕ_1, k_{m1}의 방향을 펌프운전이 정(+), 수차운전이 부(−)라고 하면, 일반적인 펌프 특성은 제1상한(정회전펌프), 수차 특성은 제3상한(정회전수차)에 온다. 이 양 특성을 합친 것이 즉, 펌프수차 특성이다.

그런데도 "완전 특성"에서는 상기 외에 그림에서 나타낸 것과 같이 제2상한(역회전펌프)와 제4상한(역회전수차)의 특성이 있다. 역회전 수차라고 부르는 것은 여기서 펌프와 대응시켜서 부르는 것일 뿐이고, 실제로는 이 부분의 특성의 내용은 수차가 아니다. 단, 물이

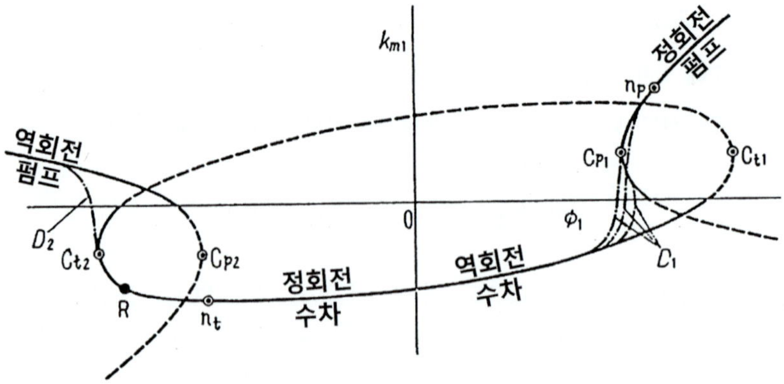

그림 **5.75** 펌프수차의 완전 특성(개도 일정)

자료: 石井, 1962

수차 방향(k_{m1}가 부(−))으로 흐르고 있을 뿐이고, 러너는 펌프 방향(ϕ_1가 정(+))으로 돌고 있다. 즉, 외부로부터 에너지를 공급 받아 돌고 있는 러너를 물이 제어하고 있는 범위이다. 따라서 이 범위를 일반적으로는 제동범위라고 부르고 있다. 이것에 대하여 역회전펌프 영역은 러너가 수차 방향(ϕ_1가 부(−))으로 돌고 있지만, 실제는 펌프 방향(k_{m1}가 정(+))으로 양수하고 있기 때문에 펌프라고 부르는 것이 타당하다.

특성상의 점은 n_p, n_t가 이 개도에서의 최고효율점이고, C_{p1}, C_{p2}, C_{t1}, C_{t2}가 특이점(特異点)이며, R이 수차로서의 무구속점이다.

특이점은 특성방정식의 실근의 극한을 의미하고 있으며, 그 근은 식 (5.151)과 식 (5.72)의 $\sqrt{\ }$ 내를 0으로 두는 것에 의해 각각 다음과 같이 구해진다.

펌프

$$\phi_{1c} = +\sqrt{\frac{c_p}{{b_p}^2 - a_p c_p}}, \quad k_{m_{ac}} = \pm \frac{b_p}{\sqrt{({b_p}^2 - a_p c_p)\, c_p}} \tag{5.164}$$

수차

$$\phi_{1c} = \pm\sqrt{\frac{c_t}{a_t c_t - {b_t}^2}}, \quad k_{m_{ac}} = \pm \frac{b_t}{\sqrt{(a_t c_t - {b_t}^2)\, c_t}} \tag{5.165}$$

또한 특이점에서는

$$\left(\frac{d k_{m_1}}{d\phi_1}\right)_c = \pm\infty \tag{5.166}$$

이다.

그런데 ϕ_1에 대해서 보면

a. C_{t1_1}과 C_{t2}의 외측에는 펌프 특성만 있다.

b. C_{t1}과 C_{p1} 및 C_{t2}과 C_{p2}의 내측에는 펌프 특성과 수차 특성이 있다.

c. C_{p1}과 C_{p2}의 내측에는 수차 특성만 있다.

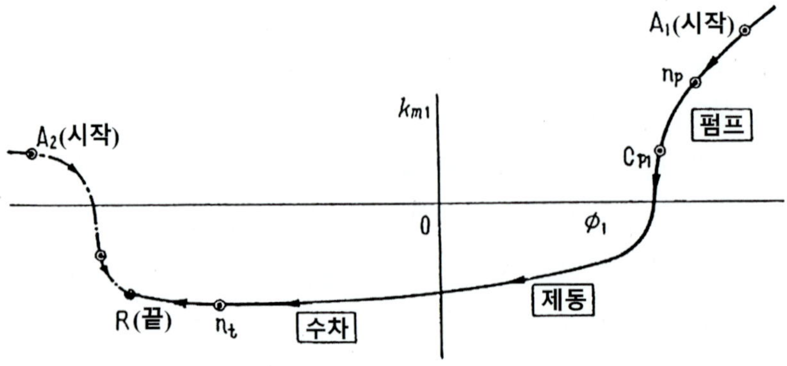

그림 **5.76** 펌프운전 과도현상으로 진행하는 코스(개도 일정)

자료: 石井, 1962

실험에 의한 완전 특성도 거의 그림 5.75와 같은 경향을 보이며, 그림 중에 나타낸 제3의 특성곡선 D_1, D_2에 의해 양 특성은 접속된다. 게다가 수차 특성과 펌프 특성 모두에서 정회전 측이 역회전 측보다 접속이 매끈하게 이어진다.

물론, 식 (5.151)과 식 (5.72)는 상기 "실제의 펌프수차"에서 서술한 것과 같이 각도의 보정을 하지 않으면 정량성이 나쁘지만, 정규점이 일치하도록 계수를 곱하여 보정하면 정량성이 상당히 좋다. 그 결과 상술 a. 및 b.의 범위가 거의 각각의 특성이론에 의해 지배되고 있음을 알 수 있다.

그림 5.76은 A_1(시작)에서 정회전 양수하고 있고, 정전이 되어 입력이 끊겼을 경우에 펌프수차가 찾아가는 시간적 변화에 따른 특성상의 경로이다. $A_1 \rightarrow R$에 따라서 N, Q 및 H가 변동하고, 무구속점 R에 이르러 시간이 지남에 따라 안정된다.

$A_2 \rightarrow R$은 최초에 역회전 양수하고 있던 경우의 경로이다. 이 경로에서는 수차범위가 없다. 역회전펌프는 실용되지 않으므로, 이 범위는 실제 문제와는 관계가 없다.

5.6.2 프란시스형 펌프수차 수력효율 특성

(1) 완전 특성

펌프수차의 수차모드 운전 시 일반 특성은 러너 입구 직경 D_1이 크므로 무구속속도가 프란시스수차에 비해서 작다는 것을 제외하면, 프란시스수차의 경우와 거의 동일하다. 펌프모드 운전 시의 특성은 가이드베인이 가동익이기 때문에 가이드베인 개도마다 특성이 변하는 것을 제외하면 원심펌프의 경우와 마찬가지이다.

그러나 펌프수차는 동일 러너를 정방향 및 역방향으로 양방향 회전시키는 것에 의해서 펌프와 수차의 양쪽 기능으로 사용하기 때문에 각각의 특성은 완전히 독립적이지 않고 상호 관련을 가진다. 이것을 나타내는 것이 완전 특성곡선이고, 그림 4.49(b)에서 그 일례를 보인다. 단위 회전속도 n_1, 단위 유량 Q_1 모두 펌프 방향을 정(+)으로, 수차 방향을 부(−)의 좌표로 취하여 가이드베인 개도 a마다 그린 것이다. 제1상한에서 유량 Q_1의 정(+)의 영역이 일반적인 펌프운전, 제3상한이 일반적인 수차운전에 해당한다.

(2) 수차모드와 펌프모드의 수력효율 특성 관계

그림 4.49(b)의 완전 특성의 제3상한을 제1상한의 n_1축에 겹쳐서 양쪽모드 효율 특성을 비교한 예를 그림 5.77에 보인다. 펌프수차에 직결된 전동발전기의 회전속도는 일반적으로 가장 경제적으로 되도록 발전·양수 모두 동일한 동기속도로 선정되며, 또한 상·하저수지의 임의의 이용 수심 폭에서 운전되는 낙차 영역도 수로손실에 의해 펌프모드 운전의 경우가 수차모드 운전의 경우보다도 높기 때문에 n_1축에서 각각의 운전 영역도 그림 5.77과 같이 어긋나게 된다. 따라서 펌프수차와 발전전동기 설계의 최적화를 위해서는 펌프수차의 진동·캐비테이션 특성을 배려하면서 낙차의 변동 폭, 운전조건마다의 빈도·중요도의 배분, 발전기 출력과 전동기 입력의 값 등도 고려해서 균형잡힌 운전 영역 n_1을 선정해야 한다. 기본적으로는 펌프모드 효율 특성의 변화쪽이 급격하기 때문에 수차모드 운전 영역은 최고효율점보다도 높은 회전속도 n_1의 효율이 약간 저하한 영역을 사용하게 된다.

수차운전 시의 효율이 높은 범위를 사용하기 위해서 발전전동기의 속도를 변화시킬 수 있도록 하는 경우도 있다. 수차모드 및 펌프모드의 운전 영역을 작은 n_1의 범위에 선정할 경우에는 수차모드 운전에서의 효율이 높아지게 되고, 저낙차의 진동도 개선된다. 또한 펌프 축 입력도 감소해서 기계의 치수도 작아지게 되지만, 한편으로는 펌프모드 운전에서 효율이 저하하고, 고양정 측의 역류에 의한 캐비테이션과 진동도 증가한다. 역으로 큰 n_1으로 선정하면 상기와 반대의 이해득실이 나타난다.

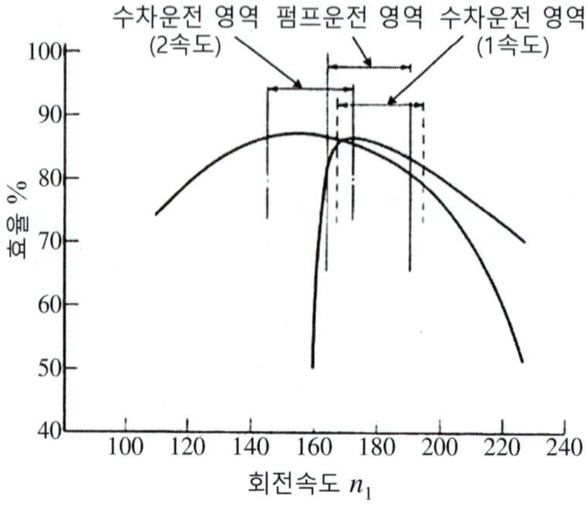

그림 **5.77** 펌프수차의 운전 영역

자료: 日本機械学会編, 1986

표 5.3의 단위 회전속도에 대한 식 $N_u(=n_1)=\dfrac{N}{\sqrt{H}}$과 그림 5.77에서도 알 수 있는 바와 같이 펌프수차의 수차모드 수력효율이 최고로 되는 일정한 낙차당의 회전속도 n_t는 펌프모드 수력효율이 최고로 되는 회전속도 n_p보다도 작고, 그 비는 비속도 n_s와 러너·가이드베인의 설계 및 개도에 의해서도 다르지만, 대략 그림 5.78에 보이는 범위로 된다. 즉, 일정한 회전속도에서는 펌프모드 수력효율은 항상 수차모드 수력효율이 최고로 되는 낙차보다도 낮은 낙차에서 최고로 된다.

표 5.7은 펌프수차의 속도형에 따른 성능의 예를 보이고 있다.

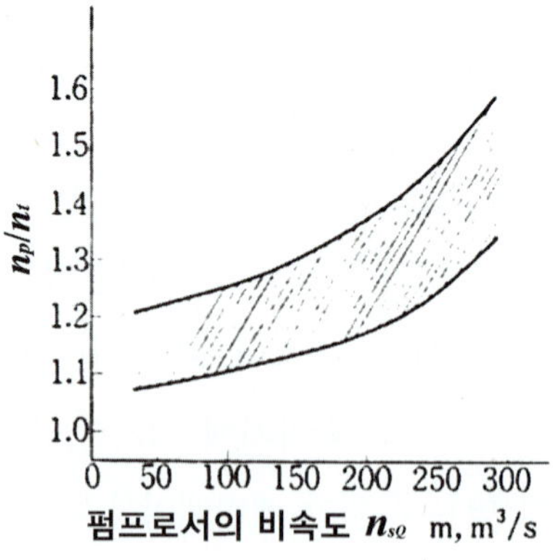

그림 **5.78** 펌프수차가 최고효율을 얻을 수 있는 펌프모드와 수차모드 회전속도비

자료: 日本機械学会編, 1986

표 **5.7** 펌프수차의 속도형에 따른 성능 예

구분		1	2	3	4	5
운전모드	성능	프란시스형 (2속도형)	데리아형 (1속도형)	데리아형 (1속도형)	프란시스형 (1속도형)	데리아형 (2속도형)
수차모드	유효낙차 [m]	79~39	79~39	79~39	79~39	79~39
	회전속도 [min^{-1}]	150	187.5	176.5	150	167
	최대출력 [kW]	56,900	55,000	63,500	55,500	63,500
	최대낙차의 효율 [%]	90.5	91.3	91.1	90.5	91.3
	최소낙차의 효율 [%]	79.5	77.8	78.8	65.5	83.9
	최대효율 [%]	91.5	91.3	91.3	91.5	91.5
	최대효율의 낙차 [m]	70	79	79	79	74
펌프모드	전양정 [m]	80~40	80~40	77~40	80~40	80~40
	회전속도 [min^{-1}]	167/150	187.5	176.5	150	187.5/167
	최대펌프입력 [kW]	53,000	60,000	63,500	50,500	68,000
	최대양정의 효율 [%]	80.0	84.0	85.6	88.0	86.5
	최소양정의 효율 [%]	84.5	82.1	82.6	75.0	85.3
	흡입양정 [m]	−11.1	−12	−10.6	−11.5	−11.4

자료: Imanishi, 1963

펌프수차의 효율이 가장 양호한 것은 펌프모드 비속도가 $n_{sp} = 45 \sim 50$ [m, m³/s](수차모드 비속도에서는 $n_{st} = 140$ [m, kW] 정도)의 범위이며, 이것보다 비속도가 커지거나 작아지게

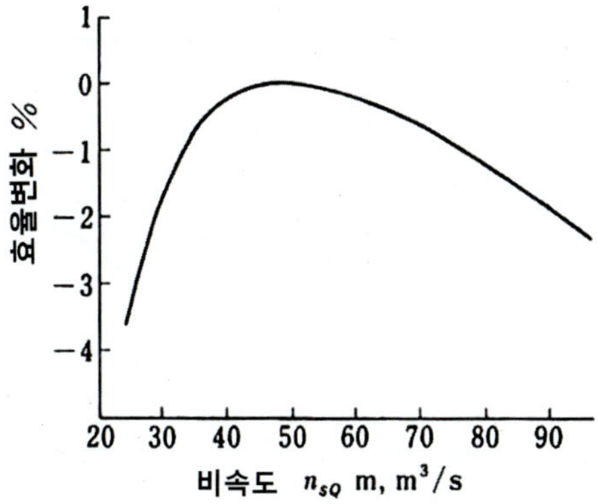

그림 **5.79** 펌프수차의 비속도에 따른 효율의 변화

자료: 日本機械学会編, 1986

되면 효율이 낮아진다. 그림 5.79는 그 일반적인 경향을 보인다.

최고효율점에서 멀어진 상태에서의 수차모드 특성은 프란시스수차의 경우와 마찬가지로 부분부하 및 과부하 운전 영역에서 흡출관 내 불안정한 와심이 발생해 진동과 전력동요의 원인이 될 수 있다. 또한 저낙차에서는 러너 입구 측 유동 각도의 엇갈림에 따라 진동이 증가한다. 펌프모드 운전 시 고양정 측에서는 원심펌프와 마찬가지로 유량의 감소에 동반하는 역류에 의해서 진동과 서징이 발생할 수 있지만, 이 영역은 일반적인 운전에서 사용하지 않도록 한다.

5.6.3 사류 프로펠러형 펌프수차 수력효율 특성

사류 프로펠러형 펌프수차의 수력효율 특성 예를 그림 5.80에 보인다. 가동익 구조이기 때문에 프란시스형에 비해서 넓은 범위의 유량, 낙차 및 양정 변동에 대해서 높은 효율로 운전 가능함과 동시에 펌프운전 시에도 양수량 제어가 가능하다.

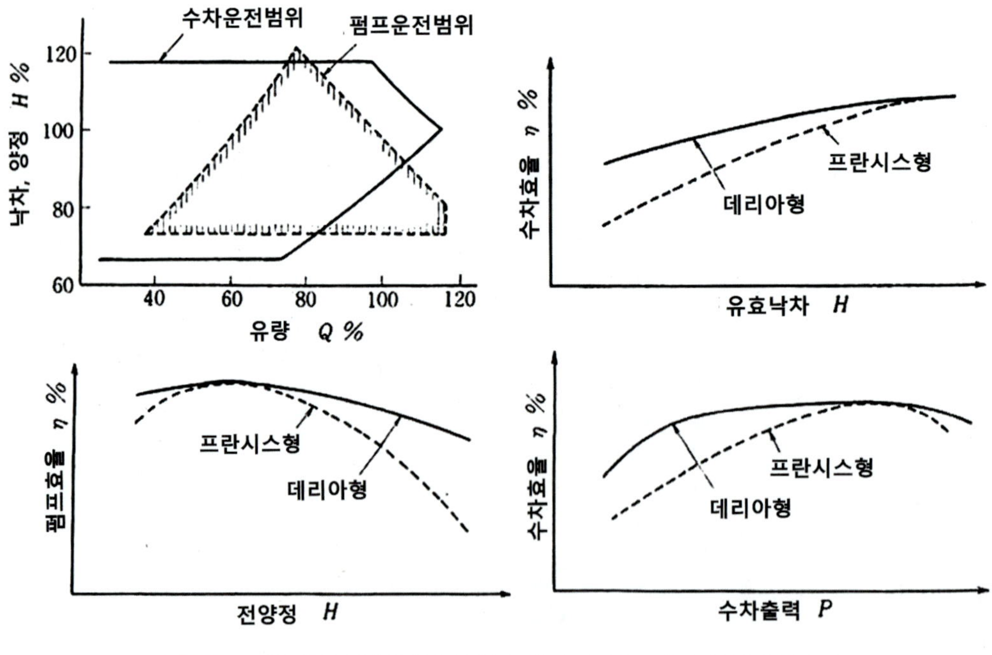

그림 5.80 가동익 사류 프로펠러형 펌프수차와 프란시스형 펌프수차의 수력효율 특성 비교

자료: 日本機械学会編, 1986

5.6.4 조력발전용 축류 프로펠러형 펌프수차의 수력효율 특성

(1) 조력발전

조력발전의 대표적인 방식으로서는 다음의 2가지 정도를 들 수 있다.

- 바다에서 저수지 방향으로의 흐름을 이용하여 발전하고, 또한 저수지에서 바다로의 흐름으로 발전하지만 양수는 하지 않는다.
- 바다에서 저수지 방향의 흐름을 이용하여 발전하고, 계속해서 같은 방향으로 양수한다. 또한 저수지에서 바다의 흐름으로 발전하고, 계속해서 같은 방향으로 양수한다.

현재 가장 경제적인 것은 펌프수차를 적용한 후자의 방식이라고 할 수 있다.

이 방식에서는 조수간만에 의한 바다 수위 H_2 [m]가 시간 T [h]에 따라서 그림 5.81의 파선과 같이 바뀌는 것에 대해서 저수지 수위 H_1 [m]이 같은 그림의 실선으로 되도록 펌프수차를 운전하는 것이다. 이 경우의 펌프수차 운전의 1회 주기는 다음과 같이 된다.

대기 a_1→ 수차운전 t_1→ 무부하 방류 v_1 → 펌프운전 p_1 또는 대기 a_2→ 수차운전 t_2→ 무부하 방류 v_2→ 펌프운전 p_2

단, 기호의 하첨자는 1이 저수지에서 바다로, 2가 바다에서 저수지로 흐름이 향함을 의미한다.

지금 H_1의 최댓값을 $H_{\max}$, 단위 체적당 해수의 중량을 γ [N/m³], 저수지의 용량을 V_R [m³], 펌프운전 p_1에 따라 저수지에서 바다로 퍼낸 수량을 V_{p_1} [m³], 펌프운전 p_2에 따라 바다에서 저수지로 퍼 올린 수량을 V_{p_2} [m³]로 하면 간조 시의 수차운전 t_1과 만조 시의 수차운전 t_2에 이용할 수 있는 수력에너지 E [kg·m]는

$$E = \gamma H_{\max}(V_R + V_{p_1} + V_{p_2}) \tag{5.167}$$

로 된다. 만약 펌프운전을 하지 않는다면

$$E = \gamma H_{\max} V_R \tag{5.168}$$

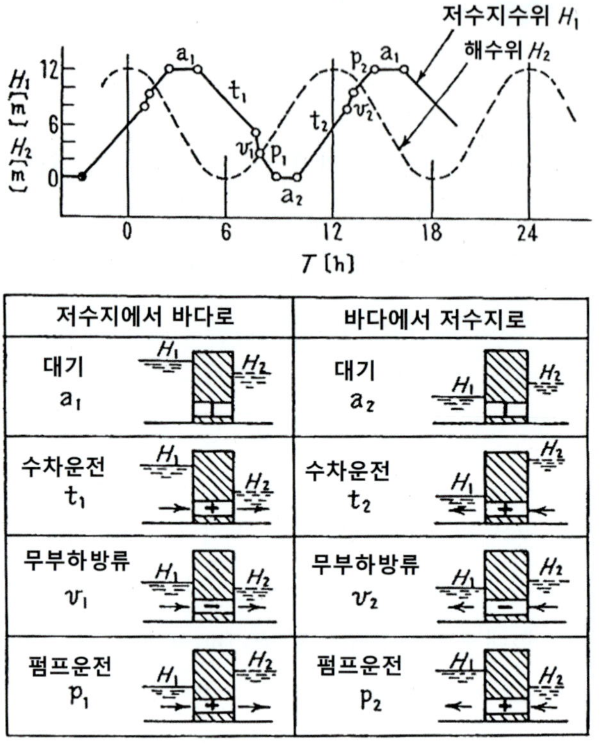

그림 **5.81** 양방향 펌프수차를 적용한 경우의 조력발전방식

자료: 石井, 1962

이다.

또한 1사이클 중에서 펌프수차의 회전 방향은 수차운전 시 항상 정회전, 펌프운전 시 항상 역회전이다.

이론적으로 조수(밀물과 썰물)의 상승과 하강은 30억 kW의 에너지를 소멸시키고, 그 중 10억 kW가 천해에서 일어난다. 이론적으로 이용 가능한 에너지의 4/5는 너무 작은 낙차와 선택된 지점의 공학적인 문제 및/또는 시장과의 거리 때문에 제외되었다. 저낙차 수차가 개발되고, 저장용 저수지를 추가하거나 수문 개폐시간을 신중히 선택하여 전력 생산을 피크 수요와 동기화함으로써 재생산되도록 다양한 시스템이 제안되면서 상황이 급변했다.

더 큰 저수지와 더 큰 조차는 더 낮은 생산비용으로 이어진다. 그러나 큰 저수지는 긴 댐을 필요로 하기 때문에 더 많은 자본투자를 필요로 하지만, 이 댐의 길이를 2배로 하면 저수지의 크기는 4배가 된다.

(2) 발전방식

그림 5.82는 프랑스 랑스 조력발전소에서 적용한 단방향(썰물) 및 양방향 조력발전 주기당 순차적인 발전소 댐 수위 조절 과정을 나타내고 있다.

그림 5.82(a)의 단방향 발전에서는 주입, 대기 또는 펌핑, 발전, 대기 또는 펌핑, 주입의 과정이 반복되고, 전체 주기에서 1회의 발전이 수행된다. 그림 5.82(b)의 양방향 발전에서는 대기, 발전, 주입, 대기 또는 펌핑, 발전, 대기 또는 펌핑, 발전, 주입의 과정이 반복되어 전체 주기에서 2회의 발전이 수행된다.

한편, 그림 5.83은 각 발전모드에 따른 조차 및 수위의 변화를 나타내고 있다. 방파제는 조수량이 변화함에 따라 물의 흐름을 지연시킬 뿐이라는 점을 유의해야 한다. 즉, 수차의 운전을 위한 조위(낙차)를 충분히 확보하기 위해서 썰물 발전에서는 조위가 내려가면 방류를 억제하고, 밀물 발전에서는 저수지 내부로 진입하는 조류의 유입을 지연시킨다. 양방향 발전에서는 썰물 및 밀물 발전 두 가지가 모두 조합되어 있다. 각 조류 방향별 발전모드

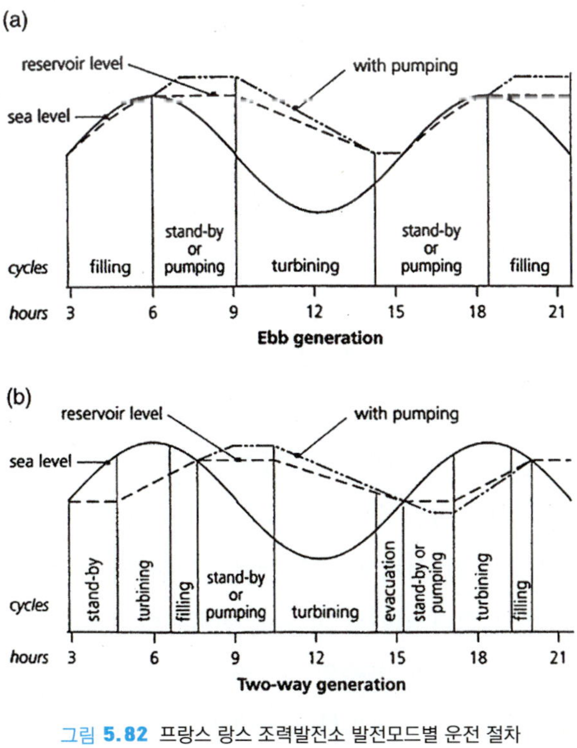

그림 5.82 프랑스 랑스 조력발전소 발전모드별 운전 절차
자료: Charlier, 2009

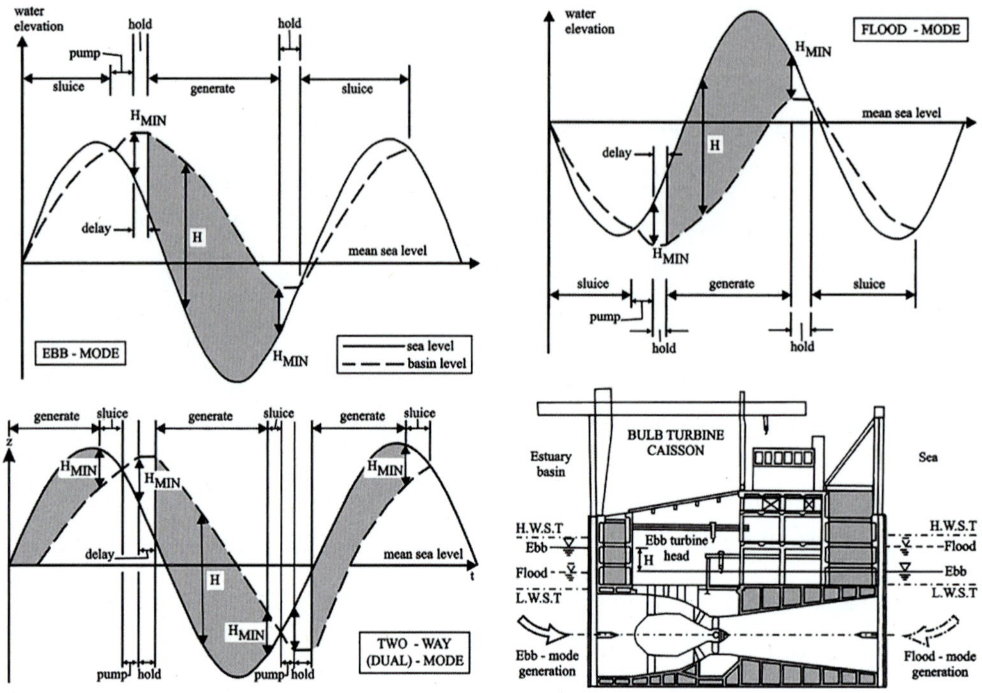

그림 **5.83** 조력발전소 운전모드별 제어 과정

자료: Burrows, 2009

는 조류로부터 에너지를 추출할 때 약간의 제한적인 영향을 미치므로 저수지 내에서 조석 변동범위를 줄인다. 즉, 썰물 발전 시에는 일반적으로 저수위를 증가시키고, 밀물 발전 시에는 일반적으로 고수위를 감소시킨다. 그리고 양방향 발전은 고수위와 저수위 모두에서 작은 변화를 가져온다.

양방향 발전은 밀물 및 썰물 시의 운전모드를 결합하여 방파제 비용을 증가시키지 않고 두 배의 에너지 출력을 생성할 수 있다. 또한 댐 뒤의 조차(낙차)는 자연적 범위에 훨씬 가까울 것이고 따라서 환경적 이해관계에 더 적합해야 한다. 실제로, 양방향 발전을 위한 운전 주기는 그림 5.84와 같다. *A* 지점에서 시작하는 주기의 주요 특징은 다음과 같다.

썰물 발전은 단일 주기 발전 시보다 훨씬 낮은 댐 수위부터 시작한다. *B*에서는 발전 주기가 끝날 무렵에 수문이 열려 댐에서 바다로 흘러갈 수 있도록 하여 댐의 수위를 낮춘다. 이것은 다음 밀물 발전 단계 동안 수위 차이가 상당히 클 경우 수행되어야 한다. 썰물 이후, *C*에서는 해수면과 댐 수면이 동일한 시간대에 다음 발전 단계에 대한 최적 수위 차

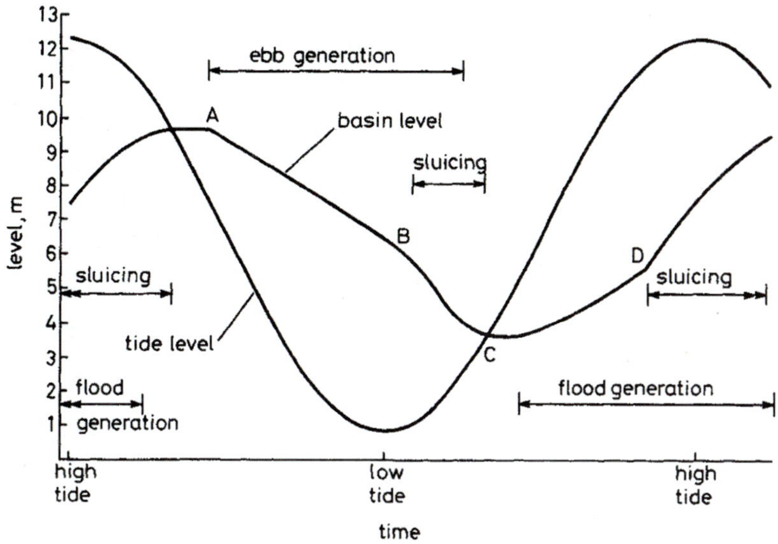

그림 **5.84** 조력발전용 양방향 발전(수차)운전 사이클 예
자료: Baker, 1991

에 도달할 때까지 수문은 닫히고 댐 수위가 일정하게 유지된다.

수차는 이제 흐름의 반대 방향인 밀물 발전으로 운전된다. 바다와 댐의 수위 차이는 단방향 발전의 경우보다 적다. D에서 수문이 다시 열려 서수지의 수위를 높이게 되고 수차를 가로질러 합리적인 양의 전기가 생성된다. 이것은 각 주기에 걸쳐 수문을 부분 개방함으로써 물의 포텐셜에너지 낭비를 발생시키는 단방향 운영과 비교한 각 단계에서의 낮은 낙차의 조합이며, 따라서 밀물 발전을 위해 사용할 수 있는 부피이며, 역류로 작동할 때 수차의 비효율성은 양방향 발전으로 인해 단방향 발전에 비해서 적게 발생한다.

그림 5.85는 조력발전용 양방향 제어 벌브수차의 수력효율 특성곡선 예이다. 등효율곡선은 이중단위유량 Q_{11} 및 이중단위속도 n_{11}의 함수로 효율을 나타내며, 출력의 계산을 가능하게 한다. 등효율곡선에 표시된 최대출력곡선(max output)은 수차로부터 최상의 성능을 얻을 수 있도록 운전 시 최대한 가깝게 따라간다. 특히 러너베인 개도 β_z는 정(+) 및 부(−)의 부호를 가지는데, 양방향 흐름에 대해서 최적의 효율을 달성하기 위해서 러너베인을 회전 방향(정방향 또는 역방향)에 맞추어 러너 개도를 다르게 설정한다.

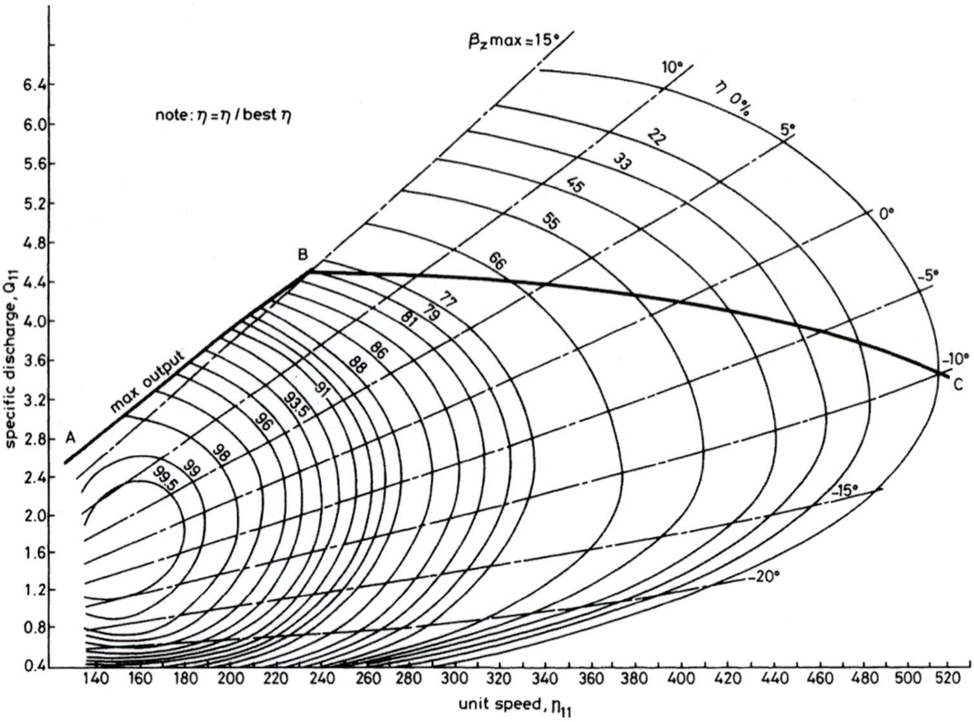

그림 5.85 조력발전용 양방향 제어 벌브수차 수력효율 특성곡선 예

자료: Baker, 1991

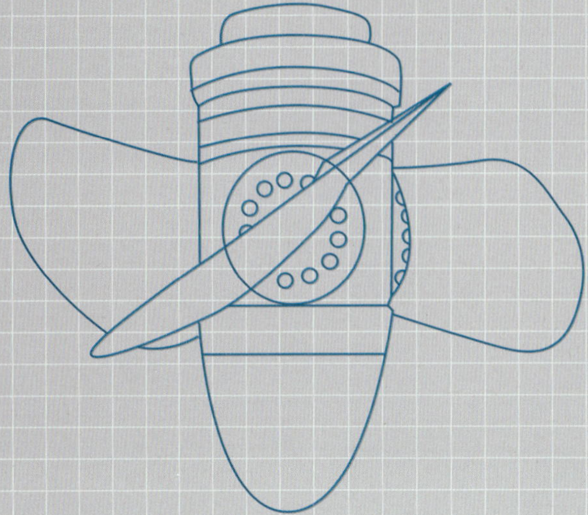

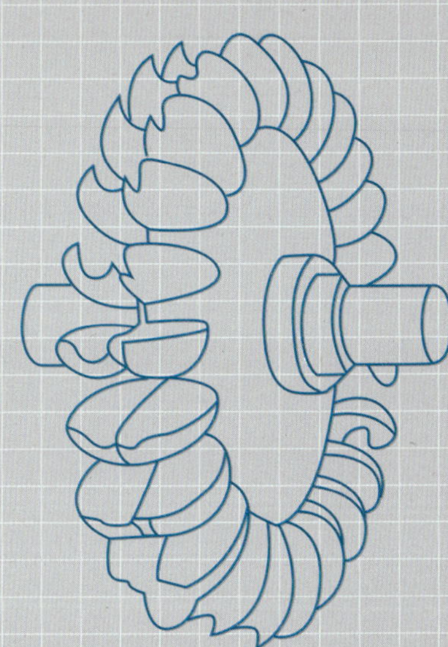

6

수차 및 펌프수차의 캐비테이션

6장

수차 및 펌프수차의 캐비테이션

6.1 캐비테이션의 발생원리

6.1.1 캐비테이션의 정의

캐비테이션(cavitation)은 액체의 국소 정압이 임계치 이하로 떨어질 때 액체에 증기가 생기는 것이다. 더 큰 영역의 압력이 임계값 압력 아래로 내려가면 더 많은 액체가 증기로 위상이 변한다. 유체의 전단력 효과를 고려하지 않는다면, 압력 임곗값은 포화증기압과 같다.

그림 6.1은 물의 상태도를 나타내며, 액체 상태(액상)의 물은 2가지의 다른 방법으로 기화될 수 있다. 일정한 압력에서 온도를 증가시킴으로써 기화되는 것을 비등(boiling)이라고 부르는 반면, 일정한 온도에서 압력 강하에 의한 기화는 캐비테이션이라고 한다. 즉, 캐비

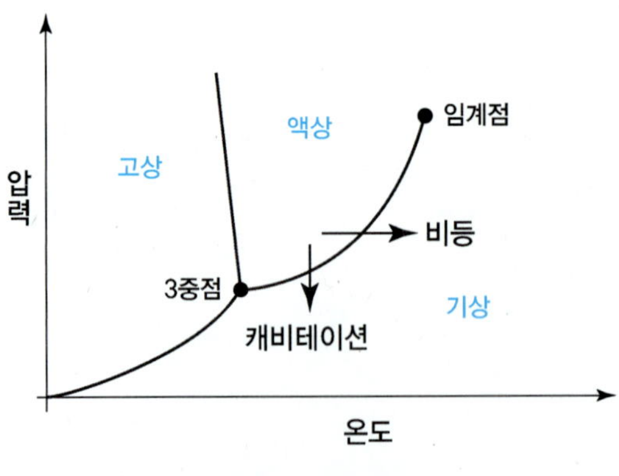

그림 6.1 물의 상태도

테이션과 비등의 차이는 캐비테이션은 압력 강하로 인해 발생하지만, 비등은 온도상승에 의해 발생한다는 것이다.

캐비테이션 흐름에서 생성된 증기의 기포 영역을 캐비티(cavity)라고 한다. 캐비티는 안정적으로 표면에 부착되거나 표면에서 분리되어 하류로 운반될 수 있다. 캐비티의 크기는 몇 개의 버블이 모인 집합에서 물체 전체 형상을 덮는 크기에 이르기까지 다양하다.

캐비테이션이 형성되는 동안 두 상(액체 - 증기)의 계면에서 열역학적 균형을 유지하기 위해 액체는 증발 냉각을 경험하게 되고 액체 - 증기 계면 주위로 온도가 약간 떨어지게 된다. 액체와 증기 사이의 밀도 비율이 매우 높은 물과 같은 액체의 경우(예, 물의 경우 1000 : 0.025 kg/m^3) 이러한 열 영향은 심각하지 않기 때문에 캐비테이션 형성은 등온으로 간주된다. 그림 6.2는 물의 상변화와 관련된 압력의 변화를 나타내며, 대기압은 표고에 따라서 변하고 포화증기압은 수온에 따라 변하는 것을 알 수 있다.

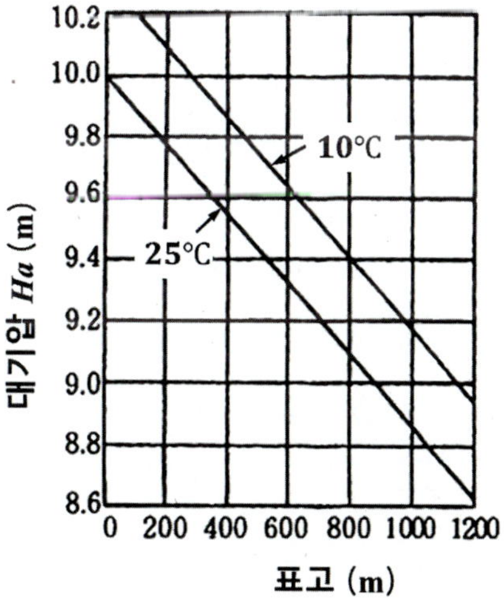

표고 (m)	대기압 (m)	
	10℃	25℃
0	10.33	10.01
100	10.21	10.89
200	10.09	9.77
300	9.97	9.65
400	9.85	9.53
500	9.73	9.41
600	9.62	9.30
700	9.50	9.18
800	9.39	9.07
900	9.27	8.95
1000	9.16	8.84
1100	9.05	8.73
1200	8.94	8.62

(a) 대기압과 표고의 관계

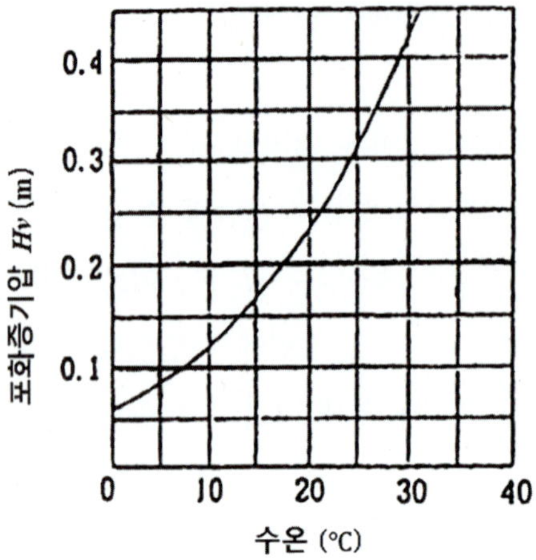

수온 (℃)	포화 증기압 (m)
0	0.06
5	0.09
10	0.13
15	0.17
20	0.24
25	0.32
30	0.43
30	0.57

(b) 포화증기압과 수온의 관계

그림 **6.2** 물의 상변화와 관련된 표고와 대기압, 수온과 포화증기압 관계

자료: ターボ機械協会編, 2007

6.1.2 캐비테이션계수

그림 6.3은 수력기계에 적용되는 익형에 대한 캐비테이션의 발생 및 소멸 과정과 날개 표면 압력분포에 대해서 나타내고 있다. 날개 부압면상의 유선에서는 유입속도에 따라서 정압 분포가 정해지며, 베르누이 방정식에 의하여 유입속도가 빨라질수록 날개 표면의 압력은 더욱 낮아지게 되고, 임계 증기압보다 낮은 압력분포를 가지게 되면 캐비테이션이 발생하게 된다. 이 때 캐비테이션이 발생하는 임계압력을 포화증기압이라고 한다.

날개 부압면 전연에서는 포화증기압보다 낮은 압력에서 캐비테이션이 발생 및 성장하게 된다. 또한 유동이 날개 후연으로 향할수록 압력은 회복되고, 발생한 기포(캐비티)는 붕괴하여 소멸하게 된다.

캐비테이션 흐름은 캐비테이션계수를 기준으로 분류하는 것이 일반적이다. 캐비테이션계수 σ는 식 (6.1)에 나타낸 바와 같으며, p_∞와 U_∞는 각각 기준 압력과 속도를 나타내고, ρ은 액체의 밀도, p_v는 포화증기압력이다.

$$\sigma = \frac{p_\infty - p_v}{\frac{\rho U_\infty^2}{2}} \tag{6.1}$$

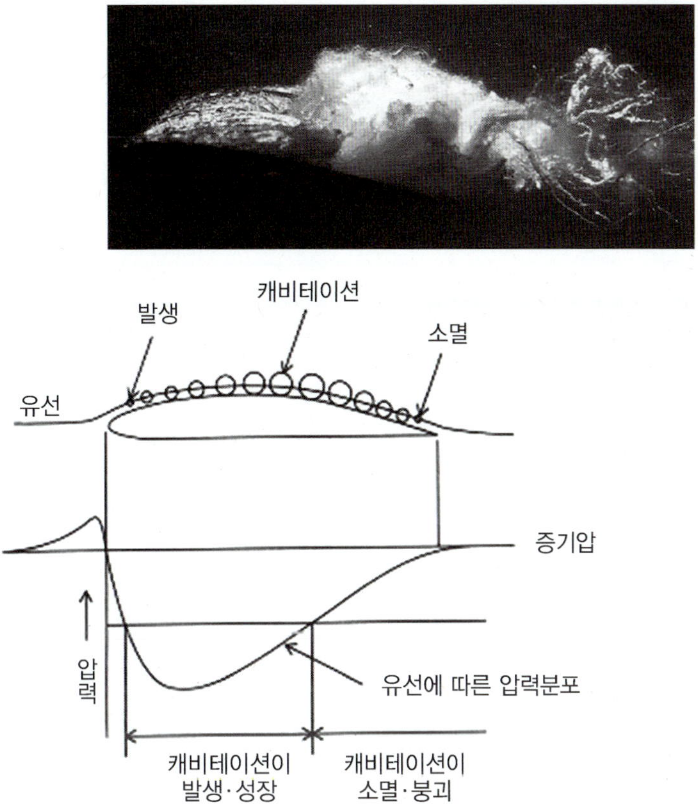

그림 **6.3** 날개 표면 캐비테이션 발생과 소멸에 따른 익면 캐비티 및 압력분포

자료: Arndt, 2005 & 加藤, 2017

캐비테이션계수는 관성력에 대한 자유 유동 압력수두의 비율로 계산되고, 압력수두는 기준압력과 포화증기압력 사이의 차이를 나타낸다. 따라서 캐비테이션계수는 액체 압력이 포화증기압력에 얼마나 가까운지를 나타낸다.

캐비테이션 흐름은 경계층(예: 층류 유동 또는 천이 유동)에 의해 영향을 받으므로 식 (6.2)의 레이놀즈수 또한 중요하다는 점에 유의해야 한다.

$$Re = \frac{\rho U D}{\mu} \tag{6.2}$$

여기서, D는 대표 길이, μ는 점성계수이다.

6.1.3 캐비테이션의 종류

작동 조건 및 유체 물성치에 따라 캐비테이션 흐름에서 관찰할 수 있는 다섯 가지 주요 캐비테이션 패턴이 있으며, 그림 6.4에서 이러한 다섯 가지 흐름 패턴에 대해 간략하게 설명한다.

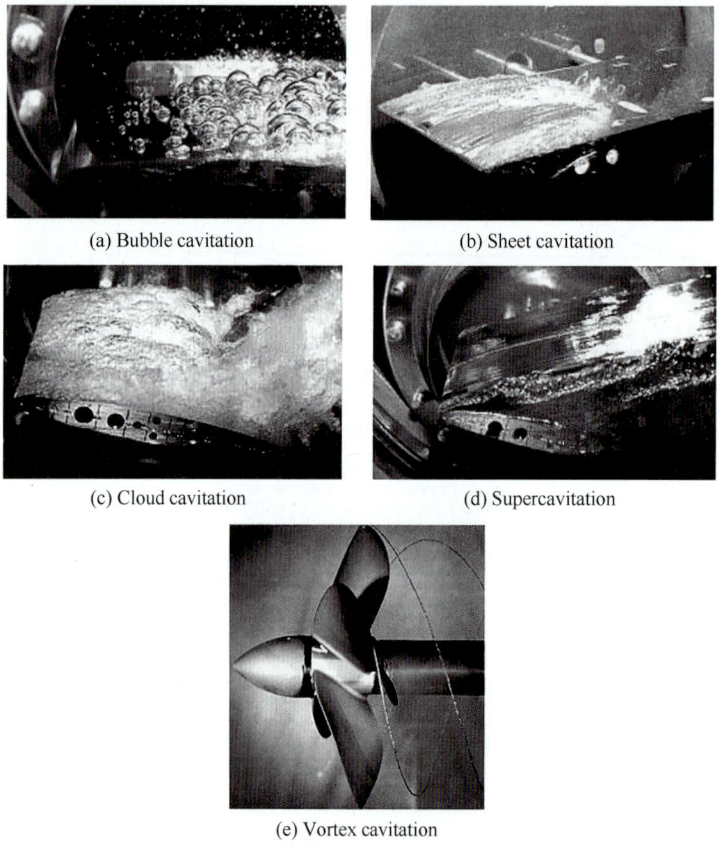

그림 6.4 캐비테이션의 종류
자료: Asnaghi, 2015

(1) 기포(Bubble) 캐비테이션

이러한 캐비테이션의 주요 특징은 분리된 기포의 형성, 하류로의 이동 그리고 하류 흐름의 높은 압력 유동장에서 붕괴하는 것이다.

(2) 얇은 층(Sheet) 캐비테이션

얇은 층 캐비테이션에서는 캐비티가 표면에 부착되어 있다. 이러한 조건에서 액체와 증기 사이의 계면은 날카롭고 쉽게 구별할 수 있다.

(3) 구름(Cloud) 캐비테이션

이러한 캐비테이션 흐름은 초기 시트 캐비티에서 분리된 작은 기포들의 큰 집합으로 구성된다. 캐비티의 끝에서 표면으로부터 캐비티를 분리할 수 있을 정도로 강한 재진입 흐름이 있으면 2상 와류 방출(vortex shedding)이 발생한다. 이 현상은 강한 진동과 소음이 특징이다. 운반된 캐비티가 표면 부근에서 붕괴할 경우 침식 위험도 상당히 있다.

(4) 슈퍼(Super) 캐비테이션

이것은 캐비티가 전체 물체나 대부분의 물체를 덮을 수 있을 정도로 큰 캐비테이션 종류 중의 하나이다. 슈퍼 캐비테이션의 주된 응용 분야로는 항력을 감소시키기 위해 사용된다. 슈퍼 캐비테이션 조건에서 대부분의 표면이 증기로 덮여 있고, 증기의 점도가 액체보다 훨씬 낮다는 점을 고려하면 표면마찰은 액체 유동조건에서보다 적다.

(5) 와류(Vortex) 캐비테이션

이러한 형태의 캐비테이션은 와류의 중심부에서 캐비테이션이 형성되는 것으로 정의될 수 있다. 높은 속도 구배와 와류 유동의 특성으로 인하여 와류 중심의 압력은 주위보다 낮다. 와류 중심의 압력이 포화증기압력 이하로 떨어지면 캐비테이션이 와류 중심에서 발생하기 시작되며, 와류와 함께 유동장의 하류로 이동하게 된다. 이 캐비테이션은 주로 회전하는 날개의 끝부분과 뭉툭한 물체(bluff body)의 분리 영역에서 발생한다.

6.1.4 캐비테이션의 영향

캐비테이션은 다음과 같은 여러 가지 이유로 인하여 수력 및 유압기계 등에서 발생할 수 있다.

• 유선 곡률의 변화는 국소적인 유속 증가 및 압력 감소로 이어지며, 캐비테이션의 원인이 될 수 있다(예: 블레이드 팁).
• 불안정한 유동에 의한 압력 변동으로 인하여 발생할 수 있다(예: 디젤 인젝터).
• 고체 표면의 불완전성이 원인이 될 수 있다(예: 유압 구조물).
• 높은 전단 유동 및 높은 와 유동으로 인하여 발생할 수 있다(예: 캐비테이션 제트 및 수차 흡출관 보텍스로프(vortex rope)).

액상(또는 매우 제한된 양의 캐비테이션)에서 작동하도록 설계된 시스템 또는 기계의 경우, 캐비테이션의 존재는 주로 기계의 성능과 수명에 부정적인 결과를 초래할 수 있다. 수차나 펌프의 경우 캐비테이션은 손실을 증가시켜 효율을 떨어뜨리거나 임펠러의 양수 능력을 제한할 수 있다. 캐비테이션의 또 다른 부정적인 측면은 캐비티의 붕괴와 관련한 물체 표면의 침식이다.

캐비티의 붕괴는 심각한 압력 파동을 유발할 수 있다. 이러한 붕괴가 물체 표면 근처에서 발생하면, 압력파가 표면을 작은 조각으로 벗겨내어 수력기계의 경우에는 그림 6.5에서와 같이 펌프 임펠러와 수차 러너에서 심각한 캐비테이션 손상을 일으킬 수 있다.

(a) 원심펌프 임펠러 (b) 프란시스수차 러너

그림 6.5 펌프와 수차의 심각한 캐비테이션 손상 예

자료: Knapp, 1952

이 과정은 소음이 크며, 캐비테이션이 발생하는 영역의 고체 표면에 지속적이고 불규칙하게 매우 짧은 시간 간격으로 고압의 압력파를 집중적으로 가하기 때문에 물체에 상당한 진동이 발생할 수 있다. 이 현상은 유동 특성과 표면 재료 특성을 모두 포함하기 때문에 복잡하다. 그러므로 그것을 제어하기 위해서는 흐름의 유체역학적인 거동과 이러한 유체역학적인 거동에 대한 고체의 구조적 반응을 동시에 검토해야 한다.

6.1.5 캐비테이션의 발생과 소멸 과정

캐비테이션 핵(nuclei), 즉 캐비티의 형성 과정은 매우 복잡하기 때문에 캐비테이션의 발생에서 소멸까지는 미묘하고 섬세한 과정을 거치게 된다. 순수한 물은 분자간 경계선이 끊기기 전에 포화증기압력과 심지어 인장응력 이하의 압력을 유지할 수 있고 이것은 캐비티의 형성을 이끌어낸다. 실제로 미세한 기체 방울이나 고체 입자와 같은 불순물이 액체에 존재하면 액체 내에 약한 지점을 만들 수 있는데, 이때 액체가 포화증기압력에 도달하면 기체 캐비티가 커지며, 이 불순물들을 캐비테이션 핵이라고 불린다.

핵은 여러 가지 기원을 가질 수 있는데, 주로 액체에 용해된 기체 또는 작은 표면거칠기로 가두어진 기체로부터 발생한다. 흐르는 액체에서 캐비테이션은 액체의 국소압력이 포화증기압력보다 작아질 때 일어나며, 핵의 성장을 활성화시킨다. 압력 감소의 원인으로는 액체로 둘러싸인 고체 경계면 형상, 경계면 표면의 거칠기 또는 전단응력 등이 될 수 있다. 유동 중의 액체에서 발생하는 캐비테이션은 유체역학적(hydrodynamic) 캐비테이션이라고 하며, 일반적으로 다음 세 그룹으로 나뉜다.

- 부착(attached) 캐비테이션: 흐름 중의 고체 표면에 부착된 캐비티
- 와(vortex) 캐비테이션: 와의 중심부에서 발생하는 캐비테이션
- 천이(transient) 캐비테이션 기포: 고립된 저압 영역에서 발생하여 흐름에 의해 휩쓸려 가버리는 캐비테이션 기포

유동장의 국소압력이 증기압을 초과하는 구역으로 기포가 이동하면 그림 6.1에 따른 위상 평형이 무너지고 기포에 포함된 증기가 갑자기 응축된다. 그림 6.6 a)에 따르면 구 모양의 기포가 갑자기 응축되고 기포 안의 압력이 그 과정에서 붕괴되기 때문에 기포 벽은

더 높은 주변 압력에 의해 안쪽으로 방사형으로 가속되는데, 붕괴가 끝날 무렵 기포 벽은 매우 빠른 속도에 도달한다. 이 과정 동안 매우 날카로운 압력 피크가 생성된다. 이 압력 피크는 국소적이고 일시적이며 매우 제한적이다. 1000 bar를 초과할 수 있으며 결과적으로 수차나 펌프 등의 수력기계에 사용되는 재료의 강도를 초과할 수 있다.

기포 붕괴 시작 시 버블 크기와 기포 내외부 압력 차이에 따라 붕괴 압력과 손상 잠재력이 증가한다. 붕괴를 촉발하는 국소 압력차는 흐름 조건뿐만 아니라 인접 캐비테이션 기포에 의해서도 결정되는데, 압력차가 강화 또는 감소되는 효과를 가질 수 있다.

기포는 그림 6.6 b)와 c)에 묘사된 것과 같이 비대칭적으로 붕괴하고 그림 6.6 d)의 사진과 같은 형상으로 기포가 붕괴된다. 이 과정에서 사진의 가장 오른쪽에서와 같이 날카로운 마이크로 제트가 형성되고, 고체 표면의 재료에 대하여 충격하중을 가하게 된다.

붕괴의 비대칭성은 고체 벽의 근접성(그림 6.6 c)) 또는 압력구배(그림 6.6 b))에 의해 발생하고, 캐비테이션 기포가 높은 압력 구역으로 이동될 경우 예상할 수 있으며, 특히 흐름이 감속되는 수차, 펌프, 디퓨저 등의 유로에서 발생하는 캐비테이션 기포의 발달 마지막 과

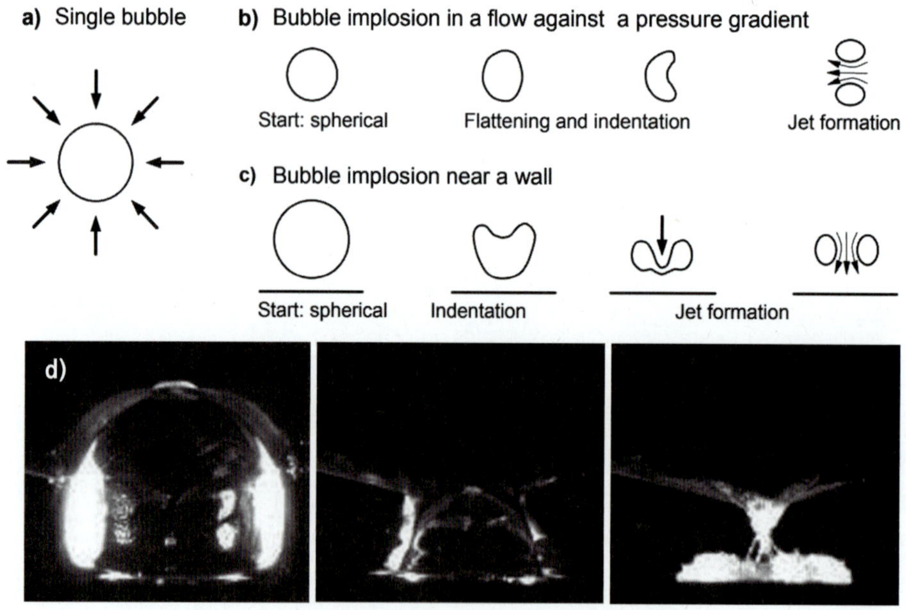

그림 6.6 유동장 내 캐비티, 압력, 고체경계 조건에 따른 캐비테이션 발달 과정 예
a) 단일 캐비티 기포, b) 압력구배에 따른 기포 형상 변형과 제트발생, c) 고체경계 부근의 기포 형상 변형과 제트발생
자료: Gülich, 2008

정에 적용된다.

캐비티 붕괴의 침식 작용에 대한 주요 원인은 에너지 균형을 고려함으로써 설명될 수 있다. 캐비티가 형성되면 상변화 에너지는 캐비티 안에서 회복된다. 캐비티가 수축되는 동안 에너지밀도는 증가한다. 캐비티가 붕괴되면 복원된 에너지가 방출된다. 이러한 에너지 밀도는 항복강도 또는 피로한계와 같은 재료저항을 초과할 수 있는 매우 높은 스트레스 수준을 초래할 수 있다. 방출된 에너지의 수준, 발생의 빈도 그리고 표면 물질의 반응이 침식 수준을 결정한다.

침식 붕괴를 일으키는 두 가지 주요 매개변수는 매우 짧은 시간 동안에 매우 높은 진폭의 압력파동을 일으키는 기포의 붕괴 시 충격파의 방출과, 고체 경계로 향하는 고속 마이크로 제트의 생성이다.

그림 6.7은 이러한 캐비티의 생성, 성장, 붕괴, 소멸의 과정을 나타내고 있다. 캐비티 형성과 관련된 단계들은 액체상태(liquid phase)의 분해로 빈 공간을 만들고, 이 빈 공간을 액체의 증기로 채우기 시작하면서 미지막으로 빈 공간을 증기로 포화시키는 것이다. 실제로 각 단계는 대부분 동시에 이루어지고 매우 빨라서 빈 공간이 거의 즉각적으로 포화상태가 된다.

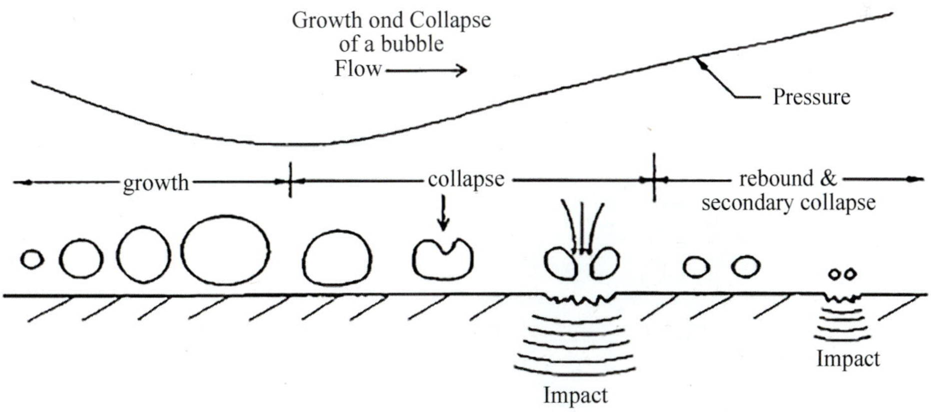

그림 6.7 캐비테이션의 발생과 붕괴에 의한 물체 표면 침식 과정

자료: ASME Hydro Power Technical Committee, 1996

캐비테이션은 국소압력이 순간적으로 감소하여 액체의 흐름이 기체상태(gas phase)로 진

입할 수 있도록 하기 때문에 작은 가스 핵에서 기포가 형성되는 것이다. 이러한 기포는 이후 압력이 높은 영역으로 들어갈 때 붕괴된다. 붕괴는 충돌 제트의 고압 강도에 의해 표면이 공격받는 내파로 특징 지어진다. 이 압력은 금속의 미세구조를 변화시키고, 얇은 조각으로 표면이 벗겨지게 한다. 결국, 벗겨진 표면의 작은 조각으로 인하여 눈에 보일 정도로 물체 표면 홈이 발생하게 되고, 이러한 미세한 크기의 홈들은 수리되지 않으면 큰 손상으로 발전하게 된다. 소음, 진동, 성능저하 등은 이러한 현상이 발생했음을 나타낸다.

캐비티 기포 붕괴가 고체 경계면 근처에서 일어날 때 마이크로 제트는 그림 6.8과 같이 항상 고체 경계면으로 향하는 것으로 확인된다. 그 이유는 기포벽 아래의 고체 표면에 의해 그 방향에 대한 액체의 방사상 흐름이 막혀버렸기 때문이다. 그 결과, 고체 표면에 가까운 기포 벽의 액체 압력은 최소인 반면, 고체 표면에서 가장 멀리 있는 기포 벽의 압력

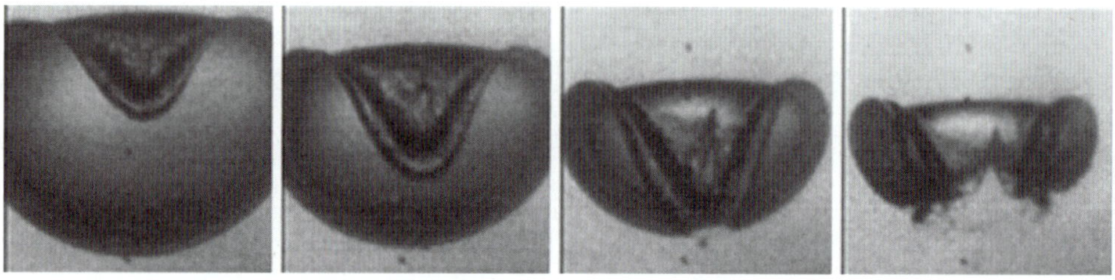

그림 6.8 평탄한 고체 벽면 상부의 버블 붕괴 시 재진입 제트 발달 과정 실험 결과 사진 예

자료: Kim, 2014

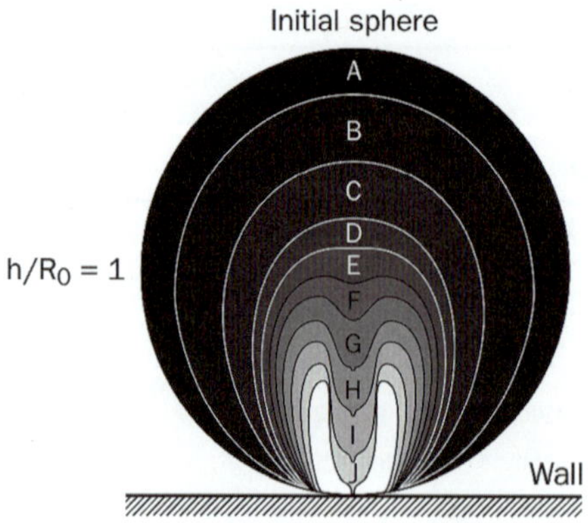

Shape	Time	Velocity (m/s)
A	0.63	7.7
B	0.885	19
C	0.986	42
D	1.013	65
E	1.033	100
F	10.48	125
G	1.066	129
H	1.082	129
I	1.098	128
J	1.119	128

그림 6.9 벽면 캐비테이션 캐비티의 붕괴에 대한 수치해석 결과 예

자료: Franc, 2004

은 최대이다. 따라서 고체 벽면에서 먼 쪽의 고압 측 기포 벽면이 고체 벽면쪽으로 수축하면서 기포 외부의 제트 흐름이 고체 벽면을 향하게 되어 기포가 붕괴되면서 고체 벽면에 충격파를 가하게 된다.

그림 6.9는 초기 반지름 1 mm 캐비티에 대한 수치해석 결과 예를 보이고 있으며, 시간 변화에 따른 캐비티 형상 변화와 마이트로 제트 속도 변화를 잘 설명해주고 있다.

캐비테이션 기포가 어떻게, 어디서 발생하든지 간에 기포는 커질 수밖에 없고, 결국 붕괴된다. 기포의 붕괴는 매우 짧은 시간에 일어나는 몇 가지 특이한 현상 때문에 더욱 흥미롭다. 붕괴 경로라고 부르는 이러한 현상들에 대해서 그림 6.10에 실험에 의한 단일 캐비테이션 기포의 반등, 제트, 충격파 그리고 발광을 포함하는 붕괴 경로가 예시되어 있다.

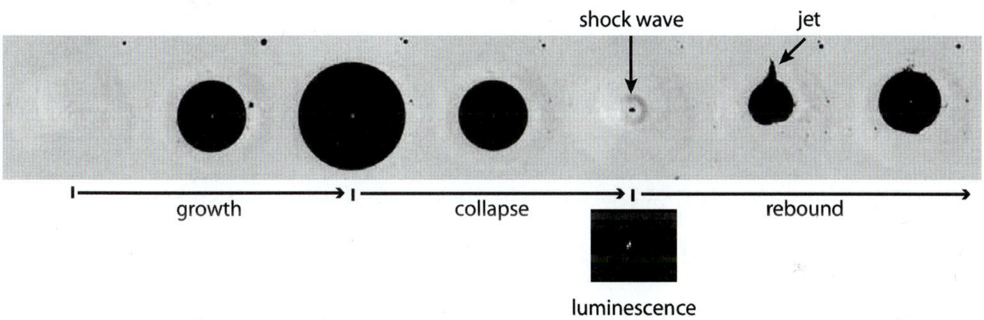

그림 6.10 캐비테이션의 붕괴 경로 예
자료: Tinguely, 2013

- 등(rebound): 반등 기포가 다시 나타난 후 반등 기포가 여러 번 커지고 다시 붕괴된다.
- 제트(jet): 기포의 비대칭 붕괴는 기포의 마지막 단계에서 기포가 형성될 수 있으며, 반등 기포로 볼 수 있다.
- 충격파(shock wave): 기포 붕괴의 마지막 단계에서 충격파가 방출된다.
- 발광(luminescence): 붕괴 시 기포 내부의 기체가 압축되어 온도가 상승하여 빛이 방출되는 상태이며, 이 현상을 발광이라고 부른다.

6.2 수차의 캐비테이션

6.2.1 수차의 캐비테이션 발생원인

운전 중의 수력기기 내부 각 유로에서는 유속 및 압력이 다르다. 어느 지점의 압력이 그 때의 수온에서 포화증기압력 이하가 되면 그 부분의 물은 증발하여 수증기가 되기 때문에 흐름 중의 미세한 기포가 발생하는데 이것을 캐비테이션이라 한다. 캐비테이션이 발생하면 그 정도에 따라 수력기기는 여러 가지 형상으로 손상을 입지만, 자주 문제가 되는 것은 기계의 유로에서 물이 흘러가는 표면(유수면)이 침식되는 것이다.

수력기기에서 발생하는 침식의 원인은 다음과 같은 작용에 의해 발생된다.

① 캐비테이션 발생에 의하여 저압부에 발생한 캐비티가 하류의 고압부에서 급격히 수축되어 국부적으로 붕괴되면서 발생한 충격파에 의해 고체 벽면이 침식된다.
② 저압부에서 물이 증발하는 것뿐만이 아니라 수중에 녹아 있던 기포가 유로의 임의 지점에 고립되어 기포 중에 포함된 산소에 의해 고체 표면이 부식된다.
③ 전기적인 작용에 의해 전기화학적으로 표면이 부식된다.

수차의 경우 내부 유속의 대소에 따라 모두가 원인이 될 수 있지만, 대부분의 경우 기포 발생지점으로부터 약간 하류에서 침식의 흔적이 발견되기 때문에 위의 3종류의 작용 중에서도 ①의 물리적인 충격 작용이 가장 주된 원인으로 간주되고 있다.

그림 6.11은 프란시스수차에서 발생하는 대표적인 러너 캐비테이션 침식 형상을 보이고 있다.

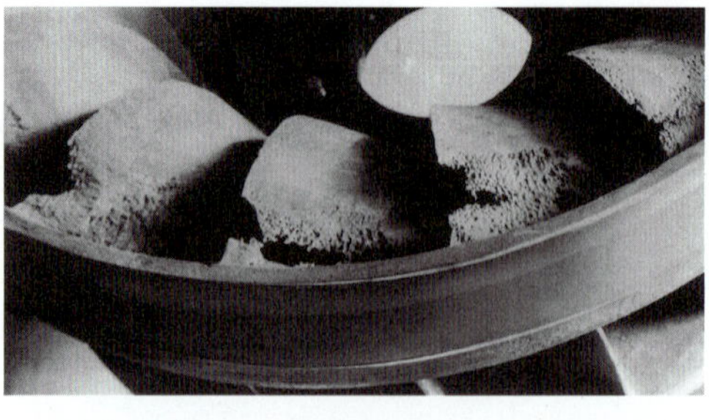

그림 **6.11** 프란시스수차 러너베인의 캐비테이션 침식 예
자료: Brennen, 2011

6.2.2 날개(익)의 캐비테이션

그림 6.12는 수평 방향으로 흐르는 유동 중에 위치한 날개와 그 표면상에서의 압력분포를 나타낸 것이다. 유속 및 유입 흐름과 날개 사이의 앙각(받음각) δ에 의해 날개 표면압력의 분포가 결정된다. 앙각이 커지거나 유속이 높아질 경우 날개의 부압면(0~4 구간) 압력은 점점 내려가게 되고 포화증기압 p_v 이하로 압력이 내려갈 경우, 캐비테이션이 발생하게 된다.

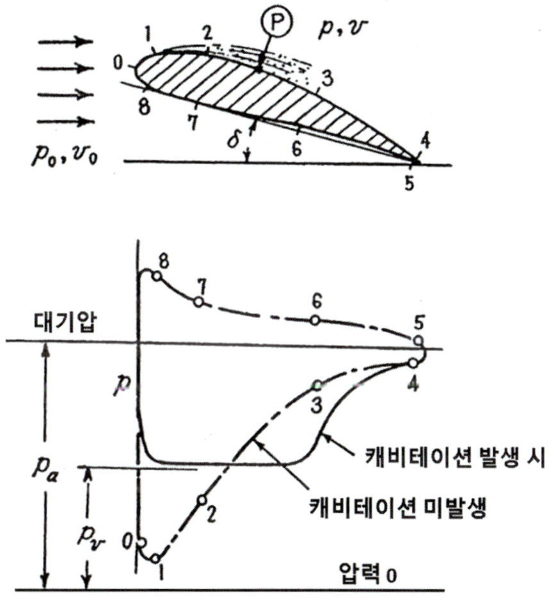

그림 6.12 날개 표면 압력분포와 캐비테이션 발생 기구
자료: 石井 1962

날개의 영향을 받지 않는 유입 흐름 상류에서의 압력 및 속도를 각각 p_0와 v_0로 하고, 날개 표면상의 임의점 ⓟ에서 압력 및 속도를 p와 v로 하면 날개 상류와 날개 표면에서의 압력과 속도에 대한 관계는 베르누이 방정식에 의해

$$p_0 + \frac{\rho v_0^2}{2} = p + \frac{\rho v^2}{2} \tag{6.3}$$

으로 된다.

또한 날개의 형상과 앙각 δ가 정해져 있다면 유동 형태가 그림 6.12의 쇄선 압력분포에 대응하여 정해지기 때문에, 연속의 식을 적용하여

$$v = c v_0 \tag{6.4}$$

이 된다. 단, c는 그 위치와 흐름의 형태에 따라서 정해지는 상수이다.

식 (6.3) 및 식 (6.4)의 관계로부터 다음 식이 얻어진다.

$$p = p_0 - k\frac{\rho {v_0}^2}{2} \tag{6.5}$$

단, $k = c^2 - 1$이다.

식 (6.5)는 날개 표면압력 p가 날개 상류압력 p_0보다 날개의 표면 유속에 따른 동압 $k\rho {v_0}^2/2$만큼 감소하는 것을 의미한다. 즉, 날개 표면 유속 v가 어느 임계속도보다 빨라지면 점 ⓟ에서 캐비테이션이 발생한다.

캐비테이션이 어떤 범위에 걸쳐서 발생하면, 흐름의 형태가 그림 6.12의 실선의 압력분포에 대응하여 변하기 때문에 그것을

$$p_v = p_0 - \sigma\frac{\rho v_0^2}{2} \tag{6.6}$$

로 나타내면, 이것은 날개 표면의 어느 부분이 $p = p_v$가 되는 것을 나타내는 식이 된다. 여기서 p_v는 포화증기압력을 나타낸다. 이 경우 σ는 이제 일반 상수 k가 아니라 캐비테이션의 발생정도를 나타내는 상수가 된다.

여기서 식 (6.6)을 고쳐서 적으면

$$\sigma = \frac{p_0 - p_v}{\dfrac{\rho v_0^2}{2}} \tag{6.7}$$

로 나타내고, σ를 캐비테이션계수(cavitation coefficient)라고 한다. 식 (6.7)은 앞에서 정의한 식 (6.1)과 동일하다.

σ는 원래 일정한 형태의 흐름에 대해서 p_0 와 v_0 을 변화시키는 것에 의해 캐비테이션이 발생할 경우 어느 정도 흐름이 바뀌게 되는지를 나타내는 계수이지만, 캐비테이션이 발생하지 않는 경우에도 캐비테이션 발생에 대한 여유를 나타내는 지수로서 확장 사용이 가능하다.

식 (6.7)은 σ가 작을수록 캐비테이션이 발생하기 쉽다는 것(발생하고 있지 않는 경우)과 발생이 격렬하다는 것(발생하고 있는 경우)을 나타낸다.

그림 6.13은 익(날개)의 캐비테이션 특성에 대한 실험 결과 일례이다. 그림 6.13(a)는 캐비테이션의 발생정도 및 격렬한 진동의 유무를 $\delta \sim \sigma$ 면상의 분포로서 나타낸 것이다. 그림 중의 ①→④는 $\delta=4°$에서 σ를 1.63→0.2로 바꾼 경우로서 캐비테이션은 항상 러너 부압면(λ_1)에 발생하고 있다. ①에서는 캐비테이션이 익 전연에서 약간 발생하고 있을 뿐이지만, ②에서는 그것이 부압면 전체 길이에서, ③에서는 그것이 후류에까지 연장되어 흐름이 불안정하게 되며 격렬한 진동이 발생하고 있다. ④는 익 부압면에 큰 침식(홈)을 만들고 흐름이 잠잠해져 오히려 진동은 없어졌나.

③→⑥은 $\sigma=0.4$에서 δ를 4°→0°로 변화시킨 경우이다. ③에서는 익 부압면(λ_1)에서 큰 캐비테이션이 발생하고 있었음에도 불구하고, ⑤에서는 그것이 대부분 사라져서 없어지고, ⑥에서는 날개 압력면(λ_2)에 캐비테이션이 발생하고 있다.

그림 6.13(b) 및 그림 6.13(c)는 식 (4.75)와 식 (4.76)에 각각 정의된 양력계수 C_a 및 항력계수 C_w에 대한 식 (6.7)의 캐비테이션계수 σ의 관계를 나타낸다. σ 값이 크고 캐비테이션이 발생하고 있지 않을 때는 C_a 및 C_w의 값은 일정하지만, σ 값이 작아지게 되어 캐비테이션이 발생하기 시작하면, C_a 및 C_w의 값이 변하기 시작한다. C_a는 캐비테이션이 부압면의 거의 전체 면적에서 발생하고 있을 때에는 오히려 크게 되고, 더욱 격렬하게 발생한 곳에서는 작아진다. 그러나 C_w는 캐비테이션이 발생하면 커지지만 작아지지는 않는다.

C_a/C_w가 클수록 익의 효율이 좋아지기 때문에, 임의의 δ와 σ의 조합에서 캐비테이션이 발생하더라도 기계의 수력효율이 좋아질 수도 있다는 것을 알 수 있다.

이상의 익에 대해서 설명한 내용은 수차에 대해서도 완전히 동일하게 적용할 수 있다. 정성적으로는 δ가 큰 경우 수차에서는 부하가 큰 경우에 해당한다.

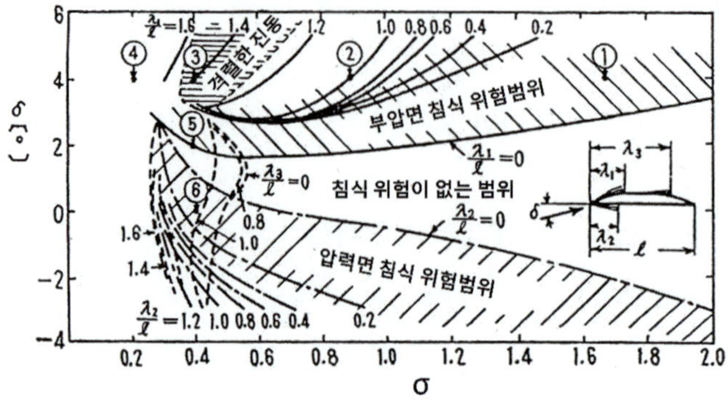

(a) 앙각 δ와 캐비테이션계수 σ의 관계

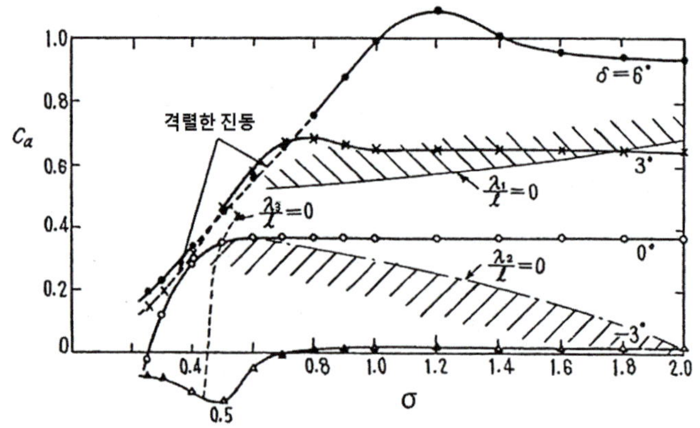

(b) 양력계수 C_a와 캐비테이션계수 σ의 관계

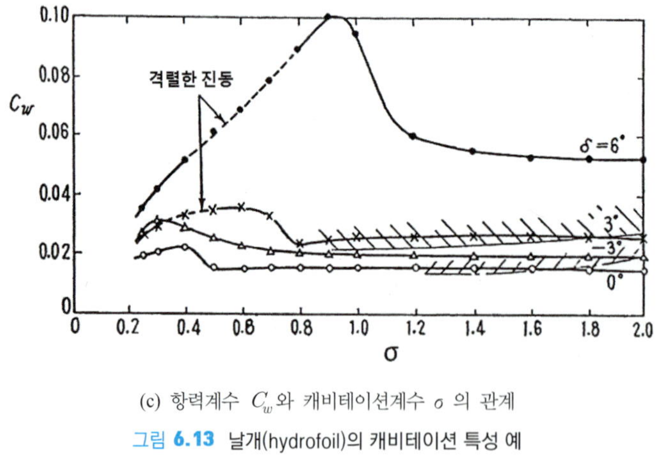

(c) 항력계수 C_w와 캐비테이션계수 σ 의 관계

그림 **6.13** 날개(hydrofoil)의 캐비테이션 특성 예

자료: 沼知, 1951

6.2.3 수차의 캐비테이션

(1) 유효흡출수두와 캐비테이션계수

러너는 수차의 중요 구성요소이고, 러너 주위에서 발생하는 캐비테이션을 이해하는 것이 수차의 캐비테이션을 파악하는 기본이 된다. 그림 6.14는 수차의 입구(고압 측)로부터 출구(저압 측)까지의 압력변화(관로단면평균)를 개략적으로 나타낸 것이다.

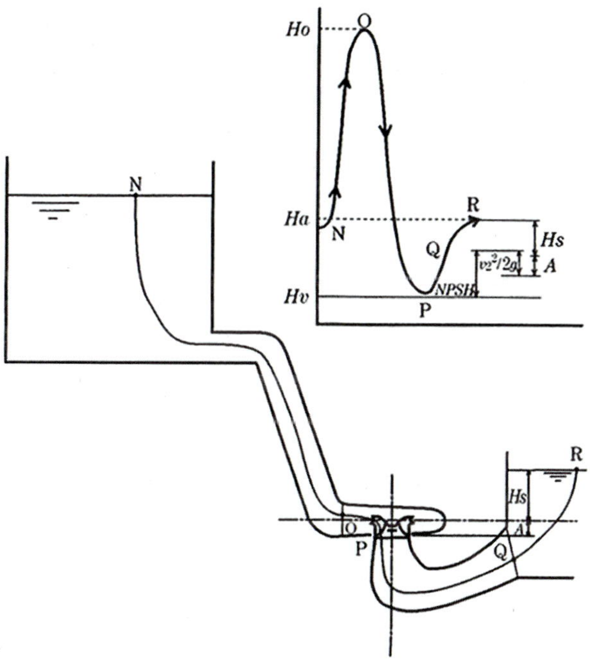

그림 6.14 수차운전 시의 압력변화와 *NPSH*

자료: ターボ機械協会編, 2007

관로의 압력은 러너의 출구 부근(그림 중의 *P*점)에서 가장 낮아지게 되고, 이 압력이 포화증기압 가까이까지 내려가면 러너 내부에서 캐비테이션이 발생한다. 캐비테이션이 발생하기 쉬운 정도를 나타내는 지표로써 식 (6.8)로 정의되는 유효 흡출(펌프 흐름에서는 흡입) 수두(Net Positive Suction Head) *NPSH*가 사용된다.

$$NPSH = (H_a + \frac{v_2^2}{2g} - H_s - A) - H_v \tag{6.8}$$

여기서, 흡출높이 H_s [m]는 수차의 지정 위치와 흡출관 출구 수위 사이의 표고차를 나타내고, 일반적으로 흡출관 출구 벽면 정압의 부호를 역으로 해서 구한다. 즉, 흡출관 출구 수위가 수차의 지정 위치보다 아래쪽에 있을 경우에 부호는 양(+)이 되고, 위쪽에 있을 경우 음(−)으로 된다.

그림 6.15는 흡출관 출구 수위에 따른 H_s의 표고차 값의 부호를 보이고 있다. A는 러너의 지정 위치와 수차(또는 펌프수차)의 지정 위치의 표고차이고, 러너의 지정 위치가 수차(또는 펌프수차)의 지정 위치보다도 높은 경우에는 양(+)의 부호로 되고, 낮은 경우에는 음(−)의 부호가 된다.

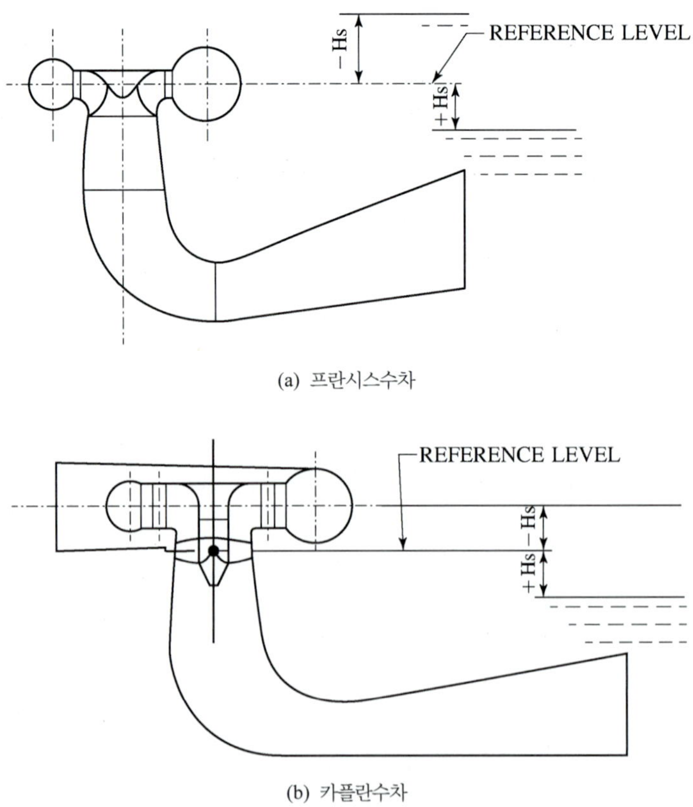

그림 6.15 수차의 흡출관 출구 수위에 따른 흡출높이 부호

자료: EPRI, 2000

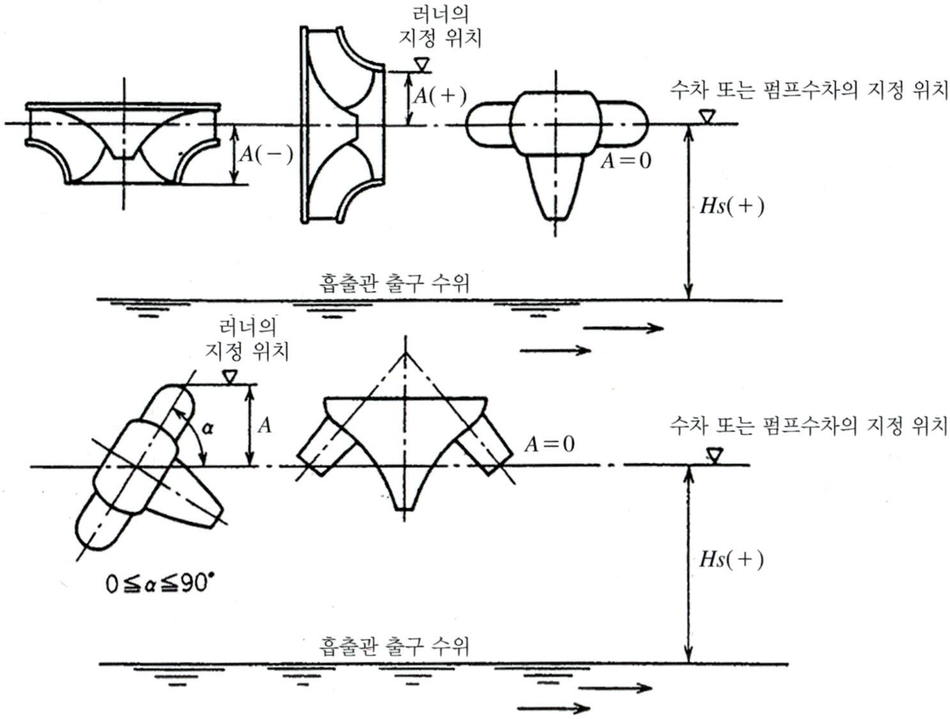

그림 **6.16** 수차 또는 펌프수차의 지정 위치 및 러너의 지정 위치
자료: KS B 6018, 2002

그림 6.16은 지정 위치에 대한 H_s와 A의 표고차 값의 부호를 보이고 있다. v_2는 흡출관 출구의 단면평균속도(m/s), H_a와 H_v는 수두로 표시한 대기압(mH$_2$O) 및 포화증기압(mH$_2$O)이다. 포화증기압 H_v는 그 때의 기온에 따라 정해지며, 그림 6.2(b) 또는 한국공업규격(KS B 6018) 식 (6.9)로 구해진다.

$$H_v = 10^{(-1.2053 + 0.0312T - 0.000104T^2)} \tag{6.9}$$

여기서, T는 수온(℃)이다.

식 (6.8)의 우변 괄호의 안은 수차 출구의 전압을 절대압으로 표시한 것이기 때문에 $NPSH$의 의미는 수차 출구의 전압이 캐비테이션 발생압력(H_v)에 대해서 어느 정도의 여유를 가지고 있는지를 나타낸다. 단위 낙차당 $NPSH$를 토마의 캐비테이션계수(Thoma's cavitation factor)라고 하며, 식 (6.10)으로 나타낸다.

$$\sigma = \frac{NPSH}{H} \tag{6.10}$$

$$= \frac{\left\{(H_a + \frac{v_v^2}{2g} - H_s - A) - H_v\right\}}{H}$$

H_s는 수력발전소(plant)의 흡출높이 H_{sp}를 이용한 것을 운전 캐비테이션계수 σ_p라고 하며, 수차가 이용 가능한 값을 나타낸다. 또한 수차가 허용할 수 있는 흡출높이를 이용한 것을 허용 캐비테이션계수 σ_{adm}라고 한다. 캐비테이션을 일으키지 않기 위해서는

$$\sigma_p > \sigma_{adm} \tag{6.11}$$

로 되어야 한다.

비속도가 높아지면 단위 낙차당의 운동에너지가 증가해서 그만큼 압력이 낮아지기 때문에 캐비테이션이 발생하기 쉽게 된다. 경험값에 의한 운전 캐비테이션과 비속도의 관계를 대해서 나타내면 그림 6.17과 같이 된다.

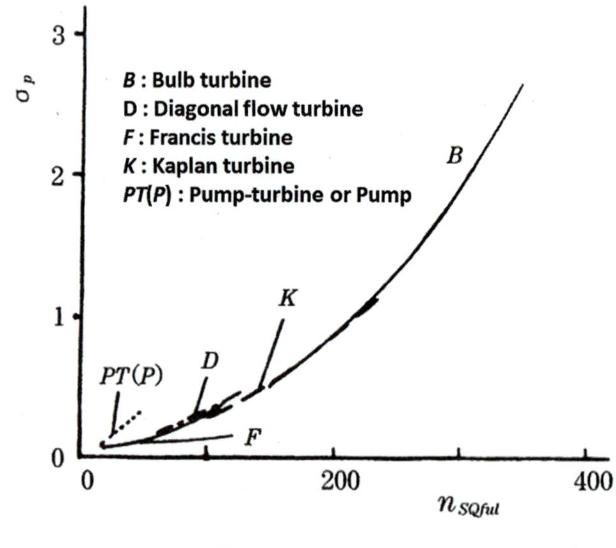

그림 6.17 운전 캐비테이션계수와 비속도

자료: ターボ機械協会編, 2007

(2) 수차의 캐비테이션 특성

수차 및 펌프의 임펠러 유입 측 전연에서의 입사각에 따른 캐비테이션 발생 및 압력면과 부압면의 압력분포 변화에 대해서도 그림 6.12의 익(날개)의 캐비테이션 특성과 동일한 원리를 적용 가능하다.

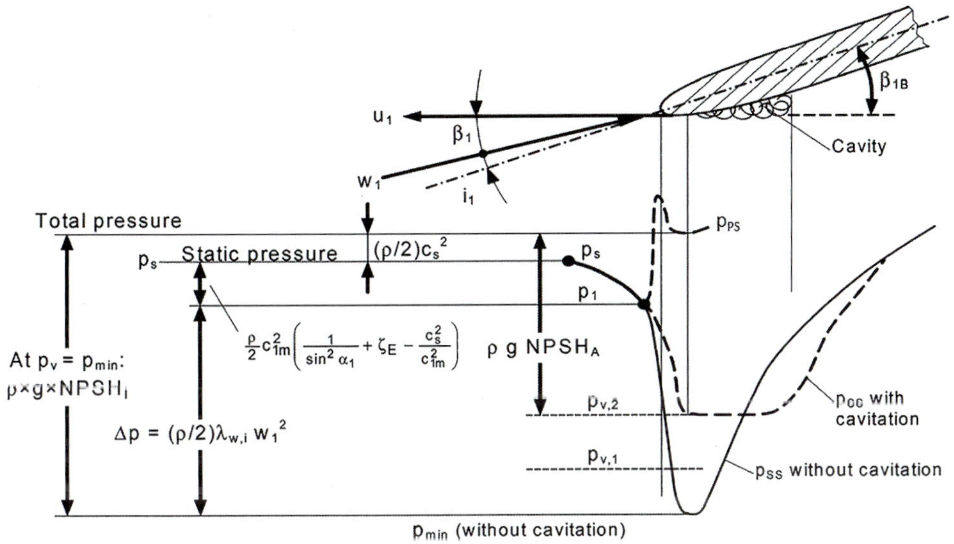

그림 6.18 펌프 임펠러 블레이드 전연 캐비테이션 발생 기구 예

자료: Gülich, 2008

수력기계의 일반적인 캐비테이션 발생 현상에 대해서 검토해보기 위해서 그림 6.18에서와 같이 펌프 임펠러 입구 측에서의 압력 조건에 대해서 고려해보기로 한다. 캐비테이션이 발생하지 않을 때의 블레이드 부압면 압력분포는 다음과 같다. 펌프 입구 측에서의 정압과 유속은 각각 p_s와 c_s이다. 펌프 입구 측 정압은 임펠러 입구에서의 유동손실 및 가속(있는 경우)으로 인하여 p_1 값으로 떨어진다. 입구 측 앙각이 β_{1B}인 임펠러에 유동각 β_1 또는 입사각 i_1으로 유입 유동을 받아들인다고 가정하자. 유체가 블레이드 주위를 흘러감에 따라서 정압은 최솟값 $p_{\min}$이 국소 과속으로 인하여 $\Delta p = \frac{1}{2}\rho \times \lambda_{w,\,i} \times w_1^2$까지 감소한다. 익형에서와 마찬가지로, 이러한 압력 감소는 형상계수 $\lambda_{w,\,i}$ 및 상대속도 w_1에 의해 설명될 수 있다. $\lambda_{w,\,i}$는 익형의 형상과 유입 흐름, 특히 입사각 i_1에 따라 달라진다. 최소 국소압력 $p_{\min}$이 포화증기압 p_v보다 높으면 캐비테이션이 발생하지 않는다. $p_{\min}$이

포화증기압에 도달하거나 그 아래로 떨어지면 캐비테이션이 형성된다.

그림 6.18에 보이는 블레이드 표면압력 분포에서와 같이 블레이드 국소 표면압력이 포화증기압보다 낮은($p < p_v$) 영역의 길이에 따라서 캐비티(기포) 길이가 증가한다. 최저국소압력과 포화증기압이 동일한($p_{min} = p_v$) 조건에서 최초의 기포가 발생하며, 가시 캐비테이션 초생(visual cavitation inception)이라고 한다. 캐비티가 길고 두꺼울수록 흐름에 미치는 영향이 커지게 된다. 그리고 압력분포는 캐비테이션이 없을 때의 형상에서 점점 더 변화하게 된다. 동일한 포화증기압이 캐비티 전체에 퍼지기 때문에 블레이드 입구 측 부분의 압력분포가 그것에 따라 변하게 된다. 또한 캐비티가 유로 단면을 막으면서 액체를 대체하게 된다. 임펠러 유로 내부의 캐비티 하류에서는 이 대체 효과가 사라지고 캐비티의 두께가 감소하며 액체의 유속 w도 감소한다.

그림 6.19는 반경류형 임펠러에 대한 수치해석 결과로부터 이러한 압력분포와 캐비테이션의 관계를 보여준다.

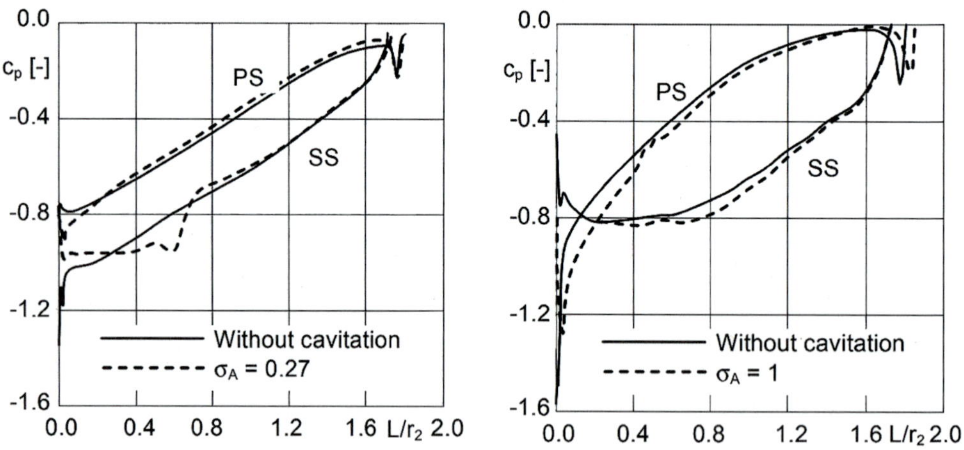

(a) 입사각이 양(+)인 경우　　　(b) 입사각이 음(−)인 경우

그림 **6.19** 펌프 임펠러 블레이드 표면 압력분포 변화의 예

자료: Gülich, 2008

그림 6.19(a)에서 캐비테이션이 없을 때(실선)에는 압력이 전연의 부압면 측에서 급격하게 감소한다. 그 결과 발생하는 "저압 정점"은 캐비테이션이 발생할 때(파선) 사라지고 일정한 압력 p_v의 수평 부분으로 대체된다. 이 예에서는 캐비티가 블레이드 길이의 약

1/3에 걸쳐 확장된다. 감속으로 인한 캐비티 하류압력의 가파른 상승이 뚜렷하게 보인다.

압력면과 부압면으로 둘러싸인 압력분포의 면적은 임펠러가 수행하는 비에너지(또는 비일, $E = gH$)을 의미한다. 그림 6.18에서 비에너지(특히 양정 H)가 아직 캐비테이션의 영향을 받지 않음을 확인할 수 있는데, 저압 정점이 캐비티에 의해 차단되어 압력분포의 면적에서 결손이 발생하더라도 캐비티의 발생으로 인해 감소한 압력의 면적을 통해서 보상된다. 그러나 결국에는 캐비티의 길이가 발달하여 더욱 길어지면 블레이드 일이 손상된 상태에 도달하게 된다. 대략적으로, 블레이드 부압면에서의 캐비티 길이가 블레이드 피치($t_1 = \pi \times$ 블레이드 입구 직경×블레이드 매수) 길이를 초과하고, 임펠러 입구에서 목 부분의 일부를 폐색하는 경우(폐색으로 인해 흐름이 가속됨)에 해당한다. 블레이드 부압면의 저압 정점은 그림 6.19(a)에 따라 양(+)의 입사각 $i_1 \geq 0$에 의해 정해지며, 정체점은 압력면 상에서 발생한다.

또한 음(−)의 입사각에서는 정체점이 부압면으로 이동하며, 그런 다음 저압 정점이 그림 6.19(b)에서와 같이 압력면에서 발달한다. 그 후, 첫 번째 캐비테이션 기포가 압력면에서 발생한다. $p_{SS} > p_{PS}$가 적용되는 블레이드 전연 부근의 첫 번째 압력분포 영역은 수차 러너베인과 같은 역할로 작동하며, 결과적으로 양정을 생성하는 대신 감소시킨다. 블레이드 압력면에 미세한 기포가 생기더라도 양정의 감소를 일으키게 되는데, 비록 짧은 길이의 캐비티라도 임펠러 유입 측 유로 목을 폐색하여 압력분포를 변경하기 때문이다.

한편, 수차 내부의 캐비테이션 발생에 대해서 살펴보기 위하여 그림 6.20에 낙차 $H[m]$, 흡출수두 $H_s[m]$로 운전 중인 프란시스수차를 나타낸다.

수차 내부의 임의의 한 점 ⓟ에서의 압력 H_p를 고려한다. H_a를 대기압, v_2 및 w_2를 각각 러너 출구에서의 절대 유속 및 상대 유속, η_d를 흡출관의 효율, λ를 점 ⓟ에서의 국부압력강하계수로 하면, H_p는 다음과 같이 표현할 수 있다.

$$H_p = H_a - H_s - \eta_d \frac{v_2^2}{2g} - \lambda \frac{w_2^2}{2g} \tag{6.12}$$

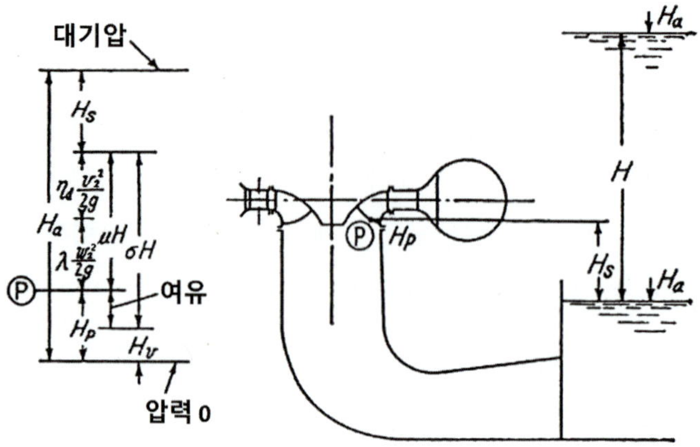

그림 **6.20** 운전 중인 수차 내부의 압력

자료: 石井, 1962

이중, $H_a - H_s - \eta_d v_2^2/2g\,(=H_2$로 둔다)는 러너 출구의 정압수두이고, $\lambda w_2/2g$는 ⓟ 점의 유속 w에 의한 압력강하 손실수두 $w^2/2g$를 고려한 항이다. $\lambda \frac{w_2^{\,2}}{2g}$와 $\frac{w^2}{2g}$의 관계는 그림 6.21에 나타낸 바와 같다.

그림 6.21에 러너베인 입구 ①에서 출구 ②까지의 러너베인 표면의 압력분포를 나타낸다. 그림 6.12의 날개의 경우와 같지만, 수차의 경우 입구에서 출구까지의 사이에서 물은 러너에게 에너지를 빼앗기기 때문에 압력이 저하하면서 흐른다. 즉, 압력분포의 기준선(baseline)은 수평으로 되지 않는다. 이 압력분포에 의해 러너베인 압력면과 부압면의 압력차가 러너에 토크를 발생시킨다.

여기서 $k_2 = v_2/\sqrt{2gH}$, $k_{w2} = w_2/\sqrt{2gH}$로 두면, 식 (6.12)는 다음과 같이 고쳐 쓰는 것이 가능하다. μ가 작을수록 캐비테이션이 발생하기 어려운 것으로 된다.

$$H_p = H_a - H_s - \mu H \tag{6.13}$$

단,

$$\mu = \eta_d k_2^{\,2} + \lambda k_{w2}^{\,2} \tag{6.14}$$

이다.

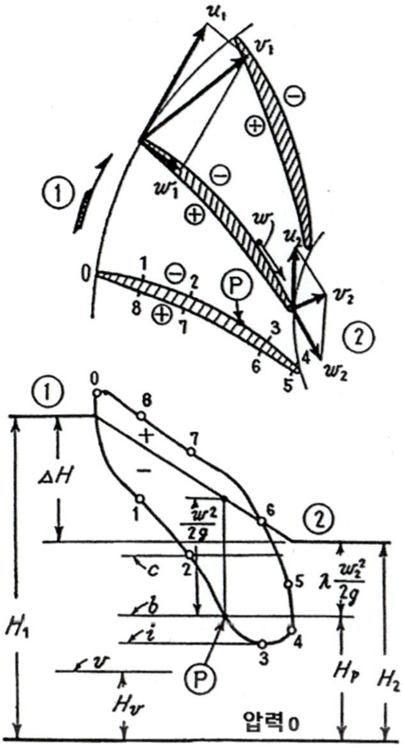

입구 절대정압:

$$H_1 = H_a + H_u - v_1^2/(2g)$$

출구 절대정압:

$$H_2 = H_a - H_s - \eta_d v_2^2/(2g)$$

그림 **6.21** 운전 중의 러너베인 표면 압력분포

자료: 石井, 1962

η_d, k_2 및 k_{wa}는 수차의 형식과 운전상태에 따라 정해지는 상수이다. λ는 ⓟ점 특유의 값이기 때문에 러너베인 표면의 위치에 따라서도 변하는 상수이다.

저속(저비속도)의 러너에서는 k_{w2}^2보다 k_2^2의 영향이 크고, 고속(고비속도)의 러너에서는 k_2^2보다 k_{w2}^2의 영향이 크다. 따라서 저속의 러너에서는 k_2^2가 과대하지 않도록 러너 출구 직경을 정하는 것이 중요하고, 고속의 러너에서는 λ가 작도록 러너베인의 형상과 매수를 정하는 것이 중요하다. 프로펠러수차에서는 고낙차 수차일수록 러너베인 수를 많게 하여 λ를 작게 하는 것이 일반적이다.

그런데 ⓟ점에서 캐비테이션이 발생하는 것은 $H_p < H_v$로 될 때이다. 단 H_v은 물의 포화증기 압력수두이다. 즉,

$$H_a - H_s - \mu H < H_v$$

또는

$$\sigma = \frac{H_a - H_s - H_v}{H} \tag{6.15}$$

로 두면 ⓟ 점에서 캐비테이션이 발생하는 것은

$$\sigma < \mu \tag{6.16}$$

이 될 때이다. 따라서 σ가 클수록 수차가 안전한 사용 상태에 있는 것이 된다.

그림 6.21에서 절대압력 0의 선을 고정하여 생각하면, 그것보다 H_v만큼 위에 캐비테이션이 발생하는 v선이 있다. v선에 대해서 그림의 압력분포곡선이 떨어져 있을수록, 러너베인에서는 캐비테이션이 발생하기 어렵다. 만약 v선이 그림의 압력분포곡선에 고정한 i선에 도달하면 러너베인 표면의 한 점 3에서 처음으로 캐비테이션이 발생하기 시작한다. 동일하게 b선에 도달하면 러너베인 표면 ⓟ~4에서 캐비테이션이 발생하여 효율이 변하기 시작하고, c선에 도달하면 러너베인 표면 2~5에서 캐비테이션이 발생하여 효율이 감소한다.

H_s 또는 H를 크게 하면 σ가 작아지게 되고, 캐비테이션이 발생하기 싫게 되는 것은 식 (6.15) 또는 식 (6.16)를 보면 명확하게 알 수 있다. 예를 들면 H를 일정하게 하고 H_s만 크게 한다면 그림 6.21의 압력분포의 형태는 바뀌지 않고 정압 ①-②와 함께 전체가 내려간다. 또한 H_s를 일정하게 두고 H만 크게 한다면 정압 ①-②는 움직이지 않고, 압력분포가 상하로 늘어난다. 즉, 동일하게 캐비테이션이 발생한다고 해도 H를 바꿀 것인가 또는 H_s를 바꿀 것인가에 따라서 조건은 조금 다르다.

식 (6.7)에서 정의된 σ를 캐비테이션계수라고 하며, 익(날개)의 경우 식 (6.5)의 k에 해당한다. σ는 그 대소에 의해 수차에서 어느 정도 캐비테이션이 발생하고 있는지 또는 발생하지 않을 때에는 발생할 것 같은지의 척도가 된다. 그림 6.21의 i 및 c선이 v선에 일치할 때의 σ를 각각 σ_i는 초생(inception) 캐비테이션계수, σ_c는 임계(critical) 캐비테이션계수라고 부르며, 그림 6.22와 같은 캐비테이션계수 범위에 놓이게 된다.

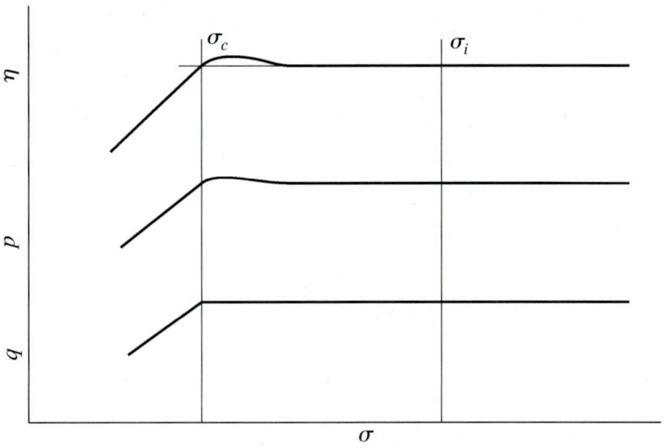

그림 **6.22** 캐비테이션에 의한 수차 특성 변화

자료: 日本機械学会編, 1986

즉, 그림 6.22는 수차를 단위 속도 n이 일정한 어떤 운전상태에서 흡출높이 H_s를 변화시킨 경우의 특성 변화를 나타내는 것이며, 횡축은 캐비테이션계수 σ이고, 종축의 p는 단위출력, q는 단위 유량을 나타낸다. 캐비테이션이 전혀 발생하지 않는 σ가 큰 상태로부터 점점 σ를 작게 해가면 캐비테이션이 발생하기 시작한다. 이때의 σ를 초생 캐비테이션계수 σ_i라고 한다. 더욱 σ를 작게 하면 캐비테이션이 성장하여 특성 변화에 이르며, 효율 η가 1% 감소한 때의 σ의 값을 임계 캐비테이션계수 σ_c라고 한다.

한편, 임계 캐비테이션계수 σ_c는 임계유효흡입수두 $NPSH_{cr}$와 다음과 같은 관계를 가지고 있으며,

$$\sigma_c = \frac{NPSH_{cr}}{H} \tag{6.17}$$

임계유효흡입수두를 이용하여 흡입비속도 S를 다음의 식 (6.18)과 같이 정의한다.

$$S = \frac{N\sqrt{Q}}{(NPSH_{cr})^{3/4}} \tag{6.18}$$

여기서 효율과 캐비테이션계수 사이의 관계를 좀 더 상세하게 설명하기 위해서 그림 6.23을 살펴보자. 캐비테이션계수 σ가 감소하면 캐비테이션이 발생하게 되고, 캐비티가

생성, 발달, 붕괴, 반등하는 과정을 가진다. 이러한 캐비테이션의 발생기구가 수차효율에서도 관련성이 크게 나타난다. 그림 6.23에서 캐비테이션계수를 캐비테이션 발생기구의 각 단계별로 구분하면 다음과 같다. 단, 수차의 낙차, 유량을 고정하고, 흡출수두를 증가시켜서 캐비테이션계수를 감소시킨다.

- σ_i: 눈으로 확인 가능한 캐비티가 최초로 발생한 초생 캐비테이션계수
- σ_p: 실제 수력발전소에서 적용되는 운전 캐비테이션계수
- σ_0 : 수차효율이 변하지 않고 유지되는 가장 낮은 캐비테이션계수
- $\sigma_p \sim \sigma_0$: 수력발전소에서 안전하게 운전 가능한 캐비테이션계수 한계범위
- $\sigma_c (= \sigma_1)$: 수차효율이 1% 감소한 임계 캐비테이션계수

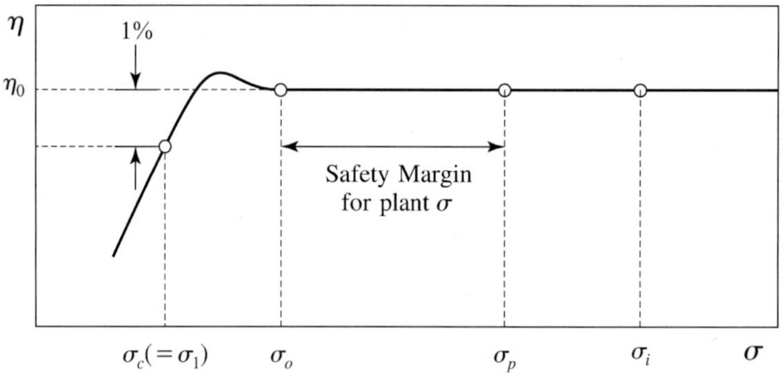

그림 **6.23** 수차효율과 캐비테이션계수의 각 단계별 관계

자료: Avellan, 2004

한편, 유효흡출수두 $NPSH$ 및 캐비테이션계수 σ는 2가지 사용방법이 있다. 그 한 가지는 H_s에 수력발전소의 흡출높이 H_{sp}를 이용해서 운전(플랜트) 유효흡출수두(plant *NPSH*) $NPSH_p$ 및 운전(플랜트) 캐비테이션계수(plant sigma, installation sigma) σ_p이며, 수차가 이용 가능(available)한 값을 나타낸다. 또 다른 한 가지는 수차 고유의 성능인 허용할 수 있는(admissible, permissible) 흡출높이 $H_{s\,adm}$를 이용한 값 $NPSH_{adm}$ 또는 σ_{adm}이며, 필요 $NPSH$ 또는 필요 σ(required *NPSH*, required sigma)라고도 한다. 캐비테이션을 일으키지 않기 위해서는 다음과 같은 조건으로 되어야 한다.

$$NPSH_p > NPSH_{adm} \tag{6.19}$$

$$\sigma_p > \sigma_{adm} \tag{6.20}$$

그림 6.24에서는 프란시스수차의 캐비테이션 특성 예를 나타낸 것이다. 동일한 운전조건에서는 일반적으로 σ_c가 작을수록 그 수차의 캐비테이션 성능이 좋은 것으로 된다. 단, σ_c는 유일한 값이 아니기 때문에 $\sigma_c \sim q$의 형태에 따라서 좋고 나쁨의 판정을 해야 한다. 그림 6.24에 의하면 일정한 낙차로 운전하는 한 단위 유량 q가 정규(최고효율점) 값에 가까운 범위에서 σ_c가 최소로 되고, 그것보다 단위 유량 q가 크거나 작아도 σ_c가 크게 되어 캐비테이션이 발생하기 쉽게 되는 것을 알 수 있다.

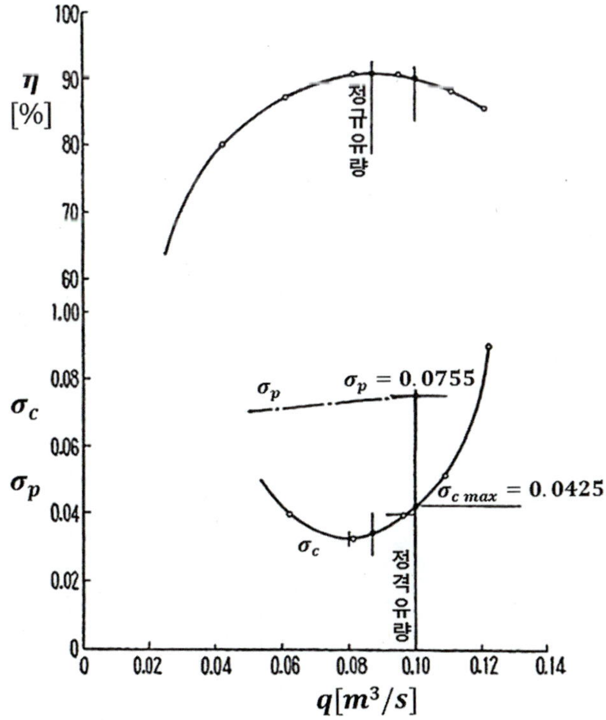

그림 6.24 프란시스수차의 캐비테이션 특성 예

자료: 石井, 1962

6.2.4. 무구속속도와 캐비테이션의 관계

무부하 운전상태로 되어 토크가 0으로 되었을 때의 회전속도를 무구속속도(runaway speed)

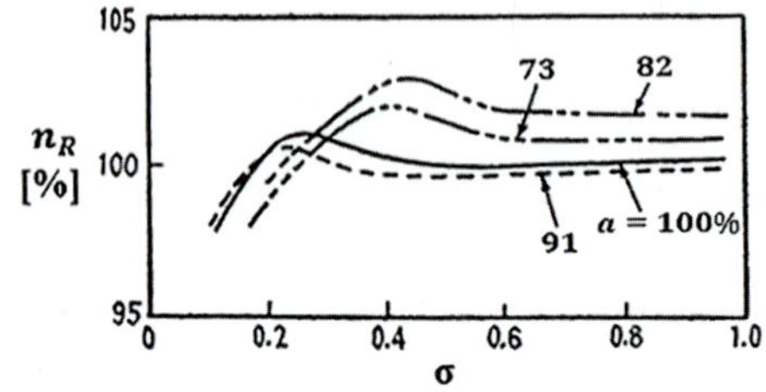

(a) 프란시스수차

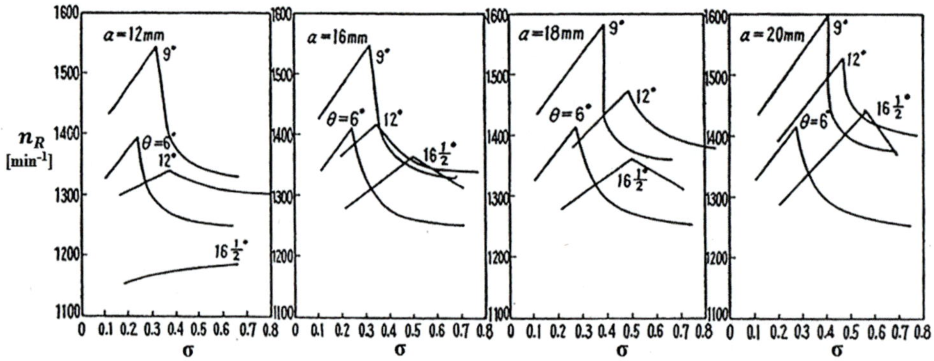

(b) 프로펠러수차(러너베인 매수 $Z=8$)

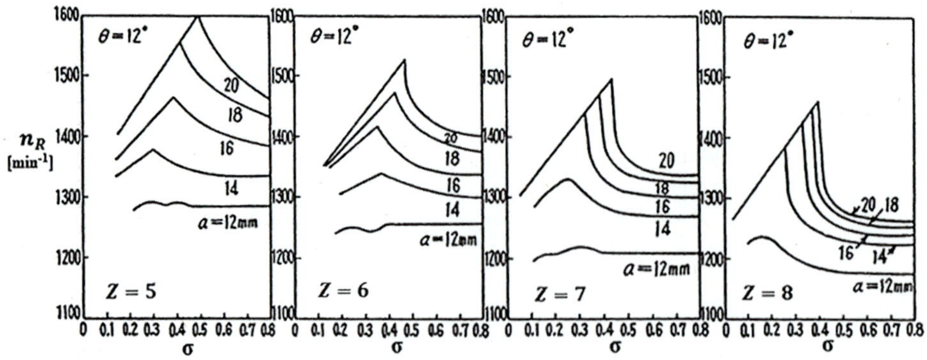

(c) 프로펠러수차(러너베인 각도 $\theta=12°$)

그림 **6.25** 반동수차 무구속속도와 캐비테이션계수의 관계 예

자료: 石井, 1962

라고 한다. 규정속도에서 수차의 효율 특성이 캐비테이션의 영향을 받아서 변하는 것은 예를 들어 그림 6.23의 $\eta \sim \sigma$선도를 보아도 알 수 있다. 따라서 무구속속도도 캐비테이션의 영향을 받아서 변할 가능성이 있다는 것은 당연히 예상할 수 있다.

그림 6.25에 프란시스수차와 프로펠러수차 축소모형에 대한 단위무구속속도 n_R과 캐비테이션계수 σ사이의 관계를 실측 예를 이용하여 나타낸다. 단, 그림 내의 a는 가이드베인 개도, θ는 러너베인 각도이다. σ가 작아지고 캐비테이션이 격렬해지면 무구속속도 n_R이 변하는 것을 알 수 있다. 그렇지만, 프란시스수차에서는 그림 6.25(a)의 예와 같이 그 영향이 상대적으로 작기 때문에 실용상 거의 문제가 되지 않는다.

그러나 프로펠러수차에서는 그림 6.25(b)와 그림 6.25(c)에 보이는 바와 같이 상당히 큰 폭으로 캐비테이션계수의 영향을 받는다. 그림 6.25(b)는 8매의 러너베인에 대해서 가이드베인 개도와 러너베인 각도를 변화시킨 예이며, 일반적으로 프로펠러수차에서는 n_R이 최대가 되는 것은 러너베인 각도 θ가 9～12°일 때이다. θ가 너무 작거나 너무 커도 n_R은 내려간다. 또한 가이드베인 개도 a가 커질수록 n_R이 커지는 예가 많다.

그림 6.25(c)는 러너베인 매수를 변화시킨 경우(러너베인 형상은 동일하지 않음)에 대해서 $n_R \sim \sigma$의 관계를 나타내고 있으며, 러너베인 각도는 $\theta = 12^\circ$로 고정한 경우에 대한 예이다. 러너베인 매수가 적을수록 n_R의 절댓값은 커지게 되지만, 캐비테이션으로 인한 상승률은 역으로 작아진다.

6.2.5 수차 흡출높이

동일한 수차에서도 그림 6.24에서 단위 유량 q를 어디까지 사용할 것인지에 따라서 최대 유량에서의 캐비테이션계수 $\sigma_{c\max}$가 변한다. 즉, 동일한 치수의 수차에서 과대한 출력을 내려고 하면 q가 커지게 되고, 캐비테이션이 발생하기 쉽게 된다는 것을 알 수 있다.

수차의 캐비테이션 특성이 그림 6.24에서 $\sigma_c \sim q$의 관계인 것에 대하여, 실제 발전소에서 그 축소모형수차와 상사인 실물수차를 운전할 경우의 σ를 σ_p(운전 캐비테이션계수)로 한다면 σ_p는 q에 따라서 그만큼 큰 폭으로는 변하지 않는다. 예를 들면 그림 중에 나타낸 것과 같이 거의 일정한 값으로 되는 것이 많다. 따라서 그 수차가 캐비테이션에 대해서 가장 위험한 상태가 되는 것은 그림의 정격유량(실제 사용이 허용된 최대유량)으로 운전할 때이다. 이때, 안전하다면 그 이하의 유량에서 운전할 때는 더욱 안전하다.

한편, 실물수차에 대한 수력발전소 방수로 흡출높이 H_s에 따른 캐비테이션계수 Sigma (=σ) 변화에 대해서 그림 6.26에 보이고 있다.

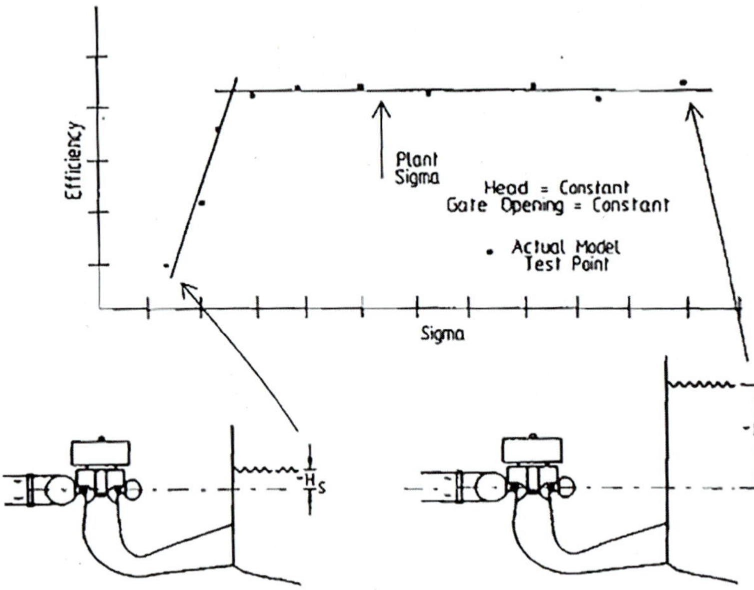

그림 **6.26** 방수로 수위에 따른 캐비테이션계수 변화

자료: ASME Hydro Power Technical Committee, 1996

수차 기준 수위보다 방수로 흡출높이 H_s가 높은 경우 캐비테이션 수 σ가 높아지지만, 방수로 흡출 수위가 낮아지면 캐비테이션계수도 함께 낮아져서 임계 수위보다 낮아지면 캐비테이션 발생 가능성이 높아지고 수차의 효율도 급격히 떨어지게 된다.

실제의 수차 흡출높이 H_s는 캐비테이션 침식 등을 일으키지 않는 범위에서 정한다. 일반적으로 운전 캐비테이션계수 σ_p는 임계 캐비테이션계수 σ_c의 1.2배 이상이 되도록 정한다. 예를 들면 반동형수차의 경우, 종래의 수력발전소 설치 실적으로부터 침식에 대해서 거의 안전한 운전 캐비테이션계수 σ_p의 값이 비속도 n_s에 대해서 그림 6.27 및 그림 6.28과 같이 구해진다.

그림 6.27은 반동수차 및 펌프수차에 대한 운전 캐비테이션계수와 비속도의 관계를 보이고 있다. 낙차가 상대적으로 높은 프란시스수차의 운전 캐비테이션이 프로펠러수차에 비해서 낮게 분포하고 있음을 알 수 있다.

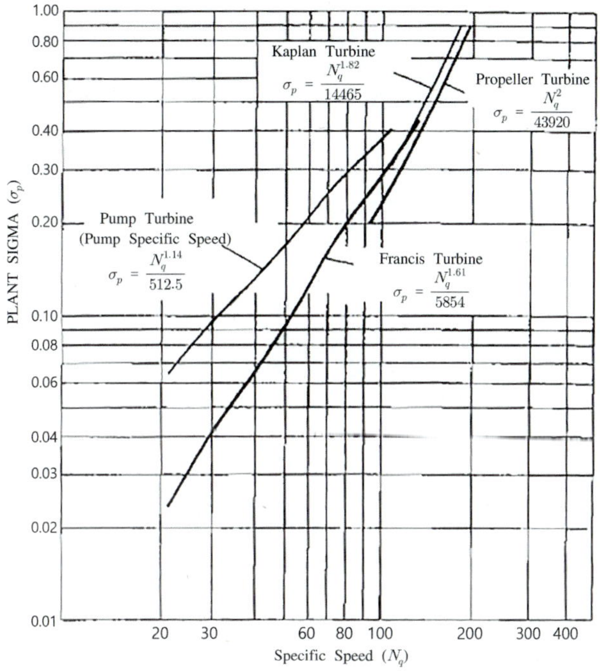

그림 **6.27** 반동형 수차 및 펌프수차의 운전 캐비테이션계수와 비속도의 관계
자료: ASME Hydro Power Technical Committee, 1996

프란시스수차 및 프로펠러수차에서는 캐비테이션 문제는 매우 중요하다. 주어진 반동수차의 $\sigma_p \sim n_s$의 표준치로서는 여러 가지가 공표되고 있으며, 그림 6.28은 반동수차의 대표적인 $\sigma_p \sim n_s$선도를 나타내고 있다. 이 σ_p를 채용한 경우의 수차 설치 높이(흡출높이 H_s와 같음) H_{sp}는 비속도 n_s와 낙차 H에 대해서 그림 6.29와 같이 얻을 수 있다. 단, $H_{sp} = H_a - H_v - \sigma_p H$ 이고, $H_a - H_v = 10\,\mathrm{m}$로 하며, 한계 σ_p 값으로는 그림 6.27 및 그림 6.28과 같은 $\sigma_p \sim n_s$에 대한 실적 데이터를 참고하여 구할 수 있다.

주어진 수력조건에 대해서 수차를 고속으로 운전하게 되면 결국 캐비테이션이 발생하기 쉽게 된다. 낙차가 일정하더라도 방수위에 대해서 수차를 가능한 낮게 설치하여 수차

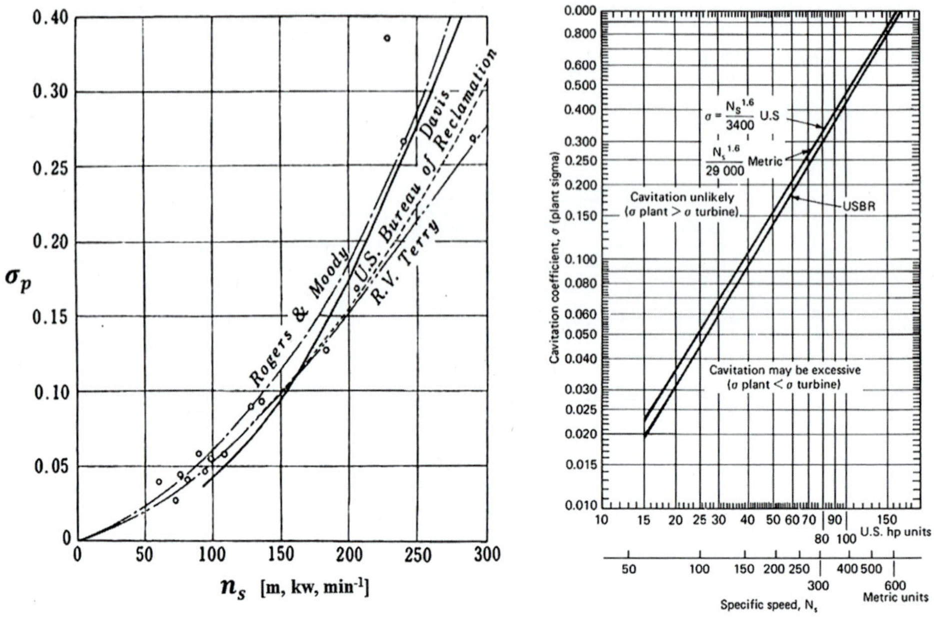

(a) 프란시스수차(자료: 日本機械学会編, 1986) (b) 반동수차(자료: Elliott, 1989)

그림 **6.28** 반동수차의 $\sigma_p \sim n_s$ 선도

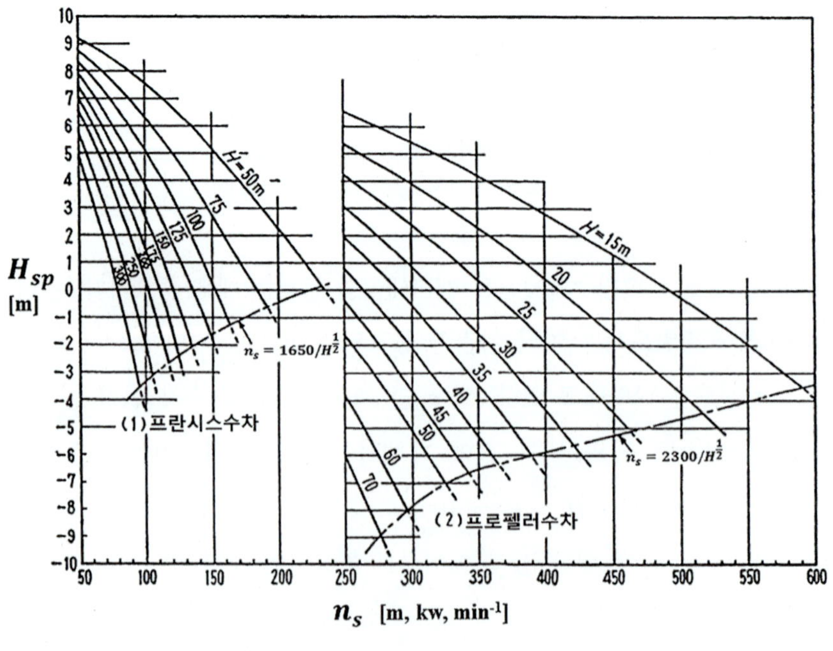

그림 **6.29** 반동수차의 설치 높이 H_{sp}와 비속도 n_s의 관계

자료: 石井, 1962

내부의 압력을 높이게 되면 캐비테이션 발생을 억제할 수 있지만, 그렇게 하기 위해서는 지반의 굴삭량이 많아지게 되어 발전소 건설비가 높아지게 된다. 따라서 수차발전기 가격과 굴삭 비용의 합이 최소가 되는 위치에 수차를 설치하게 된다.

6.2.6 수차의 캐비테이션과 불안정 유동

(1) 수차의 캐비테이션

수차 내부에서 발생하는 대표적인 캐비테이션 중에서 프란시스수차의 러너와 흡출관에서 발생할 수 있는 주요한 캐비테이션은 다음과 같다.

1) 전연 캐비테이션(leading edge cavitation)

그림 6.30의 ①에 보이는 캐비테이션이며, 러너베인 부압면에 부착된 캐비티의 형태를 나타내고, 설계 낙차보다 큰 낙차에서 운전 시 러너 유입구 흐름의 상대속도 입사각이 설계

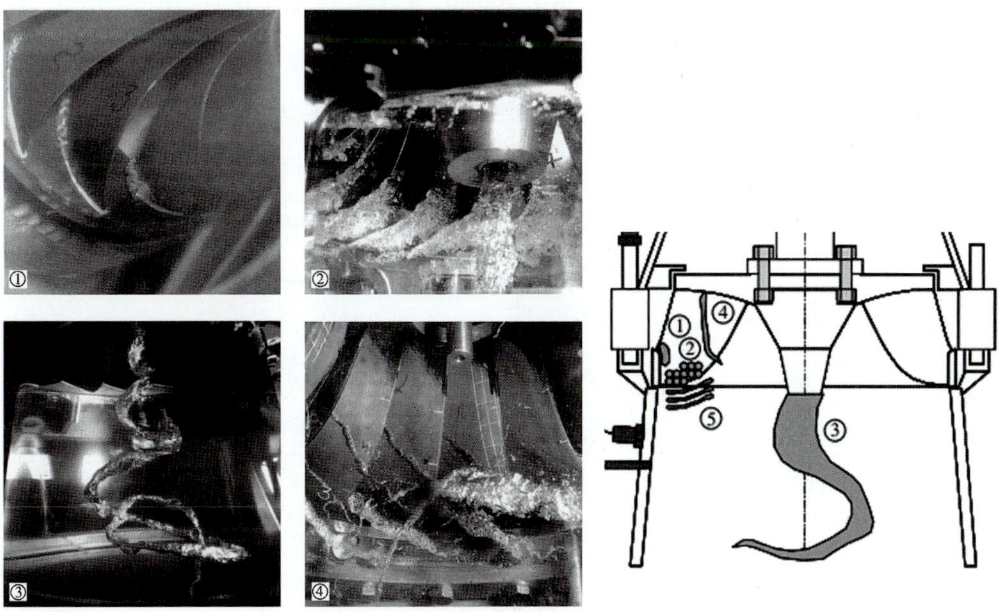

그림 6.30 프란시스수차에서 발생하는 주요한 캐비테이션 예

① 전연 캐비테이션, ② 이동기포 캐비테이션, ③ 흡출관 선회 와 캐비테이션, ④ 익간 와 캐비테이션, ⑤ 카르만 와 캐비테이션

자료: Escaler, 2006

값에서 크게 벗어나 양의 값을 가질 때 발생한다. 또한 설계낙차보다 낮은 낙차에서 운전시 유입구 흐름의 상대속도 입사각은 음의 값을 가지며, 러너베인 압력면 전연에서 캐비테이션이 발생할 수 있다. 유동이 불안정할 경우 블레이드를 깊게 침식하고 압력맥동을 유발할 가능성이 높은 매우 공격적인 캐비테이션 유형이다.

2) 이동기포 캐비테이션(travelling bubble cavitation)

그림 6.30의 ②에 보이는 캐비테이션이며, 분리된 기포 형상을 가지고 러너베인 부압면 익현 중간지점에서 후연에 걸쳐서 분포한다. 이러한 이동기포는 낮은 운전캐비테이션계수 σ_p로 인하여 발생하며, 수차발전기가 최고유량의 과부하조건에서 운전하게 되면 이러한 캐비테이션도 부하와 함께 최고조로 발달하게 된다. 이러한 캐비테이션은 소음이 심한 캐비테이션 유형이며, 기계효율을 크게 떨어뜨리고, 기포가 러너베인 표면에서 붕괴하면 침식을 일으킬 수 있다.

3) 흡출관 선회 와 캐비테이션(draft tube swirl vortex cavitation)

그림 6.30의 ③에 보이는 캐비테이션이며, 이것은 흡출관 중심에 있는 러너콘 바로 아래에서 형성되는 캐비테이션 보텍스코어(vortex core) 흐름이다. 체적은 운전 캐비테이션계수 σ_p에 따라 달라지며, 러너에서 방출되는 흐름의 잔류 원주속도 성분으로 인하여 부분부하 및 과부하에서 나타난다. 이 와는 부분부하에서 러너와 같은 방향으로, 과부하에서는 반대 방향으로 회전한다. 최고효율 유량의 50%에서 80%까지 범위에서 보텍스코어는 나선형 형태를 취하며, 러너 회전속도의 0.25～0.35배로 세차 회전(processional rotation)을 나타낸다. 이런 경우 원주 방향 압력맥동이 이 저주파에서 생성된다. 세차 주파수가 흡출관 또는 유입관로의 자유 고유진동 주파수 중 하나와 일치할 경우 강한 맥동이 발생할 수 있다. 이 캐비테이션은 흡출관에서 압력맥동이 크게 폭발하여 수차와 심지어 수력발전소에도 강한 진동을 일으킨다. 최고효율점 유량을 초과하면 와는 흡출관 콘에서 축 방향으로 중심에 위치한다.

4) 익간 와 캐비테이션(inter-blade vortex cavitation)

그림 6.30의 ④에 보이는 캐비테이션이며, 이것은 이차 와(secondary vortex)에 의해 형성되

며, 러너베인 사이의 유로에 위치한다. 그리고 러너의 허브(크라운)에서 밴드까지 입사각(incidence angle) 변화에 의해 유발된 유동박리에 의해 발생한다. 이 캐비테이션은 러너베인 전연과 크라운의 교차점 또는 부압면에 가까운 러너베인 사이의 크라운 중간 지점에 부착할 수 있고, 캐비테이션의 팁이 러너 표면에 닿아야만 침식을 일으킬 수 있다. 이러한 와는 부분부하 운전에서 나타나며 높은 광대역 소음 레벨을 낸다. 또한 극히 고낙차 운전범위에서 나타나서 캐비테이션을 발생시키게 되는데, 상대적으로 낮은 운전 캐비테이션계수 σ_p가 그 원인이며, 이 경우 유동이 불안정해지고 강한 진동을 일으킨다.

5) 카르만 와 캐비테이션(Von Karman vortex cavitation)

그림 6.30의 ⑤의 위치에 존재하는 캐비테이션이며, 러너베인 및 가이드베인/스테이베인의 후연에서 주기적인 와 방출이 일어날 수 있다. 록인(lock-in) 현상이 발생하면 심한 압력 맥동과 소음이 발생할 수 있으며, 결과적으로 후연이 손상을 입을 수 있다.

그림 6.31은 프란시스수차 운전 영역에서 각종 운전조건에 의해 발생할 수 있는 캐비테이션의 발달 한계를 수차 등효율곡선에 보이고 있다.

카플란수차의 경우 프란시스수차보다 전연 캐비테이션이 발생할 가능성이 낮다. 이것은 러너베인이 가변 피치로 되어 있으며, 수차가 항상 온캠(on-cam) 상태로 작동하기 때문이다. 즉, 러너베인 입구 각도와 가이드베인 각도가 양호하게 조합된 덕분에 유입각도가 넓

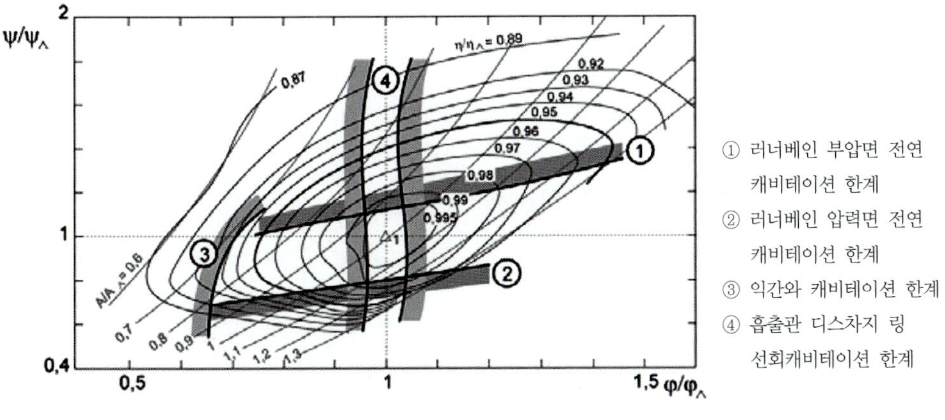

그림 6.31 프란시스수차 운전 영역에서의 캐비테이션 발달 한계
자료: Avellan, 2004

은 작동 범위에서 최적값에 가깝다는 의미이다. 동일한 이유로 흡출관 선회류 또한 프란시스수차보다 덜 심각하다. 이동기포 캐비테이션은 러너베인 부하가 심할 경우 부압면에서 발생할 수 있다.

카플란수차의 유일한 캐비테이션 유형은 그림 6.32에 보이는 팁 보텍스 캐비테이션이다. 이 캐비테이션은 러너베인 팁과 케이싱 사이의 틈새 또는 간극에서 발생한다. 보텍스 팁이 러너베인 표면에 닿기 때문에 블레이드 부압면 주변부의 코드 길이 중간 부분을 손

그림 6.32 카플란수차 러너 팁과 허브에서 발생하는 캐비테이션 예

자료: Avellan, 2004

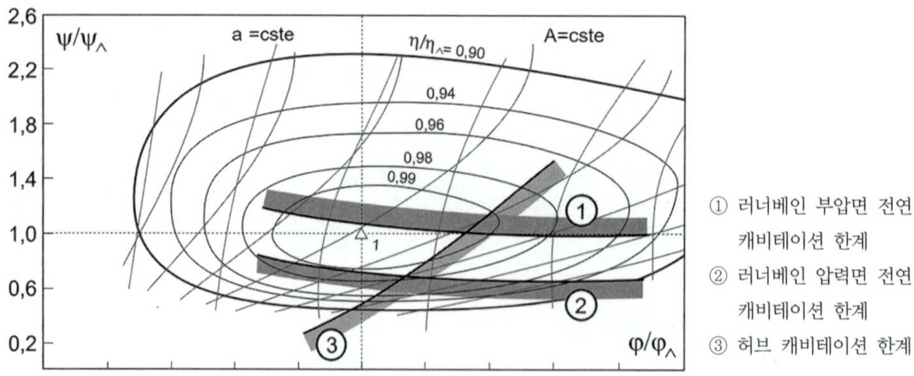

그림 6.33 카플란수차 운전 영역에서의 캐비테이션 발달 한계

자료: Avellan, 2004

상시키는 강한 형태의 캐비테이션이다. 러너베인 팁 끝의 영역이 침식될 수 있다.

그림 6.33은 카플란수차 운전 영역에서 각종 운전조건에 의해 발생할 수 있는 캐비테이션의 발달 한계를 수차 등효율곡선에 보이고 있다.

(2) 흡출관 내의 선회류에 의한 불안정유동

프란시스수차의 경우 운전조건에 따른 유동 특성에 의하여 그림 6.34의 유동 특성 범위 및 그림 6.35의 캐비테이션 한계와 같이 여러 구역으로 나뉜다. 이러한 유동 특성은 보텍스로프 없음 또는 안정유동(설계점), 역방향 선회류(최대부하), 정방향 선회류(부분부하), 익간 와(고낙차 및 저부하), 러너베인 전연 부압면 유동박리(고낙차), 러너베인 전연 압력면 유동박리(극저낙차 및 고부하), 러너베인 후연 캐비테이션(과부하) 등이 있다.

특히 프란시스수차의 부분부하 조건에서 운전 시 흡출관 내부에서는 저주파 보텍스로프가 발생하며, 이것은 흡출관 벽면에서 저주파 압력맥동, 불안정한 전력생산 그리고 수차

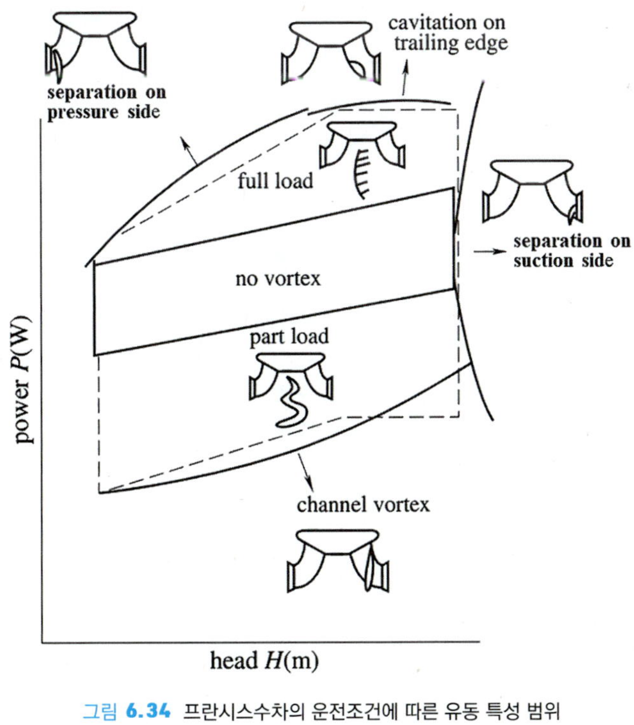

그림 6.34 프란시스수차의 운전조건에 따른 유동 특성 범위
자료: Wu, 2013

발전기 시스템에서 기계적인 진동과 소음을 유발한다.

부분부하의 경우 러너 출구의 선회 흐름이 러너 회전 방향과 같은 방향으로 회전하며, 러너 출구의 중심부분에서 저압 영역이 만들어지고 축 방향으로 역류를 형성한다. 이 역류의 비대칭 분포는 보텍스로프의 불안정성을 흡출관의 나선형 와로 발전시킨다. 압력맥동에 의해 유도되는 이 보텍스로프의 주파수는 식 (6.21)과 같은 경험식을 사용하여 추정할 수 있다.

$$f_v = \frac{N\mu}{60} \quad [\text{Hz}] \tag{6.21}$$

여기서, N은 러너 회전속도 [min^{-1}]이고, 선회계수 $\mu = 0.25 \sim 0.34$이다.

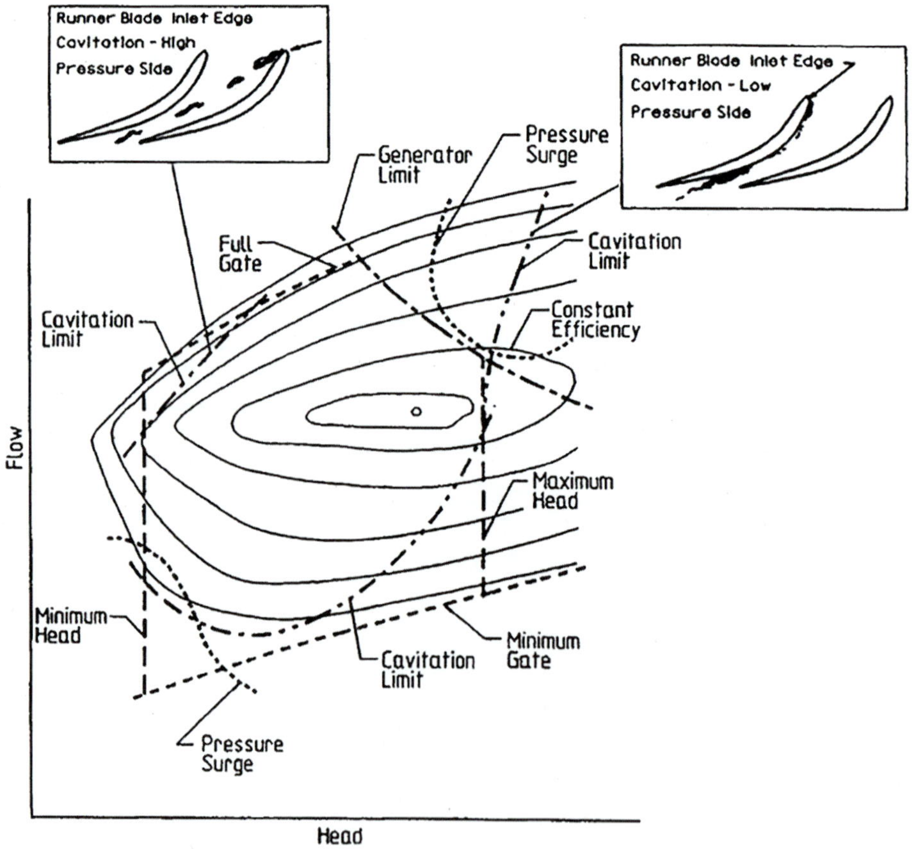

그림 6.35 프란시스수차 운전 특성곡선과 캐비테이션 한계

자료: ASME Hydro Power Technical Comitee, 1996

그림 6.36은 다양한 운전조건에서의 흡출관 보텍스로프(코어) 형상을 나타내며, 각 운전 조건에서의 흡출관 유동 특성은 다음과 같다.

① **그림 6.36(a) 체절유량 조건(사수역)** 러너 출구의 흐름은 양(+)의 순환을 가진다. 수차의 진동은 보통 작고 효율이 매우 낮다. 대기상태(무부하)로 운전하는 경우를 제외하고 이 조건에서의 프란시스수차 운전은 권장하지 않는다. 유동패턴은 흡출관 내부에 사수역(dead flow region)이 존재한다.

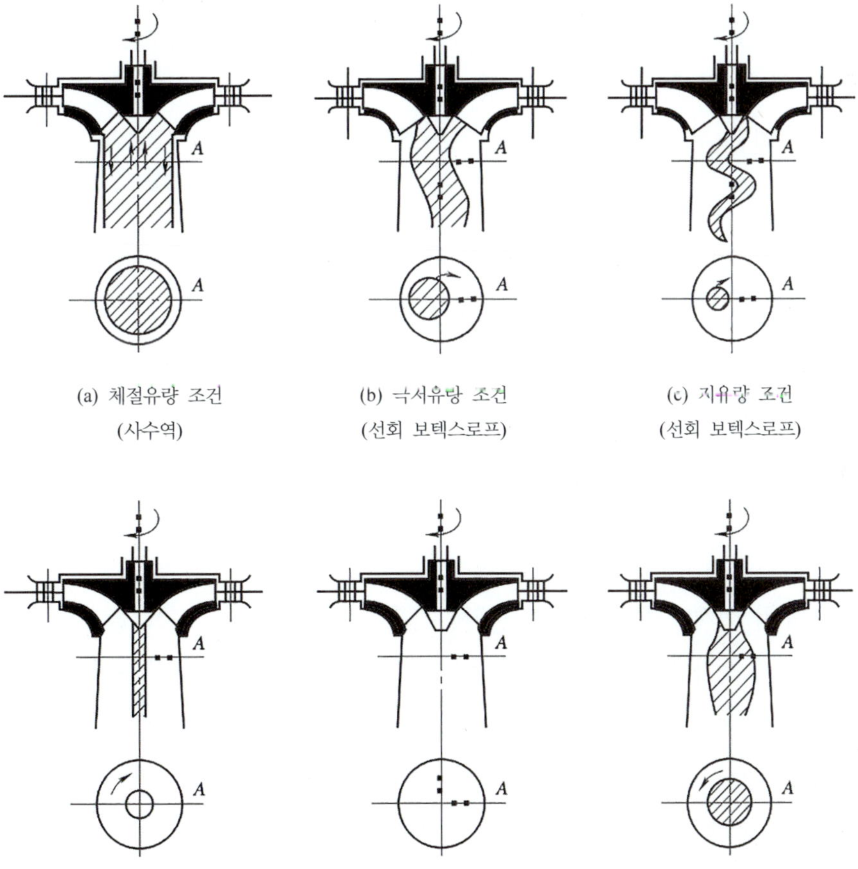

(a) 체절유량 조건 (사수역)

(b) 극저유량 조건 (선회 보텍스로프)

(c) 저유량 조건 (선회 보텍스로프)

(d) 부분저유량 조건 (직선로프)

(e) 최고효율점유량 조건 (보텍스로프 없음)

(f) 과대유량 조건 (양파형 로프)

그림 **6.36** 유량 조건에 따른 프란시스수차 흡출관 보텍스로프 형상

자료: Wu, 2013

② **그림 6.36(b) 극저유량 조건(선회 보텍스로프) 및 그림 6.35(c) 저유량 조건(선회 보텍스로프)** 특히 흡출관에서의 압력맥동 진폭이 높으며 주파수가 낮다. 이는 흡출관 내부에서 러너의 회전 방향과 동일한 방향으로 회전하는 나선형 보텍스로프에서 비롯된다. 흡출관으로의 공기흡입을 위한 신뢰할 수 있는 장치를 사용할 수 없는 경우 수차는 일반적으로 이 영역에서 장시간 작동할 수 없으며, 공기흡입장치가 장착되어 있지 않을 경우 작동 후 몇 년 이내에 기계가 파괴될 수 있다.

③ **그림 6.36(d) 부분저유량 조건(직선로프)** 부분부하 영역 중 상대적으로 더 높은 영역에 속하고 흡출관 내부에서 직선형 보텍스로프가 형성된다. 이 조건에서는 일반적으로 고비속도 프란시스수차에서 최고효율점 유량의 75~90% 범위에서 나타난다. 압력맥동 주파수는 러너 회전 주파수 f_n의 1～5배 정도이다.

④ **그림 6.36(e) 최고효율점유량 조건(보텍스로프 없음)** 러너 출구 아래에 보텍스로프가 뚜렷하게 존재하지 않으므로 고효율에서 안정적인 운전이 가능하다.

⑤ **그림 6.36(f) 과대유량 조건(양파형 보텍스로프)** 러너의 출구 아래에 러너의 회전 방향과 역방향으로 회전하는 양파와 같은 형상의 보텍스로프가 존재한다. 압력맥동이 증가하고 심각한 캐비테이션이 발생한다.

일반적인 수차 설계에서는 러너 출구에서 선회류가 발생하지 않도록 설계한다. 즉, 설계점에서는 오일러 수차방정식의 식 (3.39)에서 v_{u2}는 그림 6.37(a)의 속도삼각형($Q=Q_D$)에서 0으로 되고, 가이드베인으로부터의 선회류 v_{u1}만으로 각운동량이 정해지며, 일반적으로 이 유속에 해당하는 유량점을 최고효율점으로 한다.

한편, 설계점 유량 Q_D보다도 유량이 큰 경우 또는 작은 경우에는 러너 출구에서 절대속도의 선회속도가 남게 되어 그림 6.37(a)의 속도삼각형에서 알 수 있는 바와 같이 저유량(부분부하)에서는 러너의 회전 방향과 같은 방향의 선회가 남고 또한 과대유량(과부하)에서는 러너의 회전 방향과는 역방향의 선회가 남는다. 즉, 식 (3.39)로부터 알 수 있는 바와 같이 러너 출구의 흐름에 의해서 부분부하에서는 러너의 각운동량이 감소하고, 과부하에서는 러너의 각운동량이 증대한다. 이 러너 출구의 선회 흐름에 의해 흡출관 내에서는 그림 6.37(b)에 보이는 바와 같이 큰 선회가 남고, 흡출관의 압력에 의해 캐비테이션이 발생한다. 이 캐비테이션은 저유량 시의 순선회 시에는 대략 1/2에서 1/4 정도의 선회속도에서 회전(보텍스로프 선회)하고, 큰 압력변동을 일으킨다. 이 압력변동은 수차의 큰 진동과 소음을 일으키기 때문에 수차의 출력은 하한이 설정된다. 또한 과대유량 시에는 캐비테이션의 체적이 크게 변동하고, 수차뿐만 아니라 관로계에도 큰 유량변동, 압력변동을 초래하는 캐비테이션 서지(cavitation surge)를 일으키는 경우가 있다.

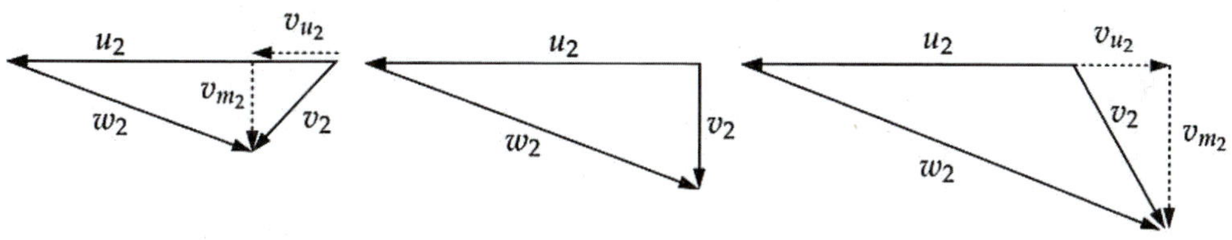

(a) 러너 출구 속도삼각형(자료: 山本, 2018)

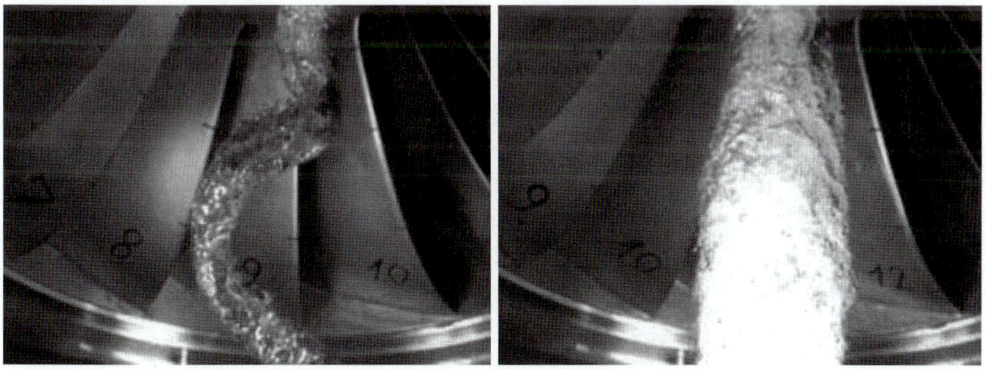

$Q < Q_D$(순선회) $Q > Q_D$(역선회)

(b) 흡출관 보텍스로프(코어) 형상(자료: HYPERBOLE, 2017)

그림 6.37 프란시스수차 러너 출구와 흡출관 내부유동

보텍스로프의 선회는 강제진동이지만, 캐비테이션은 자려진동 현상이고, 그 안정성은 압력, 유량의 변동에 대한 캐비테이션 체적의 변동 값에 크게 작용한다. 다음 식에서 보이는 바와 같이 압력변동에 대한 캐비테이션 체적의 변동을 캐비테이션 순응도(cavitation compliance), 유량의 변동에 대한 캐비테이션 체적의 변동을 질량유량 증가계수(mass flow gain factor)라고 한다. 전자는 후자에 비해서 캐비테이션 서지 발생 시에 시스템의 안정성에 크게 영향을 미친다.

캐비테이션 순응도 C는

$$C = -\frac{\partial V_{cav}}{\partial p} \tag{6.22}$$

이고, 질량유량 증가계수 M은

$$M = -\frac{\partial V_{cav}}{\partial Q} \tag{6.23}$$

이다.

또한 식 (6.22)와 식 (6.23)을 이용해서 흡출관 내부의 유량변동은 다음의 식으로 나타낼 수 있다.

$$\frac{d^2\widetilde{Q}}{dt^2} - \frac{1}{L}\left(\frac{M}{C} - R\right)\frac{d\widetilde{Q}}{dt} + \frac{\widetilde{Q}}{LC} = 0 \tag{6.24}$$

단, V_{cav}는 캐비테이션 체적, p는 압력, Q는 유량, L은 관로 길이, R은 유체저항, $\widetilde{Q}$는 유량변동을 나타낸다.

이 식 중의 좌변 제2항은 이 시스템의 감쇄를 나타내고, L은 정(+)이기 때문에 $M/C - R$이 정(+)일 때에 이 계는 자려진동이 될 수 있다.

6.2.7 수차 캐비테이션에 의한 침식

(1) 수차 침식의 종류

수차 내부의 흐르는 물에 접하는 부분은 캐비테이션, 수중의 토사 그리고 수중의 산(acid) 등이 원인이 되어 괴식되는 경우가 많다. 수차가 괴식되면 물과 접하는 유로 표면의 형태가 변하고 효율이 저하하기 때문에 적당한 시기에 수차를 수리해야 한다.

일반적으로 금속 표면이 외부로부터 작용을 받는 경우, 작용력이 한도를 넘으면 표면이 붕괴해간다. 이것을 총칭하여 괴식이라고 한다. 금속 표면에서 흐르는 물과 접하는 부분의 괴식은 그 기구에 따라 크게 다음의 2종류로 나눌 수 있다. 그 중 한 가지는 작용력이 기계적인 경우이며, 이것을 침식(erosion)이라고 한다. 또 다른 한 가지는 작용력이 화학적인 경우이고, 이것을 부식(corrosion)이라고 한다. 외부에 흐름이 없는 경우도 포함해서 기계적인 작용에 의한 괴식을 일반적으로 마모(abrasion)라고 말한다.

상기의 어떤 것이든지 한 가지의 원인으로 수차가 괴식되는 경우에도 기구적으로는 침식과 부식의 양쪽 작용이 함께 작용하는 것이 일반적이다. 단, 실제에는 원인의 종류 또는 원인이 같아도 그 경우에 따라서 어느 한쪽의 작용이 주(principal)가 되고 따른 한쪽이 부(accessary)로 되는 경우가 많다.

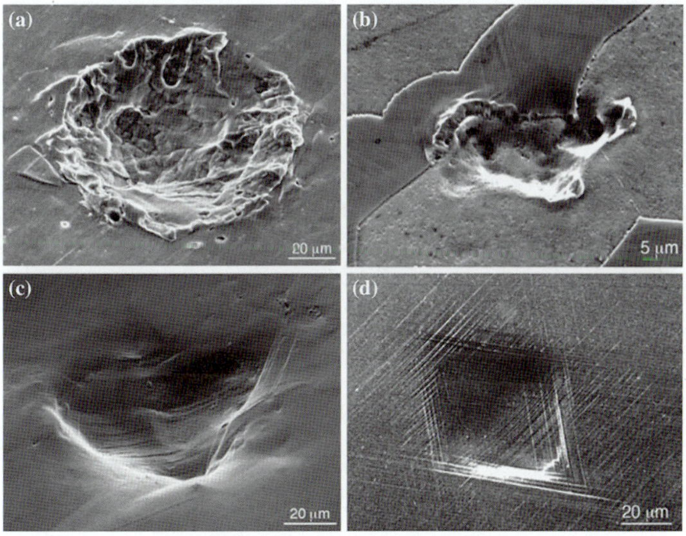

그림 **6.38** 각종 표본에 대한 다양한 기하학적 구조를 가진 캐비테이션 침식 전자현미경 사진 예
(a) 황동(원형 침식), (b) 이중 스테인리스강 A2205(상 경계),
(c) 오스테나이트 스테인리스강 18-12, (d) Cu-Al(3개의 슬립 시스템 활성)
자료: Kim, 2014

그림 6.38은 각종 재료 샘플에 대한 다양한 기하학적 구조를 가진 캐비테이션 침식 예를 보이고 있다. 캐비티가 탄성 한계를 초과하여 강하게 붕괴할 때마다 깊이, 직경 또는 부피와 같은 특성 치수가 표본 표면에 침식을 유도할 수 있으며, 침식 흔적 형상 데이터를 통하여 캐비티 붕괴 충격하중을 예측할 수 있다.

(2) 수차 캐비테이션에 의한 침식

그림 6.39에 캐비테이션에 의한 수차 유로 표면의 침식 예를 나타낸다. 그림의 상부는 침식 피해 후, 하부는 신규 제작품을 각각 나타낸다.

수력학적인 관점에서 수차의 캐비테이션 발생기구, 발생위치 그리고 수차 특성과의 관계 등에 관해서는 이미 전 절에서 상세하게 서술하였다. 캐비테이션의 발생 정도는 수차 유로 표면의 곡면 형상과 수차 흡출높이 등에 따라 감소시킬 수 있다.

그림 **6.39** 캐비테이션에 의한 수차 침식의 흔적: 프란시스수차 러너(좌)와 팰턴수차 버킷(우)
자료: Tong, 2019

일반적인 수차의 캐비테이션 특성은 그림 6.40의 $\sigma_c, \sigma_w \sim Q$의 관계에 의해 나타 낼 수 있다. 단, $\sigma = (H_a - H_v - H_s)/H$, H_a는 대기압 수두, H_v은 포화증기압수두, H_s는 수차 흡출수두, H는 수차 낙차이며, σ_p는 발전소의 운전(plant) 캐비테이션계수, σ_c는 이것 이상 H_s을 크게 하면 캐비테이션 때문에 수차효율이 감소하기 시작하는 임계 캐비테이션 계수를 나타내며, σ_w는 캐비테이션 발생에 따른 침식(또는 괴식)이 발생하기 시작하는 캐비테이션계수를 나타낸다.

σ_c와 σ_w의 실선은 러너베인의 표면을 따라 흐르는 유동에 의해 발생하는 캐비테이션에 의한 것이며, 주로 러너베인 출구 측에 침식 흔적이 생긴다. 파선은 러너 유입 유동의 충돌 등으로 인하여 러너베인 이면으로부터 흐름이 떨어져 나가면서 발생하는 캐비테이션

및 흡출관 내부의 와중심에 의한 것이며, 주로 러너베인 입구 측에서 발생하는 침식을 나타내고 있다.

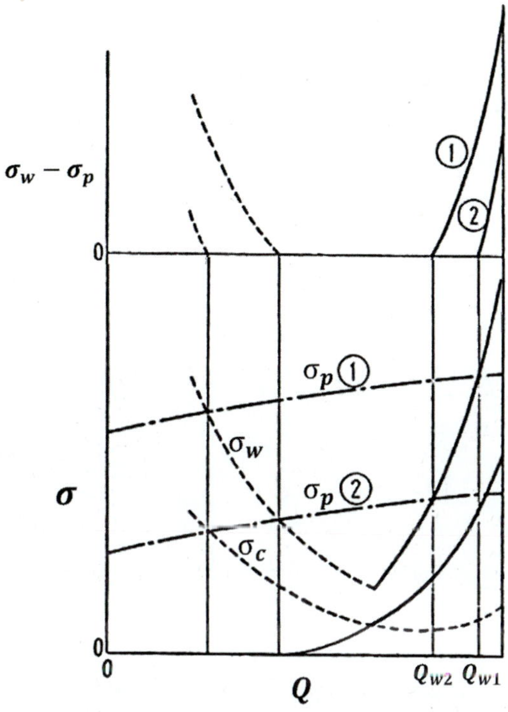

그림 6.40 일반적인 프란시스수차 캐비테이션 특성
자료: 石井, 1962

수차의 임의의 설치 상태를 σ로 나타내면 $\sigma < \sigma_c$ 에서는 수차가 침식되는 것뿐만 아니라, 침식되기 전에 이미 효율도 감소하고 있다. $\sigma = \sigma_c \sim \sigma_w$ 에서는 최초에만 침식되는 것뿐이고 침식이 발달하기까지는 효율의 감소가 없다. $\sigma > \sigma_w$ 에서는 캐비테이션의 피해가 전혀 나타나지 않는다.

그런데 이 수차가 실제로 운전될 때의 σ 을 σ_p 로 하면 σ_p는 Q에 의해 거의 변하지 않는다. 예를 들면 그림의 ① 또는 ②와 같이 되는 것이 일반적이다. ①은 ②보다 수차 설치높이를 낮게(H_s를 작게) 한 경우이다. 이러한 상태에 있을 때에는 Q가 그림의 Q_{w1} 또는 Q_{w2} 이상의 지점에서 운전하면 이 수차의 러너베인 출구부는 침식된다. 이 경우 $\sigma_w - \sigma_p$가 캐비테이션 발생 정도를 나타내는 대략적인 값이다. $\sigma_w - \sigma_p$는 그림 6.40에서 보이는 바와 같이 Q와 함께 커지기 때문에 캐비테이션에 의한 러너베인의 괴식 속도도 Q와 함께 커지게 된다. 수차와 같이 유속이 빠른 경우의 캐비테이션에 의한 괴식은 일반적으로 침식이 주이고, 부식이 부이다.

(3) 수중 토사에 의한 침식

수중에 다량의 토사가 함유된 경우 노즐, 가이드베인, 러너 등의 수차 유로 표면이 깎인 듯이 침식되고 또한 러너 외주부의 틈새가 급속으로 커지게 되어 수차효율이 감소한다. 그림 6.41은 프란시스수차 수중 토사 침식에 의한 흔적을 나타낸다.

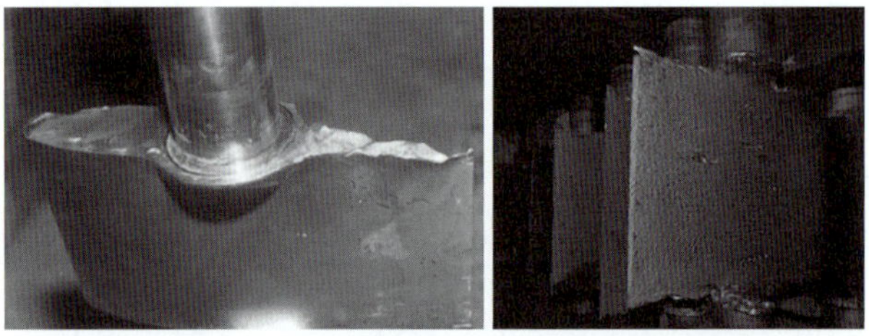

(a) 가이드베인

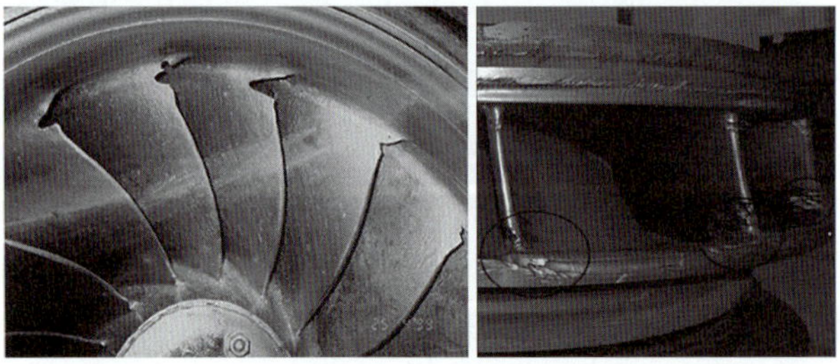

(b) 러너

그림 6.41 프란시스수차 수중 토사 침식에 의한 흔적

자료: Neopane, 2010

수중의 토사에 의한 수차효율의 감소는 다음의 3종류를 그 원인으로 고려할 수 있다.

- 상시 거의 일정한 양의 토사를 포함한 물이 흐르는 경우이다. 보통 2~3% 정도 효율이 감소한 즈음에 수리를 실시하면 된다. 수리에서 수리까지의 사이 즉, 수리주기는 발전소에 따라 거의 일정하며, 2～5년 정도이다.

- 수리주기 사이에 2～3회 비가 심하게 내린 경우이다.
- 1회의 심한 강우 또는 홍수에 의해 수중의 토사 함유량이 급증하여 2～4일 정도의 단기간에 급격하게 침식되는 경우이다. 이러한 경우 단기간에 5% 이상 효율이 감소할 수 있다. 수리도 대부분 그 직후에 실시되고 수리주기도 일정하지 않다.

수중의 토사에 의한 재료의 괴식은 침식이 주이며 부식이 부이다. 그 기구는 캐비테이션의 경우와 비슷하지만 토사가 재료 표면을 세게 긁는 것처럼 마찰하는 점이 다르다.

캐비테이션에 대해서는 13 Cr 강 보다 18-8 Cr-Ni 강 쪽이 강하지만, 토사에 대해서는 거의 차이가 없다. 그 이유는 캐비테이션에서는 충격 작용이 주이므로 결정입자가 작은 18-8 Cr-Ni 강이 침식되기 어려운 구조인 반면에 토사에서는 마찰 작용이 주이므로 그 효과가 없기 때문이다. 토사에 대해서도 동일 계통의 재료에서는 캐비테이션의 경우와 마찬가지로 경도가 높은 것일수록 강하다.

(4) 수차의 캐비테이션 침식 위치

그림 6.42는 펠턴수차, 프란시스수차 그리고 프로펠러수차에서의 발견되는 캐비테이션에 의한 대표적인 침식 흔적의 위치를 각각 나타낸다. 펠턴수차에서는 니들과 버킷에서 많이 발견되고, 프란시스수차 및 프로펠러수차에서는 러너에서 주로 발견되고 있다.

1) 펠턴수차의 캐비테이션 침식 위치

펠턴수차의 캐비테이션은 프란시스수차 및 프로펠러수차에 비해서 운전조건에 제한을 두지 않는다는 점에서 그렇게 심각한 문제는 아니다. 펠턴수차는 대기압에서 작동하고, 시스템의 압력은 러너의 경우와 같이 대기압 혹은 노즐 및 매니폴드 같은 밀폐관로에서와 같이 대기압 이상이다. 따라서 음압(포화증기압 이하)으로 인한 캐비테이션은 발생하지 않는다. 그러나 유속이 매우 빠르고 국소 진공 압력의 가능성이 있으므로 캐비테이션은 실제로 존재한다. 캐비테이션이 발생할 경우 효율의 감소와 피팅 형태의 표면 손상이 발생한다.

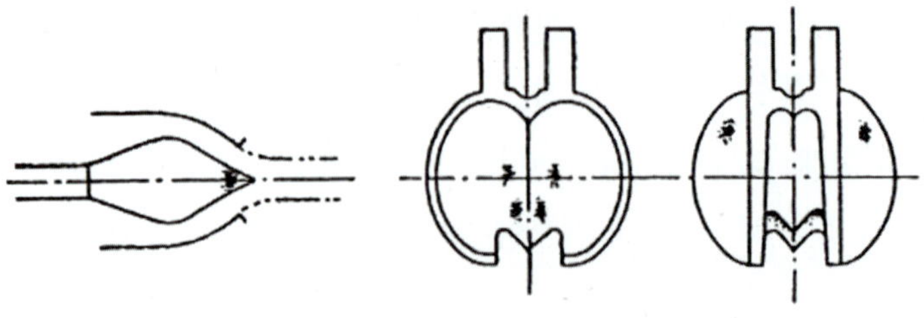

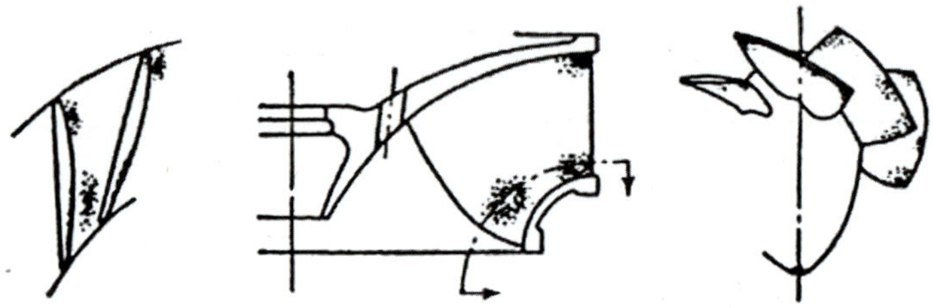

그림 **6.42** 캐비테이션에 의한 수차 침식 흔적의 대표적인 위치
자료: 石井, 1962

캐비테이션 현상과 손상이 발생하는 장소로는 그림 6.42(a)에서와 같이 니들 끝단, 노즐 끝의 안쪽, 노즐의 씰 링 및 버킷 등이 있다. 니들에는 줄무늬와 같은 손상이 나타나며 니들의 성능에 영향을 미친다. 버킷에서 침식이 발생하면 러너 효율에 영향을 미칠 수 있다. 이러한 위치에서 발생하는 캐비테이션의 대부분은 기하학적인 경계(표면)에 결함이 있는 경우가 그 원인이다.

물 속에 토사가 있는 것은 때때로 캐비테이션 시작에 원인이 되기도 한다. 토사 입자가 포함된 높은 유속의 영역에서는 표면 마모로 인한 침식이 발생한다. 따라서 이러한 표면은 매끈한 표면 상태를 읽고 균일하지 않게 된다. 고르지 못한 표면에서는 캐비테이션이 시작되고 결과적으로 캐비테이션 발생 위치 주변의 경계 표면에 손상을 발생시킬 수 있다.

2) 프란시스수차의 캐비테이션 침식 위치

그림 6.43은 프란시스수차의 일반적인 캐비테이션 침식 발생 위치를 상세하게 보이고 있다. 운전조건에 따른 내부 유동조건에 의해 프란시스수차에서는 러너 및 흡출관에서 캐비

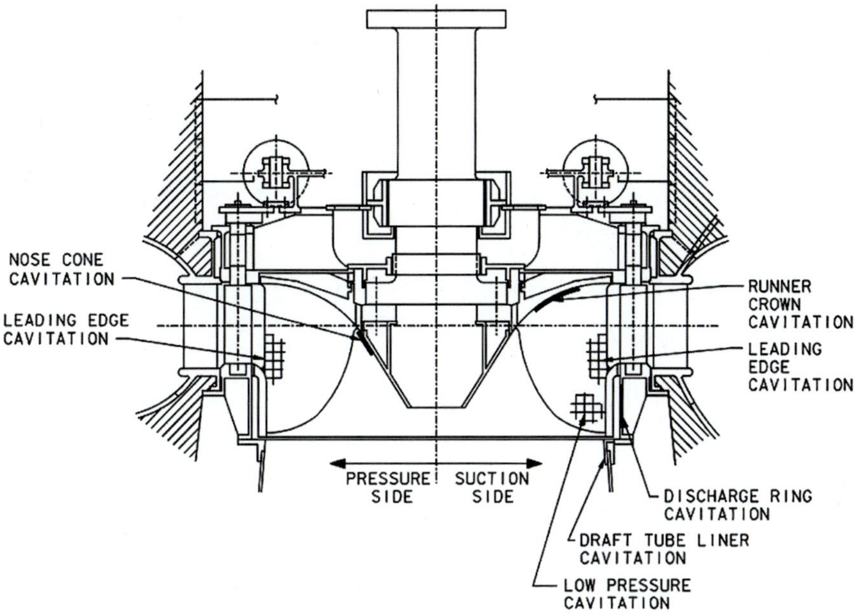

(a) 수차

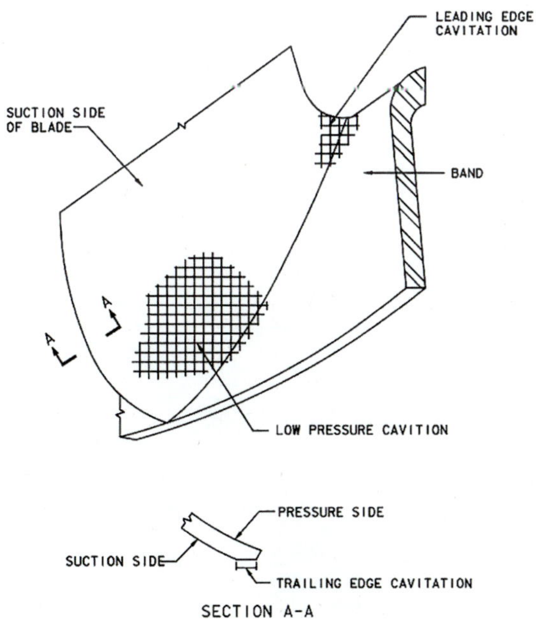

(b) 러너

그림 **6.43** 프란시스수차의 일반적인 캐비테이션 침식 발생 위치

자료: EPRI, 2000

테이션이 주로 발견된다. 또한 러너에서는 러너베인 압력면과 부압면, 크라운 및 밴드 벽면, 노즈콘 등에서 발견되고, 흡출관에서는 흡출관 라이너와 디스차지링 등에서 캐비테이션 침식 위치가 발견되고 있다.

그림 6.44는 프란시스수차의 캐비테이션 침식을 관찰할 수 있는 대표적인 러너 내부 유로 위치에 대해서 나타내고 있다.

일반적으로 프란시스수차 러너베인 부압면(그림 6.44의 음영 영역 A) 또는 러너베인 채널 하류(그림 6.44의 음영 영역 B)에서 심각한 캐비테이션 침식 손상이 관찰된다. 이러한 유형의 침식은 러너베인 전연 캐비테이션의 발달로 인하여 발생하며, 러너베인 입구 측 전연 형상을 재성형해야만 개선될 수 있다. 그러나 벽면 침식은 캐비테이션 저항성 합금층을 용접함으로써 완화될 수 있다. 러너 출구에서 그림 6.30 ②의 이동기포 캐비테이션(travelling bubble cavitation)이 발생하는 경우, 그림 6.44의 음영 영역 C를 관찰할 수 있는데 이는 대개 거의 보이지 않는 침식으로 이어지며, 캐비테이션계수로 쉽게 제어된다. 그림 6.44의 음영 영역 D는 익간와 캐비테이션이 발생하는 러너 허브 벽면에서 관찰된다.

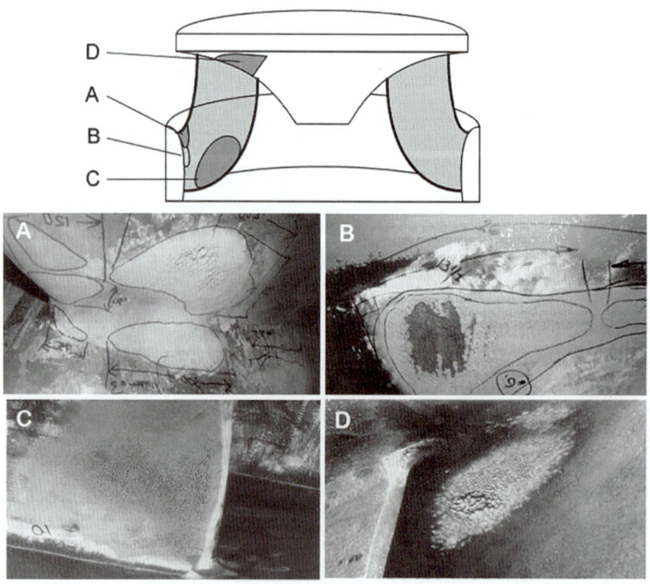

그림 6.44 프란시스수차 러너의 전형적인 침식 위치
자료: Avellan, 2004

3) 프로펠러수차의 캐비테이션 침식 위치

그림 6.45는 프로펠러수차 및 카플란수차의 일반적인 캐비테이션 침식 발생 위치를 보이

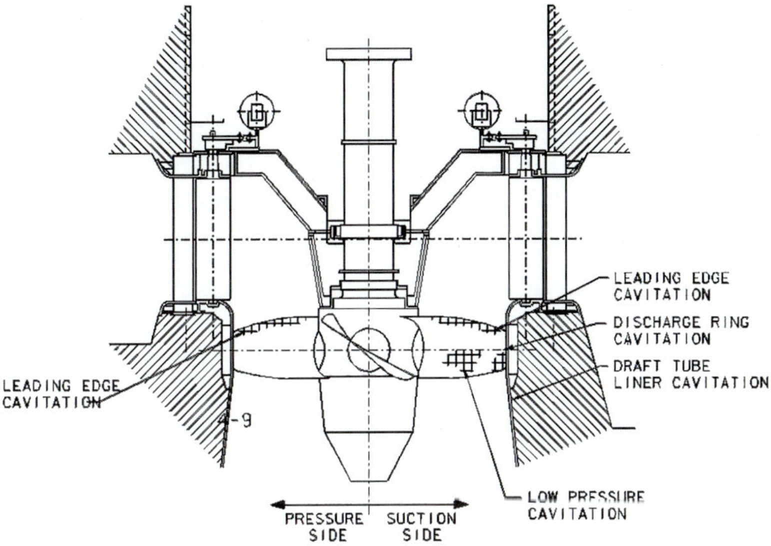

(a) 수차

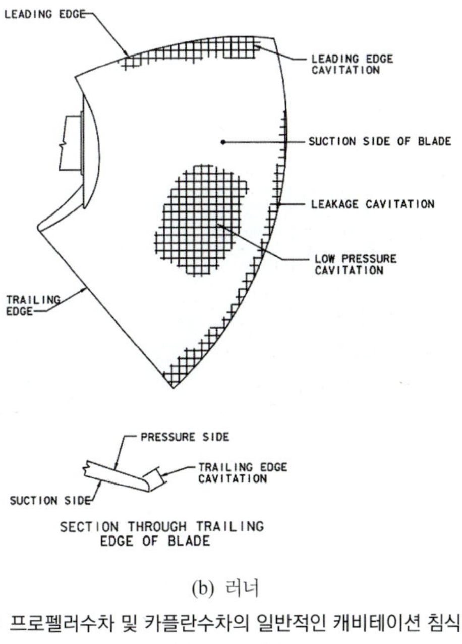

(b) 러너

그림 6.45 프로펠러수차 및 카플란수차의 일반적인 캐비테이션 침식 발생 위치

자료: EPRI, 2000

고 있다. 주로 러너베인 표면에서 발견되며, 디스차지 링과 흡출관 벽면에서도 침식 위치가 발견된다.

그림 6.46은 카플란수차 러너의 일반적인 침식 위치에 대해서 나타내고 있다. 카플란수차에서 캐비테이션 침식이 관찰되는 가장 중요한 영역은 러너베인 팁과 수차 케이싱(그림 6.46의 음영 영역 A와 B)이다. 이러한 침식은 러너 팁과 케이싱 디스차지 링 사이의 극간 캐비테이션 발달이 중요한 원인이며, 일반적인 운전 캐비테이션계수 σ_p 영역에서도 발생할 수 있다. 러너 부압면 출구 측(그림 6.46의 음영 영역 C)에서 관찰되는 침식은 고부하 운전조건에서 발생하는 캐비테이션에 의한 것이다. 고낙차 또는 저낙차에서 지속적으로 운전 시 러너 입구 측 부압면 또는 압력면(그림 6.46의 음영 영역 D 또는 E)에서 침식이 발생한다. 그림 6.46의 음영 영역 F 또는 G에서 발생하는 침식은 지속적인 저낙차 운전 중에 발생할 수 있다.

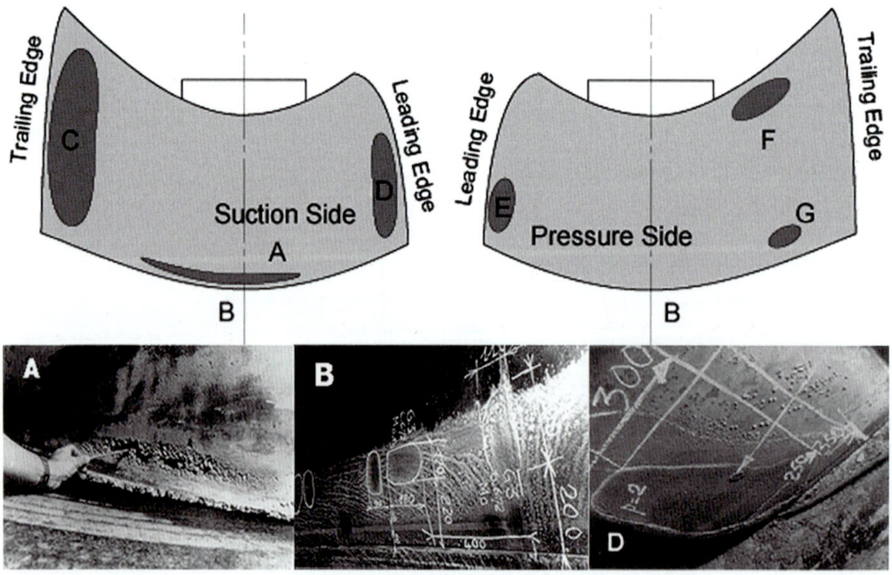

그림 6.46 카플란수차 러너의 일반적인 침식 위치

자료: Avellan, 2004

6.2.8 수차의 캐비테이션 방지법

(1) 캐비테이션에 의한 피해

캐비테이션이 발생하면 다음과 같은 피해가 발생한다.

- 효율 및 출력의 저하
- 수력 진동 및 소음의 발생
- 유로의 물과 접하는 재료 표면의 침식
- 기기 및 건축물의 공진에 의한 진동 발생
- 진동 발생에 의한 각부 피로

(2) 캐비테이션 피해 방지법

이들에 대한 피해 방지를 위해서는 다음의 2가지 방법이 적용 가능하다.

1) 적극적인 방지 방법

- 회전수, 비속도, 흡출높이의 적정한 선정
- 수차 주요 치수의 검토
- 러너, 가이드베인, 스테이베인, 케이싱, 흡출관의 각 형상 개량
- 속도분포 및 유입각도의 검토

2) 소극적인 방지 방법

- 저압부에 공기 또는 물을 주입
- 사용재료 및 구조의 개량
- 각부 강도의 증대
- 유로 표면의 마무리 가공 정도 개선
- 피해 부분의 수리 교체

(3) 구체적인 개선방법 사례

1) 수력학적 설계법 적용: 고유속, 저압 영역의 억제

- 수차의 회전속도, 비속도를 한계값보다 작은 값으로 선정한다.
- 흡출높이를 결정할 때 σ_p를 크게 선정한다.
- 러너베인의 형상은 베인부하를 작게 하고, 곡률의 급격한 변화를 피한다.
- 프로펠러수차에서는 러너베인의 길이를 크게 하고, 매수를 늘린다.
- 유로의 물과 접하는 면은 굴곡이 없도록 매끄럽게 마무리 가공을 한다.
- 흡출관 상부에 공기주입 등의 방법을 적용한다.

그림 6.47은 흡출관에서 발생하는 선회류의 발생을 억제하기 위하여 러너베인의 형상과 부하에 대한 검토에 의하여 러너 출구 흐름에서 선회류가 발생하지 않도록 개선한 설계(runner vane front loading)의 예이다.

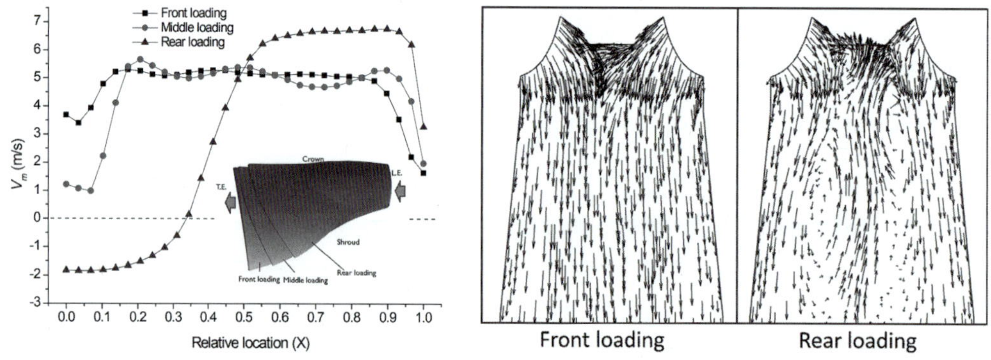

(a) 러너 출구 속도선도 (b) 러너 출구 및 흡출관 속도벡터

그림 6.47 프란시스수차 러너베인 형상설계에 의한 출구 흐름 제어

자료: Chen, 2016)

2) 사용재료의 개량: 내구성 강화

그림 6.48은 수차 유로 표면 코팅에 의한 캐비테이션 침식에 대한 예방의 예를 보이고 있다. 캐비테이션이 발생하기 쉬운 지점에는 캐비테이션에 대한 내구성이 좋은 18Cr-8Ni 스테인레스강 등을 코팅하여 침식을 방지한다. 또한 러너에는 18Cr-8Ni, 13Cr-1Ni, 13Cr-4Ni, 13Cr-6Ni, 17Cr-4Ni 등의 스테인레스강을 이용하여 내구성을 높인다.

그림 6.48 수차 유로 표면 코팅에 의한 캐비테이션 침식 예방
자료: Tong, 2019

3) 흡출관 저압 영역의 개선

흡출관 내에서의 보텍스코어 선회와 캐비테이션 서지에 의한 불안정유동 현상에 대해서 설계 시에는 설계점에서의 러너 출구 유동 억제에 의해, 또한 운전 시 비설계점 운전에서 발생하는 선회류의 억제를 위해서는 각종 제어장치의 설치에 의해 불안정성을 감소시킬 수 있다.

그러나 이러한 장치들을 추가적으로 설치함으로 인하여 비용이 상승하고, 일부 장치의 경우 기존 유로에 추가적으로 설치하기 때문에 주류의 흐름에 장해가 되어 효율이 감소하는 단점이 있다. 하지만 유동불안정 현상을 억제함에 의해 전력 생산량의 증가, 유지보수 비용의 절감 등 그 효과에 대하여 발전소 운영 전체적인 면에서 고려하여 도입을 검토해야 한다.

그림 6.49는 프란시스수차의 러너 콘, 러너 크라운, 흡출관 상부에 공기관을 설치하여 공기를 강제적으로 주입하는 방식이며, 유동특성에 따라서 단일 지점 또는 다중 지점의 공기관 설치에 대해서 고려할 수 있고, 저압부에서 발생하는 보텍스코어 선회류와 캐비테이션 서지를 효과적으로 억제할 수 있다.

또한 그림 6.50은 그림 6.49의 공기공급관에 공기를 대신하여 물을 주입하는 것이며, 그 원리는 공기공급과 동일하다.

그림 6.51은 흡출관 벽면에 핀(fin)을 유동 방향으로 세워서 원주 방향으로 간격을 일정하게 설치한 것이며, 선회 흐름 및 캐비테이션 서지의 억제에 효과가 있다. 그러나 핀의 설치로 인하여 흡출관 내부 유동과 핀 사이의 간섭에 의한 에너지손실로 인하여 수차효율이 감소하는 단점도 있다.

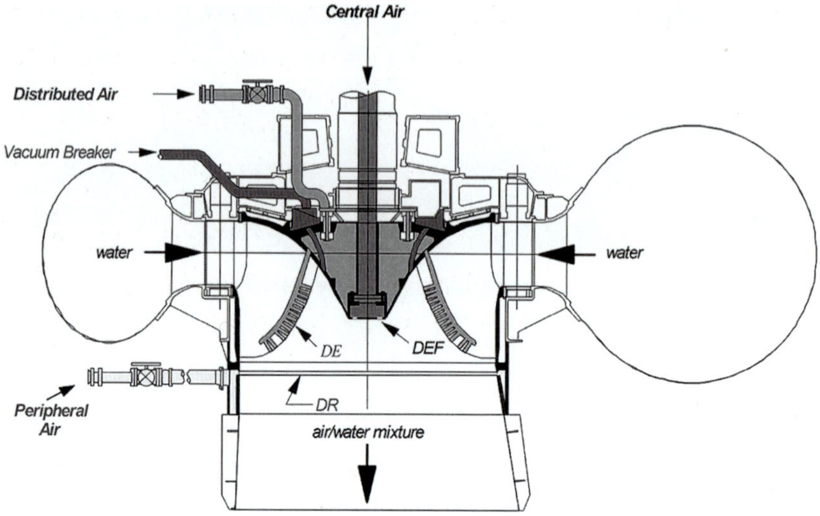

그림 6.49 프란시스수차 다중 공기공급 시스템

자료: March, 2011

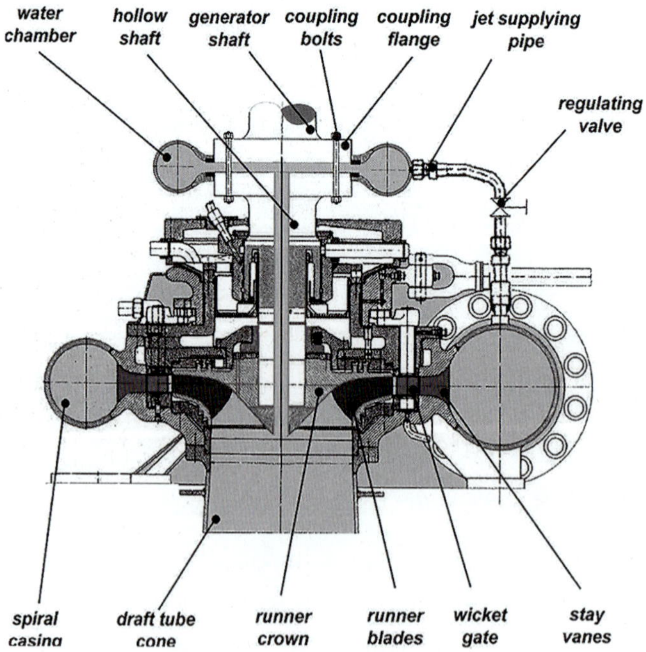

그림 6.50 프란시스수차 워커-제트(water-jet) 공급 시스템

자료: Susan-resiga, 2006

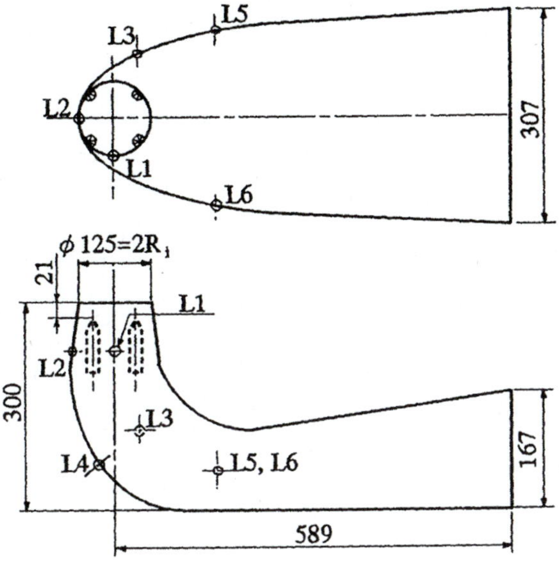

그림 6.51 흡출관 핀(fin) 장치

자료: Nishi, 1996

그림 6.52는 러너콘 부분에 나선형 홈(콘그루브, cone-groove)을 음각 설치하여 러너축과 함께 회전함에 의해 러너 출구에서 발생하는 선회 흐름 및 캐비테이션 발생에 대해서 러너콘 홈의 흐름이 불안정유동 억제에 효과가 있음이 확인되었다.

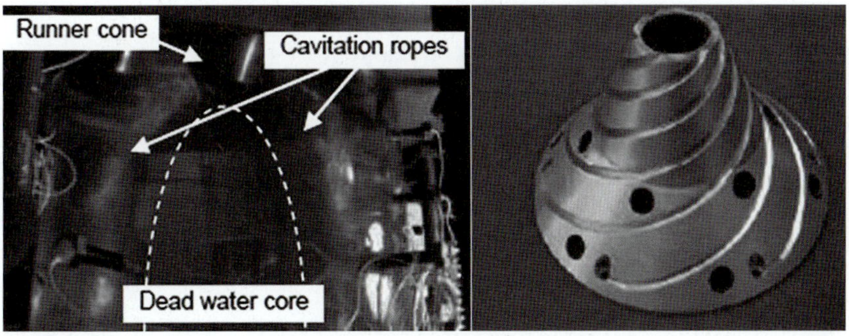

그림 6.52 러너콘에 설치한 콘그루브 형상

자료: Sano, 2012

그림 6.53은 흡출관 내부 벽면에 흐름 방향으로 향하는 홈(제트 - 그루브, J-Groove)을 음각하여 원주 방향으로 일정한 간격으로 설치한 것이며, 이 방법의 특징은 흡출관 벽면에 음

각 홈을 설치하여도 수차의 효율 감소가 거의 없다. 특히 저유량 영역에서 선회류의 억제 및 캐비테이션 서지의 억제에 상당한 효과를 나타내는 것으로 확인되었다.

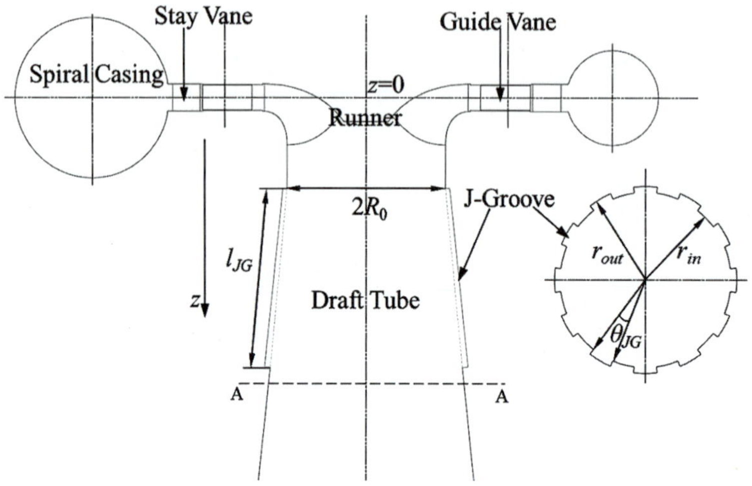

(a) J-Groove 설치 단면도

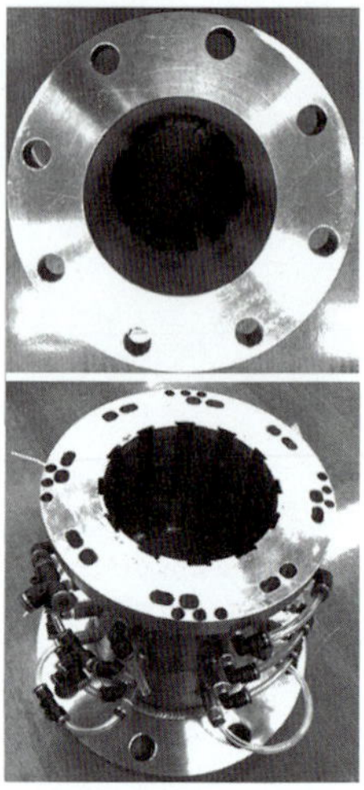

(b) 흡출관 내부형상

그림 **6.53** 흡출관 J-Groove 단면도 및 모형 내부 설치형상

자료: Shrestha, 2021

6.3 펌프수차의 캐비테이션

6.3.1 펌프수차 임펠러 캐비테이션 발생기구

가역 펌프수차는 수차모드와 펌프모드라고 하는 두 가지 주요 작동 모드가 있는 특수한 가역 유동조건을 가지고 있다. 두 모드는 유동 방향이 다르기 때문에 내부 유동 구조가 다르다. 따라서 캐비테이션 조건은 펌프모드와 수차모드 간에 크게 다르다. 그림 6.54(a)는 프란시스형 펌프터빈 임펠러의 유동 방향에 대한 자오면 개략도를 보이고 있다. 그림 6.54(b) 및 (c)는 펌프모드 및 수차모드에서 블레이드 유로 스팬 중간 단면의 일반적인 압력분포이다.

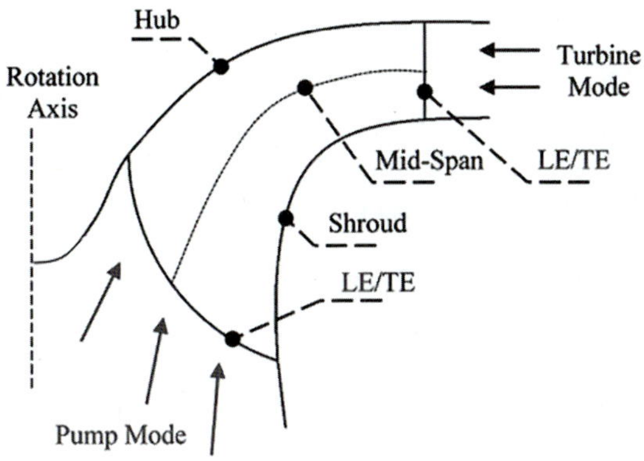

(a) 가역 흐름의 블레이드 자오면 단면 개략도

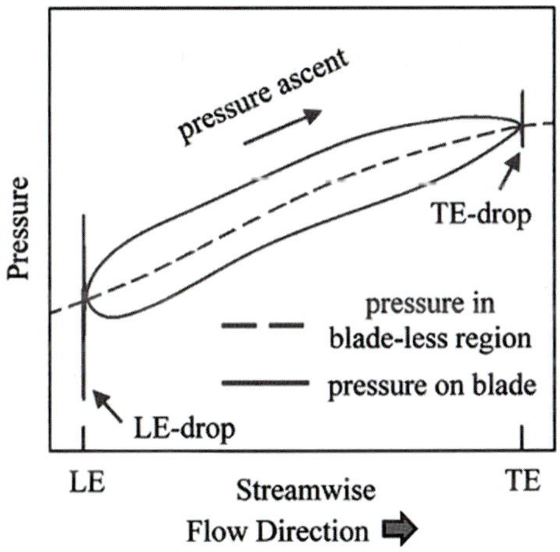

(b) 펌프모드 유로 스팬 중간 단면

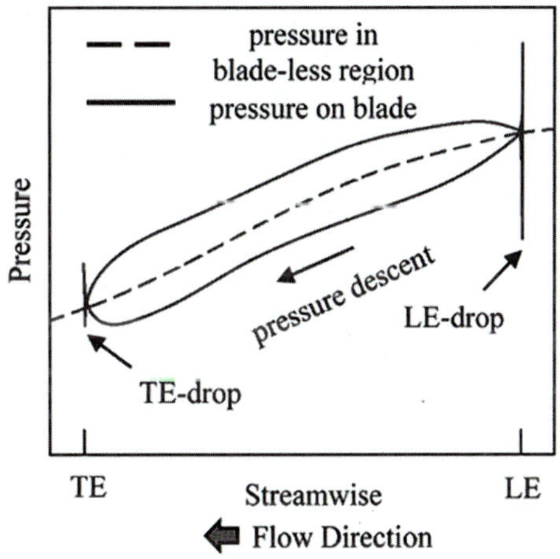

(c) 수차모드 유로 스팬 중간 단면

그림 **6.54** 펌프수차의 펌프모드 및 수차모드 시 블레이드 유로 압력분포

자료: Tao, 2018

펌프모드에서는 블레이드 표면(blade)과 블레이드 사이의 유로(blade-less region) 압력이 전체적으로 임펠러 전연(LE)에서 후연(TE)로 상승한다. 반면에 수차모드에서는 블레이드 표면과 블레이드간 유로의 압력이 임펠러 전연(LE)에서 후연(TE)으로 전체적으로 하강한다. 따라서 펌프모드에서 가장 낮은 압력 영역은 수차모드에서 가장 낮은 압력 영역과 겹치며, 일반적으로 펌프모드의 전연(수차모드의 후연)에 위치한다. 그러므로 수차의 캐비테이션 기포의 발생은 대부분 러너베인 후연 가장자리 근처에서 시작되며, 흡출관 보텍스로프로 발전한다. 펌프수차의 펌프모드와 동일한 방식으로 운전하는 펌프의 경우, 캐비테이션

은 보통 블레이드 전연 근처에서 발생한다.

그림 6.54(b) 및 (c)에는 두 가지 급격한 국소 압력변화 현상도 표시되어 있다. 펌프모드와 수차모드 모두에서 유입되는 흐름의 충돌으로 인하여 압력이 전연에서 상승한다. 유입되는 흐름이 임펠러 블레이드 한쪽면과 충돌할 경우 전연에 가까운 블레이드 다른 쪽면에서 국소 박리가 발생한다. 그런 다음, 유동장 변화에 따른 압력 기울기가 이 박리 영역에서 생성되고 국소 압력강하를 형성한다. 이 국소 압력강하는 "LE-drop"으로 표시되었다. 후연 가장자리 근처에서는 흐름의 박리와 혼합으로 인하여 압력이 다시 상승했다가 하강한다. 이 국소 압력강하는 "TE-drop"으로 표시되었다. 실제로 "LE-drop"이 "TE-drop"보다 훨씬 더 큰 압력강하를 나타낸다. 펌프모드에서 "LE-drop" 위치는 임펠러 전연의 최저 압력 영역과 겹친다. 그것은 국지적으로 저압 영역을 형성하고 또한 전제 유동장에서 가장 낮은 압력 영역을 형성하기 때문에 펌프수차의 펌프모드 캐비테이션 발생이 수차모드에서보다 더 문제로 되는 이유이다.

그림 6.55는 펌프수차 임펠러 전연에서 부하에 따른 속도삼각형의 개략도를 보여준다. 그림 6.55에서 U는 임펠러 원주속도를, C는 절대 유속을, W는 상대 유속을 나타낸다. 각도 β는 상대 유동 각도, 각도 β'은 임펠러 블레이드 각도이다. 임펠러가 비설계점 조건에서 작동하면 전연에서 입사각이 커진다. 음의 입사각 $\beta < \beta'$은 블레이드 부압면(SS)의 박리와 함께 부분부하 조건에서 발생한다.

양의 입사각, $\beta > \beta'$은 블레이드 압력면(PS)의 박리와 함께 과부하 조건에서 발생한다.

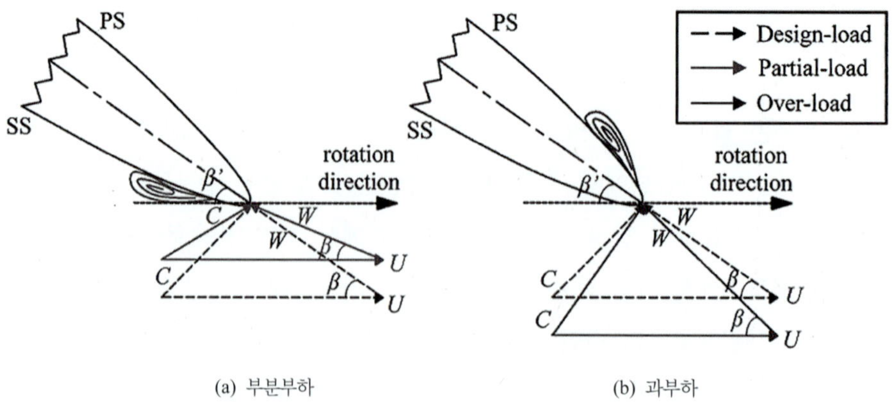

그림 6.55 부하에 따른 펌프수차 임펠러 전연 입사각과 박리 영역 비교

자료: Tao, 2018

β와 β'의 차이가 클수록 국소 박리가 강해진다. 따라서 블레이드 전연의 압력강하는 부분부하 조건에서 갑자기 발생하기 때문에 캐비테이션의 발생은 부분부하 조건이 임펠러 설계유량보다 더 쉽게 감지할 수 있다.

6.3.2 펌프수차 캐비테이션 발생과 효율 변화

펌프수차의 펌프모드(또는 원심펌프)에서 캐비테이션의 발생과 발달은 유량에 따른 임펠러 입구에서의 상대적인 유동 입사각도에 의해 완전히 제어되며, 이는 펌프 유입 측 블레이드에서의 압력분포에 강한 영향을 미친다.

그림 6.56은 유량에 따른 임펠러 전연 캐비테이션의 발생을 비교한 것이며, 그림 6.56(a)는 최고효유점유량 상태에서 이동기포 캐비테이션이 블레이드의 부압면 측에서 관찰되고 있다. 이러한 유형의 캐비테이션은 작은 유동 입사각에 상응하여 발생하며, 임펠러의 설계에 따라 임펠러 전연 목 부분에서 최소 압력이 형성된다. 또한 캐비테이션계수 σ(또는 유효흡입비에너지 $NPSE$)가 낮은 값일 경우 쉬라우드와 케이싱 씰 틈새를 통한 누설 흐름이 임펠러 입구 측으로 재진입하면서 와류 캐비테이션(vortices cavitation)을 형성하게 된다. 유량이 최고효율점보다 더욱 낮아지게 되면 유동 입사각이 음(−)으로 증가하게 되어 그림 6.56(b)에서와 같이 전연 캐비테이션이 발생하게 된다.

그림 6.57은 펌프(또는 펌프모드)유량에 따른 유효흡입비에너지 $NPSE$(또는 캐비테이션계수 σ)의 관계를 나타내고 있으며, 최고효율점유량(Q_0)에서 $NPSE$가 가장 낮고, 부분유량과

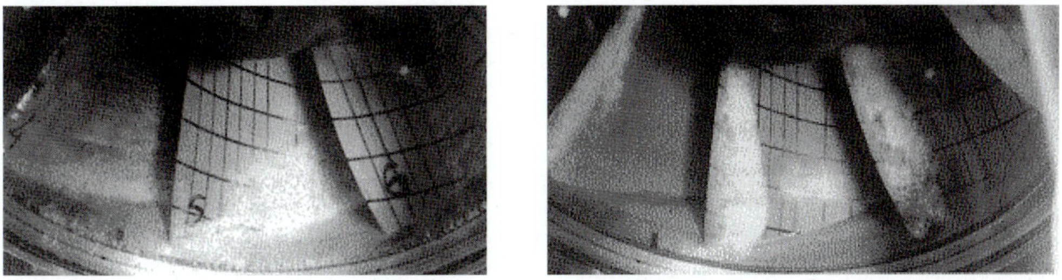

(a) $Q = Q_0$, 최고효율점유량, 이동기포 캐비테이션 (b) $Q < Q_0$, 부분유량, 전연 캐비테이션

그림 6.56 유량(또는 부하)에 따른 임펠러 전연 캐비테이션 발생 비교

자료: Avellan, 2004

과대유량 영역에서 *NPSE*가 증가함을 알 수 있다. 한편, 그림 6.23의 캐비테이션계수에 따른 효율 변화 그래프와 비교해보면, 초생 캐비테이션계수 $\sigma_i(NPSE_i)$와 효율 유지 한계점 캐비테이션계수 $\sigma_0(NPSE_0)$가 유량에 따라서 변화하며, 최고효율점유량에서 가장 낮은 값을 유지하는 것을 알 수 있다.

그림 6.58은 유량 변화에 따른 캐비테이션계수와 효율의 관계를 보이고 있으며, 유량이 최고효율점유량 이상의 과대유량 영역에서는 효율이 급락하는 캐비테이션계수 σ 값이 최

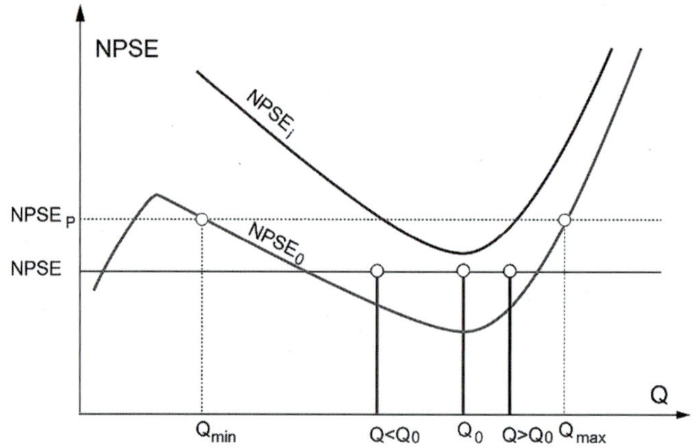

그림 6.57 펌프(모드)유량이 유효흡입수두 (비에너지)에 미치는 영향
자료: Avellan, 2004

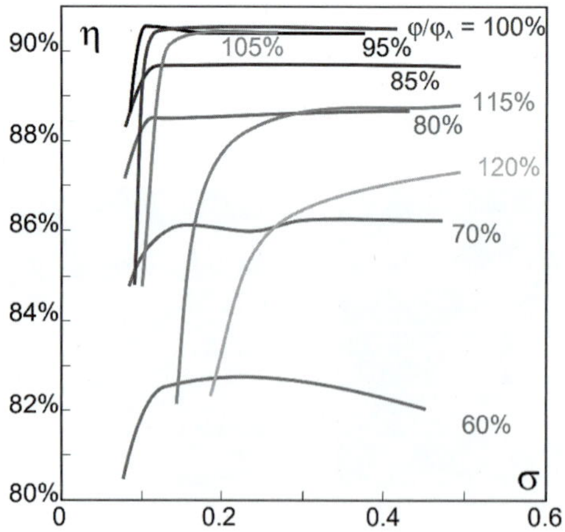

그림 6.58 유량 변화에 따른 캐비테이션계수와 효율의 관계
자료: Avellan, 2004

고효율점 유량에서보다 더욱 증가함을 알 수 있다.

펌프에서 캐비테이션 기포(캐비티)의 발생이 임펠러 내부 유로 목 부분까지 확장하게 되면 임펠러 내부의 흐름이 막히거나 통과하는 유량이 감소하게 되어 효율이 크게 감소하게

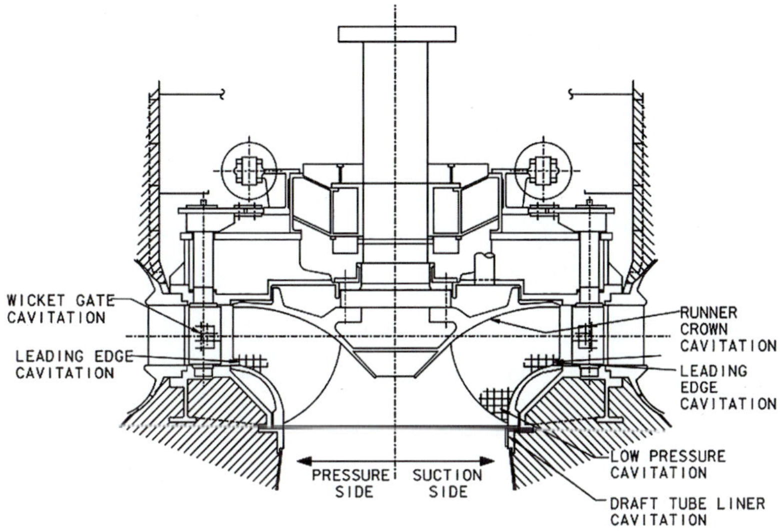

(a) 펌프수차

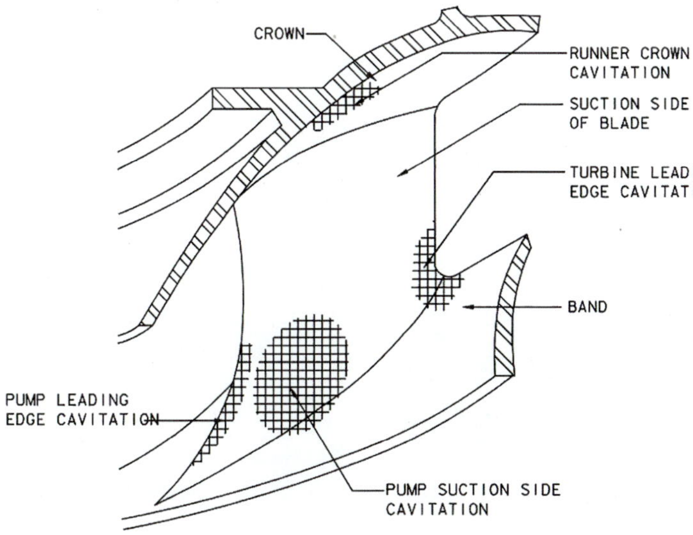

(b) 러너

그림 **6.59** 프란시스형 펌프수차의 일반적인 캐비테이션 침식 발생 위치

자료: EPRI, 2000

된다. 과대유량 영역에서는 전연 캐비티가 임펠러 전연 압력면에서 크게 발달하며 효율이 급격히 감소하는 원인이 된다.

캐비테이션의 발달에 의한 이와 같은 효율의 변화가 일어나기 전에 캐비티에 의한 유로 폐색 영역에서 캐비테이션 침식이 발생할 수 있고, 이동(transient) 캐비티가 임펠러 목 하류 부분까지 퍼져나갈 경우 급격하게 침식 부위가 확대될 수 있다.

그림 6.59는 가역식 프란시스형 펌프수차의 일반적인 캐비테이션 침식 발생 위치를 보이고 있다. 펌프수차 러너, 가이드베인(위켓게이트), 흡출관 라이너 등에서 캐비테이션 발생 흔적을 확인할 수 있으며, 특히 러너 내부 유로에서는 러너베인 표면, 크라운 및 밴드 벽면 등에서 캐비테이션이 발생함을 알 수 있다.

그림 6.60(a)는 펌프수차 러너 캐비테이션에서 발견되는 침식 위치를 보이고 있으며, 일반적으로 러너베인 부압면(음영 영역 A)에서 캐비테이션 침식이 관찰된다. 러너로 유입되는 흐름이 얼마나 잘 제어되느냐에 따라서 크라운(또는 허브) 벽면(음영 영역 B) 또는 러너 밴드(또는 쉬라우드) 벽면(음영 영역 C)에서 침식을 관찰할 수 있다.

그림 6.60(b)와 (c)는 축소모형시험 러너에서 발생한 캐비테이션 관찰 사진과 현장 실물 펌프수차 러너에서 발견된 캐비테이션 침식 흔적을 각각 보이고 있으며, 매우 밀접한

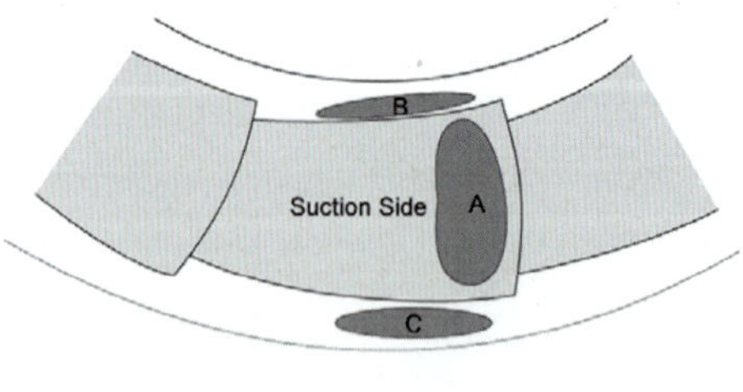

(a) 침식 위치

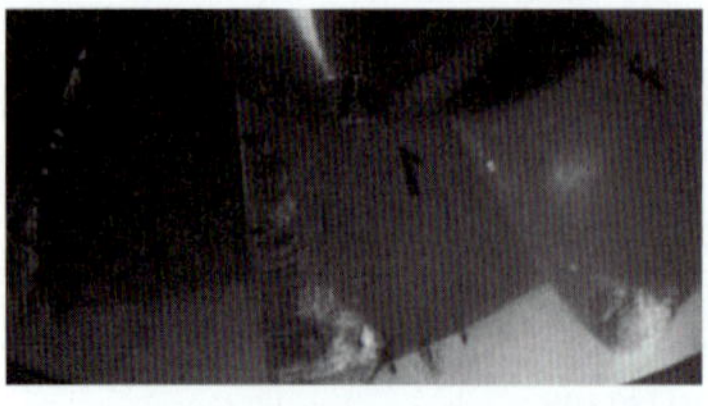

(b) 축소모형 침식 흔적

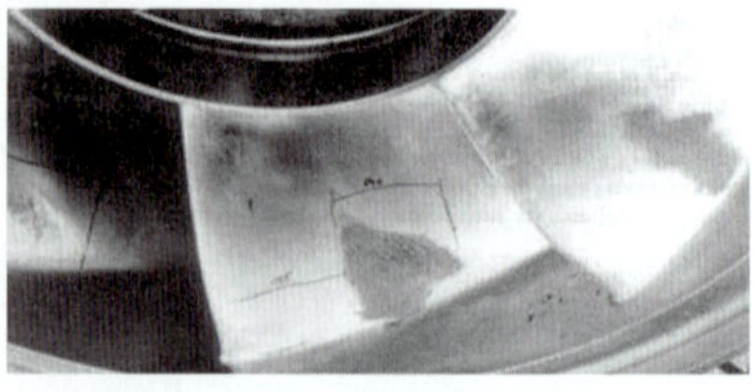

(c) 현장실물 침식 흔적

그림 6.60 펌프수차 러너 캐비테이션 침식 위치와 침식 흔적

자료: Avellan, 2004

상관관계를 보이고 있다. 러너베인 밴드(또는 쉬라우드)가 없는 개방형 러너의 경우 러너 팁과 케이싱 사이에서 틈새(tip clearance) 캐비티가 발생하며, 펌프수차 케이싱과 러너 양쪽을 침식시킬 수도 있다.

6.3.3 펌프수차 운전 캐비테이션계수와 흡출높이의 선정

펌프수차의 펌프운전에서 $NPSH$와 σ는 수차운전과 동일하게 식 (6.8)과 식 (6.10)에 의해서 나타낸다. 펌프수차 최적비속도 n_{SQopt}에 대한 운전 캐비테이션계수 σ_p의 실적을 그림 6.17에서 $PT(P)$(점선)로 보이고 있다.

프란시스형 펌프수차의 캐비테이션은 수차운전 시보다 펌프운전 시에 발생하기 쉽기

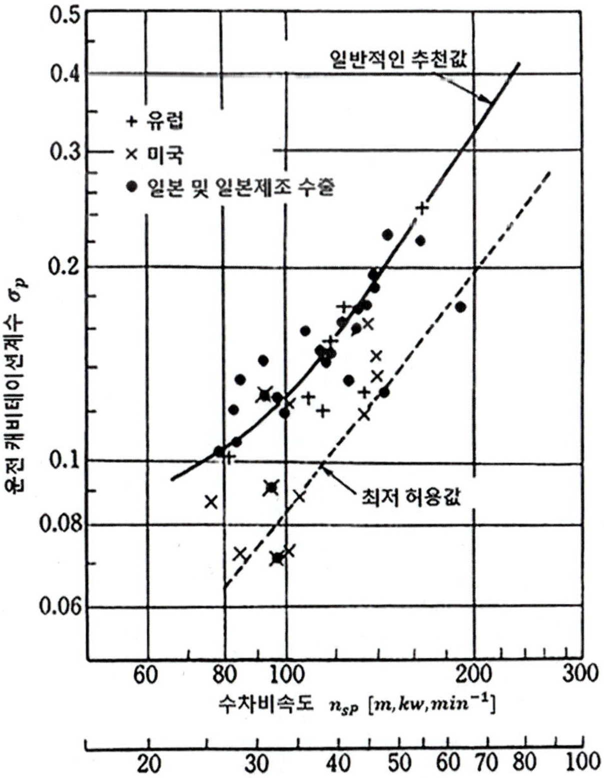

그림 6.61 프란시스형 펌프수차의 운전 캐비테이션계수 권장값

자료: 日本機械学会編, 1986

때문에 흡출높이 H_s는 펌프 특성으로부터 정해진다. 캐비테이션 특성은 각각 프란시스수차 및 원심펌프와 거의 동일하지만, 양수발전소는 정규상태(최고효율점) 이외에서 운전이 많기 때문에 실제의 H_s는 여러 가지 운전상태의 캐비테이션 특성을 고려해서 결정된다. 흡출높이 H_s의 결정을 위해 일반적으로 권장되는 프란시스형 펌프수차 운전 캐비테이션 계수 σ_p 값의 선정 예를 그림 6.61에 보이고 있다. 일반적으로 펌프수차의 σ_p는 고양정에서는 σ_c의 1.3～1.5배, 저양정에서는 σ_c의 1.05배 이상 정도가 되도록 정해진다.

일반적으로 흡출높이는 펌프모드 캐비테이션 특성에 따라서 정해지지만, 펌프모드 기동 시의 흡출관 압력강하와 긴 방수로를 가진 발전소에서는 수차 부하차단 시 수주분리 현상에 대해서도 검토해야 한다.

근래의 양수발전소는 지하식이 많이 채용되고 있으며, 비교적 흡출높이는 크게($H_s < 0$)

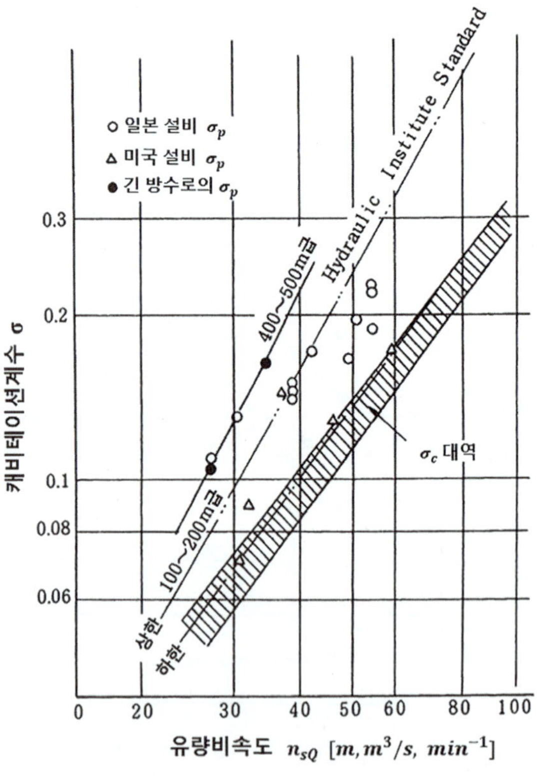

그림 6.62 펌프수차의 비속도와 운전 캐비테이션계수의 관계

자료: ターボ機械協会編, (2007)

취하지만, 굴삭비 등이 증가하기 때문에 펌프수차의 고비속도화의 경우에는 적절한 회전속도와 흡출높이의 선정이 중요하다.

그림 6.62는 펌프수차의 유량비속도 n_{sQ}와 최고양정 시의 운전 캐비테이션계수 σ_p 의 관계를 보인다. 또한 설비 흡출높이 H_s의 결정에서는 설비 H_s와 임계 캐비테이션계수 상당의 흡출높이 H_{scr}의 관계, 방수로의 손실과 유효흡출높이의 관계, 펌프수차 중심의 표고와 대기압의 관계, 수온과 포화증기압의 관계 등에 유의할 필요가 있다.

• 국내문헌

박정선, 류석규. (1999). 유전자 알고리즘을 이용한 최적 설계. *한국항공우주학회지*, 제27권, 제4호, pp. 155–161.

서상호 외 13명. (2014). *수차의 이론과 실제*. 동명사.

시화조력발전소, www.kwater.or.kr/website/tlight.do

유일수, 박무룡, 황순찬, 윤의수. (2012). 원자로 냉각재 펌프의 완전 특성 곡선. *유체기계저널*, 제15권, 제5호, pp. 5–10.

윤석범, 임익태, 서이수. (2016). 유체역학(제2판), 문운당.

이데일리, *건설 예정인 포천양수발전소(750MW) 조감도*; https://www.edaily.co.kr/news/read?newsId=03152086622493840&mediaCodeNo=257.

이영범. (2019). *양수발전소의 수력학적 과도현상에 관한 연구*. 박사학위논문, 한국산업기술대학교 지식기반기술 · 에너지대학원.

주간기쁜소식, www.igoodnews.or.kr

한국표준협회. (2002). *수차 및 펌프 수차의 모형 시험 방법*. 한국산업규격 KS B 6018.

한국수력원자력주식회사, https://www.khnp.co.kr.

한국에너지공단. (2016). *2016 신 · 재생에너지 백서*. 신 · 재생에너지센터.

한국전력공사. (2014). *한국전력통계*, 제83호(2013년); https://www.kepco.co.kr.

• 국외문헌

A

Aakti, B., Amstutz, O., Casartelli, E., Romanelli, G., and Mangani, L. (2015). On the performance of a high head Francis turbine at design and off-design conditions. *Journal of Physics: Conference Series*, Vol. 579, 012010; doi:10.1088/1742-6596/579/1/012010.

Acosta, M.N., Pettersen, D., Gonzalez-Longatt, F., Argos, J.P., and Andrade, M.A. (2020). Optimal Frequency Support of Variable-Speed Hydropower Plants at Telemark and Vestfold, Norway: Future Scenarios of Nordic Power System. *Energies*, Vol. 13, 3377; doi:10.3390/en13133377.

Adamkowski, A. (2001). Case Study: Lapino Powerplant Penstock Failure. *Journal of Hydraulic Engineering*, Vol. 127, No. 7, pp. 547–555.

Adamkowski, A. and Lewandowski, M. (2015). *Preventing destructive effects of water hammer in hydropower plant penstocks*. Hydropower Development: Europe 2015. Salzbur, Austria.

Aggidis, G.A. and Benzon, D.S. (2013). Operational optimisation of a tidal barrage across the Mersey estuary using 0-D modelling. *Ocean Engineering*, Vol. 66, pp. 69-81; https://doi.org/10.1016/j.oceaneng.2013.03.019.

Aggidis, G.A. and Zidonis, A. (2014). Hydro turbine prototype testing and generation of performance curves: Fully automated approach. *Renewable Energy*, Vol. 71, No. , pp. 433–441; https://doi.org/10.1016/j.renene.2014.05.043.

Amiryar, M.E. and Pullen, K.R. (2017). A Review of Flywheel Energy Storage System Technologies and Their Applications. *Applied Sciences*, 7, 286; doi:10.3390/app7030286.

ANDRITZ Hydro. *Scheme of large hydropower installation (Vianden, Luxembourg)*. Large new installation: Strong growth around the world; https://www.andritz.com/products-en/hydro/markets/large-new-installations.

ANDRITZ Hydro. (2017). *ANDRITZ Hydro Company presentation;* https://www.andritz.com.

ANDRITZ Hydro. (2018). Pumped Storage for the Future. *Hydro News*, No. 32.

ANDRITZ Hydro Ltd, (2014). Compact Blade for Runner of Francis Turbine and Method for Configuring Runner. US Patent 2014/0294590 A1.

Arndt, R.E.A. (1981). Cavitation in Fluid Machinery and Hydraulic Structures. *Annual review of Fluid Mechanics*, Vol. 13, pp. 273-328.

Arndt, R.E., Balas, G.J., and Wosnik, M. (2005). Control of Cavitating Flows: A Perspective. *JSME International Series B*, Vol. 48, No. 2, pp. 334-341.

Arora, J.S. (2012). *Introduction to Optimum Design (Third Edition)*. Academic Press.

ASME. (1981). *Hiwassee Unit 2 Reversible Pump-Turbine (1956)*. A National Historic Mechanical Engineering Landmark.

ASME Hydro Power Technical Comitee (1996). *The Guide to Hydropower Mechanical Design*. HCI Publication.

ASME International. (1999). *The Kinne Collection of Water Turbine*. A Mechanical Engineering Heritage Collection.

Asnaghi, A. (2015). *Developing Computational Methods for Detailed Assessment of Cavitation on Marine Propellers. Thesis for the Degree of Licentiate of Engineering*, Chalmers University of Technology.

Avellan, F. (2000). Flow Investigation in a Francis Draft Tube: The Flindt Project. *Proceedings of the 20th IAHR Symposium on Hydraulic Machinery and Systems*, Paper DY03. Charlotte, NC, USA.

Avellan, F. (2004). Introduction to Cavitation in Hydraulic Machinery. *Scientific Bulletin of the Politehnica University of Timisoara: Transactions on Mechanics*. The 6th International Conference on Hydraulic Machinery and Hydrodynamics, Timisoara, Romania.

Ayli, E. (2019). Cavitation in Hydraulic Turbines. *International Journal of Heat and Technology*, Vol. 37, No. 1, pp. 334-344.

B

Baker, A.C. (2006). *Tidal Power*. The Institution of Engineering and Technology.

Barnes, F.S. and Levine, J.G. (2011). *Large Energy Storage Systems Handbook*. CRC Press.

Barstad, L.F. (2012). *CFD Analysis of a Pelton Turbine*. Master Thesis. NTNU.

Barter, E.F., King, H.W., Lindell, J.E., and Wei, C.Y. (1996). *Handbook of Hydraulics (Seventh Edition)*. McGraw-Hill.

Benzon, D.S., Aggidis, G.A., and Anagnostopoulos, J.S. (2016). Development of the Turgo Impulse turbine: Past and present, Applied Energy, Vol. 166, pp. 1-18; https://doi.org/10.1016/j.apenergy.2015.12.091.

Bergant, A., Mazij1, J., and Karadžić, U. (2018). Design of Water Hammer Control Strategies in Hydropower Plants. *Applied Engineering Letters*, Vol.3, No.1, pp. 27-33.

Blomquist, C.A., Tam, S.W., and Frigo, A.A. (1979). *Turbomachinery Options for an Underground Pumped Hydroelecric Storage plant*. 14th Intersociety Energy Conversion Engineering Conference; https://www.osti.gov/servlets/purl/6080921.

Bonin, C.C. (1960). Water-Hammer Damage to Oigawa Power Plant. *Transactions of the ASME Journal of Engineering for Power*, Vol. 82, Issue 2, pp. 111–116; https://doi.org/10.1115/1.3672721.

Borkowski, D. and Majdak, M. (2020). Small Hydropower Plants with Variable Speed Operation—An Optimal Operation Curve Determination. *Energies*, Vol. 13, 6230; doi:10.3390/en1323623.

BOSTON.COM. *The Sayano-Shushenskaya dam accident*. The Big Picture; http://archive.boston.com/bigpicture/2009/09/the_sayanoshushenskaya_dam_acc.html. Boston Globe Media Partners, LLC.

Botterud, A., Levin, T., and Koritarov, V. (2014). *Pumped Storage Hydropower: Benefits for Grid Reliability and Integration of Variable Renewable Energy*. Argonne National Laboratory. ANL/DIS-14/10.

Bovet, T. (1964). Contribution a l'étude du tracé d'aubage d'une turbine a réaction du type francis. *Informations Techniques Charmilles*, Vol. 9, pp. 47–70.

Breeze, P. (2019). *Power Generation Technologies (Third Edition)*. Newnes.

Breivik, S.R. (2011). *CFD analysis of a runner and draft tube in a Francis turbine*. NTNU Master thesis.

Brekke, H. (2012). *Hydraulic Turbines: Design, Erection and Operation*.

Brennen, C.E. (2011). *Hydrodynamics of Pumps*. Cambridge University Press.

Brennen, C.E. (2014) *Cavitation and Bubble Dynamics*. Cambridge University Press.

Brujan, E.A. (2011). *Cavitation in Non-Newtonian Fluids with Biomedical and Bioengineering Application*. Springer.

Burrows, R., Walkington, I., Yates, N., Hedges, T., Chen, D., Li, M., Zhou, J., Wolf, J., Proctor, R., Holt, J., and Prandle, D. (2009). *Tapping the Tidal Power Potential of the Eastern Irish Sea*, Final Report. Joule Project JIRP106/03. University of Liverpool and Proudman Oceanographic Laboratory.

C

Cabrera, E., Espert, V., and Martinez, F. (1996). *Hydraulic Machinery and Cavitation (Volume I)*. Proceedings of the XVIII IAHR Symposium on Hydraulic Machinery and Cavitation. Kluwer Academic Publishers.

Calamak, M. (2010). Investigation of Waterhammer Problems in the Penstocks of Small hydropower Plants. Master Thesis. Middle East Technical University.

Carravetta, A., Houreh, S.D., and Romos, H. M. (2018). *Pumps as Turbines: Fundamentals and Applications*. Springer.

Cavazzini, G. (2012). *The Particle Image Velocimetry-Characteristics, Limits and Possible Applications*. InTech.

Cavazzini, G. and Perez-Diaz, J.I. (2014). *Technological Developments for Pumped-Hydro Energy Storage*. Joint Programme on Energy Storage, Mechanical Storage Subprogramme, European Energy Research Alliance(EERA).

Çengel, Y.A. and Cimbala, J. M. (2018). *Fluid Mechanics: Fundamentals and Applications (Fourth edition)*. McGraw-Hill Education.

Chacko, B., Balabaskaran, V., Tulapurkara, E.G., and Aswathanarayana, P.A. (1992). Effect of Thickness Distribution on Performance of S-Cambered Profiles. *Journal of Energy Engineering*, Vol. 118, No. 3, pp. 164–179.

Chapallaz, J.-M., Eichenberer, P., and Fischer, G. (1992). *Manual on Pumps Used as Turbines*. Vieweg.

Charlier, R.H. and Finkl, C.W. (2009). *Ocean Energy: Tide and Tidal Power.* Springer.

Chaudhry, M.H. (2014). *Applied Hydraulic Transients (Third edition).* Springer.

Chen H., Zhou, D., Zheng, Y., Jiang, S., Yu, A., and Guo, Y. (2018). Load Rejection Transient Process Simulation of a Kaplan Turbine Model by Co-Adjusting Guide Vanes and Runner Blades. Energies, Vol. 11, No. 12, 3354; https://doi.org/10.3390/en11123354.

Chen, Z., Singh, P.M., and Choi, Y.-D. (2016). Francis Turbine Blade Design on the Basis of Port Area and Loss Analysis. *energies*, vol. 9, no. 164, doi:10.3390/en9030164.

Chen, Z., Singh, P.M., and Choi, Y.-D. (2017). Structural Safety Evaluation of a Francis Hydro Turbine Model at Normal Operation Condition. *The Journal of Fluid Machinery*,Vol. 20, No. 4, pp.12∼18.

Chen, Z., Singh, P.M., and Choi, Y.-D. (2016). The effect of runner blade loading on the performance and internal flow of a francis hydro turbine model. *Journal of Mechanical Science and Technology*, Vol. 30, No. 4, pp. 1617-1623; DOI 10.1007/s12206-016-0317-0.

Chitrakar, S., Baidar, B., and Koirala, R. (2014). Spanwise re-stacking techniques in turbo-machinery blades and application in Francis runner. *Rentech Symposium Compendium*, Vol. 4.

Choi, K.-Y., Kim, Y.-S., Yi, S.-J. and Baek, W-P. (2008). Development of a pump performance model for an integral effect test facility. *Nuclear Engineering and Design*, Vol. 238, pp. 2614-2623.

Ciltug A.S. *Resadiye 1-2-3 HEPP Project*, Tokat, Turkey; https://www.ciltug.com/projects/completed-domestic-hepp-projects/resadiye-1-2-3-hepp-project.html.

Ciocan, G.D., Teller, O. and Czerwinski, F. (2012). VARIABLE SPEED PUMP-TURBINES TECHNOLOGY. *UPB Scientific Bulletin, Series D*, Vol. 74, Issue 1, pp. 33-42.

ClipArt ETC. *ClopArt Collections*. Florida Center for Instructional Technology, College of Education, University of South Florida; https://etc.usf.edu/clipart/.

CNC TVAR. *Francis Runners*; https://www.cnctvar.cz.

Cora, E. (2019). *Hydropower Technology: The State of the Art.* Document No. WP4-DIRp-02. Hydropower Europe.

Coulson, S.T. and Do, H. (2006). *Runner for Francis Type Hydraulic Turbine.* US 2006/0115357 A1. United States. Patent.

Cruz, E. and Cesario, R. (2009). *Accident at Russia's Biggest Hydroelectric Power Station.* ppt file.

D

DBNST(Database on Noteworthy Contributions for Science and Technology, Japan), *The Development of Runner with Splitter Blades*; https://dbnst.nii.ac.jp/english/detail/1804.

Deniz, S., Bosshard, M., Speerli, J., and Volkart, P. (1990). Saugrohre bei Flusskraftwerken. Versuchsanstalt für Wasserbau, Hydrologie und Glaziologie der Eidgenössischen, Technischen Hochschule Zürich (하천 수력발전소의 흡출관, 취리히 공과대학).

Deriaz, P. (1926). *Hydraulic Turbine.* US 1611341 A. United States Patent.

Deriaz, P. (1955). La turbine-pompe réversible axio-centrifuge à pas variable: le développement d'une nouvelle machine hydraulique. *Bulletin technique de la Suisse romande*, No. 2, pp. 382–387; https://www.e-periodica.ch/digbib/view?pid=bts-002%3A1955%3A81%3A%3A1170#1232.

Deriaz, P. (1957). *Control of Feathering Runner Vanes of Hydraulic Turbines and Pumps*. US 2801068. United States. Patent.

Deriaz, P. (1960). Etude comparative des turbines Kaplan et Dériaz (A comparative study of the Kaplan and Dériaz turbines). *La Houille Blanche*, 1960, No. 4, pp. 331–343; https://doi.org/10.1051/lhb/1960042l

Deriaz, P. and Warnock, J.G. (1959). Reversible Pump–Turbines for Sir Adam Beck–Niagara Pumping–Generating Station. *Transactions of the ASME Journal of Basic Engineering*, Vol. 81, Issue 4, pp. 521–529; https://doi.org/10.1115/1.4008546

De Siervo, F. and De Leva, F. (1976). Modern trends in selecting and designing Francis turbines. *Water Power and Dam Construction*, Vol. 28, Issue 8, pp. 28–35.

De Siervo, F. and De Leva, F. (1977). Modern trends in selecting and designing Kaplan turbines: Part 1. *Water Power and Dam Construction*, Vol. 29, Issue 12, pp. 51–56.

De Siervo, F. and De Leva, F. (1978). Modern trends in selecting and designing Kaplan turbines: Part 2. *Water Power and Dam Construction*, Vol. 30, Issue 1, pp. 52–58.

De Siervo, F. and De Leva, F. (1980). Modern trends in selecting and designing reversible Francis pump-turbines. *Water Power and Dam Construction*, Vol. 32, Issue 5, pp. 33–42.

Dixon, S.L. and Hall, C.A. (2014). *Fluid Mechanics and Thermodynamics of Turbomachinery (Seventh edition)*. Elsevier Inc.

Donsky, B. (1961). Complete Pump Characteristics and the Effects of Specific Speeds on Hydraulic Transients. *Transactions of the ASME Journal of Basic Engineering*, Vol. 83, No. 4, pp. 685–696.

Dörfler, P., Sick, M., and Coutu, A. (2013). *Flow-Induced Pulsation and Vibration in Hydroelectric machinery*. Springer.

Douglas, T. H. (1990). *Pumped Storage*. Proceedings of the conference organized by the Institution of Civil Engineers at Imperial College of Science, Technology and Medicine, London on 2–4 April 1990. Thomas Telford, London.

Duan, C.G. and Karelin, V.Y. (2002). *Abrasive Erosion & Corrosion of Hydraulic Machinery*. Imperial College Press.

Dular, M., Bacherta, B., Stoffela, B. Sirok, B. (2004). Relationship between cavitation structures and cavitation damage. *Wear*, Vol. 257, pp. 1176-1184; https://doi.org/10.1016/j.wear.2004.08.004.

Dumond, J., Magagnato, F., and Class, A. (2013). Stochastic-field cavitation model. *Physics of Fluids*, Vol. 25, 073302; https://doi.org/10.1063/1.4813813.

E

edf(Électricité de France). (2009). *La Rance tidal Power Plant: 40-year operation feedback–Lessons Learnt*. BHA Annual Conference, Liverpool.

Elliott, T.C. (1989). *Standard Handbook of Power Plant Engineering*. McGraw-Hill, Inc.

Elsenring, M. (1991). *Micro Pelton Turibines*. SKAT, Swiss Center for Appropriate Technology.

Emerson, J.B. (1892). Treatise relative to the testing of water-wheels and machinery: Also of Inventions, Studies, and Experiments, with Suggestions from a Life's Experience. Willimansett, Mass., U.S.

epcg. *Hydro power plant "Perućica"*; https://www.epcg.com/en/about-us/hydro-power-plant-perucica.

EPRI(Electric Power Research Institute) (1988). *Guide for Hydraulic Machinery Model Testing*. Final Report(Project 2602-1). Motor Columbus Consulting Engineers, Ltd.

EPRI(Electric Power Research Institute). (2000). *Hydro Life Extension Modernization Guides Volume 2: Hydromechanical Equipment*. Final Report(TR-112350-V2). BC Hydro International Ltd.

Erdman, M.D. (2016). MOdifications to the Runner Blade to Improve Off-Design Efficiencies of Hydraulic Turbines. Mater Thesis. Pennsylvania State University.

Escaler, X., Egusquiza, E., Farhat, M., Avellan, F., and Coussirat, M. (2006). Detection of cavitation in hydraulic turbines, *Mechanical Systems and Signal Processing*, Vol. 20, pp. 983-1007.

Eternoo machinery Co., Ltd. *Pump turbines*; http://www.eternoohydro.com/turbines/pump-turbines.html.

Evans, O, Jones, T.P. and Evans, C. (1860). *The Young Mill-Wright and Miller's Guide*. Blanchard and Lea, Philadelphia, Fifteenth Edition.

Eyup K., E., Karaaslana, S., Yucela, N., and Arundasa, F. (2017). A numerical case study: Bovet approach to design a Francis turbine runner. *Energy Procedia*, Vol. 111, pp. 885-894.

F

Faroll, C., Arroyave, J., Cruz, N., and Gulliver, J. (1983). *Hydrromechanics of Variable Speed Turbines*. University of Minnesota St. Anthony Falls Hydraulic Laboratory. Project Report No. 225 (State of Minnesota).

Franc, J.-P. and Michel, J.-M. (2004). *Fundamentals of Cavitation*. Kluwer Academic Publishers.

Francis-99. NVKS(Norwegian Hydropower Centre). Norwegian University of Science and Technology(NTNU); https://www.ntnu.edu/nvks/francis-99.

Francis, J.B. (1868). *Lowell Hydraulic Experiments*. D. Van Nortrand, New York. Second Edition.

Franke, G.F., Webb, D.R., Mathur, D., Fisher, Jr., R.K., Hopping, P.N., Headrick, M.R., Laczo, I.T., Ventikos, Y., and Sotiropoulos, F. (1997). *Development of Engvironmentally Advanced Hydropower Turbine System Design Concepts*. Idaho Natiional Engineering Laboratory. Technical Report. United States; https://doi.org/10.2172/56 3213.

Fujihara, T., Imano, H., and Oshima, K. (1998). Development of Pump Turbine for Seawater Pumped-Storage Power Plant. *Hitachi Review*, Vol. 47, No. 5, pp. 199-202.

G

Garg, R.K. and Kumar, A. (2015). *Review of Impact and Mitigation of Hydraulic Transients in Hydro Power Plant*. Conference Proceedings: Hydro-2015, IIT Roorkee, India.(대체 논문 확인 필요함.)

Gentner, C. (2012). *Challenges in the Design of Pump Turbines*. ANDRITZ Hydro.

Gentner, C., Sallaberger, M., Widmer, C., Braun, O., and Staubli, T. (2012). Numerical and experimental analysis of instability phenomena in pump turbines. Proceedings of the 26th IAHR Symposium on Hydraulic Machinery and Systems. *IOP Conf. Series: Earth and Environmental Science*, Vol. 15; 032042, doi:10.1088/1755-1315/15/3/032042.

Ghosh, T.K. and Prelas, M.A. (2011). *Energy Resources and Systems*. Springer.

Gibson, A. H. (1908). Hydraulics and Its Applications. D. Van Nostrand Company.

Giesecke, J. and Mosonyi, E. (2009). *Wasserkraftanlagen: Planung, Bau und Betrieb*. Springer.

Giljen, Z., Nedeljković, M., and Cheng, Y.G. (2016). *Pump-turbine characteristics for analysis of unsteady flows*. 28th IAHR symposium on Hydraulic Machinery and Systems (IAHR2016). IOP Conf. Series: Earth and Environmental Science, Vol. 49, 011001; doi:10.1088/1755-1315/49/1/011001.

GILKES. *The Pelton Impulse Turbine*; https://www.gilkes.com/.

GM Hydro. *Pelton*; https://www.gmhydro.it/en/pelton-2/.

Gorla, R.S.R. and Khan, A.A. (2003). *Turbomachinery Design and Theory*. Marcel Dekker, Inc.

Goto, A. (2016). Historical Perspective on Pump Fluids Engineering Technology -Response to Receiving the "Fluid Machinery Design Award"from the ASME Fluids Engineering Division-. *Ebara Engineering Review*, No. 252.

Groupe NET Tech Plus. *Turbines and Wicket Gates*; http://www.groupenettech.com/en/types-of-operations/.

Gülich, J.F. (2008). *Centrifugal Pumps*. Springer.

Gulliver, J.S. and Arndt, R. E. A. (1991). *Hydropower Engineering Handbook*. McGraw-Hill, Inc.

H

Harano, M., Tani, K., and Nomoto, S. (2006). Practical Application of High-performance Francis-turbine Runner Fitted with Splitter Blades at Ontake and Shinkurobegawa No. 3 Power Stations of the Kansai electric Power Co. Inc., *Hitachi Review*, Vol. 55, No. 3, pp. 109-113.

Hasmatuchi, V. (2012). Hydrodynamics of a Pump-Turbine Operating at Off-Design Conditions in Generating Mode. Doctoral Thesis. EPFL.

Hasmatuchi, V., Bosioc, A. I., Luisier, S., and Münch-Allignè, C. (2018). A Dynamic Approach for Faster Performance Measurements on Hydraulic Turbomachinery Model Testing. *Applied Science*, Vol. 8, No. 9, 1426; https://doi.org/10.3390/app8091426.

Hasmatuchi, V., Farhat, M., Roth, S., Botero, F., and Avellan, F. (2011). Experimental Evidence of Rotating Stall in a Pump-Turbine at Off-Design Conditions in Generating Mode. *Transactions of the ASME Journal of Fluids Engineering*, Vol. 133, No. 5, 051104; https://doi.org/10.1115/1.4004088.

Hidalgo, I.G., Fontane, D.G., Lopes, J.E.G., Andrade, J.G.P., and Angelis, A.F. (2014). Efficiency Curves for Hydroelectric Generating Units. *Jornal of water resources Planning and Management*, Vol. 140, No. 1, pp. 86-91; DOI: 10.1061/(ASCE)WR.1943-5452.0000258.

Horton, R.E. (1906). *Turbine Water-Wheel Tests and Power Tables*. Water-Supply and Irrigation paper No. 180; https://doi.org/10.3133/wsp180.

Howd, S. B. (1838). *Improved Water-Wheel.* U.S. Patent No. 861.

Hsiao, C.-T., Jayaprakash, A., Kapahi, A., Choi, J.-K., and Chahine, G. L. (2014). Modelling of material pitting from cavitation bubble collapse. *Journal of Fluid Mechanics*, Vol. 755, pp. 142-175; https://doi.org/10.1017/jfm.2014.394.

HUAHYDRO. *Francis turbine runner, reaction water turbine*; http://www.huahydro.com/product/francis-turbine-runner/.

Huang, W., Yang, K., Guo, X., Ma, J., Wang, J., and Li, J. (2018). Prediction Method for the Complete Characteristic Curves of a Francis Pump-Turbine. *Water*, Vol. 10, Issue 2, 205; https://doi.org/10.3390/w10020205.

Huynen, J. M. H. (2018). *Underground Pumped Hydro Storage: Platland Large-Scale Electricity Supply*. Doctoral Thesis. Universiteit Utrecht.

HYDROPOWER EUROPE. (2019). *Hydropower technologies: The State-of-the-Art*. Document No.: WP4-DIRp-02.

HYDRO-TINCK. Pelton turbines; http://www.hydro-tinck.com/products/pelton/.

HYPERBOLE. (2017). *HYdropower plants PERformance and FlexiBle Operation towards Lean integration of new renewable Energies. Final Report*; https://hyperbole.epfl.ch/.

I

IAHR. (2020). *Hydraulic Transients*. hydrolink, issue 2.

IEC 60041. (1991). *Field acceptance tests to determine the hydraulic performance of hydraulic turbines, storage pumps and pump-turbines*. International Electrotechnical Commission(IEC).

IEC 60193. (1999). *Hydraulic turbines, storage pumps and pump-turbines - Model acceptance tests*. International Electrotechnical Commission(IEC).

IEC 60995. (1991). *Determination of the prototype performance from model acceptance tests of hydraulic machines with consideration of scale effects*. International Electrotechnical Commission(IEC).

IHA(International Hydropower Association). (2014). *Hydropower generation and potential around the world*; https://www.youtube.com.

Ikeda, K., Inagaki, M., Niikura, K., and Oshima, K. (2000). 700-m 400-MW Class Ultrahigh-head Pump Turbine. *Hitachi Review*, Vol. 49, No. 2, pp. 81-87.

Iliescu, M.S., Ciocan, G.D., and Avellan, F. (2008). Analysis of the Cavitating Draft Tube Vortex in a Francis Turbine Using Particle Image Velocimetry Measurements in Two-Phase Flow. *Transactions of the ASME Journal of Fluids Engineering*, Vol. 130, Issue 2, 021105. doi:10.1115/1.2813052.

Iliev, I., Trivedi, C., and Dahlhaug, O.G. (2019). Variable-speed operation of Francis turbines: A review of the perspectives and challenges. *Renewable and Sustainable Energy Reviews*, Vol. 103, pp. 109-121; https://doi.org/10.1016/j.rser.2018.12.033.

Imanishi, A. and Ueda, T. (1963). Selection of Type of Pump-Turbine. *Fuji Denki Review*, Vol. 9, No. 1, pp. 13-23.

IVT, NTNU. *Gide vanes in Francis turbines*; http://www.ivt.ntnu.no/ept/fag/tep4195/innhold/Forelesninger/forelesninger%202006/8%20-%20Guide%20Vanes%20in%20Francisturbines.pdf.

J

James Leffel & Co. (1902). *Pamphlet K of The Latest and Best Types of Samson Turbines*. Springfield, Ohio, U.S.A.

JICA (独立行政法人 国際協力機構, 電源開発株式会社, 株式会社開発設計コンサルタント. (2011). *水力開発ガイドマニュアル*.

JICA (独立行政法人 国際協力機構), 東京電力株式会社, 東電設計株式会社. (2012). *可変速揚水発電技術適用可能性調査ファイナルレポート*.

Jung, D. (2017). *Another write-off at the Engeweiher pumped storage facility*; https://www.shn.ch/region/stadt/2017-06-28/erneuter-abschreiber-beim-pumpspeicher-engeweiher.

K

Karassik, I.J., Messina, J.P., Cooper, P., and Heald, C.C. (2008). *Pump Handbook (Fourth Edition)*. McGraw-Hill.

Karney, B., Gajic, A., and Pejovic, S. (2003). Case Studies-Our Experience in Hydraulic Transients and Vibrations. *Proceedings of the International Conference on CSHS03 (Belgrade)*, pp. 1-27.

Kaunda, C.S., Kimambo, C.Z., and Nielsen, T.K. (2012). *Hydropower in the Context of Sustainable Energy Supply: A Review of Technologies and Challenges*. ISRN Renewable Energy Volume 2012; https://doi.org/10.5402/2012/730631.

Kim, K.-H., Chahine, G., Franc, J.-P., and Karimi, A. (2014). *Advanced Experimental and Numerical Techniques for Cavitation Erosion Prediction*. Springer.

Kim, K.-Y., Samad, A., and Benini, E. (2019). *Design Optimization of Fluid Machinery*. Wiley.

Kirschner, O., Junginger, J., and Riedelbauch, S. (2021). Test facility for transient operation point changes of hydraulic machinery. Proceedings of the 30th IAHR Symposium on Hydraulic Machinery and Systems. *IOP Conf. Series: Earth and Environmental Science*, Vol. 774, 012117; doi:10.1088/1755-1315/774/1/012117.

Kjeldsen, M. (1996). *Cavitation in Hydraulic Machinery*. NTNU master thesis.

Knapp, R. (1952). Cavitation Mechanics and its Relation to the Design of Hydraulic Equipment. *Proceedings of the Institution of Mechanical Engineers*, Vol. 166, No. 1, pp. 150-163.

Knapp, R.T. and Calif, P. (1937). Complete Characteristics of Centrifugal Pumps and Their Use in the Prediction of Transient Behavior. *Transaction of the ASME*, Vol. 59, pp. 683-689.

Koritarov, V., Veselka, T.D., Gasper, J., Bethke, B.M., Botterud, A., Wang, J., Mahalik, M., Zhou, Z., Milostan, C., Feltes, J., Kazachkov, Y., Guo, T., Liu, G., Trouille, B., Donalek, P., King, K., Ela, E., Kirby, B., Krad, I., and Gevorgian, V. (2014). *Modeling and Analysis of Value of Advanced Pumped Storage Hydropower in the United States*. United States; https://doi.org/10.2172/1165600.

Koutnik, J. (2013). *Voith Hydro Hydro Power Plants*. VOITH. Broshure.

Kovalev, N.N. (1965). *Hydroturbines: Design and Construction*. Israel Program for Scientific Translations Ltd.

Kpordze, C.S.K. and Warnick, C.C. (1982). *Experience Curves for Feasibility Studies and Planning of Modern Low-Head Hydro Turbines*. United States. Research Technical Completion Report: Project A-077-IDA.

Krenn, J., Keck, H., and Sallaberger, M. (2013). Small and Mid-Size Pump-Turbines with Variable Speed. *Energy and Power Engineering*, Vol.5, No. 2A, pp. 48–54; http://dx.doi.org/10.4236/epe.2013.52A007.

Krishna, H.C.R. (1997). *Hydraulic Design of Hydraulic Machinery*. Avebury

KSB, *Water Hammer*, KSB Know–how, Vol. 1.; https://live–resources–e2e–sales.ksb.com/resource/blob/477512/b03ed4dd6aa0139a876090d66fe3b9f2/water–hammer–data.pdf

Kumar, M. (2019). *Fluid Mechanics and Hydraulic Machines*. Pearson India Education Services Pvt. Ltd.

Kumar, P. and Saini, R.P. (2010). Study of cavitation in hydro turbines—A review, *Renewable and Sustainable Energy Reviews*, Vol. 14, pp. 374-383; doi:10.1016/j.rser.2009.07.024.

L

Laughton, M.A. and Warne, D.J. (2003). *Electrical Engineer's Reference Book (Sixteenth edition)*. Newnes.

Le, V., Chen, Z., and Choi, Y.–D. (2016). A Study on CFD Analysis Methods using Francis–99 Workshop Model. *The KSFM Journal of Fluid Machinery*, Vol. 19, No. 5, pp. 20–27.

Lewis, B.J. (2014a). *Improving Unsteady Hydroturbine Performance during Off–Design Operation by Injecting Water from the Trailing Edge of the Wicket Gates*. Doctoral Thesis. The Pennsylvania State University.

Lewis, B.J., Cimbala, J.M., and Wouden, A.M. (2014b). Major historical developments in the design of water wheels and Francis hydroturbines. Proceedings of the 27th IAHR Symposium on Hydraulic Machinery and Systems. IOP Conf. Series: Earth and Environmental Science, Vol. 22, 012020; doi:10.1088/1755–1315/22/1/012020.

Li, S.C. (2000). *Cavitation of Hydraulic Machinery*. Imperial College Press.

Littler, D. J. (1991). *Modern Power Station Practice(Third Edition)*. Volume C: Turbines, Generators and Associated Plant. Pergamon press.

Liu, K., Yang, F., Yang Z., Zhu Y., and Cheng, Y. (2019). Runner Lifting–Up during Load Rejection Transients of a Kaplan Turbine: Flow Mechanism and Solution. *Energies*, Vol. 12, Issue 24, 4781; https://doi.org/10.3390/en12244781.

Liu, L., Zhu, B., Bai, L., Liu, X. and Zhao, Y. (2017). Parametric Design of an Ultrahigh–Head Pump–Turbine Runner Based on Multiobjective Optimization. *Energies*, Vol. 10, Issue 8, 1169; https://doi.org/10.3390/en10081169.

Liu, S., Zhang, L., Nishi, M., and Wu, Y. (2009). Cavitating Turbulent Flow Simulation in a Francis Turbine Based on Mixture Model. *Transactions of the ASME Journal of Fluids Engineering*, Vol. 131, 051302; DOI: 10.1115/1.3112382.

Luo, X–W., Ji, B., and Tsujimoto, Y. (2016). A review of cavitation in hydraulic machinery. *Journal of Hydrodynamics*, Vol. 28, No. 3, pp. 335–358.

Luo, Y., Liu, X., Wang, Z., Xiao, Y., He, C., and Zhang, Y. (2017). Optimization of the Runner for Extremely Low Head Bidirectional Tidal Bulb Turbine. Energies, Vol. 10, Issue 6, 787; https://doi.org/10.3390/en10060787.

Luo, Y., Wang, Z., Zeng, J., and Lin, J. (2010). Fatigue of piston rod caused by unsteady, unbalanced, unsynchronized blade torques in a Kaplan turbine. *Engineering Failure Analysis*, Vol. 17, Issue 1, pp. 192-199; https://doi.org/10.1016/j.engfailanal.2009.06.003.

M

Manitoba Hydro. *Cross-section view of the Long Spruce generating station intake and powerhouse*. Producing electricity; https://www.hydro.mb.ca/corporate/teachers/producing_electricity/.

March, P. (2011). *Hydraulic and Environmental Performance of Aerating Turbine Technologies*. Proceedings of the EPRI/DOE Conference on Environmentally-enhanced Hydropower Turbines: Technical Papers, EPRI Report No. 1024609.

March, P. and Jacobson, P. (2015). *Industry Experience with Aerating Turbines*. HydroVision International 2015, Portland, Oregon, USA.

Maricic, T., Szczota, M., Paquet, F., Rosentreter, K., and Godec, E. (2015). Rehab at Sir Adam Beck, *Hydro Review*, Vol. 34, Issue 9; https://www.hydroreview.com/world-regions/rehab-at-sir-adam-beck/.

Massa, A. and Lugaresi, A. (1988). Kaplan turbines: design trends in the last decade. Water Power & Dam Construction, Vol. 40, Issue 5, pp. 12-17.

Ma, Z., Zhu, B., Rao, C. and Shangguan, Y. (2019). Comprehensive Hydraulic Improvement and Parametric Analysis of a Francis Turbine Runner. *Energies*, Vol. 12, Issue 2, 307; https://doi.org/10.3390/en12020307.

McCoy, B.O. *Evolution of Hydraulic Prime Mover Reaction Turbines*. Evolution of Hydraulic Prime Movers-Byron McCoy Web Page; http://www.frenchriverland.com/byron_mccoy.htm

Mechanical Booster. *Pelton Turbine Working, main Parts, Application with Diagram*; https://www.mechanicalbooster.com.

Mei, Z.-Y. (1991). *Mechanical Design and Manufacturing of Hydraulic Machinery*. Routledge.

MHI (Mitsubishi Heavy Industries). (2011). Advantages of Variable Speed Pump Turbines for adjusting Power Supply. *Mitsubishi Heavy Industries Technical Review*, Vol. 48, No. 3, pp. 45-47.

Mills, H. F. (1870). Experiments upon a Central Discharge Water-Wheel. *Journal of the Franklin Institute*. Vol. 89, Issue 3, pp. 180-191.

Minakov, A., Platonov, D, Sentyabov, A., and Gavrilov, A. (2017). Francis-99 turbine numerical flow simulation of steady state operation using RANS and RANS/LES turbulence model. *Journal of Physics: Conf. Series*, Vol. 782, 012005; doi:10.1088/1742-6596/782/1/012005.

Miyagawa, K. (2013). *Lecture of Francis Turbine Design*. Miyagawa Laboratory, Waseda University.

Mohanrajan, S.R., Krishna, S.V., Reddy, L.N., Teja, A.S., and Vishal, B. (2014). A Study of Motor - Generator Topologies for Pumped Storage Applications. *Proc. of the Intl. Conf. on Advances In Engineering And Technology - ICAET-2014*.

Mohammadi, M., Mohammadi, M., Mohammadi, A., and Farahat, S. (2016). Analyzing Mathematical and Software Methods for Selecting and Designing Francis Turbine in Hydropower Plants. *Journal of Clean Energy Technologies*, Vol. 4, No. 4, pp. 276-283.

Moody, L.F., (1932). *Hydraulic turbine*. U.S. Patent No. 1848738.

Morabito, A., Silva, G.O., and Hendrick P. (2019). Deriaz pump-turbine for pumped hydro energy storage and micro applications. *Journal of Energy Storage*, Vol. 24, No. 100788; https://doi.org/10.1016/j.est.2019.100788.

N

Nakamura, K. and Kurosawa, S. (2009). Design Optimization of a High Specific Speed Francis Turbine Using Multi–Objective Genetic Algorithm. *International Journal of Fluid Machinery and Systems*, Vol. 2, No. 2, pp. 102–109.

National Register of Historic Places. *Early hydro–power plants*. The Making of the Modern U.S., accessed October 12, 2021, http://projects.leadr.msu.edu/makingmodernus/items/show/267.

Nechleba, M. (1957). *Hydraulic Turbines: Their Design and Equipment*. Artia.

Neopane, H.P. (2010). *Sediment Erosion in Hydro Turbines*. Doctoral Thesis. NTNU.

NHA–Pumped Storage Development Council. *Challenges and Opportunities for New Pumped Storage Development*. National Hydropower Association.

Nicolet, C. (2007). *Hydroacoustic Modelling and Numerical Simulation of Unsteady Operation of Hydroelectric Systems*. Doctoral Thesis. EPFL.

Nicolet, C., Avellan, F., Allenbach, P., Sapin, A., Simond, J.–J., Kvicinsky, S., and Crahan, M. (2003). *Simulation of Transient Phenomena in Francis Turbine Power Plants: Hydroelectric Interaction*. Waterpower XIII.

Ni, F., Hu, P., and Wang, Q. (1996). Numerical Simulation of Hydraulic Transients in Hydropower Plant using Safety Membranes. *Journal of Hydraulic Engineering*, Vol. 122, Issue 6, pp. 298–300; https://doi.org/10.1061/(ASCE)0733–9429(1996)122:6(298).

Nishi, M., Wang, X. M., Yoshida, K., and Takahashi, T. (1996). An Experimental Study on Fns, Their Role in Control of the Draft Tube Surging. *Hydraulic machinery and Cavitation*. Proceedings of the XVIII IAHR Symposium on Hydraulic Machinery and Cavitation, pp. 905–914, Kluwer Academic Publishers.

NPTEL. *Lecture 28, Francis Turbine, Spiral Casing*; https://nptel.ac.in/content/storage2/courses/112104117/chapter_7/7_7.html.

O

Olabi, A.G., Wilberforce, T., Abdelkareem, M. A., and Ramadan, M. (2021). Critical Review of Flywheel Energy Storage System, *Energies*, Vol. 14, No. 2159; https://doi.org/10.3390/en14082159.

OpenLearn. Can renewable energy sources power the world?; https://www.open.edu/

P

Palikhe, S., Zhou, J., and Bhattarai, K.P. (2019). Hydraulic Oscillation and Instability of A Hydraulic System with Two Different Pump–Turbines in Turbine Operation. *Water*, Vol. 11, Issure 4, 692; https://doi.org/10.3390/w11040692.

Parker, Z. and McKilby, R. (1840). *Improvement in Percussion and Reaction Water–Wheel*. U.S. Patent No. 1658.

Parmakian, J. (1963). *Waterhammer Analysis*. Dover Publications, Inc.

Pejovic, S. and Boldy, A.P. (1992). *Guidelines to Hydraulic Transient Analysis of Pumping System*. P & B Press.

Pejovic, S., Boldy, A.P., and Obradovic, D. (1987). *Guidelines to Hydraulic Transient Analysis*. Technical Press.

Pelton, L. A. (1880). Water–Wheel. U.S. Patent No. 233692.

Petley, S.M. (2018). *Numerical and Experimental Investigation of Flow in Horizontal Axis Pelton Turbines*. Doctoral Thesis. Lancaster University.

Pinterest. *Pump Turbine;* https://www.pinterest.com/pin/367324913338007179/.

POWER. (2020). *Hydraulic Stability of Surge Tanks*. POWER Magazine, Issued on Jan. 2, 2020; https://www.powermag.com/hydraulic-stability-of-surge-tanks/.

Z319_Power technology. *Flatiron Hydroelectric Plant, USA*; https://www.power-technology.com/projects/flatiron/.

Premkumar, T.M. and Chatterjee D. (2008). Numerical study of turbulent flow over an S-shaped hydrofoil. *Proc. IMechE, Part C: J. Mechanical Engineering Science*, Vol. 222, pp. 1717–1734.

Premkumar, T.M. and Chatterjee D. (2015). Computational analysis of flow over a cascade of S-shaped hydrofoil of fully reversible pump-turbine used in extracting tidal energy. *Renewable Energy*, Vol. 77, pp. 240–249.

Premkumar, T.M., Kumar, P., and Chatterjee, D. (2014). Cavitation Characteristics of S-Blade Used in Fully Reversible Pump-Turbine. *Transactions of the ASME Journal of Fluids Engineering*, Vol. 136, 051101; DOI: 10.1115/1.4026441.

Pretis, G. (2014). *Auslegung, Dimensionierung und Konstruktion einer Pelton-Turbine für ein Kleinwasserkraftwerk*. Diplomarbeit. Technische Universität Graz.

PT Barata Indonesia. *Singkarak Hydro Power Plant*; https://www.barata.id/en/portofolio/spiral-casing-hydro-turbine-2/.

Pullinger, M.G. (2011). *Evaluating Hydraulic Transient Analysis Techniques in Pumped-Storage Hydropower Systems*. Master Thesis. Murdoch University.

Q

Quaranta, E. (2019). Optimal Rotational Speed of Kaplan and Francis Turbines with Focus on Low-Head Hydropower Applications and Dataset Collection. *Journal of Hydraulic Engineering*, Vol. 145, Issue 12, 04019043; https://doi.org/10.1061/(ASCE)HY.1943-7900.0001643.

R

Raabe, J. (1985). *Hydro Power: The Design, Use, and Function of Hydromechanical, Hydraulic, and Electrical Equipment*. VDI-Verlag GmbH.

Rajput, Er.R.K. (2013). *A Textbook of Fluid Mechanics and Hydraulic Machines in SI Units*. S. Chand & Company Ltd.

Ramachandran, R., Krishna, H.C.R., and Narayana, P.A.A. (1986). Cascade Experiments over “S” Blade Profiles. *Journal of Energy Engineering*, Vol. 112, No. 1, pp. 37–50.

RRHP(RED ROCK Hydroelectric Project). *Projct Overview*; https://www.redrockhydroproject.com/project-overview/.

Rezapoor, B. *Large-scale Hydropower Series 2.1*. Lecture Series on Hydropower. Renewable Energy Technology-MJ2411(PPT file).

Rezapoor, B. *Large-scale Hydropower Series 2.2*. Lecture Series on Hydropower. Renewable Energy

Technology–MJ2411(PPT file).

Rezapoor, B. *Large–scale Hydropower Series 2.3*. Lecture Series on Hydropower. Renewable Energy Technology–MJ2411(PPT file).

Rezghi, A. and Riasi, A. (2017). The interaction effect of hydraulic transient conditions of two parallel pump–turbine units in a pumped–storage power plant with considering "S–shaped" instability region: Numerical Simulation. *Renewable Energy*, Vol. 118, pp. 896–908; https://doi.org/10.1016/j.renene.2017.11.067

Riedelbauch, S. and Stens, C. (2019). Pump to turbine transient for a pump–turbine in a model test circuit and a real size power plant. Proceedings of the 29th IAHR Symposium on Hydraulic Machinery and Systems. *IOP Conf. Series: Earth and Environmental Science*, Vol. 240, Issue 7, 072039; doi:10.1088/1755–1315/240/7/072039.

Rouse, H. and Ince, S. (1963). *History of Hydraulics*. Dover Publication, Inc.

Roy, S.C. (2015). *Modeling and Analysis of Material Behavior during Cavitation Erosion*. Doctoral Thesis. University Grenoble Alpes, France.

S

Sano1, T., Maekawa, M., Okamoto, N., Yano, H., and Miyagawa, K. (2012). Investigation of flow pattern downstream of spiral grooved runner cone in pump–turbine. 26th IAHR Symposium on Hydraulic Machinery and Systems. *IOP Conf. Series: Earth and Environmental Science*, Vol. 15, 022019; doi:10.1088/1755–1315/15/2/022019.

Safford, A.T. and Hamilton, E.P. (1922). The American Mixed–Flow Turbine and Its Setting. *Transactions of the American Society of Civil Engineers*, Vol. 85, Paper No. 1503, pp. 1237–1356.

Senoo, Y. and Yamaguchi, M. (1987). A Study on Unstable S–Shape Characteristic Curves of Pump Turbines at No–Flow. *Transactons of the ASME Journal of Turbomachinery*, Vol. 109, pp. 77–82.

Shrestha, U. and Choi, Y–D. (2020). A CFD–Based Shape Design Optimization Process of Fixed Flow Passages in a Francis Hydro Turbine. *Processes*, Vol. 8, No. 11, 1392; https://doi.org/10.3390/pr8111392.

Shrestha, U. and Choi, Y–D. (2020). Improvement of flow behavior in the spiral casing of Francis hydro turbine model by shape optimization, *Journal of Mechanical Science and Technology*, Vol. 34, No. 9, pp. 3647–3656.

Shrestha, U. and Choi, Y.–D. (2021). Suppression of flow instability in the Francis hydro turbine draft tube by J–groove shape optimization at a partial flow rate. *Journal of Mechanical Science and Technology*, Vol. 35, No. 6, pp. 2523–2533.

Shrestha, U. and Choi, Y–D. (2021). Suppression of flow instabilities in the stay vane passage of the Francis hydro turbine model by design optimization, *Journal of Mechanical Science and Technology*, Vol. 35, No. 1, pp. 159–170.

Shrestha, U., Chen, Z., and Choi, Y.–D. (2018). Study on the effect of the runner design parameters on 50 MW Francis hydro turbine model performance. *IOP Cof. Series: Journal of Physics: Conf. Series* 1042, 012006.

SIAPRO. F*rancis turbines designing and production*; http://en.hydro–electricity.eu/francis–turbine/.

Simeons, C. (1980). *Hydro-Power: the Use of Water as an Alternative Source of Energy*. Pergamon Press.

SIMSEN. *Simulation Software for Hydraulic & Electric Systems Adjustable Speed Drives*. Power Visioin Engineering; https://www.powervision-eng.ch.

Singh, P.M., Chen, Z., and Choi, Y.-D. (2017). Hydraulic design and performance analysis on a small pump-turbine system for ocean renewable energy storage system. *Journal of Mechanical Science and Technology*, Vol. 31, No. 11, pp. 5089~5097.

Skotak, A. and Stegner, P. (2014). Choosing Turbines for Low-Head Pumped-Storage Plants. *Hydro Review Worldwide*, Vol. 22, Issue 1; https://www.hydroreview.com/tag/hrw-volume-22-issue-1/.

Sottas, G. and Ryhming, I.L. (1993). *3D-Computation of Incompressible Internal Flow: Proceedings of the GAMM Workshop Held at EPFL, 13-15 September 1989, Lausanne, Switzerland* . Vieweg.

Sreedhar, B.K., Alber, S.K., and Pandit, A.B. (2017). Cavitation damage: Theory and measurements - A review. *Wear*, Vol. 372-373, pp. 177-196.

Stelzer, R.S. and Walters, R.N. (1977). Estimating Reversible Pump-Turbine Characteristics. *Engineering Monograph, No. 39*. United States Department of the Interior Bureau of Reclamation.

Stepanoff, A.J. (1957). *Centrifugal and Axial Flow Pumps: Theory, Design, and Application*. John Wiley & Sons, Inc.

Stoessel, L. and Nilssen, H. (2015). Steady and unsteady numerical simulations of the flow in the Tokke Francis turbine model, at three operating conditions. Proceedings of the Francis-99 Workshop 1: steady operation of Francis turbines. *Journal of Physics: Conference Series*, Vol. 579, Issue No. 012011; doi:10.1088/1742-6596/579/1/012011.

Subramanya, K. (2011). *Fluid Mechanics and Hydraulic Machines: Problems and Solutions*. Tata McGraw-Hill Education Private Limited.

Subramanya, K. (2013). *Hydraulic Machines*. Tata McGraw Hill Education Private Liminted.

Susan-resiga, R., Vu, T.C., Ciocan, G.D, and Nennemann, B. (2006). Jet Control of the Draft Tube Vortex Rope in Francis Turbines at Partial Discharge. *Proceedings of 23rd IAHR Symposium*, Yokohama, Japan.

Svarstad, M.F. (2019). *Fast Transition between Operational Modes of a Reversible Pump-Turbine*. Doctoral Thesis. NTNU.

SwitchBazaar.com. *Hydro Electric Power Station or Hydro Electric Power Plant*; https://switchbazaar.com/blog/hydro -electric-power-station-or-hydro-electric-power-plant/.

T

Tang, C. and Thiringer, T. (2021). *Converter sizing and main circuit component selection for the application*. Flexibility of generator and converter. HydroFlex. Ref. Ares(2021)803278 - 31/01/2021.

Tao, R., Xiao, R., Wang, F., and Liu, W. (2018), Cavitation behavior study in the pump mode of a reversible pump-turbine, *Renewable Energy*, Vol. 125, pp. 655-667.

Tao, R., Xiao, R., Wang, F., and Liu, W. (2019a). Improving the cavitation inception performance of a reversible pumpturbine in pump mode by blade profile redesign: Design concept, method and applications. *Renewable*

Energy, Vol. 133, pp. 325–342; https://doi.org/10.1016/j.renene.2018.09.108.

Tao, R., Xiao R., Yang, W., Wang, F., and Liu, W. (2014). Optimization for Cavitation Inception Performance of Pump–Turbine in Pump Mode Based on Genetic Algorithm. M*athematical Problems in Engineering*, Vol. 2014, 234615; http://dx.doi.org/10.1155/2014/234615.

Tao, R. Xiao, R., Zhu, D., and Liu, W. (2015). Predicting the Inception Cavitation of a Reversible Pump–Turbine in Pump Mode. Proceedings of the 9th International Symposium on Cavitation (CAV2015). *Journal of Physics: Conference Series*, Vol. 656, 012077; doi:10.1088/1742-6596/656/1/012077.

Tao, R., Zhou, X., Xu, B., and Wang, Z. (2019b). Numerical investigation of the flow regime and cavitation in the vanes of reversible pump–turbine during pump mode's starting up. *Renewable Energy*, Vol. 141, pp. 9–19; https://doi.org/10.1016/j.renene.2019.03.108.

Telleria Machining Project Management. *Wicket Gates*; https://www.tmtelleria.com/en/machining-services-and-projects-for-the-hydroelectric-industry/.

TETHYS. *La Rance Tidal Barrage*; https://tethys.pnnl.gov/project-sites/la-rance-tidal-barrage.

Thapa, B.S., Chaudhary, P., Dahlhaug, O.G., and Upadhyay, P. (2007). Study of Combined Effect of Sand Erosion and Cavitation in Hydraulic Turbines. *Proceedings of International Conference on Small Hydropower – Hydro Sri Lanka*, 22–24 October 2007.

Thapa, B.S., Dahlhaug, O.G., and Thapa, B. (2017). Effects of sediment erosion in guide vanes of Francis turbine. *Wear*, Vol. 390-391, pp. 104-112.

The Electrical Portal. *Difference between Impulse and Reaction Turbine*; http://www.theelectricalportal.com/.

The Institute of Civil Engineers. (1990). *Pumped Storage*. Proceedings of the conference organized by the Intstitue of Civil Engineers at Imperial College of Science, Tchnology and Medicine, London on 2–4 April 1990. Thomas Telford.

Thorley A.R.D. (1991). *Fluid Transients in Pipeline Systems*. D. & L. George Ltd.

Tinguely, M. (2013). *The effect of pressure gradient on the collapse of cavitation bubbles in normal and reduced gravity*. Doctoral Thesis. EPFL.

Tiwari, G., Kumar, J., Prasad, V., and Patel, V.K. (2020). Utility of CFD in the design and performance analysis of hydraulic turbines – A review. *Energy Reports*, Vol. 6, pp. 2410-2429; https://doi.org/10.1016/j.egyr.2020.09.004.

Tong, C. (2019). *Introduction to Materials for Advanced Energy Systems*. Springer.

Toshiba Hydro Power (Hangzhou) Co., Ltd.. *Draft tube for the units of the Guangdong Qingyuan Pumped -Storage Power Station*; http://en.toshiba-thpc.com/news_detail/newsId=23.html.

Toshiba International Corporation. *Hydraulic Turbines*. Brochure.

Trivedi, C., Agnalt, E., and Dahlhaug, O.G. (2017). Investigations of unsteady pressure loading in a Francis turbine during variable-speed operation. Renewable Energy, Vol. 113, pp. 397–410; https://doi.org/10.1016/j.renene.2017.06.005.

Trivedi, C., Cervantes, M.J., and Dahlhaug, O.G. (2016a). Experimental and Numerical Studies of a High-Head

Francis Turbine: A Review of the Francis-99 Test Case. *Energies*, Vol. 9, No. 74; doi:10.3390/en9020074.

Trivedi, C., Cervantes, M.J., and Dahlhaug, O.G. (2016b). Numerical Techniques Applied to Hydraulic Turbines: A Perspective Review. *Transactions of the ASME Applied Mechanics Reviews*, Vol. 68, Issue 1, 010802; https://doi.org/10.1115/1.4032681

Trivedi, C., Cervantes, M.J., Gandhi, B.K., and Dahlhaug, O.G. (2013). Experimental and Numerical Studies for a High Head Francis Turbine at Several Operating Points. *Transactions of the ASME Journal of Fluids Engineering*, Vol. 135, No. 11, 111102; https://doi.org/10.1115/1.4024805.

Turbines Info. *Pelton Turbines*; https://www.turbinesinfo.com/pelton-turbines/.

U

Unbox Faxtory. *Kaplan Turbine – All You Need To Know*; https://theunboxfactory.com/kaplan-turbine/.

USBR, Grnad Coulee Dam. *Nathaniel Washington Power Plant Construction Photographs*; https://www.usbr.gov/pn/grandcoulee/news/gallery/tpp/25.html.

United States Department of the Interior. (1976). *Selecting Hydraulic Reaction Turbines*. Engineering Monograph No. 20.

U.S. Department of Energy. *Open-Loop Versus Closed-Loop Pumped Storage Hydropower*. Water Power Technologies Office; https://www.energy.gov/eere/water/pumped-storage-hydropower.

U.S. Department of Energy. *History of Hydropower*. Water Power Technologies Office; https://www.energy.gov/eere/water/history-hydropower.

V

Vagnoni, E. (2018). *Two-Phase Flow Phenomena in Hydraulic Turbines and Pump-Turbines Operating in Synchronous Condenser Mode*. Doctoral Thesis. EPFL.

Vagnoni, E., Favrel, A., Andolfatto, L., and Avellan, F. (2018). Experimental investigation of the sloshing motion of the water free surface in the draft tube of a Francis turbine operating in synchronous condenser mode. *Experiments in Fluids*, Vol. 59, No. 95; https://doi.org/10.1007/s00348-018-2552-x.

Valavi, M. and Nysveen, A. (2018). Variable-Speed Operation of Hydropower Plants: A Look at the Past, Present, and Future. *IEEE Industry Applications Magazine*, Vol. 24, Issue 5, pp. 18-27; DOI: 10.1109/MIAS.2017.2740467.

Vessaz, C., Jahanbakhsh, E., and Avellan, F. (2015). Flow Simulation of Jet Deviation by Rotating Pelton Buckets Using Finite Volume Particle Method. *Transactions of the ASME Journal of Fluids Engineering*, Vol. 137, No. 7, 074501; https://doi.org/10.1115/1.4029839.

Viollet, P.-L. (2017). From the water wheel to turbines and hydroelectricity. Technological evolution and revolutions. *Comptes Rendus Mecanique*. Vol. 345, No. 8, pp. 570-580; https://doi.org/10.1016/j.crme.2017.05.016.

VOITH. *Bulb/Pit/S-Turbines and Generators*. Broshure. Voith Hydro Holding GmbH & Co. KG; www.voith.com/hydro.

VOITH. *Francis Turbines*. Broshure. Voith Hydro Holding GmbH & Co. KG; www.voith.com/hydro.

VOITH. *Kaplan Turbines*. Broshure. Voith Hydro Holding GmbH & Co. KG; www.voith.com/hydro.

VOITH. *Pelton Turbines*. Broshure. Voith Hydro Holding GmbH & Co. KG; www.voith.com/hydro.

OITH. *Pumped storage machines: Reversible pump turibines, ternary sets and Motor-generators (Brochure)*. Voith Hydro Holding GmbH & Co. KG; www.voith.com/hydro.

VOITH. *Voith: Functioning of Pelton turbines*; https://www.youtube.com/watch?v=7f5yd7g8MWg.

VOITH FUJI. (2014). Adopteing Pumped Storage Technology for the Future: Multi-Talented. HyPower, #25, Autumn 2014.

Vu, V.L., Chen, Z., and Choi, Y.-D. (2018). Design and Performance of a Pico Propeller Hydro Turbine Model. *The Journal of Fluid Machinery*, Vol. 21, No. 3, pp. 44~51.

W

Water Power Laboratory (2009). *High Pressure Hydraulic Machinery*. NTNU.

Watters, G.Z. (1979). *Modern Analysis and Control of Unsteady Flow in Pipelines*. Ann Arbor Science Publishers, Inc.

Whippen, W.G., McCormack, W.J., and Breda, T.K. (1962). *Diagonal Flow Reversible Pump-Turbine*. US 3026085. United States. Patent.

Wikipedia. *Baldeney hydropower plant*; https://de.wikipedia.org/wiki/Wasserkraftwerk_Baldeney.

Wikipedia. *Walchensee Hydroelectric Power Station*; https://en.wikipedia.org/wiki/Walchensee_Hydroelectric_Power_Station.

Wikisource. *Page:EB1911-Volume 14.djvu/115*; https://en.wikisource.org.

Wilson, A. (1995). Water-power in North Africa and the development of the horizontal water-wheel. *Journal of Roman Archaeology*, Vol. 8, pp. 499-510; https://doi.org/10.1017/S1047759400016378.

Witherden, F.D. and Jameson, A. (2017). Future Directions of Computational Fluid Dynamics. 23rd AIAA Computational Fluid Dynamics Conference, Denver, Colorado; *https://doi.org/10.2514/6.2017-3791*.

Wu, J., Shimmei, K., Tani, K, Niikura, K., and Sato, J. (2007). CFD-Based Design Optimization for Hydro Turbines. Transactions of the ASME Journal of Fluids Engineering, Vol. 129, pp. 159-168.

Wu, Y., Li, S., Liu, S., Lou, H.-S., and Qian, Z. (2013). *Vibration of hydraulic Machinery*. Springer.

Wylie E.B. and Streeter V.L. (1978). *Fluid Transients*. McGraw-Hill Inc.

X

Xiao, Y., Zhu, W., Wang, Z., Zhang, J., Ahn, S.-H., Zeng, C., and Luo, Y. (2018). Numerical Analysis of the Effect of Misaligned Guide Vanes on Improving S-Shaped Characteristics for a Pump-Turbine. *Transactions of the ASME Journal of Fluids Engineering*, Vol. 140, No. 3, 031102; https://doi.org/10.1115/1.4038077.

Y

Yang, C., Yang, X, and Chen, Y. (2015). Integration of variable speed hydropower generation and VSC HVDC. 17th European Conference on Power Electronics and Applications (EPE'15 ECCE-Europe); DOI: 10.1109/EPE.2015.7309425.

Yamamoto, K., Müller, A., Favrel, A., and Avellan, F. (2017). Experimental evidence of inter-blade cavitation vortex development in Francis turbines at deep part load condition. *Experiments in Fluids*, Vol. 58, Issue 10; doi:10.1007/s00348-017-2421-z.

Yates, N.C. and Tatlock, B. (2017). Optimising Tidal Lagoons. *Proceedings of the 12th European Wave and Tidal Energy Conference (EWTEC 2017)*. Cork, Ireland.

Z

Zeng, W., Yang, J., Hu, J., and Yang, J. (2016). Guide-Vane Closing Schemes for Pump-Turbines Based on Transient Characteristics in S-shaped Region. *Transactions of the ASME Journal of Fluids Engineering*, Vol. 138, No. 5, 051302; https://doi.org/10.1115/1.4032069.

Zhang, M. (2019). *On the Changes in Dynamic Behavior produced by the Hydraulic Turbine Runner Damage*. Doctoral Thesis. Universitat Politècnica de Catalunya (UPC).

Zhang, X., Cheng, Y., Yang, Z., Chen, Q., and Liu, D. (2021). Water column separation in pump-turbine after load rejection: 1D-3D coupled simulation of a model pumped-storage system. *Renewable Energy*, Vol. 163, pp. 685-697; https://doi.org/10.1016/j.renene.2020.08.163.

Zhang, Y. and Wu, Y. (2016). A review of rotating stall in reversible pump turbine. *Proc IMechE Part C: J Mechanical Engineering Science*, pp. 1-24; DOI: 10.1177/0954406216640579.

Zhang, Z. (2016). *Pelton Turbines*. Springer.

Zhang, Z. (2020). *Hydraulc Transients and Computations*. Springer.

Zhang, Z. and Casey, M. (2007). Experimental studies of the jet of a Pelton turbine. *Proceedings of the Institution of Mechanical Engineers, Part A: Journal of Power and Energy*, Vol. 221, pp. 1181-1192; https://doi.org/10.1243/09576509JPE408.

Zhu, B., Wang, X., Tan, L., Zhou, D, Zhao, Y. and Cao, S. (2015). Optimization design of a reversible pumpeturbine runner with high efficiency and stability. *Renewable Energy*, Vol. 81, pp. 366-376; https://doi.org/10.1016/j.renene.2015.03.050.

Zidonis, A. (2015). *Optimisation and Efficiency Improvement of Pelton Hydro Turbine using Computational Fluid Dynamics and Experimental Testing*. Doctoral Thesis. Lancaster University.

Zipparro, V.J. and Hasen, H. (1993). *Davis' Handbook of Applied Hydraulics (Fourth edition)*. McGraw-Hill, Inc.

ア

石井 安男. (1962). *水車とポンプ水車*. 電気書院.

稲垣 守人, 飯塚 光夫. (2003). 700m級超高落差高速大容量揚水発電システムの開発と省エネルギー効果(東京電力(株)葛野川発電所)(Development of 700m Class Ultra High Head Large Capacity Pumped Storage PowerSystem and

Energy Saving Effect(Kazunogawa Power Station). *ターボ機械*, 第31巻, 第5号, pp. 49-52.

榎本 保之. (2015). *フランシス水車およびポンプ水車の性能向上のためのランナ形状に関する研究*. 博士学位論文. 東北大学大学院工学研究科.

大石 朝男, 横山 俊昭. (1977). 水車及びポンプ水車の最近の技術, *ターボ機械*, 第5巻, 第1号, pp. 47-52.

萩原 春樹. (2001). S字特性対応制御 によるポ ンプ水車の過渡現象改善について. *ターボ機械*, 第29巻, 第10号, pp. 577-582.

小倉 弘行, 藤盛 博昭. (2014). 小水力可変速発電システム. *明電時報*, 通巻 345号, No. 4, pp. 36-40.

大橋 秀雄. (1987). *流体機械(改訂 · SI版)*. 森北出版.

カ

加藤 洋治. (2017). *新版 キャビテーション: 基礎と最近の進歩*. 森北出版.

北 英三, 阪東 明, 桑原 尚夫. (1994). 400MW可変速揚水発電システム: 関西電力株式会社大河内発電所4号機(Completion of a 400MW Adjustable Speed Pumped-Storage Hydraulic PowerPlant). *日立評論*, Vol. 76, No. 10, pp. 61-66.

木村 義昭, 横山 俊昭. (1973). フランシス形ポンプ水車の計画上の問題点(Planning of Reversible Fransis Pump Turbine). *日立評論*, Vol. 55, No. 2, pp. 101-106.

楠 清志, 藤田 崇, 山口 慎司. (2014). 可変速揚水発電 · 水力発電システムを支えるパワーエレクトロニクス技術. *東芝レビュー*, Vol. 69, No. 4, pp. 12-15.

リ

西都 一浩, 竹重 晋, 高見 健太郎, 岸田 和之, 難波 輝晃. (2013). 可変速揚水発電システムによる電力安定供給と最新海外水力発電プロジェクト. *三菱電機技報*, Vol. 87, No. 11, pp. 640-643.

齊藤 睦仁. (2016). *可変速揚水発電システムの概要と導入効果について*. 電気学会 公開シンポジウム「再生可能エネルギーの活用と系統連系」, PPT file.

杉本 修, 斉藤 啓白, 溝口 強. (1986). 可変速揚水発電システムの開発(Development of Adjustable Speed Units for Pumped Storage Power Plant). *日立評論*, Vol. 68, No. 8, pp. 653-658.

曽野 勝司. (1981). これからの水車およびポンプ水車. *ターボ機械*, 第9巻, 第1号, pp. 30-35.

タ

高梨 智義. (1995). 可変速揚水発電システムの原理と効果. *日本電気学会論文集 B編*, 115巻, 5号, pp. 447-450.

田中 宏. (1976). ポンプ水車の過渡現象における問題点. *ターボ機械*, 第4巻, 第7号, pp. 457-466.

田中 宏. (1982). 高落差ポンプ水車の動向. *ターボ機械*, 第10巻, 第3号, pp. 138-144.

田中 宏. (2007). *発電用水車の技術発展の系統化調査(Historical Development of Hydraulic Turbines and Pump-turbines for Hydropower and Pumped Storage Power Plants)*. 国立科学博物館技術の系統化調査報告, Vol. 8, pp. 119-181.

ターボ機械協会編. (1991). *ハイドロタービン*, 日本工業出版.

ターボ機械協会編. (2005). *ターボ機械 入門編*. 日本工業出版.

ターボ機械協会編. (2007). *ハイドロタービン(新改訂版)*, 日本工業出版.

玉造 貞一, 高橋 容二. (1994). 高度化する揚水発電技術の動向(Trends in Pump-Turbine and Generator-Motor Technology for High Head, Large Capacity Pumped-Storage Power Plant). *日立評論*, Vol. 76, No. 10, pp. 729-732.

千葉 幸. (2000a). *水車*, 電気書院.

千葉 幸. (2000b). *水力発電所と水力学*, 電気書院.

千葉 幸. (2000c). *水力発電所の水力設備*, 電気書院.

千葉 幸. (2000d). *水力発電所の設計*, 電気書院.

千葉 幸. (2000e). 水力*発電所の取水と水路設備*, 電気書院.

千葉 幸. (2000f). *水力発電所の流量と落差*, 電気書院.

千葉 幸. (2000g). *揚水発電所*, 電気書院.

電氣学会電気規格調査会. (1993). 水車およびポンプ水車の効率試験方法, JEC-4002-1992.

富永 博文. (2009). 可動翼水車のオイルレス化に関する研究: 操作力低減に向けたランナ翼形状の自動最適化設計(Study on Adjustable Blade Turbine without Lubricant Oil: Multi-Objective Optimization of Runner Blade to Reduce Operational Force). *技術開発ニュース*, No. 136, pp. 25-26.

ナ

長藤 友建. (1985). 水車設計への数値解析手法の応用. *ターボ機械*, 第13巻, 第11号, pp. 670-677.

名倉 理, 樋口 幹祐, 谷 清人, 小宅 孝. (2010). *地球温暖化防止に貢献する可変速揚水発電システム(Hitachi's Adjustable Speed Pumped Storage System Contributing to Prevention of Global Warming)*. 日立評論, Vol. 92 No. 04, pp. 308-312.

新倉 和夫, 桑原 尚夫. (1996). ポンプ水車の過渡現象と運転制御. *ターボ機械*, 第24巻, 第9号, pp. 553-557.

日本機械学会編. (1986). *機械工学便覧*, B5 流体機械.

沼知 福三郎, 横山 達郎, 村井 等. (1951). 翼列に適する翼型のキャビテーション性能: 第2報 理論第2報補遺による翼型の優秀性能. *日本機械学会論文集*, 17巻, 60号, pp. 17-22.

ハ

原口 英二, 斉藤 啓白. (1988). 可変速揚水発電システム実用化技術の開発(Development of an Adjustable Speed Operation System to be Apptied to Pumping and Generating Units). *日立評論*, Vol. 70, No. 8, 793-800.

深栖 俊一. (1961). *水車の理論と構造(再訂板)*, 工学図書株式会社版.

深柄 俊一, 井上 久男. (1967). 最近開発された大容量斜流ポンプ水車(Recently Developed Large Capacity Diagonal Flow Pump-turbines). *日立評論*, 第49巻, 第9号, pp. 661-665.

藤田 崇, 東條 裕宇, 小山 創. (2015). 東京電力(株)葛野川発電所4号可変速機の運転開始(Commencement of Commercial Operation of Kazunogawa Hydroelectric Power Station Unit 4 of Tokyo Electric Power Co., Inc. Employing World's Largest Capacity Adjustable-Speed System). *東芝レビュー*, Vol. 70, No. 1, pp. 7-10.

星野 文秀, 本間 啓, 近内 忠. (1989). ポンプ水車の運転・制御. *ターボ機械*, 第17巻, 第5号, pp. 293-301.

マ

宮川 和芳. (1999). 水車の性能予測と模型試験結果. *ターボ機械*, 第27巻, 第9号, pp. 513-522.

ヤ

八重 茂樹. (1980). 可動翼斜流ポンプ. *ターボ機械*, 第8巻, 第6号, pp. 347-351.

山形 一郎, 柴田 千里, 中村 高紀, 加藤 真敏. (1999). 進化する揚水発電, *東芝レビュー*, Vol. 54, No. 12, pp. 34-39.

山口 幸男. (1964). 水車およびポンプの水撃現象の計算法(Calculation of Water Hammering in Water Turbines and Pumps). *日立評論*, 第46巻, 第11号, pp. 1920-1927.

山本 誠, 太田 有, 新関 良樹, 宮川 和芳. (2018). *流体機械—基礎理論から応用まで*, 共立出版.

横井 信安, 井上 久男, 北野 豊. (1961). 東北電力株式会社大倉発電所納5,500kW可動翼斜流水車および6,200kVA交流発電機について(5,500kW Movable Blade Diagonal Flow Turbine and 6,200kVA A.C. Generator Delivered to Tohoku Electric Power Co., Inc.). *日立評論*, 第43巻, 第12号, pp. 2130-2138.

横山 重吉. (1979). *水撃入門*, 日新出版.

吉井 清. (1999). 最近の水力発電用水車技術. 富士時報, Vol. 72, No. 10, pp. 529-533.

ㄱ

ㄴ

ㄷ

ㄹ

ㅁ

ㅂ

ㅅ

ㅇ

ㅈ

ㅊ

ㅋ

ㅌ

ㅍ

ㅎ

기타

저자 소개

최영도 ydchoi@mnu.ac.kr | http://nrelab.mokpo.ac.kr

일본 요코하마국립대학교에서 유체기계의 원심임펠러 성능과 내부 유동에 관한 전공으로 공학박사 학위를 취득 후, 목포대학교 기계공학과에서 유체기계 및 신재생에너지 관련 교과목에 대해서 교육 및 연구 중이다.
주요 연구 분야로는 수력 및 양수발전(수차 및 펌프수차 설계), 유체기계 설계(펌프, 송풍기, 밸브), 유체기계 최적화 설계 및 성능향상, 풍력발전(로터 블레이드 설계), 해양에너지(조류, 파력, 조력, 해양온도차 발전용 터빈 설계)가 있다.

경력사항 과거 대우중공업(주) 항공사업본부 사원, 일본 요코하마국립대학교 공학연구원 조수, 한국수력원자력(주) 연구개발 실무위원회 사외위원, K-water 일반기술심의위원회 위원, 산업통상자원부 산업표준심의회 펌프(ISO/TC115) 전문위원회 위원, University of Maryland, Baltimore County(UMBC, USA) 방문교수로 활동했다.
현재 목포대학교 기계공학과 교수, 목포대학교 신재생에너지기술연구소 소장, 한국유체기계학회 이사, 한국신·재생에너지학회 이사, 한국마린엔지니어링학회 이사, K-water 오픈플랫폼 과제 선정위원, 한국수력원자력(주) 사외공모과제(K-CLOUD) 사업심의위원으로 활동 중이다.